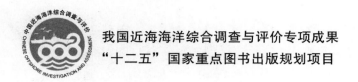

我国近海海洋综合调查与评价专项成果
"十二五"国家重点图书出版规划项目

中国区域海洋学
——渔业海洋学

唐启升　主编

U0202241

海洋出版社
2012 年·北京

内 容 简 介

　　《中国区域海洋学》是一部全面、系统反映我国海洋综合调查与评价成果，并以海洋基本自然环境要素描述为主的科学著作。内容包括海洋地貌、海洋地质、物理海洋、化学海洋、生物海洋、渔业海洋、海洋环境生态和海洋经济等。本书为"渔业海洋学"分册，该书系统叙述了我国近海各海域渔业生物资源种类组成与渔业生物资源分布与栖息地、渔业生物资源量评估、渔场形成条件与渔业预报、主要渔业种类生物学与种群数量变动、渔业资源管理与增殖等。主要介绍渔业资源分布特征，季节变化与移动规律、栖息环境及其变化、渔场分布及其形成规律、种群数量变动、大海洋生态系与资源管理。

　　本书可供从事海洋生态学以及相关学科的科技人员及专家参考，也可供海洋管理、海洋开发、海洋交通运输和海洋环境保护等部门的工作人员参阅，同时也可作为高等院校师生教学与科研参考。

图书在版编目（CIP）数据

中国区域海洋学：渔业海洋学/唐启升主编. —北京：海洋出版社，2012.6
ISBN 978 - 7 - 5027 - 8251 - 1

Ⅰ. ①中…　Ⅱ. ①唐…　Ⅲ. ①渔业海洋学 - 中国　Ⅳ. ①S913

中国版本图书馆 CIP 数据核字（2012）第 075457 号

责任编辑：苏　勤
责任印制：赵麟苏

海洋出版社　出版发行

http://www.oceanpress.com.cn

北京市海淀区大慧寺路 8 号　邮编：100081
北京旺都印务有限公司印刷　新华书店北京发行所经销
2012 年 6 月第 1 版　2012 年 6 月第 1 次印刷
开本：889mm×1194mm　1/16　印张：29.5
字数：750 千字　定价：110.00 元
发行部：62132549　邮购部：68038093　总编室：62114335
海洋版图书印、装错误可随时退换

序

  我国近海海洋综合调查与评价专项（简称"908专项"）是新中国成立以来国家投入最大、参与人数最多、调查范围最大、调查研究学科最广、采用技术手段最先进的一项重大海洋基础性工程，在我国海洋调查和研究史上具有里程碑的意义。《中国区域海洋学》的编撰是"908专项"的一项重要工作内容，它首次系统总结我国区域海洋学研究成果和最新进展，全面阐述了中国各海区的区域海洋学特征，充分体现了区域特色和学科完整性，是"908专项"的重大成果之一。

  本书是全国各系统涉海科研院所和高等院校历时4年共同合作完成的成果，是我国海洋工作者集体智慧的结晶。为完成本书的编写，专门成立了以苏纪兰院士为主任委员的编写委员会，并按专业分工开展编写工作，先后有200余名专家学者参与了本书的编写，对中国各海区区域海洋学进行了多学科的综合研究和科学总结。

  本书的特色之一是资料的翔实性和系统性，充分反映了中国区域海洋学的最新调查和研究成果。书中除尽可能反映"908专项"的调查和研究成果外，还总结了近40～50年来国内外学者在我国海区研究的成就，尤其是近10～20年来的最新成果，而且还应用了由最新海洋技术获得的资料所取得的研究成果，是迄今为止数据资料最为系统、翔实的一部有关中国区域海洋学研究的著作。

  本书的另一个特色是学科内容齐全、区域覆盖面广，充分反映中国区域海洋学的特色和学科完整性。本书论述的内容不仅涉及传统专业，如海洋地貌学、海洋地质学、物理海洋学、化学海洋学、生物海洋学和渔业海洋学等专业，而且还涉及与国民经济息息相关的海洋环境生态学和海洋经济学等。研究的区域则包括了中国近海的各个海区，包括渤海、黄海、东海、南海及台湾以东海域。因此，本书也是反映我国目前各海区、各专业学科研究成果和学术水平的系统集成之作。

  本书除研究中国各海区的区域海洋学特征和相关科学问题外，还结合各海区的区位、气候、资源、环境以及沿海地区经济、社会发展情况等，重点关注其海洋经济和社会可持续发展可能引发的资源和环境等问题，突出区域特色，可更好地发挥科技的支撑作用，服务于区域海洋经济和社会的发展，并为海洋资源的可持续利用和海洋环境保护、治理提供科学依据。因此，本书不仅在学术研究方面有一定的参考价值，在我国海洋经济发展、海洋管理和海洋权益维护等方面也具有重要应用价值。

作为一名海洋工作者，我愿意向大家推荐本书，同时也对负责本书编委会的主任苏纪兰院士、副主任乔方利、各位编委以及参与本项工作的全体科研工作者表示衷心的感谢。

国家海洋局局长 刘赐贵

2012 年 1 月 9 日于北京

编者的话

　　"我国近海海洋综合调查与评价专项"（简称"908 专项"）于 2003 年 9 月获国务院批准立项，由国家海洋局组织实施。《中国区域海洋学》专著是 2007 年 8 月由"908 专项"办公室下达的研究任务，属专项中近海环境与资源综合评价内容。目的是在以往调查和研究工作基础上，结合"908 专项"获取的最新资料和研究成果，较为系统地总结中国海海洋地貌学、海洋地质学、物理海洋学、化学海洋学、生物海洋学、渔业海洋学、海洋环境生态学及海洋经济学的基本特征和变化规律，逐步提升对中国海区域海洋特征的科学认识。

　　《中国区域海洋学》专著编写工作由国家海洋局第二海洋研究所苏纪兰院士和国家海洋局第一海洋研究所乔方利研究员负责组织实施，并成立了以苏纪兰院士为主任委员的编写委员会对学术进行把关。《中国区域海洋学》包含八个分册，各分册任务分工如下：《海洋地貌学》分册由南京大学王颖院士和国家海洋局第二海洋研究所谢钦春研究员负责；《海洋地质学》分册由国家海洋局第二海洋研究所李家彪研究员和国家海洋局第一海洋研究所刘保华研究员（后调入国家深海保障基地）、郑彦鹏研究员负责；《物理海洋学》分册由国家海洋局第一海洋研究所乔方利研究员和中国科学院南海海洋研究所甘子钧研究员、王东晓研究员负责；《化学海洋学》分册由厦门大学洪华生教授和国家海洋局第一海洋研究所王保栋研究员负责；《生物海洋学》分册由中国科学院海洋研究所孙松研究员和国家海洋局第二海洋研究所 宁修仁 研究员负责；《渔业海洋学》分册由中国水产科学研究院黄海水产研究所唐启升院士和中国水产科学研究院南海水产研究所贾晓平研究员负责；《海洋环境生态学》分册由中国海洋大学李永祺教授和中国科学院海洋研究所邹景忠研究员负责；《海洋经济学》分册由国家海洋局海洋发展战略研究所刘容子研究员和山东海洋经济研究所孙吉亭研究员负责。本专著在编写过程中，组织了全国 200 余位活跃在海洋科研领域的专家学者集体编写。

　　八个分册核心内容包括：海洋地貌学主要介绍中国四海一洋海疆与毗邻区的海岸、岛屿与海底地貌特征、沉积结构以及发育演变趋势；海洋地质学主要介绍泥沙输运、表层沉积、浅层结构、沉积盆地、地质构造、地壳结构、地球动力过程以及海底矿产资源的分布特征和演化规律；物理海洋学主要介绍海区气候和天气、水团、海洋环流、潮汐以及海浪要素的分布特征及变化规律；化学海洋学主要介绍基本化学要素、主要生源要素和污染物的基本特征、分布变化规律及其生物地球化学循环；生物海洋学主要介绍微生物、浮游植物、浮游动物、底栖生物的种类组成、丰度与生物量分布特征，能流和物质循环、初级和次级生产力；渔业海洋学主要介绍渔业资源分布特征、季节变化与移动规律、栖息环境及其变化、渔场分布及其形成规律、种群数量变动、大海洋生态系与资源管理；海洋环境生态学主要介绍人类活动和海洋环境污染对海洋生物及生态系统的影响、海洋生物多样性及其保护、海洋生态监测及生态修复；海洋经济学主要介绍产业经济、区域经济、专属经济区与大陆资源开发、海洋生态经济以及海洋发展规划和战略。

本专著在编写过程中，力图吸纳近 50 年来国内外学者在本海区研究的成果，尤其是近 20 年来的最新进展。所应用的主要资料和研究成果包括公开出版或发行的论文、专著和图集等；一些重大勘测研究专项（含国际合作项目）成果；国家、地方政府和主管行政机构发布的统计公报、年鉴等；特别是结合了"908 专项"的最新调查资料和研究成果。在编写过程中，强调以实际调查资料为主，采用资料分析方法，给出区域海洋学现象的客观描述，同时结合数值模式和理论模型，尽可能地给出机制分析；另外，本专著尽可能客观描述不同的学术观点，指出其异同；作为区域海洋学内容，尽量避免高深的数学推导，侧重阐明数学表达的物理本质和在海洋学上的应用及其意义。

本专著在编写过程中尽量结合最新调查资料和研究成果，但由于本专著与"908 专项"其他项目几乎同步进行，专项的研究成果还未能充分地吸纳进来。同时，这是我国区域海洋学的第一套系列专著，编写过程又涉及到众多海洋专家，分属不同专业，前后可能出现不尽一致的表述，甚至谬误在所难免，恳请读者批评指正。

《中国区域海洋学》编委会

2011 年 10 月 25 日

前言

中国海洋疆域辽阔，从北到南覆盖温带、亚热带和热带三大气候带，跨越 37.5 个纬度，包括一个内海和三个边缘海，即渤海、黄海、东海和南海以及台湾以东太平洋海域。其中，岸线总长度 3.2×10^4 km（大陆海岸线总长约 1.8×10^4 km），岛屿 6 900 多个，大陆架宽广，管辖海域面积约为 300×10^4 km。中国海沿岸入海河流众多，有长江、黄河、珠江等入海河流 1 500 余条，年平均入海径流量约为 18 152.44 $\times 10^8$ m^3，另外，黑潮等大洋环流对近海水文特征产生重要影响，两者共同为中国近海海洋输送了丰富的营养物质。

中国海优越的自然环境为海洋生物提供了极为有利的生存、繁衍和成长的条件，形成了众多海洋渔业生物的产卵场、索饵场、越冬场以及优良的渔场和养殖场。中国海的渔业生物种类繁多，具有捕捞价值的鱼类 2 500 余种、蟹类 685 种、对虾类 90 种、头足类 84 种，海洋生物入药种类约 700 种。其中，300 多种是主要经济种类，60 ~ 70 种为常见的高产重要经济种类。底层和近底层鱼类、虾类、蟹类多为浅海性种类，主要栖息在 150 m 等深线以内的海域，因受大陆架的影响，除少数种类外，大多数种类洄游范围都比较小。中国对海洋生物资源的利用历史悠久，渔业发达，是世界海洋渔业大国。2010 年中国海捕捞产量达 1 203.6 $\times 10^4$ t，中国海养殖产量达 1 482.3 $\times 10^4$ t。

新中国成立后，与渔业海洋学有关的海洋调查受到重视。1953 年开展了"烟台、威海渔场及其附近海域的鲐鱼资源调查"，这是新中国成立后开展的第一次渔业海洋学调查，也是新中国成立后开展的第一次海洋调查。此后，有关部门多次进行了相关的调查，其中，最为重要的是 1958—1960 年开展的"全国海洋普查"和 1997—2001 年开展的有关调查，所涉及的调查内容最为详尽、调查区域最为广阔、调查时间最为连续、调查资料最为翔实，为渔业海洋学研究奠定了基础。

本专著是在国家海洋局"我国近海海洋综合调查与评价"专项办指导和支持下，在充分利用历史资料并结合本项目调查资料的基础上编写而成的，是"中国近海海洋综合调查与评价"专项的重要研究成果之一。本书是几个国家海区级水产研究所共同努力、密切合作的集体研究成果，由隶属于中国水产科学研究院的黄海水产研究所、东海水产研究所、南海水产研究所与资源和环境相关的研究人员共同编著。全书由唐启升组织设计、终审定稿，其中，第1、第2篇统稿人为程济生、王俊，第3篇统稿人为郑元甲、李圣法，第4篇统稿人为贾晓平、李纯厚，各章节撰稿人均在各章首页列出，这里不再一一赘述。终审定稿过程中，中国海洋大学陈大刚教授、辽宁省海洋水产科学研究院叶昌臣研究员、河北省海洋与水产科学研究院赵振良研究员对本书进行了认真地审阅，提出了宝贵的修改意见，在此一并表示衷心地感谢。

本书愿奉献给关注着中国海洋渔业发展与研究的人们，并能为中国海渔业生物资源的可持续利用提供科学依据。鉴于著者水平有限，纰漏和错误在所难免，敬请读者予以匡正。

唐启升

2011 年 9 月

CONTENTS 目 次

第 2 篇　黄　海

第3篇 东 海

第4篇　南　海

0　绪　论[*]

0.1　渔业海洋学的定义及其研究内容

　　渔业科学家在不断研究中逐渐意识到一个问题：海洋中的渔业生物资源不仅与捕获的数量有关，而且还受海洋某些自然现象的影响。因此，自然而然地将海洋渔业生物种群的波动（常以渔业产量或单位捕捞努力渔获量来表示）同海洋学的相关资料联系在一起，随之产生了一个新的研究领域，即渔业海洋学。所以，渔业海洋学可以这样来定义：渔业海洋学是海洋科学的一个分支，是研究海洋渔业与海洋自然现象及人类活动关系的科学。它属于应用基础学科的范畴。其研究的内容涵盖着：海洋渔业物种的生活史及生命周期、海洋渔业生物的种群及动态、海洋渔业生物群落的结构及演替，海洋渔业与海洋物理、化学、地质、生物、全球气候及人类影响的关系。简而言之，渔业海洋学是研究与海洋渔业相关的海洋学特征及其规律的科学。

0.2　渔业海洋学的分支及其研究领域

　　渔业海洋学在研究初期主要以渔业生物学和渔场海洋学的研究为主。随着相关学科（如生物海洋学）科学积累日益丰富，海洋渔业生态学得到了发展，20 世纪 90 年代初，渔业科学家和海洋科学家共同推动了海洋生态系统动力学的发展，这是渔业海洋学发展进入新阶段的一个重要标志。现将各分支学科的主要研究领域介绍如下。

0.2.1　海洋渔业生物学

　　海洋渔业生物学是以海洋渔业生物个体、种群及其栖息环境为研究对象，主要研究内容为：海洋渔业生物物种的生殖特性（产卵水温与盐度、交配与产卵、怀卵量与卵子性状），生长特性（幼体发育、生长方式、存活年龄），摄食特性（食物类型、饵料种类、摄食强度），渔业生物种群的划分、洄游路线、数量分布和死亡特征，捕捞群体的长度、重量、年龄、性比、性成熟度和摄食等级的组成，渔业生物资源的数量评估、合理利用、增殖和管理等。

0.2.2　渔场海洋学

　　渔场海洋学是以海洋渔业生物种群移动及其周围环境为研究对象，主要研究内容：鱼群行动与海况的关系，渔况变化规律与渔场形成原理，渔情预报原理与方法。

---

　　* 执笔人：程济生

0.2.3 海洋渔业生态学

海洋渔业生态学是以海洋渔业生物群落及其生态环境为研究对象，主要研究内容：渔业生物群落的结构、演替与稳定性，生物多样性与优势种，食物链与食物网，海水富营养化与赤潮发生对渔业生物资源的影响，海洋污染与渔业生物病害发生的机制及其在渔业生物种群、群落和生态系统中的行为和效应。

0.2.4 海洋生态系统动力学

海洋生态系统动力学是渔业科学与海洋科学交叉发展起来的边缘学科新领域，它把海洋生态系统（如黄海生态系统）视为一个有机的整体，以物理过程与生物过程相互作用和耦合为核心，研究生态系统的结构、功能及其时空演变规律，定量物理、化学、生物过程对海洋生态系统的影响及生态系统的响应和反馈机制，并预测其动态变化，进而深入认识全球气候变化对海洋渔业生物的丰度、多样性及渔业产量的影响（唐启升、苏纪兰等，2000）。

0.3 渔业海洋学的研究特点

海洋渔业生物资源与海洋其他资源相比，有两个显著的特性：海洋渔业资源是可再生资源，又是可移动资源。其可再生性，因为它是生物，生物都具有繁衍的特性；其可移动性，由于它是动物，动物都具有运动的特性。海洋渔业生物资源及其栖息的环境，还有两个特征：一个是动态特征，即在同一海域，不同季节、不同年份会有明显的变化；另一个是区域特征，即在同一时间，不同海域会有显著的差异。因此，开展渔业海洋学的研究，需要进行长期的、连续的、同步的综合调查，积累比较全面、系统的资料，只有这样才能使渔业海洋学的研究深入下去。

0.4 渔业海洋学涉及的几个基本术语和概念

有几个渔业海洋学的基本术语在本书中会经常出现，为了便于加深对渔业海洋学内容的理解，这里作简要介绍（Odum，1983；孙儒泳，1992）。

0.4.1 物种

物种（简称：种）是指自然界中，能通过相互交配产生可生育后代的生物个体的组群，并与其他组群有生殖隔离。这一组群享有一个共同的基因库。它是分类的基本单元，又是繁殖单元。

0.4.2 种群与群体

种群是指在特定时间内，占据特定空间的同一物种个体的集合群，是一个生物学单元。从渔业生态学上看，它是种内具有相同繁殖习性、产卵场所、生态习性和形态特征的地理种群；而群体虽然有时可视为种群之下的一个生物学单元（如生殖群体），但是在多种情况下，它是作为一个区域性的渔业开发管理单元来定义的，也是渔业生物学研究、资源量评估的基本单位。因此，在这种情况下的"群体（Stock）"可能是种群（Population）之下的一个群体，也可能是一个种群，甚至是几个种群的集合（唐启升，1991）。

0.4.3　生物群落

生物群落是指生活在一定的自然区域内，相互之间具有直接或间接关系的各种生物种群的集合体。生物群落有一系列的基本特征，但是这些特征不是由组成它的各个种群所能包括的，只有在群落总体的水平上，这些特征才能显示出来。

0.4.4　生态系统

生态系统是指在一定空间和时间范围内，动物、植物、真菌、微生物构成的群落与其非生命环境因子之间，通过能量流动和物质循环而形成的相互作用、相互依存的动态复合体。生态系统是生物与环境之间进行能量转换和物质循环的基本功能单位。生态系统又是开放系统，需要不断输入能量。许多基础物质在生态系统中不断循环，其中，碳循环与全球温室效应密切相关。生态系统是生态学领域的一个主要结构和功能单位，属于生态学研究的最高层次。

0.4.5　功能群

功能群是指在生态系统内为了简化食物网，将一些具有相似功能地位的等值种归为一类，称为功能群，或称同资源种团。具体地说，就是将那些取食同样的被食者并具有同样的捕食者的不同物种归并在一起，作为一个营养物种（沈国英等，2002）。它是将一个生态系统内一些具有相似特征或行为上表现出相似特征的物种的归类。

0.4.6　生态位

生态位是指一个物种在其生活环境中的地位以及它与食物和天敌的关系。一个种群在生态系统及生物群落中，在时间上、空间上占据一定的位置，与相关种群存在功能关系与作用。某一物种所栖息的理论上最大空间，即没有竞争的种的生态位，称为基础生态位（或原始生态位）。当有竞争者时，必定使该物种只占据基础生态位的一部分，其实际占有的生态空间，就称为实际生态位。生态位的环境因素（温度、食物等）的综合，构成概念生态位空间。生态位这一概念不仅包含生存空间的特性，也包含生活在其中的生物的特性，即在其群落中的机能作用和地位，特别是与其他物种的营养关系。

0.4.7　食物链

食物链是指在生态系统中，自养生物、食草动物、食肉动物等不同营养层次的生物，后者依次以前者为食物而形成的单向链状食物关系。它表示着一种营养结构的传递方式。这种生物之间以食物营养关系彼此联系起来的序列，就像一个链条一样。

0.4.8　食物网

食物网是指在生态系统中，物种之间错综复杂的网状食物关系。实际上，在生态系统中，生物之间的取食和被取食关系并不像食物链所表达的那么简单。多数动物的食物不是单一的种类，因此食物链之间会相互交错相连，构成复杂的网状关系。一个复杂的食物网是使生态系统保持稳定的重要条件。一般认为：食物网越复杂，生态系统抵抗外力干扰的能力就越强；

食物网越简单，生态系统就越容易发生波动和毁灭。在一个具有复杂食物网的生态系统中，一般也不会由于一种生物的消失而引起整个生态系统的失调，但是任何一种生物的灭绝都会在不同程度上使生态系统的稳定性有所下降。

0.4.9 营养级

营养级是指在生态系统的食物能量流通过程中，按在食物链环节所处的位置所划分的等级。初级生产者属于第一营养级，次级生产者依取食层次即离初级生产者的不同距离而构成不同的营养级。一个营养级是指处于食物链同一级环节上的所有物种的总和。在食物网中，凡是以相同方式、获取相同食物的不同物种都处在一个营养级上。在海洋生态系统中，食物链是从海洋植物开始，浮游植物或藻类是第一营养级；摄食浮游植物或藻类的动物为第二营养级；以第二营养级动物为食的动物是第三营养级；以第三营养级动物为食的是第四营养级。海洋生态系统的食物网较陆地复杂，因此其顶层的营养级可高达 5~6 级。

0.4.10 优势种

优势种是指在生物群落中，个体数、生物量、覆盖度等均占优势（优势度大），对其他物种的生存有很大影响与控制作用的物种。在一个生物群落中往往会有两个以上的物种，其优势地位不相上下，也就是说，一个生物群落会有多个优势种存在。

0.5 渔业海洋学的调查方法

要开展渔业海洋学的研究，首先要注意采集全面、系统的海上调查资料。下面就对渔业海洋学海上调查的基本方法进行简要介绍。

0.5.1 海上调查计划的设计

进行海洋生物资源与海洋环境的调查，所用的船只、网具、仪器、设备要注意其稳定性，调查内容要注意其综合性。在调查时间上，既要注意不同季节的调查，又要注意不同年份的调查；在调查范围上，既要注意开展远岸的外海调查，又要注意进行近岸水域的调查；在调查水层上，既要注意在中上层水域的调查，又要注意对底层和近底层水域的调查。

0.5.2 渔业资源调查船只与网具

在进行渔业生物资源的大面定点调查时，所用的网具主要是拖网，既可使用单船拖网又可使用双船拖网。在进行不同水层的渔业生物资源调查时，既要采用底层拖网，又要使用变水层拖网。

0.5.3 渔业资源数量评估资料采集

进行渔业资源数量评估，对底层渔业资源来说，可通过大面积海域定点站位的底拖网试捕采集资料，用扫海面积法进行评估；对中上层和近底层渔业资源来说，可通过大面积海域声学走航积分资料，再结合拖网取样分析资料，用声学技术评估方法进行评估。

0.5.4 渔业资源与环境的同步调查

海洋渔业资源与其周围环境有着极为密切的联系，因此，开展渔业资源调查的同时，必须同步进行海洋环境因子的调查。也就是说，在每个调查站位进行拖网试捕的同时，要进行水深、水温、盐度、透明度、pH 值、溶解氧、营养盐、化学污染物、底质、初级生产力、浮游生物、底栖生物、鱼卵仔鱼等项目的综合调查，其中有的项目还要进行分水层观测、取样。

0.6 中国海渔业海洋学研究发展历程

我国的周边海域自北向南有渤海、黄海、东海、南海，它们一起统称为中国海。对中国海的渔场与渔业生物的研究始于 20 世纪 50 年代的烟、威外海鲐渔场综合调查，这是我国首次进行的渔场与渔业生物学综合调查。而后又进行了黄海、东海鲐渔场调查，黄海、东海底层鱼类越冬场调查，渤海、黄海、东海近海渔业资源调查等。80 年代中期以前，主要是针对海洋渔业单种群的生物学、数量分布、主要渔场及渔场环境的综合调查与研究。研究涉及的主要种类：鱼类有大黄鱼、小黄鱼、带鱼、蓝点马鲛、鲐、太平洋鲱、绿鳍马面鲀、鳀、远东拟沙丁鱼、蓝圆鲹等，虾类有中国对虾、鹰爪虾、毛虾等，蟹类有三疣梭子蟹，头足类有曼氏无针乌贼等，水母类有海蜇。主要项目有"中国海洋渔业自然资源调查和区划"、"中国海岸带和海涂资源综合调查"、"东海大陆架外缘和大陆坡深海渔场综合调查"等。调查所涉及的海域有渤海、黄海、东海、南海。

自 20 世纪 80 年代开始，逐步转向了海洋渔业生态系统的研究。主要研究项目有"渤海增殖生态基础调查研究"、"黄海渔业生态系统调查研究"、"闽南—台湾浅滩渔场上升流海区生态系调查研究"、"海洋生物资源补充调查及资源评价"等。调查所涉及的海域有渤海、黄海、东海、南海。

从 20 世纪 90 年代末起，又转向了海洋生态系统动力学的研究。主要研究项目有"渤海生态系统动力学与生物资源持续利用"、"东海、黄海生态系统动力学与生物资源可持续利用"、"我国近海生态系统食物产出的关键过程及其可持续机理"、"多重压力下近海生态系统可持续产出与适应性管理的科学基础"、"中国近海水母暴发的关键过程、机理及生态环境效应"、"中国近海海洋综合调查与评价"等。调查研究所涉及的海域有渤海、黄海、东海、南海。

0.7 中国海的区域性特征

构成中国海的四个海域因所处地理位置不同，从而表现出各自的区域性特征。

0.7.1 渤海

渤海在四个海域之中面积最小、水最浅、盐度最低、水温季节变化最大，冬季沿岸大都冰冻。其面积仅 77 360 km^2，平均水深 18 m，地处温带，在中国海中的纬度最高。它是一个伸入到陆地的内海，周围几乎全被陆地所围，是一个近乎封闭的浅水大陆架海域。

0.7.2 黄海

黄海的面积为 386 400 km^2，平均水深 44 m。虽地处温带，但与渤海相比，黄海南部的纬度相对比较低，南、北跨度较大，东、西两侧被陆地所夹，是一个半封闭的大陆架海域。因黄海冷水团的存在，是中国海中温跃层最强、盐跃层最弱的海域。

0.7.3　东海

东海的面积是 773 770 km²，平均水深 370 m，所在纬度较低，位于亚热带，南、北跨度也很大。与黄海相比，有较高的水温和较高的盐度，仅西部依靠大陆，东部邻接一系列大小不等的岛屿，是一个比较开放的半大陆架海域。

0.7.4　南海

南海在中国海中是最大、最深的海域，面积为 3 509 000 km²，平均水深达 1 212 m，地处热带，在四个海域中所处纬度最低，南部接近赤道，水温高，季节变化不大，温差小。它的北部依托着大陆，其他为半岛或岛屿所围，是一个广阔的、开放的半大陆架海域。

0.8　中国海渔业海洋学研究对我国海洋渔业可持续发展的意义

海洋是生命的起源地，海洋中的动物有 16 万～20 万种，植物有 1 万多种。海洋渔业为人类提供大约 20% 的优质蛋白，海洋渔业生物是海洋渔业的物质基础。随着人口的持续增长和生活水平的不断提高，对来自海洋蛋白的需求量在不断增加。由于高强度的开发利用，海洋近岸水域的污染，全球气候的变暖，导致了海洋渔业生物资源的衰退以及生物多样性的减少，严重地影响了海洋渔业生物资源的可持续利用。

《联合国海洋法公约》的生效，使世界步入 200 海里海洋专属经济区的时代，沿海国家对其专属经济区的自然资源拥有开发、养护、管理的合法权利，保护近岸海域的生态环境，合理利用渔业生物资源也成为沿岸国维护自身权益义不容辞的责任。我国是一个渔业大国，因此，深入、持久地开展中国海渔业海洋学的研究对我国海洋渔业的可持续性发展有着现实的意义。这也是我国海洋渔业科学研究工作者不可推却的义务。

第1篇 渤 海

渤海位于北太平洋暖温带海域的边缘，是我国唯一的内海，在东部偏南以辽东半岛的老铁山与山东半岛北岸蓬莱角的连线为界，以东邻接黄海。渤海面积为 77 360 km²，周围基本为大陆所环抱，内含三大海湾，北有辽东湾，西有渤海湾，南有莱州湾，仅在其东部偏南有一宽 59 n mile 的渤海海峡与黄海的北部相通，因此，渤海具有较强的封闭性。三大海湾的水深都在 20 m 以内，除海峡以外，渤海中央的最大水深只有 40 m，20 m 以浅的海域面积占渤海的一半以上，渤海平均水深为 18 m。

渤海沿岸江河纵横，有黄河、辽河、海河、滦河、蓟运河、小清河等大小河流约 40 条入海。渤海沿岸河口浅水区营养盐丰富，初级生产力较高，饵料生物种类多样，是众多渔业生物重要的产卵场、育幼场、索饵场，所以赢得了"黄渤海渔业摇篮"之美称。渤海中部深水区既是经济洄游种类的集散地，又是渤海地方性种类的越冬场。渤海有河口三角洲湿地生态系、河口生态系和渤海中部深水区生态系三大生态系统。

第1章 渔业生物种类组成特征与渔业

1.1 资源种类

渤海的渔业生物种类繁多:有全年生活在渤海的地方性种类,如海蜇、贝类、口虾蛄、小型虾类、蟹类、蛸类等无脊椎动物以及鳐类、鰕虎鱼类、鲆鲽类、长绵鳚、大泷六线鱼、鲅、花鲈等底层鱼类;还有春季进入渤海进行产卵、育幼、索饵,直到晚秋游回黄海乃至东海越冬的洄游性种类,如中上层鱼类、大中型虾类、枪乌贼类、乌贼类、底层鱼类。

1.1.1 渔业生物种类组成*

1998 年在渤海近岸水域,春、夏、秋三季均进行了底拖网调查和定置网渔获物取样,共捕获渔业生物 112 种,其中,鱼类 66 种,无脊椎动物 46 种。

2006—2008 年在渤海区,四个季节都进行了底拖网调查,共捕获渔业生物 135 种,其中,鱼类 83 种,无脊椎动物 52 种。

1.1.1.1 鱼类

1998 年渤海近岸水域的三季调查,记录的 66 种鱼分隶 12 目 35 科 54 属,从适温属性来分析,由 3 种区系成分组成:以北太平洋西部暖温种居优势,有 35 种,占鱼类种数的 53.0%;其次为暖水种,有 23 种,占 34.9%,多数为印度洋—西太平洋种;冷温种最少,只有 8 种,占 12.1%,均属北太平洋西部冷温种。

2006—2008 年渤海区的四季调查,记录的 83 种鱼分隶 15 目 40 科。

若按栖息水层来划分:经常活动在底层或近底层的有 49 种,占捕获鱼类种数的 74.2%;活动在中上层的有 17 种,占 25.8%。按洄游特性来划分:能在渤海越冬,属于渤海地方性种群的有 36 种,占 54.5%;不在渤海越冬,进行长距离洄游的有 30 种,占 45.5%。按营养基本类型来划分:属于底栖动物食性的有 36 种,占 54.6%;浮游动物食性的有 14 种,占 21.2%;游泳动物食性的有 13 种,占 19.7%;碎屑或植物食性的有 3 种,占 4.5%。按经济价值的高低来划分:经济价值高的有 26 种,占鱼类种数的 39.4%;经济价值一般的有 25 种,占 37.9%;经济价值低的有 15 种,占 22.7%。

1)季节变化

捕获鱼类的种数因季节而异:1998 年,在渤海近岸水域,捕获的以秋季最多,有 43 种;春季居中,有 40 种;夏季最少,只有 37 种。2006—2008 年,在渤海区,捕获的以夏季最多,

---

* 执笔人:程济生

有 57 种；其次是秋季，有 55 种；冬季、春季分别有 50 种、45 种。

渤海鱼类区系结构的季节变化主要受海水温度的影响。夏季水温最高，暖温种也最多，占季节鱼类种数的 56.8%，春季和秋季暖温种略少，分别占季节鱼类种数的 50.0% 和 46.5%。暖水种在秋季出现最多，占秋季鱼类种数的 48.8%，其次是夏季，占 43.2%，在春季最少，仅占 37.5%。冷温种以春季最多，占春季鱼类种数的 12.5%，秋季较少，仅占 4.7%。夏季由于水温高，在近岸水域没有捕到冷温种。

春季、秋季，底层鱼类分别有 30 种、29 种，各自占季节捕获鱼类种数的 75.0%、67.4%；夏季，底层鱼类只有 26 种，占 70.3%。从春季→夏季→秋季，中上层鱼类的种数在逐渐增多，分别为 10 种、11 种、14 种，各自占季节鱼类种数的 25.0%、29.7%、32.6%。

2）区域变化

从区域来分析，捕获鱼类的种数以位于渤海南部的莱州湾最多，有 45 种，其次是中西部的渤海湾，有 36 种，北部的辽东湾有 35 种，地理位置比较开放的秦皇岛外海，只有 33 种。由于莱州湾全年平均水温最高，所以暖温种也最多；秦皇岛外海全年平均水温最低，因此暖温种最少。暖水种以渤海湾最多，秦皇岛外海最少。冷温种在莱州湾略多，渤海湾和辽东湾少些。底层鱼类同样是莱州湾最多，有 32 种，秦皇岛外海有 25 种，渤海湾有 24 种，辽东湾有 22 种；中上层鱼类在莱州湾和辽东湾各有 13 种，渤海湾有 12 种，秦皇岛外海只有 8 种。

3）年间变化

据研究统计（朱鑫华等，1996），渤海鱼类物种多样性曾达 164 种。

1982 年到 1998 年，16 年来共进行过 3 次方法相同的渔业资源调查：捕获鱼类的种数在 1982 年最多，有 75 种；1992—1993 年的调查比 1982 年少了 10 种；1998 年虽然增加了沿岸定置网取样，捕获的种数仅比 1992—1993 年多 1 种。在鱼类中，底层鱼的种数减少得非常明显：1992—1993 年比 1982 年少了 8 种，平均每年减少 0.73 种；1998 年比 1992—1993 年又少了 4 种，平均每年减少 0.80 种。这后 5 年减少的速度比较快。16 年来，中上层鱼类种数减少得不太明显。

1.1.1.2　无脊椎动物

1998 年的渤海近岸调查，拖网捕获记录的 46 种无脊椎动物，其中，甲壳类 22 种，占 47.8%；软体动物 16 种，占 34.8%；棘皮动物 6 种，占 13.0%；腔肠动物 1 种，占 2.2%；多毛类 1 种，占 2.2%。甲壳类中，属于虾类的有 7 种，蟹类的 12 种，口足类的 1 种，异尾类的 1 种和歪尾类的 1 种。软体动物中，属于头足类的有 7 种，双壳类的 3 种，腹足类的 3 种，其他类别的 3 种。棘皮动物中，属于海星类、海胆类的各有 3 种。

2006—2008 年的渤海区调查，拖网捕获记录的 52 种属于无脊椎动物的游泳动物中，甲壳类有 43 种，头足类有 9 种。

从栖息水层来看，渔获的无脊椎动物基本都是底栖性的，其中，游动性的有 15 种，占无脊椎动物种数的 32.6%；匍匐性的 23 种，占 50.0%；固着性的 3 种，占 6.5%；埋栖性的 5 种，占 10.9%。按洄游性来分析，在渤海越冬的地方性种类有 41 种，占 89.1%；不在渤海越冬，进行长距离洄游的有 5 种，占 10.9%。就经济价值来划分，价值高的有 17 种，占 37.0%；价值低的 4 种，占 8.7%；无经济价值的 25 种，占 54.3%。

1）季节变化

1998 年，渤海近岸水域拖网捕获的无脊椎动物以春季的种类数最多，为 37 种；秋季居第二位，为 28 种；夏季最少，只有 21 种。在春季的种类中，游泳动物有 11 种，底上动物 20 种，底埋性动物 5 种，固着性动物 1 种；在夏季的种类中，游泳动物有 9 种，底上动物 12 种，无底埋性和固着性动物；在秋季的种类中，游泳动物有 9 种，底上动物 17 种，底埋性动物 1 种，固着性动物 1 种。

2006—2008 年，渤海区拖网捕获的无脊椎动物中的游泳性动物以夏季最多，有 37 种；其次是冬季，有 28 种；春季、秋季分别有 27 种、26 种。

2）区域变化

在各区域中，捕获无脊椎动物的种数以莱州湾最多，有 30 种；辽东湾居第二位，有 28 种；秦皇岛外海和渤海湾最少，各自有 24 种。

3）年间变化

像渤海的鱼类一样，渤海无脊椎动物物种多样性的减少也十分明显。

1982 年到 1998 年，16 年间进行的 3 次调查，拖网捕获的无脊椎动物种数也是以 1982 年最多，为 57 种；1992—1993 年比 1982 年仅少了 1 种，平均每年减少 0.09 种；1998 年虽然增加了定置网渔获物取样，捕获的种数仍然比 1992—1993 年少了 12 种，平均每年减少了 2.00 种，后 5 年减少的速度也是很快的。

1.1.2　渔业生物数量组成[*]

在渤海近岸水域，鱼类占三个季节捕获总重量的 82.7%，无脊椎动物占 17.3%。

1.1.2.1　鱼类

在渤海近岸水域鱼类重量组成中，占 1% 以上的种类有 10 种，依次是斑鰶、黄鲫、银鲳、蓝点马鲛、赤鼻棱鳀、小黄鱼、小带鱼、花鲈、鳀和矛尾鰕虎鱼，合计占 92.8%；在鱼类尾数组成中，占 1% 以上的种类有 12 种，依次是斑鰶、黄鲫、赤鼻棱鳀、银鲳、鳀、小带鱼、矛尾鰕虎鱼、尖海龙、蓝点马鲛、小黄鱼、青鳞沙丁鱼和云鰶，合计占 95.7%。

1）季节变化

春季鱼类重量组成中，占 1% 以上种类有 10 种，依次是赤鼻棱鳀、黄鲫、鳀、小带鱼、斑鰶、银鲳、小黄鱼、尖嘴扁颌针鱼、鲱鲤和短吻红舌鳎，合计占 90.9%；尾数组成中，占 1% 以上的有 9 种，依次是赤鼻棱鳀、鳀、黄鲫、小带鱼、斑鰶、鲱鲤、云鰶、中颌棱鳀和尖海龙，合计占 95.3%。

夏季鱼类重量组成中，占 1% 以上种类有 8 种，依次是蓝点马鲛、黄鲫、银鲳、赤鼻棱鳀、小带鱼、斑鰶、小黄鱼和白姑鱼，合计占 96.6%；尾数组成中，占 1% 以上的有 11 种，依次是黄鲫、蓝点马鲛、银鲳、赤鼻棱鳀、小带鱼、小黄鱼、白姑鱼、鳀、斑鰶、矛尾鰕虎

＊　执笔人：程济生

鱼和青鳞沙丁鱼，合计占 97.8%。

秋季鱼类重量组成中，占 1% 以上的种类有 10 种，依次是斑鰶、黄鲫、银鲳、小黄鱼、花鲈、蓝点马鲛、小带鱼、赤鼻棱鳀、矛尾鰕虎鱼和鳀，合计占 95.3%；尾数组成中，占 1% 以上的有 9 种，依次是斑鰶、黄鲫、银鲳、赤鼻棱鳀、鳀、小带鱼、矛尾鰕虎鱼、小黄鱼和青鳞沙丁鱼，合计占 97.7%。

从渤海近岸水域春季、夏季、秋季鱼类各自的重量、尾数组成中可以发现：在居前 3 位的赤鼻棱鳀、黄鲫、鳀、银鲳、斑鰶、蓝点马鲛这 6 种鱼类中，除蓝点马鲛外，均属于浮游生物食性的中小型、中上层鱼类，它们在渤海生态系统鱼类食物网中的营养层次都是比较低的，所处的地位和角色是相似的，也就是说，它们在鱼类群落中有相似的生态位。

2）区域变化

在莱州湾，占鱼类总重量 1% 以上的种类有 11 种，依次是斑鰶、黄鲫、蓝点马鲛、赤鼻棱鳀、银鲳、小带鱼、花鲈、鳀、小黄鱼、白姑鱼和青鳞沙丁鱼，合计占 95.5%；占鱼类总尾数 1% 以上的种类有 10 种，依次是黄鲫、斑鰶、赤鼻棱鳀、小带鱼、蓝点马鲛、银鲳、鳀、青鳞沙丁鱼、白姑鱼和矛尾鰕虎鱼，合计占 96.2%。

在渤海湾鱼类重量的组成中，占 1% 以上的种类有 14 种，依次是黄鲫、赤鼻棱鳀、斑鰶、鳀、鲅、花鲈、小带鱼、蓝点马鲛、银鲳、矛尾复鰕虎鱼、叫姑鱼、尖海龙、中华栉孔鰕虎鱼和红狼牙鰕虎鱼，合计占 95.4%；在尾数组成中，占 1% 以上的种类有 8 种，依次是赤鼻棱鳀、鳀、斑鰶、黄鲫、尖海龙、小带鱼、叫姑鱼和矛尾复鰕虎鱼，合计占 95.3%。

在辽东湾，占鱼类总重量 1% 以上的种类有 9 种，依次是斑鰶、银鲳、黄鲫、蓝点马鲛、小带鱼、小黄鱼、矛尾鰕虎鱼、赤鼻棱鳀和棘头梅童鱼，合计占 96.5%；占鱼类总尾数 1% 以上的种类有 11 种，依次是斑鰶、银鲳、黄鲫、赤鼻棱鳀、矛尾鰕虎鱼、云鳚、鳀、尖海龙、小带鱼、小黄鱼和蓝点马鲛，合计占 97.3%。

在秦皇岛外海鱼类重量组成中，占 1% 以上的种类有 13 种，依次是小黄鱼、黄鲫、蓝点马鲛、银鲳、鳀、小带鱼、斑鰶、孔鳐、鲐、矛尾鰕虎鱼、赤鼻棱鳀、带鱼和长绵鳚，合计占 95.3%；在尾数组成中，占 1% 以上的种类有 11 种，依次是小黄鱼、小带鱼、黄鲫、矛尾鰕虎鱼、鳀、赤鼻棱鳀、斑鰶、银鲳、蓝点马鲛、细条天竺鲷和鲱鲬，合计占 94.8%。

从渤海 3 个湾各自的鱼类重量组成、尾数组成也可以发现：居前 3 位的斑鰶、黄鲫、蓝点马鲛、赤鼻棱鳀、银鲳这 5 种鱼类，除蓝点马鲛外，也都是浮游生物食性的中小型、中上层鱼类。它们在渤海生态系及鱼类群落中所占的生态位是相似的，属于同资源种团（指许多占据相似生态位的物种组合的集团）。在秦皇岛外海，鱼类的重量组成和尾数组成与 3 个湾有所不同，居前 3 位的鱼类中有 1 种（小黄鱼）是属于底栖动物食性的。

1.1.2.2　无脊椎动物

在渤海近岸水域拖网无脊椎动物重量组成中，主要经济种类依次是口虾蛄、三疣梭子蟹、火枪乌贼、日本蟳和鹰爪虾等，合计约占 90%；在尾数组成中，主要经济种类依次是火枪乌贼、口虾蛄、鹰爪虾、脊腹褐虾、三疣梭子蟹、日本蟳、日本鼓虾、脊尾白虾、鲜明鼓虾、葛氏长臂虾和泥脚隆背蟹，合计约占 95%。

1）季节变化

在春季无脊椎动物重量组成中，主要经济种类依次是口虾蛄、火枪乌贼、扁玉螺、鲜明鼓虾、脊腹褐虾和泥脚隆背蟹，合计约占95%；在尾数组成中，主要的经济种类依次是口虾蛄和脊腹褐虾，合计约占97%。

在夏季无脊椎动物重量组成中，主要经济种类依次是火枪乌贼、日本蟳、口虾蛄、三疣梭子蟹、红线黎明蟹、长蛸和鹰爪虾，合计约占90%；在尾数组成中，主要的经济种类依次是火枪乌贼、口虾蛄、日本蟳、日本鼓虾、红线黎明蟹、鹰爪虾、泥脚隆背蟹、寄居蟹和日本关公蟹，合计约占90%。

在秋季无脊椎动物重量组成中，主要经济种类依次是三疣梭子蟹、口虾蛄、火枪乌贼、日本蟳、鹰爪虾、密鳞牡蛎和短蛸，合计约占98%；在尾数组成中，主要的经济种类依次是火枪乌贼、口虾蛄、鹰爪虾、三疣梭子蟹、脊尾白虾、日本蟳、日本鼓虾和葛氏长臂虾，合计约占97%。

2）区域变化

在莱州湾的无脊椎动物重量组成中，主要经济种类依次是三疣梭子蟹、口虾蛄、火枪乌贼、日本蟳和鹰爪虾，合计约占95%；在尾数组成中，主要经济种类依次是火枪乌贼、口虾蛄、鹰爪虾、三疣梭子蟹、脊尾白虾、脊腹褐虾、日本蟳和日本鼓虾，合计约占95%。

在渤海湾的无脊椎动物重量组成中，主要经济种类依次是口虾蛄、火枪乌贼、豆形拳蟹、日本大眼蟹、绒毛近方蟹、三疣梭子蟹和日本蟳，合计约占95%；在尾数组成中，主要经济种类依次是火枪乌贼、豆形拳蟹、口虾蛄、绒毛近方蟹、大眼蟹、脊尾白虾和鹰爪虾，合计约占95%。

在辽东湾的无脊椎动物重量组成中，主要经济种类依次是口虾蛄、日本蟳、火枪乌贼、三疣梭子蟹和密鳞牡蛎，合计约占90%；在尾数组成中，主要经济种类依次是口虾蛄、火枪乌贼、日本蟳、葛氏长臂虾、日本鼓虾、鲜明鼓虾和三疣梭子蟹，合计约占90%。

在秦皇岛外海的无脊椎动物重量组成中，主要经济种类依次是三疣梭子蟹、日本蟳、口虾蛄、火枪乌贼、扁玉螺、短蛸、鹰爪虾、脊腹褐虾、鲜明鼓虾和泥脚隆背蟹，合计约占90%；在尾数组成中，主要经济种类依次是火枪乌贼、口虾蛄、脊腹褐虾、鹰爪虾、日本鼓虾、葛氏长臂虾、三疣梭子蟹、鲜明鼓虾、日本蟳、泥脚隆背蟹和扁玉螺，合计约占90%。

1.1.3 鱼卵仔鱼种类组成[*]

渤海近岸水域适宜的地理位置和自然环境条件，使之成为黄海、渤海鱼类最重要的产卵场和育幼场。

1998年渤海近岸水域的春、夏、秋三季调查，采集到鱼卵、仔稚鱼共有41个种，鉴定到种的有37种，隶属于9目26科33属，有3种仅能鉴定到科，有1种未能鉴别（见表1.1）。

表1.1　1998年渤海近岸硬骨鱼类鱼卵、仔稚鱼种类及生态类型

种　类	卵子类别	适温属性
鲱形目 Clupeiformes		
鲱科 Clupeidae		
青鳞沙丁鱼 *Sardinella zunasi*（Bleeker, 1854）	浮性卵	暖水性
斑鰶 *Konosirus punctatus*（Temminck *et* Schlegel, 1846）	浮性卵	暖水性

---

* 执笔人：万瑞景

续表1.1

种　类	卵子类别	适温属性
鳀科 Engraulidae		
鳀 *Engraulis japonicus*（Temminck *et* Schlege1，1846）	浮性卵	暖温性
赤鼻棱鳀 *Thryssa kammalensis*（Bleeker，1849）	浮性卵	暖水性
中颌棱鳀 *Thryssa mystax*（Bloch *et* Schneider，1801）	浮性卵	暖水性
黄鲫 *Setipinna taty*（Valenciennes，1848）	浮性卵	暖水性
灯笼鱼目 Myctophiformes		
狗母鱼科 Synodontidae		
长条蛇鲻 *Saurida elongate*（Temminck *et* Schlege1，1846）	浮性卵	暖温性
银汉鱼目 Atheriniformes		
银汉鱼科 Atherinidae		
白氏银汉鱼 *Atherina bleekeri*（Günther，1868）	粘着沉性卵	暖温性
颌针鱼目 Beloniformes		
颌针鱼科 Belonidae		
尖嘴扁颌针鱼 *Ablennes anastomella*（Cuvier *et* Valenciennes，1846）	附着性卵	暖温性
鱵科 Hemiramphidae		
沙氏下鱵鱼 *Hyporhamphus sajori*（Temminck *et* Schlege1，1846）	附着性卵	暖温性
飞鱼科 Exocoetidae		
真燕鳐 *Prognichthys agoo*（Temminck *et* Schlegel，1846）	附着性卵	暖温性
刺鱼目 Gasterosteiformes		
海龙科 Syngnathidae		
尖海龙 *Syngnathus acus*（Linnaeus，1758）	卵胎生	暖水性
鲻形目 Mugiliformes		
舒科 Sphyraenidae		
油舒 *Sphyraena pinguis*（Günther，1874）	浮性卵	暖水性
鲻科 Mugilidae		
鲮 *Liza haematocheila*（Temminck *et* Schlege1，1933）	浮性卵	暖温性
鲈形目 Perciformes		
鮨科 Serranidae		
花鲈 *Lateolabrax japonicus*（Cuvier *et* Valenciennes，1828）	浮性卵	暖温性
鳕科 Sillaginidae		
多鳞鳕 *Sillago sihama*（Forskal，1775）	浮性卵	暖水性
鲹科 Carangidae		
沟鲹 *Atropus atropus*（Bloch *et* Schneider，1801）	浮性卵	暖水性
鲹 gen. sp.	浮性卵	
石首鱼科 Sciaenidae		
白姑鱼 *Argyrosomus argentatus*（Houttuyn，1782）	浮性卵	暖水性
黄姑鱼 *Nibea albiflora*（Richardson，1846）	浮性卵	暖温性
棘头梅童鱼 *Collichthys lucidus*（Richardson，1844）	浮性卵	暖温性
小黄鱼 *Pseudosciaena polyactis*（Bleeker，1877）	浮性卵	暖温性
鳚科 Blenniidae		

续表1.1

种　类	卵子类别	适温属性
鰧 gen. sp.	粘着沉性卵	
衔科 Callionymidae		
鲱鳉 *Callionymus beniteguri*（Jordan *et* Snyder，1900）	浮性卵	暖温性
带鱼科 Trichiuridae		
小带鱼 *Eupleurogrammus muticus*（Gray，1831）	浮性卵	暖温性
带鱼 *Trichiurus lepturus*（Linnaeus，1758）	浮性卵	暖温性
鲭科 Scombridae		
蓝点马鲛 *Scomberomorus niphonius*（Cuvier，1831）	浮性卵	暖水性
鲳科 Stromateidae		
银鲳 *Pampus argenteus*（Euphrasen，1788）	浮性卵	暖水性
鰕虎鱼科 Gobiidae		
六丝钝尾鰕虎鱼 *Amblychaeturichthys hexanema*（Bleeker，1853）	附着性卵	暖温性
矛尾复鰕虎鱼 *Synechogobius hasta*（Temminck *et* Schlege1，1850）	附着性卵	暖温性
黄鳍刺鰕虎鱼 *Acanthogobius flavimanus*（Temminck *et* Schlege1，1845）	附着性卵	暖温性
鰕虎鱼 gen. sp.	附着性卵	
鲉科 Scorpaenidae		
许氏平鲉 *Sebastes schlegeli*（Hilgendorf，1880）	卵胎生	暖温性
鲂鮄科 Triglidae		
短鳍红娘鱼 *Lepidotrigla micropterus*（Günther，1873）	浮性卵	暖温性
鲬科 Platycephalidae		
鲬 *Platycephalus indicus*（Linnaeus，1758）	浮性卵	暖水性
狮子鱼科 Liparidae		
细纹狮子鱼 *Liparis tanakae*（Gilbert *et* Burke，1933）	粘着沉性卵	冷温性
鲽形目 Pleuronectiformes		
鲽科 Pleuronectidae		
角木叶鲽 *Pleuronichthys cornutus*（Temminck *et* Schlegel，1846）	浮性卵	冷温性
舌鳎科 Cynoglossidae		
短吻红舌鳎 *Cynoglossus joyneri*（Günther，1878）	浮性卵	暖温性
半滑舌鳎 *Cynoglossus semilaevis*（Günther，1873）	浮性卵	暖温性
鲀形目 Tetraodontiformes		
革鲀科 Aluteridae		
绿鳍马面鲀 *Navodon septentrionalis*（Günther，1874）	粘着沉性卵	暖水性
待定种 Unidentified species		
gen. sp.	浮性卵	

　　2006—2008年渤海区的四季调查，采集到的鱼卵、仔稚鱼共有53种，隶属于8目24科。已鉴定的鱼卵有11种，隶属于4目9科；仔稚鱼有49种，隶属于8目23科。

　　1998年渤海近岸水域的调查，在鉴定到种的37种中，按其适温属性来分，暖温性种类占51.2%，暖水性种类占34.2%，冷温性种类占4.9%。除1种不能识别的种类外，40个种类按其栖息特性划分，渤海地方性种类占26.8%，洄游性种类占70.7%。41个种类按所产出卵子的生态类别来分，浮性卵的种类占68.3%，附着性卵的种类占17.1%，粘着沉性卵的种类占9.8%，卵胎生的种类占4.9%（见表1.1）。

1998年渤海近岸水域的三季调查，春季，采集到鱼卵20种、仔稚鱼15种；夏季，采集到鱼卵9种，仔稚鱼23种；秋季，只采集到鱼卵5种、仔稚鱼2种。

2006—2008年的渤海区四季调查，夏季，采集鱼卵种类数最多，为7种；春、秋两季，均为3种；冬季，没有采到鱼卵。采集仔稚鱼种类数，春、夏、秋、冬季分别为13种、30种、10种、9种。其季节变化呈现夏季>春季>秋季>冬季。

1982年、1992—1993年和1998年的三次调查，采集鱼卵、仔稚鱼的种类数发生了明显的变化。1998年出现41种，比1982年和1992—1993年分别减少了11种和2种。减少的种类主要是经济鱼类，如鳓、真鲷、绿鳍鱼、褐牙鲆、带纹条鳎、高眼鲽等（万瑞景等，1998；万瑞景等，2000；姜言伟等，1988）。

1.2　优势种及功能群

本节采用相对重要性指数（*IRI*）作为研究某种渔业生物在渔业生物群落中重要性的度量指标：

$$IRI = (N + W) F$$

式中：

　　N——某一种类的尾数占总尾数的百分比；

　　W——某一种类的重量占总重量的百分比；

　　F——某一种类出现的站次数占调查总站次数的百分比。

将 *IRI* 值大于1 000的种类定为优势种，*IRI* 值在100～1 000的定为重要种。

1.2.1　鱼类资源[*]

在渤海近岸水域春季到秋季的鱼类群落中，优势种有4种，为黄鲫（*IRI* 值：3336）、斑鰶（*IRI* 值：3170）、银鲳（*IRI* 值：1272）和赤鼻棱鳀（*IRI* 值：1078），它们都是中小型、中上层鱼类，同属于浮游生物食性的功能群，在近岸生态系统的鱼类食物网中所处的营养阶层都比较低，这些优势种合计占鱼类群落总重量的67.2%；重要种有5种，是蓝点马鲛、小带鱼、小黄鱼、鳀和矛尾鰕虎鱼，重要种中除鳀和小带鱼仍为浮游生物食性功能群外，蓝点马鲛为游泳动物食性，小黄鱼和矛尾鰕虎鱼为底栖动物食性，它们在鱼类食物网中所处的营养阶层相对更高一些，这些重要种合计占总重量的23.0%。

1.2.1.1　季节变化

渤海近岸水域鱼类群落的优势种和重要种因季节而有差异。

春季鱼类群落有4种优势种，为赤鼻棱鳀（*IRI* 值：6418）、黄鲫（*IRI* 值：3611）、鳀（*IRI* 值：2048）和小带鱼（*IRI* 值：1711），它们均为浮游动物食性；重要种有4种，为斑鰶、银鲳、小黄鱼和鲱鲻。夏季鱼类群也有4种优势种，为蓝点马鲛（*IRI* 值：5895）、黄鲫（*IRI* 值：1973）、银鲳（*IRI* 值：1800）和小带鱼（*IRI* 值：1045），除蓝点马鲛为游泳动物食

---

　　*　执笔人：程济生

性，其他 3 种也是浮游动物食性；重要种仍然是 4 种，为赤鼻棱鳀、小黄鱼、斑鲦和白姑鱼。秋季鱼类群落的优势种减至 3 种，为斑鲦（*IRI* 值：5593）、黄鲫（*IRI* 值：3793）和银鲳（*IRI* 值：1663），这 3 种均为浮游生物食性；重要种增至 6 种，为赤鼻棱鳀、小带鱼、小黄鱼、矛尾鰕虎鱼、蓝点马鲛和鳀。

从渤海近岸水域春季、夏季、秋季鱼类群落优势种的变化可以看出，浮游动物食性、营养级为 3.4（张波，2004）的黄鲫，是唯一一种始终保持优势种地位的鱼类。

1.2.1.2 区域变化

1998 年莱州湾鱼类群落的优势种有 3 种，是黄鲫（*IRI* 值：5466）、斑鲦（*IRI* 值：3412）和赤鼻棱鳀（*IRI* 值：1830），重要种有 6 种，是蓝点马鲛、小带鱼、银鲳、小黄鱼、白姑鱼和青鳞沙丁鱼；渤海湾鱼类群落有 4 种优势种，是赤鼻棱鳀（*IRI* 值：6122）、斑鲦（*IRI* 值：2180）、黄鲫（*IRI* 值：2179）和鳀（*IRI* 值：1381），比莱州湾增加了鳀，重要种有 8 种，是小带鱼、银鲳、尖海龙、蓝点马鲛、叫姑鱼、花鲈、鲅和矛尾鰕虎鱼；辽东湾鱼类群落中的优势种有 3 种，为斑鲦（*IRI* 值：4000）、银鲳（*IRI* 值：3355）和黄鲫（*IRI* 值：2151），重要种有 4 种，是小带鱼、蓝点马鲛、小黄鱼和矛尾鰕虎鱼；秦皇岛外海鱼类群落也只有 3 种优势种，它们是小黄鱼（*IRI* 值：2832）、小带鱼（*IRI* 值：2148）和黄鲫（*IRI* 值：1710），重要种有 7 种，它们是鳀、蓝点马鲛、赤鼻棱鳀、矛尾鰕虎鱼、银鲳、斑鲦和鲐。

可以看出，浮游动物食性的黄鲫，在 4 个区域中是唯一一种能保持优势种地位的种类，因其属于暖水性，它的优势度基本是随着所在区域纬度的增加呈下降的趋势。另一种浮游生物食性、营养级为 2.6（张波，2011）的中小型中上层鱼类斑鲦，除在秦皇岛外海作为重要种存在，而在 3 个湾中均处于优势种地位，但在各湾群落中的优势度略有差异，其中以辽东湾的优势度最高，莱州湾其次，渤海湾最小。属于游泳动物食性、营养级为 4.9 的大型中上层鱼类蓝点马鲛，在 4 个区域中始终保持重要种的位置，其优势度以莱州湾最高，秦皇岛外海次之，在渤海湾最低。在底层鱼类中，以浮游动物为主要食物、营养级为 3.9 的小带鱼，在秦皇岛外海为优势种，在 3 个湾中处于重要种的位置。渤海传统的重要经济底层鱼类，底栖动物食性、营养级为 4.1（张波，2004）的小黄鱼，仅在水域范围较小的秦皇岛外海是作为优势种存在，在莱州湾和辽东湾均为重要种。

由此可见，浮游生物食性的中小型中上层鱼类功能群，在渤海近岸水域鱼类群落中是居优势地位的功能群。

1.2.1.3 年间变化

1982 年、1992—1993 年、1998 年，在渤海先后进行过 3 次同样方法的渔业生物资源调查。16 年来，在渤海近岸水域春季到秋季的鱼类群落中，只有营养级较低、属于浮游动物食性、经济价值较低的小型中上层鱼类黄鲫，始终保持优势种的地位不变。属于底栖动物食性、营养级较高、经济价值高的底层鱼类小黄鱼以及属于浮游动物食性、营养级为 3.6、经济价值低的小型中上层鱼类鳀，在 1982 年和 1992—1993 年均为优势种，可是到了 1998 年，它们同时从优势种中消失了。营养级更低、属于浮游生物食性的中小型中上层鱼类斑鲦，在 1982 年还不是优势种，而在 1992—1993 年和 1998 年均处于优势种的地位。浮游动物食性的银鲳和食性相同、营养级为 3.2（张波，2004）的小型中上层鱼类赤鼻棱鳀，也都是在 1998 年才步入优势种的行列。

综上所述，16 年来，渤海近岸水域鱼类优势种的变动呈现：营养级较高的重要经济种类小黄鱼和经济价值较高的棘头梅童鱼这两种底层鱼类，逐渐从优势种中退出，它们或者被营养级较低的底层鱼类小带鱼所取代，或者被营养级更低的中上层鱼类赤鼻棱鳀、斑鰶和银鲳所代替。

1.2.2 无脊椎动物资源*

渤海近岸水域春季到秋季的无脊椎动物群落中，优势种有两个：火枪乌贼（*IRI* 值：3861）和口虾蛄（*IRI* 值：3792）。火枪乌贼属于浮游动物食性，在近岸生态系统的渔业生物食物网中所处的营养阶层较低，口虾蛄属于底栖动物食性，所处的营养阶层比火枪乌贼略高一些，这两种合计占无脊椎动物总重量的 41.1%。重要经济种有 4 种，它们是三疣梭子蟹（*IRI* 值：957）、日本蟳（*IRI* 值：306）、鹰爪虾（*IRI* 值：304）和日本鼓虾（*IRI* 值：134），这几种都属于底栖动物食性，在渔业生物食物网中所处的营养阶层相对高一些，它们合计占无脊椎动物总重量的 35.2%。

1.2.2.1 季节变化

渤海近岸水域无脊椎动物群落中的优势种也同样随季节变化而异。

春季无脊椎动物群落中，渔业生物种类优势种有口虾蛄（*IRI* 值：5011），重要种有火枪乌贼（*IRI* 值：668）、脊腹褐虾（*IRI* 值：543）、鲜明鼓虾（*IRI* 值：286）和日本鼓虾（*IRI* 值：263）共 4 种；夏季无脊椎动物群落中的优势种有 3 种，它们是火枪乌贼（*IRI* 值：6573）、口虾蛄（*IRI* 值：2421）和日本蟳（*IRI* 值：1374），重要种仅有日本鼓虾（*IRI* 值：107）1 种；秋季无脊椎动物群落中也有 3 种优势种，它们是火枪乌贼（*IRI* 值：4154）、三疣梭子蟹（*IRI* 值：3320）和口虾蛄（*IRI* 值：3022），重要种有鹰爪虾（*IRI* 值：935）、日本蟳（*IRI* 值：798）和日本鼓虾（*IRI* 值：111）这 3 种。在上述种类中，除火枪乌贼属于浮游动物食性外，其他种类基本都属于底栖动物食性功能群。

从渤海近岸水域春季、夏季、秋季无脊椎动物群落优势种的变化可以看出，底栖动物食性的口虾蛄是唯一一种始终保持优势种地位的种类。

1.2.2.2 区域变化

优势种：在莱州湾、渤海湾、辽东湾，由 3 个季节无脊椎动物组成的各自区域的群落，都有 3 个优势种，只有秦皇岛外海有两个优势种。火枪乌贼和口虾蛄在这 4 个区域均为优势种，在各区域群落中，口虾蛄的优势度差异相对较小（*IRI* 值：4639～2631），火枪乌贼优势度的差异较大，其中以渤海湾的（*IRI* 值：5453）最高，莱州湾（*IRI* 值：3871）和秦皇岛外海（*IRI* 值：3250）次之，辽东湾（*IRI* 值：1638）最低。其他优势种在各区域有所不同，莱州湾的另一个优势种是三疣梭子蟹（*IRI* 值：1637），渤海湾、辽东湾的另一个优势种均不是经济种类。

重要种：在莱州湾有 2 种，它们是鹰爪虾和日本蟳；在渤海湾有 3 种，是豆形拳蟹、三疣梭子蟹和绒毛近方蟹；在辽东湾有 5 种，是日本蟳、日本鼓虾、鲜明鼓虾、葛氏长臂虾和

* 执笔人：程济生

三疣梭子蟹；在秦皇岛外海有 8 种，是三疣梭子蟹、脊腹褐虾、日本蟳、日本鼓虾、鹰爪虾、葛氏长臂虾、鲜明鼓虾和扁玉螺。

从各区域的优势种、重要种合计总种数的变化可以看出：一般情况下，随着区域所在纬度的升高，总种数有增多的趋势，而种类的优势度呈分散的趋势。

综上所述，属于底栖动物食性的甲壳类（虾、蟹类）和属于浮游动物食性的小型头足类（火枪乌贼），两者是渤海近岸水域无脊椎动物群落的优势功能群。

1.2.2.3　年间变化

渤海近岸水域无脊椎动物群落，1982 年，优势种有 3 种，是火枪乌贼（IRI 值：7892）、三疣梭子蟹（IRI 值：3759）和口虾蛄（IRI 值：2581），其中，属于浮游动物食性的火枪乌贼优势度最高。1992—1993 年，优势种增至 4 种，除火枪乌贼（IRI 值：14617）、口虾蛄（IRI 值：9097）和三疣梭子蟹（IRI 值：2488）外，日本蟳（IRI 值：2886）也加入优势种的行列，但火枪乌贼的优势度仍然遥遥领先。1998 年，优势种减少到 2 种，只保留了火枪乌贼（IRI 值：3861）和口虾蛄（IRI 值：3792）。

从上面可以看出，16 年来，属于浮游动物食性的小型头足类火枪乌贼和属于底栖动物食性的口虾蛄一直都是作为优势种存在，且优势度始终名列前茅。属于底栖动物食性的、经济价值高的大型蟹类三疣梭子蟹，在 1982 年和 1992—1993 年都曾经是优势种，到了 1998 年，从优势种中消失了；属于底栖动物食性的、经济价值比较高的中型蟹类日本蟳，在 1992—1993 年也曾经是优势种，到了 1998 年，也从优势种里消失了。

1.2.3　鱼卵仔鱼[*]

1.2.3.1　鱼卵

1998 年渤海近岸水域，鱼卵数量较多的有 6 个科，依次是鳀科、鲱科、石首鱼科、鲆科、鲂鮄科和鲬科，而鳂科、鲭科、鲻科、鳢科、带鱼科和舌鳎科的鱼卵数量较少，每一种所占比例均在 1% 以下（见表 1.2）。

表 1.2　渤海近岸水域硬骨鱼类鱼卵、仔稚鱼组成　　　　　　　　　　　单位:%

	春季		夏季		秋季		3 个季节	
	鱼卵	仔稚鱼	鱼卵	仔稚鱼	鱼卵	仔稚鱼	鱼卵	仔稚鱼
鳀 科	60.18	66.60	0.56	12.24	94.39	33.33	59.61	52.36
鲱 科	14.08	12.63		31.32			13.86	17.52
鰕虎鱼科		13.50		8.18				12.10
海龙科		1.03		3.73				1.74
鳒 科		0.04		1.58				0.44
鲹 科				1.22				0.32
石首鱼科	11.85	0.01	0.09	0.07	0.13		11.66	0.03
鲆 科	5.27	0.09		1.35			5.19	0.42
鲂鮄科	5.27						5.19	

---

* 执笔人：万瑞景

续表 1.2

	春季		夏季		秋季		3个季节	
	鱼卵	仔稚鱼	鱼卵	仔稚鱼	鱼卵	仔稚鱼	鱼卵	仔稚鱼
鲬科	1.19						1.17	
鳀科	0.74						0.72	
银汉鱼科			0.76		66.67			0.22
鲭科	0.64	0.23					0.63	0.17
鲉科		0.26						0.19
鲻科	0.61	5.37					0.60	3.97
鳚科	0.07	0.22	18.03	39.08			0.28	10.39
带鱼科	0.02		46.94	0.07			0.57	0.02
舌鳎科	0.04		33.09	0.03		1.87	0.43	0.01
鲳科	0.05						0.05	
狗母鱼科			1.21				0.01	
鲄科			1.74				0.01	
鲽科			1.87				0.01	

春季是硬骨鱼类的产卵盛期，不论是鱼卵的种类和数量，还是其分布的范围，均为最多、最广。5—6月，鱼卵数量多、分布广的主要种类是鳀、斑鰶和短鳍红娘鱼，其次是黄姑鱼、鲬、鲱鳀、蓝点马鲛、棘头梅童鱼和鲛等。夏季8月，鱼卵的数量明显少于春季，主要种类为小带鱼，其次是短吻红舌鳎和多鳞鳝。秋季10月，硬骨鱼类进入产卵末期，鱼卵的数量更少，主要种类是鳀、角木叶鲽和棘头梅童鱼，其次是花鲈和半滑舌鳎。

1.2.3.2 仔稚鱼

1998年渤海近岸水域，仔稚鱼数量较多的也是6个科，鳀科居首位，鲱科列第二，其次为鰕虎鱼科、鳚科、鲻科和海龙科，其他各科即鳒科、鲆科、鲹科、鲉科、银汉鱼科、鲭科、石首鱼科、带鱼科和舌鳎科的仔稚鱼数量，每一种所占比例均在1%以下（见表1.2）。

春季5—6月，仔稚鱼数量最多的种类是鳀，占春季仔稚鱼总数量的66.4%。夏季8月，仔稚鱼的主要种类是多鳞鳝（1184尾）、青鳞沙丁鱼（938尾）、赤鼻棱鳀（230尾）、1种鰕虎鱼（175尾）。秋季10月，仔稚鱼的数量也很少。

1.2.3.3 年间变化

1982年、1992—1993年和1998年渤海的三次调查，采集的鱼卵中数量最多的种类为鳀科鱼类，第一优势种均为鳀，但其所占的比例变化很大，分别占鱼卵总数量的25.3%、96.0%和59.0%。1992—1993年，鳀卵的数量比1982年增加了54.3倍，随着鳀资源的高强度开发，到1998年，鳀卵的数量急剧减少，仅为1992—1993年的5.2%；黄鲫卵、仔稚鱼的数量，1998年分别是1992—1993年的1/15、1/100，为1982年的1/10、1/2。鲱科鱼类中，斑鰶卵的数量，1998年是1992—1993年的2.3倍，是1982年的1.1倍；青鳞沙丁鱼卵、仔稚鱼的数量，1998年分别是1992—1993年的1/15、1/18，是1982年的1/7、1/20。鳀、黄鲫、斑鰶和青鳞沙丁鱼的卵与仔稚鱼数量的变动趋势与它们各自群体的相对资源量指数的变动趋势是一致的（万瑞景等，1998；万瑞景等，2000；姜言伟等，1988）。

石首鱼科的鱼卵、仔稚鱼的数量也呈现减少的趋势。黄姑鱼卵的数量在 3 次调查中均居石首鱼科鱼类的首位，虽然 1998 年的数量较 1982 年明显减少（仅为 71.8%），但比 1992—1993 年增加了近 1 倍；棘头梅童鱼卵的数量，1998 年比 1992—1993 年和 1982 年均有较大幅度的增加；小黄鱼卵、白姑鱼卵的数量，1998 年分别为 1982 年的 1/3、1/30，为 1992—1993 年的 1/50、1/4。在 1998 年的调查中，没有采到黑鳃梅童鱼、叫姑鱼的卵和仔稚鱼，也没采到小黄鱼、白姑鱼和黄姑鱼的仔稚鱼。可见，黄姑鱼、棘头梅童鱼的资源略有上升，小黄鱼、白姑鱼、叫姑鱼和黑鳃梅童鱼的资源衰退比较明显。

多鳞鱚卵的数量，1998 年仅为 1992—1993 年的 1/22，为 1982 年的 1/4；仔稚鱼的数量，1998 年为 1992—1993 年的 3.2 倍，为 1982 年的 7.9 倍。花鲈的卵、仔稚鱼的数量也大量减少，由 1982 年采集的 3 087 粒、18 尾减少到 1992—1993 年的 236 粒、39 尾，到 1998 年，锐减为 13 粒。鲬的卵、仔稚鱼的数量，1982 年采集 5 883 粒、123 尾；1992—1992 年，鱼卵增加到 8 799 粒，而仔稚鱼减少到 2 尾；1998 年，其鱼卵大量减少，仅为 2 316 粒，仔稚鱼没有采集到。短吻红舌鳎的卵、仔稚鱼，1982 年为 14 347 粒、410 尾；1992—1993 年，锐减为 4 344 粒、8 尾；1998 年，仅有 837 粒、1 尾。油魣、鲅和蓝点马鲛的卵、仔稚鱼，相对来说比较稳定，1998 年，它们的数量略多于 1992—1993 年，而短鳍红娘鱼卵的数量则明显增多。可见，多鳞鱚、花鲈、鲬和短吻红舌鳎的资源出现明显衰退，油魣、鲅和蓝点马鲛的资源相对稳定，短鳍红娘鱼的资源则有所增加（万瑞景等，1998；万瑞景等，2000；姜言伟等，1988）。

1.3　生态类群[*]

1.3.1　鱼类

鱼类属于游泳动物，构成渤海渔业生物资源的主体。1998 年的渤海近岸水域调查，捕获鱼类的重量占渔业生物资源总重量的 82.7%。在鱼类重量中，中上层鱼居优势地位，占 84.9%，底层鱼仅占 15.1%。

渤海的中上层鱼类以小型种类为主，主要种类有斑鰶（占鱼类总重量的 28.2%）、黄鲫（20.1%）、赤鼻棱鳀（6.4%）、鳀（2.9%）等，属于大型种类的蓝点马鲛、中型种类的银鲳，在鱼类总重量中只占很小的比例，分别占 12.5%、9.9%。

在渤海的底层鱼类中，属于中型鱼类的小黄鱼所占比例不大，占鱼类总重量的 4.4%，其他数量稍多的两种，是小带鱼（3.6%）和矛尾鰕虎鱼（1.5%），但它们均属于小型鱼类。

1.3.2　甲壳类

在渤海，甲壳类的种类与数量相比头足类来说比较多。甲壳类中的虾类（包括口虾蛄）、蟹类，它们都属于底栖性种类，主要渔业经济种类有中国对虾、三疣梭子蟹、口虾蛄、日本鲟、鹰爪虾和中国毛虾等。

渤海近岸水域，无脊椎动物占渔业生物资源总重量的 17.3%，其中，甲壳类就占生物资源总重量的 13.7%（蟹类占 7.6%，虾类占 6.1%）。主要经济种类有口虾蛄（占无脊椎动物

---

　　[*] 执笔人：程济生

总重量的 28.0%）、三疣梭子蟹（24.4%）、日本蟳（7.6%）和鹰爪虾（2.5%）。

1.3.3 头足类

在渤海，头足类无论在种类和数量上都比较少，主要种类有火枪乌贼、日本枪乌贼、短蛸和长蛸等。火枪乌贼和日本枪乌贼都属于游泳动物，短蛸和长蛸属于底栖性种类。

渤海近岸水域，头足类占渔业生物资源总重量的 2.7%，主要种类是火枪乌贼，占无脊椎动物总重量的 13.1%。

1.4 渔业结构及其变化[*]

从捕捞产量变化进行分析，20 世纪五六十年代，捕捞生产处于发展的初期阶段。这期间，随着捕捞技术的不断提高，捕捞力量的逐步增加，年产量稳步上升。渤海捕捞生产主要的利用对象是中国明对虾、小黄鱼、三疣梭子蟹、银鲳、带鱼、真鲷、花鲈、半滑舌鳎、褐牙鲆、高眼鲽和鹰爪虾等经济价值高的种类，渔业生物种类资源的利用极不均衡。到了后期，小黄鱼等处于过度利用状态，而大多数渔业生物种类处于未利用或利用不足的阶段。70 年代和 80 年代，捕捞生产渔船几乎全部机动化，捕捞网具主要是拖网、流刺网和定置网，随着网具的革新和捕捞技术的发展伴随而来的是捕捞力量的成倍增加。这期间，除继续利用经济价值高的种类外，还加大了对白姑鱼、黄姑鱼、叫姑鱼、黑鳃梅童鱼、棘头梅童鱼、鲅、枪乌贼、毛虾等种类的利用。中国明对虾、三疣梭子蟹、小黄鱼和带鱼等传统经济种类已经过度利用，甚至枯竭，因此，又开始了对口虾蛄、青鳞沙丁鱼、黄鲫、斑鰶、沙氏下鱵鱼等资源的开发利用。20 世纪 50 年代到 80 年代的初期，渤海捕捞的年渔获量波动在 $(28 \sim 32) \times 10^4$ t。

渤海是黄渤海重要的产卵场和育幼场，为了加强对幼鱼的保护，1988 年在渤海以流网代替拖网，从此拖网作业退出了渤海。后来，流刺网、定置网和小围网等作业类型成为渤海的主要捕捞作业方式。

20 世纪 90 年代，小型机帆船迅速增加，对鲅、黄鲫、青鳞沙丁鱼等小型鱼类的利用强度显著增加，渤海的年捕捞产量虽然比 80 年代有所增加，但渔获物质量低下，单位捕捞力量渔获量（CPUE）急剧下降，渔业资源处于全面过度开发利用状态。这时，海洋捕捞已经利用了一切可以利用的渔业生物资源。

---

[*] 执笔人：程济生

第 2 章　渔业生物资源分布特征与栖息地

2.1　密度分布及其季节变化[*]

2.1.1　渔业生物资源分布概况

渔业生物资源密度是指单位空间渔业生物数量的大小，通常是以单位面积（或体积）的生物量或个体数目来表示。进行渔业生物资源定点拖网调查时，在调查船、网具、拖速相同的情况下，每小时的网次渔获量（kg/h）是表示渔业生物资源相对密度的一种比较好的指数。为了表示调查海域渔业生物资源相对密度的平均水平，在计算时用总捕获量（或捕获尾数）除以调查站位投网的总次数（程济生，2004）。

渤海近岸水域、河口区是重要的生态交错带，黄河等入海径流对生源要素的补充使得各湾及其邻近水域成为高生产力区，从而形成海洋经济鱼虾类的重要产卵场和栖息地。每年从春季到秋季，在渤海产卵和索饵育肥的渔业生物种类繁多，既有底层鱼类，又有中上层鱼类，还有虾蟹类和头足类等经济无脊椎动物，形成了我国著名的近海优良渔场。

渤海渔业生物资源主要由洄游性种类组成，渤海地方性种类的数量较少。洄游性种类在春季进入渤海，晚秋游离渤海。因此，一年当中，渤海渔业生物资源群落结构会出现季节性变化，冬季渔业生物资源在种类、数量上都比较少。

渤海近岸水域，1998 年春、夏、秋三个季节，底拖网调查的渔业生物资源的相对生物量指数（以后简称指数）平均为 9.989 kg/h，其中，鱼类是主体，占资源总指数的 82.7%，蟹类占 7.6%，虾类占 6.1%，头足类占 2.7%，其他无脊椎动物仅占 0.9%。20 世纪 90 年代以来，近海捕捞强度过大的问题显得更加突出，渔业生物资源衰退日趋严重，资源密度下降非常明显。1998 年，资源的最高指数，春季，仅为 13.504 kg/h；夏季，为 33.732 kg/h；秋季比较高，为 113.955 kg/h。

2.1.2　鱼类及其优势种资源分布

表 2.1 列出了 1998 年渤海近岸水域鱼类资源拖网调查结果（程济生，2004）[280]。三个季节，鱼类资源的平均指数为 8.262 kg/h，其中，中上层鱼类为 7.016 kg/h，占鱼类资源总指数的 84.9%，成为鱼类资源的主要成分；底层鱼类为 1.246 kg/h，仅占 15.1%，在鱼类资源中处于次要位置。由于洄游性鱼类的季节移动明显，渤海各湾不同季节鱼类的资源结构、密度分布的差异就比较显著。

从表中可以看出：在各区域中，三个季节鱼类资源的平均指数以辽东湾最高，为

---

　　* 执笔人：李显森

13.912 kg/h，其中，中上层鱼为12.409 kg/h，占该区鱼类资源总指数的89.3%，底层鱼为1.503 kg/h，占10.7%；其次是莱州湾，平均指数为6.961 kg/h，中上层鱼类为5.992 kg/h，占86.1%，底层鱼类为0.969 kg/h，占13.9%；渤海湾位居第三，平均指数为5.211 kg/h，中上层鱼类为3.607 kg/h，占69.2%，底层鱼类为1.604 kg/h，占30.8%；秦皇岛外海最低，平均指数为4.619 kg/h，中上层鱼类为2.208 kg/h，占47.8%，底层鱼类为2.412 kg/h，占52.2%。

表2.1　渤海近岸各区域鱼类资源指数的季节变化　　　　　　单位：kg/h

区　域	春季（5—6月）		夏季（8月）		秋季（10月）		三个季节	
	范围	平均值	范围	平均值	范围	平均值	范围	平均值
莱州湾	0.753~7.662	3.982	0.135~28.506	5.658	1.014~59.81	11.845	0.135~59.81	6.961
渤海湾	0.616~6.840	1.722	0.524~7.053	3.016	0.245~9.569	6.965	0.245~9.569	5.211
辽东湾	0.809~3.641	1.440	0.829~10.004	3.946	0.320~110.4	28.954	0.320~110.4	13.912
秦皇岛外海	0.455~4.851	2.505	0.135~2.256	1.006	0.685~22.403	10.348	0.135~22.403	4.619
渤海近岸	0.455~7.662	3.092	0.135~28.506	4.245	0.245~110.4	15.618	0.135~110.4	8.262

各区域鱼类资源平均指数季节之间的增减率变化非常明显。从春季到夏季，莱州湾、渤海湾、辽东湾，其增长率分别为42.1%、75.1%、174%，且增长率随区域所处纬度的增高而变大，唯有秦皇岛外海在减少，减少率为59.8%；从夏季到秋季，莱州湾、渤海湾鱼类资源平均指数的增长率相对较低，分别增加了1.1倍、1.3倍，辽东湾的增长率比较高，增加了6.3倍，秦皇岛外海的增长率最高，增加了9.3倍。

2.1.2.1　春季

渤海近岸水域鱼类资源平均指数为3.092 kg/h，其中，中上层鱼类为2.509 kg/h，占春季鱼类总指数的81.1%，底层鱼类为0.583 kg/h，占18.9%。平均指数以莱州湾为最高，秦皇岛外海次之，辽东湾最低，其分布见图2.1。

1998年5月，莱州湾鱼类资源的平均指数为3.982 kg/h，其中以赤鼻棱鳀的指数最高，为1.463 kg/h，占36.7%；鳀其次，为0.641 kg/h，占16.1%；黄鲫第三，为0.633 kg/h，占15.8%。秦皇岛外海鱼类资源的指数为2.505 kg/h，其中以黄鲫最高，为0.769 kg/h，占30.7%；然后是鳀，为0.723 kg/h，占28.7%；第三是赤鼻棱鳀，为0.267 kg/h，占11.2%。渤海湾鱼类资源的指数为1.722 kg/h，以赤鼻棱鳀指数最高，为0.945 kg/h，占55.2%；其次是黄鲫，为0.567 kg/h，占33.1%。辽东湾的鱼类资源指数为1.440 kg/h，其中以黄鲫最高，为0.541 kg/h，占37.5%；小黄鱼次之，为0.167 kg/h，占11.8%；第三是银鲳，为0.117 kg/h，占8.3%。

2006年5月，莱州湾鱼类资源的平均指数为4.565 kg/h，其中以鳀的指数最高，为2.032 kg/h，占44.5%；青鳞沙丁鱼其次，为1.132 kg/h，占24.8%；赤鼻棱鳀第三，为0.471 kg/h，占10.3%。与1998年8月相比，莱州湾鱼类资源的平均指数略有上升，优势种也稍有变化。

2.1.2.2　夏季

由于当年发生的蓝点马鲛幼鱼在渔获物中大量出现，鱼类的平均指数比春季增加了

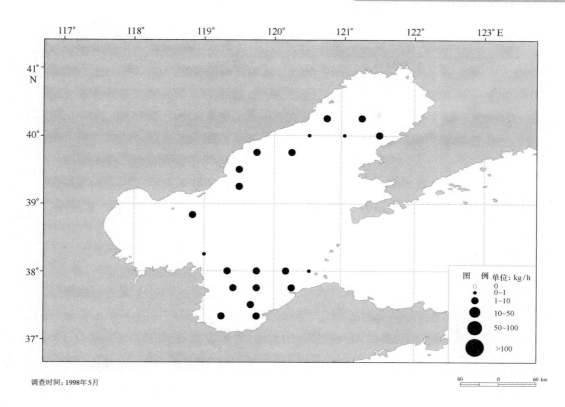

调查时间：1998年5月

图2.1　渤海近岸水域春季鱼类密度分布

37.3%，为4.245 kg/h。其中，中上层鱼为3.660 kg/h，占夏季鱼类总指数的86.2%，底层鱼为0.529 kg/h，占13.8%。鱼类资源平均指数仍然是莱州湾最高，秦皇岛外海最低，其分布见图2.2。

1998年8月，莱州湾鱼类资源的平均指数为5.658 kg/h，其中以蓝点马鲛最高，为2.543 kg/h，占44.9%；黄鲫次之，为0.987 kg/h，占17.5%；银鲳第三，为0.603 kg/h，占10.6%。辽东湾鱼类资源的指数为3.946 kg/h，其中，也是蓝点马鲛最高，为1.422 kg/h，占35.9%；其次是银鲳，为1.020 kg/h，占25.8%；黄鲫居第三位，为0.376 kg/h，占9.6%。渤海湾鱼类资源的指数为3.016 kg/h，同样是蓝点马鲛最高，为0.600 kg/h，占19.9%；赤鼻棱鳀次之，为0.534 kg/h，占17.5%；黄鲫在第三位，为0.454 kg/h，占14.9%。秦皇岛外海鱼类资源的指数为1.006 kg/h，以蓝点马鲛和小黄鱼最高，均为0.340 kg/h，各占33.7%；斑鲦位居第三，为0.084 kg/h，占7.9%。

2007年8月，莱州湾鱼类资源的平均指数为4.381 kg/h，其中以黄鲫的指数最高，为1.534 kg/h，占35.0%；小黄鱼其次，为0.760 kg/h，占17.3%；青鳞沙丁鱼第三，为0.639 kg/h，占14.6%。与1998年5月相比，莱州湾鱼类资源的平均指数有所下降，优势种的变化也比较大。

2.1.2.3　秋季

这时绝大多数鱼类的当年出生幼鱼均已进入渔获物中，鱼类资源平均指数比夏季增长了近2.7倍，为15.618 kg/h，其中，中上层鱼为13.632 kg/h，占秋季鱼类资源总指数的87.3%；底层鱼为1.986 kg/h，占12.7%。鱼类指数以辽东湾最高，渤海湾最低，其分布见图2.3。

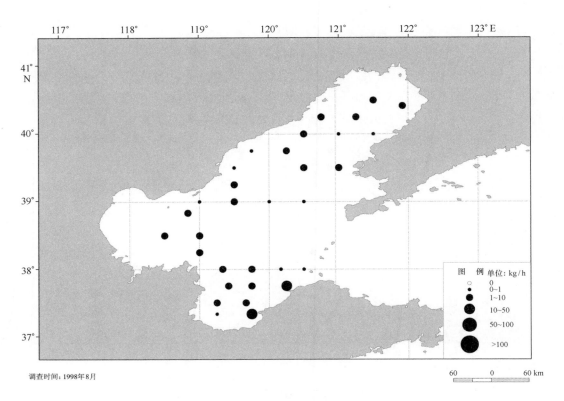

调查时间：1998年8月

图 2.2　渤海近岸水域夏季鱼类密度分布

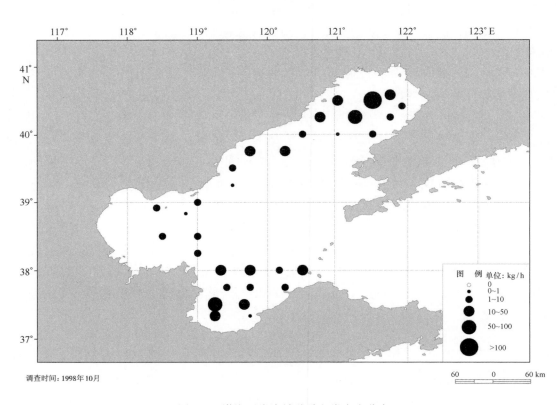

调查时间：1998年10月

图 2.3　渤海近岸水域秋季鱼类密度分布

1998 年 10 月，辽东湾鱼类资源的平均指数为 28.954 kg/h，其中以斑鰶最高，为 13.056 kg/h，占 45.1%；银鲳次之，为 6.602 kg/h，占 22.8%；再者是黄鲫，为 3.587 kg/h，占 12.4%。莱州湾鱼类资源的指数为 11.845 kg/h，其中以斑鰶最高，为 5.131 kg/h，占 43.3%；黄鲫次之，为 3.373 kg/h，占 28.4%；银鲳第三，为 0.620 kg/h，占 5.2%。秦皇岛外海鱼类资源的指数为 10.348 kg/h，其中以小黄鱼最高，为 4.447 kg/h，占 43.0%；蓝点马鲛次之，为 1.274 kg/h，占 12.3%；银鲳第三，为 1.063 kg/h，占 10.2%。渤海湾鱼类资源的指数为 6.965 kg/h，其中以黄鲫最高，为 2.126 kg/h，占 30.6%；鳀在第二位，为 1.030 kg/h，占 14.8%；第三是斑鰶，为 0.832 kg/h，占 11.9%。

2006 年 10 月，莱州湾鱼类资源的平均指数为 15.584 kg/h，其中以矛尾鰕虎鱼最高，为 3.702 kg/h，占 23.8%；赤鼻棱鳀次之，为 3.190 kg/h，占 20.5%；鳀第三，为 1.755 kg/h，占 11.3%。与 1998 年 10 月相比，莱州湾鱼类资源的指数有所上升，优势种的变化非常大。

2.1.3　无脊椎动物及其优势种资源分布

表 2.2 列出 1998 年渤海近岸水域无脊椎动物资源拖网调查结果（程济生，2004）。渤海近岸水域三个季节无脊椎动物资源的平均指数为 1.727 kg/h，其中，由虾类、蟹类和头足类组成的主要经济种类，合计为 1.023 kg/h，占 59.2%，其他无脊椎动物为 0.704 kg/h，占 40.8%。

表 2.2　渤海近岸各区域无脊椎动物资源指数的季节变化　　　　　　　　　　单位：kg/h

区域	春季（5—6 月）		夏季（8 月）		秋季（10 月）		3 个季节	
	范围	平均值	范围	平均值	范围	平均值	范围	平均值
莱州湾	0.010～6.989	0.733	0.013～5.226	0.622	0.667～5.074	3.850	0.010～6.989	1.807
渤海湾	0.287～7.182	4.851	0.025～0.341	0.156	0.164～2.969	1.118	0.025～7.182	1.573
辽东湾	1.117～3.735	2.632	0.010～0.480	0.206	0.679～7.508	3.803	0.010～7.508	2.478
秦皇岛外海	1.661～1.994	1.869	0.027～0.238	0.139	2.053～8.594	4.523	0.027～8.594	1.812
渤海近岸	0.010～7.182	1.504	0.010～5.226	0.392	0.124～10.847	3.403	0.010～10.847	1.727

无脊椎动物资源的平均指数以辽东湾最高，为 2.478 kg/h，其中，虾类为 0.729 kg/h，蟹类为 0.428 kg/h，头足类为 0.179 kg/h；秦皇岛外海与莱州湾的相差不大，平均指数分别为 1.812 kg/h、1.807 kg/h，其中，虾类分别为 0.321 kg/h、0.633 kg/h，蟹类分别为 0.887 kg/h、0.799 kg/h，头足类分别为 0.224 kg/h、0.286 kg/h；渤海湾最低，仅为 1.573 kg/h，其中，虾类为 0.473 kg/h，蟹类为 0.406 kg/h，头足类为 0.246 kg/h。

从各区域的无脊椎动物资源平均指数季节之间的增、减率来看：从春季到夏季，渤海湾、辽东湾和秦皇岛外海 3 个区域的减少率都比较大，在 92.2%～95.4%，只有莱州湾的减少率比较小，为 15.1%；从夏季到秋季，秦皇岛外海的平均指数增长率最高，增加了 38.7 倍，辽东湾次之，增加了 17.5 倍，莱州湾、渤海湾的增长率相对较低，分别增加了 5.2 倍、6.2 倍。春季，渤海湾最高，莱州湾最低；夏季，莱州湾最高，秦皇岛外海最底；秋季，秦皇岛外海最高，渤海湾最低。

2.1.3.1 无脊椎动物资源分布

1）春季

无脊椎动物资源平均指数为 1.504 kg/h，其中，虾类为 1.010 kg/h，蟹类、头足类均比较低，分别为 0.037 kg/h、0.056 kg/h，其他类别为 0.928 kg/h。虾类和蟹类主要分布于河口、近岸水域，虾类数量较高的站分布在莱州湾的龙口外海和秦皇岛外海，蟹类主要分布于秦皇岛外海。虾、蟹资源分布见图 2.4、图 2.5。

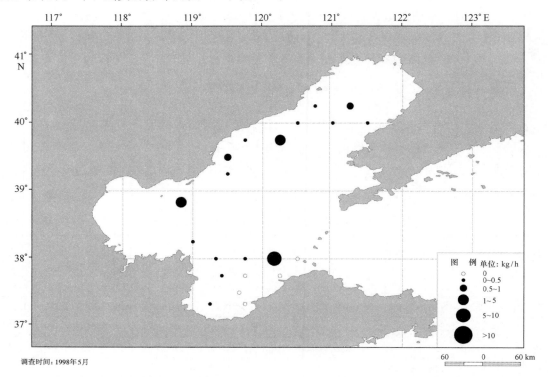

调查时间：1998年5月

图 2.4　渤海近岸水域春季虾类密度分布

2）夏季

无脊椎动物资源的平均指数比春季下降了 73.9%，仅为 0.392 kg/h，其中虾类为 0.065 kg/h，蟹类为 0.140 kg/h，头足类为 0.133 kg/h，其他类别仅为 0.012 kg/h。虾类分布广，但没有形成高密度区，蟹类分布较零散，以莱州湾的三山岛西部水域生物量较高。虾、蟹资源分布见图 2.6、图 2.7。

3）秋季

由于头足类和甲壳类当年补充群体的大量出现，无脊椎动物资源的平均指数明显增大，为 3.403 kg/h，是夏季的 8.7 倍，其中以蟹类为主，为 1.614 kg/h，其次是虾类，为 0.911 kg/h，头足类较低，为 0.580 kg/h，其他类别为 0.322 kg/h。虾类和蟹类的高密度区均出现在莱州湾的黄河口水域和辽东湾的辽河口水域，渤海湾的密度相对较低。虾、蟹资源分布见图 2.8、图 2.9。

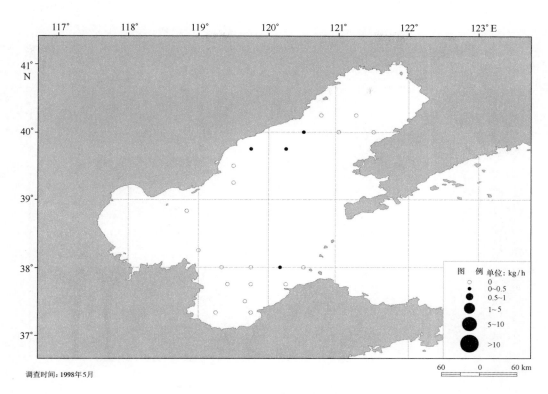

调查时间：1998年5月

图2.5　渤海近岸水域春季蟹类密度分布

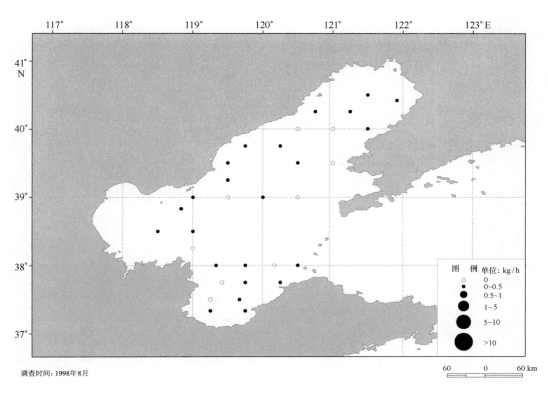

调查时间：1998年8月

图2.6　渤海近岸水域夏季虾类密度分布

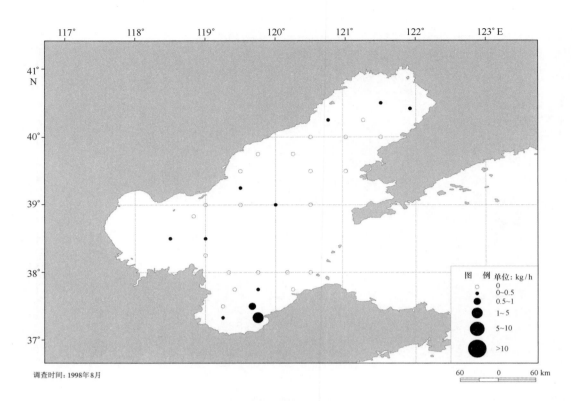

调查时间:1998年8月

图 2.7　渤海近岸水域夏季蟹类密度分布

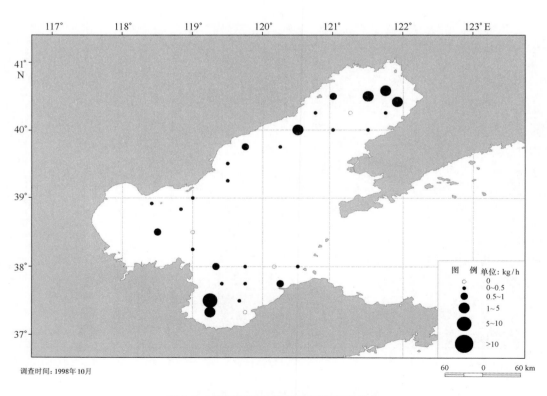

调查时间:1998年10月

图 2.8　渤海近岸水域秋季虾类密度分布

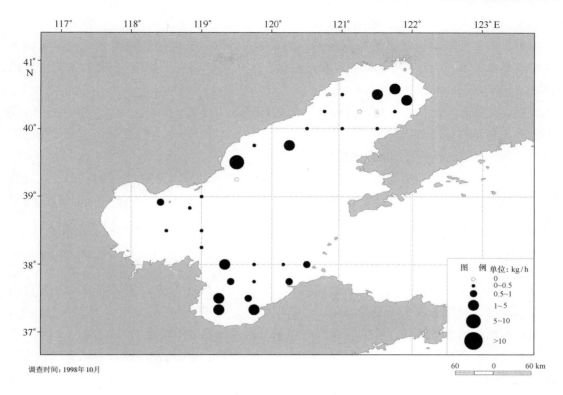

调查时间：1998年10月

图2.9 渤海近岸水域秋季蟹类密度分布

2.1.3.2 主要经济种类资源分布

1）火枪乌贼

火枪乌贼是暖水性、浮游动物食性的小型头足类，为渤海头足类的主要种类。常活动在海水的近底层，进行越冬洄游，越冬场在黄海中北部的较深海区，一般4月份就已进入渤海，且分布范围很广，产卵期比较长，5—10月均有个体产卵，盛期为7—8月。火枪乌贼到12月份才退出渤海，在渤海停留的时间很长。

春季，以秦皇岛外海的平均指数最高，为0.142 kg/h；其次是莱州湾，为0.050 kg/h；渤海湾第三，为0.019 kg/h；辽东湾的密度最低，为0.014 kg/h。渤海近岸水域春季的最高指数为0.480 kg/h，出现在莱州湾湾口水域。

夏季，平均指数以莱州湾最高，为0.248 kg/h；渤海湾次之，为0.083 kg/h；秦皇岛外海第三，为0.028 kg/h；辽东湾仍然最低，仅为0.010 kg/h。渤海近岸水域夏季的最高指数为2.453 kg/h，出现在莱州湾的三山岛西部水域。

秋季，平均指数仍然是莱州湾最高，为0.505 kg/h；其次是渤海湾，为0.478 kg/h；秦皇岛外海第三，为0.455 kg/h；辽东湾还是最低，为0.355 kg/h。渤海近岸水域秋季的最高指数为2.500 kg/h，仍然出现在莱州湾东南的三山岛西部水域。

2）口虾蛄

渤海的口虾蛄是暖温性、底栖动物食性的大型底栖甲壳类，终年不出渤海，穴居越冬，属于渤海地方性资源，秋季9—10月进行交配，翌年4月底开始在近岸水域以抱卵方式进行生殖活动，生殖期为5—7月，盛期在5月。

春季，其资源平均指数以渤海湾最高，为1.315 kg/h；其次是莱州湾，为0.506 kg/h；第三是秦皇岛外海，为0.492 kg/h；辽东湾最低，为0.267 kg/h。密集区出现在莱州湾湾口，最高指数为6.000 kg/h。

夏季，其资源平均指数以辽东湾较高，为0.077 kg/h；莱州湾其次，为0.063 kg/h；秦皇岛外海为0.045 kg/h，居第三位；渤海湾最低，为0.039 kg/h。渤海近岸的最高指数为0.379 kg/h，出现在莱州湾东南的三山岛西部水域。

秋季，其资源平均指数仍然以辽东湾最高，莱州湾第二，分别为1.279 kg/h、0.866 kg/h；渤海湾居第三位，平均值为0.371 kg/h；秦皇岛外海最低，仅为0.177 kg/h。渤海近岸的最高指数为3.960 kg/h，出现在莱州湾南部。

3）三疣梭子蟹

渤海的三疣梭子蟹是暖温性、底栖动物食性的大型底栖甲壳类，属于渤海地方性资源，终生不出渤海，仅作深浅水短距离移动，行蛰伏越冬。7—10月进行交配，翌年4月到近岸河口附近开始进行生殖活动，繁殖期很长，4—9月均可捕到抱卵雌蟹。

春季，渤海近岸的拖网定点调查没有捕到三疣梭子蟹。在渤海湾马棚口的地撩网取样时，202.3 kg渔获物中有0.441 kg三疣梭子蟹，所占比例为0.2%；在辽东湾长兴岛八叉沟的罾子网取样时，586 kg和755 kg的渔获物中分别有3.08 kg和0.225 kg三疣梭子蟹，各占0.5%和0.03%。

夏季，渤海近岸的拖网定点调查只在莱州湾中南部捕到了三疣梭子蟹，平均指数为0.051 kg/h，最高指数为0.405 kg/h，在其他区域均无捕获。在渤海湾南堡附近的架子网取样时，993 kg和449 kg的渔获物中分别有6.53 kg和0.320 kg三疣梭子蟹，各占0.7%和0.07%；在莱州湾西部垦利附近的大张网取样时，18.2 kg的渔获物中有0.606 kg三疣梭子蟹，占3.3%。

秋季，渤海近岸的拖网调查，发现各区域均有三疣梭子蟹分布，其资源平均指数以秦皇岛外海最高，为2.447 kg/h；其次是莱州湾，为1.769 kg/h；辽东湾第三，平均为0.223 kg/h；渤海湾最低，为0.141 kg/h。渤海近岸水域，最高指数为10.0 kg/h，出现在莱州湾胶莱河口附近，其次是在秦皇岛外海滦河口附近，为5.227 kg/h。莱州湾西部垦利附近的大张网取样时，9.58 kg的渔获物中有0.30 kg三疣梭子蟹，占3.1%；渤海湾南堡附近的架子网取样时，282 kg的渔获物中有26.4 kg三疣梭子蟹，占9.4%，所占比例明显高于春季。

4）日本鲟

渤海的日本鲟生态习性与生物学特性与三疣梭子蟹基本相同，但产卵期比三疣梭子蟹略晚些。

春季拖网调查，只是在莱州湾中南部的1个站捕到日本鲟，为0.013 kg/h，其他区域均无所获。莱州湾垦利附近大张网取样时，27.5 kg渔获物中有日本鲟0.015 kg，占0.05%；辽东湾长兴岛八叉沟的罾子网取样时，755 kg渔获物中有日本鲟2.10 kg，约占0.03%。

夏季拖网调查，莱州湾的平均指数为0.232 kg/h，辽东湾的平均指数为0.057 kg/h；在渤海湾和秦皇岛外海均无捕获。渤海近岸水域，最高指数为2.244 kg/h，出现在莱州湾东南三山岛西部水域。莱州湾西部垦利附近的大张网取样时，18.2 kg渔获物内有日本鲟

0.144 kg，所占比例为0.8%。

秋季拖网调查，日本蚂分布范围比较广，秦皇岛外海的资源密度最高，平均指数为1.012 kg/h；辽东湾次之，为0.649 kg/h；莱州湾为0.185 kg/h，居第三位；渤海湾最低，仅0.050 kg/h。渤海近岸水域，最高指数出现辽东湾中北部，为2.800 kg/h。

5）鹰爪虾

渤海的鹰爪虾是暖水性、底栖动物食性的中型底栖甲壳类，进行较长距离洄游，在黄海中部越冬。一般5月上中旬进入渤海，夏季7—8月在近岸水域产卵，11月离开渤海。

春季拖网调查，只在莱州湾口的1个站捕到1尾，其他区域均无出现。在定置网调查中，辽东湾口长兴岛的罾子网取样时，755 kg渔获物中有18.0 kg的鹰爪虾，占2.4%。

夏季拖网调查，只在莱州湾和秦皇岛外海出现，平均指数分别为0.007 kg/h、0.002 kg/h。

秋季拖网调查，4个区域均有出现，平均指数以莱州湾最高，为0.246 kg/h；其次是秦皇岛外海，为0.113 kg/h；第三是辽东湾，为0.018 kg/h；渤海湾最低，为0.011 kg/h。渤海近岸水域，最高指数为2.000 kg/h，出现在莱州湾口的中部水域。

2.2　主要产卵场、育幼场、索饵场、越冬场[*]

2.2.1　产卵场、育幼场

渤海中的主要产卵场、育幼场在莱州湾、渤海湾和辽东湾的近岸水域、河口区。在3个湾进行繁殖的渔业种类主要有海蜇、枪乌贼类、口虾蛄、中国毛虾、中国对虾、鹰爪虾、三疣梭子蟹、青鳞沙丁鱼、斑鰶、鳀、赤鼻棱鳀、黄鲫、花鲈、多鳞鱚、黄姑鱼、叫姑鱼、小黄鱼、梅童鱼类、真鲷（仅莱州湾）、带鱼、蓝点马鲛、银鲳、鲬、大泷六线鱼等。产卵多在4—6月，也有少数种类是在其他季节，如夏一世代毛虾（夏季）、海蜇（秋季）、花鲈（秋季）、大泷六线鱼（秋季）等。

2.2.2　索饵场

辽河、大凌河等河流入海与外海高盐水混合所形成的辽东湾混合水域，该混合水有时可影响渤海的南部和老铁山一带；黄河、海河、滦河等河流的淡水入海与外海高盐水形成的混合水域，主要影响渤海湾和莱州湾。由于径流带来大量营养盐，饵料生物种类多、数量大，形成很好的索饵场。

2.2.3　越冬场

终生在渤海生活的一些地方性种类，在渤海越冬，越冬场主要是在渤海中部和海峡附近的深水区。

---

* 执笔人：孟田湘

2.2.4 主要渔业种类产卵场、育幼场、索饵场、越冬场

2.2.4.1 枪乌贼类

进入渤海的枪乌贼，其主要产卵场、育幼场在莱州湾和秦皇岛近岸水域。产卵期4—6月，产卵场底层水温最低值约为10℃，盐度约为31。

2.2.4.2 中国对虾

进入渤海的中国对虾，其产卵场、育幼场在莱州湾、渤海湾、辽东湾和滦河口附近，产卵期为5月。索饵场也在河口附近的浅水区，索饵的幼虾7月开始向深水移动，8月集中分布于15 m以内的水深处，9月上、中旬索饵场主要在20～28 m的渤海深水区。

2.2.4.3 鹰爪虾

进入渤海的鹰爪虾，主要产卵场、育幼场在莱州湾和金复湾。产卵场底层水温为20～26℃，底层盐度为28～30。产卵期在6—9月。索饵场在产卵场及其附近较深水域。

2.2.4.4 鳀

进入渤海的鳀，主要产卵场、育幼场在辽东湾、渤海湾以及莱州湾。产卵期为5—6月。索饵场分散在产卵场附近的较深水域。

2.2.4.5 小黄鱼

进入渤海的小黄鱼，产卵场、育幼场有辽东湾、渤海湾和莱州湾。产卵期为4—6月。产卵后分散索饵。

2.2.4.6 蓝点马鲛

进入渤海的蓝点马鲛，产卵场、育幼场在莱州湾、辽东湾、渤海湾及滦河口附近。

2.2.4.7 银鲳

进入渤海的银鲳，产卵场、育幼场与其他近海性鱼类的产卵场、育幼场分布极为相似，各湾的近岸水域，水深一般为10～20 m，底质为泥、泥砂、砂泥为主的海域。产卵场水温为12～23℃，盐度为27～31。主要产卵期为5—6月。银鲳索饵场比较分散，浅水区和深水区都有，主要索饵期为7—11月（农业部水产局等，1990）。

2.3 主要渔场及其季节变化[*]

现在，在渤海只有小黄鱼、黄鲫、青鳞沙丁鱼、鳀和赤鼻棱鳀等一些中小型鱼类及地方性的中国毛虾、三疣梭子蟹、口虾蛄和海蜇等为主要渔业种类。

过去，渤海的主要捕捞对象曾有小黄鱼、带鱼、鲥、鲆鲽类、真鲷、鲂鲱类、鳐类、中

---

[*] 执笔人：孟田湘

国对虾等大型优质经济种类。20世纪50年代到60年代初的渔获组成如表2.3所示（夏世福等，1965）。

表2.3　1953—1963年渤海捕捞产量　　　　　　　　　　单位：t

年份	总产量	小黄鱼	带鱼	鲥	鲆鲽类	鳐类	真鲷	鲛	鲂鲱类	中国对虾
1953	154 231	8 555	3 169	5 483	594	97	1 381	1 719	130	2 188
1954	226 225	10 222	4 989	3 967	1 050	300	1 507	2 409	158	4 019
1955	197 305	8 057	7 307	1 746	271	163	66	3 352	100	7 083
1956	242 414	17 181	16 408	3 540	722	395	1 252	823	76	18 151
1957	210 243	12 623	14 428	745	425	315	521	2 162	50	7 613
1958	217 242	14 785	11 859	1 003	619	467	291	1 618	219	8 107
1959	238 191	18 977	14 436	1 123	240	331	687	3 170	70	14 835
1960	222 284	16 726	23 546	2 010	442	408	244	1 566	283	4 955
1961	144 623	13 924	16 744	1 136	162	325	256		89	4 568
1962	162 352	8 932	16 979	2 507	198	514	78		41	7 614
1963	183 185	8 837	12 013	3 039	555	1 048	243		112	10 060

资料来源：辽宁、山东、江苏水产局和国营公司。

　　从20世纪60年代中期，渤海渔业资源逐年衰落，到20世纪末，渔业资源的种类组成和数量都发生了很大变化。"北斗"号2000年9月和12月在渤海深水区的调查结果：9月，产过卵的个体和幼鱼比较多，渔获量较大，渔获物组成较好，在捕获的377 kg鱼类中，鳀占28.0%，黄鲫占18.8%，青鳞沙丁鱼占12.4%，小带鱼占8.8%，银鲳占7.6%，蓝点马鲛占7.0%；12月，捕获鱼类的种数很少，只有很少尚未离开渤海的鱼类和一些终年生活在渤海的地方性鱼类，在所捕获的22 kg鱼类中，细纹狮子鱼占50.2%，鰕虎鱼类占25.1%，其他是一些还未离开渤海的油鲆、鳀等。

第3章　渔业生物资源量评估

3.1　渔业资源声学评估*

3.1.1　声学评估方法

海洋渔业生物资源的声学调查依据国家海洋调查规范推荐的方法进行。调查采用以断面为主的预设调查航线的方式进行，调查所用船只为"北斗"号渔业资源专业调查船。2000年的渤海深水区调查只在夏、初冬两个季节进行，调查时间与调查范围见表3.1。

表 3.1　渤海深水区渔业生物资源调查时间及调查范围

航次	季节	调查时间	经纬度范围
1	夏	2000 - 09 - 07—2000 - 09 - 10	37°45′—40°30′N，118°45′—121°30′E
2	初冬	2000 - 12 - 14—2000 - 12 - 19	37°45′—40°18.5′N，118°45′—121°18.5′E

调查所用科学探渔仪为 Simrad EK - 500 回声探测—积分系统，工作频率为 38 kHz。渔业生物资源取样用变水层拖网和底层拖网。变水层拖网网目为 916 目 × 40 cm，网口高度、宽度为 18 m × 24 m，拖速为 3.0 ~ 3.5 kn；底层拖网网目为 836 目 × 20 cm，拖速为 3.0 ~ 3.5 kn，网口高度根据水深和曳纲长度一般变动在 6.1 ~ 8.3 m，宽度一般变动在 24.5 ~ 25.9 m。

海洋生物资源的声学评估采用多种类渔业资源评估方法（赵宪勇等，2003）。生物量以 5 n mile 航程为基本单元进行计算，生物量评估则以方区为单位进行计算。方区边界以经、纬度确定，尺度为 0.5° × 0.5°。

3.1.2　评估种类总生物量分布格局

渤海深水区声学评估种类包括主要中上层鱼类、部分主要底层鱼类和头足类等共 13 个种类 16 种（见表3.2），其中，中上层鱼类有 8 类 9 种，底层鱼类有 4 类 4 种，头足类有 1 类 3 种。

3.1.2.1　夏季

1）生物量组成

渤海深水区夏季渔业资源声学评估种类共 12 类 15 种（见表3.3），总生物量近 41×10^4 t。其中，黄鲫是绝对优势种，占总生物量的 61.5%；其次为鳀，占 16.4%；再次为棱鳀类和青

---

　　* 执笔人：赵宪勇

鳞沙丁鱼，分别约占5.8%和5.0%。底层鱼类中小黄鱼生物量最高，占渤海夏季评估种类总生物量的近2.5%。

表3.2 渤海深水区渔业生物资源声学评估种类

种类	拉丁名	备注
蓝点马鲛	*Scomberomorus niphonius*（Cuvier，1831）	
鲐	*Scomber japonicus*（Houttuyn，1782）	
鳀	*Engraulis japonicus*（Temminck *et* Schlegel，1846）	
黄鲫	*Setipinna taty*（Valenciennes，1848）	
青鳞沙丁鱼	*Sardinella zunasi*（Bleeker，1854）	
棱鳀类	*Thryssa* spp.	包括赤鼻棱鳀和中颌棱鳀
银鲳	*Pampus argenteus*（Euphrasen，1788）	
斑鲦	*Konosirus punctatus*（Temminck et Schlegel，1846）	
带鱼	*Trichiurus lepturus* Linnaeus，1758	
小黄鱼	*Pseudosciaena polyactis*（Bleeker，1877）	
白姑鱼	*Argyrosomus argentatus*（Houttuyn，1782）	
玉筋鱼	*Ammodytes personatus* Girard，1856	
枪乌贼类	*Loligo* spp.	包括日本枪乌贼、火枪乌贼和剑尖枪乌贼

表3.3 渤海深水区夏季渔业生物资源声学评估种类总生物量及其组成　　　　　　单位：t

种 类	总生物量	蓝点马鲛	鲐	鳀	黄鲫	青鳞沙丁鱼
生物量	407 749	6 530	60	66 675	250 827	20 575
%	100	1.6	0.02	16.4	61.5	5.0

种 类	棱鳀类	银鲳	斑鲦	带鱼	小黄鱼	白姑鱼	枪乌贼类
生物量	22 738	10 172	17 984	17	10 087	166	1 919
%	5.6	2.5	4.4	0.004	2.5	0.04	0.5

2）生物量分布

渤海深水区，夏季声学评估种类总生物量分布如图3.1（a）所示。在调查覆盖的18个方区内，除39°N，120°00′~120°20′E约15 n mile，因天气原因无调查数据外，均有评估种类分布。总生物量非零值的分布密度在169.5~1 165 821.9 kg/n mile^2，平均60 067.8 kg/n mile^2。密集区主要分布于渤海北部、西部及南部深水区，其中，渤海北部39°30′N以北辽东湾渔场中部最为密集，夏季渤海5 n mile的平均最高生物量即分布于此。

3.1.2.2 初冬季

1）生物量组成

渤海深水区，初冬季渔业资源声学评估种类仅有7类10种（见表3.4），总生物量仅2 203 t。其中，鳀是绝对优势种，占总生物量的83.2%；其次为枪乌贼类，占9.8%；然后为棱鳀类，占3.2%。底层鱼类中仅有小黄鱼和玉筋鱼出现，且所占比例均不足1%。

表 3.4　渤海深水区初冬渔业生物资源声学评估种类总生物量及其组成　　　单位：t

种类	总生物量	鳀	黄鲫	棱鳀类	银鲳	小黄鱼	玉筋鱼	枪乌贼类
生物量	2 203			70	34	5	17	216
%		83.2	1.3	3.2	1.5	0.2	0.8	9.8

2）生物量分布

渤海深水区初冬季声学评估种类的总生物量分布如图 3.1（b）所示。虽然生物量很低，但调查覆盖的 16 个方区内，除西南部 5 个 5 n mile 外，均有评估种类分布。总生物量非零值的分布密度在 1.6～3 701.0 kg/n mile²，平均 285.8 kg/n mile²。与夏季相反，初冬季密集区主要分布于渤海中、东部及辽东湾渔场南部［因密度太低，在图 3.1（b）中没有反映出来］，初冬季渤海 5 n mile 的平均最高生物量密度即分布于此。

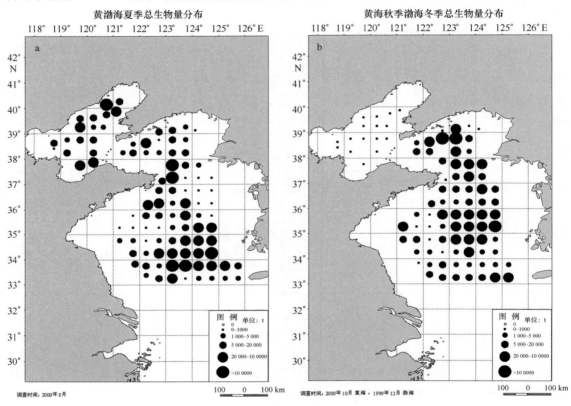

图 3.1　渤海深水区声学评估种类总生物量分布

3.1.2.3　资源季节特征

渤海深水区夏季渔业资源生物量很高，主要由黄鲫、鳀、棱鳀类、青鳞沙丁鱼、斑鰶等小型中上层鱼类组成；底层鱼类中的小黄鱼也有一定数量。初冬季，大部分鱼类资源已游离渤海，生物量很低，仅有活动能力较差的当年生幼鳀和枪乌贼类等滞留于此。

3.2 底拖网渔业生物资源评估[*]

3.2.1 渤海近岸水域近底层渔业生物资源量

根据 1998 年春季 5—6 月、夏季 8 月、秋季 10 月在渤海近岸水域进行的三次底拖网定点调查所取得的渔业生物资源网获量资料以及实测的拖网扫海宽度和拖速等参数，把逃逸率取值为 0.5，用扫海面积法对渤海近岸水域近海底约 6 m 水层之内的渔业生物资源量进行了估算，计算结果列于表 3.5。

表 3.5　1998 年渤海近岸水域近底层渔业生物资源量　　　　单位：×10⁴ t

生态类别	春季（5—6 月）	夏季（8 月）	秋季（10 月）
鱼 类	0.497 8	0.683 4	2.514 5
虾 类	0.162 6	0.010 5	0.146 0
蟹 类	0.006 0	0.022 5	0.259 9
头足类	0.009 0	0.021 4	0.093 4
总生物	0.675 4	0.737 8	3.013 8

渤海近岸水域的调查面积约为 4.48×10^4 km²，1998 年春、夏、秋三个季节（月）平均的渔业生物总资源量为 $1.475\ 7 \times 10^4$ t，其中，春季资源量最小，仅 $0.675\ 4 \times 10^4$ t，秋季最大，为 $3.013\ 8 \times 10^4$ t。三个季节（月）平均的鱼类资源量为 $1.231\ 9 \times 10^4$ t，虾蟹类为 $0.202\ 5 \times 10^4$ t，头足类为 $0.041\ 3 \times 10^4$ t。在资源量最大的秋季，鱼类资源量为 $2.514\ 5 \times 10^4$ t，虾蟹类为 $0.405\ 9 \times 10^4$ t，头足类为 $0.093\ 4 \times 10^4$ t。

3.2.2 渔业生物资源指数的变化

1982 年、1992—1993 年、1998 年，在渤海用相同的网具、方法前后进行过三次渔业生物资源调查，表 3.6 列出了渤海近岸水域春（5—6 月）、夏（8 月）、秋（10 月）三个季节（月）的调查数据。从表中可以看出，1982 年到 1998 年经过了 16 年，渤海渔业生物资源的数量发生了比较显著的变化。

表 3.6　渤海近岸水域渔业生物资源指数的年间变化　　　　单位：kg/h

年 份	春季（5—6 月）		夏季（8 月）		秋季（10 月）		三个季节平均			
							鱼 类			无脊椎动物
	鱼类	无脊椎动物	鱼类	无脊椎动物	鱼类	无脊椎动物	中上层鱼类	底层鱼类	合 计	
1982	120.500	7.591	66.802	29.319	99.098	43.804	51.995	43.471	95.466	26.905
1992—1993	48.428	5.227	115.670	19.029	61.868	29.212	53.071	22.251	75.322	17.823
1998	3.029	1.504	4.189	0.392	15.618	3.403	7.014	0.598	7.612	1.766

---

[*] 执笔人：程济生

3.2.2.1　鱼类资源指数的变化

16 年来，渤海近岸水域鱼类资源指数的年间变化是显著的（见表 3.6）。1982 年到 1992—1993 年，该指数平均每年下降了 2.3%；1992—1993 年到 1998 年，鱼类资源指数平均每年剧减了 17.8%，可见，后 5 年鱼类资源的衰退十分严重。

从季节看，1982 年到 1993 年，春季鱼类资源指数平均每年下降了 5.4%；1982 年到 1992 年，夏季该指数平均每年上升了 7.3%，秋季这一指数平均每年下降了 3.8%；1993 年到 1998 年，春季鱼类资源指数平均每年下降 18.7%；1992 年到 1998 年，夏季该指数平均每年下降了 16.5%，秋季这一指数平均每年下降了 12.5%。可以看出：前 10 年，鱼类资源指数在夏季上升的速率最大，秋季该指数下降的速率最小；后五六年，这一指数春季下降的速率最大，秋季下降的速率最小。

3.2.2.2　中上层鱼类和底层鱼类资源指数的变化

1982 年、1992—1993 年、1998 年，渤海近岸水域底层鱼类资源指数分别占同年鱼类资源指数的 46.1%、28.7%、15.1%，在鱼类中的比重呈递减趋势；中上层鱼这一指数分别占同年鱼类资源总指数的 53.9%、71.3%、84.9%，在鱼类中的比重呈增大的态势。

1982 年到 1992—1993 年，底层鱼类资源指数平均每年下降了 5.2%，中上层鱼类资源指数平均每年上升了 0.3%；1992—1993 年到 1998 年，底层鱼类资源这一指数平均每年剧减了 18.8%，中上层鱼资源这一指数平均每年下降了 8.8%。可以看出：渤海近岸水域底层鱼类资源的衰退比中上层鱼类资源更加明显，特别是后 5 年更为严重。

3.2.2.3　无脊椎动物资源指数的变化

1982 年到 1992—1993 年，无脊椎动物资源指数平均每年下降 7.9%；1992—1993 年到 1998 年，该指数平均每年下降 13.9%。可以看出：无脊椎动物资源指数在后 5 年下降的幅度也是非常大的，这种变动趋势与鱼类的变动趋势是一致的（见表 3.6）。

从季节来看，1982 年到 1993 年，春季无脊椎动物资源指数平均每年下降 2.8%；1982 年到 1992 年，夏季、秋季的无脊椎动物资源这一指数平均每年分别下降了 3.5%、3.3%；1993 年到 1998 年，春季无脊椎动物资源这一指数平均每年下降了 14.2%；1992 年到 1998 年，夏季、秋季无脊椎动物资源这一指数平均每年分别下降了 16.3%、14.7%。

从以上可以看出：16 年来，无脊椎动物资源指数也在持续下降，呈现出春季下降速率较小，夏季、秋季下降速率较大的特点。并且，后五六年比前 10 年、11 年衰退的速度更快一些。

第4章　渔场形成条件与渔业预报

4.1　渔场理化状况及其变化 [*]

4.1.1　水文环境

水温和盐度是海洋水文的两大基本要素，它们既是区分海洋水团和水系的重要标志，又影响着海水其他物理要素和化学要素的变化，并且直接影响海洋生物的生理机能。大量的科学研究和生产实践都证明：海洋生物的分布、洄游、繁殖和生长都与海洋水文环境的分布和变化有着密切的关系。在我国近海中，渤海受陆地影响最大，具有低温、低盐的特点，其水文结构有明显的季节特征，冬、夏季差异很大，春、秋两季为过渡季节（方国洪等，2002）。

本节是根据1998—2003年期间，在渤海春、夏、秋三季调查的资料撰写而成。

4.1.1.1　水温

1）春季

春季是气候学上的升温期，因陆地下垫面热容量小，故陆地气温回升迅速。渤海水域在接受太阳热辐射的同时，来自陆地的暖空气也对海水有一定的加热作用，再加上水深的影响，三种作用叠加，使春季渤海水温基本呈近岸高、远岸低的分布特征。春季表层水温平均值为16.1℃，底层平均值为15.1℃。

2）夏季

夏季是渤海一年中水温最高的季节，表层水温均在23℃以上，平均值为26.1℃，总体来讲，近岸水温高于远岸。底层水温由岸边向外递减，水温平均值为22.9℃。

3）秋季

秋季随着冷空气的不断南下，气温迅速下降。由于海、气的相互作用，渤海近岸水温也随之降低，表层水温降至23℃以下。表层水温范围为17.2～22.6℃，平均值为21.2℃。底层水温基本呈垂直等温状态，平均值为21.3℃，底层水温的分布趋势也为近岸低、远岸高。

4.1.1.2　盐度

影响渤海近岸水域盐度分布和变化的因素很多，主要影响因子包括：入海径流、降水、

---

[*] 执笔人：崔毅

海面蒸发和海水混合等。另外，外海水系和流系也对渤海盐度产生一定的影响。渤海近岸各区域盐度分布存在明显差异。

1）春季

由于降水量逐渐增加，沿岸河流的入海径流量在增大，由于入海淡水的稀释作用，形成沿岸河口区盐度较低，向外海方向盐度递增的分布趋势。从渤海各内湾来看，莱州湾表层平均盐度为 31.49，渤海湾为 31.60，辽东湾为 30.57，渤海中部为 31.82。莱州湾和辽东湾的盐度分别受黄河和辽河淡水的影响，由湾底向湾口递增，其他水域盐度分布比较均匀。底层盐度分布趋势与表层盐度大致相似，平均盐度为 31.40。

2）夏季

这一季节是降水量和入海径流量最大的季节，与春季相比，渤海盐度普遍降低，分布趋势为近岸低、离岸高。表层盐度平均为 29.73。底层盐度分布趋势与表层相同，平均盐度为 30.74。

3）秋季

由于降水量和入海径流量的减少，海面蒸发作用较强，秋季为增盐期，与夏季相比，除莱州湾外，其他区域的盐度均有所升高，分布趋势仍维持近岸低、中部高的分布格局。表层平均盐度为 29.75。秋季不断有冷空气侵入渤海，盛行偏北大风，表层水温下降，对流和涡动混合增强，混合作用可直达海底，盐度垂直分布基本呈均匀状态，导致底层盐度分布趋势与表层完全相同，底层盐度平均为 29.82。

4.1.2　化学环境

海水中的无机氮、无机磷、无机硅等营养物质是浮游植物生长繁殖所必需的生源要素，它们在制约海洋生物的生长和海洋初级生产力方面起着相当重要的作用。而溶解氧和酸碱度的研究则对进一步认识和了解海洋动植物的生活条件及生长繁殖规律也是必要的，同时，对于像 COD 和重金属等污染因子的调查，我们能够更进一步了解海域的污染现状及水平。这些水化学要素的含量、分布规律都具有明显的时间性和地域性，直接反映了各区域的生物生命、活动规律和水文条件的综合影响。因此，查清和了解这些海水化学要素的含量水平和分布规律，对科学地估算和预报渤海的生产能力，制定增、养殖措施及控制环境质量是十分必要的。

4.1.2.1　溶解氧

海水中的溶解氧是海水化学的要素之一，随水温和盐度的变化而变化。其主要来源于大气中氧的溶解，其次是海洋植物（主要是浮游植物）进行光合作用时所产生的氧。海水中的溶解氧主要被海洋生物的呼吸作用和有机质的降解所消耗。一般来讲，海洋表层通常是氧的输入层，浮游植物的光合作用可产生氧，因而在浮游植物大量繁殖的季节，表层水中的氧常呈过饱和状态，底层由于有机质的分解及生物的呼吸，常使水中氧呈不饱和状态。因此，它是海洋环境评价的重要性指标之一。

1）春季

由于日照时间增加，水温开始升高，近岸水温高于远岸。由于水温的影响，近岸水域表层溶解氧均呈现由沿岸向中部逐渐递增的趋势。表层溶解氧的平均含量为 9.59 mg/L；底层的平均含量为 9.1 mg/L。基本呈现由岸边向外逐渐递增的趋势。

2）夏季

渤海表层溶解氧的平均含量为 6.6 mg/L。辽东湾东部、渤海湾中南部、莱州湾西部和龙口沿岸的溶解氧含量都比较低，辽东湾西北部和渤海中部的含量则较高。底层的平均含量为 6.0 mg/L。各区域的底层溶解氧基本保持着表层的区域性特征。溶解氧的相对高值区在渤海湾湾底和滦河口外的水域，低值区在辽东湾的东南和渤海中部水域。

3）秋季

渤海表层溶解氧的平均含量为 7.1 mg/L。表层溶解氧的区域性差异同夏季一样，辽东湾和秦皇岛外海水平梯度较大，渤海湾和莱州湾水平梯度较小。底层溶解氧平均含量为 7.0 mg/L，分布趋势与表层完全一致。溶解氧的相对高值区位于辽东湾东部和滦河口外海，低值区位于辽东湾西部沿岸和大孤山附近水域。

从季节来看，溶解氧含量以春季最高，夏季最低。由于渤海近岸水比较浅，表、底层溶解氧的季节变化趋势是一致的。

4.1.2.2 pH 值

海水 pH 值也是海水的化学要素之一，一般海水的 pH 值在 7.5~8.5，它主要与海水中的 CO_2 含量有关，而海水中的 CO_2 体系又是海洋中极其复杂的体系。海水的 pH 值是生物栖息环境的主要因素之一，生物的同化、异化作用亦能影响 pH 值的变化。影响海水 pH 值的因素很多，海水中有多种弱酸及其盐类，其中以碳酸的含量最高，影响最大，即主要由 $CO_2 - HCO_3^- - CO_3^{2-}$ 体系控制海水的 pH 值。水温的升高或者表层植物的光合作用都会使减少，从而引起 pH 值升高；生物的呼吸或有机物的分解都产生 CO_2，这些均导致 pH 值降低。由于海水为一天然缓冲溶液，因而 pH 值的变化比其他化学要素的变化都要小。

1）春季

渤海表层 pH 的平均值为 8.15，黄河口附近为低值区，渤海湾西北部为高值区。辽东湾由北向南 pH 值呈逐渐降低的趋势，渤海湾和莱州湾由岸边水域向湾中央水域递减。渤海近岸水域的低值区位于黄河口附近，高值区位于渤海湾底的北部。底层 pH 值平均值为 8.13，水平分布趋势与表层基本一致。

2）夏季

渤海表层 pH 值平均值为 8.14，黄河口外 pH 值最低。莱州湾龙口外海和渤海湾塘沽外海 pH 值的水平梯度较大，其他区域相对来说比较均匀。底层 pH 值平均值为 8.16，水平分布特点与表层基本一致。

3）秋季

渤海表层 pH 值平均值为 8.31，其水平分布为辽东湾较低，渤海湾和莱州湾较高。底层 pH 值平均值为 8.26，其水平分布与表层相同。

渤海 pH 值的季节变化特点为：秋季最高，夏季和春季相差不大。

4.1.2.3 活性硅酸盐

硅酸盐是海洋浮游植物必需的营养盐类之一，是硅藻类、放射虫和硅质海绵等机体构成中不可缺少的组分。硅藻通常是海洋浮游植物的主体，硅酸盐含量的分布除受硅藻变化的影响外，主要还受江河径流的影响。另外，海水的运动对硅酸盐的分布也产生一定的影响。因此，海水硅酸盐浓度的调查对海洋生物学、海洋地质学、地球化学等方面都有重要的意义。

1）春季

渤海表层硅酸盐平均含量为 14.11 μmol/L，从水平分布看，高值区位于莱州湾口的东端，辽东湾东北部辽河口附近水域。底层硅酸盐含量平均值为 13.44 μmol/L，辽东湾河口附近硅酸盐仍然为高值区。

2）夏季

渤海表层硅酸盐平均值为 20.08 μmol/L，从水平分布看，渤海湾中部含量最高。底层硅酸盐平均值为 22.98 μmol/L，高值区位于辽东湾西南部水域。

3）秋季

渤海表层硅酸盐平均值为 19.16 μmol/L，从水平分布看，高值区位于辽东湾辽河口。底层硅酸盐平均值为 19.91 μmol/L，水平分布与表层基本相似。

从季节变化看，硅酸盐含量的季节变化呈现：夏季最高，春季最低。

4.1.2.4 活性磷酸盐

磷酸盐是海洋中主要营养盐类之一，是浮游植物繁殖和生长必不可少的营养要素，也是海洋生物产量的控制因素，它在全部生物代谢（尤其是能量转换）过程中起着重要作用。海水中磷酸盐正常含量一般为 $0 \sim 60$ mg/m^3（以 P 计），其变化有一定的规律性，这与它在海洋中直接受生物活动影响密切相关（Riley, et al, 1982），浮游植物大量繁殖时，可以使表层磷酸盐消耗殆尽。海水中大量的磷酸盐来源于陆地径流补充及死亡的海洋生物体经氧化分解而再生的无机磷酸盐。因此，磷酸盐的分布变化与以上各种因素综合作用的结果密切相关。

1）春季

渤海表层磷酸盐变化范围为 $0 \sim 1.96$ μmol/L，平均值为 0.42 μmol/L，从水平分布看，磷酸盐高含量区在莱州湾西南部，低含量区在辽东湾东部。底层磷酸盐变化范围为 $0 \sim 1.29$ μmol/L，以莱州湾中部偏东水域的含量最高。

2）夏季

渤海表层磷酸盐变化范围在 $0.11 \sim 0.69$ μmol/L，平均值为 0.27 μmol/L，高值区位于辽东湾东南、渤海湾西南和莱州湾龙口以北水域。底层磷酸盐变动在 $0.11 \sim 0.76$ μmol/L，平均值为 0.27 μmol/L，以渤海湾中东部的含量最高。

3）秋季

渤海表层磷酸盐变化范围为 0.07～1.34 μmol/L，平均值为 0.40 μmol/L，高值区位于辽东湾底西部和渤海湾底北部。底层磷酸盐变化范围为 0～1.03 μmol/L，平均值为 0.25 μmol/L，除辽东湾底的含量高外，其他水域的含量均比较低。

从季节变化看，渤海磷酸盐以春季含量最高，秋季次之，夏季最低。

4.1.2.5 无机氮

海水中的无机氮是指硝酸盐、亚硝酸盐和氨氮 3 种营养盐类，三者含量之间的比例随海区环境及季节变化而异，同磷酸盐、硅酸盐一样，无机氮也是海洋浮游植物生长繁殖所必需的营养盐类，它们的来源同样是陆源性径流输入和海洋生物体分解转化的结果。

1）春季

渤海表层无机氮变化范围为 1.39～28.46 μmol/L，平均值为 10.49 μmol/L，高值区在莱州湾底部和辽东湾东部。底层无机氮变化范围为 1.21～37.62 μmol/L，平均值为 10.39 μmol/L，辽东湾底层水平分布趋势与表层相同，但分布梯度较大。

2）夏季

渤海表层无机氮变动在 3.20～13.47 μmol/L，平均值为 5.84 μmol/L，含量最高的水域是在辽东湾底部及莱州湾东北端。底层无机氮变化在 3.0～17.10 μmol/L，平均值为 5.67 μmol/L，高值区位于辽东湾西部的菊花岛至葫芦岛之间的水域。

3）秋季

渤海表层无机氮变动范围为 1.26～12.97 μmol/L，平均值为 6.56 μmol/L，高含量区在莱州湾东南沿岸水域。底层无机氮变动范围为 1.70～10.91 μmol/L，平均值为 6.19 μmol/L，高值区位于辽东湾东部沿岸水域。

从季节变化看，无机氮含量以春季最高，秋季次之，夏季最低。

4.1.2.6 营养盐变动趋势

将 1998—1999 年的调查结果与 1959—1960 年、1982—1983 年、1992—1993 年同期调查结果比较，近 40 年来渤海的营养盐类均发生了不同程度的变化。

磷酸盐含量，1998—1999 年与 1992—1993 年相比有所增加，但仍低于 1959—1960 年和 1982—1983 年的水平。磷酸盐的变化趋势体现了近 40 年间由高磷低氮向低磷高氮的转换过程，一则可能与 20 世纪 80 年代以前以农家肥为主的农业生产方式和 90 年代后以氮肥为主的农业生产方式有关（全国海岸带环境质量编写组，1989），另则可能与浮游植物的丰度有关（于志刚等，2000）。

硅酸盐的变化趋势与磷酸盐一致，但变化幅度较大，与无机氮、磷酸盐不同的是，季节变化十分明显，5 月份枯水期硅酸盐含量明显低于 8—10 月丰水期。20 世纪 90 年代，硅酸盐含量明显低于 80 年代，说明黄河断流是造成渤海硅酸盐含量下降的主要因素。尽管 1998—1999 年渤海硅酸盐平均含量比 1992—1993 年高，但黄河断流天数要比 1992 年多，这可能与生物活动有关。如 1998—1999 年，莱州湾中占浮游植物主体的硅藻数量（53.93×10^4 个$/m^3$）低于 1992 年（153.14×10^4 个$/m^3$），有可能消耗较少硅酸盐。在陆源补充不足的情况下，生物活动对硅酸盐会有重要影响作用。

无机氮含量呈明显递增趋势，以春季最为显著，特别是硝酸盐和亚硝酸盐含量增加较大。这种变化趋势既反映了陆源径流对无机氮含量的影响，又反映了沿岸流域在化肥使用方面是以氮肥为主，过量的氮肥随着农田排灌或雨水冲刷而大量流失。

综上所述，渤海的营养盐类与历史相比，20 世纪 90 年代磷酸盐含量与 60 年代和 80 年代相比，处于较低水平。硅酸盐含量处于波动状态，60 年代和 80 年代处于较高水平，90 年代初处于较低水平，到 90 年代末有所回升。无机氮含量基本呈逐渐升高趋势。应指出的是，1998—1999 年渤海营养盐类较 1992—1993 年高，但 1998—1999 年浮游植物数量（56.73×10^4 个$/m^3$）与 1992—1993 年相差不大（69.16×10^4 个$/m^3$），显然营养盐类的增加可能与入海径流较大有关。特别是 1998 年正值全国大部分地区普降大雨，入海径流量剧增，这可从受径流量影响较大的盐度的年间变化得到佐证。如 1992—1993 年 5 月、8 月、10 月，渤海表层盐度平均值为 31.07，而 1998—1999 年同期，渤海表层盐度平均值下降到 30.63，可进一步说明径流量增加对水域营养物质的贡献。所以，对营养盐起控制作用的主要因素是陆源水的物理混合过程。

4.2 渔场基础生产力与饵料生物[*]

4.2.1 叶绿素 a 和初级生产力

海洋初级生产力是指海洋生态系统中的自养生物通过光合作用将无机物转化为有机物的能力，通过它可以估算出海洋生物的潜在产量，以此作为合理开发利用海洋生物资源的基础依据。海水中叶绿素 a 的含量是评价浮游植物现存量的重要指标。

由于渤海近岸水域海水较浅，调查时仅取表层水测定叶绿素 a 的含量。初级生产力则根据 $P = P_i ED/2$ 计算获得。

4.2.1.1 叶绿素 a 含量

1）季节变化

1998 年 5—6 月，渤海近岸水域叶绿素 a 含量为 1.30 ~ 16.78 mg/m^3，平均值为 3.44 mg/m^3。其中，辽东湾叶绿素 a 的平均含量最高，为 3.99 mg/m^3；其次是渤海湾和秦皇岛外海，分别为 3.57 mg/m^3 和 3.54 mg/m^3；莱州湾仅 2.75 mg/m^3，平均含量最低。

1998 年 8 月，渤海近岸水域叶绿素 a 含量为 0.58 ~ 15.36 mg/m^3，平均值为 2.61 mg/m^3，相比春季略有下降。在各区域中，秦皇岛外海叶绿素 a 的平均含量最高，为 4.53 mg/m^3；辽东湾次之，为 3.47 mg/m^3；莱州湾为 2.21 mg/m^3；渤海湾最低，仅为 1.63 mg/m^3。

1998 年 10 月，渤海近岸水域叶绿素 a 含量为 0.54 ~ 14.09 mg/m^3，平均值为 2.31 mg/m^3，在三个季节中最低。其中，莱州湾的平均含量最高，达 3.46 mg/m^3，其次是渤海湾，为

* 执笔人：王俊

2.77 mg/m³，秦皇岛外海和辽东湾分别为 1.45 mg/m³和 0.93 mg/m³。

2006—2007 年，渤海区四季调查显示：夏季，叶绿素 a 的含量最高，为 3.47 mg/m³；其次为秋季，为 2.33 mg/m³；然后是春季，为 1.81 mg/m³；冬季最低，仅为 0.85 mg/m³。

2）分布特征

1998 年，渤海近岸水域三个季节叶绿素 a 含量在 0.54 ~ 16.78 mg/m³，平均值为 2.88 mg/m³，高值区都位于沿岸、河口附近的水域。春季和夏季叶绿素 a 含量较高的水域均出现在辽东湾西北沿岸的 1 个站（40°45′N，121°15′E），分别达 16.78 mg/m³和 15.36 mg/m³。秋季叶绿素 a 含量较高的水域出现在莱州湾中西部沿岸的 1 个站（37°30′N，119°15′E），为 14.09 mg/m³。此外，夏季在秦皇岛外的 39°45′N，119°45′E 站，叶绿素 a 含量也较高，为 13.53 mg/m³。

2006—2007 年，渤海区表层叶绿素 a 的分布呈现出，春季和夏季除近岸、河口水域为叶绿素 a 的高值区外，在渤海中部也出现叶绿素 a 含量高于 2.0 mg/m³的区域；秋季和冬季，叶绿素 a 的高值区也都分布于近岸、河口附近水域。

4.2.1.2 初级生产力

1）季节变化

1998 年，渤海近岸水域三个季节的调查，初级生产力变动在 17 ~ 1 809 mg/（m²·d）（以 C 计），平均值为 327 mg/（m²·d）（以 C 计），季节变化明显。

1998 年 5—6 月，初级生产力为 68 ~ 1 267 mg/（m²·d）（以 C 计），平均值为 319 mg/（m²·d）（以 C 计）。其中，辽东湾最高，为 464 mg/（m²·d）（以 C 计）；其次是秦皇岛外海，为 316 mg/（m²·d）（以 C 计）；再次是莱州湾，为 271 mg/（m²·d）（以 C 计）；渤海湾最低，为 242 mg/（m²·d）（以 C 计）。

1998 年 10 月，初级生产力在 32 ~ 1 809 mg/（m²·d）（以 C 计），平均值为 420 mg/（m²·d）（以 C 计），在三个季节中最高。在各区域中，秦皇岛外海最高，为 820 mg/（m²·d）（以 C 计）；辽东湾第二，为 487 mg/（m²·d）（以 C 计）；渤海湾和莱州湾较低，分别是 329 mg/（m²·d）（以 C 计）和 316 mg/（m²·d）（以 C 计）。

1998 年 10 月，初级生产力 17 ~ 1 051 mg/（m²·d）（以 C 计），平均值为 189 mg/（m²·d）（以 C 计），在三个季节中最低。秋季初级生产力以渤海湾和莱州湾较高，分别为 253 mg/（m²·d）（以 C 计）和 235 mg/（m²·d）（以 C 计），其次是秦皇岛外海，为 134 mg/（m²·d）（以 C 计），辽东湾最低，仅 87 mg/（m²·d）（以 C 计）。

2006—2007 年，渤海区春、夏、秋、冬四个季节初级生产力的平均值分别为 27.01 mg/（m²·h）（以碳计）、90.32 mg/（m²·h）（以碳计）、19.12 mg/（m²·h）（以碳计）、3.82 mg/（m²·h）（以碳计）。其季节变化趋势呈现出夏季＞春季＞秋季＞冬季。

2）分布特征

1998 年，从整个渤海近岸水域来看，春季初级生产力分布呈现北高、南低的趋势，初级生产力大于 680 mg/（m²·d）（以 C 计）的高值区出现在辽东湾和秦皇岛外海的部分水域，渤海湾和莱州湾大部及辽东湾东南部均低于 272 mg/（m²·d）（以 C 计）。夏季初级生产力的高值区出现在渤海湾的西南部、辽东湾北部和秦皇岛外海，数值均在 1 410 mg/（m²·d）（以 C 计）以上，低值区多出现于各湾的边缘水域，其值均低于 282 mg/（m²·d）（以 C 计）。秋季初级生产力的高值区出现在渤海湾中部和莱州湾的东北部，其值均高于 448 mg/（m²·d）（以 C 计），辽东湾及秦皇岛外海为低值区，均在 224 mg/（m²·d）（以 C 计）以下。

2006—2007 年，渤海区初级生产力的分布变化较大，春季，高值区 [50 mg/（m²·h）（以碳计）] 出现在辽东半岛以西水域；夏季，仍以辽东湾较高 [小范围可达 200 mg/（m²·h）（以碳计）]，但整体分布均匀；秋季和冬季都比较均匀。从区域来看，四个季节渤海区的低值区都出现在渤海湾。

4.2.1.3 基本评价

与 1982 年春季（5—6 月）莱州湾 [322 mg/（m²·d）（以碳计）]、渤海湾 [131 mg/（m²·d）（以碳计）] 和辽东湾 [252 mg/（m²·d）（以碳计）] 的平均初级生产力相比，1998 年春季的初级生产力，除莱州湾略有降低外，渤海湾和辽东湾都增加近 1 倍；与 1982 年夏季（8 月）莱州湾 [672 mg/（m²·d）（以碳计）]、渤海湾 [277 mg/（m²·d）（以碳计）] 和辽东湾 [618 mg/（m²·d）（以碳计）] 的平均初级生产力相比，1998 年夏季莱州湾的初级生产力减少了 1 倍多，辽东湾降低了约 20%，而渤海湾增加约 19%；相比 1982 年秋季（10 月）莱州湾 [557 mg/（m²·d）（以碳计）]、渤海湾 [142 mg/（m²·d）（以碳计）] 和辽东湾 [211 mg/（m²·d）（以碳计）] 的初级生产力（费尊乐等，1988；费尊乐等，1991），1998 年秋季莱州湾和辽东湾的初级生产力均减少了 50% 多，只有渤海湾比 1982 年增加近 1 倍。

4.2.2 浮游植物

浮游植物是海洋有机物的主要初级生产者，处于海洋食物链的第一个环节，在海洋生态系统物质循环与能量转换过程中起着重要作用，是海洋生态系统研究的重要指标之一。浮游植物的样品采集是用小型浮游生物网自海底垂直拖取到水面进行采集，用 5% 的福尔马林溶液固定保存，采用光学显微镜方法进行种类鉴定和计数。

4.2.2.1 种类组成

1998 年，渤海近岸水域三个季节的调查，采集的浮游植物经鉴定隶属于 2 门 22 属 52 种，大多属于温带近岸种。其中，硅藻门有 19 属 45 种，甲藻门有 3 属 7 种。硅藻门中以角毛藻属的种数最多，达 13 种，其次是圆筛藻属有 7 种，根管藻属有 5 种。甲藻门中以角藻的种数较多。

渤海近岸水域浮游植物种类组成的季节变化比较明显。春季 5—6 月，浮游植物有 16 属 31 种，其中，硅藻门 13 属 24 种，甲藻门有 3 属 7 种。硅藻门中，圆筛藻种类最多，有 7 种，其次是角毛藻、根管藻，分别有 4 种、2 种；甲藻门中，角藻有 5 种。夏季 8 月，浮游植物有 19 属 44 种，硅藻门有 16 属 36 种，甲藻门有 3 属 8 种。硅藻门中，角毛藻的种类数最多，有 12 种，圆筛藻、根管藻次之，分别为 6 种、2 种；甲藻门中，角藻有 5 种。秋季 10 月，浮游植物种类数最多，有 20 属 46 种。硅藻门有 17 属 38 种，其中，角毛藻 10 种，圆筛藻、根管藻分别为 6 种 5 种；甲藻门有 3 属 8 种，其中，角藻 5 种。

2006—2007 年间的四季调查，渤海区采集的浮游植物样品共鉴定出 4 门 51 属 143 种。其中，春季，为 3 门 33 属 86 种；夏季，为 3 门 31 属 76 种；秋季，为 4 门 38 属 96 种；冬季，为 2 门 34 属 78 种。四季的浮游植物，均以硅藻门占绝对优势，其次是甲藻门。

4.2.2.2　数量分布

1）春季

1998 年 5—6 月，渤海近岸水域浮游植物平均丰度为 132.2×10^4 个/m^3，在三个季节中最高。高密度区在渤海湾西北部和莱州湾西南部，均为 380×10^4 个/m^3，其他大部分水域在 $5 \times 10^4 \sim 20 \times 10^4$ 个/m^3。在各区域中，渤海湾最高，达 301.1×10^4 个/m^3，其次是莱州湾，为 95.2×10^4 个/m^3，辽东湾为 5.7×10^4 个/m^3，秦皇岛外海最低，仅为 0.9×10^4 个/m^3。

2006—2007 年间的春季，渤海区浮游植物的平均丰度为 592×10^4 个/m^3，最高值出现在渤海的东南水域，最低值出现在莱州湾的底部。

2）夏季

1998 年 8 月，渤海近岸水域浮游植物平均丰度在三个季节中最低，为 12.9×10^4 个/m^3，高密度区是在辽东湾和莱州湾东北部，两个区域中的最高密度分别为 340.4×10^4 个/m^3 和 27.4×10^4 个/m^3。渤海湾和莱州湾其他水域的丰度在 2×10^4 个/m^3 以下。在各区域中，辽东湾最高，为 38.0×10^4 个/m^3，其次是秦皇岛外海，为 6.5×10^4 个/m^3，莱州湾为 4.2×10^4 个/m^3，渤海湾最低，仅为 1.1×10^4 个/m^3。

2006—2007 年间的夏季，渤海区浮游植物的平均丰度为 $4\,680 \times 10^4$ 个/m^3，最高值出现在黄河口以北水域，整体呈现出南部近岸高，渤海中部及北部近岸低的趋势。

3）秋季

1998 年 10 月，渤海近岸水域浮游植物平均丰度为 25.1×10^4 个/m^3，分布比较均匀，最高值出现在莱州湾的 37°30′N，119°15′E 这个站，达 592.2×10^4 个/m^3，其他水域都低于 5×10^4 个/m^3。在各区域中，莱州湾最高，为 64.0×10^4 个/m^3，其次是渤海湾，为 14.1×10^4 个/m^3，秦皇岛外海为 5.5×10^4 个/m^3，辽东湾最低，为 5.4×10^4 个/m^3。

2006—2007 年间的秋季，渤海区浮游植物的平均丰度为 316×10^4 个/m^3，最高值出现在莱州湾的底部，最低值出现在渤海海峡附近水域，整体呈现近岸高、中部低的分布趋势。

4）冬季

2006—2007 年间的冬季，渤海区浮游植物的平均丰度为 239×10^4 个/m^3，最高值出现在莱州湾东部近岸水域，最低值出现在黄河口北部水域，整体上渤海区浮游植物的丰度都比较低。

5）季节变化特点

1998 年，渤海近岸水域浮游植物数量是春季、秋季较高，表现出双峰的特点。这种现象符合温带海域两周期的季节变化类型。春季高峰明显高于秋季，夏季数量最少。从各区域来看，渤海湾春季高于秋季，夏季最低；辽东湾夏季高于春季和秋季，春、秋季密度相近；莱州湾春季高于秋季，夏季最低。在各个区域中，浮游植物丰度的季节变化幅度以渤海湾最大，变动在 $1.1 \times 10^4 \sim 301.1 \times 10^4$ 个/m³，莱州湾次之，变动在 $4.2 \times 10^4 \sim 95.2 \times 10^4$ 个/m³，辽东湾第三，变动在 $5.4 \times 10^4 \sim 38.0 \times 10^4$ 个/m³，秦皇岛外海变幅最小，变动在 $0.9 \times 10^4 \sim 6.5 \times 10^4$ 个/m³。

2006—2007 年，渤海区浮游植物数量的季节变化呈现为夏、春季高，秋、冬季低，季节变化比较明显。

4.2.2.3 优势种

根据浮游植物各种类数量占总量的比例，1998 年渤海近岸水域，春季的优势种是海链藻、舟形藻、中华盒形藻、夜光藻、星脐圆筛藻、密链角毛藻和伏氏海毛藻，它们在浮游植物总量中占的比例为 1.6% ~48.9%，累计约占 98%；夏季的优势种是短角弯角藻、夜光藻、窄隙角毛藻、星脐圆筛藻、暹罗角毛藻、三角角藻、扁面角毛藻和伏氏海毛藻，它们在浮游植物总量中占的比例为 2.7% ~49.7%，累计约占 89%；秋季的优势种有伏氏海毛藻、星脐圆筛藻、舟形藻、中华盒形藻、夜光藻、柔弱角毛藻、洛氏角毛藻和扁面角毛藻，它们在浮游植物总量中占的比例为 2.0% ~40.5%，累计约占 85%。

根据浮游植物各种类的出现频率，1998 年渤海近岸水域，春季的广布种依次为星脐圆筛藻、夜光藻、舟形藻、圆筛藻、曲舟藻、辐射圆筛藻和中华盒形藻，它们的出现频率为 21.1% ~86.8%；夏季的广布种依次有星脐圆筛藻、夜光藻、三角角藻、辐射圆筛藻、中华盒形藻、圆筛藻、多甲藻、伏氏海毛藻和线形圆筛藻，它们的出现频率在 21.1% ~89.5%；秋季，出现频率高的依次是星脐圆筛藻、中华盒形藻、舟形藻、印度翼根管藻、线形圆筛藻、萎软几内亚藻、三角角藻、曲舟藻、伏氏海毛藻、辐射圆筛藻、洛氏角毛藻、夜光藻、扭鞘藻、卡氏角毛藻、掌状冠盖藻、格氏圆筛藻、叉角角藻、尖刺菱形藻、梭角藻、多甲藻和布氏双尾藻，它们的出现频率为 21.1% ~100%。

渤海近岸水域能形成优势的种类主要有星脐圆筛藻、夜光藻、中华盒形藻、伏氏海毛藻、舟形藻、海链藻、短角弯角藻和扁面角毛藻。

4.2.2.4 基本评价

渤海近岸水域，1982 年、1992—1993 年、1998 年同期浮游植物的调查资料显示，浮游植物数量的年间变化比较明显。1998 年，整个渤海近岸水域及各区域（除渤海湾外）的密度都明显低于往年，呈现逐年下降的趋势。1982 年，渤海近岸水域浮游植物的平均密度最高，达 480.3×10^4 个/m³（康元德，1991），到了 1992—1993 年，密度急剧下降了 82.5%（王俊，1998），至 1998 年，又比 1992—1993 年下降了 14.0%（如果包括辽东湾在内应下降 18.0%）。在种类的数量组成中，1982 年和 1998 年，硅藻门占浮游植物总量的比例相近（分别为 96.9% 和 97.3%），所占的比例均高于 1992—1993 年所占的比例（93.1%）。

4.2.3 浮游动物

浮游动物是海洋食物链中的重要环节，对海洋生态系的物质传递和能量流动起着不可忽视的作用。了解浮游动物的种类组成与数量分布，对评估一个海区的潜在生产力，合理开发利用生物资源，具有重要意义。浮游动物样品是用大型浮游生物网由底层至表面垂直拖曳采集，用 5% 福尔马林溶液保存，带回实验室进行生物量（湿重）测定、种类鉴定和计数。

4.2.3.1 种类组成

1998 年渤海近岸水域三季调查，共记录大型浮游动物 14 大类 46 种（不包括水母和夜光虫），以近岸暖温性和河口低盐两大生态类群为特征，主要代表种有强壮箭虫、中华哲水蚤、真刺唇角水蚤、墨氏胸刺水蚤和太平洋纺锤水蚤等。

2006—2007 年渤海区四季调查，共记录大型浮游动物 75 种，浮游幼体 16 类。75 种浮游动物隶属于 6 门 13 大类群。

4.2.3.2 生物量及分布特征

1）春季

1998 年 5—6 月，渤海近岸水域浮游动物的平均生物量高达 618 mg/m³，其中，渤海湾最高，为 775 mg/m³；秦皇岛外海次之，为 684 mg/m³；莱州湾第三，为 584 mg/m³；辽东湾最低，为 443 mg/m³。莱州湾，浮游动物密集区显著，出现在三山岛外海，平均生物量高达 1 751 mg/m³，主要由长尾类幼体、中华蜇水蚤和细螯虾密集所致。渤海湾，生物量大于 400 mg/m³ 的站位占 77%，主要分布在 118°40′E 以西，渤海湾西部和南部水域的生物量都高于 800 mg/m³，前者以强壮箭虫、中华蜇水蚤和真刺唇角水蚤为主，后者是中华蜇水蚤。秦皇岛外海，南部水域平均生物量高达 1 027 mg/m³，是北部水域的 3.7 倍，优势种为墨氏胸刺水蚤和中华蜇水蚤。辽东湾的浮游动物生物量在 90～865 mg/m³，沿岸水域的生物量明显高于湾中部，高生物量区是以中华蜇水蚤为主体。

2006—2007 年间的春季，渤海区浮游动物的平均生物量为 424 mg/m³，其中，以莱州湾最高（＞2 500 mg/m³），秦皇岛外海次之（＞500 mg/m³）。

2）夏季

1998 年 8 月，渤海近岸水域浮游动物生物量平均为 293 mg/m³，莱州湾和秦皇岛外海的平均生物量分别为 205 mg/m³ 和 215 mg/m³，分布比较均匀。渤海湾和辽东湾的平均生物量分别为 329 mg/m³ 和 367 mg/m³，在渤海湾东南和西北部各有 1 个生物量超过 500 mg/m³ 的密集区。辽东湾，40°30′N 以北的生物量明显高于南部，西北部有一以夜光虫、真刺唇角水蚤和太平洋纺锤水蚤密集产生的高生物量区，其生物量高达 2 229 mg/m³。

2006—2007 年间的夏季，渤海区浮游动物的平均生物量为 384 mg/m³，其中，以秦皇岛外海最高（＞500 mg/m³）。

3）秋季

1998 年 10 月，渤海近岸水域浮游动物的平均生物量为 115 mg/m³，较春、夏两季大幅度回落。其中，莱州湾平均生物量仅为 64 mg/m³，73% 调查站的生物量小于 100 mg/m³。渤海湾、秦皇岛外海以及辽东湾这 3 个区域，平均生物量分别为 137 mg/m³、122 mg/m³ 和 139 mg/m³。在渤海湾西北部，有一以真刺唇角水蚤为主的密集区，生物量高达 556 mg/m³。在辽东湾，生物量呈现东西两侧高于中部的分布趋势，西南部有一生物量大于 250 mg/m³ 的相对密集区。

2006—2007 年间的秋季，渤海区浮游动物的平均生物量为 135 mg/m³，其中，以莱州湾最高（＞250 mg/m³）。

4）冬季

2006—2007 年间的冬季，渤海区浮游动物的平均生物量为 125 mg/m³，其中，以莱州湾、渤海海峡和辽东半岛西侧为相对高值区（＞200 mg/m³）。

4.2.3.3 基本评价

渤海近岸水域浮游动物生物量历次调查结果的对比显示：1998 年，三个季节的平均生物量为 341.9 mg/m³，分别是 1982 年和 1992—1993 年同期的 3.5 倍和 5.5 倍，尤其是 1998 年 5 月的平均生物量，为 1982 年和 1992—1993 年同期的 7.5 倍（白雪娥等，1991；程济生，2004）。就区域而言，秦皇岛外海、渤海湾和莱州湾生物量的年际变化基本与渤海近岸水域总的变化趋势一致，而辽东湾，自 1982 年以来呈逐年上升之势。

从渤海近岸水域浮游动物优势种丰度的变化来看，强壮箭虫的丰度在春、夏两季明显增高，特别是 1998 年春季，其增幅分别是 1982 年和 1993 年同期的 10.9 倍和 4.3 倍（白雪娥等，1991；程济生，2004），但秋季，强壮箭虫的丰度却表现出下降之势。中华哲水蚤的丰度，1998 年较 1982—1993 年增大近 7.5 倍。1998 年春季，真刺唇角水蚤，各湾的平均丰度升高趋势明显，但是夏、秋两季，各湾平均丰度的年际变化规律性较差。

4.2.4 底栖生物

底栖生物是指生活在海洋基底表面或沉积物中的各种生物，其在海洋生态系的食物链中占相当重要的地位。底栖生物所属门类众多，在食物链中位于第二或更高的层次。它们是以浮游或底栖性的植物、动物或有机碎屑为食物，自身又是许多经济鱼、虾、蟹类的主要饵料。底栖生物有些种类还具有重要的经济价值，成为渔业捕捞的主要对象。底栖生物取样是使用 0.05 m² 的箱式采泥器采泥，然后用旋涡分选器进行采泥底栖生物样品的冲洗与分离，用孔径为 0.5 mm 的筛网接取分离出的底栖生物，将其用福尔马林溶液进行固定保存，各站的样品经分类鉴定后，用 0.001 g 感量天平称重、计数。

4.2.4.1 种类组成

1998 年渤海近岸水域三季调查，共采集大型底栖生物 206 种，鉴定到种的有 200 种，包括软体动物 96 种，多毛类 57 种，甲壳类 28 种，棘皮动物 11 种，纽形动物 2 种，腔肠动物 2 种，原生动物 1 种，星虫动物 1 种，螠虫动物 1 种，腕足动物 1 种，未能鉴定的有 6 种（程济生，2004）。

2006—2007 年渤海区四季调查，共采集大型底栖生物 413 种，其中，多毛类 131 种，甲壳类 110 种，软体动物 95 种，棘皮动物 20 种，其他类别 57 种。

1998 年 5—6 月，渤海近岸水域的 34 个采泥站共获取大型底栖生物 98 种，其中，软体动物 49 种、多毛类 27 种、甲壳类 11 种、棘皮动物 5 种、腔肠动物 2 种、原生动物 1 种、纽形动物 1 种、其他类别 2 种。

1998 年 8 月，在 38 个采泥站共获取大型底栖生物 107 种，其中，软体动物 46 种、多毛类 36 种、甲壳类 14 种、棘皮动物 6 种、纽形动物 1 种、螠虫动物 1 种、腕足动物 1 种、其他门类动物 2 种。

1998 年 10 月，在 34 个采泥站共获取大型底栖生物 114 种，明显多于其他两个季节，其中，软体动物 57 种、多毛类 32 种、甲壳类 12 种、棘皮动物 8 种、腔肠动物 1 种、纽形动物 1 种、星虫动物 1 种、其他门类动物 2 种。

2006—2007 年间的冬季，在渤海区共采集大型底栖生物 266 种，其中，软体动物 62 种，多毛类 85 种，甲壳类 68 种，棘皮动物 18 种，其他门类动物 33 种。

1998 年渤海近岸水域，大型底栖生物种类数季节变化呈现为秋季 > 夏季 > 春季；2006—2007 年渤海区，大型底栖生物种类数季节变化呈现出夏季（297 种）> 冬季（266 种）> 春季（239 种）> 秋季（235 种）。

4.2.4.2　生物量和栖息密度

1998 年渤海近岸水域，春、夏、秋三个季节大型底栖生物的平均生物量为 57 g/m^2，平均栖息密度为 450 个/m^2。其中，软体动物的生物量最高，平均值为 33 g/m^2，占总生物量的 58%，平均密度为 258 个/m^2，占总数量的 57%。其次是多毛类，平均生物量为 7 g/m^2，占 12%，平均密度为 90 个/m^2，占 20%。棘皮动物的平均生物量也是 7 g/m^2，占 12%，平均密度仅 30 个/m^2，占 7%。甲壳类的平均生物量、平均密度分别为 4 g/m^2、19 个/m^2，所占比例分别是 7%、4%（程济生，2004）[191]。

2006—2007 年渤海区，四个季节大型底栖生物的平均生物量为 19.83 g/m^2，平均栖息密度为 474 个/m^2。其中，软体动物生物量最高，平均值为 8.80 g/m^2，占总生物量的 44%，栖息密度为 156 个/m^2，占总个数的 33%。其次是多毛类，平均生物量为 3.54 g/m^2，占 18%；栖息密度为 198 个/m^2，占总个数的 42%。棘皮动物平均生物量为 3.12 g/m^2，占总生物量的 16%；栖息密度为 25 个/m^2，占总个数的 5%。甲壳类平均生物量为 2.38 g/m^2，占总生物量的 12%；栖息密度为 87 个/m^2，占总个数的 18%。

1）季节变化

1998 年春季，渤海近岸水域大型底栖生物平均生物量为 55 g/m^2，平均栖息密度为 509 个/m^2。其中，软体动物居首位，平均生物量为 35 g/m^2，占总生物量的 64%；平均栖息密度为 292 个/m^2，占总数量的 57%。棘皮动物平均生物量为 9 g/m^2，占 16%；栖息密度为 11 个/m^2，占 2%。多毛类平均生物量为 7 g/m^2，占 13%；栖息密度为 71 个/m^2，占 14%。甲壳类的生物量和密度均比较低。

1998 年夏季，渤海近岸水域大型底栖生物平均生物量为 50 g/m^2，平均栖息密度为 304 个/m^2。其中，软体动物仍居首位，平均生物量为 26 g/m^2，占 52%；平均栖息密度为 179 个/m^2，占 59%。甲壳类升到了第二位，平均生物量为 7 g/m^2，占 14%；栖息密度最低，为 15 个/m^2，占 5%。棘皮动物平均生物量为 6 g/m^2，占 12%；栖息密度为 17 个/m^2，占 6%。多毛类的平均生物量最低，为 5 g/m^2，占 10%；栖息密度位居第二，为 74 个/m^2，占 24%。

1998 年秋季，渤海近岸水域大型底栖生物的平均生物量为 70 g/m^2，平均栖息密度为 551 个/m^2。其中，软体动物生物量最高，平均值为 39 g/m^2，占 56%；栖息密度最大，平均值为 311 个/m^2，占 56%。棘皮动物的生物量为 9 g/m^2，占 13%；栖息密度为 62 个/m^2，占 11%。多毛类生物量略低于棘皮动物，为 8 g/m^2，占 11%；栖息密度为 126 个/m^2，占 23%。甲壳类生物量和栖息密度均最小，分别为 4 g/m^2 和 33 个/m^2，各自占 6% 和 17%。

2006—2007 年间的冬季，渤海区大型底栖生物的平均生物量为 22.99 g/m²，平均栖息密度为 500 个/m²。其中，软体动物生物量最高，平均值为 10.66 g/m²；栖息密度平均值为 72 个/m²。棘皮动物的生物量为 3.45 g/m²，栖息密度为 25 个/m²。多毛类生物量略高于棘皮动物，为 3.88 g/m²，栖息密度为 269 个/m²。甲壳类生物量、栖息密度分别为 2.67 g/m²、120 个/m²。

1998 年渤海近岸水域，三个季节大型底栖生物平均生物量的季节变动呈现出秋季 > 春季 > 夏季；2006—2007 年，渤海区四个季节大型底栖生物平均生物量的季节变动呈现为夏季（27.19 g/m²） > 冬季（22.99 g/m²） > 秋季（14.93 g/m²） > 春季（14.24 g/m²）。

2）分布特征

从区域看，渤海近岸水域大型底栖生物的平均生物量以渤海湾最高，为 79 g/m²，其次是莱州湾，为 54/m²，辽东湾为 45 g/m²，秦皇岛外海最低，仅为 31 g/m²；平均栖息密度最大的区域也是渤海湾，为 570 个/m²，莱州湾为 473 个/m²，秦皇岛外海为 447 个/m²，辽东湾最低，为 362 个/m²。

从类群看，软体动物在渤海近岸水域各区域都是优势类群，其中，以渤海湾最高，为 42 g/m²，其次是莱州湾，为 37 g/m²，辽东湾为 28 g/m²，秦皇岛外海仅 8 g/m²；多毛类是秦皇岛外海的优势类群，平均生物量为 9 g/m²，占该区总量的 30%，在渤海湾为 7 g/m²，辽东湾为 6 g/m²，莱州湾为 4 g/m²；甲壳类在渤海湾和秦皇岛外海的平均生物量都是最高的，均为 6 g/m²，占各区总生物量的 8% 和 18%，莱州湾为 3 g/m²，辽东湾只有 1 g/m²；棘皮动物以渤海湾为最高，是 13 g/m²，占 17%，莱州湾是 7 g/m²，辽东湾是 5 g/m²，秦皇岛外海是 4 g/m²。

4.2.4.3 基本评价

将 1998 年渤海近岸水域的调查数据对照 20 世纪 80 年代海岸带调查的相关数据（《中国海岸带生物》编写组，1996）比较，可以看出渤海近岸水域底栖生物数量的一些变化。

1）渤海湾

20 世纪 50 年代，该湾的最高生物量曾达到 1 870 g/m²；到 80 年代，已降至 500 g/m²；1998 年，最高生物量只有 431 g/m²。在几次调查中，软体动物都是优势类群，1998 年 5—6 月的最高生物量为 398 g/m²，8 月为 224 g/m²，10 月为 111 g/m²，相比 1984 年同期调查结果的 563 g/m²、385 g/m²、346 g/m²，该湾底栖生物的最高生物量和优势类群的最高生物量都处于下降的趋势。

2）莱州湾

1984 年 7 月，小清河口外 1 个站的底栖生物生物量曾高达 769 g/m²，栖息密度为 3 840 个/m²。而 1998 年 8 月，小清河口外这个站的生物量仅为 6.9 g/m²，密度只有 500 个/m²，即使在莱州湾，生物量最高的站也只有 82.6 g/m²，最大密度仅 680 个/m²。1984 年 11 月，在莱州湾，凸壳肌蛤的最高栖息密度曾达到 8 283 个/m²，到 1998 年 10 月，莱州湾底栖生物的栖息总密度最高也只有 960 个/m²，远低于 1984 年 1 个优势种的密度。由此可见，14 年来，莱州湾夏季和秋季底栖生物的最高生物量与最高密度也都在下降。

3）辽东湾

1982 年 7 月，该湾的 1 个站仅毛蚶生物量就高达 573 g/m^2，而 1998 年 8 月，只有 3 个站出现毛蚶，其中 1 个站的底栖生物生物量是最高的，为 391 g/m^2，该站毛蚶的生物量也是最高的，却只有 340 g/m^2。这说明：16 年来辽东湾夏季底栖生物的最高生物量和毛蚶的最高生物量都处于下降的趋势。

4）秦皇岛外海

20 世纪 80 年代的海岸带调查，该水域发现大量文昌鱼，总生物量达 100 g/m^2 以上，而 1998 年，秦皇岛外海底栖生物的最高生物量也只有 99 g/m^2，而文昌鱼未能采集到。

5）总体分布特征

20 世纪 50 年代末的海洋综合调查和 80 年代的海岸带调查都表明：莱州湾、渤海湾和辽东湾的河口附近水域是底栖生物的高生物量分布区，本次调查结果也呈现出同样的特点。由此可见，在渤海近岸水域，出现高生物量的水域基本上是比较稳定的。从区域来看，最高生物量区域，由 80 年代的莱州湾演变为 1998 年的渤海湾，莱州湾已降至第二位。

4.3　渔场形成条件[*]

渔场（渔期）是指渔业生物相对集中、在渔业生产上具有较高渔获率的水域（时间）。渔场（渔期）的形成是捕捞对象的生态习性和生理状况与所在水域环境条件相适应的结果。不同捕捞对象的种类因对环境条件的要求各异而有不同的渔场（渔期），同一捕捞对象的种类在不同的生活阶段，也因其适应性不同而有不同的渔场（渔期），有的同一种捕捞对象即使在同一生活阶段，也因年间环境条件出现差异，其渔场的地理位置（渔期时间的早晚）也有所不同。

渔场大多分布在营养盐类含量较高的海域，这里浮游生物丰富，渔业生物的饵料来源充足，集中了大量渔业生物资源。一般在陆架浅海，特别是大江、大河的入海口，大都可成为优良的索饵渔场。适宜的水温、盐度，有利于形成产卵渔场。外海高盐水与沿岸低盐水交汇处的混合海水区，冷、暖流交汇的海域，存在上升流的海域等，也可成为良好的渔场。

渤海地理位置和环境条件优越，它地处北温带，气候和水温适宜，有利于渔业生物的生长繁衍。渤海沿岸入海河流众多，大量径流入海再加上降水量充足，营造了鱼、虾、蟹类产卵所需的低盐环境。另外，径流入海带来了丰富的有机质和营养盐类，浮游生物得以大量繁殖，为鱼、虾、蟹类提供了充足的饵料，使得渤海沿岸河口浅水区成为黄渤海多种经济鱼虾类的产卵场、育幼场和索饵场。渤海中部深水区既是黄渤海经济鱼类洄游的集散地，又因其冬季具有相对高温特性，成为渤海地方性鱼、虾、蟹类的越冬场。

渤海环流和黄河等大型河流冲淡水的存在也是渔场形成的有利条件。渤海的环流主要由北黄海进入渤海的黄海暖流余脉和渤海沿岸流所组成，黄海暖流余脉冬季势力相对强盛，但夏季并不明显。渤海沿岸流由两部分组成：一是辽东湾沿岸流，是由辽河、双台子河、大凌

＊ 执笔人：陈聚法

河等河川径流入海后形成的混合水，主要分布在辽东湾内、20 m 等深线以浅的近岸水域；二是渤—莱沿岸流，是由滦河、海河、黄河等河川径流入海后形成的混合水，主要分布在河北东部、天津和山东北部沿岸一带，以渤海湾和莱州湾为这一沿岸流的源地（苏纪兰，2005）。黄河是渤海中径流量最大的入海河流，黄河冲淡水势力的强弱在一定程度上对渤—莱沿岸流的分布产生影响。渤海环流的存在对水温和盐度的分布格局产生明显影响，海域低盐特性加上适宜的水温使渤海成为黄渤海多种经济鱼虾类的繁育场所。另外，渤海环流也对渔场位置和范围产生影响。

历史上，渤海渔业资源丰富，优质种类居多，但受人为因素和自然因素的影响，20 世纪 80 年代以后，渤海渔业生物的种类结构和生物量都发生了明显变化（金显仕，2001）。1959—1982 年间，优势种发生了很大变化，经济价值较高的小黄鱼、带鱼和中国对虾等由黄鲫、鳀、枪乌贼类等小型低值种类所替代。20 世纪 80 年代以来，优势种年间有一定的变动，但小型中上层鱼类鳀、黄鲫、斑鲦等一直是渤海渔业生物优势种类。1998—1999 年，主要种类的生物量下降至历史最低水平，难以形成渔汛。然而，近年来渤海的主要渔业生物种类中国毛虾，资源状况较好，渔汛明显，产量虽有波动但相对稳定，据统计，2005—2007 年，辽东湾中国毛虾产量均在 3×10^4 t 以上。下面以中国毛虾渔场为例，从水文条件、物理环境、生物环境等方面，来阐述渔场的形成原因和形成条件。

4.3.1 中国毛虾生态习性

中国毛虾（*Acetes chinensis*）隶属于甲壳亚门（Crustacea）、软甲纲（Malacostraca）、十足目（Decapoda）、樱虾科（Segestidae）、毛虾属（*Acetes*）。它（以下简称毛虾）属于小型甲壳类，体长一般在 10 ~ 45 mm，雌虾个体大于雄虾。毛虾属广温、低盐种类，喜欢栖息于盐度较低、水温较高、透明度低的海水中下层，夏季有时也上升到表层。毛虾具有昼夜垂直移动习性，这在晴天和透明度大的海域尤为明显。毛虾游泳能力较弱，仅有明显的季节性定向的浅、深水之间的移动。毛虾主要摄食浮游植物（硅藻为主）、小型浮游动物（桡足类为主）和有机碎屑。毛虾每年产生两个世代，越冬虾群在 5 月下旬至 7 月中旬期间产卵，在此时间段内产生的毛虾称为夏一世代；夏一世代的毛虾约经两个月即发育成熟，其产卵期在 7 月下旬到 9 月下旬，在此时间段内产生的毛虾称为夏二世代。毛虾生命周期较短，短者仅 2 个月，长者不超过 1 年（唐启升等，1990）。

渤海毛虾分为两大独立种群，一为辽东湾群，二为渤海西部群，主要渔场分布在辽东湾、渤海湾南部和莱州湾西部（赵传纲，1990）。

辽东湾群终年不离开辽东湾，越冬期（1—2 月）分布于辽东湾南部水深为 25 ~ 30 m 的水域；2 月下旬，越冬虾群开始北移，3 月上旬，虾群主体密集于 10 ~ 15 m 区域；5 月下旬，随着性腺发育趋近成熟，虾群进一步向北部浅水区移动，进行交尾，随后开始产卵；6 月，在辽东湾北部河口区形成毛虾第一次产卵高峰；7 月初，产卵场扩展至西部沿海，因越年亲虾产卵后逐渐死亡，故 6 月、7 月间毛虾资源量急剧下降，一般到 7 月下旬，越年亲虾作为一个虾群来说已基本消失。出生于北部水域的夏一世代毛虾，随着生长发育，逐渐向南部海区移动；8 月，夏一世代开始性成熟，进入产卵期，产卵场遍及辽东湾广阔的浅水区；9 月中下旬，夏一世代毛虾繁殖结束后，数量减少，夏二世代小虾大量出现，但此时是虾群最分散的时期，近岸水域均有毛虾分布；10 月，毛虾分散状态依然存在，但在北部河口区的数量已减少；11 月，毛虾又开始集群，集中分布于 40° ~ 40°44′N 一带；12 月，毛虾主群移至

40°10′N 以南海域；1 月，毛虾全部进入越冬区。

渤海西部群在渤海湾深水区越冬。2 月下旬，毛虾开始向近岸移动，移动路线分为两支，南支向莱州湾移动，北支向西南移动。以大清河口附近水域的毛虾渔期最早，每年 2 月下旬，渔民即开始春汛生产。渔期结束也比较早，有的年份 3 月中旬结束，有的年份可持续到 4 月中下旬。其他海域的毛虾渔期则较晚，如滨州沿海的渔期从 3 月中、下旬开始。5 月中旬以后，毛虾陆续进入近岸浅水区产卵，6 月是越冬虾群的产卵盛期，渤海湾和莱州湾西部浅水区均为毛虾产卵场。7 月上旬以后，虾群离开浅水区向深水区转移，分布范围扩大。8 月，虾群分布区不变，但已是夏一世代的产卵盛期。9 月，沿海毛虾继续向外移动，产卵场扩大。11 月下旬至 12 月上旬，随着水温降低，渤海湾南部毛虾和莱州湾毛虾均向越冬场转移。

4.3.2　理化环境

辽东湾沿岸有辽河、双台子河、大凌河等多条入海河流，受冲淡水的稀释作用，使辽东湾常年具有低盐特性，夏季尤为显著。据报道（苏纪兰，2005），辽东湾冬季，盐度多年的平均值为 30.5 ~ 31.0；春季，盐度为 28.0 ~ 31.0；夏季，表、底层盐度分别为 20.0 ~ 30.0 和 25.0 ~ 30.0；秋季，表、底层盐度分别为 23.0 ~ 30.0 和 24.0 ~ 30.5。由此可见，即使在盐度最高的冬季，辽东湾盐度也未超过 31.0。渤海湾南部和莱州湾西部海域是受黄河冲淡水影响最为显著的区域，其低盐特性也非常明显。上述海域的冬季，表层盐度多年的平均值为 26.0 ~ 30.0；春季，盐度为 26.0 ~ 29.0；夏季，盐度为 23.0 ~ 28.0；秋季，盐度为 24.0 ~ 28.0。渤海其他海域的盐度相对较高，难以形成毛虾的密集区。

毛虾夏一世代、夏二世代的产卵盛期分别为 6 月、8 月，此时正值夏季，辽东湾、渤海湾南部和莱州湾西部海域的水温较高。8 月，表层水温多年的平均值为 23.0 ~ 26.0℃（苏纪兰，2005），盐度较低，这与毛虾喜低盐、高温的生态习性相适应。毛虾产卵最适水温为 20.0 ~ 26.0℃（唐启升等，1990），这使上述海域成为毛虾的主要产卵场，6 月和 8 月，成为两个世代毛虾的主要产卵期。另外，在冬季，辽东湾南部和渤海湾深水区是黄海暖流余脉形成的暖水舌的前缘区域，与近岸水域相比，水温相对较高，而毛虾适温范围广，使上述海域成为渤海毛虾种群的越冬场所。

4.3.3　生物环境

毛虾渔场的形成条件除水温和盐度这两个基本水文要素外，还同时具备了适宜的生物环境。辽东湾和黄河口附近水域均是河流冲淡水的影响区域，大量径流注入海中，带来了丰富的有机质和营养盐类，作为毛虾主要饵料的浮游生物繁殖旺盛，充足的饵料成为毛虾渔场形成的另一个必要条件。

根据以往的调查，渤海近岸水域春、夏、秋三个季节的叶绿素 a 含量在 0.54 ~ 16.78 mg/m³ 之间，平均值为 2.88 mg/m³，高值区都位于沿岸、河口附近水域。春季和夏季，叶绿素 a 含量较高的水域均出现在辽东湾西北沿岸，分别为 16.78 mg/m³ 和 15.36 mg/m³。秋季，叶绿素 a 含量较高的水域出现在莱州湾中西部沿岸，为 14.09 mg/m³。此外，夏季，在秦皇岛外 39°45′N、119°45′E 这一站的叶绿素 a 含量也较高，为 13.53 mg/m³。

渤海近岸水域，春季，浮游植物平均丰度为 132.2 × 10⁴ 个/m³，在三个季节中最高，高密度区出现在渤海湾西北部和莱州湾西南部，平均值为 380 × 10⁴ 个/m³，其他大部分水域在 5 × 10⁴ ~ 20 × 10⁴ 个/m³。夏季，浮游植物平均丰度较低，为 12.9 × 10⁴ 个/m³，高密度分布区是在辽东湾和莱州湾东北部,两个水域的最高密度分别为 340.4×10^4 个/m³ 和 27.4×10^4 个/m³。秋季,浮游植物平均丰度为 25.1×10^4 个/m³,分布较均匀,最高值出现在莱州湾,达 592.2×10^4 个/m³,其他水域都低于 5×10^4 个/m³。

4.3.4 海流

渤海环流是毛虾渔场形成的水动力条件。毛虾游泳能力弱,基本营浮游生活。毛虾除随潮汐做往复运动外,也随辽东湾沿岸流和渤—莱沿岸流做定向移动。因此,沿岸流势力的强弱,流向的变化,均会对毛虾渔场位置和范围产生直接影响。

4.4 渔业预报[*]

在我国,习惯上所称的渔业预报属于短期预报的范畴,通常分为两类:一类为预测资源和渔获量变化的渔获量预报;一类为预测渔场、渔期的渔情预报。

渔获量预报基本上可分为统计分析预报和世代解析预报。这里先对渔获量预报中的统计分析方法进行介绍,世代解析方法将在黄海篇的渔业预报部分中进行介绍。

在渔业生产实践和资源调查过程中,常常发现某些因子与未来的渔获量存在一定的联系,有些从理论上说是确定性关系;有些仅从现象上表现为相关关系。事实上,资源量随时间变化的过程中受到很多因素的影响,其中包括一些还没有认识到,有些虽已认识到,但暂时还无法控制或测量,即使测量到的一些影响因子,其量值或多或少都有些误差,更何况因捕捞条件和环境因子的千变万化,渔获量与影响因子之间的数量关系在绝大多数情况下都表现为复杂的、非确定性关系。为了解决这类问题,一种有效的方法是用数学统计分析法去分辨、确认其关系,并检验其精确度和误差。

4.4.1 预报指标

预报成功或失败固然与方法有关,但是方法往往是固定的,使用什么资料,基本上设定了未来的结果。因此,如何取得更好的、有代表性的预报指标是统计分析预报的基础。现行预报中的主要指标包括:相对资源量、捕捞努力量和环境因子。

4.4.1.1 相对资源量

一种是通过海上试捕调查获取的单位捕捞力量渔获量,如渤海中国对虾幼虾相对资源量是根据密目扒拉网试捕获取的单位时间、网次渔获数 [尾/(网·h)];太平洋鲱是根据秋季拖网调查获得的单位时间、网次渔获量 [箱/(网·h)];辽东湾毛虾春秋汛分别为 11 月下旬越冬场和 9 月上旬的相对资源量(架子网张捕 4 小时的产量),前者因越冬期毛虾自然死亡很少具有较强的代表性,故春汛预报的准确度较高,后者调查处于毛虾的繁殖期,有部分秋世代的小个体尚未形成捕捞群,加之虾群比较分散,试捕的代表性较差,预报的准确度较低;另一种是从渔业统计调查资料获取的单位捕捞力量渔获量或世代产量等,如以夏秋季带鱼拖网平均网产作为冬汛相对资源量指标(沈金鳌等,1985;吴家骅等,1985)。

使用上述指标都要求满足一定的条件。用单位捕捞力量渔获量为相对资源量指标,条件

---

* 执笔人:邓景耀

是捕捞系数（q）相等，用世代产量为相对资源量指标，条件是捕捞死亡或捕捞力量相等。因此在获取中国对虾和黄海鲱相对资源量指标时都力求尽量满足这些条件。如选择试捕的时间和海区时都考虑到群体分布移动的特点，即选择群体分布相对集中稳定，年间变化不大的时间和海区，选用相同类型的试捕船和同样的试捕网具，以减少捕捞系数（q）的年间差异。对已获得的相对资源量指标，还需要进行一些必要的统计处理以提高其使用精度，渤海秋汛中国对虾的相对资源量是分别在渤海湾、莱州湾和辽东湾的幼虾分布区由 3 条试捕船进行同步试捕时获得的，根据 3 个湾幼虾栖息地的面积估计出三个湾幼虾相对资源量的比例约为 42.5:40.0:17.5，然后按这个比例对 3 个湾的相对资源量指标进行加权处理，求出渤海秋汛幼虾相对资源量指标；太平洋鲱则是对其拖网调查站的单位捕捞力量渔获量按方块区进行滑动统计，然后求出整个调查方区的相对资源量指标。

4.4.1.2　捕捞努力量

从一般意义上讲，捕捞努力量的年间变化较大，捕捞努力量对渔获量有明显影响。投入的捕捞努力量过大，远远超出了各种渔业资源的承受能力，所以捕捞过度是我国近海渔业的一个重要特点。当渔船数量超过一定的限度后，捕捞力量的增加对捕捞系数（F）已无多大影响，即历年捕捞死亡系数变化不大，表现为渔船少，渔期长，单位捕捞力量渔获量（CPUE）较高；渔船多，渔期短，CPUE 下降。所以捕捞努力量在回归中没有显著作用，对渔获量基本上没有影响。这种情况在中国近海渔业中是很常见的，如渤海秋汛中国对虾渔业及辽东湾毛虾渔业等。辽东湾海蜇渔获量预报（李培军等，1989）选定开捕前 15 天进行的试捕调查获取的相对资源量并辅之以投产船数作为预报指标，这是个特例。这可能与海蜇渔业渔法的独特性有关，海蜇营浮游生活的特点，捕捞作业是靠肉眼直接搜索"目标"完成的，故其渔获量与"搜索者"的数量有关。

4.4.1.3　环境因子

能获得到的环境因子是多种多样的，如影响种群数量或渔获量变化的各种物理、化学和生物因子等，这类因子用于预报虽然有时也有较好的效果，但其对种群数量和渔获量影响的过程和机制以及在实际应用时需要满足哪些条件通常是不清楚的。如，始于 20 世纪 50 年代我国最早的海洋渔获量预报：辽东湾毛虾渔获量预报，就是把上一年 6—9 月辽东湾的降雨量作为预报指标，预报下一年辽东湾毛虾的渔获量。对于降雨量对毛虾渔获量影响的强度、机制和过程基本上不了解，它与其他物理、化学和生物因子的联系也不清楚，因此，单独使用环境因子进行预报，虽然在某个时期是有效的，而在另一个时期可能效果就不好，表现出这类预报因子稳定性较差。可以选用逐步回归的方法进行统计优选，选择稳定性较好的相关性显著的因子，或对多因子进行组合，以增强因子的稳定性。使用降雨量、河水径流量、大风、水温、盐度、气温等环境因子与中国对虾、毛虾、海蜇等种群的资源量或世代产量进行回归分析时可以发现：不同组合形式的上述环境因子对种群的数量动态确有一定的影响，这虽然可以用于分析研究其动态变化的原因，却无法用来建立有效的预报模型。

4.4.2　渤海秋汛中国对虾渔获量预报

渤海秋汛中国对虾渔获量预报从 20 世纪 60 年代一直延续到 1998 年，有近 40 年的历史，资料系列长且比较完整，先后用两种方法编制预报、建立预报模型。

4.4.2.1 一元回归预报模型

中国对虾在渤海诸湾的河口邻近水域产卵，产卵期在 5 月中下旬。渤海中国对虾秋汛开捕期是 9 月 5 日。渤海秋汛中国对虾数量预报是从 1965 年开始的，1973 年以前，是根据幼虾相对资源量调查资料，结合渔民经验，历年渔业统计资料和某些气象因素，进行分析比较，预测资源状况和估计产量。从 1973 年起，刘传桢等（1981）根据渤海中的渤海湾、莱州湾和辽东湾中国对虾幼虾分布区的面积，用逐步逼近的方法找出其加权系数，将 3 个湾的幼虾相对资源量资料加权后计成渤海中国对虾相对资源量，建立起回归预报模型，来预报渤海秋汛中国对虾的渔获量。

从 1965 年开始，由黄海水产研究所、山东省海洋水产研究所、辽宁省海洋水产研究所、河北省水产研究所和天津市水产研究所分工协作，于每年 8 月上旬在渤海的 3 个湾（后来又增加滦河口幼对虾分布区）设站，分别进行定点调查。调查使用生产网具密目扒拉网试捕，按有效站位计成以尾／（网·h）（相当于平均网产）为单位的各湾幼对虾相对资源量，资料列成表 4.1。并根据各湾的加权系数（刘传桢等，1981），按（4.1）式求出渤海幼对虾相对资源量。

表 4.1　渤海秋汛中国对虾产量及幼对虾相对资源量

年份	$y／×10^2$ t	x_1 ／［尾／（网·h）］	x_2 ／［尾／（网·h）］	x_3 ／［尾／（网·h）］	x ／［尾／（网·h）］
1965	139.30	85.0	77.0	28.0	71.84
1966	133.38	114.5	96.0	63.0	98.09
1967	70.14	31.0	13.0	90.0	34.13
1968	68.89	12.0	51.0	24.0	29.70
1969	97.56	119.0	48.0	1.0	69.95
1970	103.37	50.0	96.0	28.0	64.55
1971	86.48	29.0	74.0	3.0	42.45
1972	95.09	21.5	157.0	16.0	74.31
1973	231.04	72.0	243.0	100.0	145.30

$$x = 0.425x_1 + 0.400x_2 + 0.175x_3 \qquad (4.1)$$

式中：

x——渤海幼对虾相对资源量；

x_1——渤海湾幼对虾相对资源量；

x_2——莱州湾幼对虾相对资源量；

x_3——辽东湾幼对虾相对资源量。

将渤海幼对虾相对资源量作为自变量，秋汛对虾产量作为因变量，按（4.2）式做回归分析。

$$y = a + bx \qquad (4.2)$$

式中：

y——秋汛对虾产量；

x——渤海幼对虾相对资源量；

a = 23.23；b = 1.302。

经计算：相关系数 $r = 0.94$；统计检验：$F = 58.36 > F_{0.01}(1, 7) = 12.25$。

检验结果，相关显著。可用 8 月初调查所得幼对虾相对资源量预报渤海秋汛对虾产量。预报值为 $y \pm 2\delta$，δ 为标准差，等于 18.3×10^2 t。经多年实践证明，预报结果与实际产量相符。

4.4.2.2 多元回归预报模型

中国对虾在滦河口有一个较小的产卵场，从 1974 年开始，增加了滦河口幼虾栖息地调查，这样就有了 4 个海湾、河口的幼虾相对资源量资料，列成表 4.2。

表 4.2 渤海秋汛中国对虾渔获量和各湾相对资源量

年份	$y/10^2$ t	x_1 /［尾/（网·h）］	x_2 /［尾/（网·h）］	x_3 /［尾/（网·h）］	x_4 /［尾/（网·h）］
1974	305.73	139.5	165.0	255.0	41.0
1975	247.76	88.5	314.0	101.0	32.0
1976	85.25	64.0	37.0	39.0	1.0
1977	207.05	158.0	123.0	44.0	46.0
1978	312.74	163.0	213.0	42.0	68.5
1979	394.99	275.0	191.0	133.0	49.5
1980	305.60	159.5	276.0	2.0	69.0
1981	200.63	119.0	117.0	46.0	41.0
1982	56.77	20.0	61.0	23.0	2.0

邓景耀等（1986）把渤海湾、莱州湾、辽东湾和滦河口四个水域幼虾相对资源量看成独立变量，用多元回归建立预报秋汛对虾产量模型［见式（4.3）］。

$$y = b_0 + b_1 x_1 + b_2 x_2 + b_3 x_3 + b_4 x_4 \qquad (4.3)$$

式中：

y ——秋汛对虾产量；

x_1 ——渤海湾幼对虾相对资源量；

x_2 ——莱州湾幼对虾相对资源量；

x_3 ——辽东湾幼对虾相对资源量；

x_4 ——滦河口幼对虾相对资源量。

用 1974—1982 年资料估计的参数值：$b_0 = 2.515$，$b_1 = 0.784$，$b_2 = 0.356$，$b_3 = 0.350$ 和 $b_4 = 1.117$；相关指数：$R^2 = 0.987$；统计检验：$F = 75.15 > F_{0.01}(4, 4) = 16.60$，在 $p < 0.001$ 水平相关显著。

用渤海湾、莱州湾、辽东湾和滦河口调查的幼对虾相对资源量，建立多元回归预报模型，预报渤海秋汛对虾渔获量，幼对虾相对资源量对渔获量的控制程度已高达 98% 左右，除此以外的非了解信息对渔获量的影响已是微不足道了，预报的可靠性大。

4.4.2.3 可靠性问题

现在我们以此为例，讨论用相对资源量预报渔获量的可靠性问题。影响渤海秋汛对虾渔获量的因素约有 4 个。开捕时（9 月 5 日）的资源量（$N_{9 \pm}$），生长（W）、自然死亡（M）和捕捞努力量（f）。$N_{8 \pm}$ 是表示用试捕取得的相对资源量，是模型中唯一的自变量。如果根据生物生态习性，假定历年生长和自然死亡的变化对资源的影响程度以及对渔获量影响不大的话，那么影响渔获量的因素有两个：一个是相对资源量（$N_{8 \pm}$），预报模型中的自变量；另一个是捕捞努力量，不出现在模型中。预报的可靠性与这两个因素有关。

1）关于相对资源量

几乎在所有的预报模型中都是用有关相对数值代替相对资源量。凡是用单位网产（即单位捕捞力量渔获量）作为相对资源量都必须满足可捕参数相等的条件。渤海对虾 5 月中旬产卵，发育成仔虾后有向河道内及河口附近浅水水域移动的习性，对虾成长到 70～80 mm，由浅水区向深水区移动，8 月初，分布于 5 m 等深线水域，相对集中，分布面不大。选择 8 月初，时机合适，距开捕期约 1 个月。试捕设站范围不大，可包括历年主群分布变化范围，试捕用生产网具密目扒拉网，捕虾效率高。另外，保持历年试捕作业条件，包括渔船类型、马力、网具调整和拖速等对捕捞效率有影响的条件不变，以求满足用单位捕捞努力量渔获量作为相对资源量的条件。经过 20 多年的实践，把预报值与生产结果相比较，我们感到历年的捕捞系数变化不大。有一旁证资料：从 1965 年开始，黄海水产研究所和河北省水产研究所于每年 8 月初在渤海湾各进行一次幼对虾相对资源量调查，资料列成表 4.3，方差分析结果（$F = 0.5262$，$p > 0.4$）表明：在同一水域、相同时间的两次调查结果没有差异，也就是说试捕时的可捕系数相近，可靠性较高。

表 4.3　1965—1998 年 8 月初渤海湾幼虾相对资源量指数　　　单位：尾／（网·h）

年　份	黄海水产研究所	河北省水产研究所	年　份	黄海水产研究所	河北省水产研究所
1965	77	85	1982	20	5
1966	128	101	1983	91	92
1967	24	38	1984	48	29
1968	13	11	1985	24	27
1969	119	221	1986	18	20
1970	25	50	1987	31	23
1971	27	31	1988	78	61
1972	20	21	1989	28	23
1973	66	78	1990	136	95
1974	139	140	1991	36	20
1975	100	77	1992	20	11
1976	／	64	1993	4	4
1977	158	95	1994	4	6
1978	163	29	1995	11	3
1979	305	245	1996	7	2
1980	176	143	1997	1	1
1981	119	42	1998	1	1

2）关于捕捞努力量

渤海秋汛对虾渔业的捕捞力量的年间变化较大，为了确定捕捞力量对渔获量的影响，现将秋汛对虾渔业的捕捞力量（f）作为影响因素与相对资源量（资料列成表4.4）同时进入回归，用变量搭配方法，检验结果，确认捕捞力量对渤海秋汛对虾产量没有统计学上可置信关系，说明捕捞力量对此没有显著影响。

为什么在特定条件下能与一般情况相悖呢？这种情况在中国近海渔业中并不是特例。渤海秋汛对虾渔业的主要特点是：作业渔场特别是中心渔场的范围有限，作业渔船超量且过于集中和拥挤，作业时间受控于冷空气活动的强度和频率，捕捞死亡 $F_{旬} \leqslant 0.25$。即历年捕捞死亡系数变化不大，主要表现为 CPUE 的下降，所以渔船数量在回归中没有显著作用。

表4.4 渤海秋汛中国对虾渔业捕捞力量和相对资源量资料

年份	$y/10^2$ t	$x^{a)}/$［尾／（网·h）］	$f/$对机帆船
1965	139.30	71.83	603
1966	133.38	98.09	664
1967	70.14	34.13	580
1968	68.89	29.70	584
1969	97.56	69.95	733
1970	103.37	64.55	814
1971	86.48	42.45	580
1972	95.06	74.31	539
1973	231.04	145.30	658
1974	305.73	169.91	889
1975	247.76	180.89	991
1976	82.25	48.83	947
1977	207.05	124.05	1 319
1978	312.24	161.83	1 472

注：按式（4.1）的方法计算。

第5章　主要渔业种类渔业生物学与种群数量变动

5.1　中上层鱼类

5.1.1　黄鲫*

黄鲫（*Setipinna taty*）隶属于鲱形目（Clupeiformes）、鳀科（Engraulidae）、黄鲫属（*Setipinna*），俗称：毛口、黄尖子等。它是一种暖水性、浮游动物食性的小型中上层鱼类，分布于渤海、黄海、东海和南海的近海。在渤海，自20世纪80年代以来，黄鲫一直是主要优势种，每年进行长距离洄游。此外，在日本、越南、泰国、缅甸、印度和印度尼西亚附近海域也可见其踪迹。

5.1.1.1　洄游

渤海的黄鲫群体在黄海越冬，越冬场位于黄海南部济州岛以西、西南侧及长江口外海，水深约为30 m。冬季，那里的底层水温为10~14℃，盐度为33.0~34.0，越冬期是12月至翌年3月。每年3月上旬，随着水温逐步回升，黄鲫开始从越冬场进行生殖洄游，洄游路线大体分成三支：一支向西偏南洄游，进入吕泗和长江口一带水域；另一支向西北洄游，到达海洲湾至石岛一带的近岸水域；第三支向北偏西洄游，至成山头附近再分为两支，主群进入渤海，另一小部分群体抵达黄海北部近岸水域。秋季，随着渤海水温下降，黄鲫群体通常在11月份，陆续离开渤海，基本按照春季洄游的路线，向黄海越冬场游去。

5.1.1.2　数量分布与环境的关系

1）春季

黄鲫一般在5月份进入渤海，这时渤海近岸水域表层的平均水温已达到16.1℃，底层为15.1℃，由于水温计较高的缘故，使其在渤海的分布范围比较广。春季，在渤海近岸水域各区域中，莱州湾水温最高，表层为14.2~19.8℃，平均值为16.7℃，底层为13.8~19.7℃，平均值为16.2℃，此时，黄鲫的分布以莱州湾的数量最大，湾内的相对高温区在西南部，黄鲫的密集区也是在湾的西南部。其次，数量较多的是渤海湾，其表层水温为13.4~19.0℃，平均值为16.6℃；底层水温为12.3~18.7℃，平均值为15.8℃。其他区域的水温要低一些，因此，黄鲫的密度也小一些。

　　* 执笔人：程济生

2）夏季

在渤海，夏季的水温是一年中最高的季节。8月份，渤海近岸水域的表层平均水温为26.1℃，底层平均水温为22.9℃。总体来看，表、底层水温均呈现近岸高于远岸的分布特点，夏季，黄鲫的平均密度比春季有所增加。从区域来看，莱州湾的水温仍然最高，表、底层的平均水温分别为26.7℃、24.2℃，同样，黄鲫的密度也依然是莱州湾最大。

3）秋季

10月份，渤海水温已经下降，近岸水域的表层平均水温为21.2℃，底层平均水温为21.3℃，水温的分布趋势是近岸低于远岸。秋季，由于当年新生群体的补充，渤海黄鲫的平均密度又比夏季明显增大。从黄鲫的分布特点来看，近岸的密度要低于远岸。从区域进行比较，辽东湾黄鲫的密度最大，其次是莱州湾，水温则是辽东湾最低，莱州湾最高。由此看来，黄鲫的密度分布与水温的关系已经不像春季那样密切了。

5.1.1.3　渔业生物学

1）群体组成

从以往调查取得的黄鲫生物学资料来看，其最大叉长为260 mm，最大体重为60 g，最高年龄为6龄。表5.1列出了1998年春、夏、秋三个季节渤海黄鲫群体及2007年1月黄海冬季群体的组成情况。

表5.1　黄鲫四季群体组成的变化

季节	叉长/mm			体重/g			性比/%		平均年龄/龄
	范围	优势组	平均值	范围	优势组	平均值	雌	雄	
春季5月	96～177	116～155	140	9～50	15～40	24	59	41	1.53
夏季8月	75～180	135～170	148	4～45	20～35	27	36	64	1.65
秋季10月	90～180	95～135	124	6～50	10～20	16	66	34	0.57
冬季1月	95～173	100～150	134	7～40	12～25	19	51	49	1.21

从表5.1可以看出：一年四季，黄鲫群体的平均叉长、平均体重、平均年龄，从秋季→冬季→春季→夏季呈逐渐增大的趋势，以夏季群体的平均叉长、平均体重、平均年龄为最长、最重、最大。

从年龄结构来看，1998年春季，渤海黄鲫产卵群体是由1龄、2龄、3龄组成，各龄鱼分别约占58%、31%、11%；1998年的夏季群体中，当年出生幼鱼约占3%，1～3龄鱼约占40%、47%、10%；1998年秋季群体中，大量当年生幼鱼补充进来，约占85%，1～3龄鱼约占10%、4%、1%；2007年冬季，黄海黄鲫群体中，1～3龄鱼约占84%、11%、5%。

2）繁殖

在渤海，黄鲫的产卵期为5—8月，产卵盛期在5月下旬至6月上旬，它喜欢在透明度较低的海水中产卵。黄鲫最小性成熟年龄为1龄，雌鱼性成熟最小叉长为90 mm。黄鲫属于1次排卵类型。1998年调查结果：5月下旬，产卵群体中性腺成熟度为V期的个体占84.4%，

Ⅳ期和刚产过卵的Ⅵ期个体各占7.8%；8月，这时仍有极少数个体在产卵，Ⅴ期个体占6.7%，Ⅵ期个体占27.0%；10月，个体的性腺成熟度处于Ⅰ期、Ⅱ期。

黄鲫性成熟早，1龄可性成熟，属于一次排卵型鱼类，其怀卵量因个体大小而异，个体怀卵量变动在500~30 000粒（《中国海岸带生物》编写组，1996）。卵子为浮性球形卵，卵径在1.40~1.51 mm（农业部水产局等，1990）。

3）生长

根据海洋勘测生物资源补充调查资料的研究结果（金显仕等，2006），黄鲫体重与叉长之间呈幂函数关系（图5.1），其关系式见式（5.1）。

$$W = 2.0 \times 10^{-6} L^{3.256} \tag{5.1}$$

式中：

W——黄鲫个体的体重（g）；

L——黄鲫个体的叉长（mm）。

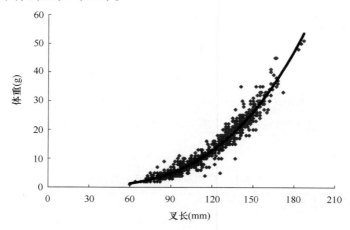

图5.1 黄鲫叉长与体重的关系

海岸带调查研究的结果（1996）：渤海和黄海北部的黄鲫经拟合的 ven – Betalanffy 体长生长方程见式（5.2），体重生长方程见式（5.3）。

$$L_t = 253.9 \left[1 - e^{-0.5375(t + 0.1687)} \right] \tag{5.2}$$

$$W_t = 146.99 \left[1 - e^{-0.5375(t + 0.1687)} \right]^{3.5634} \tag{5.3}$$

两式中：

L_t——t时黄鲫个体的叉长（mm）；

W_t——t时黄鲫个体的体重（g）；

t——时间。

4）摄食

黄鲫属于浮游动物食性，胃含物分析表明：桡足类、糠虾类、端足类、毛颚类、毛虾等是它的主要饵料生物，其次是细螯虾和仔稚鱼等，此外，还出现圆筛藻、舟形藻等浮游植物（农业部水产局等，1990）。黄鲫终年摄食，胃饱满度通常为1级、2级，但在产卵期间，其空胃率比较高，可达60%~70%（金显仕等，2006），在冬季，摄食强度不大，空胃率也比较高。

5.1.1.4 资源变动

20 世纪 80 年代初期，在渤海进行的周年逐月底层渔业资源拖网调查，黄鲫资源量在所有捕获种类之中居于首位。一年之中，5—11 月，黄鲫在渤海均有出现，其中，5 月份的数量是最多的，其次是 10 月、8 月，12 月份在渤海消失（邓景耀等，1988）。

20 世纪 80 年代以前，黄渤海渔业均以大型、经济价值高的种类作为主要捕捞对象，黄鲫属于经济价值低的小型种类，仅为兼捕对象，其产量并不高，在万吨以下。从 80 年代中期开始，随着主要经济种类资源的衰退，对黄鲫的利用引起了重视，1985 年仅山东省的渔获量就已接近 3×10^4 t。

进入 21 世纪以后，由于渔业资源的全面过度捕捞，在渤海，黄鲫也像其他所有的种类一样，数量明显下降。根据近几年对渤海渔业资源的调查结果，黄鲫的资源密度仅为 20 世纪 80 年代初期的 1% ~3.5%。

5.1.2 蓝点马鲛[*]

蓝点马鲛（Scomberomorus niphonius）隶属于鲈形目（Perciformes）、鲭科（Scombridae）、马鲛属（Scomberomorus）。俗称：鲅鱼（辽宁、河北、山东），马加、马鲛（福建、浙江、江苏），燕鱼（江苏以南）。它属于暖温性、游泳动物食性、大型中上层鱼类，具有分布广、生命周期长、生长较快、经济价值高等特点。它属于外海型洄游性鱼类，分布在渤海、黄海、东海、南海，日本诸岛海域、朝鲜半岛南端群山至釜山外海，还出现于印度洋。由于黄海、渤海其他经济渔业生物资源的严重衰退，蓝点马鲛是目前黄海、渤海现存渔获量超过 10×10^4 t 的唯一的大型经济鱼类资源，我国黄渤海区三省一市的渔获量波动在 $(6 \sim 30) \times 10^4$ t。

5.1.2.1 洄游

黄海、渤海蓝点马鲛分为两个地方种群，即黄渤海种群和黄海南部种群，渤海的蓝点马鲛属于黄渤海种群（韦晟等，1988a）。渤海的蓝点马鲛越冬场在东海北部，一般在 5 月下旬经烟威渔场进入渤海，产卵期为 5 月下旬到 7 月上旬，盛期在 6 月。辽东湾、莱州湾、渤海湾及滦河口为主要产卵场、育幼场。8 月下旬，随着近岸水温下降，鱼群陆续向较深水域行适温洄游，并继续强烈摄食，生长育肥。9 月上旬至 10 月上旬，幼鱼陆续游离渤海，前后抵达烟威渔场西部水深 20~30 m 水域。11 月份，开始南下，进行越冬洄游。

5.1.2.2 数量分布

春季，渤海近岸水域的底拖网调查，除在莱州湾的 1 个站捕获了 1 尾蓝点马鲛外，其他区域均无捕获。

夏季，蓝点马鲛的平均指数以莱州湾最高，为 2.543 kg/h，出现频率为 87%；其次是辽东湾，为 1.422 kg/h，各站均有出现，出现频率为 100%；渤海湾，平均指数为 0.600 kg/h，出现频率为 71%；秦皇岛外海最低，平均指数为 0.340 kg/h，出现频率为 75%。高密度区出现在莱州湾三山岛以西水域，最高指数为 27.40 kg/h。其数量分布见图 5.2。

秋季，其平均指数以秦皇岛外海最高，为 1.274 kg/h，出现频率为 50%；莱州湾居第二

---

[*] 执笔人：李显森

位，为 0.451 kg/h，出现频率为 56%；辽东湾略低于莱州湾，为 0.447 kg/h，出现频率为 64%；渤海湾仅为 0.033 kg/h，出现频率为 13%。高密度区出现在秦皇岛外东南部水域，最高指数为 3.37 kg/h。其数量分布见图 5.3（程济生，2004）。

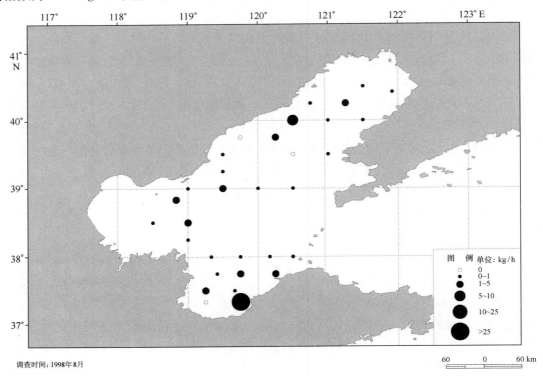

调查时间：1998年8月

图 5.2　渤海近岸夏季蓝点马鲛密度分布

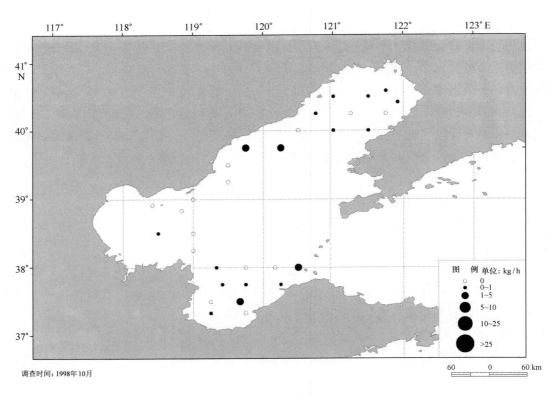

调查时间：1998年10月

图 5.3　渤海近岸秋季蓝点马鲛密度分布

5.1.2.3　渔业生物学

1）群体组成

8月份，渤海近岸水域蓝点马鲛索饵群体全部是当年出生的幼鱼，叉长范围为125～340 mm，优势叉长为140～219 mm，平均叉长为179 mm。体重范围为11～237 g，优势体重为18～69 g，平均体重为45 g。

10月份，近岸水域索饵群体也全部由当年幼鱼组成，叉长范围为184～410 mm，优势叉长为280～345 mm，平均叉长为302 mm，比8月份增长了68.7%。体重范围为95～513 g，优势体重为155～299 g，平均体重为244 g，比8月份增加了4.4倍。

2）生长

对黄渤海蓝点马鲛幼鱼的生长特征研究结果表明（邱盛尧等，1993），其体重与叉长之间呈幂函数关系，其关系式见式（5.4）。

$$W = 8.139\,9 \times 10^{-6} L^{3.003\,8} \tag{5.4}$$

式中：

W——蓝点马鲛个体的体重（g）；

L——蓝点马鲛个体的叉长（mm）。

当年幼鱼生长相当迅速，自产卵孵化之后至6月21日，群体主要叉长范围达30～45 mm，平均叉长为33.7 mm，平均体重为0.3 g；7月21日，其平均叉长为135 mm，平均体重为22.2 g，以100～150 mm为优势叉长组；8月21日，其平均叉长为193 mm，平均体重为65.0 g，以叉长150～250 mm的个体为主；9月21日，其平均叉长为295 mm，平均体重为208 g，以260～330 mm叉长组为主；10月21日，优势叉长达280～360 mm，平均叉长为334 mm，平均体重为298 g；11月21日，主要叉长为350～420 mm，平均叉长为375 mm，平均体重为439 g。此后，其生长几乎停止，至翌年1月11日，平均叉长为383 mm，3月11日，平均叉长为383 mm。

当年幼鱼的长度生长曲线和体重生长曲线分别为图5.4和图5.5，经拟合的 ven – Betalanffy 长度生长方程为式（5.5），体重生长方程为式（5.6）。

$$L_t = 422.84 \left[1 - e^{-0.1388(t-2.18)} \right] \tag{5.5}$$

$$W_t = 629.66 \left[1 - e^{-0.1388(t-2.18)} \right]^3 \tag{5.6}$$

两式中：

L_t——t 时蓝点马鲛个体的叉长（mm）；

W_t——t 时蓝点马鲛个体的体重（g）；

t ——时间。

年内，体重生长拐点在10.11旬（即9月11日前后）处，此时蓝点马鲛当年幼鱼的体重为187 g，即0.297 2 $W\infty$，与一般鱼类生长方程拐点位置相吻合，拐点前后（即8月11日至11月1日），体重瞬时生长速度最大，均在30 g/旬以上，完成年内体重生长 $W\infty$ 的45.8%，是体重的主要生长期。

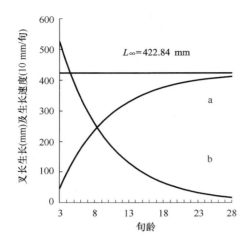

图 5.4　蓝点马鲛当年幼鱼叉长生长曲线（a）
和瞬时生长速度曲线（b）

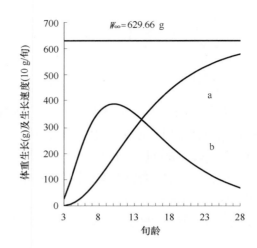

图 5.5　蓝点马鲛当年幼鱼体重生长曲线（a）
和瞬时生长速度曲线（b）

5.1.3　银鲳[*]

银鲳（*Pampus argenteus*）的分类地位、生态类型及其分布海域，将在黄海篇中的该条目中进行表述。

5.1.3.1　洄游

渤海的银鲳属黄、渤海种群，其越冬场位于黄海中部的深水区。每年的 12 月至翌年 3 月为越冬期。

3—4 月，银鲳生殖群体开始由越冬场北上，向大陆沿岸的产卵场洄游。一支游向海州湾产卵场，另一支继续北上绕过成山头，经烟威渔场进入渤海各湾。5—7 月为产卵期，渤海里的产卵场在莱州湾和辽东湾等河口区。秋末，银鲳离开渤海，向南做越冬洄游。

5.1.3.2　数量分布

在渤海近岸水域，春季 5 月，银鲳主要分布于莱州湾中部和辽东湾西部，其平均指数以莱州湾最高，为 0.185 kg/h，在辽东湾，为 0.117 kg/h，渤海湾和秦皇岛外海均没有银鲳捕获。其最高指数出现在莱州湾中南部，为 1.043 kg/h。数量分布见图 5.6。

夏季 8 月，银鲳的分布范围较春季广，以莱州湾湾口和辽东湾为主要分布区。平均指数以辽东湾最高，为 1.020 kg/h；第二是莱州湾，为 0.603 kg/h；渤海湾为 0.305 kg/h；秦皇岛外海最低，仅 0.059 kg/h。高密度区是在莱州湾龙口附近水域，最大指数为 7.368 kg/h。其数量分布见图 5.7。

秋季 10 月，渤海近岸水域银鲳的平均指数仍然以辽东湾最高，为 6.602 kg/h；其次是秦皇岛外海，为 1.063 kg/h；莱州湾略低于秦皇岛外海，为 0.620 kg/h；渤海湾最低，仅 0.297 kg/h。指数最高的站在辽东湾中部，为 5.600 kg/h。其数量分布见图 5.8。（程济生，2004）

　　＊　执笔人：李显森

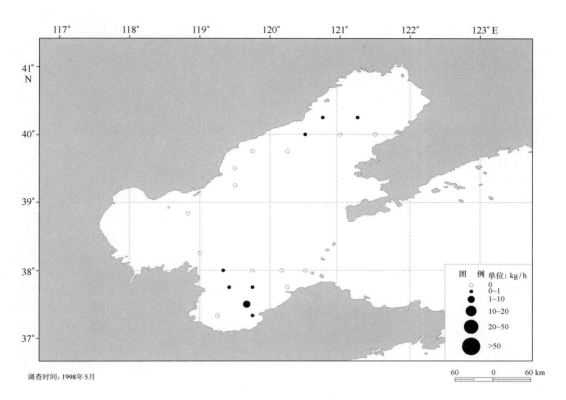

调查时间：1998年5月

图 5.6　渤海近岸水域春季银鲳密度分布

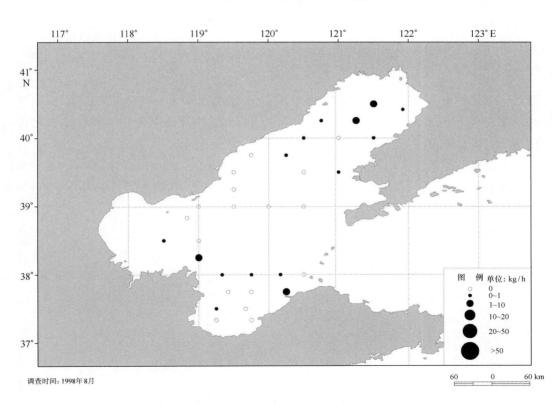

调查时间：1998年8月

图 5.7　渤海近岸水域夏季银鲳密度分布

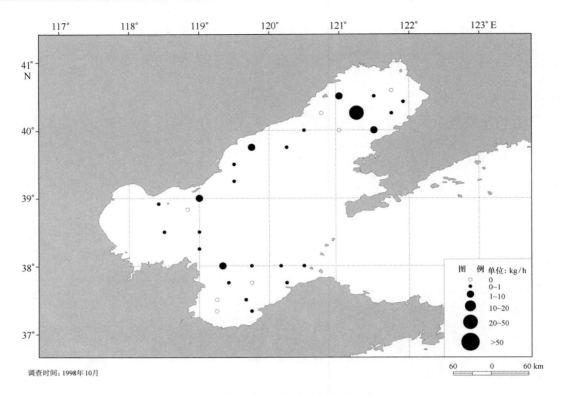

调查时间：1998年10月

图 5.8 渤海近岸水域秋季银鲳密度分布

5.1.3.3 渔业生物学

1）群体组成

春季，银鲳生殖群体由 1 龄、2 龄鱼组成，分别约占 79%、21%。叉长范围为 78 ~ 222 mm，优势叉长为 100 ~ 150 mm，平均叉长为 130 mm。体重范围为 10 ~ 348 g，优势体重为 20 ~ 90 g，平均体重为 78 g。

夏季，索饵群体由当年幼鱼、1 龄、2 龄鱼组成，分别约占 33%、59%、8%。叉长范围为 57 ~ 185 mm，优势叉长为 60 ~ 105 mm，平均叉长为 86 mm。体重范围为 4 ~ 145 g，优势体重为 15 ~ 30 g，平均体重为 24 g。

秋季，索饵群体中的当年幼鱼约占 42%，1 龄、2 龄鱼分别约占 50%、8%。叉长范围为 66 ~ 210 mm，优势叉长组有两个，分别为 80 ~ 110 mm、130 ~ 140 mm，平均叉长为 115 mm，比夏季增长了 33.7%。体重范围为 9 ~ 230 g，优势体重组也有两个，分别为 10 ~ 20 g、30 ~ 70 g，平均体重为 48 g，比夏季增加了 1 倍。

2）繁殖

春季 5—6 月是银鲳的产卵期，产卵群体性腺成熟度以 Ⅳ 期为主，占 62.5%，Ⅴ 期占 25.0%，Ⅲ 期占 12.5%。8 月份，雌性个体均已产过卵，群体中当年幼鱼已经比较多，使得群体平均叉长比 5—6 月群体减小了 33.8%，平均体重减少了 69.2%。

5.2 底层鱼类

5.2.1 小黄鱼 *

小黄鱼（*Larimichthys polyactis*）的分类地位、生态类型、分布海域及其种群划分，将在黄海篇中的该条目中进行表述。

5.2.1.1 种群与洄游

渤海小黄鱼属于在黄海中部越冬的黄海北部—渤海小黄鱼群系，3月底开始向北进行生殖洄游，至成山头附近分成两支：一支继续向北游动，另一支经烟威渔场进入渤海进行繁殖、育幼、索饵。直到秋季，因渤海水温不断下降，11月份，渤海小黄鱼大体沿着春季的洄游路线，反方向进行越冬洄游，返回黄海中部的越冬场。

5.2.1.2 数量分布与环境的关系

5月份，小黄鱼出现在渤海，这时渤海底层的平均水温为13.7℃，刚开始，小黄鱼只分布在渤海的中部，主要分布区为辽东湾湾口和渤海湾湾口，随着水温的逐渐升高，小黄鱼进入各湾。6月初，三个湾之中以辽东湾的密度最高，平均指数为0.167 kg/h，该湾底层水温为10.8～18.0℃，湾北部浅水区的密度明显增加。8月，渤海平均水温是全年最高值，由于当年发生的小黄鱼幼鱼大量出现，分布范围进一步扩大。从区域来看，小黄鱼的密度仍以辽东湾最大，平均指数为0.344 kg/h；莱州湾的密度最小，仅为0.027 kg/h。10月，随着渤海近岸水温的下降，三个湾小黄鱼的密度减少，密集区逐渐移向渤海中部，这时，秦皇岛外海小黄鱼平均指数为4.447 kg/h，最大指数达16.0 kg/h。11月，鱼群开始向黄海洄游，除渤海中部外，其他区域已无密集鱼群。12月份，在渤海已见不到小黄鱼的踪迹。

5.2.1.3 渔业生物学

1）群体组成

表5.2列出了1998年渤海近岸水域小黄鱼群体组成及其季节变化情况。

春季是小黄鱼的生殖季节，5—6月群体的平均体长和平均体重是一年四季之中最大、最重季节，群体由1龄、2龄鱼组成，分别约占81%、19%；夏季为当年出生的幼鱼进行补充的季节，8月份群体的平均体长、平均体重在四季里最小、最轻，平均体长比5—6月份减小了32.8%，平均体重减小了60.0%，群体中的幼鱼居绝对优势，约占96%，1龄鱼约占4%；秋季是小黄鱼生长最快的季节，10月群体的平均体长比8月份增长了43.3%，平均体重增加了1.1倍，群体中的幼鱼约占83%，1龄鱼约占16%，2龄鱼约占1%。

---

* 执笔人：程济生

表 5.2　渤海近岸水域小黄鱼群体组成季节变化

月份	体长/mm			体重/g			性比/%		平均年龄/龄
	范围	优势组	平均值	范围	优势组	平均值	雌	雄	
5—6	100 ~ 178	110 ~ 150	134	18 ~ 79	23 ~ 44	35	46	54	1.20
8	73 ~ 108	80 ~ 99	90	7 ~ 21	12 ~ 17	14			0.37
10	90 ~ 175	105 ~ 145	129	15 ~ 91	25 ~ 45	30	81	19	0.55

2）繁殖

进入渤海繁殖的小黄鱼，主要在近岸水域产卵，产卵场在辽东湾、莱州湾和渤海湾中的河口附近水域，产卵盛期为 5—6 月。5 月下旬至 6 月初，产卵群体中性腺成熟度为 V 期的个体占 89.5%，刚产过卵的 VI 期的个体占 10.5%。7 月份，产卵已经结束。

辽东湾小黄鱼的个体绝对繁殖力为 15 000 ~ 259 000 粒，平均 105 000 粒，繁殖力与纯体重的关系最为显著，其关系见式（5.7）（邓景耀等，1991）。

$$E = 0.054\ 6\ W - 1.687\ 9 \tag{5.7}$$

式中：

　　　E——小黄鱼个体的绝对繁殖力（粒）；

　　　W——小黄鱼个体的纯体重（g）。

3）生长

渤海小黄鱼体长与体重呈幂函数关系（见图 5.9），其关系见式（5.8）。

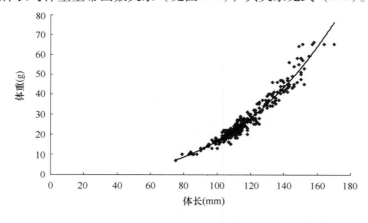

图 5.9　渤海小黄鱼体长与体重的关系

$$W = 3 \times 10^{-5} L^{2.882} \tag{5.8}$$

式中：

　　　W——小黄鱼个体的体重（g）；

　　　L——小黄鱼个体的体长（mm）。

渤海小黄鱼经拟合的 ven - Betalanffy 长度生长方程为式（5.9），体重生长方程为式（5.10）（农业部水产局等，1990）。

$$L_t = 272 \left[1 - e^{-0.29(t + 1.72)} \right] \tag{5.9}$$

$$W_t = 335 \left[1 - e^{-0.29(t + 1.72)} \right]^3 \tag{5.10}$$

两式中：

L_t——t 时小黄鱼个体的体长（mm）；

W_t——t 时小黄鱼个体的体重（g）；

t ——时间。

4）摄食

在渤海，小黄鱼主要摄食糠虾、底栖虾类和小型鱼类。小黄鱼5—11月均摄食，从月平均摄食等级来看：5月为0.61，6月为1.49，7月为1.20，8月为0.78，9月为0.67，10月为1.20，11月为1.07（邓景耀等，1988）。可见，产卵后的6、7两月份，其摄食强度最高；越冬前的10、11两月份，摄食强度也比较高；产卵盛期的5月份，摄食强度最低。

5.2.1.4 资源变动

1）季节变化

5—11月，小黄鱼在渤海生活期间，其资源以8月份的数量最大，该月份小黄鱼的渔获量占小黄鱼总渔获量的37.2%，其次是9月份。6月份，小黄鱼资源数量最小，该月份的渔获量在总渔获量中所占比率不足5%（邓景耀等，1988）。

2）年间变化

20世纪60年代以前，小黄鱼曾经是渤海捕捞的主要经济鱼类，最高年产量曾达14 785 t（1958年），1970年以后，年产量下降到100 t以下。80年代初进行的渤海资源调查结果表明：小黄鱼资源已明显减少。进入21世纪，渤海小黄鱼资源继续下降，调查显示：渤海小黄鱼的资源密度仅为20世纪80年代初的25.2%。由此可见，渤海小黄鱼资源的衰退非常严重。

5.3 甲壳类 *

5.3.1 中国对虾

中国对虾（*Fenneropenaeus chinensis*）隶属于甲壳动物亚门（Crustacea）、软甲纲（Malacostraca）、十足目（Decapoda）、对虾科（Penaeidae）、明对虾属（*Fenneropenaeus*）。异名：*Penaeus chinensis*，*Penaeus orientalis*，*Cancer chinensis*。其他中文名：中国明对虾、对虾、东方对虾。它是一种暖温性、底栖性、经济价值极高的大型虾类，主要分布在渤海和黄海，东海、南海只有零星分布。

5.3.1.1 种群与洄游

黄海、渤海的中国对虾分为两个地理群：一个是在渤海和黄海西岸出生的中国黄海、渤海沿岸群；另一个是在黄海东岸即朝鲜半岛西海岸出生的朝鲜西海岸群（邓景耀等，1991）。

＊ 执笔人：程济生

春季在渤海出生的中国对虾，一生要进行两次长距离洄游：一次是在秋季 11 月份的中下旬，当渤海水温降至 12~13℃时，一直在渤海索饵和生长的中国对虾开始集群，进行长距离的越冬洄游，经过渤海海峡，再绕过成山头南下，最后到达黄海中南部 33°~36°N，122°00′~125°00′E，水深为 60~80 m 的深水区进行分散越冬，越冬期为 1—3 月。另一次长距离洄游是在翌年 3 月中下旬，从越冬场向渤海进行生殖洄游，从越冬场开始集群，沿黄海中部海沟的西侧 40~60 m 等深线前进，到达成山头东北部水深 65m 为中心的海底洼地，主群于 4 月上、中旬向西经过渤海海峡进入渤海，一般在 4 月下旬到达渤海近岸的各产卵场进行产卵。

5.3.1.2 数量分布与环境的关系

在全球海洋中，中国对虾是对虾类中分布在温带海域的罕见的几个种群之一（邓景耀等，1991）。

春季 5 月，从黄海越冬场北上洄游的中国对虾已进入渤海，分布在渤海湾、莱州湾和辽东湾的黄河、海河、捷地减河、大口河、套儿河、大清河、小清河、辽河等河口附近水域，此外，还有渤海中部西北沿岸的滦河口附近水域。亲虾主要分布在水深 10 m 以下的浅水区进行产卵，在那里有淡水注入，底质为软泥，透明度很小。一般来说，产卵场的底层水温为 13~23℃，盐度为 23.0~32.0，pH 值为 8.0~8.2。

夏季 8 月，在渤海发生的幼虾仍然分布在河口附近的产卵场水域，并由近岸高温、低盐（底层水温都在 25~28℃，盐度为 26.0~29.0）的浅水区逐渐向深水区进行移动，其分布范围已扩展到 10~20m 的广阔水域，栖息海域的底层水温一般为 20~23℃，底层盐度一般为 30.0~31.0。

秋季 10 月，随着渤海近岸水温的下降，中国对虾进一步向渤海中部和辽东湾中南部的深水区集中。此时，这些区域的底层水温一般为 17.5~20℃，底层盐度一般为 30.0~31.0。

冬季，中国对虾在黄海的越冬场位置年间变化较大，这主要受水温的影响。1991 年 1—2 月份的调查结果显示（金显仕等，2006）：越冬虾分布在 33°00′~37°30′N，121°30′~124°30′E 之间的区域，那里的底层水温为 7.9~11.9℃，底层盐度为 31.7~33.6。相对密集分布区是在 35°00′~37°30′N，122°30′~124°00′E，那里的底层水温为 7.9~10.7℃，底层盐度为 31.7~32.6。与 20 世纪 80 年代以前的黄海越冬场位置 33°~36°N，122°~125°E（邓景耀等，1990）相比，越冬场明显向北、偏西移动。

5.3.1.3 渔业生物学

中国对虾基本上是 1 年生的虾类，除夏季外，群体由单一世代组成，结构非常简单。雌性个体明显大于雄性个体。雌虾最大体长为 238 mm，最大体重为 130 g，性成熟雌虾的体色呈青绿，称为"青虾"；雄虾最大体长为 165 mm，最大体重为 130 g，性成熟雄虾的体色变黄，称为"黄虾"。

1）群体组成

表 5.3 列出了渤海春季、夏季、秋季中国对虾群体和黄海越冬群体组成的季节变化情况。

从表 5.3 可以看出：一年四季，中国对虾群体的平均体长、平均体重从夏季→秋季→冬季→春季，呈现增大的趋势，以春季群体的平均体长、平均体重最大、最重。在春、秋、冬三个季节，群体中只有一个优势体长组、体重组；在夏季，由当年出生的幼虾群体和生殖后尚未死亡的部分越年亲虾群体组成，夏季群体中有两个优势体长组、体重组。由此可见，中国对虾的寿命基本为一年。

表5.3 中国对虾群体体长和体重组成的季节变化

季节	体长/mm				体重/g				性比/%	
	范围	优势组		平均值	范围	优势组		平均值	雌	雄
		范围	%			范围	%			
春季5月	147～238	179～194	78.9	187	39～134	67～88	76.3	82.0	94	6
夏季 8月	87～223	97～115	45.5	137	9.5～125	10.4～18.6	46.0	39.6	57	43
		155～205	32.6			41～96	31.6		72	28
秋季10月	123～215	150～187	78.6	169	21～113	38～80	78.1	56.6	72	28
冬季2月	133～238	145～205	75.6	183	22～130	30～100	76.8	68.2	75	25

春季的生殖群体和夏季的越年虾群体，雌性的数量显著多于雄性；在夏季当年发生的幼虾群体中，雌、雄虾的数量接近1:1；在秋季和冬季的群体中，随着交尾活动的进行与结束，雌虾的数量逐渐地明显多于雄虾的数量。雌虾的平均体长明显大于雄虾的平均体长。

2）繁殖

中国对虾的生殖活动可分为交尾、产卵两个阶段。交尾期是在秋季10月上旬至11月初，交尾期间的底层水温为16～20℃，交尾盛期的底层水温为18～19℃。交尾活动是在雌虾最后一次蜕皮以后进行，交尾后雌虾在纳精囊口外有一对花瓣状物，雄虾在交尾后大量死亡。交尾后的雌虾性腺迅速发育，3—4月是性腺发育最迅速的时期。产卵期是在春季5月上中旬至6月上旬，产卵期间的底层水温为13～23℃，底层盐度变化较大，一般为23.0～32.0。雌虾排卵的同时，将精子从纳精囊内同时排出，卵子和精子是在海水中受精，其受精卵为沉性卵。

雌虾的怀卵量随个体大小有很大的差异，在（50.7～108.9）×10⁴粒。雌虾怀卵量与体重的相关方程为式（5.11）（邓景耀等，1990）。

$$Y = 10.244 + 8.398W \tag{5.11}$$

式中：

Y——中国对虾个体的怀卵量（×10⁴粒）；

W——中国对虾个体的体重（g）。

3）个体发育与生长

在自然海域，中国对虾受精卵孵化约需50小时（邓景耀等，1990）。受精卵要在盐度较高的海水中孵化，孵化后需经过无节幼体（蜕皮6次）、蚤状幼体（蜕皮3次）、糠虾幼体（蜕皮3次）等几个变态期，在盐度低于19.8的自然水域中没有发现其幼体。在水温范围为15.5～27.6℃，平均水温为20.2℃的海水中，幼体变态所需时间为20.5天，然后发育为仔虾，仔虾体形与幼虾相似；在水温范围为20.0～28.5℃，平均水温为23.9℃的海水中，仔虾再经过14次以上蜕皮，40余天才发育成幼虾（赵法箴，1965）。仔虾有溯河习性，溯河期的河水盐度在0.86～27.21。到了幼虾阶段，其耐低盐能力减弱，因此又返回盐度比较高的河口附近水域。

4）体长与体重关系及其生长方程

中国对虾为蜕皮生长，体重与体长之间呈幂函数关系（见图 5.10）。雌虾体重与体长的关系为式（5.12），雄虾的关系为式（5.13），不分雌雄的关系为式（5.14）（邓景耀等，1990）。

$$W_{\female} = 11.0 \times 10^{-6} L_{\female}^{3.0044} \tag{5.12}$$

$$W_{\male} = 11.3 \times 10^{-6} L_{\male}^{2.9987} \tag{5.13}$$

$$W_{\female+\male} = 11.06 \times 10^{-6} L_{\female+\male}^{3.0015} \tag{5.14}$$

三式中：

$W_{\female}$——雌虾个体的体重（g）；

$W_{\male}$——雄虾个体的体重（g）；

$W_{\female+\male}$——不分雌雄个体的体重（g）；

$L_{\female}$——雌虾个体的体长（mm）；

$L_{\male}$——雄虾个体的体长（mm）；

$L_{\female+\male}$——不分雌雄个体的体长（mm）。

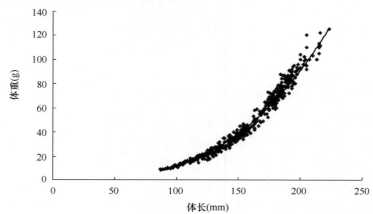

图 5.10　渤海中国对虾体重与体长的关系

渤海中国对虾雌虾体长的生长方程为式（5.15），体重生长方程为式（5.16）（邓景耀等，1990）。

$$L_t = 201.3 \left[1 - e^{-0.018(t-25)}\right] \tag{5.15}$$

$$W_t = 91.8 \left[1 - e^{-0.018(t-25)}\right]^3 \tag{5.16}$$

两式中：

L_t——t 时雌虾个体的体长（mm）；

W_t——t 时雌虾个体的体重（g）；

t ——时间。

渤海中国对虾雄虾体长、体重生长方程中的生长参数：$L_\infty = 163.5$（mm），$W_\infty = 49.1$（g），$k = 0.0168$（天），$t_0 = 9$（天）（邓景耀等，1990）。

5）摄食

中国对虾是一种广食性虾类，食物组成随发育阶段的不同而有所变化。幼体阶段为草食性，以小型浮游植物为饵，主要有多甲藻、圆筛藻、舟形藻、曲舟藻、斯氏根管藻等；仔虾阶段开始捕食浮游动物，如桡足类及其幼体、瓣鳃类幼体、运动类铃虫等；幼虾、成虾摄食小、中型底栖动物，有甲壳类（介形类、桡足类、糠虾类、枝角类、长尾类）、多毛类、瓣鳃类、腹足类、蛇尾类和海参类（棘刺锚参）。此外，稚幼鱼、海绵、耳乌贼和有孔虫也有出现（农业部水产局等，1990）。

中国对虾不同生活阶段的摄食强度有很大差异。春季5月，亲虾在产卵前期大量索饵，摄食强度很高；夏季8月，是幼虾生长的主要阶段，摄食强度也比较大；秋季10月，是中国对虾进行交尾的盛期，雄的摄食强度较低，雌虾的摄食强度要高于雄虾；冬季2月，中国对虾越冬期间的摄食强度不大。

5.3.1.4　资源变动

一般来说，中国对虾渔获量的年变化可以基本反映中国对虾种群数量年间变化的动态特征。近40多年来，黄海、渤海中国对虾的渔获量发生了非常显著的变化，图5.11（金显仕等，2006）是黄渤海中国对虾产量的年间变化情况。1961—1972年，我国黄海、渤海中国对虾的渔获量在较低水平上波动，平均年渔获量为 1.35×10^4 t，其中，以1965年最高，为 1.70×10^4 t。1973—1990年，中国对虾的渔获量在高水平上波动，平均年渔获量为 2.05×10^4 t，其中，以1979年最高，为 4.27×10^4 t。1991年以后，中国对虾资源在超低水平上波动，平均年渔获量为 0.63×10^4 t，其中，以1995年最低，仅为 0.44×10^4 t。

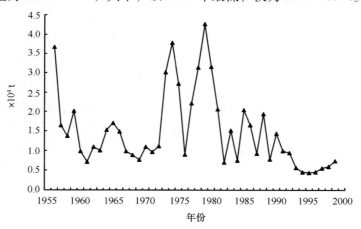

图5.11　黄渤海中国对虾产量的年间变化

5.3.1.5　渔业状况

中国对虾渔业按作业季节可分为秋汛、冬春汛和春汛，我国捕虾渔船主要在秋汛和春汛作业，1961年以前以春汛为主，1962年起以秋汛为主。秋汛作业渔场主要在渤海，秋汛渔获量占总渔获量的90%以上。1988年以前，渤海中国对虾捕捞作业方式是以拖网为主，1988年开始，为了保护渤海的底层鱼类资源，渤海捕虾主要用流网进行生产。此外，黄海北部的海洋岛渔场和山东半岛南岸的青海渔场、海州湾和胶州湾，也都是秋汛、春汛中国对虾的作业渔场。日本拖网渔轮主要在冬春汛作业，作业渔场为黄海的中国对虾越冬场。

1973年以来，我国捕捞力量大幅度增加，每年平均递增17.0%左右。近年来，由于中国对虾自然资源的严重衰退，在渤海，秋季已不能形成专捕中国对虾的生产渔汛，中国对虾只成为其他渔业生产的兼捕对象。

5.3.2 三疣梭子蟹

三疣梭子蟹（*Portunus trituberculatus*）隶属于甲壳动物亚门（Crustacea）、软甲纲（Malacostraca）、十足目（Decapoda）、梭子蟹科（Portunidae）、梭子蟹属（*Portunus*）。它是一种暖温性、底栖动物食性、经济价值高的底栖大型蟹类，在渤海、黄海、东海、南海的近海均有分布。此外，日本、马来群岛、菲律宾周边近海及红海也可见其踪迹。

5.3.2.1 种群与洄游

三疣梭子蟹属于近岸种，为地方性种群。其游泳能力相对来说比较弱，不做长距离洄游，冬季在离岸稍远的较深水域即可越冬。春季4月初，渤海三疣梭子蟹越冬群体从深水向近岸浅水区产卵场移动，一般在靠近河口附近的水域进行繁殖。当年发生的幼蟹及越年蟹，基本在近岸水域索饵，直到深秋，由于近岸水温下降，才开始向较深水域缓慢移动，12月下旬至翌年3月，在离岸稍远的渤海深水区蛰伏越冬。

5.3.2.2 数量分布与环境的关系

三疣梭子蟹喜欢栖息于砂泥底质，一般白天匍伏在海底，夜间则出来觅食，且有趋光的习性。在渤海，三疣梭子蟹主要分布在中、南部海域，北部虽有分布，但密度明显低于中、南部。春季5月是三疣梭子蟹的主要生殖季节，其分布主要在莱州湾和渤海湾近岸河口附近水域，那里的水深一般不超过10 m，底层水温均在12℃以上，底层盐度一般都低于31；夏季8月，当年发生的幼蟹和越年蟹仍然主要集中分布在莱州湾、渤海湾和滦河口附近水域进行索饵，那里的底层水温都在24℃以上，底层盐度均低于31；秋季10月，随着近岸水温的不断下降，三疣梭子蟹的分布范围逐渐向深水区扩大，但其底层水温基本都在20℃以上，这时滦河口附近的资源密度有所增大；冬季2月，三疣梭子蟹主要分布在黄河口东北部的深水区，潜伏于水深为20~25 m的软泥内，底层水温约为2~3℃，盐度约在31.5。

5.3.2.3 渔业生物学

1）群体组成

表5.4列出了渤海三疣梭子蟹群体组成的季节变化情况。

表5.4 渤海三疣梭子蟹群体头胸甲长和体重组成的季节变化

季节	头胸甲长/mm				体重/g				性比/%	
	范围	优势组		平均值	范围	优势组		平均值	雌	雄
		范围	%			范围	%			
春季 5月	40~104	57~65	51.4	68.4	31~607	51~200	62.8	199	81	19
		75~93	29.5			251~400	22.2			
夏季 8月	29~120	32~39	15.4	74.4	6~600	10~22	13.6	256	36	64
		70~94	69.7			151~450	75.2			
秋季 10月	42~107	50~69	72.7	64.6	43~625	51~150	73.5	166	38	62
		90~99	8.9			351~500	12.3			
冬季12月	33~115	55~73	83.2	65.0	18~565	80~200	83.2	141	38	62

从表 5.4 可以看出：一年四季之中，夏季群体的平均头胸甲长、平均体重最大、最重，自秋季→冬季→春季→夏季，群体的平均头胸甲长和平均体重呈增大的趋势。夏季群体的平均头胸甲长、平均体重比春季有所增加，分别增加了 8.8%、28.6%；秋季群体由于当年发生个体的大量补充，平均头胸甲长、平均体重均明显减小，分别比夏季下降了 12.2%、35.2%。冬季，三疣梭子蟹群体的平均头胸甲长比秋季略微增大，平均体重却明显减轻，减小了 15.1%。

三疣梭子蟹的四季群体，一般来说，雄性个体的平均头胸甲长略大于雌性个体的平均头胸甲长。雌雄个体数量的比例随季节有所变化：春季，产卵前和第一次产卵期间，雌性个体数量明显多于雄性；夏季、秋季和冬季，雄性个体数量明显多于雌性。

根据逐月取得的渤海三疣梭子蟹群体的头胸甲长频数分布资料来推断：渤海三疣梭子蟹的春季产卵群体主要由 1 龄、2 龄个体组成，此外，还有少数 3 龄或 3 龄以上的个体。1 龄组的头胸甲长为 53～71 mm，2 龄组为 73～95 mm，3 龄组或大于 3 龄组在 100 mm 以上。所见雄蟹的最大头胸甲长为 120 mm，甲宽为 220 mm，体重为 710 g；雌蟹的最大头胸甲长为 107 mm，甲宽为 250 mm，体重为 730 g。

2）繁殖

三疣梭子蟹的生殖活动分交尾、产卵两个阶段。交尾持续的时间比较长，主要在 7—10 月进行。7—8 月是越年蟹的交配盛期；9—10 月是当年出生蟹的交配盛期。交尾前进行追逐，雄蟹从雌蟹背后抱挟雌蟹，等待雌蟹脱皮时进行交尾，通过交尾，雌蟹取得雄蟹精子，将其储存于体内的纳精囊中，一直到产卵。交配是在雌蟹刚刚蜕皮后进行，交配后的雌蟹性腺发育迅速，11 月初，性腺重占体重的 7%～10%，平均占 10.4%。所见已交配最小雌蟹的头胸甲长为 51 mm。幼雌蟹的腹部为等腰三角形，交配后其腹部呈半椭圆形。

渤海三疣梭子蟹群体的产卵期比较长。4 月下旬，当渤海底层水温升至 12℃ 左右时，雌蟹开始进行第一次产卵，刚产出的卵为黄白色，产出的卵成团状，一直附着于腹部腹肢的附肢上（称之为抱卵），随着卵子内胚胎发育所处的阶段不同，卵团的颜色由黄色逐渐变深，经过 20 多天，最后变成黑褐色时，幼体破膜而出。在同一个产卵期内，一尾雌蟹至少可产卵两次（据日本学者观察：有的还可以进行第三、第四次产卵，个别还有产卵 5 次的），两次产卵的开始时间间隔 40 余天，到 6 月中旬，大部分雌蟹又开始第二次抱卵，其间雌蟹不蜕皮也不重新交尾。9 月以后，甚至到初冬，仍可见到个别的抱卵个体。

雌蟹抱卵量因个体大小而异，为 $13 \times 10^4 \sim 220 \times 10^4$ 粒，个体每次的抱卵量均与体重呈紧密直线相关。第一次抱卵其关系方程为式（5.17）；第二次抱卵其关系方程为式（5.18）（邓景耀等，1986）。

$$N_1 = -3.41 + 0.386 W_1 \tag{5.17}$$

$$N_2 = -4.14 + 0.541 W_2 \tag{5.18}$$

式中：

N_1——雌蟹个体的第一次抱卵量（g）；

N_2——雌蟹个体的第二次抱卵量（g）；

W_1——雌蟹个体的第一次体重（g）；

W_2——雌蟹个体的第二次体重（g）。

3）体重与头胸甲长关系

三疣梭子蟹体重与头胸甲长之间呈幂函数关系（见图5.12），其关系为式（5.19）、式（5.20）、式（5.21）（邓景耀等，1986）。

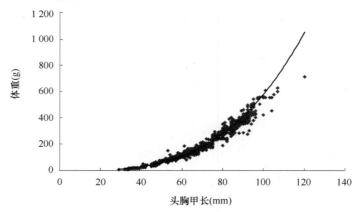

图 5.12　渤海三疣梭子蟹体重与头胸甲长的关系

$$W_{\female} = 3.55 \times 10^{-4} CL_{\female 3.097} \tag{5.19}$$

$$W_{\male} = 4.30 \times 10^{-4} CL_{\male 3.053} \tag{5.20}$$

$$W_{\female + \male} = 3.96 \times 10^{-4} CL_{\female + \male 3.068\,8} \tag{5.21}$$

式中：

  $W_{\female}$——雌蟹个体的体重（g）；

  $W_{\male}$——雄蟹个体的体重（g）；

  $W_{\female + \male}$——不分雌雄个体的体重（g）；

  $CL_{\female}$——雌蟹个体的头胸甲长（mm）；

  $CL_{\male}$——雄蟹个体的头胸甲长（mm）；

  $CL_{\female + \male}$——不分雌雄个体的头胸甲长（mm）。

4）个体发育与生长

刚从卵内孵出的为蚤状幼体，营浮游生活，经过5次蜕皮变态为大眼幼体，大眼幼体已长出螯足，能捕食大型饵料，大眼幼体再经1次蜕皮变为幼蟹。在水温为20.5～29℃的条件下，幼体发育变态期需要20天左右（程济生，1984）。幼蟹形态与成蟹相似，改为底栖生活，幼蟹发育为成蟹仍是蜕皮生长，约经13次蜕皮（约100天变为成蟹），其头胸甲宽可达13 cm。蜕皮周期的变化主要取决于个体的大小和水温的高低，蜕皮的间隔时间随个体的长大而延长。7—9月是体重增长最快的时期。

如果用 Von Bertalanffy 生长方程来描述三疣梭子蟹的生长，以月龄计，求得的各项参数：渐近头胸甲长 $CL_{\infty} = 68.1$ mm，渐近体重 $W_{\infty} = 167.2$ g，生长参数 $k = 0.777$，$t_0 = 0.588$（月龄）。当年秋季，三疣梭子蟹头胸甲的生长方程式为式（5.22），体重的生长方程为式（5.23）（邓景耀等，1986）。

$$CL_t = 68.1 \left[1 - e^{-0.777(t - 0.588)} \right] \tag{5.22}$$

$$W_t = 167.2 \left[1 - e^{-0.777(t - 0.588)} \right]^3 \tag{5.23}$$

式中：

　　CL_t——三疣梭子蟹个体的头胸甲长（mm）；

　　W_t——三疣梭子蟹个体的体重（g）；

　　t——时间。

5）摄食

三疣梭子蟹为广食性种类，属于底栖生物食性。胃含物的主要类别为瓣鳃类、腹足类、多毛类和底栖甲壳类，其次为幼鱼、蛇尾类和头足类，有机碎屑和海藻碎片也有出现。春季是产卵期，群体的摄食强度不高，以空胃和少胃为主，占67.0%，半饱胃和饱胃所占比例仅为33.0%；夏季群体的摄食强度比春季明显增加，空胃和少胃仅占30.0%，半饱胃和饱胃所占比例为70.0%；秋季群体的摄食强度仍然很高，空胃和少胃占29.3%，半饱胃和饱胃占70.7%；冬季群体处于冬眠状态，几乎停止摄食。

5.3.2.4　资源变动

1）季节变化

1982—1983年在渤海进行的周年底拖网定点调查表明：1—3月，因为是三疣梭子蟹的越冬期，其平均网获量最低；4月份，三疣梭子蟹的平均网获量开始增大；从5月一直到9月份，平均网获量呈逐月上升的趋势，9月份的平均网获量猛增，达到全年的最高值；从10月到12月份，其平均网获量又呈下降的趋势。

2）年间变化

三疣梭子蟹渔获量的年间变动也比较大。

通过对莱州湾和渤海湾沿岸的三疣梭子蟹主要产地进行的统计：1973年以前，产量在万吨以下波动，1973年以后，其产量有所上升，1979年达1.3×10^4 t。

根据1987年以后黄渤海三疣梭子蟹产量统计资料所推算出的渤海三疣梭子蟹的年产量：1991年以前约为$1.8 \times 10^4 \sim 1.9 \times 10^4$ t，1992年降至$1.5 \times 10^4 \times 10^4$ t。另据其他统计显示：1996—2000年，渤海三疣梭子蟹的产量变动在$2.5 \times 10^4 \sim 4.8 \times 10^4$ t，平均年产量3.8×10^4 t，其中以2000年产量最高。

5.3.3　口虾蛄

口虾蛄（*Oratosquilla oratoria*）隶属于甲壳动物亚门（Crustacea）、软甲纲（Malacostraca）、十足目（Decapoda）、虾蛄科（Squillidae）、口虾蛄属（*Oratosquilla*）。俗称：虾耙子、虾虎、耙虾、琵琶虾等。口虾蛄为近岸种，属于暖温性、底栖动物食性的底栖甲壳类，其分布范围很广，在俄罗斯的大彼得海湾，中国周围各海域以及朝鲜半岛、日本、菲律宾、马来半岛、夏威夷群岛等地近海均有分布，栖息水深为5～60 m。

5.3.3.1　种群与洄游

口虾蛄为地方性种群，不做长距离洄游，只在深、浅水之间做短距离移动。

渤海的口虾蛄终生在渤海生活，越冬期为12月中旬至翌年3月中旬。越冬水深一般在

10~30 m，底层水温在 1~2℃。3 月下旬开始，口虾蛄向近岸移动，集中在近岸浅水区产卵。秋后，当水温下降至 12℃以下时，开始向深水缓慢移动，进入越冬场，营穴居越冬。

5.3.3.2 数量分布与环境的关系

口虾蛄喜欢在泥沙质、软泥底质上生活，生活水温范围为 1~31℃，盐度范围为 20~40，属于广温、广盐性种类。栖息最适温度为 20~27℃，最适盐度为 24~36（刘海映等，2006）。

从春季到秋季，口虾蛄在渤海的分布范围一直都很广，几乎无处不见，但是在不同的区域，资源密度又随季节变化而有所差异。春季 5 月，是口虾蛄的繁殖季节，渤海底层水温为 7~17℃，盐度为 29~32.5，近岸水域的底层水温在 15℃以上，底层盐度在 29~32.5，这时口虾蛄主要集中在近岸水域产卵，以黄河口、滦河口等河口附近水域的密度比较大。夏季 8 月份，渤海底层水温为 16~28℃，底层盐度为 28.0~31.5，这时口虾蛄的资源密度分布相对比较均匀。秋季 10 月份，渤海底层水温为 18~23℃，底层盐度为 23.9~31.7，其分布以小清河口、黄河口、滦河口附近水域的密度相对较高。冬季 2 月份，渤海底层水温为 1~3℃，底层盐度为 28~31.5，口虾蛄主要分布在离岸较远的深水区行穴居越冬。

5.3.3.3 渔业生物学

1）群体组成

表 5.5 列出了渤海口虾蛄群体组成的季节变化情况。

表 5.5 渤海口虾蛄群体组成的季节变化

季节	体长/mm				体重/g				性比/%	
	范围	优势组		平均值	范围	优势组		平均值	雌	雄
		范围	%			范围	%			
春季 5 月	28~168	103~143	73.6	117	0.8~58	12.5~35	71.8	21.4	54	46
夏季 8 月	57~160	107~143	74.9	118	1.6~52	11~35	79.0	21.8	39	61
秋季 10 月	85~160	115~145	80.3	128	10~62	21~40	73.3	31.1	50	50
冬季 2 月	45~165	80~99	26.1	104	1.3~56	2~18.5	59.5	17.6	62	38
		110~159	48.6			26~35	17.1			

从表 5.5 可以看出：一年四季之中，秋季群体的平均体长、平均体重最大、最重，冬季群体的平均体长、平均体重最小、最轻。自冬季→春季→夏季→秋季，群体的平均体长和平均体重均呈现增大的趋势。春季 5 月群体的平均体长、平均体重比冬季 2 月分别增大了 12.5%、21.6%；夏季 8 月群体的平均体长、平均体重比春季 5 月分别增大了 0.9%、1.9%；秋季 10 月群体的平均体长、平均体重比夏季 8 月分别增大了 8.5%、42.7%。

各季节的口虾蛄群体，雄性个体的平均体长、平均体重均略大于雌性个体的平均体长、平均体重。雌雄个体数量的比例随季节而有所变化：冬季 1、2 两月份和产卵前的 3 月份，雌性个体数量明显多于雄性个体；产卵后夏季的 7、8 两月份，雄性个体数量明显多于雌性个体；产卵季节的 4—6 月份和秋季交尾季节的 9、10 两月份，雌雄个体数量则比较接近。

根据渤海周年调查所取得的逐月口虾蛄群体体长频数的组成资料来推断：其群体年龄结构基本上由 4 个年龄组组成，30~70 mm 的个体为当年生组，70~110 mm 的个体为 1 龄组，

90～150 mm 的个体为 2 龄组，150 mm 以上的个体为 3 龄或大于 3 龄组。所捕获雌性的最大体长为 210 mm，体重为 113 g；雄性最大体长为 177 mm，体重为 68 g。雄性个体胸部最后一对步足基节的内侧，长有一对棒状交接器，用其进行交尾。

2）繁殖

口虾蛄的生殖活动分为两个阶段，即交尾与产卵。体长在 80 mm 以上的个体才能性成熟，进行交尾、产卵。交尾一般在 9 月底到 10 月进行，10 月中下旬，大个体口虾蛄已全部交尾，已交尾的雌性个体在其后三对胸节腹面的"储精沟"内充满了精液，并呈乳白色"王"字形。雌性个体交配后，性腺开始迅速发育。10 月下旬，雌性群体性腺的平均重量约占其平均体重的 4.2%；翌年 4 月中旬，约占 10%；5 月中旬，增至 11.6%。4 月中旬，雌体个体的性腺重与体重的相关方程为式（5.24）（邓景耀等，1992）。

$$We = -0.399 + 0.116\,W \tag{5.24}$$

式中：

We——雌性个体的性腺重（g）；

W——雌性个体的体重（g）。

产卵期为 4 月底至 7 月中旬，产卵盛期在 5 月中旬。雌虾是在自己挖掘的"U"形洞穴内产卵、孵化（孙丕喜等，2000）。一起产出的卵子成团状，其直径约为 15～30 mm，呈黄色。口虾蛄用颚足将产出的卵团抱于口器之外，且使其不停地转动（王波等，1998），抱卵持续的时间从几小时到几天，当受到外来刺激时，雌虾会将卵团抛掉。若将所抱卵团展开，呈网片状，每个卵子刚好位于网的结节位置上。由于口虾蛄随时可以抛掉所抱卵团，所以即使在产卵盛期，在拖网渔获物中也很少能发现抱卵的口虾蛄个体。口虾蛄的抱卵个体，易在近岸水域作业的锚流网捕获。

口虾蛄怀卵量因个体大小而异，在 $14.5 \times 10^3 \sim 59.3 \times 10^3$ 粒，平均值为 3.05×10^4 粒。相对生殖力为 717～1 651 粒/g。产卵时，卵子一次性排出，卵略呈椭圆形。个体绝对怀卵量与体重的相关方程为式（5.25）（邓景耀等，1992）。

$$Y = 4.9 + 0.904\,W \tag{5.25}$$

式中：

Y——雌虾个体的绝对怀卵量（$\times 10^3$ 粒）；

W——雌虾个体的体重（g）。

3）幼体发育与生长

口虾蛄为多年生口足类，进行蜕皮生长，是生长比较缓慢的甲壳类。据试验结果（王波等，1998）：刚从口虾蛄受精卵孵出的为假水蚤幼体，经过 11 次蜕皮才能变态为与成体形态一样的幼口虾蛄。孵化水温为 15～28℃，最佳水温为 20～28℃，盐度为 25～30。孵化和幼体变态所需时间与水温高低有关，在水温 25℃条件下，孵化时间需近两周，其幼体约经过 1.5 个月的培育，可变态为 I 期稚口虾蛄。

在渤海进行浮游生物的周年调查时，5 月底开始，在浮游生物网所采集的样品中可发现口虾蛄的假水蚤幼体，10 月上旬，假水蚤幼体的最大长度约为 26 mm，从各月所获假水蚤幼体的大小来推测：在自然海域，其幼体变态时间为 4～5 个月，直到 11 月中旬，体长约为 30 mm 的幼口虾蛄才开始在拖网渔获物中大量出现。

4）体长与体重关系

根据渤海调查取得的生物学测定资料计算，口虾蛄体重与体长之间呈幂函数关系（见图5.13），其关系式为（5.26）、式（5.27）、式（5.28）。

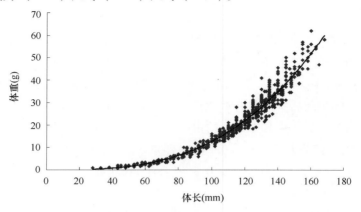

图5.13　渤海口虾蛄体重与体长的关系

$$W_{\female} = 2 \times 10^{-5} L_{\female 2.948\,1} \tag{5.26}$$

$$W_{\male} = 1 \times 10^{-5} L_{\male 3.039\,1} \tag{5.27}$$

$$W_{\female + \male} = 1 \times 10^{-5} L_{\female + \male 2.996\,5} \tag{5.28}$$

式中：

$\quad$ $W_{\female}$——雌性个体的体重（g）；

$\quad$ $W_{\male}$——雄性个体的体重（g）；

$\quad$ $W_{\female + \male}$——不分雌雄个体的体重（g）；

$\quad$ $L_{\female}$——雌性个体的体长（mm）；

$\quad$ $L_{\male}$——雄性个体的体长（mm）；

$\quad$ $L_{\female + \male}$——不分雌雄个体的体长（mm）。

5）摄食

口虾蛄为底栖动物食性，食性杂、选择性不明显。其胃含物主要是底栖的甲壳类、多毛类、瓣鳃类、腹足类、蛇尾类和海参类，其中又以甲壳类出现频率为最高，约占70%，包括介形类、钩虾、绒螯细足蟹等种类，其次是多毛类的出现频率也很高，约占51%。此外，稚幼鱼、长尾类和头足类在其胃含物中的出现频率也比较高。

口虾蛄的摄食强度随季节而有明显差异：冬季12月至翌年2月，其摄食强度最低，平均摄食率约为50%；春季3—5月，因性腺发育的需要，摄食强度增加，平均摄食率约为69%，产卵时，雌性个体基本停止摄食；夏季6—8月，产卵盛期已过，摄食强度增大，平均摄食率约为77%；秋季9—11月，是口虾蛄的主要生长季节，其摄食强度最高，平均摄食率约为89%。

5.3.3.4　资源变动

1）季节变化

在渤海进行的周年底拖网定点调查表明：12月至翌年3月，口虾蛄穴居越冬，平均网获量很低；4 月份，口虾蛄平均网获量达全年最大值；5—7 月，口虾蛄进入生殖期，主要分布在近岸浅水区，平均网获量明显下降；8—11 月，生殖期已过，口虾蛄平均网获量又显著增加。

2）年间变化

口虾蛄没有产量统计。从莱州湾三山岛 1 个水产站收购量的年间变化来看：渤海口虾蛄渔获量的年间波动很大，1973—1982 年，其渔获量从 1 t（1974 年）到 143 t（1977 年）。20世纪 70 年代中后期，由于近海主要经济渔业资源的严重衰退，逐渐加大了对口虾蛄资源的开发利用，口虾蛄渔获量逐年增加。

从 20 世纪 80 年代初到 21 世纪初期，在渤海进行过数次渔业资源调查，把前后调查的资料进行对比，发现：21 世纪初期口虾蛄的资源密度为 20 世纪 80 年代初的 74.5%。由此可见，渤海口虾蛄资源的密度略有下降，但资源衰退并不明显。

第6章　渔业资源管理与增殖[*]

6.1　渔业资源管理

渔业资源管理包含在渔业管理之中。渔业资源管理的目的是合理开发利用资源，以实现渔业的可持续发展。渔业资源管理包括两个方面的内容：一是对渔业生物资源自身的管理；二是对渔业生物栖息环境的管理。

渤海的渔业资源管理主要体现在以下几个方面。

6.1.1　依法进行管理

6.1.1.1　法律依据

1983年3月1日起生效的《中华人民共和国海洋环境保护法》（修订后于2000年4月1日起施行）为海洋渔业环境的保护提供了法律依据。1986年7月1日开始施行的《中华人民共和国渔业法》（第一次修正后于2000年12月1日起施行；第二次修正后于2004年8月28日施行）。这两部法律是我国渔业与环境保护的根本大法。

6.1.1.2　法规依据

1）主要综合性法规

1979年2月10日，国务院颁布实行了《中华人民共和国水产资源繁殖保护条例》，对保护对象和采捕原则、禁渔区和禁渔期、渔具和渔法、水域环境的维护等方面进行了具体的规定。1987年10月20日农牧渔业部发布施行了《中华人民共和国渔业法实施细则》。

1970年国务院批准颁布了《渤海区水产资源繁殖保护条例》。1981年国家水产总局将《渤海区水产资源繁殖保护条例》修订为《渤海区水产资源繁殖保护规定》。1991年4月13日农业部发布了《渤海区渔业资源繁殖保护规定》，《渤海区水产资源繁殖保护规定》即行废止。2004年2月12日发布了《渤海生物资源养护规定》，《渤海区渔业资源繁殖保护规定》同时废止。

1989年1月14日国家林业局发布了《国家重点保护野生动物名录》。1993年10月5日农业部发布了《中华人民共和国水生野生动物保护实施条例》。1997年10月17日发布了《中华人民共和国水生动植物自然保护区管理办法》。2007年公布了第一批《国家重点保护经济水生动植物资源名录》。

---

[*]　执笔人：程济生

1992 年 6 月 9 日农业部发布了《水产种苗管理办法》，又于 1997 年 12 月 25 日对其进行了修订。2001 年 12 月 10 日农业部又发布了《水产苗种管理办法》，《水产种苗管理办法》同时废止。

2）主要单种类法规

中国对虾是渤海里经济价值极高的重要渔业种类，自 20 世纪 60 年代开始，国家就十分重视中国对虾资源的单项保护，首先制定了《渤海区对虾资源繁殖保护条例》。1985 年 3 月又发布了《农牧渔业部关于保护黄渤海对虾亲虾的暂行规定》。

蓝点马鲛（俗称：鲅鱼）是进入渤海产卵唯一一种高产、大型的经济价值高的种类，为此，1986 年黄渤海区渔政渔港监督管理局发出了《关于加强对蓝点马鲛资源幼鱼保护的通知》，1996 年农业部又发出了《关于加强对黄渤海鲅鱼资源保护的通知》。

1995 年 1 月下达了《农业部关于将鲈鱼列为渤海重点保护对象的通知》。

在渤海，还先后制定发布了一些地方性单种法规，如《关于莱州湾毛蚶资源繁殖保护规定》、《辽宁省辽东湾海蜇的开捕期管理规定》、《山东省莱州湾海蜇资源管理暂行规定》等，这些单种法规的实施大大加强了对这些地方性资源的保护力度。

6.1.2　拖网作业退出渤海

1955 年国务院为了保护我国沿岸水域的渔业资源，颁布了《关于渤海、黄海及东海机轮拖网渔业禁渔区的命令》。1979 年《国家水产总局关于调整渤海区机动渔船底拖网渔业禁渔区的通知》中规定，在渤海，全年禁止机动渔船底拖网渔业生产。1987 年 4 月农牧渔业部发布《关于东、黄、渤海主要渔场生产安排和管理的规定》，其中指出，1988 年拖网船全部退出渤海。

上述各项禁渔制度的实施，对渤海渔业资源的保护和幼鱼资源的阶段性养护都起到了一定的作用。

6.1.3　设立国家级水产种质资源保护区

海洋水产种质资源是水生生物资源的重要组成部分，是海洋渔业发展的物质基础。在浩瀚的海洋中划定保护区是保护和合理利用水产种质资源，实现海洋渔业可持续发展的重要措施之一。在渤海，莱州湾、渤海湾、辽东湾均为众多渔业经济种类的重要产卵场和育幼场，为了有利于这些种类自然资源种群的繁衍，数量的保护与恢复，在这 3 个湾内设立国家级种质资源保护区乃是关键之举。

2007 年，经农业部批准，在渤海建立了"辽东湾、渤海湾、莱州湾国家级水产种质资源保护区"。每年的 4—6 月份，是中国对虾、三疣梭子蟹、小黄鱼、蓝点马鲛、银鲳、中国毛虾、海蜇、真鲷、花鲈等种类在 3 个湾进行产卵、孵化、幼体变态、仔稚鱼发育的主要季节，在这一关键时期，它们对产卵场生态环境的质量极为敏感，因此，在此季节内设定了特别保护期。特别保护期内，禁止在保护区核心区从事任何可能损害或影响保护对象及其生存环境的相关活动。

6.1.4　资源动态监测

渔业生物资源是可再生性资源，其数量通过世代繁衍得到补充。渔业资源由于受人类捕捞活动和生态环境变化的影响，资源数量年间变化比较大。为了对渔业实施有效的管理，需要对资源进行动态监测，据此取得的资料，对渔业管理不断进行调整。

在渤海，先后于 1982—1983 年、1992—1993 年、1998 年，使用同样马力渔船、网具、方法，进行了 3 次渔业资源和生态环境的调查，取得了定点站位的底层渔业资源和环境方面的动态资料。此外，在黄河口邻近水域和莱州湾，从 2003 年开始，使用同样马力渔船、网具、方法，每年进行渔业资源和生态环境的调查，取得了连续的定点站位底层渔业资源和环境方面的动态资料。

上述这些调查，为渔业科学工作者对渔业资源动态的研究以及渔业主管部门的动态管理的调整，为今后实施生物资源配额管理，提供了比较全面、系统、完整的资料和依据。

6.2 渔业资源增殖

渔业生物资源增殖是基于天然水域某种渔业生物资源的衰退，采取人工的方法，直接向天然水域投放该种渔业生物的受精卵、幼体、成体，以恢复或增加自然海域中增殖种类种群的数量。广义地讲，还应当包括投放某些装置（如附卵器），为某种渔业生物的繁殖，提供必不可少的生殖条件。增殖方式可分为三类，即放流增殖、移殖增殖、底播增殖。增殖需要在充分考虑海域生态容纳量的前提下，提倡开展科学的增殖放流。应根据海域环境情况的不同，选择适宜的增殖种类，制定合理的增殖规模。可以采用不同类型或多种类型的复合增殖方式来进行增殖。

渤海有较高的初级生产力，浮游生物、底栖生物等饵料生物多种多样，丰度和生物量均比较高，使之成为黄渤海众多渔业生物种类最重要的产卵场、育幼场和索饵场。由于渤海是我国内海，封闭性又比较强，因此成为开展增殖、进行种苗放流和渔业放牧非常理想的场所。

针对渤海一些重要经济种类，如中国对虾、三疣梭子蟹、海蜇、鲹、文蛤等所出现的资源衰退状况，从 20 世纪 80 年代开始，就在渤海积极地开展了这些种类的放流增殖。此外，还在渤海进行了日本对虾的移殖放流。进入 21 世纪后，特别是自 2005 年以来，在渤海增添了生产性放流的种类，如褐牙鲆、半滑舌鳎、黄盖鲽、红鳍东方鲀、花鲈、真鲷等，同时还加大了放流的力度，使得渤海渔业资源增殖工作又有了长足的进展。下面简要介绍一下渤海最主要几种增殖种类的相关情况（2005 年以来各增殖种类放流的数量是在互联网上搜索获得的）。

6.2.1 中国对虾

6.2.1.1 放流数量

中国对虾是我国开展增殖放流最早的渔业生物种类。20 世纪，自 1984 年起就在渤海的内湾河口水域进行中国对虾种苗的试验性标志放流，然后又进行大规模的生产性放流。在渤海，1985—1992 年 8 年累计放流幼虾约 86.45×10^8 尾，1992 年以后，由于各种原因，放流中断。进入 21 世纪，从 2005 年开始，在渤海又恢复了中国对虾的增殖放流。

在渤海湾，2005 年、2006 年、2007 年、2008 年、2009 年、2010 年约分别放流中国对虾幼虾 2.70×10^8 尾、3.25×10^8 尾、7.57×10^8 尾、5.81×10^8 尾、12.38×10^8 尾、18.81×10^8 尾。2005—2010 年累计放流中国对虾幼虾约 50.52×10^8 尾，平均年放流量约 8.42×10^8 尾。

在莱州湾，2007 年、2008 年、2009 年、2010 年约分别放流了中国对虾幼虾 1.68×10^8 尾、0.67×10^8 尾、1.90×10^8 尾、1.56×10^8 尾。2007—2010 年累计放流中国对虾幼虾约 5.81×10^8 尾，平均年放流量约 1.45×10^8 尾。

在辽东湾，2009、2010 年约分别放流中国对虾幼虾 1.63×10^8、6.61×10^8 尾。

在秦皇岛外海，2006 年、2007 年、2008 年、2009 年、2010 年约分别放流中国对虾幼虾 1.00×10^8 尾、0.25×10^8 尾、1.60×10^8 尾、0.80×10^8 尾、0.60×10^8 尾。2006—2010 年累计放流中国对虾幼虾约 4.25×10^8 尾，平均年放流量约 0.85×10^8 尾。

6.2.1.2 放流技术

标志放流回捕试验表明：放流种苗规格大小，不同放流时间、海区，对放流种苗的回捕率有着十分显著的影响。放流种苗越大，回捕率越高；放流时间相对晚些，回捕率明显提高。从放流地域来看，在渤海湾、辽东湾北部、莱州湾西部放流回捕率较高，在莱州湾东部回捕率较低（邓景耀等，1990）。1992 年以前，放流幼虾的体长一般为 30 mm；2005 年以后，放流幼虾的体长一般为 10~12 mm，有些为 25 mm。

6.2.1.3 增殖效果

20 世纪 80 年代，渤海中国对虾野生种群数量较大，所以，生产性放流的增殖效果难以评估。90 年代以后，直到进入 21 世纪，渤海中国对虾野生种群数量开始明显衰退。

以渤海湾为例：2003—2005 年，天津市一直没有放流中国对虾，其年捕捞量为 0.1~11 t，其中，2004 年产量最低，仅 0.1 t，2005 年最高，为 11 t，原因是 2005 年河北省进行了放流，导致产量增加。2006 年、2007 年、2009 年，天津市也在渤海湾进行放流，其年捕捞量分别为 19.9 t、30.8 t、552 t。河北省 2005 年开始进行中国对虾增殖放流，其捕捞量 2005 年为 250 t，2007 年为 600 t，2009 年上升为 1 494 t。由此看出，增殖放流效果十分显著。

经估算，2009 年渤海各区域放流中国对虾的回捕率在 1.2%~4.6%，渤海的总回捕率约为 2.8%。

6.2.2 鲅

鲅（*Liza haematocheila*）隶属于鲻形目（Mugiliformes）、鲻科（Mugilidae）、鲻属（*Liza*）。俗名：梭鱼、红眼、肉棍等。它是一种暖温性、近岸型、草食性鱼类，喜栖息于河口和海湾内。鲅为广盐性种类，从淡水到盐度为 38.0 的海水都能正常生活，适温范围也比较广，为 3~35℃。其广泛分布于渤海、黄海、东海和南海的近岸水域。此外，在日本和俄国远东沿海也有分布。

鲅属于地方性资源，不做长距离洄游，越冬时只做短距离迁移。在渤海，当水温降至 6℃以下，鲅才离开近岸浅水区，游至较深区域越冬，越冬水深一般为 12~20 m。翌年 3 月中下旬，随着水温的回升，鲅从深水区游向近岸河口浅水区索饵育肥。4 月底至 5 月初，在河口附近水深为 5~10 m 水域产卵，产卵临界水温最低为 15℃，最高为 25℃，最适温度为 18~20℃，产卵后在浅水区索饵，直到深秋。

6.2.2.1 放流数量

在渤海湾，1991 年、1992 年、1993 年，在黄骅附近水域约分别放流鲅苗 400×10^4 尾、

500×10^4 尾、360×10^4 尾；1993 年，在乐亭附近水域放流 400×10^4 尾。2005 年、2007 年、2008 年、2009 年、2010 年约分别放流了 310×10^4 尾、190×10^4 尾、450×10^4 尾、620×10^4 尾、$1\,000 \times 10^4$ 尾。2005—2010 年累计放流鲮苗约 $2\,570 \times 10^4$ 尾，平均年放流量约 514×10^4 尾。

在莱州湾，2010 年放流了约 54×10^4 尾鲮苗。

在辽东湾，2009 年放流了约 200×10^4 尾鲮苗。

6.2.2.2　放流技术

1958 年，开始鲮的人工繁殖及中间培育技术研究。亲鱼来源有两方面：一是春季在自然海区捕捞亲鱼；二是从越冬池中选择养殖亲鱼。亲鱼可以通过催产来排卵，进行人工授精。

鲮的放流增殖应注意三个环节：一是选择优良种苗放流；二是选择适合于放流的环境；三是放流种苗的大小要适宜。在渤海湾，放流幼鱼的体长一般在 30 mm 以上（金显仕等，2006）。

6.2.2.3　增殖效果

为了了解幼鲮放流后的成活情况，曾进行过标志放流试验。1992 年放流回捕率为 0.03%，1993 年放流回捕率为 0.053%（金显仕等，2006）。

表 6.1 列出了 1990—2001 年河北省在渤海湾捕捞鲮的年产量。

表 6.1　河北省鲮的年捕捞产量　　　　　　　　单位：t

年份	捕捞产量	年份	捕捞产量
1990	2 006	1996	5 813
1991	2 480	1997	14 042
1992	2 148	1998	16 572
1993	2 352	1999	11 410
1994	3 782	2000	13 741
1995	10 678	2001	16 957

6.2.3　海蜇

海蜇（*Rhopilema esculenta*）隶属于根口水母目（Rhizostomeae）、根口水母科（Rhizostomaticlae）、海蜇属（*Rhopilema*）。俗称：面蜇、碗蜇等。海蜇是大型食用水母，经济价值比较高。

海蜇为暖水性浮游种类，终生栖息于近岸水域，尤其是喜欢栖息在河口附近，一般生活在水深为 5～20 m 的水域。海蜇为地方种群。它一生包括有性世代水母型和无性世代水螅型两种基本形态。水母型是通过有性生殖产生水螅型，水螅型通过无性生殖（横裂生殖）产生水母型，两种生殖方式交替进行，即所谓世代交替生殖。水母型营浮游生活，水螅型营固着生活。

海蜇以浮游生物为饵，生长周期短，生长速度快，从幼蜇长到成蜇只要 3 个月。辽东湾海蜇的繁殖期为 9 月初至 10 月中旬，莱州湾为 8 月中旬至 9 月末。

6.2.3.1 放流数量

在辽东湾，2005年、2006年、2007年、2008年、2009年、2010年约分别放流幼蜇1.55×10^8个、2.58×10^8个、2.51×10^8个、2.83×10^8个、3.18×10^8个、3.65×10^8个。2005—2010年累计放流幼蜇约16.30×10^8个，平均年放流量约2.72×10^8个。

在莱州湾，2005年、2006年、2007年、2008年、2009年、2010年约分别放流了幼蜇$4\,000 \times 10^4$个、$4\,380 \times 10^4$个、$12\,000 \times 10^4$个、$6\,730 \times 10^4$个、$2\,930 \times 10^4$个、$13\,200 \times 10^4$个。2005—2010年累计放流幼蜇约$43\,240 \times 10^4$个，平均年放流量约$7\,207 \times 10^4$个。

在渤海湾，2005年、2006年、2007年、2008年、2009年、2010年约分别放流了幼蜇580×10^4个、$1\,110 \times 10^4$个、$1\,350 \times 10^4$个、710×10^4个、$1\,000 \times 10^4$个、210×10^4个。2005—2010年累计放流幼蜇约$4\,960 \times 10^4$个，平均年放流量约827×10^4个。

6.2.3.2 放流技术

海蜇育苗所用亲蜇，可采捕于自然海域或采自于养殖池。海蜇增殖采用人工控温的方法，使人工培育的螅状体比自然海域的螅状体释放碟状幼体的时间提前30天左右，继而培育成5 mm以上的幼水母。放流规格一般以伞径为5～10 mm比较适宜。放流海区应选择曾是海蜇的丰产海域，而今资源已不能形成捕捞的河口水域或内湾水域为宜。放流的时间原则上是在春季，当自然水温回升至13℃以上时才可进行放流。

海蜇放流采用两种方式：一是直接用管道进行放流；二是用车或船运往放流海域进行放流。直接放流的方式，是将海蜇育苗室建在放流水域的近岸，待高潮或平潮时，用管道直接将幼水母放入海里；用车、船运输放流的方式，是因为育苗室距放流水域较远，需要分批运往放流海域。无论采用哪种方式放流，一定要使育苗池内的水温与自然海水温差不大，即±2℃以内为宜（金显仕等，2006）。幼水母放流入海时，成活率为94%～98%。

6.2.3.3 增殖效果

从辽东湾来看，2005年，放流海蜇回捕产量为1.44×10^4 t，回捕率约4%；2006年，回捕产量为1.21×10^4 t，回捕率约3%；2007年，回捕产量为1.05×10^4 t，回捕率约2%；2008年，回捕产量为0.3×10^4 t，回捕率约1%；2009年，回捕产量为1.08×10^4 t，回捕率约0.7%。

从莱州湾来看，1993年、1994年放流海蜇回捕率分别为3.3%、1.0%（金显仕等，2006）。1996—2003年，8年共捕捞海蜇12×10^4 t，平均年捕捞量为1.5×10^4 t。

6.2.4 三疣梭子蟹

6.2.4.1 放流数量

在渤海湾，2005年、2006年、2007年、2008年、2009年、2010年，约分别放流了三疣梭子蟹的幼蟹$1\,200 \times 10^4$只、$2\,100 \times 10^4$只、$1\,900 \times 10^4$只、$3\,000 \times 10^4$只、$2\,600 \times 10^4$只、$4\,500 \times 10^4$只。2005—2010年累计放流幼蟹约$15\,300 \times 10^4$只，平均年放流量约$2\,550 \times 10^4$只。

在莱州湾，2005年、2006年、2007年、2008年、2009年、2010年，约分别放流了三疣梭子蟹的幼蟹 3 200×10⁴ 只、3 200×10⁴ 只、4 700×10⁴ 只、6 200×10⁴ 只、5 200×10⁴ 只、6 600×10⁴ 只。2005—2010 年累计放流幼蟹约 29 100×10⁴ 只，平均年放流量约 4 850×10⁴ 只。

在辽东湾，2008 年、2009 年、2010 年，约分别放流了三疣梭子蟹的幼蟹 1 100×10⁴ 只、3 800×10⁴ 只、3 800×10⁴ 只。2008—2010 年累计放流幼蟹约 8 700×10⁴ 只，平均年放流量约 2 900×10⁴ 只。

6.2.4.2　放流技术

从放流规格来看，一般为 2 期、3 期幼蟹。放流海域的底层水温应在 15℃ 以上，放流季节选择在 6 月下旬为宜，放流地点应选择在河流入海口附近，三疣梭子蟹的产卵场。

6.2.4.3　放流效果

日本对三疣梭子蟹放流增殖的研究结果显示：每放流 3 期幼蟹 100×10⁴ 尾，预期渔获量约为 100 t。

从渤海湾来看：2004 年没进行放流，三疣梭子蟹的捕捞产量约为 260 t。实施放流后，2005 年、2006 年、2007 年、2008 年、2009 年捕捞量约分别为 793 t、1 136 t、1 715 t、3270 t、2773 t。

6.2.5　贝类

在渤海，进行底播增殖的主要经济贝类有以下几种。

6.2.5.1　文蛤

文蛤（*Meretrix Meretrix*）隶属于帘蛤目（Veneroida）、帘蛤科（Veneridae）、文蛤属（*Meretrix*）。俗称：花蛤。它属于广温性、暖水性、双壳类，是一种浅滩贝类，栖息于低潮区至 6 m 水深，底质为细砂质的海底，在稍有淡水流入的河口两侧及河口外的冲积沙洲分布最为集中。在我国沿海从北到南都有分布，此外，日本和朝鲜半岛沿岸也有出现。栖息环境的水温为 1~29℃，生长适宜水温为 15~25℃，海水盐度为 22.0~33.0。幼贝栖息在潮间带的中、下区，成贝则分布在干潮线上下至水深 5~6 m 的深水处。文蛤具有随着生长由潮间带的中、下区向低潮区和潮下带移动的习性。

1）底播数量

在渤海湾南部，2003 年，进行了文蛤底播示范获得成功。2006—2008 年，在无棣浅海滩涂底播文蛤苗种约 20×10⁸ 粒；2006—2008 年，在沾化套尔河口等水域底播文蛤苗种约 6×10⁸ 粒。

在莱州湾西南部，2005—2007 年，在潍坊市的寒亭、昌邑、寿光等地浅海滩涂共底播文蛤苗种约 8.6×10⁸ 粒；2009—2010 年，又底播了约 2.5×10⁸ 粒。

2）底播技术

文蛤增殖应选择在风浪较小、潮流畅通平缓、水质肥沃、滩涂平坦、含沙量在 75% 以上的中潮带至潮下带 1.5 m 且有自然文蛤分布的海域。种苗途径有三：一是人工育苗，二是半人工采苗，三是采捕自然种苗。播撒方法是在涨潮前将种苗均匀撒于滩面，利用潮水作用，使文蛤分布均匀，这样潜沙较快，成活率也较高。苗种投放规格为壳长 15～30 mm，苗种壳长在 15 mm 左右时，投放密度为 200 粒/m²；苗种壳长在 30 mm 左右时，投放密度在 30 粒/m² 为宜。

6.2.5.2 毛蚶

毛蚶（*Scapharca Subcrenata*）隶属于蚶目（Arcoida）、蚶科（Arcidae）、毛蚶属（*Scapharca*）。俗称：蚶子。它属于暖水性、双壳类，栖息在低潮线至十几米水深甚至于更深一些的底质为软泥或泥沙质的浅海底，在 10 m 左右水深比较密集。它分布于渤海、黄海、东海和南海，此外，在日本和朝鲜半岛沿海也有分布。它在渤海的 3 个湾都有分布，且分布面广，数量比较大，因此，是渤海的主要经济贝类。

1）底播数量

在辽东湾，2003—2010 年，在锦州浅海的人工增养殖保护区，先后进行了 10 次毛蚶增殖，累计底播毛蚶幼贝 7.13×10^8 粒，底播总面积约 14.8×10^4 亩（1 亩 = 0.066 7 hm²）。

在渤海湾，2004 年，在该湾北部天津近海底播毛蚶幼贝 100×10^4 粒；2008—2010 年，在天津、唐山近海累计底播毛蚶幼贝 $1\,060 \times 10^4$ 粒。2009—2010 年，在该湾南部的黄骅、滨州近海累计底播毛蚶幼贝 140×10^4 粒。

在莱州湾，2005—2007 年，在该湾中西部的潍坊、东营近海共底播毛蚶幼贝 $4\,530 \times 10^4$ 粒。

2）底播技术

增殖海域选择水深在 10 m 以内，地势开阔平坦，潮流畅通的河口区比较好。撒播密度一般以 20 个/m² 为宜。种苗规格一般为 120～240 只/kg。底播的季节为 9 月初，播放时间在早上或傍晚。其敌害生物为海星、虾、蟹类。底播幼贝的壳长在 5～10 mm 为宜。

6.2.6 其他种类

6.2.6.1 日本对虾

日本对虾的分类地位、生态类型、分布海域，将在黄海篇中增殖部分的该条目里进行表述。

在辽东湾，1998 年开始进行日本对虾的移殖放流，后来一直没有间断。2005 年、2006 年、2007 年、2008 年、2009 年、2010 年，约分别放流了日本对虾幼虾 0.5×10^8 尾、0.58×10^8 尾、2.06×10^8 尾、1.68×10^8 尾、5.25×10^8 尾、5.45×10^8 尾。2005—2010 年累计放流幼虾约 15.52×10^8 尾，平均年放流量约 2.59×10^8 尾。放流幼虾体长在 10 mm 以上，回捕率在 4.7%～5.1%。

在莱州湾，1994 年就开始进行日本对虾的移殖放流。表 6.2（金显仕等，2006）列出了 1995—2000 年在莱州湾放流日本对虾的数量、渔获量和回捕率。2005 年以后，仅 2006 年放流过日本对虾幼虾约 80×10^4 尾。

表 6.2 历年莱州湾（芙蓉岛）放流增殖日本对虾情况

年份	放流数量 /×10⁴ 尾	渔获量 /t	回捕率 /%	年份	放流数量 /×10⁴ 尾	渔获量 /t	回捕率 /%
1995	2 000	30	9.0	1998	3 100	40	7.8
1996	1 500	25.35	10	1999	2 200	36	9.8
1997	1 800	15	5	2000	5 100	110.5	13.0

在秦皇岛外海，2007 年、2009 年约分别放流日本对虾幼虾 1.25×10^{8} 尾、0.8×10^{8} 尾，回捕率约在 10%。

6.2.6.2　鱼类

在莱州湾，2005 年、2006 年、2007 年、2008 年、2009 年、2010 年约分别放流褐牙鲆幼鱼 20×10^{4} 尾、140×10^{4} 尾、225×10^{4} 尾、140×10^{4} 尾、100×10^{4} 尾、50×10^{4} 尾，放流幼鱼全长为 50～80 mm；2007 年、2008 年、2009 年、2010 年约分别放流半滑舌鳎幼鱼 25×10^{4} 尾、15×10^{4} 尾、63×10^{4} 尾、52×10^{4} 尾；2009 年、2010 年约分别放流黄盖鲽幼鱼 36×10^{4} 尾、120×10^{4} 尾，放流幼鱼全长一般为 60 mm。

在渤海湾，2005 年、2006 年、2007 年、2009 年、2010 年约分别放流褐牙鲆幼鱼 33×10^{4} 尾、20×10^{4} 尾、60×10^{4} 尾、10×10^{4} 尾、80×10^{4} 尾，放流幼鱼全长为 50 mm；2008 年、2009 年、2010 年约分别放流半滑舌鳎幼鱼 20×10^{4} 尾、68×10^{4} 尾、30×10^{4} 尾，放流幼鱼全长一般为 100～110 mm；2009 年放流花鲈幼鱼约 10×10^{4} 尾、黄盖鲽约 10×10^{4} 尾。

在秦皇岛外海，2005 年、2007 年、2008 年、2009 年、2010 年约分别放流褐牙鲆幼鱼 63×10^{4} 尾、40×10^{4} 尾、71×10^{4} 尾、107×10^{4} 尾、165×10^{4} 尾，放流幼鱼全长为 20～80 mm；2005 年放流红鳍东方鲀幼鱼 83×10^{4} 尾，放流幼鱼全长为 40 mm；2008 年放流真鲷幼鱼约 83×10^{4} 尾，放流幼鱼体长为 30～60 mm。

在辽东湾，2008 年放流真鲷幼鱼约 29×10^{4} 尾。

6.3　人工鱼礁建设

人工鱼礁是在海域里人为设置的构筑物（其材料与结构多种多样），给海洋中岩礁型游泳生物或名贵底栖生物提供良好的繁殖、发育、索饵、生长的栖息庇护场所。通过人工鱼礁区的建设可以使该区域的生态环境得到改善，使之成为良好的海底牧场，达到明显的诱集渔业生物的效果。

2006 年以来，在渤海中部的秦皇岛山海关沟渠寨近海投放了人工鱼礁；在渤海湾的天津滨海新区的汉沽大神堂外海构建人工鱼礁区；在莱州湾的潍坊胶莱河口北部海域将建设人工鱼礁区；先后在辽东湾的葫芦岛绥中止锚湾、锦州浅海人工养殖保护区、盘锦近海等建设人工鱼礁示范区。

6.4　渔业资源可持续利用对策

渔业资源可持续开发利用即海洋渔业可持续发展，可以理解为：即满足当代人对海洋渔业资源的需要，又不对后代人满足其需要的能力构成危害的一种海洋渔业发展模式。海洋渔业可持续发展的提出，其缘由就在于海洋渔业资源的有限性，其条件就是要有良好的栖息环境，其目的就是实现海洋生物资源的永续利用（戴桂林等，2006）。

实现海洋渔业可持续发展要有科学的渔业管理为其保驾护航。渔业管理手段大致可分为三种类型：第一种类型为技术性管理手段；第二种类型为捕捞努力量管理手段；第三种类型为渔获量管理手段（朴英爱，2001）。技术性管理手段主要是规定渔场、渔期、可捕标准、网具网目等技术性指标来保护资源；捕捞努力量管理手段包括许可制、努力量配额制等对渔具、渔船数量的限制；渔获量管理手段与前两种管理手段有明显的不同，它是一种对产出进行控制，前两种是对投入进行控制。

在我国，已经采用的一些渔业管理措施基本上都属于第一种和第二种类型。例如，实施海洋捕捞网具最小网目尺寸、规定渔获种类的可捕标准、限制渔获物中的幼鱼比例、设定禁渔区与禁渔期、渔业捕捞许可证制度、破旧捕捞渔船报废制度等。

为了渤海渔业资源的可持续开发利用，提出以下几点主要对策。

6.4.1　压缩捕捞力量与降低捕捞强度

当前，影响渤海渔业可持续发展的一个制约因素就是捕捞力量与渔业资源之间失去了平衡。捕捞能力远远超出了资源的再生能力，导致了渔业资源的严重衰退。因此，压缩捕捞力量、降低捕捞强度是亟待解决的突出问题。鉴于目前海洋捕捞渔船数量过多，应制定相应的渔船减量进度计划，做到破旧渔船报废的制度化。

6.4.2　修复近海渔业生态环境

制约渤海渔业可持续发展的另一个主要因素就是渔业生态环境的恶化。伴随着渤海沿岸地区经济的迅猛发展，在近岸水域产卵场、育幼场，特别是渤海三个湾，化学污染日趋严重，导致水域的富营养化、赤潮发生频率和面积增大、养殖病害发生和蔓延等。因此，为了渤海渔业的可持续发展，近岸渔业水域污染的综合治理和生态环境的健康修复必须引起足够的重视，并要提出切实可行的办法去解决。

6.4.3　科学开展增养殖渔业

在渤海，随着增养殖规模的不断发展扩大，增养殖渔业已暴露出的布局不够合理、病害发生严重、种苗质量低下、生态环境恶化等一些问题已经凸显出来。

选育改良品种和培育健康苗种是增养殖渔业可持续发展的关键。积极进行原种培养与繁育，开展优良品种引进与杂交，促进原种保存、提纯复壮与良种选育，建立主要增殖种类基因库和种质库。提高优质种苗大规模的繁育技术，进行健康苗种培育。

今后，在发展增养殖渔业的同时，应提倡健康生态增养殖概念，尤其是在渤海的3个湾，海水交换更新能力极弱，因此，增养殖时进行科学合理布局，考虑海域的容纳量，养殖、放流密度要合理。与其他区域相比，这些问题更显得尤其重要。

第2篇　黄　海

　　黄海是西太平洋的边缘海，处于中国大陆和朝鲜半岛之间，为半封闭的大陆架浅海，南边以长江口北角至济州岛西北角连线为界，以南与东海邻接。黄海总面积为 386 400 km²，平均水深 44 m，最大水深 140 m，位于济州岛北侧。中国大陆的山东半岛深入黄海之中，以其顶端成山头与朝鲜半岛长山串之间的连线为界，再以 34°N 线为界，可将黄海分为北部、中部、南部。中国大陆的主要河流，如长江、淮河和鸭绿江等注入黄海。在中国大陆一侧的主要海湾有海洲湾、胶州湾、丁子湾、靖海湾、桑沟湾、大连湾等，在朝鲜半岛一侧的有西朝鲜湾等。

第 7 章　渔业生物种类组成特征与渔业

7.1　资源种类

7.1.1　生物区系

　　黄海地处暖温带，其生物区系属于北太平洋温带区的东亚亚区（中国科学院《中国自然地理》编辑委员会，1979）。渔业生物资源的种类组成、生物区系、洄游分布取决于海洋环境特征，由于季节性水文变化较大，因此对渔业生物资源的区系及资源变动影响较大。渔业生物资源种类以暖温性和暖水性种类为主，冷温性种类很少。由于黄海是一个半封闭的陆架边缘海，种类组成具有明显的封闭性，稀有产量很高的世界性广布种类，而一些冷温性种类，如大头鳕、太平洋鲱已经成为黄海地方种群。

　　根据以往渔业资源底拖网调查资料以及文献记载，渤海、黄海仅鱼类就有近 400 种（朱鑫华等，1994；徐宾铎等，2005），而其中只有极少数为渤海特有种类，能够被渔业所利用的种类约 50 种，另有 60 余种头足类、底栖动物和浮游动物为渔业所利用（农业部水产局等，1990）。黄海渔业资源可划分为地方性和洄游性两个生态类群（唐启升等，1990），地方性渔业种类主要随着水温的变化，作季节性深—浅水生殖、索饵和越冬移动，距离较短，洄游路线一般不明显。属于这一类型的种类较多，多为暖温性地方种群，如大头鳕、海蜇、毛虾、三疣梭子蟹、鲆鲽类、鲅、花鲈、鳐类、鰕虎鱼类、大泷六线鱼、许氏平鲉、梅童鱼类、叫姑鱼、多鳞鱚等。

　　洄游性渔业资源，主要为暖温性和暖水性种类，分布范围较大，洄游距离长，有明显的洄游路线。在春季水温开始升高时，由黄海中南部和东海北部的深水区洄游至渤海和黄海近岸浅水区，进行生殖活动，5—6 月为生殖高峰期，在近岸孵化后逐渐向外进行索饵洄游。在秋季，当水温下降时，鱼群陆续游向水温较高的深水区越冬，越冬场主要分布在水深为 60～80 m 的海域。这一类群虽然种类数不如前一类多，但资源量较大，是黄海的主要渔业种类，如蓝点马鲛、鲐、银鲳、鳀、黄鲫、太平洋鲱、带鱼、小黄鱼、黄姑鱼、中国对虾、鹰爪虾、乌贼类等。

7.1.2　种类组成

7.1.2.1　渔业生物

　　1998—2000 年间的四季底拖网调查，共捕获 180 种，其中，鱼类有 131 种，占渔获种类

---

　　[*] 执笔人：金显仕

数的 72.8%；甲壳类有 40 种（虾类 26 种、蟹类 14 种），占 22.2%；头足类有 9 种，占 5.0%。暖温性种类占 48.1%，暖水性种类占 47.3%，冷温性种类占 12.2%。

黄海四季调查捕获的主要中上层鱼类有鳀、竹䇲鱼、鲐、银鲳、黄鲫等；主要底层鱼类有细纹狮子鱼、小黄鱼、带鱼、玉筋鱼、黄鮟鱇、高眼鲽、长绵鳚等；主要头足类有太平洋褶柔鱼、日本枪乌贼、火枪乌贼等；主要甲壳类有脊腹褐虾、鹰爪虾、戴氏赤虾、双斑蟳、三疣梭子蟹等。

2006—2008 年间的四季底拖网调查，共捕获 237 种，其中，鱼类有 168 种，占渔获种类数的 70.8%；甲壳类有 57 种，占 24.1%；头足类有 12 种，占 5.1%。

7.1.2.2　鱼卵仔鱼*

1998—2000 年间的四季调查（春季和秋季仅局限于黄海，夏季和冬季包括黄海和渤海深水区），鱼卵、仔鱼样品经分析鉴定共有 57 种。其中，鉴定到种的 53 种，隶属于 10 目 34 科 51 属，1 种仅鉴定到属，1 种仅鉴定到科，2 种仅鉴定到目。在采集的样品中，鱼卵有 36 种，仔稚鱼有 38 种，鱼卵和仔稚鱼均采集到的有 17 种。

2006—2008 年间的四季调查，鱼卵、仔稚鱼样品经分析鉴定共有 66 种，隶属于 12 目 40 科。其中，已鉴定的鱼卵有 15 种，隶属于 6 目 13 科；仔稚鱼有 63 种，隶属于 12 目 39 科。

从季节看，夏季采集种类最多，其次是春季、秋季，冬季采集种类最少。1998—2000 年春、夏、秋、冬四季采集的种类分别为 23 种、32 种、18 种、9 种。从鱼卵仔稚鱼种类组成来看，有 11 种鱼卵、12 种仔稚鱼在四季都有出现。

在 1998—2000 年采集的 57 个种类中，除虎鲉、虻鲉和鲉 *Scorpaena* sp. 3 种的卵子类型不清楚外（占 5.3%），其余 54 个种类，按生殖类型，可分为卵生型和卵胎生型两种。卵生型 52 种，占 91.2%；卵胎生型 2 种，占 3.5%。卵生型中，按所产卵子类型分：浮性卵占多数，有 39 种，占 68.4%；黏着沉性卵 7 种，占 12.3%；附着性卵 5 种，占 8.8%；黏着浮性卵 1 种，占 1.8%。从种的适温属性分析，53 个鉴定到种的种类由三种区系成分构成，以暖温性种类所占比例最大，有 25 种，占 43.9%；其次为暖水性种类，有 20 种，占 35.1%；冷温性种类较少，有 8 种，占 14.0%。按生态特性划分，地方性种类占 45.3%（24 种），洄游性种类占 54.7%（29 种）。

黄海、渤海硬骨鱼类的生殖特性因种类而异，产卵季节、月份各有不同，产卵期有长有短，区系属性有冷温性、暖温性、暖水性，生殖方式有卵生型、卵胎生型多种，卵子的大小、形状、结构（浮性卵、黏着沉性卵、附着性卵、黏着浮性卵，圆球形、椭圆形，单、双层卵膜，卵膜光滑或具龟裂，单油球、多油球、无油球，卵黄囊构造等）多种多样。这些种间差异即是种的自身属性所致，也是不同物种对生态环境适应的结果。

7.1.3　渔业生物数量组成**

7.1.3.1　渔业生物资源生态类群

黄海渔业生物资源主要由游泳动物、底栖动物组成，此外，还有几种浮游动物。底拖网调查仅能捕到前两类，且鱼类占主导地位，其中，中上层鱼类在重量、尾数上都占较大优势，

　　＊　执笔人：万瑞景
　　＊＊　执笔人：金显仕

四季平均分别占 81.4%、65.0%，出现频率为 89.6%；底层鱼类分别占 13.4%、5.9%，出现频率为 94.8%。经济无脊椎动物所占百分比较低，头足类、虾类、蟹类分别占总渔获重量的 1.2%、3.8%、0.3%，虾类由于个体偏小，占总尾数的比例较高，达 27.8%。头足类、虾类、蟹类的出现频率比鱼类都低，分别为 76.7%、71.9%、52.9%。

黄海渔业生物资源的优势种为鳀、竹荚鱼、鲐、细纹狮子鱼、脊腹褐虾、玉筋鱼、银鲳、太平洋褶柔鱼、黄鮟鱇、黄鲫、高眼鲽、长绵鳚等，这些种类占总渔获量均超过 0.5%，合计占 95.2%，其中，鳀占绝对优势，为 65.5%。

7.1.3.2 生态类群的区域和季节变化

表 7.1 为黄海渔业生物资源的生态类群组成季节变化情况，根据底拖网调查的平均网获量计，除冬季外，黄海中上层鱼类占较大优势。

表 7.1 黄海渔业生物资源生态类群组成的季节变化 单位:%

生态类群	春季	夏季	秋季	冬季
中上层鱼类	53.8	92.3	69.6	41.2
底层鱼类	36.3	4.2	24.5	41.8
头足类	1.3	0.9	0.5	7.7
虾类	7.5	2.6	4.8	7.9
蟹类	1.1	0.0	0.6	1.4

1）春季

黄海北部渔业生物资源以冷温性种类为主，脊腹褐虾、玉筋鱼、长绵鳚 3 种冷温性种类，合计占渔获量的 58.8%，鳀仅占 6.2%；黄海中部，鳀占较大优势，为 57.5%，其次为冷温性种类玉筋鱼、高眼鲽、长绵鳚、脊腹褐虾和大头鳕等，这 5 种合计占总渔获量的 32.9%；黄海南部，鳀占总渔获量的 56.8%，小黄鱼、脊腹褐虾、星康吉鳗 3 种合计占总渔获量的 17.3%。

2）夏季

黄海北部的渔业生物资源以鳀为主，占总渔获量的 51.6%，其次为脊腹褐虾、太平洋褶柔鱼、细纹狮子鱼，3 种合计占 33.1%；黄海中部，鳀占绝对优势，为 97.9%，其他种类所占比例均不超过 1%；黄海南部，鳀占总渔获量的 55.6%，脊腹褐虾、细纹狮子鱼、带鱼 3 种合计占总渔获量的 27.7%。

3）秋季

在黄海北部，细纹狮子鱼和鳀占总渔获量的前 2 位，分别为 36.2% 和 26.0%，其次为绿鳍鱼、大泷六线鱼和脊腹褐虾，合计占 22.5%；黄海中部，鳀和细纹狮子鱼分别占总渔获量的 49.0% 和 23.0%，脊腹褐虾、小黄鱼和高眼鲽合计占总渔获量的 13.8%；黄海南部，竹荚鱼和鲐两种暖水性中上层鱼类分别占总渔获量的 45.2% 和 26.5%，其次为细纹狮子鱼、脊腹褐虾、小黄鱼和带鱼，合计占总渔获量的 17.8%。

4）冬季

由于水温下降，黄海主要渔业生物进入黄海中南部及东海北部深水区进行越冬。在黄海北部，以冷温和暖温种类为主，细纹狮子鱼、枪乌贼类、脊腹褐虾、鳀、大头鳕合计占总渔获量的67.9%；黄海中部的优势种为鳀、小黄鱼、细纹狮子鱼、银鲳、鲐和黄鲫，合计占总渔获量的72.6%；黄海南部以小黄鱼、鳀、银鲳、带鱼、鲐和细纹狮子鱼，合计占总渔获量的66.3%。

7.2 优势种及功能群[*]

7.2.1 优势种组成及其变化

黄海渔业生物资源优势种存在年间和季节变化。1998—2000年调查显示，鳀占绝对优势，该鱼种在各季节的声学资源评估中占平均生物量的87%。传统经济鱼类小黄鱼、银鲳、鲆鲽类、大头鳕、鲐、蓝点马鲛和带鱼等所占的比例很低，鲐、小黄鱼、银鲳、带鱼等在声学资源评估中分别占总生物量的3.5%、2.8%、1.2%、1.0%，而蓝点马鲛仅占0.3%。底拖网渔获物，也是以中上层鱼类中的鳀为主，四季平均占总生物量的65.5%，其他中上层鱼类占15.9%；底层鱼类仅合占13.4%，其中，优势种为细纹狮子鱼、玉筋鱼和黄鮟鱇等，是一些经济价值较低的种类；虾类占3.8%，有脊腹褐虾、鹰爪虾及戴氏赤虾等。

不同历史时期的底拖网调查结果表明（见图7.1），黄海渔业生物资源总体上呈现底层鱼类资源下降、中上层鱼类资源上升的趋势。近年来，属于中上层鱼类的优势种鳀的数量也开始下降。1959年调查结果，优势种有小黄鱼、鲆鲽类、鳐类、大头鳕以及绿鳍鱼等底层鱼类，其中小黄鱼占有较大优势，是海洋渔业的主要利用对象。1981年底拖网渔获物的优势种不明显，生物量最高的三疣梭子蟹仅占总渔获量的12%，其次为黄鲫，占11%，小黄鱼、银鲳、太平洋鲱和鳀等占的比例都在10%以下。1986年和1998年两次调查，鳀在渔获物中占的比例都超过50%，成为生物量最高的优势种，1986年的小黄鱼资源密度降至历次最低水平，直到20世纪90年代初期才开始恢复，生物量有较大增长。目前，黄海渔业生物资源以小黄鱼、黄鮟鱇、脊腹褐虾、细点圆趾蟹和银鲳占优势，大头鳕有所恢复。

7.2.2 功能群

黄海生态系统中的渔业生物种类繁多，食物关系错综复杂，并易受海洋理化环境变化的影响。但大量研究表明：尽管生态系统中渔业生物的种类组成会有显著的变化，但食物资源的利用方式，即功能群的组成还是相对稳定的。

根据2000年秋季和2001年春季"北斗"号渔业科学调查船在黄海中南部的两次大面调查结果，选取其中占总生物量90%的种类作为研究对象。通过对黄海冷水团所在水域、近岸水域和黄海南部水域这3个区域，春、秋两季处于高营养层次的30种鱼类和15种无脊椎动物的功能群划分和主要种类的分析，黄海生态系统高营养层次渔业生物可分为6个功能群，按生物量排序依次为浮游生物食性功能群、底栖动物食性功能群、鱼食性功能群、虾食性功

---

* 执笔人：金显仕

能群、广食性功能群和虾/鱼食性功能群，各功能群的生物量占总生物量的比例分别为 56.7%、22.9%、8.3%、7.2%、4.6% 和 0.4%，各功能群营养级范围分别为 3.22～3.35，3.30～3.46，4.04～4.50，3.80～4.00，3.38～3.79 和 4.01（张波，唐启升等，2009）。

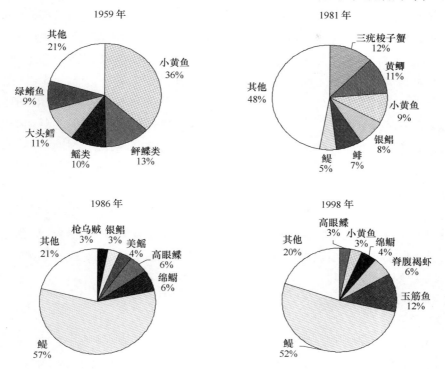

图7.1 黄海春季优势种组成的年间变化

从各渔业生物种类和各功能群的生物量来看，在黄海，主要功能群为浮游生物食性功能群和底栖动物食性功能群，主要种类有 13 种，按生物量排序为小黄鱼、鳀、脊腹褐虾、银鲳、细点圆趾蟹、带鱼、黑鳃梅童鱼、黄鲫、龙头鱼、双斑蟳、细纹狮子鱼、三疣梭子蟹和凤鲚，它们合计占总生物量的 70.6%。黄海高营养层次渔业生物功能群的另一个显著特点是浮游生物食性功能群包含多个同食物资源种团，如秋季近岸水域和南部水域及春季近岸水域，该功能群可分为 4～6 个同食物资源种团。各同食物资源种团摄食的浮游生物种类差异较大，食物的相似性水平很低。这些同食物资源种团有：

（1）以磷虾类为主要食物，这是该功能群重要同食物资源种团，多数种类属于此同食物资源种团；

（2）以桡足类为主要食物，如黄海秋季近岸水域和南部水域的凤鲚；

（3）以毛虾类为主要摄食对象，如黄海秋季近岸水域的龙头鱼；

（4）以浮游植物和桡足类为主要食物，如银鲳和斑鰶；

（5）以大型水母为食，如刺鲳；

（6）兼食多种浮游动物，如秋季近岸水域的棘头梅童鱼和春季近岸水域的鲬等。

黄海冷水团所在水域、近岸水域和黄海南部水域这 3 个区域，春、秋两季"简化食物网"高营养层次生物群落功能群组成各不相同。其中，春季黄海冷水团所在水域有浮游生物食性、虾食性、鱼食性、广食性和底栖动物食性这 5 个功能群；秋季黄海冷水团所在水域有浮游生物食性和虾食性这 2 个功能群。春季黄海近岸水域有浮游生物食性、虾食性、广食性和底栖动物食性这 4 个功能群；秋季黄海近岸水域有鱼食性、虾/鱼食性、虾食性、底栖动物食性、广食性和浮游生物食性这 6 个功能群。春季黄海南部水域有浮游生物食性、虾食性、鱼食性和底栖动物食性这 4 个功能群；秋季黄海南部水域有虾食性、鱼食性、底栖动物食性、广食性和浮游生物食性这 5 个功能群。因受栖息地水文环境和季节影响，在黄海各生态区生物群落中发挥主要作用的生物种类和功能群各不相同。黄海冷水团所在水域，春、秋两季均以浮游生物食性功能群为主，但该功能群的主要种类各不相同，春季主要种类是小黄鱼和鳀，秋季主要种类为鳀。春季黄海冷水团所在水域，主要种类有小黄鱼、鳀、斑鰶、银鲳和日本枪乌贼；秋季黄海冷水团所在水域，主要种类为鳀。春季黄海近岸水域，主要功能群为底栖动物食性功能群和浮游生物食性功能群，主要种类包括鹰爪虾、双斑蟳、黑鳃梅童鱼、脊腹褐虾、银鲳、细螯虾和斑鰶；秋季黄海近岸水域，主要功能群为浮游生物食性功能群和鱼食性功能群，主要种类有银鲳、带鱼、黑鳃梅童鱼、龙头鱼、三疣梭子蟹、棘头梅童鱼、黄鲫、凤鲚和细条天竺鲷。春季黄海南部水域，主要功能群为浮游生物食性功能群和底栖动物食性功能群，主要种类包括小黄鱼、细点圆趾蟹、赤鼻棱鳀、黄鲫、虾蛄和细纹狮子鱼；秋季黄海南部水域，主要功能群包括底栖动物食性功能群、浮游生物食性功能群、鱼食性功能群和广食性功能群，主要种类有细点圆趾蟹、小黄鱼、龙头鱼、三疣梭子蟹、黄鲫、带鱼、鲐、鹰爪虾和银鲳（张波，唐启升等，2009）。

7.3 生态类群*

鱼类是黄海主要渔业资源，头足类和经济甲壳类占渔业生物资源总生物量的比例较低，生态类群组成年间变化较大主要是由于中上层鱼类生物量变化较大所致，而底层鱼类生物量较为稳定。黄海水产研究所对黄海中南部越冬场水域生物资源近 20 年的拖网监测调查结果显示：中上层鱼类，在 1986 年仅占 6.8%，在 2000 年高达 50.5%；经济甲壳类，2003 年以来占总生物量的比例超过了 12%，其中的 2004 年为 24.1%（见图 7.2）。

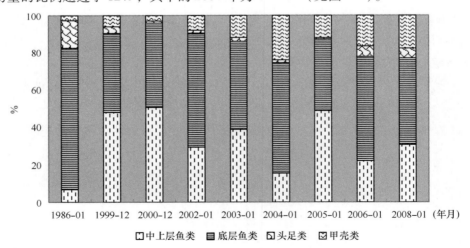

图 7.2　黄海中南部越冬场水域生物资源各生态类组成

---

　　*　执笔人：金显仕

7.3.1 鱼类

鱼类在黄海是主要捕捞业对象（见图 7.3），一般占北方三省一市海洋捕捞总产量的 50%以上，在 1964—1966 年期间超过 80%，随后鱼类所占比例呈下降趋势，近几年在 60% 左右。自新中国成立至 1970 年，鱼类的产量在 $25 \times 10^4 \sim 40 \times 10^4$ t 波动，产量变化不大，主要种类为小黄鱼、带鱼、大头鳕、鲆鲽类等底层经济鱼类；1971—1985 年产量在 $48 \times 10^4 \sim 72 \times 10^4$ t，主要种类为太平洋鲱、蓝点马鲛、鲐等中上层鱼类；之后到 1996 年为平稳增长期，从 1996 年开始呈快速增长，1999 年达到 301×10^4 t，2000 年为 299×10^4 t，主要鱼类为鳀、竹䇲鱼以及近几年生物量较大的玉筋鱼等小型鱼类。

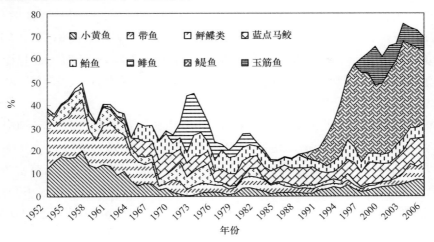

图 7.3 黄渤海区北方三省一市海洋捕捞主要鱼类产量占鱼类总产量比例

（资料来源：中国渔业统计年鉴 1977—2006 年）

7.3.2 虾蟹类

在黄海，经济虾蟹类主要有中国对虾、鹰爪虾、毛虾、口虾蛄和三疣梭子蟹等。1974 年以前北方三省一市虾蟹类的产量在 $10 \times 10^4 \sim 20 \times 10^4$ t，1974—1987 年产量波动在 $20 \times 10^4 \sim 30 \times 10^4$ t，之后进入快速增长期，1988 年超过 30×10^4 t，1993 达到 47×10^4 t，1994 年超过 50×10^4 t，1996 年超过 60×10^4 t，1998 年为 84×10^4 t，2000 年达到 93.9 × 10^4 t。近几年中国对虾产量大幅度下降。

7.3.3 头足类

黄海的头足类种类较少，主要渔业种类为日本枪乌贼、火枪乌贼、太平洋褶柔鱼、曼氏无针乌贼、金乌贼、短蛸和长蛸等。头足类产量在黄海渔业产量中所占比例较低，其年产量一般在 3×10^4 t 以下，1996 年首次超过 3×10^4 t，2000 年达到历史最高水平，为 7×10^4 t。黄海头足类尚未出现捕捞过度的情况。

7.4　渔业结构及其变化 *

7.4.1　海洋捕捞产业

黄海、渤海沿岸有辽宁省、河北省、天津市、山东省和江苏省四省一市，除江苏省外，北方三省一市2006年海洋渔业人口为155万人，专业捕捞劳动力 30.6×10^4 人，占海洋渔业劳动力的35%。黄海、渤海渔业资源开发最早，曾经是我国最重要的渔场，1950年的海洋捕捞产量占我国大陆地区海洋捕捞总产量的56%，20世纪80年代以来占30%左右。黄海、渤海捕捞产量在建国初期为 $30 \times 10^4 \sim 40 \times 10^4$ t，直到1970年以前，产量一直徘徊在 69×10^4 t以下。从1971年开始，产量有较大幅度增长，1976—1978年连续3年超过 100×10^4 t，之后略有下降。1985—1998年，产量直线上升，1992年首次超过 200×10^4 t。20世纪90年代末期，产量接近 500×10^4 t。近年来，近海捕捞产量在 400×10^4 t左右。黄海、渤海捕捞产量中的60%~72%来自黄海。

黄海、渤海区捕捞渔船的总功率，20世纪60年代平均为 9.7×10^4 kW，70年代平均为 38.5×10^4 kW，为60年代的4倍，到1999年时已增加至约 300×10^4 kW，为60年代的31倍。捕捞能力急剧增长，但渔获量并没有以同样的倍数增加，70年代的渔获量为60年代的1.9倍，1999年的渔获量为60年代的10倍，这表明作业渔船的单产呈明显下降的趋势，60年代捕捞渔船的年均单产为4.52 t/kW，70年代下降为2.23 t/kW，80年代和90年代期间仅为1.01~1.34 t/kW。

7.4.2　海洋捕捞作业结构

北方三省一市（山东省、辽宁省、河北省、天津市）海洋捕捞产量中，鱼类的比例较全国海洋捕捞产量中鱼类的比例略低一些，在45%~75%。20世纪50年代，鱼类比例最低，60年代最高，之后鱼类所占比例又有所下降。近20年来，鱼类的比例一直稳定在50%~60%。虾蟹类的比例由50年代的28.5%下降至60—90年代的16%~18%。近几年，虾蟹类所占比例稳定在20%左右。头足类和贝类所占比例较小。海蜇所占比例，由50—70年代的0.5%左右上升至90年代的4.7%，到21世纪初，为4.3%（见图7.4）。

从作业类型来看，中国北方三省一市海洋捕捞产量以拖网为主，其占总产量中的比例在37%~52%，近10年稳定在50%左右。其次为流网和定置网，自20世纪80年代以来，流网产量呈增加趋势，定置网呈下降趋势，围网产量一直在4%以下（见图7.5）。

　　　　* 执笔人：金显仕

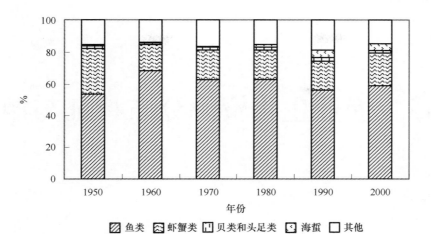

图 7.4　中国北方三省一市（山东省、辽宁省、河北省、天津市）
海洋捕捞产量生态类组成（1950—2000 年）

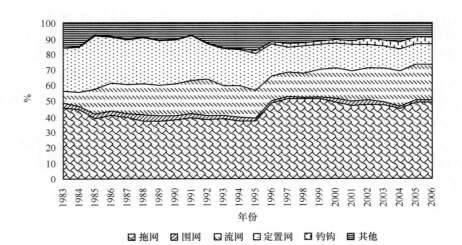

图 7.5　中国北方三省一市分作业类型海洋捕捞产量组成

第8章 渔业生物资源分布特征与栖息地

8.1 密度分布及其季节变化 *

8.1.1 渔业生物资源分布概况

黄海处于温带，渔业生物按其在越冬场和产卵场的分布及洄游距离的长短，可分为沿岸型、近海型和外海型（唐启升等，1990）。它们的季节性洄游、移动，造成渔业资源结构、密度分布的季节差异。

沿岸型鱼类，栖息于沿岸的河口、海湾和岛屿、岩礁附近水域，只进行浅水到深水之间的往返移动，其代表种有鯷、凤鲚等中上层鱼类和鳐类、舌鳎类、鰕虎鱼类、鲅、鲻等底层鱼类。每年3月上旬，当近岸水温升至4～6℃时，鱼群开始移向近岸水域，11月前后，当近岸水温降至6℃时，鱼群离开近岸向较深水域移动。

近海型鱼类，终生栖息于黄海、渤海和东海北部，代表种有鳀、黄鲫、斑鰶、青鳞沙丁鱼、赤鼻棱鳀等小型中上层鱼类和带鱼、小黄鱼、叫姑鱼、白姑鱼、东方鲀类、长蛇鲻、鲬等底层鱼类。每年4月中旬前后，随着海水温度的回升，鱼群开始沿两条洄游通道向北作产卵洄游，于4月中旬到6月上旬，一部分产卵群体沿海州湾、乳山湾、石岛近海进入黄海北部近岸和渤海产卵，另一部分在黄海中部沿123°E线向北绕过成山头进入黄海北部近岸和渤海产卵。秋末、冬初，当水温下降至15℃左右，鱼群离开沿岸逐渐游向黄海中部深水区作越冬洄游，在黄海中部或东海北部越冬。

外海型鱼类，洄游距离比较长，越冬场主要在黄海东南部至五岛外海一带。代表种有蓝点马鲛、鲐和银鲳等，为较大型中上层鱼类。每年3月初，鱼群陆续游离越冬场，作产卵洄游。4月上中旬，鱼群随暖流分别抵达舟山、长江口和大沙渔场一带；4月下旬以后，由南至北分别到达海州湾，青岛、乳山、烟台和威海等地的外海以及海洋岛、渤海中的各产卵场。9月上旬至10月上旬，游出渤海抵达烟威渔场西部水深为20～30 m的水域，10月中下旬，当黄海北部水温降至12～13℃时，当年幼鱼群开始南移，于11月上旬前后汇集于烟威渔场东部至石岛渔场北部水深为30～40 m的一带水域，11月中下旬，南移到达黄海中南部连青石至大沙渔场一带水深20～40 m处的宽广海域，12月中下旬，经大沙、长江口渔场陆续到达各越冬场。

1998—2000年的调查，渔业生物资源相对密度指数（以后简称指数）四个季节平均为106.0 kg/h，其中，鱼类为100.7 kg/h，甲壳类为3.7 kg/h，头足类为1.7 kg/h。春季，大部分渔业生物资源洄游到近岸产卵，黄海调查海区的资源密度最低，平均指数仅为30.5 kg/h；

＊ 执笔人：李显森

夏季，大部分渔业生物离开产卵场，进入较深水域索饵，当年生幼鱼也大量出现，调查海区渔业生物资源的平均指数明显增大，达到 246.8 kg/h；秋季，群体广泛分散在黄海进行索饵，并随着温度的下降，逐渐向越冬场移动，资源密度逐渐降低，平均指数降到 94.6 kg/h；冬季，由于部分鱼群游到东海北部的越冬场，调查海区的渔业生物平均指数进一步下降，为 52.2 kg/h。

黄海的地域特点和水文特性造成了黄海北部和中南部渔业生物资源密度分布的差异。黄海北部，渔业生物四个季节的平均指数很低，为 37.9 kg/h。春季，平均指数仅为 17.1 kg/h，夏季、秋季、冬季相近，分别为 49.4 kg/h、38.0 kg/h、47.0 kg/h。黄海中南部，渔业生物四个季节的平均指数非常高，为 126.2 kg/h，是黄海北部的 3.3 倍，也是春季最低，仅为 33.8 kg/h，夏季最高，为 300.2 kg/h，秋季为 117.1 kg/h，冬季由于部分鱼群回到东海北部越冬，平均指数下降到 53.8 kg/h（金显仕等，2005）。

2006—2007 年的调查，在黄海中南部，渔业生物四个季节的平均指数仅为 28.291 kg/h，并且是冬季最低，只有 9.533 kg/h，夏季最高，为 53.917 kg/h，秋季为 36.474 kg/h，春季为 13.238 kg/h。与 1998—2000 年的调查结果相比，可以看出，该区域渔业生物的平均指数明显下降，季节变化呈现冬季最低，夏季最高。

8.1.2 鱼类及其优势种资源分布

1998—2000 年间的四季调查，共捕获鱼类 124 种。优势种以近海型鱼类为主，鳀四个季节的平均指数为 65.5 kg/h，占 65.0%；小黄鱼为 3.2 kg/h，占 3.2%；带鱼为 1.5 kg/h，占 1.5%。其次是外海型鱼类，竹荚鱼的平均指数为 8.9 kg/h，占 8.9%；鲐为 6.2 kg/h，占 6.2%；银鲳为 1.4 kg/h，占 1.4%。沿岸型鱼类，细纹狮子鱼的平均指数为 5.2 kg/h，占 5.2%，其他种类的平均指数均不足 1.0 kg/h，合计所占比例为 8.6%。由于鱼类的季节性洄游、移动，不同季节资源结构和密度分布的差异较为明显。

8.1.2.1 春季

共捕获鱼类 90 种，鱼类的平均指数为 27.5 kg/h，高密度区出现在洄游通道附近水域。其中，石岛东南部海域为密集区，那里的指数为 50～200 kg/h，以鳀占绝对优势，其最高占总渔获量的 97%；海州湾东部海域也有密集区，指数为 100～200 kg/h，也是鳀占绝对优势，占 97%～100%；另外，渤海海峡东部有一密集区，指数为 50～100 kg/h，以玉筋鱼为主，其占总渔获量的 64.9%。

近海型鱼类构成了春季渔业生物资源的主体。其中，鳀的密度最大，平均指数为 15.7 kg/h，占总渔获量的 57.0%。主要分布于山东半岛东南部海域，高密度区的指数为 100～400 kg/h。玉筋鱼占第二位，平均指数为 3.7 kg/h，占 13.4%，主要分布在石岛东南部海域，较鳀密集区偏北，最高指数为 150.0 kg/h，黄海北部的密度不大，指数多在 10.0 kg/h 以下。长绵鳚占第三位，平均指数为 1.4 kg/h，占 5.1%，主要分布在黄海北部，最高指数为 35.0 kg/h。小黄鱼占第四位，平均指数为 1.0 kg/h，占 3.6%，主要分布在黄海西南部水域，指数在 1.0～20.0 kg/h。

沿岸型鱼类也是春季渔业生物资源的重要组成部分，在总渔获量中居第五位至第九位，平均指数在 0.3～1.0 kg/h，主要分布于黄海中部的石岛渔场。高眼鲽的指数为 1.0 kg/h，占 3.6%，主要分布在黄海 35°00′N 以北水域，最高指数为 20.0 kg/h。绒杜父鱼的指数为

0.5 kg/h，占1.9%，主要分布在成山头至石岛东部水域，最高指数为18.0 kg/h。大头鳕的指数为0.5 kg/h，占1.9%，主要分布在黄海中部。大泷六线鱼的指数为0.4 kg/h，占1.5%，主要分布在成山头至石岛东部水域。细纹狮子鱼的指数为0.3 kg/h，占1.2%，主要分布在成山头至石岛东部水域。

外海型鱼类在春季渔业生物资源中密度较低，单种占总渔获量的比例均不足1.0%，平均指数在0.3 kg/h以下，除了蓝点马鲛是因为受调查网具底拖网的影响，使其渔获率低以外，这反映出近年来鲐、竹荚鱼和蓝圆鲹等外海型鱼类，春季进入黄海产卵的生殖群体的数量在减少。

8.1.2.2　夏季

共捕获鱼类70种，平均指数为238.3 kg/h。密集区在黄海中部的冷水团所在区域，最大指数达15 000 kg/h，几乎全部是鳀。黄海中南部资源密度为全年最高的季节，指数达292.7 kg/h，明显高于黄海北部的37.3 kg/h。

在各类群中，近海型鱼类为夏季渔业生物资源的主体，以鳀的指数最高，带鱼、小黄鱼分列第三位、第四位。鳀的平均指数为225.8 kg/h，占94.8%，高密集区在石岛东南冷水团所在区域，指数为6 000~15 000 kg/h，济州岛西北水域也有一个密集区，指数为200.0~450.0 kg/h。带鱼指数为2.2 kg/h，占0.9%，主要分布在黄海南部吕泗渔场至济州岛以西水域。小黄鱼指数为1.0 kg/h，占0.4%，在江苏沿海形成密集区，指数为16.2~58.8 kg/h。另外，在黄海北部和成山头至石岛东部海域各有一小的密集区，指数范围在5.9~9.2 kg/h。

沿岸型的细纹狮子鱼列第二位，平均指数为3.5 kg/h，占1.5%，密集区在成山头东北部海域，指数范围在15.6~0.4 kg/h；另一密集区位于连青石渔场南部，指数在10.0~40.0 kg/h。此外，绒杜父鱼在成山头至石岛东部海域有较高的密度分布，黄鮟鱇在济州岛西部水域较高的密度分布。

外海型的鲐占第五位，平均指数为1.0 kg/h，占0.4%，密集区主要在黄海南部的大沙渔场，指数在4.2~12.8 kg/h。指数较高的还有银鲳和蓝点马鲛，银鲳主要分布在渤海中部和江苏沿海，蓝点马鲛主要分布在渤海中部和山东半岛北部沿岸海域。

8.1.2.3　秋季

捕获鱼类74种，平均指数为93.4 kg/h，最大密集区在济州岛以西水域，指数在628.5~5 009.9 kg/h，主要由竹荚鱼和鲐组成；第二密集区在石岛东南水域，指数在252.9~314.1 kg/h，以鳀为主；第三密集区在渤海海峡附近，指数在130.4~133.9 kg/h，主要由鳀、细纹狮子鱼和小黄鱼构成。除上述密集区外，大部分海域的鱼类指数在10.0~100.0 kg/h范围内。

外海型鱼类，在秋季的资源结构中占有重要地位，竹荚鱼和鲐的渔获量排列前二位，以竹荚鱼密度最高，平均指数为35.7 kg/h，，占38.2%，密集分布区在济州岛以西水域，最高指数为3 500.0 kg/h。鲐居第二位，指数为21.0 kg/h，占22.5%，密集分布区与竹荚鱼相同，指数为550~1 500 kg/h。银鲳列第八位，指数为1.3 kg/h，占1.4%，密集区在海州湾东部，最高指数为80.0 kg/h。

沿岸型的细纹狮子鱼列第三位，平均指数为11.8 kg/h，占12.7%，密集区主要分布在黄海中部，指数在40.0~150.0 kg/h；黄鮟鱇列第九位，指数为1.1 kg/h，占1.2%，密集区在渤海海峡东部和黄海中部，指数在 9.7~10.5 kg/h。

近海型鱼类在秋季资源结构中的地位有所下降，主要原因是鳀密度大幅度下降，排列在第四位，平均指数为 9.0 kg/h，占 9.7%，密集区主要分布在石岛东南部和渤海海峡以东水域，指数在 40.0~300 kg/h；小黄鱼列第五位，平均指数为 3.7 kg/h，占 3.9%，密集区主要分布在黄海南部的大沙渔场、海州湾东部和渤海海峡东部水域，指数在 12.4~44.4 kg/h；带鱼列第六位，平均指数为 2.4 kg/h，占 2.6%，密集区主要分布在海州湾东部和济州岛西部水域，海州湾东部的指数在 10.0~28.0 kg/h，济州岛西部水域的指数为 60.0~80.0 kg/h；黄鲫列第七位，平均指数为 1.4 kg/h，占 1.5%，密集区主要分布在江苏沿海和海州湾东部水域，指数在 40.0~43.7 kg/h。

8.1.2.4　冬季

捕获鱼类 85 种，平均指数为 43.4 kg/h。由于外海型鱼类在冬季进入黄海东南部外海和东海外海越冬，黄海的渔业生物资源主要由近海型鱼类组成，沿岸型鱼类比例增加，除细纹狮子鱼外，黄鮟鱇、大头鳕、高眼鲽和小带鱼也成了优势种，密集区主要在黄海中南部越冬场，高密度区有两个：一个在石岛东南水域，指数在 129.5~178.9 kg/h，以鳀和小黄鱼为主；另一个在大沙渔场，指数为 100.7 kg/h，以带鱼和小黄鱼为主。

近海型的鳀密度最高，平均指数为 11.4 kg/h，占 26.2%，密集区主要在黄海中部，指数在 26.1~123 kg/h。小黄鱼居第二位，平均指数为 6.9 kg/h，占 15.9%，密集区主要在黄海中南部，指数在 24.3~60.3 kg/h。带鱼平均指数为 1.4 kg/h，占 3.3%，主要分布在海州湾以东，指数在 5.1~7.2 kg/h，在济州岛西部形成小的密集区，指数为 37.8 kg/h。

沿岸型的细纹狮子鱼列第三位，平均指数为 5.3 kg/h，占 12.2%，主要分布区有两个：一个在黄海北部，指数在 10.7~37.2 kg/h；另一个在石岛东南海域，指数在 14.1~25.3 kg/h。黄鮟鱇的平均指数为 1.5 kg/h，占 3.5%，主要分布在石岛东南部，指数在 4.4~10.5 kg/h，另外在石岛东部和济州岛西部也形成密集区，平均指数分别为 4.8 kg/h 和 5.0 kg/h。大头鳕的平均指数为 1.1 kg/h，占 2.5%，密集区在黄海中北部水域，指数在 5.7~10.3 kg/h。高眼鲽平均指数为 1.0 kg/h，占 2.3%，密集区在黄海中部深水区，指数在 8.6~11.4 kg/h。小带鱼平均指数为 0.9 kg/h，占 2.1%，密集区在石岛东南海域，指数在 3.2~3.7 kg/h。

外海型的银鲳列第四位，平均指数为 3.7 kg/h，占 8.6%，密集区主要在黄海中南部，指数在 5.5~24.9 kg/h。鲐列第四位，平均指数为 2.7 kg/h，占 6.2%，高密度区在济州岛西北海域，指数在 4.9~15.2 kg/h，另外在石岛东南海域也有一高密度区，指数为 46.5 kg/h。其他鱼类的密度都不大，所占比例都不超过 2.0%。

8.1.3　甲壳类及其优势种资源分布

捕获甲壳类 39 种，四季平均指数为 3.7 kg/h，以夏季最大，为 6.5 kg/h，冬季为 4.8 kg/h，春季为 2.6 kg/h，秋季最低，仅为 0.8 kg/h。冷温种脊腹褐虾的资源密度最高，平均指数为 11.2 kg/h，占 76.3%，其次是寄居蟹，平均指数为 0.6 kg/h，占 4.1%，第三位是鹰爪虾，平均指数为 0.5 kg/h，占 3.7%，第四位是双斑蟳，平均指数为 0.5 kg/h，占 3.7%。甲壳类像鱼类一样，也具有季节性的洄游或移动，因此，不同季节的资源结构和密度分布差异也很大（金显仕等，2005）[156]。

113

8.1.3.1　春季

捕获甲壳类 27 种，平均指数为 2.6 kg/h，以脊腹褐虾为主，平均指数为 1.8 kg/h，占甲壳类的 69.2%，密集区有两个：一个在黄海北部海洋岛渔场，最高指数为 20.0 kg/h；另一个在黄海中部的石东渔场，最高指数为 32.8 kg/h，在黄海南部，脊腹褐虾分布较广，但最高指数仅为 4.7 kg/h。鹰爪虾居第二位，平均指数为 0.1 kg/h，占 3.8%，分布区与脊腹褐虾相近。

黄海北部，甲壳类平均指数为 3.9 kg/h，其中，脊腹褐虾为 3.5 kg/h，占 89.7%，其次是鹰爪虾，为 0.2 kg/h，占 5.1%，其他种类都不超过 0.1 kg/h；黄海中南部，甲壳类平均指数为 2.3 kg/h，以脊腹褐虾为主，平均指数为 1.4 kg/h，占 60.4%，其次是双斑蟳，平均指数为 0.15 kg/h，占 6.5%，鹰爪虾平均指数为 0.13 kg/h，占 5.7%，葛氏长臂虾平均指数为 0.13 kg/h，占 5.7%，其他种类的平均指数不足 0.1 kg/h。

而 2006—2007 年的调查结果，在黄海中南部，春季甲壳类的平均指数为 2.224 kg/h，仍以脊腹褐虾为主，平均指数为 0.628 kg/h，其次还是双斑蟳，平均指数为 0.567 kg/h。2006—2007 年与 1998—2000 年的调查结果对比，可以看出：该区域春季甲壳类的平均指数变化不大，优势种也没有变化。

8.1.3.2　夏季

捕获甲壳类 23 种，平均指数为 6.5 kg/h，以脊腹褐虾占绝对优势，平均指数为 6.3 kg/h，占 96.9%，其他种类数量很少。脊腹褐虾主要分布在成山头北部水域、连青石渔场和黄海南部的大沙渔场，最高指数在 100 kg/h 左右。

8.1.3.3　秋季

捕获甲壳类 15 种，平均指数仅 0.8 kg/h，是资源密度最低的季节，以脊腹褐虾、三疣梭子蟹和双斑蟳的密度最高，平均指数均为 0.2 kg/h，各占 25.0%。脊腹褐虾密集区在石岛渔场和连青石渔场东部，指数在 10.0～60.0 kg/h。三疣梭子蟹主要分布在江苏东部沿海，最高指数为 12.3 kg/h。双斑蟳主要分布在海州湾，最高指数为 17.6 kg/h。其他种类的平均指数均不足 0.1 kg/h。

8.1.3.4　冬季

捕获甲壳类 26 种，平均指数为 4.8 kg/h，其中数量最多的是脊腹褐虾，平均指数为 2.9 kg/h，占 60.4%，分布比较分散，黄海中、北部均有分布，指数在 4.3～32.4 kg/h。其次是寄居蟹，平均指数为 0.6 kg/h，占 20.7%，密集区较小，位于成山头正东海域，指数为 21.0 kg/h。鹰爪虾位居第三，平均指数为 0.4 kg/h，占 8.3%，主要分布在山东半岛以东部的水域，指数在 3.3～5.6 kg/h。中国对虾的平均指数为 0.2 kg/h，占 4.2%，分布在黄海中部深水区，指数在 1.0～5.0 kg/h。其他种类的平均指数都不足 1.0 kg/h。

8.1.4　头足类及其优势种资源分布

捕获头足类 9 种（类），四季平均指数为 1.7 kg/h。优势种为枪乌贼类和太平洋褶柔鱼。枪乌贼类的平均指数为 0.9 kg/h，占 52.9%；太平洋褶柔鱼的平均指数为 0.6 kg/h，占

35.3%。其他种类的指数都不大。头足类也有明显的季节性洄游（金显仕等，2005）。

8.1.4.1 春季

头足类的平均指数为0.4 kg/h，以枪乌贼类为主，平均指数为0.3 kg/h，主要分布在渤海海峡一带，最高为20 kg/h。

8.1.4.2 夏季

头足类的平均指数为2.0 kg/h，以太平洋褶柔鱼为主，平均指数为1.9 kg/h，占95.0%，主要分布在38°00′N以北的黄海北部和济州岛西北海域，黄海北部最高指数为93.0 kg/h，济州岛西北海域最高指数为10.6 kg/h。

8.1.4.3 秋季

头足类的平均指数为0.4 kg/h，以太平洋褶柔鱼为主，平均指数为0.3 kg/h，占75.0%，主要分布在37°00′N，124°00′E，山东半岛正东水域，最大为15.0 kg/h。

8.1.4.4 冬季

头足类的平均指数为4.0 kg/h，以枪乌贼类为主，平均指数为3.2 kg/h，占80.0%。短蛸的平均指数为0.5 kg/h，占12.5%。太平洋褶柔鱼的平均指数为0.2 kg/h，占5.0%。枪乌贼类主要分布在38°30′N以北，122°30′E以西的辽东半岛沿海，最高指数为28.0 kg/h。太平洋褶柔鱼主要分布在黄海中部水域，最高指数为3.1 kg/h。

8.2 主要产卵场、育幼场、索饵场、越冬场[*]

黄海渔业生物资源种类繁多，但密度并不太大。密集区多出现在河口区、不同水系或水团的交汇区以及涌升流区。

黄海鱼类以暖温性种类为主，如太平洋鲱、鳀、黄姑鱼、小黄鱼、虾虎鱼类（其中多数种类）、带鱼、蓝点马鲛等，也有暖水性种类，如青鳞沙丁鱼、斑鰶、黄鲫、多鳞鱚、叫姑鱼、鲬等，还有冷温性种类，如大头鳕、长绵鳚、玉筋鱼、高眼鲽等。太平洋鲱和大头鳕都是黄海的封闭地方种群。

黄海虾类主要以亚热带常见的暖水种类为主，如中国对虾和鹰爪虾。蟹类也是以热带和亚热带暖温性种类为主，如三疣梭子蟹。头足类的太平洋褶柔鱼、日本枪乌贼为暖温性种类，火枪乌贼为暖水性种类。

由于黄海的自然环境条件的特殊性，除少数种群外，基本上形成一个黄海、渤海区独立的生态系统，它们的产卵场、索饵场和越冬场都在黄、渤海。在黄海主要分布如下。

8.2.1 主要产卵场、育幼场

在黄海，主要产卵场、育幼场的位置多在沿岸附近的低盐河口及其附近海域，如鸭绿江、大洋河、淮河等的河口附近。主要产卵场、育幼场有海洋岛渔场、烟威渔场、石岛到青岛的

---

* 执笔人：孟田湘

沿海、海州湾渔场和吕泗渔场。

在黄海产卵的渔业生物种类，大多性成熟较早，一般1～3龄即可成熟。其怀卵量较大，个体怀卵量多为几万，几十万，甚至几百万。其群体中的雌雄性比接近1:1。卵子大多为浮性卵，也有少数种类为黏性卵或沉性卵，如乌贼类、太平洋鲱、大头鳕、大泷六线鱼、细纹狮子鱼、东方鲀类等，还有个别的种类为卵胎生，如长绵鳚、许氏平鲉。抱卵的种类为口虾蛄和三疣梭子蟹。

8.2.1.1 海洋岛渔场

海洋岛渔场（38°30′N以北，122°00′～124°00′E）位于黄海最北部。进入渤海之前的产卵群体，在成山头以东水域，有一部分往北进入海洋岛渔场产卵、育幼，只是数量大小不同而已，主要有枪乌贼类、中国对虾、鹰爪虾、青鳞沙丁鱼、鳀、班鰶、黄鲫、多鳞鱚、小黄鱼、黄姑鱼、叫姑鱼、带鱼、蓝点马鲛、大泷六线鱼、鲆鲽类等。

8.2.1.2 烟威渔场

烟威渔场（37°30′～38°30′N，121°00′～124°00′E）是指烟台到威海之间的沿岸水域。在黄海、东海越冬，向渤海产卵洄游的群体有一部分停留在此产卵、育幼。如枪乌贼类、青鳞沙丁鱼、班鰶、鳀、黄鲫、多鳞鱚、小黄鱼、黄姑鱼、叫姑鱼、带鱼、蓝点马鲛、大泷六线鱼、鲆鲽类等。

8.2.1.3 石岛到青岛沿海

在石岛到青岛沿海产卵、育幼的种类主要的有枪乌贼类、中国对虾、鹰爪虾、太平洋鲱、青鳞沙丁鱼、班鰶、鳀、赤鼻棱鳀、黄鲫、大头鳕、花鲈、长蛇鲻、多鳞鱚、梅童鱼类、小黄鱼、黄姑鱼、叫姑鱼、鲬、蓝点马鲛、银鲳、鲆鲽类等。

8.2.1.4 海州湾渔场

海州湾渔场（34°00′～35°30′N，121°30′以西）是重要的产卵场、育幼场，在此产卵、育幼的渔业生物资源主要有枪乌贼类、曼氏无针乌贼、中国对虾、黄鲫、赤鼻棱鳀、多鳞鱚、梅童鱼类、小黄鱼、黄姑鱼、真鲷、带鱼、蓝点马鲛、银鲳、大泷六线鱼、鲬等。

8.2.1.5 吕泗渔场

吕泗渔场（32°00′～34°00′N，122°30′以西）是在江苏吕泗沿海，是黄海最南部的产卵场、育幼场，在此产卵、育幼的鱼类主要有青鳞沙丁鱼、黄鲫、多鳞鱚、梅童鱼类、大黄鱼、小黄鱼、蓝点马鲛、鲳类、鲬，此外，一些分布在东海的鱼类也来此产卵、育幼。

8.2.2 主要索饵场

在黄海，索饵场的形成与该海域的水文状况密切相关，进入黄海的外海高盐水和沿岸水的混合交汇处，饵料生物十分丰富，一般是春、夏、秋季渔业资源的索饵场所。黄海有鸭绿江、大洋河等河流入海与外海高盐水混合形成的辽东半岛南岸混合水域；有苏北沿岸灌河、射阳河等众多较小的河流入海与外海高盐水混合形成的混合水域，主要分布在苏北一带。这些混合区都是良好的索饵场。

一般索饵场都位于产卵场及其附近海域，幼体大多在产卵场附近的河口区、港湾或沿岸浅水区肥育成长，个别幼体还有溯河习性，如中国对虾的仔虾。较大个体和亲体则在产卵场附近到黄海中部较深海域索饵，此时，群体一般都比较分散，不结为大群，且各种渔业生物的索饵场往往重叠。索饵时间一般在 7—10 月。

8.2.3 主要越冬场

由于黄海渔业生物资源包括了各种适温性和不同生态习性的种类，它们对越冬场有不同的要求。有的种类的越冬场就在产卵场和索饵场附近的较深水域，如海蜇、口虾蛄、毛虾、三疣梭子蟹、大头鳕、黑鳃梅童鱼、大泷六线鱼、许氏平鲉、长绵鳚、细纹狮子鱼等；有的种类的越冬场在黄海中央深水区，甚至东海越冬，春天再回到黄海、渤海沿岸产卵，如枪乌贼类、中国对虾、鹰爪虾、太平洋鲱、青鳞沙丁鱼、斑鰶、多鳞鳝、小黄鱼、叫姑鱼、真鲷、带鱼、高眼鲽、鳀、蓝点马鲛、鲐、银鲳、鳙等，该越冬场的底层水温一般在 10℃ 以上。

8.2.4 主要渔业生物资源主要产卵场、育幼场、索饵场、越冬场

8.2.4.1 枪乌贼类

枪乌贼类的越冬场在黄海中部 34°00′~37°00′N，122°00′~124°00′E，水深大于 50 m 的深水区，越冬期为 12 月到翌年 2 月，底层水温为 7℃~10℃，盐度约为 32~33，底质为软泥底质。

在黄海，枪乌贼类主要产卵场、育幼场有三处：一处是在海洋岛渔场的碧流河口浅水区，另一处是在烟威近岸，再一处是海州湾。产卵期为 4—6 月，产卵场的底层水温最低值约为 10℃，盐度约为 31。

8.2.4.2 中国对虾

中国对虾的越冬场在黄海中南部 33°00′~36°00′N，122°00′~125°00′E 深水区。

在黄海，中国对虾在辽东半岛以东水域的产卵场、育幼场也是在河口一带的浅水区，产卵期为 5 月上旬，索饵场也在河口一带的浅水区。

中国对虾在山东半岛南岸水域的产卵场、育幼场主要分布在靖海湾、五垒岛、乳山湾、丁字湾、胶州湾和海州湾等地的河口附近，产卵期为 5 月上旬，索饵场同样也在河口一带的浅水区。

8.2.4.3 鹰爪虾

鹰爪虾的越冬场在石岛东南外海，水深 60~80 m 的海域，底质为粗、细粉砂质黏土软泥海区，底层水温最高不超过 9.5℃，最低不低于 4.5℃，底层盐度为 31.8~33.3，越冬期为 1—3 月。

鹰爪虾在黄海的产卵场、育幼场主要有胶州湾、乳山湾、石岛湾、烟威、旅大近海和鸭绿江口。产卵场的底层水温为 20~26℃，底层盐度为 30~31。产卵期是 6—9 月。索饵场在产卵场及其附近的较深水域。

8.2.4.4 大头鳕

大头鳕属于黄海地方性种群，只做由浅水到深水的短距离移动。其主要分布区在黄海的

117

中、北部，水深为 50 ~ 80 m 的海域。越冬场在石岛以东和东南的海域，越冬期为 1—2 月下旬。产卵场、育幼场也在石岛以东和东南部的海域，产卵期为 1—3 月。产卵后在黄海中、北部索饵。

8.2.4.5 鳀

鳀的越冬场在黄海沿岸冷水与黄海暖流以及东海沿岸冷水与台湾暖流交汇区冷水一侧，对马、五岛至济州岛附近，范围为 26°30′ ~ 37°00′N，123°00′ ~ 125°00′E，其底层水温为 7 ~ 15℃。越冬期为 1—3 月。

鳀在黄海的产卵场、育幼场在海州湾，青岛、乳山的近海，烟威渔场近岸和黄海北部的海洋岛渔场东南和大洋河口。产卵期为 5—6 月。索饵场分散在产卵场附近的较深水域。

8.2.4.6 小黄鱼

小黄鱼越冬场有三处，主要越冬场在成山头黄海洼地北部，124°00′E 以西的海域；其次是 34°00′ ~ 35°00′N，123°45′ ~ 125°00′E，黑山诸岛北部和罗州群岛西部的海域以及 32°00′ ~ 34°00′N，123°45′ ~ 126°00′E 的海域，济州岛西部海域。越冬期为 1—3 月。

小黄鱼在黄海的产卵场、育幼场一般都分布在河口区和入海径流较大的沿岸海域，底质为泥砂质、砂泥质或软泥质，底层水温为 10 ~ 13℃。吕泗渔场是小黄鱼在黄海最大的产卵场、育幼场，另外还有海州湾、乳山湾、青岛沿海、海洋岛等几个较小的产卵场、育幼场。产卵后分散索饵。

8.2.4.7 梅童鱼类

黄海的梅童鱼类不做远距离洄游，只做由浅水到深水，再从深水到浅水的短距离移动。棘头梅童鱼在黄海的越冬场有两处：一是石岛东南的越冬场，范围为 35°00′ ~ 36°30′N，122°00′ ~ 124°00′E 的水域，底层水温为 6 ~ 10℃，底层盐度为 31.5 ~ 33℃；二是黄海南部的越冬场，范围为 32°00′ ~ 34°00′N，123°00′ ~ 125°00′E 的水域，越冬场的底层水温为 9 ~ 12℃，底层盐度为 32 ~ 33。

在黄海，梅童鱼类产卵场、育幼场在离越冬场较近的沿岸浅水水域。

8.2.4.8 带鱼

黄海带鱼的越冬场主要是从济州岛南部到 32°00′N，126°00′ ~ 127°00′E 的范围内，水深约为 100 m，底层水温为 14 ~ 18℃，底层盐度为 33 ~ 4.5，是在受黄海暖流影响的区域内。越冬期为 1—3 月。

在黄海，带鱼的产卵场、育幼场位于水浅，温度和盐度较低，受径流影响较大的河口外海区，如鸭绿江口、临洪河口等，包括海州湾附近，乳山湾、海阳近海、灰岛东南至苏山岛西北一带，海洋岛、大鹿岛南、大长山岛北、庄河、新金沿岸，水深约为 20 m，底层水温为 14 ~ 19℃，底层盐度为 27 ~ 31.0。产卵期为 5—6 月。

索饵场分布十分广泛，从鸭绿江口经庄河到烟威近海一带的水域，海州湾东部、青岛外海等，在这些水域，中小型鱼虾类以及头足类分布较多，成为它们的良好索饵场。

8.2.4.9 蓝点马鲛

蓝点马鲛的越冬场有两处：一处在黄海东南部外海，32°00′ ~ 33°40′N，124°40′ ~

127°15′E 的范围内，水深为 60 ~ 85 m，底质为泥砂和细砂，10 m 层水温为 12 ~ 13℃，盐度为 32 ~ 33；另一处在东海外海，28°00′ ~ 31°20′N，123°40′ ~ 125°30′E 的范围内，水深一般为 70 ~ 95 m，底质为细泥砂和泥砂，10 m 层水温为 16 ~ 18℃，盐度为 33 ~ 34。越冬期为 1—2 月。

在黄海，蓝点马鲛的产卵场、育幼场有海洋岛渔场、海州湾渔场、青海渔场、石岛渔场、烟威渔场。黄海南部的产卵期为 5 月上旬至 5 月中旬，表层水温为 11 ~ 13℃；黄海中部的产卵期为 5 月上旬到 5 月下旬，表层水温为 10 ~ 13℃；黄海北部的产卵期为 5 月中旬至 6 月上旬，表层水温为 14 ~ 17℃。蓝点马鲛的索饵场在产卵场附近的较深水域及黄海中、北部 20 ~ 40 m 的较深水域。

8.2.4.10 银鲳

银鲳越冬场的分布范围十分广，在 26°30′ ~ 34°30′N，水深为 60 ~ 100 m，甚至大于 100 m 的海域内，即使在 34°00′ ~ 37°30′N，122°40′ ~ 124°00′E 的黄海洼地（属黄海底层冷水区，但冬季与沿岸水域相比，又属高温区）西部，水深为 60 m 的水域，也有越冬鱼群分布。主要越冬场有两个：一个在济州岛、对马岛、五岛列岛之间；另一个在东海水深 60 ~ 100 m，甚至大于 100 m 的范围内。越冬场水温为 10 ~ 18℃，盐度一般大于 33。越冬期为 1—3 月。

在黄海，银鲳的产卵场、育幼场与其他近海性鱼类的产卵场、育幼场分布极为相似，在近岸各湾和沿海的河口浅海混合海水的高温、低盐区，水深一般为 10 ~ 20 m，底质为泥、泥砂、砂泥为主的海域。产卵场水温为 12 ~ 23℃，盐度为 27 ~ 31。主要产卵期为 5—6 月。银鲳索饵场比较分散，深水区和浅水区都有，其中以水深 40 m 以内，沿岸流较强的海区为主，主要索饵期为 7—11 月（农业部水产局等，1990）。

8.2.4.11 高眼鲽

高眼鲽的越冬场在黄海中部，水深在 70 ~ 80 m，底层水温为 6 ~ 9℃，底质为黏土质软泥、粉砂质黏土软泥、细粉砂的海域。越冬期为 1—2 月。

在黄海，高眼鲽的产卵场、育幼场在海洋岛附近、鸭绿江口外，石岛东南、乳山近海、黄海中部等底质为粗粉砂和细粉砂的海域，底层水温为 7 ~ 10℃。产卵期在 4—5 月。索饵时分散在产卵场附近 30 ~ 60 m 的海域（林景祺，1965）。

8.3 主要渔场及其季节变化 *

黄海是一个半封闭海域。春季，沿岸水温多在 12℃ 以上，适宜各种渔业生物产卵；夏季，黄海中上层水温多在 20 ~ 27℃，为渔业生物幼体和亲体的索饵期，黄海中央下层又有巨大的冷水团，其边缘适于各种冷温性种类栖息；秋季，随着水温逐渐下降，各种渔业生物陆续向越冬场进行洄游；冬季，黄海较深水域的水温可达 7 ~ 11℃，适于多种鱼、虾类越冬。所以广义地来讲，黄海就是一个大渔场，一年四季都有鱼虾分布。

黄海北部（山东半岛成山头以北），因有北黄海冷水团的存在，成为以高眼鲽为代表的冷温性鲆鲽类的栖息地，因此，曾经是高眼鲽等冷温性鲆鲽类的作业渔场，也曾是小黄鱼、

---

* 执笔人：孟田湘

带鱼、大头鳕、鲐、鳐类、中国对虾等大型经济种类的作业渔场。现在，主要是鳀、细纹狮子鱼、长绵鳚、赤鼻棱鳀、大头鳕、小黄鱼、玉筋鱼、带鱼、银鲳、绿鳍鱼、太平洋褶柔鱼、枪乌贼类等的栖息地。黄海中、南部（成山头以南到长江口、济州岛连线），曾是大黄鱼、小黄鱼、鳓、带鱼、鲆鲽类、银鲳等多种大、中型经济鱼类的作业渔场，现在多已衰落，目前主要是鳀、黄鲫、竹荚鱼、小黄鱼、细纹狮子鱼、带鱼、鲐、银鲳、班鲦、凤鲚、龙头鱼、星康吉鳗、大头鳕、梅童鱼类、玉筋鱼、长绵鳚、蓝点马鲛、高眼鲽、黄鮟鱇、鹰爪虾、太平洋褶柔鱼、枪乌贼类等的作业渔场。

为了渔业生产上的方便，在黄海人为地划分了以下几个渔场。

8.3.1 海洋岛渔场

海洋岛渔场（38°30′N 以北，122°00′~124°00′E）有鸭绿江、大洋河等河流形成的混和水体，冬季水温为 0~4℃，春季增温较快，5 月可达 5~10℃，夏季可升到 20℃ 以上。海洋岛渔场曾是北黄海的主要作业渔场，特别是因其紧靠北黄海冷水团，冷温性的鲆鲽类最为密集，历史上该渔场的渔业资源有小黄鱼、带鱼、鲆鲽类、大头鳕、鳐类、中国对虾、三疣梭子蟹等（见表 8.1）（夏世福等，1965）。

表 8.1　海洋岛渔场 20 世纪 50—60 年代初捕捞产量　　　　　　　　　单位：t

年份	总产	小黄鱼	带鱼	鳓	鲐	竹荚鱼	大头鳕	鲆鲽类	鳐类	鲂鮄类	中国对虾
1953	64 974	7 491	12 839	634	3 143	543	2 867	4 404	916	318	269
1954	70 554	9 925	14 436	317	2 492	1 313	2 988	8 862	1 957	563	849
1955	77 468	9 552	7 687	116	5 255	5 203	3 043	11 960	2 339	1 750	756
1956	73 259	6 977	14 546	110	1 565	557	1 503	9 478	547	1 658	888
1957	63 769	6 238	9 034	15	2 337	4 509	319	5 089	1 372	327	588
1958	83 639	5 287	8 110	20	942	9 812	483	5 101	1 210	334	697
1959	96 274	5 809	4 936	68	527	114	6 607	4 454	2 339	220	1 240
1960	106 634	8 600	17 030	16	479		1 590	8 974	1 444	419	1 701
1961	70 108	5 137	7 587		291	24	1 364	7 927	961	49	609
1962	71 751	1 917	8 734	305	10		7 518	9 290	688	75	848
1963	64 617	5 997	6 915	538	27		878	3 405	295	11	1 531

资料来源：辽宁、山东、江苏水产局和国营公司。

进入 20 世纪 80 年代以后，大型经济种类资源多已衰退，海洋岛渔场也逐渐失去了重要渔场的价值。据"北斗"号 1998—2000 年在海洋岛渔场的调查：12 月，在捕获的 121 kg 鱼类中，以细纹狮子鱼为主，占 50.3%，鳀占 14.3%，其他数量较多的有银鲳（9.6%）、大头鳕（8.6%）；5 月，在捕获的 137 kg 鱼类中，以长绵鳚为主，占 33.9%，玉筋鱼占 19.8%，小杜父鱼占 13.7%，其他较多的有鳀（5.8%）、高眼鲽（4.7%）、小带鱼（4.4%）；8 月，在 612 kg 的鱼类中，以鳀为主，占 87.5%，其他较多的有细纹狮子鱼，占 4.8%，班鲦占 2.4%；10 月，在渔获的 159 kg 鱼类中，以细纹狮子鱼为主，占 66.8%，鳀占 12.1%，其他较多的有长绵鳚（4.1%）、鲐（1.7%）、叫姑鱼（1.5%）。

8.3.2 烟威渔场

该渔场（37°30′~38°30′N，121°00′~124°00′E）是多种经济鱼、虾类，春季向渤海产卵场洄游和秋末向越冬场洄游的必经之路，曾是捕捞鲐、带鱼、鲆鲽类、小黄鱼、带鱼、鳓、大头鳕、鳐类、鲂鲱类等的作业渔场。20 世纪 50 年代初至 60 年代，渔业资源曾兴旺过（见表 8.2）（夏世福等，1965）。

表 8.2　1953—1963 年烟威渔场捕捞产量　　　　　　　　单位：t

年份	总产	小黄鱼	带鱼	鳓	鲐	大头鳕	鲆鲽类	鳐类	鲂鲱类	中国对虾
1953	39 535	9 403	3 573	1 213	11 030	396	1 992	551	718	2 322
1954	45 116	11 783	3 459	1 125	11 384	1 495	2 908	1 103	337	1 808
1955	48 497	17 276	3 416	1 362	4 247	668	3 828	724	947	4 628
1956	51 118	17 739	9 578	256	1 124	139	2 890	889	347	6 952
1957	61 018	28 128	6 512	121	3 062	77	9 708	892	475	4 480
1958	44 943	13 788	4 832	196	3 110	66	9 594	646	174	2 316
1959	70 150	13 906	4 950	206	998	12 155	12 973	856	472	2 319
1960	51 620	9 113	6 211	141	2 491	3 223	12 791	936	219	1 211
1961	34 938	6 640	6 806	246	821	306	4 358	468	132	891
1962	41 159	4 585	10 666	686	390	1 562	2 973	446	82	1 574
1963	42 044	4 851	7 483	611	273	110	4 328	415	85	1 272

资料来源：辽宁、山东、江苏水产局和国营公司。

进入 20 世纪 70 年代，渔业资源逐渐衰退，到 20 世纪末，资源组成发生了重大变化。据 1998—2000 年调查：12 月份，渔业生物的种类与数量均不多，只有在此越冬和即将南下越冬的种类，鱼类的总捕获量为 85.0 kg，其中，以鳀为主，占 25.5%，其次小黄鱼占 15.0%，长绵鳚占 14.8%，大头鳕占 12.7%，细纹狮子鱼占 8.0%；5 月份，这里是洄游种类的产卵场或过路渔场，鱼类总捕获量为 61.1 kg，其中，以细纹狮子鱼为主，占 27.1%，长绵鳚占 13.9%，小带鱼占 10.1%，其他较多的有鳀（9.9%）、绒杜父鱼（9.5%）、高眼鲽（8.9%）；8 月份，这里是一些亲体和幼体的索饵场，鱼类总捕获量为 160.4kg，其中，以细纹狮子鱼和鳀为主，分别占 24.0% 和 22.5%，绒杜父鱼占 19.1%，其他较多的有大泷六线鱼（9.3%）、蓝点马鲛（7.6%）、高眼鲽（4.7%）、鲐（3.8%）；10 月份，鱼类总捕获量为 205.4kg，其中，鳀占 29.6%，细纹狮子鱼占 23.4%，绿鳍鱼占 15.7%，小黄鱼占 10.1%，其他较多的有大泷六线鱼（4.6%）、长绵鳚（4.1%）、绒杜父鱼（4.0%）、黄盖鲽（2.7%）。

8.3.3　石岛渔场

该渔场（36°00′~37°30′N，122°00′~124°00′E）是北上产卵鱼群与南下越冬鱼群的过路渔场及索饵场。20 世纪 50—60 年代初，主要渔业资源有小黄鱼、带鱼、鳓、蓝点马鲛、鲐、大头鳕、鲆鲽类、鲂鲱类、鳐类、中国对虾等（见表 8.3）（夏世福等，1965）。

表 8.3　1953—1963 年石岛渔场捕捞产量　　　　　　　　单位：t

年份	总产量	小黄鱼	带鱼	大头鳕	鲆鲽类	鳓	鲐	真鲷	鲂鲱类	中国对虾
1953	58 853	5 831	5 609	5 849	3 876	1 160	1 249	112	107	2 512
1954	57 132	3 480	9 113	3 120	4 298	451	980	387	250	1 760
1955	61 342	3 133	9 842	4 067	3 798	475	1 050	179	285	1 864
1956	61 746	2 803	10 323	2 253	4 953	555	465	201	481	4 336

续表8.3

年份	总产量	小黄鱼	带鱼	大头鳕	鲆鲽类	鳓	鲐	真鲷	鲂鮄类	中国对虾
1957	61 156	2 571	11 456	1 383	4 546	291	653	50	804	1 821
1958	695 881 836	1 863	7 164	1 068	8 122	418	467	102	793	2 070
1959	81 836	3 481	5 253	9 587	7 846	450	441	121	706	1 657
1960	73 198	7 407	4 815	3 387	8 297	244	576	72	535	891
1961	49 789	5 019	6 732	1 017	3 698	291	121	82	874	334
1962	49 658	2 886	6 195	4 283	3 528	848	144	22	385	632
1963	49 287	4 622	4 892	1 357	2 372	1 053	112	320	116	637

资料来源：辽宁、山东、江苏水产局和国营公司。

据1998—2000年调查：12月份，在462.5 kg鱼类渔获物中，是以鳀为主，占42.4%，其次是小黄鱼占10.8%，鲐占10.5%，其他数量较多的有细纹狮子鱼（7.0%）、黄鲫（5.4%）、银鲳（4.6%）、大头鳕（4.0%）、黄鮟鱇（2.9%）、小带鱼（2.8%）、班鰶（2.2%）、黑鲷（1.4%）；5月份，在1 007.6 kg鱼类渔获物中，也是以鳀为主，占67.5%，玉筋鱼占16.5%，其他数量较多的有高眼鲽（3.3%）、大头鳕（3.0%）、绒杜父鱼（2.7%）、大泷六线鱼（2.1%）、长绵鳚（1.8%）；8月份，在7 282.6 kg的鱼类渔获物中，鳀居绝对优势，占98.7%，其他种类有细纹狮子鱼、鲐、蓝点马鲛、银鲳等，但均不到1%；10月份，在786.8 kg的鱼类渔获物中，仍然是以鳀为主，占72.4%，细纹狮子鱼占14.4%，其他数量较多的有小黄鱼（6.2%）、银鲳（1.1%）、黄鮟鱇（1.0%）。

8.3.4 连青石渔场

该渔场（34°00′~36°00′N，121°30′~124°00′E）也是北上产卵鱼群与南下越冬鱼群的过路渔场及索饵场。20世纪50年代到60年代初，主要渔业资源有小黄鱼、带鱼、鲆鲽类、鲂鮄类、中国对虾等（见表8.4）（夏世福等，1965）。

表8.4 1953—1963年连青石渔场捕捞产量 单位：t

年份	总产量	小黄鱼	带鱼	大头鳕	鲆鲽类	真鲷	鲂鮄类	白姑鱼	中国对虾
1953	575	123	19	14	61	114	13	48	10
1954	3 092	796	52	534	502	166	189	29	56
1955	1 889	665	15	246	293	8	12		45
1956	1 193	122	19	24	718		46		71
1957	1 154	366	35	8	354	6	57	3	43
1958	4 794	198	27	29	3 498	29	195	27	156
1959	8 341	362	126	134	1 754	404	181	289	100
1960	9 917	205	392	68	1 480	68	163	40	23
1961	15 236	823	4 580	50	1 145	60	210	35	51
1962	6 909	50	807	67	881	5	88	7	28
1963	19 016	1 766	5 574	225	2 218	12	105	13	135

资料来源：辽宁、山东、江苏水产局和国营公司。

到20世纪末，渔业资源的种类组成和数量都发生了很大变化。据1998—2000年调查：

12月份，在459.8 kg鱼类渔获物中，小黄鱼占34.6%，鳀占18.5%，银鲳占12.7%，其他数量较多的有细纹狮子鱼（7.6%）、黄鲫（6.4%）、黄鮟鱇（6.3%）；5月份，在761.4kg鱼类渔获物中，是以鳀为主，占72.0%，玉筋鱼占7.0%，小黄鱼占6.6%，其他数量较多的有高眼鲽，黑鳃梅童鱼等；8月份，在1 520.9 kg的鱼类渔获物中，其绝对优势种是鳀，占99.1%，其他种类数量很少；9月底、10月初，在634.9 kg的鱼类渔获物中，细纹狮子鱼占52.3%，鳀占10.5%，带鱼占9.6%，黄鮟鱇占8.6%，小黄鱼占8.4%。

8.3.5 海州湾渔场

该渔场（34°00′~35°30′N，121°30′E以西）在黄海是主要产卵场，渔业资源有带鱼、鳓、乌贼类等。20世纪50—60年代，渔业资源较好，大型优质种类较多（见表8.5）（夏世福等，1965）。

表8.5 1953—1963年海州湾渔场捕捞产量　　　　　　　　　　　　　　单位：t

年份	总产	小黄鱼	带鱼	乌贼类	鳓	鲌	真鲷	中国对虾	鲂鱇类
1953	21 147		3 235	381	992	20	11	39	73
1954	23 644	13	3 064	477	1 732	33	30	52	92
1955	27 317	3	7 789		2 044	143		3	33
1956	35 134	12	6 653	396	414	100	14	82	37
1957	35 204	62	6 074	411	520	78	37	35	417
1958	38 304	219	5 001	398	640	315	24	86	173
1959	37 540	380	6 602	606	1 472	638	1 139	71	474
1960	37 700	621	4 814	325	440		72	44	744
1961	32 732	52	9 678	308	517	39	15	238	
1962	32 192	5	8 060	455	595	17	10	75	
1963	36 574	95	3 797	631	1 278	34	4	50	

资料来源：辽宁、山东、江苏水产局和国营公司。

据1998—2000年调查：12月份，仅捕获鱼类29.0 kg，其中，凤鲚占32.4%，银鲳占25.8%，其他数量较多的有鳀（9.9%）、细纹狮子鱼（8.5%）、花鲈（5.2%）、黄鮟鱇（4.0%）、长蛇鲻（3.4%）、梅童鱼类（2.2%）；5月份，共捕获鱼类189.7 kg，其中，以鳀为主，占83.4%，其他数量较多的有黄鲫（4.3%）、梅童鱼类（3.4%）、凤鲚（2.2%）、蓝点马鲛（2.1%）；8月份，渔获物以小黄鱼、银鲳、黄鲫、凤鲚、带鱼、海鳗为主，在54.6 kg的鱼类中，小黄鱼占33.1%，银鲳占16.5%，黄鲫占13.6%，凤鲚占12.4%，其他数量较多的有带鱼（6.3%）、海鳗（4.1%）、龙头鱼（2.6%）、孔鳐（2.6%）、细纹狮子鱼（2.2%）；10月份，渔获量较高，其中以银鲳、小黄鱼、黄鲫、白姑鱼、带鱼为主，在212.9 kg的鱼类中，银鲳占39.7%，黄鲫占18.8%，小黄鱼占18.2%，其他数量较多的有白姑鱼（6.3%）、带鱼（5.5%）、蓝点马鲛（3.3%），其次为细条天竺鲷等。

8.3.6 吕泗渔场

该渔场（32°00′~34°00′N，122°30′E以西）位于长江口以北，由于这里水质肥沃，成为良好的产卵场和索饵场。主要种类有大黄鱼、小黄鱼、鳓等。20世纪50—60年代，大型、优质渔业种类的资源很好（见表 8.6）（夏世福等，1965）。

表 8.6　1953—1963 年吕泗渔场捕捞产量　　　　　单位：t

年份	总产量	小黄鱼	大黄鱼	鳓	鲆鲽类	鳐类	海鳗	带鱼	鲳类
1953	66 420	28 409	1 210	7 002		1			
1954	70 860	48 810	926	8 076	12	15	1	1	
1955	83 976	59 492	1 809	8 568	13	28	4	2	
1956	90 781	5 635 312	1 134	3 043	12	47	4	6	
1957	106 240	68 024	3 288	4 996	24	58	3		
1958	84 040	32 696	3 152	4 390	9	58	9	14	1
1959	95 728	19 203	4 077	5 489	4	126	11	12	3
1960	105 200	50 709	3 698	3 966	17	2 193	12	752	13
1961	56 583	26 295	4 769	3 258	12	115	29	1 694	66
1962	42 540	8 966	6 057	3 231	4	51	35	511	10
1963	37 517	10 328	6 829	3 841	23	47	15	1 641	27

资料来源：辽宁、山东、江苏水产局和国营公司。

据 1998—2000 年调查：12 月份，捕获了 23.3 kg，其中，以黑鳃梅童鱼为主，占 57.7%，鳀占 23.3%，其余是小带鱼（5.1%）、银鲳（4.5%）等；5 月份，共捕获 36 kg，黄鲫占 46.3%，鳀占 16.7%，黑鳃梅童鱼占 15.6%，其余为带鱼（4.3%）、虻鲉（3.9%）等；8 月份，渔获数量稍多，共捕获 149.3 kg，以小黄鱼为主，占 43.2%，其次是带鱼，占 19.3%，银鲳占 16.8%，其他数量较多的有蓝点马鲛（6.1%）、黄鲫（4.4%），其余为黑鳃梅童鱼等数量很少的种类；9 月下旬，共捕获了 114 kg，其中，黄鲫占 43.4%，龙头鱼占 19.9%，赤鼻棱鳀占 17.0%，其余数量比较多的是银鲳（6.2%）、黑鳃梅童鱼（5.2%）等。

8.3.7　大沙渔场

该渔场（32°00′~34°00′N，122°30′~125°00′E）为黄海最南部渔场，是主要的越冬场。捕捞对象主要有小黄鱼、带鱼、鲳类、鲵、海鳗等在此越冬的种类。20 世纪 50 年代到 60 年代初，渔获组成如表 8.7 所示。（夏世福等，1965）

表 8.7　1953—1963 年大沙渔场捕捞产量　　　　　单位：t

年份	总产量	小黄鱼	带鱼	鲳类	鲆鲽类	鲨类	鳐类	鲵	鲂鲱类	海鳗
1953	12 637	10 880	167	6	122	90	112	65	25	58
1954	21 379	19 021	315	2	470	110	226	135	410	79
1955	15 930	12 526	274	8	473	44	253	179	18	173
1956	4 718	2 923	238	5	129	22	157	29	2	79
1957	9 187	5 138	121	19	292	108	262	79	118	67
1958	14 680	6 941	1 252	114	418	206	569	169	319	224
1959	13 691	6 867	1 019	127	192	155	447	284	24	449
1960	22 886	11 226	2 669	195	534	214	793	105	204	503
1961	16 123	7 565	2 860	183	216	161	294	25	93	134
1962	17 412	10 908	922	52	26	59	182	16		175
1963	34 111	16 932	4 890	251	400	287	569	84	77	415

资料来源：辽宁、山东、江苏水产局和国营公司。

　　到 20 世纪末，种类组成与数量发生很大变化。1998—2000 年调查：12 月，捕获的种类较多，质量较好，但个体都不大，在 234 kg 鱼类中，鳀占 19.6%，带鱼占 17.7%，小黄鱼占 14.5%，其他数量较多的有鲐（9.0%）、黑鳃梅童鱼（7.5）、银鲳（5.8%）、凤鲚（5.2%）、黄鲫（3.8%）；5 月，在 436 kg 鱼类中，鳀占 76.4%，其他数量较多的有小黄鱼（8.7%）、星康吉鳗（3.6%）、黄鮟鱇（1.9%）、黑鳃梅童鱼（1.8%）；8 月，在 438 kg 鱼类中，鳀占 57.4%，细纹狮子鱼占 12.4%，鲐占 10.7%，带鱼占 10.6%，其他数量较多的有黄鮟鱇（4.2%）、小黄鱼（1.7%）；9 月下旬，在 5 966 kg 鱼类中，竹荚鱼占 61.2%，其次是鲐，占 34.5%，小黄鱼仅占 1.7%。

第9章 渔业生物资源量评估

9.1 渔业生物资源声学评估[*]

9.1.1 声学评估方法

海洋渔业生物资源的声学调查是依据国家海洋调查规范推荐的方法进行的。调查采用以断面为主的预设调查航线方式，所用船只为"北斗"号渔业资源专业调查船。调查范围为 121°00′~125°45′E，33°00′~39°30′N，面积为 31×10^4 km^2。调查分春、夏、秋、冬四个季节进行，时间为1998年5月至2000年9月，各航次调查时间与范围见表9.1。

表9.1 黄海渔业生物资源调查时间及调查范围

航 次	季节	调查时间	经纬度范围
1	春季	1998-05-14—1998-06-02	33°00′~39°30′N，121°00′~125°45′E
2	秋季	1999-09-13—1999-10-05	33°00′~39°30′N，121°00′~125°45′E
3	冬季	1999-12-10—2000-01-01	33°39′~39°00′N，121°30′~125°30′E
4	夏季	2000-08-01—2000-09-05	33°00′~39°30′N，121°00′~125°45′E

调查所用科学探渔仪为 Simrad EK-500 回声探测—积分系统，工作频率为 38 kHz。渔业生物资源取样设备有变水层拖网和底层拖网。变水层拖网网目为 916 目×40 cm，网口的高度、宽度为 18×24 m，拖速 3.0~3.5 kn。底层拖网网目为 836 目×20cm，拖速 3.0~3.5 kn，网口高度根据水深和曳纲长度变动，一般在 6.1~8.3 m，网口宽度一般变动在 24.5~25.9 m。

海洋渔业生物资源的声学评估采用多种类资源评估方法（赵宪勇等，2003）。生物量以 5 n mile 航程为基本单元进行计算，生物量评估则以方区为单位进行。方区的边界以经、纬度来确定，尺度为 0.5°×0.5°。

9.1.2 评估种类总生物量分布格局

声学评估种类包括主要中上层鱼类、部分主要底层鱼类和头足类等共 25 个种类、30 种（见表9.2），其中，中上层鱼类为 14 类、15 种，底层鱼类为 9 类、11 种，头足类为 2 类 4 种。将天竺鲷类等 5 类小型非经济鱼类包括在内主要是考虑到这些种类在黄海分布较广、生物量较大，是黄海生态系统中的重要功能类群。

---

* 执笔人：赵宪勇

表 9.2　黄海鱼类资源声学评估种类一览表

种类	拉丁名	备注
蓝点马鲛	*Scomberomorus niphonius*（Cuvier, 1831）	
鲐	*Scomber japonicus*（Houttuyn, 1782）	
蓝圆鲹	*Decapterus maruadsi*（Temminck et Schlegel, 1842）	
竹荚鱼	*Trachurus japonicus*（Temminck et Schlegel, 1842）	
鳀	*Engraulis japonicus*（Temminck et Schlegel, 1846）	
黄鲫	*Setipinna taty*（Valenciennes, 1848）	
青鳞沙丁鱼	*Sardinella zunasi*（Bleeker, 1854）	
棱鳀类	*Thryssa* spp.	包括赤鼻棱鳀和中颌棱鳀
斑点莎瑙鱼	*Sardinops melanosticta*（Temminck et Schlegel, 1846）	
银鲳	*Pampus argenteus*（Euphrasen, 1788）	
燕尾鲳	*Pampus nozawae*（Ishikawa）	
刺鲳	*Psenopsis anomala*（Temminck et Schlegel, 1844）	
斑鲦	*Konosirus punctatus*（Temminck et Schlegel, 1846）	
带鱼	*Trichiurus lepturus*（Linnaeus, 1758）	
小黄鱼	*Pseudosciaena polyactis*（Bleeker, 1877）	
白姑鱼	*Argyrosomus argentatus*（Houttuyn, 1782）	
大眼鲷类	*Priacanthus* spp.	包括短尾大眼鲷和黑鳍大眼鲷
玉筋鱼	*Ammodytes personatus*（Girard, 1856）	
天竺鲷类	*Apogonidae* spp.	包括细条天竺鲷和斑鳍天竺鱼
发光鲷	*Acropoma japonicum*（Günther, 1859）	
七星底灯鱼	*Benthosema pterotum*（Alcock, 1891）	
鳄齿鱼类	*Champsodon* sp.	
麦氏犀鳕	*Bregmaceros macclellandi*（Thompson, 1940）	
太平洋褶柔鱼	*Todarodes pacificus*（Steenstrup）	
枪乌贼类	*Loligo* spp.	包括日本枪乌贼、火枪乌贼和剑尖枪乌贼

9.1.2.1　春季

1）生物量组成

黄海春季渔业生物资源声学评估种类共 22 类、27 种（见表 9.3），总生物量约 51×10^4 t。其中鳀是绝对优势种，占总生物量的 90.5%；其次为小黄鱼，占 2.1%；再其次为黄鲫、银鲳、玉筋鱼和带鱼，分别占 1.6%、1.5%、1.5% 和 1.0%。其他 16 个评估种类所占比例均不足 1%，总计仅占 1.8%。

2）生物量分布

黄海春季声学评估种类总生物量分布如图 9.1（a）所示。在调查覆盖的 77 个方区内，除 5 个 5 n mile 外，均有评估种类分布。总生物量非零值的分布在 33.4 ~ 197 950 kg/n mile^2，平均值为 9 834 kg/n mile^2。相对密集区主要分布于黄海的西、北部沿岸各产卵场以及黄海的东南部较深水域。其中以 35°30′ ~ 36°N，122°50′ ~ 123°E 的连青石渔场西北部和 33° ~ 34°N，

123°30′~124°40′E 的大沙渔场东北部的分布范围最大、密度最高，以上两处 5 n mile 的平均最高生物量依次为 115 821 kg/n mile^2 和 197 950 kg/n mile^2。

表 9.3　黄海春季渔业生物资源声学评估种类总生物量及其组成　　　　　单位：t

种类	总生物量	蓝点马鲛	鲐	蓝圆鲹	竹荚鱼	鳀	黄鲫	青鳞沙丁鱼
生物量	514 443	728	763	0	36	465 609	8 181	170
%	100	0.1	0.1		0.01	90.5	1.6	0.03

种类	棱鳀类	斑点莎瑙鱼	银鲳	燕尾鲳	刺鲳	斑鰶	带鱼	小黄鱼	白姑鱼
生物量	5.4	1.9	7 947	33	0	11	5 203	10 859	473
%	0.001	0.000 4	1.5	0.01		0.002	1.0	2.1	0.09

种类	大眼鲷类	玉筋鱼	天竺鲷类	发光鲷	七星底灯鱼	鳄齿鱼类	麦氏犀鳕	太平洋褶柔鱼	枪乌贼类
生物量	1 011	7 605	543	2 291	216	190	0	280	2 287
%	0.2	1.5	0.1	0.4	0.04	0.04		0.05	0.4

9.1.2.2　夏季

1）生物量组成

黄海夏季渔业生物资源声学评估种类共 21 类、26 种（见表 9.4），总生物量近 213×10^4 t。其中，鳀是绝对优势种，占总生物量的 92.5%；其次为鲐，约占 1.9%；再其次为小黄鱼和带鱼，分别占 1.4% 和 1.3%。其他 17 个评估种类所占比例均不足 1%，总计仅占 2.9%。

表 9.4　黄海夏季渔业生物资源声学评估种类总生物量及其组成　　　　　单位：t

种类	总生物量	蓝点马鲛	鲐	蓝圆鲹	竹荚鱼	鳀	黄鲫	青鳞沙丁鱼
生物量	2 062 697	8 510	38 247	0	2 897	1 907 495	9154	168
%	100	0.4	1.9		0.1	92.5	0.4	0.01

种类	棱鳀类	斑点莎瑙鱼	银鲳	燕尾鲳	刺鲳	斑鰶	带鱼	小黄鱼	白姑鱼
生物量	11 375	0	7 777	0	274	6 712	27 090	86 334	348
%	0.6		0.4		0.01	0.03	1.3	1.4	0.02

种类	大眼鲷类	玉筋鱼	天竺鲷类	发光鲷	七星底灯鱼	鳄齿鱼类	麦氏犀鳕	太平洋褶柔鱼	枪乌贼类
生物量	31.9	15	1.3	2.2	106	109	0	19 056	1 344
%	0.002	0.001	0.000 1	0.000 1	0.005	0.005		0.9	0.07

2）生物量分布

黄海夏季声学评估种类总生物量分布如图 9.1（b）所示。在调查覆盖的 81 个方区内，除 12 个外，均有分布。总生物量非零值的分布在 8.2~819 474 kg/n mile^2，平均值为 37 564 kg/n mile^2。大致有 3 个密集区，其中范围最大的一个位于黄海中、南部深水区，33°30′~36°15′N，123°~124°45′E 大沙渔场北部、连青石渔场东部及连东渔场西南部；该区 5 n mile 的平均生物量多在 50 000~500 000 kg/n mile^2，最高为 669 283 kg/n mile^2。

分布范围居中的水域，一个位于山东半岛东侧的黄海中、北部交界处，在 123°30′E 以西，36°~38°15′N 的石岛渔场的中北部和烟威渔场的东部，该区 5 n mile 的平均生物量较高，多在 100 000~500 000 kg/n mile^2，黄海夏季 5 n mile 的平均最高生物量 819 474 kg/n mile^2 即分布于此。黄海北部的相对密集区分布范围最小，位于 122°30′~123°10′E，38°50′N 以北的海洋岛渔场的中西部水域，该区 5 n mile 的平均生物量多在 5 000~20 000 kg/n mile^2，最高为 213 515 kg/n mile^2。

9.1.2.3 秋季

1）生物量组成

黄海秋季渔业生物资源声学评估种类共 23 类、28 种（见表 9.5），总生物量约 178×10^4 t。其中，鳀是绝对优势种，占总生物量的 85.6%；其次为竹荚鱼、鲐、黄鲫和小黄鱼，分别占 3.0%、2.9%、2.5% 和 2.1%；再其次为银鲳和带鱼，分别占 1.5% 和 1.2%。其他 16 个评估种类所占比例均不足 1%，总计仅占 1.2%。

表 9.5　黄海秋季渔业生物资源声学评估种类总生物量及其组成　　　　单位：t

种类	总生物量	蓝点马鲛	鲐	蓝圆鲹	竹荚鱼	鳀	黄鲫	青鳞沙丁鱼
生物量	1 778 090	3 285	50 968	1 795	53 413	1 522 163	45 096	220
%	100	0.2	2.9	0.1	3.0	85.6	2.5	0.01

种类	棱鳀类	斑点莎瑙鱼	银鲳	燕尾鲳	刺鲳	斑鰶	带鱼	小黄鱼	白姑鱼
生物量	7 022	0	27 216	0	142	71	20 937	37 629	2 073
%	0.4		1.5		0.01	0.004	1.2	2.1	0.1

种类	大眼鲷类	玉筋鱼	天竺鲷类	发光鲷	七星底灯鱼	鳄齿鱼类	麦氏犀鳕	太平洋褶柔鱼	枪乌贼类
生物量	50	67	2 396	0.8	4.7	3.1	0.4	3 201	337
%	0.003	0.004	0.1	0.000 1	0.000 3	0.000 2	0.000 02	0.2	0.02

2）生物量分布

黄海秋季声学评估种类总生物量分布如图 9.1（c）所示。在调查覆盖的 77 个方区内，除黄海北部 12 个外，均有分布。总生物量非零值的分布在 15.2~753 003 kg/n mile^2，平均 33 985 kg/n mile^2。密集分布区主要在 34°N 以北的较深水域。自北向南，位于黄海北部较深水域的密集区，经由黄海中部 36°~37°N，123°~124°45′E 的中等密度过渡区，与黄海中南部的 34°~35°30′N，123°~124°30′E 的密集区相连，其中，黄海中南部的密集区范围较大，也较为集中，主要位于连青石渔场的东部和连东渔场的西部，该区 5 n mile 的平均生物量多在 50 000~200 000 kg/n mile^2，最高为 619 994 kg/n mile^2。黄海北部的密集区主要位于海洋岛渔场的中南部及烟威渔场的北部和东部，该区 5 n mile 的平均生物量多在 50 000~200 000 kg/n mile^2，黄海秋季 5 n mile 的平均最高生物量 753 003 kg/n mile^2 也分布于此。

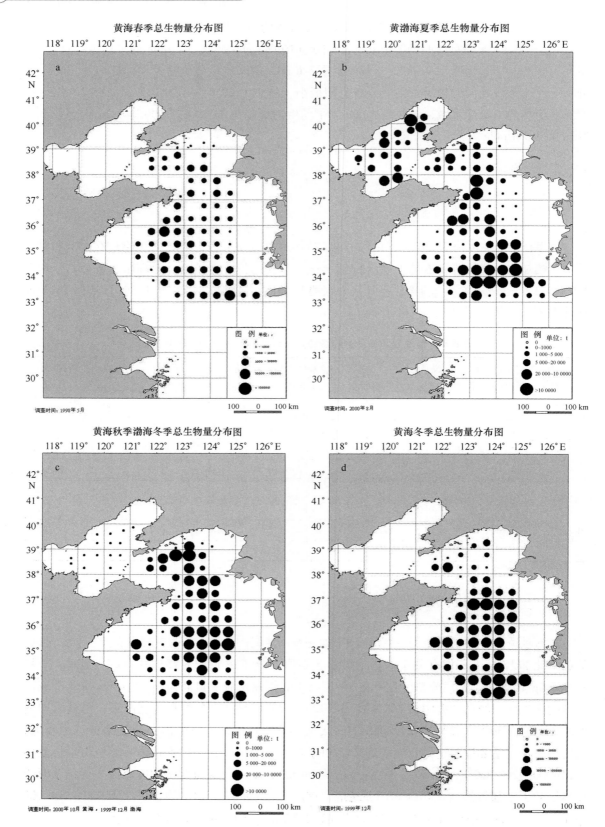

图 9.1　黄海声学评估种类总生物量季节分布

9.1.2.4 冬季

1）生物量组成

黄海冬季渔业生物资源声学评估种类共 20 类、24 种（见表9.6），总生物量为 241×10^4 t。其中，鳀是绝对优势种，占总生物量的 83.6%；其次为鲬和黄鲫，分别占 5.7% 和 3.5%；再其次为小黄鱼和银鲳，分别占 2.5% 和 1.5%。其他 15 个评估种类所占比例均不足 1%，总计仅占 3.2%。

表9.6 黄海冬季渔业生物资源声学评估种类总生物量及其组成　　　　单位：t

种类	总生物量	蓝点马鲛	鲬	蓝圆鲹	竹荚鱼	鳀	黄鲫	青鳞沙丁鱼
生物量	2 412 518	5 415	138 127	0	14	2 015 705	84 509	10 984
%	100	0.2	5.7		0.001	83.6	3.5	0.5

种类	棱鳀类	斑点莎瑙鱼	银鲳	燕尾鲳	刺鲳	斑鰶	带鱼	小黄鱼	白姑鱼
生物量	14 943	0	35 762	0	37	13 818	14 189	59 666	3 386
%	0.6		1.5		0.002	0.6	0.6	2.5	0.1

种类	大眼鲷类	玉筋鱼	天竺鲷类	发光鲷	七星底灯鱼	鳄齿鱼类	麦氏犀鳕	太平洋褶柔鱼	枪乌贼类
生物量	0	364.2	5 328.2	31.8	652.8	24.4	0	580.5	8 979.7
%		0.02	0.2	0.001	0.03	0.001		0.02	0.4

2）生物量分布

黄海冬季声学评估种类的总生物量分布如图9.1（d）所示。在调查覆盖的 63 个方区内，除黄海北部 4 个 5 n mile 外，均有评估种类分布。总生物量非零值的分布在 34.4 ~ 2 432 657 $kg/n\ mile^2$，平均 47 870 $kg/n\ mile^2$。密集区主要分布于 37°N 以南，122°30′E 以东的黄海中、南部的较深水域。其中，又以济州岛以西、黄海东南深水区和成山头东南、黄海中部深水区两处的密度最高。黄海东南部高密区位于 33° ~ 34°N，124° ~ 125°30′E 的大沙渔场东北部和沙外渔场的西北部，该区 5 n mile 的平均生物量多在 100 000 ~ 500 000 $kg/n\ mile^2$，黄海冬季的最高生物量 2 432 657 $kg/n\ mile^2$ 即分布于此。黄海中部高密区位于 36°30′ ~ 37°N，123° ~ 124°E 的石岛渔场的中东部水域，该区 5 n mile 的平均生物量多在 50 000 ~ 200 000 $kg/n\ mile^2$，最高为 518 890 $kg/n\ mile^2$。

9.1.2.5 资源分布动态特征

1）季节性洄游格局

如图9.1所示：在黄海，春季由于多数评估种类陆续进入近岸产卵场，调查范围内的生物量较低 [见图9.1（a）]，密集区主要分布于黄海北部、黄海中西部及东南部等调查边缘水域，黄海中东部较深水域内的生物量较低；夏季，多数评估种类已逐步游离近岸浅水区，进入中部开阔水域索饵 [见图9.1（b）]；秋季，随着水温下降做适温洄游，渤海的评估种类逐步进入黄海北部，黄海的评估种类也进一步向中部的深水区集结 [见图9.1（c）]；冬季，大部分评估种类已进入黄海中南部深水区的越冬场［见图9.1（d）］。

2）生物量的季节变化

尽管黄海的冬季调查评估面积最小，但由于评估种类的平均生物量最高，其总生物量也最高；夏季调查面积最大，平均生物量仅次于冬季，总生物量也位列第二；秋季，调查面积位列第三，平均生物量和总生物量也位列第三；春季，虽然调查面积列第二位，但由于平均生物量太低，仅为其他三个季节的1/4～1/3，其总生物量最低。由于春季调查比其他三个季节调查早两年进行，因此以上4个航次的调查结果除反映了季节间的差异外，还包括年间的差异在内。冬、夏、秋三个季节调查在时间上是连续的，以上调查结果基本上反映了评估种类资源的季节变动情况。

3）黄海声学评估种类的优势种

在黄海的渔业生物资源生物量组成中，鳀是绝对优势种，其在四季所占的比例变动在83.6%～92.5%。小黄鱼也是一优势种，所占的比例变动在1.4%～2.5%。鲐、黄鲫、银鲳和带鱼，在三个季节所占的比例均超过1%。另有竹荚鱼在秋季占3.0%，玉筋鱼在春季接近1.5%。

9.2 底拖网渔业生物资源评估[*]

黄海渔业生物资源丰富，在历史上，从20世纪50年代到60年代初，黄海渔业生物资源曾经历过辉煌时期，当时主要捕捞大黄鱼、小黄鱼、带鱼、鳓、真鲷、鲐、鲆鲽类等大型优质经济种类（见表9.7）（夏世福等，1965）。

表9.7　1953—1963年黄海海洋捕捞产量　　　　　　　　　　　　　单位：t

年份	小黄鱼	大黄鱼	带鱼	鳓	鲐	竹荚鱼	大头鳕	鲆鲽类	真鲷	鳐类	鲂鮄类	中国对虾
1953	295 175	1 286	37 033	16 097	16 426	543	9 134	10 457	1 094	2 066	881	5 524
1954	319 410	1 021	37 453	15 447	15 847	1 313	8 186	17 069	1 495	4 122	1 763	4 911
1955	355 477	1 863	44 948	15 612	13 664	5 203	8 040	20 375	382	3 815	3 017	7 787
1956	351 625	1 184	48 542	5 291	4 074	1 165	3 919	18 187	255	2 103	2 536	12 597
1957	373 375	3 727	50 163	6 127	7 322	4 509	1 787	20 034	149	3 036	1 782	12 384
1958	384 328	3 428	35 549	6 351	6 811	9 974	1 650	26 924	433	3 237	1 819	5 704
1959	444 529	4 635	31 648	9 081	3809	4 615	28 496	27 479	2 801	5 678	1 629	6 297
1960	450 277	4 583	42 677	5 835	5 982	4 522	8 296	32 236	348	4 477	1 663	4 199
1961	299 306	4 890	43 705	5 341	1 751	1 704	2 740	17 391	483	2 786	1 363	2 228
1962	287 635	6 504	40 977	7 891	914	5 316	13 431	16 750	86	2 299	632	3 358
1963	311 042	7 199	37 925	9 458	648		2 576	12 845	715	2 064	396	3 923

资料来源：辽宁、山东、江苏水产厅和国营水产公司。

---

　　　* 执笔人：孟田湘

　　20 世纪 60 年代以后，大型优质渔业生物资源逐年衰退，种类和数量都发生很大变化，大型优质经济种类基本消失或个体小型化、低龄化、性成熟提早。小型中上层鱼类和甲壳类取代了大型优质经济种类，变成以鳀、玉筋鱼、长绵鳚等质量较差的种类和小个体的带鱼、小黄鱼和竹荚鱼为主。

　　1998—2000 年"北斗"号进行了四季底层拖网调查，网口宽度平均为 21.7 m（网口宽度在不同水深下略有不同），拖速为 3 kn，拖网时间为 1 小时。每网扫海面积为 0.12 km²。这次调查基本上反映了近年来黄海的近底层渔业生物资源状况。在黄海，鱼类密度以夏季最高，为 238.32 kg/h，秋季次之，为 93.38 kg/h，冬季和春季最低，分别为 43.44 kg/h 和 27.52 kg/h；甲壳类密度以夏季最高，为 6.51 kg/h，冬季次之，为 4.82 kg/h，春季和秋季最低，分别为 2.61 kg/h 和 0.80 kg/h；头足类密度以冬季最高，为 3.99 kg/h，夏季次之，为 1.97 kg/h，春季和秋季最低为 0.39 kg/h 和 0.36 kg/h（见表 9.8）。

表 9.8　黄海渔业生物资源的平均密度　　　　　　　　单位：kg/h

种类	春季	夏季	秋季	冬季
鱼 类	27.52	238.32	93.38	43.44
甲壳类	2.61	6.51	0.80	4.82
头足类	0.39	1.97	0.36	3.99

　　在鱼类中，春季，鳀的密度最大，为 15.72 kg/h，玉筋鱼为 3.66 kg/h，长绵鳚为 1.36 kg/h，小黄鱼为 1.00 kg/h，高眼鲽为 0.97 kg/h，绒杜父鱼为 0.53 kg/h，大头鳕为 0.51 kg/h，星康吉鳗为 0.43 kg/h，大泷六线鱼为 0.40 kg/h，蜂鲉为 0.33 kg/h，黄鲫为 0.31 kg/h，细纹狮子鱼为 0.31 kg/h，黄鮟鱇为 0.21 kg/h，许氏鲆鲉为 0.11 kg/h，凤鲚为 0.1 kg/h，其他种类的密度都很低；夏季，仍以鳀为主，为 225.77kg/h，细纹狮子鱼为 3.50 kg/h，带鱼为 2.15 kg/h，鲐为 1.05 kg/h，小黄鱼为 1.02 kg/h，绒杜父鱼为 0.91 kg/h，黑鳃梅童鱼为 0.53 kg/h，银鲳为 0.40 kg/h，蓝点马鲛为 0.36 kg/h，赤鼻棱鳀为 0.32 kg/h，星康吉鳗为 0.17 kg/h，斑鰶为 0.13 kg/h，黄鲫为 0.13 kg/h，其他很少；秋季，以竹荚鱼为主，为 36.70 kg/h，鲐为 20.99 kg/h，细纹狮子鱼为 11.83 kg/h，鳀为 9.01kg/h，小黄鱼为 3.67 kg/h，带鱼为 2.42 kg/h，黄鲫为 1.42 kg/h，银鲳为 1.34 kg/h，黄鮟鱇为 1.10 kg/h，黑鳃梅童鱼为 0.81 kg/h，龙头鱼为 0.76 kg/h，绿鳍鱼为 0.66 kg/h，高眼鲽为 0.63 kg/h，长绵鳚为 0.42 kg/h，矛尾鰕虎鱼为 0.22 kg/h，蓝点马鲛为 0.20 kg/h，大头鳕为 0.20 kg/h，细条天竺鲷为 0.20 kg/h，绒杜父鱼为 0.17 kg/h，白姑鱼为 0.15 kg/h，凤鲚为 0.13 kg/h，其他数量很少；冬季，以鳀为主，为 11.42kg/h，小黄鱼为 6.93 kg/h，细纹狮子鱼为 5.29 kg/h，银鲳为 3.71 kg/h，鲐为 2.73 kg/h，黄鲫为 1.67 kg/h，黄鮟鱇为 1.53 kg/h，带鱼为 1.42 kg/h，大泷六线鱼为 0.14 kg/h，细条天竺鲷为 0.13 kg/h，大头鳕为 1.11 kg/h，高眼鲽为 1.02 kg/h 小带鱼为 0.93 kg/h，黑鳃梅童鱼为 0.81 kg/h，青鳞沙丁鱼为 0.71，凤鲚为 0.56kg/h，长绵鳚为 0.56 kg/h，鲬为 0.29 kg/h，叫姑鱼为 0.20 kg/h，赤鼻棱鳀为 0.20，黑鲷为 0.17 kg/h，鮸为 0.15 kg/h，角木叶鲽为 0.14 kg/h，黄姑鱼为 0.12 kg/h，鲐为 0.11 kg/h，蓝点马鲛为 0.11 kg/h（见表 9.9）。

表 9.9　黄海各种鱼类的平均密度　　　　　　　　　　　单位：kg/h

种类	春季	夏季	秋季	冬季
白斑星鲨	0.010 6			
虎纹猫鲨	0.017 5	0.001 4		
孔鳐	0.027 5	0.000 1		0.037 4
斑鳐		0.000 3		0.027 3
美鳐				0.014 9
何氏鳐				0.030 8
赤魟	0.005 3		0.006 6	
太平洋鲱	0.004 7	0.007 6	0.005 1	0.030 9
斑点莎瑙鱼	0.001 0			
青鳞沙丁鱼	0.014 2	0.015 4	0.016 6	0.001 7
斑鰶	0.006 8	0.134 2	0.010 2	0.708 6
鳀	15.721 2	225.770 0	9.009 6	11.422 0
赤鼻棱鳀		0.315 4	0.270 1	0.198 0
中颌棱鳀	0.000 5			0.000 9
黄鲫	0.313 5	0.132 2	1.423 3	1.665 6
凤鲚	0.101 6		0.132 9	0.563 1
鲚	0.003 5		0.004 7	0.105 0
鰳			0.004 8	
大银鱼	0.000 3	0.000 1		0.000 4
龙头鱼	0.021 4	0.032 6	0.755 8	0.098 3
七星底灯鱼	0.005 3	0.001 7	0.000 5	0.004 1
长裸喙鱼	0.000 1			
长蛇鲻	0.077 0			0.069 3
日本鲻	0.001 9			
细中肛鳗	0.004 6	0.000 7		
齐头鳗	0.001 6			0.001 1
前肛鳗	0.001 7		0.000 9	0.000 9
星康吉鳗	0.426 6	0.169 6	0.070 8	0.046 9
海鳗	0.003 4	0.051 9	0.009 6	0.003 7
蛇鳗		0.005 4		
沙氏下鱵鱼	0.002 9			0.000 7
尖嘴扁颌针鱼			0.001 7	
大头鳕	0.512 5	0.088 6	0.202 7	1.109 4
多棘腔吻鳕	0.000 3	0.006 5	0.011 5	
麦氏犀鳕			0.000 0	0.000 8
尖海龙	0.003 2	0.037 2	0.001 3	0.064 2
油舒	0.026 9	0.017 7	0.001 7	
东海鲈	0.014 6			
松江鲈	0.000 0			
花鲈	0.065 6			0.075 3

续表 9.9

种类	春季	夏季	秋季	冬季
黄条鰤		0.000 3		
赤鯥		0.008 1		
短尾大眼鲷	0.023 8	0.000 4	0.002 6	
发光鲷	0.031 5	0.000 5	0.000 0	0.000 1
细条天竺鲷	0.026 8	0.000 1	0.201 3	0.130 6
条石鲷	0.001 4			
尖牙鲷		0.000 0		
真鲷	0.000 3		0.001 2	
斜带髭鲷	0.000 3			
黑鲷				0.166 0
多鳞鱚	0.002 6		0.001 4	0.000 6
少鳞鱚				0.018 8
竹荚鱼	0.000 0	0.021 8	35.697 6	0.004 5
蓝圆鲹			0.005 4	
沟鲹			0.000 1	
白姑鱼	0.030 6	0.008 3	0.154 0	0.064 1
黄姑鱼	0.024 2	0.003 3		0.118 1
叫姑鱼	0.005 4	0.016 3	0.085 2	0.197 7
鮸	0.017 5		0.022 7	0.151 3
小黄鱼	0.998 5	1.019 5	3.668 9	6.926 5
棘头梅童鱼				0.033 5
黑鳃梅童鱼	0.320 5	0.527 8	0.812 1	0.809 7
短吻蝠	0.002 5			0.003 4
玉筋鱼	3.662 4	0.001 1	0.004 2	0.003 6
鲱鲻	0.003 4	0.005 8	0.037 5	0.023 6
日本䲢	0.000 9			
青䲢	0.004 1	0.001 8	0.005 5	0.000 6
鳄齿鱼	0.002 5	0.002 0	0.000 3	0.000 6
方氏云鳚	0.039 9	0.016 0	0.007 2	0.001 8
绽鳚	0.030 9	0.005 7	0.001 3	
新鳚	0.004 6	0.007 1	0.001 1	0.000 6
长绵鳚	1.355 0	0.098 5	0.415 4	0.565 0
棘鼬鳚		0.007 4		0.000 1
细纹狮子鱼	0.308 0	3.504 5	11.832 8	5.288 6
带鱼	0.087 5	2.153 1	2.427 0	1.422 9
小带鱼	0.159 6		0.027 7	0.923 5
皇带鱼			0.005 1	
鲐	0.010 5	1.053 2	20.994 8	2.734 8
蓝点马鲛	0.041 3	0.360 4	0.197 6	0.106 9
四指马鲅			0.002 2	0.000 4
扁舵鲣			0.013 1	
银鲳	0.180 2	0.395 7	1.337 9	3.713 2
燕尾鲳	0.002 0			

续表9.9

种类	春季	夏季	秋季	冬季
刺鲳		0.005 5	0.011 2	0.001 3
六丝矛尾鰕虎鱼	0.021 6	0.003 6		0.035 6
红狼牙鰕虎鱼	0.002 1	0.001 9		
矛尾鰕虎鱼		0.004 1	0.215 9	0.002 2
丝鰕虎鱼				0.000 1
虻鲉	0.331 9	0.017 0	0.065 2	0.033 1
虎鲉	0.000 3			
汤氏平鲉	0.012 3	0.001 3		
许氏平鲉	0.107 7	0.004 9	0.015 6	0.195 6
褐菖鲉			0.000 9	
短鳍红娘鱼	0.000 2			0.000 4
贡氏红娘鱼				0.003 3
绿鳍鱼		0.089 6	0.661 7	0.058 7
绒杜父鱼	0.525 9	0.907 5	0.169 8	0.058 5
小杜父鱼	0.039 0	0.004 7	0.002 3	0.012 9
大泷六线鱼	0.395 3	0.242 9	0.454 0	0.136 3
鲉	0.005 6	0.002 3	0.000 7	0.285 5
郎氏针鲉	0.000 0			
褐牙鲆	0.009 4		0.015 2	
桂皮斑鲆	0.000 3		0.002 7	
东海羊舌鲆				0.007 2
石鲽	0.031 0	0.007 0	0.002 2	0.059 7
黄盖鲽	0.025 0	0.001 7	0.036 3	
油鲽	0.001 0			
角木叶鲽	0.028 5	0.019 7	0.054 0	0.139 1
高眼鲽	0.961 6	0.302 9	0.627 2	1.020 1
虫鲽	0.015 5	0.004 3		0.024 3
星鲽			0.000 9	0.011 3
条鳎	0.000 8	0.003 2	0.002 0	0.003 9
短吻红舌鳎	0.003 9	0.001 2	0.020 9	0.003 1
宽体舌鳎	0.000 8	0.003 5		
窄体舌鳎				0.000 5
半滑舌鳎				0.001 3
绿鳍马面鲀	0.003 8	0.000 6	0.004 2	0.024 9
六斑刺鲀		0.002 2		
棕斑腹刺鲀		0.000 5		
黄鳍东方鲀	0.007 7			
铅点东方鲀				0.003 3
虫蚊东方鲀	0.000 7			0.090 4
假睛东方鲀			0.014 6	
黄鮟鱇	0.212 8	0.677 2	1.101 8	1.527 7

甲壳类数量较多的种类：春季，以脊腹褐虾为主，为 1.8 kg/h，鹰爪糙对虾为 0.14 kg/h，双班蟳为 0.12 kg/h，葛氏长臂虾为 0.11 kg/h，细点圆趾蟹为 0.10 kg/h；夏季，只有脊腹褐虾，为 6.33 kg/h；秋季，脊腹褐虾为 0.24 kg/h，三疣梭子蟹为 0.21 kg/h，双班蟳为 0.23 kg/h；冬季，寄居蟹为 0.56 kg/h，双班蟳为 0.14 kg/h，其他种类都很少（见表 9.10）。

表 9.10　黄海各种甲壳类的平均密度　　　　　　　　单位：kg/h

种类	春季	夏季	秋季	冬季
中国对虾			0.000 2	0.217 7
日本对虾		0.001 9		
中华管鞭虾	0.016 5	0.004 2		0.005 8
哈氏仿对虾	0.006 8			
刀额仿对虾	0.000 0			
鹰爪虾	0.143 8	0.0123	0.002 9	0.384 3
周氏新对虾	0.014 5			0.000 5
细巧拟对虾	0.012 7	0.000 2		0.006 1
一种真虾				0.000 2
戴氏赤虾	0.035 1	0.012 8	0.031 1	0.201 5
中国毛虾	0.007 7			0.057 4
日本毛虾	0.000 2			0.008 2
细螯虾	0.023 0	0.000 2		0.000 3
葛氏长臂虾	0.106 7	0.000 0	0.000 2	0.205 2
日本鼓虾	0.009 6			0.035 1
鲜明鼓虾	0.001 3			0.016 1
海蛰虾	0.001 3			
红斑海螯虾	0.059 7	0.009 2		0.049 2
脊腹褐虾	1.808 1	6.333 0	0.240 4	2.872 4
脊尾白虾				0.000 2
毛缘扇虾	0.000 7			
九齿扇虾		0.000 3		
中华安乐虾	0.000 1			
窄额安乐虾				0.000 4
疣背宽额虾				0.000 3
口虾蛄	0.044 9	0.060 7		0.018 1
三疣梭子蟹	0.010 1	0.006 8	0.210 8	0.003 9
日本蟳	0.001 6	0.010 7	0.009 5	0.002 7
双班蟳	0.116 5	0.016 9	0.229 0	0.136 2
隆背黄道蟹	0.007 7	0.005 2	0.042 4	0.005 8
细点圆趾蟹	0.103 8	0.015 0	0.009 2	0.020 4
蜘蛛蟹	0.021 7		0.000 9	
聪明关公蟹		0.000 6		
枯瘦突眼蟹		0.004 0	0.003 6	0.008 0
红线黎明蟹		0.000 4	0.001 5	
隆线强蟹		0.000 2		
寄居蟹	0.009 5	0.011 5	0.015 9	0.560 0

头足类中数量较多的种类：春季，枪乌贼类为 0.31 kg/h；夏季，太平洋褶柔鱼为 1.9 kg/h；秋季，太平洋褶柔鱼为 0.33 kg/h；冬季，枪乌贼类为 3.18 kg/h，短蛸为 0.47 kg/h，太平洋褶柔鱼为 0.24 kg/h，其他种类的数量都很少（见表9.11）。

表 9.11　黄海各种头足类的平均密度　　　　　　　　　　单位：kg/h

种　类	春季	夏季	秋季	冬季
太平洋褶柔鱼	0.018 6	1.902 4	0.327 5	0.239 4
金乌贼	0.020 1			0.002 6
剑尖枪乌贼		0.019 8		
其他枪乌贼	0.312 4	0.0321	0.019 1	3.176 8
双喙耳乌贼		0.002 1		0.010 7
毛氏四盘耳乌贼	0.019 5		0.005 0	0.084 7
长蛸	0.018 9	0.008 9	0.003 6	0.001 8
短蛸	0.003 1		0.008 5	0.470 7

第10章 渔场形成条件与渔业预报

10.1 渔场理化状况及其变化 *

10.1.1 水文环境

黄海地处温带和副热带区域，属于东亚季风气候。冬季盛行偏北季风，常有寒潮侵入；夏季盛行偏南季风，又常受到灾害性的台风袭击；春、秋两季为过渡期，风向不甚稳定。冬季，海洋向大气输送的热量远远大于夏季，年降水量随纬度的降低而增加，降水主要集中在6—8月，降水量占全年总量的70%以上。黄海的环流系统主要包括黄海暖流和黄海沿岸流，黄海沿岸流系又包括辽南沿岸流、渤莱沿岸流、苏北沿岸流和朝鲜沿岸流等。黄海暖流是黑潮流系的二级支流，其势力冬强、夏弱。夏季，暖流仅从上层流入黄海；冬季，则从整个水层流入黄海。黄海沿岸流具有低盐特征，冬季，则表现为低温特征。黄海中的水团，主要为黄海冷水团。黄海冷水团为季节性水团，一般出现在4—12月，夏季，是其最为强盛的时期。黄海水文状况既受到气候变化的影响，也受到黄海环流系统的制约。气候变化是温度变化的主要影响因子，盐度的分布和变化不仅受到降水量和蒸发量的影响，而且受到入海径流量、水系、流系等诸多因素的制约。在黄海，有多种经济鱼、虾、贝类的产卵场、索饵场、越冬场以及洄游通道。渔场的分布和变化直接受到水文状况的限制，其中，水温和盐度是渔业生物最为敏感的两大要素（苏纪兰，2005）。

10.1.1.1 水温

黄海是西北太平洋的陆架边缘浅海，水温分布特征除了决定于海面的热量收支及其变化状况外，陆地对水温分布的影响也相当显著。黄海三面环陆，陆地气候条件对水温分布状况的影响相当显著，尤其是沿岸浅水海域，水温状况受陆地气温变化的影响很大。

因为陆地对辐射热量的吸收和放射远比海洋快，因此，沿岸水域在陆地的影响下增温和冷却都较外海快，同时，冬季陆上气温比海上低，夏季比海上高，因此，冬季沿岸水域温度低于外海，夏季高于外海。这样，由于海陆分布的特点，就造成了黄海等温线分布基本与海岸、海底地形相平行的特征，并且呈现出冬半年沿岸水温低于外海，夏半年外海水温低于沿岸的分布特征。另外，黄海的环流状况也对水温分布有重要贡献。

1998—2003年的调查结果显示如下。

1）春季

表层水温随着气温的不断回升迅速升高，分布范围为9.58~17.60℃，平均值为

---

* 执笔人：崔毅

15.12℃，最高水温出现在南黄海济州岛以西海域，最低水温在北黄海鸭绿江口海域；底层水温分布范围为 6.00～15.60℃，平均值为 9.53℃，35°N 以北海域基本为冷水团控制区，35～33°N 江苏外海海域等温线基本与岸线平行，济州岛以西海域黄海暖流和冷水团形成对峙局面，二者之间等温线密集，说明春季黄海底层暖流的强度最弱，但影响范围大于 50 m 层。

2）夏季

表层水温范围为 20.94～28.99℃，平均值为 26.92℃，呈南高、北低，西高、东低的分布趋势；底层水温范围为 6.29～28.10℃，平均值为 14.01℃，37°N 以北、123°E 以东海域水温由东北向西南方向递减。南黄海底层水温分布主要受到黄海冷水团的制约，冷水团控制区面积占南黄海调查海域总面积的 60% 以上。

3）秋季

表层水温明显下降，范围为 18.38～24.48℃，平均值为 21.38℃，黄海北部分布相对较均匀；底层水温范围为 7.02～22.91℃，平均值为 13.18℃，北黄海底层为一冷水舌所控制，水舌由东南向西北方向伸展，南黄海西部海域等温线基本与岸线平行，分布趋势为近岸低、外海高，南黄海东部海域水温分布比较均匀。

4）冬季

表层水温范围为 7.01～14.67℃，平均值为 10.65℃，北黄海表层由两个暖水舌和一个冷水舌所控制，由西向东依次为暖、冷、暖；底层水温范围为 7.02～16.29℃，平均值为 10.71℃，分布趋势与表层基本一致。

5）四季变化特征

从季节变化看，黄海表层平均水温季节变化趋势为夏季最高，秋季次之，冬季最低；底层平均水温则为秋季最高，夏季次之，春季最低。

10.1.1.2 盐度

黄海盐度的分布状况主要取决于入海径流量、海区降水量、蒸发量及其变化与外海高盐水系和沿岸低盐水系的消长状况。

1998—2003 年的调查结果如下。

1）春季

表层受长江和鸭绿江及其他河流径流量增大的影响，黄海近岸水域表层盐度下降，范围为 29.67～34.061，平均值为 32.52，北黄海表层盐度呈南高、北低的分布趋势；底层盐度范围为 31.22～34.41，平均值为 32.86，北黄海底层盐度分布较为均匀，辽东半岛以南海域为相对低盐区，盐度在 32 以下。

2）夏季

表层盐度范围为 29.05～32.28，平均值为 31.48，北黄海西部盐度呈北高、南低之势，南黄海 36°N 以北海域的盐度分布均匀，黄海最南端海域由于受长江冲淡水向东北方向扩展的结果，为黄海表层盐度最低的海域，最低盐度在 29.2 以下；底层盐度范围为 30.84 ~ 33.73，平均值为 32.28，北黄海渤海海峡以东海域由西南向东北盐度呈递增趋势，122 ~ 123°E 海域为高盐区所控制，中心盐度高于 32.2，123°E 以东海域盐度由西南向东北递减。

3）秋季

表层盐度范围为 30.89 ~ 33.14，平均值为 31.63，北黄海表层盐度分布主要受一低盐水舌控制，水舌基本由东南向西北方向伸展，最高盐度出现在旅顺口附近水域；底层盐度范围为 31.25 ~ 33.08，平均值为 32.21，北黄海 123°E 以西海域盐度呈近岸低、外海高的分布趋势，北黄海 123°E 以东海域的盐度为北低、南高。

4）冬季

沿岸冲淡水势力很弱，同时在冬季季风的作用下，海面蒸发量增大，表层盐度普遍增高，盐度范围为 30.56 ~ 33.01，平均值为 32.16，北黄海表层盐度由北向南增高，南黄海盐度分布主要受黄海暖流形成的高盐水舌覆盖了大部分海域，东部高盐水舌在表层由东南向西北方向伸展；底层盐度为 31.57 ~ 33.99，平均值为 32.29，在北黄海，底层盐度分布与表层无明显变化，在南黄海，西部低盐水舌和东部高盐水舌的底层盐度均比表层高 0.2 左右。

5）四季变化特征

从季节变化看，黄海表层平均盐度的季节变化趋势为春季最高，冬季次之，秋季第三，夏季最低；底层平均盐度则为春季最高，夏季次之，冬季第三，秋季最低。

10.1.2 化学环境

10.1.2.1 溶解氧

溶解氧（DO）是海水化学的重要参数，不仅是海洋动物赖以生存呼吸的必要条件，而且对调节海洋环境中众多物质的氧化分解起主导作用。它主要来源于大气中氧的溶解，其次是海洋植物（主要是浮游植物）进行光合作用时产生的氧，主要消耗于海洋生物的呼吸作用和有机质的分解。它与海洋水文、生物活动、大气中氧分压等有关。

1998—2003 年黄海调查结果如下。

1）春季

表层 DO 范围为 8.17 ~ 10.22 mg/dm^3，平均值为 8.66 mg/dm^3，黄海北部 DO 呈由近岸向远岸渐增趋势，南部由北向南略呈降低趋势；底层 DO 范围为 7.49 ~ 7.90 mg/dm^3，平均值为 7.67 mg/dm^3，基本呈北高南低、西高东低之势。

2）夏季

表层 DO 范围为 6.04 ~ 8.50 mg/dm^3，平均值为 7.02 mg/dm^3，南黄海西北部和北黄海水平梯度呈自近岸向远岸递减，黄海中东部因受黄海暖流的影响，DO 浓度较低；底层 DO 浓度范围为 4.39 ~ 9.25 mg/dm^3，平均值为 7.84 mg/dm^3，黄海中北部 DO 浓度较高，黄海南部和西南部 DO 浓度较低，呈自北向南递减趋势。

3）秋季

表层 DO 范围为 6.92～8.19 mg/dm³，平均值为 7.67 mg/dm³，南黄海北部和北黄海呈自西向东增高的分布趋势；底层 DO 范围为 5.41～9.18 mg/dm³，平均值为 7.11 mg/dm³，总体呈东北部较高，西部较低的分布特征，呈由近岸向远岸递减之势。

4）冬季

表层 DO 范围为 7.08～8.81 mg/dm³，平均值为 8.02 mg/dm³，仍呈北高南低的分布趋势；底层 DO 范围为 7.18～8.41 mg/dm³，平均值为 7.55 mg/dm³，分布特征为近海较高，远海较低，南黄海北部和北黄海的梯度变化较大，南黄海西南部变化梯度较小。

5）四季变化特征

由四季变化看，黄海海域 DO 浓度的季节变化以夏季明显较低，冬、春季较高。

10.1.2.2　pH 值

海水 pH 值是影响生物栖息的主要因素之一，对调节海洋生物体内的酸碱平衡、气体交换、血氧运输、渗透压等极为重要。其高低主要与海水的 CO_2 含量有关。水温升高或者浮游植物光合作用都使 CO_2 减少，引起 pH 值升高，生物的呼吸或有机物分解产生 CO_2，均会使 pH 值降低。由于海水为一天然缓冲溶液，因而 pH 值的变幅较其他海水化学要素的变幅小。黄海 pH 值平面分布特点为北低南高、西低东高、近岸低远岸高，在底层远离长江口的水域为近岸高、远岸低。受黄海暖流的影响，黄海中南部表、底层的 pH 值一般都较低，这在夏、秋季较明显。

1998—2003 年黄海调查结果如下。

1）春季

表层 pH 值范围为 8.20～8.58，平均值为 8.44，低 pH 值区位于北部鸭绿江口附近，高pH 值区在南黄海 123°E 以东水域；底层 pH 值范围为 8.12～8.52，平均值为 8.35，在南黄海中部较小范围和北黄海中部有一低值区，江苏近海因长江冲淡水的影响而向外海递增。

2）夏季

表层 pH 值范围为 8.06～8.40，平均值为 8.27，南黄海高于北黄海；底层 pH 值范围为7.84～8.21，平均值为 8.00，近岸 pH 值较高且等值线较密集，低值位于中部水域。

3）秋季

表层 pH 值范围为 8.13～8.37，平均值为 8.27，南黄海高于北黄海，高值在南黄海南部，低值在北黄海北部；底层范围为 7.90～8.32，平均值为 8.05，在中部 pH 值较低且分布较均匀，北部较高，自近岸向远岸递减。

4）冬季

表层 pH 值范围为 8.02～8.31，平均值为 8.19，高值区分别位于南黄海东、西部和北黄海西部，低值区位于北黄海东部和南黄海中部；底层 pH 值为 7.98～8.33，平均值为 8.21，南黄海明显高于北黄海。

5）四季变化特征

从 pH 值的季节变化来看，总体上是夏季明显较低，春季明显较高，秋、冬季居中。北黄海、黄海中部和南黄海在表层基本以春、夏、秋、冬的顺序递减，而底层为春季最高，冬季次之，夏、秋季较低。

10.1.2.3　活性硅酸盐

活性硅酸盐（以下简称硅酸盐）是海洋浮游生物所必需的主要营养盐之一，尤其对硅藻或硅质生物来说，硅是构成其机体的主要元素，而硅藻更是海洋初级生产力的主要贡献者之一，对海洋生态系统的物质循环和能量流动有重要意义。

1998—2003 年黄海调查结果如下。

1）春季

表层硅酸盐范围为 0.59～13.6 $\mu mol/dm^3$，平均值为 3.43 $\mu mol/dm^3$，北黄海浓度较低且分布较均匀，南黄海在江苏南部近海为高值区，在山东半岛南部沿海，由近海向外海呈递增趋势；底层浓度范围为 1.52～14.1 $\mu mol/dm^3$，平均值为 7.74 $\mu mol/dm^3$，总体自北向南递增，在南黄海中部 35°N、123°E 附近有一高硅酸盐区域，并由此向西北递减，在东北部的浓度较高，并自近岸向外海递减。

2）夏季

表层硅酸盐范围为 0.04～11.6 $\mu mol/dm^3$，平均值为 3.02 $\mu mol/dm^3$，北黄海浓度较高，并自东向西递减，南黄海中部浓度较低；底层浓度范围为 0.39～17.9 $\mu mol/dm^3$，平均值为 7.00 $\mu mol/dm^3$，北黄海西部浓度较低，东部较高且自北向南递增，南黄海在山东半岛南部沿海浓度较高，并由近海向外海递增。

3）秋季

表层浓度范围为 0.1～37.1 $\mu mol/dm^3$，平均值为 11.6 $\mu mol/dm^3$，北黄海的浓度低于南黄海；底层浓度为 0.05～34.7 $\mu mol/dm^3$，平均值为 15.5 $\mu mol/dm^3$，总体上呈北低南高、西低东高的分布趋势。

4）冬季

表层浓度平均值为 7.75 $\mu mol/dm^3$，总体自北向南呈递增趋势；底层浓度平均值为 9.75 $\mu mol/dm^3$，北黄海浓度较低，南黄海中北部为高值区。

5）四季变化特征

从季节变化来看，黄海硅酸盐以秋季含量较高，冬季次之，春季和夏季较低。从局部水域看，硅酸盐含量在北黄海表、底层均为秋＞冬＞夏＞春，在南黄海表、底层均为秋＞冬＞春＞夏，在黄海中部表层为秋＞冬≈春＞夏，底层为秋＞冬＞春＞夏。

10.1.2.4 磷酸盐

海水中的活性磷酸盐（以下简称磷酸盐）是影响海洋初级生产力的重要化学因子，也是海洋生物所必需的重要营养盐之一，因而其浓度变化和时空分布影响海洋生物的生长繁殖和渔业生物资源的分布变化，并受到海洋生物活动、水流水团运动以及其他海水环境因素的影响。

1998—2003 年黄海调查结果如下。

1）春季

表层磷酸盐浓度平均值为 0.16 $\mu mol/dm^3$，在北黄海，浓度自北向南递减，在南黄海，西部浓度高于东部，山东和江苏交界的近岸水域为高值区，并向中部递减；底层磷浓度平均为 0.26 $\mu mol/dm^3$，在北黄海，其浓度西高、东低，在南黄海，其浓度自南向北递减。

2）夏季

表层磷酸盐浓度平均值为 0.35 $\mu mol/dm^3$。在北黄海，其浓度自东北向西南递减；底层浓度平均为 0.70 $\mu mol/dm^3$，在南黄海，南部为高值区，在 35°~33°N，其浓度自北向南递增。

3）秋季

表层磷酸盐浓度平均值为 0.60 $\mu mol/dm^3$，在北黄海，自西向东呈递增趋势，在南黄海，东部的浓度较低；底层浓度平均值为 1.04 $\mu mol/dm^3$，在北黄海，浓度自东向西递增。

4）冬季

表层磷酸盐浓度平均值为 1.25 $\mu mol/dm^3$，在北黄海，磷酸盐等值线自北向南呈明显递减趋势；底层浓度平均值为 1.77 $\mu mol/dm^3$，在北黄海，西部浓度略高于东部，在黄海南部，浓度梯度变化明显，济州岛附近为高值区，山东近海为次高值区。

5）四季变化特征

从季节变化来看，黄海的磷酸盐浓度变化为冬季＞秋季＞夏季＞春季。

10.1.2.5 无机氮

海水中的溶解性无机氮（简称 DIN，包括硝酸盐、亚硝酸盐和氨氮）是影响海洋初级生产力的重要化学因子，是浮游植物生长繁殖不可缺少的营养要素。它主要由陆地径流带入，其次由大气降雨和海洋生物的排泄以及尸体腐解产生，因此，有明显的季节性和区域性变化。黄海无机氮浓度平面分布的总体趋势是，由近岸水域向远岸水域减低，自北向南增大。除冬季外，其他季节无机氮的平面分布基本为黄海南部＞黄海中部＞黄海北部。无机氮年平均浓度以南部较高。

1998—2003 年黄海调查结果如下。

1）春季

表层 DIN 平均值为 3.73 $\mu mol/dm^3$，水平分布基本呈现南部高于北部的变化趋势，长江口以北、成山头附近以及 36°N 以南和 124°E 以东海域，浓度相对高于其他海域，黄海北部 DIN 分布较均匀，黄海南部长江口以北呈逐渐向东北降低的趋势；底层 DIN 平均值为 6.71 μmol/dm^3，水平分布呈南高、北低的趋势，低值区位于北黄海的北部近岸水域和江苏外海水域，在黄海中南部有一小范围的高值区。

2）夏季

表层 DIN 平均值为 5.67 μmol/dm^3，总体分布仍呈现南高、北低的趋势，低值区位于黄海北部和山东南部外海，高值区位于济州岛以西水域；底层 DIN 平均值为 8.06 μmol/dm^3，高值区位于 123°E 以东的南黄海大部分海域，特别是济州岛以西和韩国一侧分布梯度明显，向西北方向递减。低值区主要位于南黄海 123°E 以西水域。

3）秋季

表层 DIN 平均值为 6.38 μmol/dm^3，低值区主要集中在中部海域，高值区位于济州岛以西海域，北黄海 DIN 浓度呈现由北向南降低的趋势，南黄海济州岛以西，等值线较密集，向西北方向逐渐降低；底层 DIN 平均值为 8.48 μmol/dm^3，基本呈现近岸浓度较低，远海浓度较高的分布趋势。

4）冬季

表层 DIN 平均值为 3.42 μmol/dm^3，总体上分布梯度变化不大，北黄海呈现自西向东递减的趋势；底层 DIN 平均值为 3.47 μmol/dm^3，北黄海西部和南黄海济州岛附近，分布梯度较为明显。

5）四季变化特征

从季节变化来看，黄海 DIN 浓度以秋季较高，夏季次之，春季较低，冬季最低。

10.2 渔场基础生产力与饵料生物*

10.2.1 叶绿素 a 和初级生产力

海洋初级生产力代表着海洋生产有机物质的能力，它与生态系统的能量流动和物质循环密切相关。叶绿素 a 是浮游植物现存量的重要指标，也是海洋初级生产力高低的体现。同时，初级生产力的高低直接影响海洋生态系中的次级生产力，进而影响渔业生物资源的补充能力。因此，叶绿素 a 与初级生产力是海洋生态系统研究的基础环节，也是海洋生物资源开发和可持续利用研究的重要内容之一。

10.2.1.1 叶绿素 a 含量

1）季节变化

受水文季节性变化的影响，黄海不同季节叶绿素 a 的含量和分布均表现出季节间差异。

---

* 执笔人：王俊

1998—2000 年间的四季调查显示：黄海叶绿素 a 含量范围为 0.03 ~ 5.74 mg/m³，总平均值为 0.56 mg/m³，最大值出现在夏季的 38°N、121.5°E 站的 10 m 水层，最小值出现在秋季的 33.5°N、125.5°E 站和冬季的 35.5°N、124.5°E 站的 75 m 以深水层。春、夏季叶绿素 a 的平均含量非常接近，秋、冬季也很接近，且春、夏季明显高于秋、冬季，其中，以春季叶绿素 a 的平均值最高。春、夏、秋、冬四季，各自的平均含量分别为 0.66 mg/m³、0.65 mg/m³、0.44 mg/m³ 和 0.48 mg/m³。

2006—2007 年间的四季调查，春季表层、10 米层、底层的叶绿素 a 的平均值分别为 1.51 mg/m³、1.33 mg/m³、1.61 mg/m³；夏季分别为 1.96 mg/m³、1.58 mg/m³、1.56 mg/m³；秋季分别为 1.75 mg/m³、1.52 mg/m³、1.47 mg/m³；冬季分别为 1.02 mg/m³、0.91 mg/m³、0.96 mg/m³。

2）分布特征

1998 年 5 月，水体中叶绿素 a 的分布趋势，高值区基本上分布于黄海调查区的外沿，33°N 断面、江苏近岸、山东近岸及西朝鲜湾水域。2000 年 8 月，其分布趋势与春季基本相同，但在山东半岛北岸与渤海海峡水域出现明显的高值区。2000 年 10 月，叶绿素 a 的分布趋势略有变化，分别在朝鲜湾和济州岛西侧水域出现高值区，估计与黄海暖流的增强有关。1999 年 12 月，黄海水体上下混合充分，叶绿素 a 在垂直方向基本呈均匀分布，各水层叶绿素 a 含量的平均值都比较接近，其平面分布趋势也类似。

1998—2000 年，黄海四个季节叶绿素 a 平面分布的基本状况是：夏半年，高值区主要分布在南黄海的南部、长江口北部 33° ~ 34°N 水域和江苏近岸、北黄海的西朝鲜湾和渤海海峡；冬半年，高值区主要分布在北黄海的西北部和北部、胶州湾东侧和海州湾的东侧以及济州岛的西侧等水域，但高值区的范围都不大。黄海水域叶绿素 a 平面分布的形成主要与黄海环流的组成有关。黄海环流主要包括黄海冷水团、长江冲淡水、黄海沿岸水、黄海暖流等。春、夏季高值区主要体现长江冲淡水、黄海沿岸流、朝鲜沿岸水的影响，冬季高值区则可能主要受黄海暖流的影响（金显仕等，2005）[76]。

从垂直分布来看：1998—2000 年，春、夏季，黄海次表层（20 ~ 30 m、10 ~ 20 m）叶绿素 a 含量最高；秋季，在 10 m 以浅，叶绿素 a 呈均匀分布；冬季，从 0 ~ 30 m 水层叶绿素 a 的含量都非常均匀。春、夏、秋、冬四季，50 m 以下叶绿素 a 的含量都明显减少，因为黄海透明度最高约 16 ~ 17 m，真光层深度一般不超过 50 m（金显仕等，2005）[81]。

10.2.1.2 初级生产力

1）季节变化

根据黄海调查海区同化系数的现场测定值和叶绿素 a 含量及其真光层深度，可计算出该水域初级生产力的水平。

1998—2000 年间的四季调查显示：黄海水域的初级生产力以春、夏季高（若按每小时计算，春季最高），冬季最低，年平均值为 490 mg/（m²·d）（以 C 计），这与 1993 年黄海水域的初级生产力（朱明远等，1993）接近，特别是季节变化规律完全一致。

2006—2007 年间的四季调查，黄海的春季、夏季、秋季、冬季各自初级生产力的平均值分别为 50.63 mg/（m²·h）（以碳计）、33.60 mg/（m²·h）（以碳计）、40.91 mg/（m²·h）

（以碳计）、26. 40 mg/（m²·h）（以碳计）。其季节变化特征呈现为春季＞秋季＞夏季＞冬季。

2）分布特征

1998 年 5 月，黄海水域初级生产力变化范围为 8. 14～177. 87 mg/（m²·h）（以碳计）。大于 100 mg/（m²·h）（以碳计）的高值区主要分布在北黄海的中部、渤海海峡的南部和海州湾外部水域，其中以长山群岛周围水域和烟台近岸水域的生产力最高，达 150 mg/（m²·h）（以碳计）以上，东侧初级生产力的水平较低，小于 50 mg/（m²·h）（以碳计）。

2000 年 8 月，初级生产力范围为 10. 85～261. 65 mg/（m²·h）（以碳计），高值区仍然分布在渤海海峡、庙岛群岛附近水域，最高值达 250 mg/（m²·h）（以碳计），其次是海州湾的外侧和江华湾的外侧水域，初级生产力也在 100 mg/（m²·h）（以碳计）以上，形成了夏季初级生产力东西高、中间低的分布特征。

2000 年 10 月，初级生产力范围为 5. 75～139. 24 mg/（m²·h）（以碳计），高值区出现在北黄海的北部、成山头附近和济州岛西侧小块水域，低值区主要分布在南黄海的中部水域，低值区的初级生产力小于 30 mg/（m²·h）（以碳计）。

1999 年 12 月，初级生产力范围为 4. 05～247. 57 mg/（m²·h）（以碳计），高值区北移，最大值达 240 mg/（m²·h）（以碳计），分布在北黄海的北部，以长山群岛附近水域，初级生产力更高，其他大部海域，初级生产力分布均匀，在 30 mg/（m²·h）（以碳计）左右。

2006—2007 年间的四季调查，黄海初级生产力的分布，在春季，其高值区出现在北黄海的鸭绿江口附近海域，可达 200 mg/（m²·h）（以碳计）以上，南黄海一般低于 50 mg/（m²·h）（以碳计）；夏季，其分布趋势仍然是北黄海高于南黄海，突出的特点是黄海冷水团水域是初级生产力最低的水域；秋季，其分布与春季和夏季的分布基本一致；冬季，黄海初级生产力以近岸向外海逐渐增加。

10. 2. 1. 3 基本评价

1998—2000 年，黄海的叶绿素 a 含量，无论是季节变化还是平面分布特征都与 1984—1987 年的非常一致。1998—2000 年的黄海水域初级生产力水平略高于 15 年前的水平［425 mg/（m²·d）（以碳计）］，季节变化趋势基本相同（朱明远等，1993）。

在黄海，有许多重要渔场，如黄海北部的烟威渔场，中部的海州湾渔场和吕泗渔场等，在我国北方渔业经济中发挥着重要作用。烟威渔场位于北黄海，常年保持着较高的初级生产力水平，年平均值为 67 mg/（m²·h）（以碳计），春季，其平均值最高，为 81 mg/（m²·h）（以碳计）；夏季最低，平均值也超过 50 mg/（m²·h）（以碳计）。海州湾渔场及其附近水域，除冬季外，都保持着较高的初级生产力水平［＞50 mg/（m²·h）（以碳计）］，夏季，其初级生产力水平高达 72 mg/（m²·h）（以碳计），叶绿素 a 的平均值为 1. 21 mg/m³；冬季，该海区的初级生产力很低，平均值不足 10 mg/（m²·h）（以碳计）。吕泗渔场的情况与长江口类似，是浮游植物现存量（chl. a）较高的区域，特别是春、夏季，叶绿素 a 的含量接近 1 mg/m³，但因为透明度太低，该区域的生产力较低，年平均值只有 20 mg/（m²·h）（以碳计）（金显仕等，2005）。

10. 2. 2 浮游植物

浮游植物是海洋最主要的基础生产者，在海洋生态系统的物质循环和能量流动过程中发挥关键作用，是海洋渔业生物尤其幼体的直接或间接饵料，对海洋渔业生物资源的补充起着极为重要的作用。由于浮游植物缺乏运动器官其分布直接受海水运动的影响，因此浮游植物常被作为海流、水团的指示生物，在研究海洋水文动力学方面具有重要作用。近年来，浮游植物也常被作为评价水质的重要指标，广泛用于海洋生态环境质量评价的研究与应用。

10.2.2.1 种类组成

1998—2000 年间的黄海四季调查，采集的浮游植物样品经鉴定有 31 属 63 种，其中，硅藻门为 27 属 55 种，占总种数的 87.3%，甲藻门为 4 属 8 种，占总种数的 12.7%，其中，以沿岸性的广温、广盐性种类为主，还有一定数量的外洋性种类和底栖或附着性种类。浮游植物大致可分成河口类型、近岸类型和外海类型这 3 种生态类型。

2006—2007 年间的四季调查，采集的浮游植物样品经鉴定隶属于 5 门 96 属 340 种。其中，春季，有 4 门 61 属 162 种；夏季，有 4 门 47 属 168 种；秋季，有 3 门 77 属 232 种；冬季，有 5 门 64 属 161 种。四个季节的浮游植物都是以硅藻门占绝对优势，甲藻门次之。

10.2.2.2 数量分布及季节变化

1998—2000 年间的四季调查，航海浮游植物四季平均数量为 12.15×10^4 个/m^3。其中，黄海南部平均数量最高（24.94×10^4 个/m^3），其次是黄海北部（18.15×10^4 个/m^3），黄海中部最少（5.83×10^4 个/m^3）。从季节变化看，以夏季数量最高，冬季次之，秋季第三，春季最少，平均数量依次为 20.17×10^4 个/m^3、18.26×10^4 个/m^3、7.92×10^4 个/m^3 和 2.24×10^4 个/m^3。

1998 年 5 月，黄海北部的浮游植物数量较高，主要密集区分布在渤海海峡以东，黄海中南部数量较少，密集区主要分布在西南部；2000 年 8 月，浮游植物的平均数量为四季中最高，达 20.17×10^4 个/m^3，平面分布以南部较高，主要密集区分布在南部 33°N 及中部 121° ~ 122°E 的海域，其他海域平均数量较少，多在 3.5×10^4 个/m^3 以下；2000 年 10 月，浮游植物平均数量为 7.92×10^4 个/m^3，以黄海北部最高，主要密集区分布在鸭绿江口外海及渤海海峡附近，黄海中、南部基本接近，主要分布在调查海区西部 121° ~ 123°E 的海域，其他区域浮游植物平均数量较少，大多在 3.5×10^4 个/m^3 以下；1999 年 12 月，浮游植物平均数量仅次于夏季，为 18.26×10^4 个/m^3，数量分布很不均匀，以黄海中部较高（8.73×10^4 个/m^3），北部和南部数量接近，分别为 5.25×10^4 个/m^3 和 5.01×10^4 个/m^3，主要密集区分布在鸭绿江口外和山东半岛南岸外海。

2006—2007 年间的四季调查，春季，黄海浮游植物数量的平均值为 329×10^4 个/m^3，在分布上极不均匀，高低值相差悬殊（$3.0 ~ 11\ 900$）$\times 10^4$ 个/m^3；夏季，其平均值远远高于春季，为全年最高季节，达 $42\ 100 \times 10^4$ 个/m^3，这与长江口附近水域局部发生赤潮出现浮游植物峰值有关；秋季，浮游植物的平均值为 168×10^4 个/m^3，不同站位的差异很大，分布很不均匀；冬季，其平均值为 110×10^4 个/m^3。

10.2.2.3 优势种

1）硅藻类

硅藻是黄海浮游植物中的绝对优势门类，其数量通常占浮游植物总量的 90% 以上。春季，硅藻的平均数量为 1.57×10^4 个/m^3，占浮游植物总量的 70.1%，其中，圆筛藻属数量最多，为 0.73×10^4 个/m^3，占硅藻的 46.5%，其次是舟形藻属，平均数量为 0.50×10^4 个/m^3，占硅藻的 31.8%；夏季，硅藻的平均数量为 18.73×10^4 个/m^3，占浮游植物总量的 90% 以上，其中，角毛藻属数量最多，平均数量为 17.52×10^4 个/m^3，占硅藻的 86.9%；秋季，硅藻的平均数量为 7.30×10^4 个/m^3，占浮游植物总量的 92.2%，其中，舟形藻量最多，平均数量为 2.51×10^4 个/m^3，占硅藻的 31.7%，其次为短角弯角藻和角毛藻属，平均数量分别为 1.20×10^4 个/m^3 和 1.31×10^4 个/m^3，分别占硅藻的 16.4% 和 17.9%；冬季，硅藻的平均数量为 17.97×10^4 个/m^3，占浮游植物总量的 98.4%，其中，角毛藻属和圆筛藻属的数量分别为 1.54×10^4 个/m^3 和 1.13×10^4 个/m^3，分别占硅藻的 8.4% 和 6.2%。

硅藻中的主要优势种有星脐圆筛藻、翼根管藻印度变型、尖刺菱形藻、具槽直链藻、窄隙角毛藻、洛氏角毛藻、笔尖形根管藻和短孢角毛藻。

2）甲藻类

甲藻的种类和数量均较少，占浮游植物总量的比例一般在 10% 以内。春季，甲藻的平均数量为 0.67×10^4 个/m^3，占浮游植物总量的 29.9%，但其绝对数量仍然很低，其中，梭状角藻和夜光藻为甲藻中数量最多的种类，平均数量均为 0.11×10^4 个/m^3，占甲藻的 16.4%；夏季，甲藻的平均数量为 1.44×10^4 个/m^3，占浮游植物总量的 7.1%，其中，以梭状角藻和夜光藻种数量较多，分别为 0.35×10^4 个/m^3 和 0.48×10^4 个/m^3，占甲藻的 16.4%；秋季，甲藻的平均数量为 0.63×10^4 个/m^3，占浮游植物总量的 7.8%，其中，以三角角藻数量较多，为 0.35×10^4 个/m^3，占甲藻的 16.4%；冬季，甲藻的平均数量为 0.3×10^4 个/m^3，占浮游植物总量的 1.6%，其中，以三角角藻和夜光藻的数量较多，均为 0.12×10^4 个/m^3，占甲藻的 41.4%。

甲藻主要优势种是三角角藻和夜光藻。

10.2.2.4 基本评价

与历史资料比较，1998—2000 年，黄海浮游植物的数量比 1961 年和 1985 年有较大幅度下降，降幅分别达 83.8% 和 75.7%（康元德，1986；王俊，2001；王俊，2003），春季和秋季的降幅尤为显著，最大降幅达 95.1%。从浮游植物的种类数量来看，硅藻门和甲藻门的细胞数量都有明显降低的趋势，但两者在浮游植物总量中所占的比例基本保持不变。

浮游植物数量的季节变化比较明显：1961 年和 1985 年，黄海浮游植物的高峰均出现在秋季，次高峰出现在春季，而本次调查的黄海浮游植物数量高峰不是出现在春季和秋季，而是出现在夏季和冬季。

从时空分布上看，在黄海北部，1961 年浮游植物的数量最高，达 100.2×10^4 个/m^3，1985 年和本次调查的数量较 1961 年均有大幅度下降，分别为 21.7×10^4 个/m^3 和 18.1×10^4 个/m^3。在黄海中部，以 1985 年最高，为 55.0×10^4 个/m^3，1961 年略低，为 50.8×10^4 个/m^3，本次调查的数量较前两次严重下降，仅为 5.8×10^4 个/m^3。在黄海南部，1961 年没有进行调查，本次调查结果与 1985 年相比，浮游植物数量下降近 60%，分别为 24.9×10^4 个/m^3 和 59.8×10^4 个/m^3。区域分布从年份来看：1961 年，黄海北部最高（100.2×10^4 个/m^3），黄海中部较低（50.8×10^4 个/m^3），黄海南部没进行调查；1985 年，黄海南部最高（59.8×10^4 个/m^3），黄海中部次之（55.0×10^4 个/m^3），黄海北部最少（21.7×10^4 个/m^3）；本次调查，黄海南部

的数量在 3 个区域中仍是最高（24.9×10^4 个/m^3），其次是黄海北部（18.1×10^4 个/m^3），黄海中部数量最少（5.8×10^4 个/m^3）。

10.2.3 浮游动物

浮游动物是海洋中的主要次级生产者，其种群数量变动直接或间接制约海洋产出功能，同时浮游动物的种类和分布与海洋环境要素密切相关。因此，浮游动物的调查与研究为海洋渔业生物资源开发利用和海洋生态环境保护提供重要的科学依据与指导。

10.2.3.1 种类组成

1998—2000 年间的四季调查，黄海共记录浮游动物 16 大类 67 种（水母类未鉴定到种，以大类统计），其中，桡足类 27 种、端足类 5 种、毛颚动物 4 种、糠虾类 4 种、十足类 4 种、磷虾类 3 种、樱虾类 2 种、原生动物 1 种、涟虫类 1 种、介形类 1 种、尾索动物 1 种和浮游幼体多种。可将它们分为如下 3 种生态类型：近岸、低盐类型，如中华哲水蚤、墨氏胸刺水蚤、瘦尾胸刺水蚤、汤氏长足水蚤、真刺唇角水蚤、双刺唇角水蚤、克氏纺锤水蚤、双刺纺锤水蚤、太平洋纺锤水蚤、拟长腹剑水蚤和强壮箭虫等；低温、高盐类型，如太平洋磷虾和细长脚虫戎；高温、高盐类型，如肥胖箭虫、细真哲水蚤、精致真刺水蚤、厚指平头水蚤等暖水种和热带种。

2006—2007 年间的四季调查，黄海共记录浮游动物 207 种（不含 35 类浮游幼体），隶属于 18 大类群。其中，有水螅水母 59 种、管水母 8 种、钵水母 1 种、栉水母 5 种、腹足类 5 种、头足类 2 种、枝角类 4 种、桡足类 66 种、介形类 3 种、糠虾类 16 种、端足类 6 种、涟虫类 5 种、等足类 1 种、磷虾类 3 种、十足类 8 种、毛颚动物 5 种、有尾类 5 种、海樽类 5 种。此外，鉴定出浮游幼体 35 类。

10.2.3.2 生物量及其分布

1998—2000 年，黄海浮游动物总生物量较低，四季平均只有 38.52 mg/m^3。总生物量以夏季最高，为 43.65 mg/m^3，冬季最低，仅 27.55 mg/m^3，春、秋两季分别为 39.32 mg/m^3、37.92 mg/m^3。总生物量分布呈现由南向北递减的趋势，黄海南部（34°N 以南）的总生物量明显高于黄海北部、中部，分别为北部（37°N 以北）、中部（34°～37°N，126°E 以西）的2.58 倍、2.34 倍。黄海北部、中部生物量的季节变化幅度较小，全年最高值均出现在夏季；黄海南部生物量的季节变化幅度较大，春季为夏季的近 5 倍。

2006—2007 年，黄海浮游动物总生物量较高，四季平均值达 405 mg/m^3。总生物量以春季最高，为 791 mg/m^3；冬季最低，仅 217 mg/m^3；夏、秋两季分别为 341 mg/m^3、269 mg/m^3。

1）春季

1998 年 5 月，黄海南部浮游动物的平均生物量为 134.7 mg/m^3，高生物量区出现在吕泗渔场和大沙渔场的中部，高达 613.9 mg/m^3，主要种类有中华哲水蚤、太平洋磷虾和强壮箭虫。黄海北部（0.02～61.4 mg/m^3）和黄海中部（0.07～91.2 mg/m^3）的平均生物量均不足 15.0 mg/m^3，在连青石渔场的北部和海州湾渔场的东部，有一明显的低生物量分布区。

2）夏季

2000 年 8 月，黄海北部、中部浮游动物的生物量较春季大幅度上升，平均生物量分别为

50.1 mg/m³、45.4 mg/m³，除在烟威渔场的东南部和海洋岛渔场的南部有一相对高生物量分布区（＞100 mg/m³）外，黄海北部有近一半站位的生物量不足 20 mg/m³。在石岛外海、连东渔场的中部，各有一个高生物量站位（267.5 mg/m³、336.0 mg/m³）。黄海南部，平均生物量为 27.1 mg/m³，在四季中最低。

3）秋季

2000 年 10 月，黄海浮游动物的生物量由北向南递增。在黄海北部，没有明显的密集分布区，绝大多数站位生物量小于 40 mg/m³；在黄海中部，除连青石渔场的东南部和海州湾渔场的东南部各有超过 100 mg/m³ 的相对密集区外，57% 站位的生物量在 0.3～19.1 mg/m³；在黄海南部，平均生物量高达 84.9 mg/m³，远远高于北部、中部。

4）冬季

1999 年 12 月，黄海浮游动物的生物量水平最低，区域间的差异比较小，除大沙渔场东侧有一密集区外（117.7 mg/m³），大部分站位的生物量在 20～96.6 mg/m³。

10.2.3.3　优势种

1998—2000 年，黄海四季浮游动物以中华哲水蚤、强壮箭虫为主要优势种。数量超过 1% 的种类还有双刺纺锤水蚤、鸟喙尖头溞、拟长腹剑水蚤、真刺唇角水蚤、太平洋磷虾、中华假磷虾、精致真刺水蚤和拟长脚虫戎这 8 种。

在黄海北部，浮游动物优势种组成比较简单，常年以中华哲水蚤、强壮箭虫、拟长脚虫戎和太平洋磷虾为优势种。在黄海中部，优势种相对复杂，除上述 4 种外，一些暖水性种，如中华假磷虾、拟长腹剑水蚤也占相当的比例，因受苏北沿岸流的影响，诸如双刺纺锤水蚤、真刺唇角水蚤和精致真刺水蚤等一些近岸暖水种也加入了优势种行列，春季，小毛猛水蚤有较多的数量。在黄海南部，因有外海且受长江水系控制，种类组成以外海暖水种和近岸河口暖水种为主，除上述 4 个常年习见优势种外，夏、秋季，有肥胖箭虫和百陶箭虫等暖水种出现，而属于近岸河口、暖水性的桡足类，如真刺唇角水蚤和真刺唇角水蚤也占有一定数量。

10.2.3.4　基本特征与评价

黄海浮游动物主要优势种有中华哲水蚤、强壮箭虫、太平洋磷虾和细长脚虫戎，这 4 种数量的变化直接影响总生物量的变化。近 30 年间调查取得的黄海浮游动物生物量资料显示：黄海浮游动物生物量的年间变化呈明显下降的趋势。1973—1981 年的变化幅度较小，其月均生物量分别为 84.5 mg/m³、81.2 mg/m³；1981—1985 年期间，下降速率和幅度加大，降幅为 18.2%；本次调查，其月平均生物量只有 38.5 mg/m³，下降速率和幅度进一步加大。与 1985 年的 66.0 mg/m³ 相比，近 10 多年来下降了近 42%，不足 1973 年和 1981 年平均值的 50%（金显仕等，2005）。

10.2.4　底栖生物

10.2.4.1　种类组成

1998—2000 年间的四季调查，黄海采集的大型底栖生物样品，已鉴定的有 414 种，其中，多毛类 194 种、软体动物 86 种、甲壳动物 90 种、棘皮动物 21 种，其他类别 23 种。多毛类、软体动物和甲壳动物占总种数的 89.4%，这三者构成大型底栖生物的主要类群。

2006—2007 年间的四季调查，在黄海采集的大型底栖生物样品有 853 种，其中，多毛类 313 种，软体动物 206 种，甲壳动物 198 种，棘皮动物 39 种，其他类别 58 种。多毛类、软体动物和甲壳动物占总种数的 84%。

黄海大型底栖生物种类数的季节变化非常明显：1998—2000 年的四季调查，春季（247种）＞夏季（206 种）＞秋季（181 种）＞冬季（178 种）；2006—2007 年的四季调查，秋季 561 种＞冬季（491 种）＞夏季（476 种）＞春季（473 种）。

1998—2000 年，春季，11～20 种/站，在调查站位中所占比例最高（57.5%），其次为 21～50 种/站（32.5%）；夏季，11～20 种/站，所占比例最高（48.3%），其次为 6～10 种/站（31.0%）；秋季，6～10 种/站，所占比例最高（48.6%），其次为 21～50 种/站（24.3%）；冬季，11～20 种/站，所占比例最高（53.1%），其次为 21～50 种/站（31.3%）。四个季节，均以 11～20 种/站和 21～50 种/站的出现率最高，出现种数较多的站位主要分布在黄海南部、西南部。

10.2.4.2　生物量及其分布

1998—2000 年，黄海大型底栖生物的四季平均生物量为 37.17 g/m²，平均栖息密度为 250 个/m²。生物量是春季（50.75 g/m²）＞秋季（35.35 g/m²）＞夏季（32.64 g/m²）＞冬季（29.94 g/m²）；栖息密度为春季（359 个/m²）＞冬季（290 个/m²）＞夏季（186 个/m²）＞秋季（165 个/m²）。生物量以棘皮动物居首位，多毛类在第二位，其他类别是第三位。栖息密度以多毛类占第一位，甲壳动物占第二位，软体动物占第三位。

2006—2007 年，黄海大型底栖生物的四季平均生物量为 36.43 g/m²，平均栖息密度为 646 个/m²。生物量呈现出冬季（39.32 g/m²）＞秋季（38.55 g/m²）＞夏季（35.23 g/m²）＞春季（32.63 g/m²）；栖息密度为冬季（979 个/m²）＞夏季（655 个/m²）＞秋季（476 个/m²）和春季（476 个/m²）。生物量以棘皮动物居首位（11.40 g/m²），多毛类在第二位（8.84 g/m²），软体动物第三位（6.56 g/m²），然后是甲壳动物（2.74 g/m²）。栖息密度以多毛类占第一位（288 个/m²），甲壳动物占第二位（182 个/m²），软体动物占第三位（126 个/m²），然后是棘皮动物（35 个/m²）、其他类别（15 个/m²）。

1998—2000 年，底栖生物高生物量分布区，春季和夏季出现在黄海南部和山东半岛远岸，秋季出现在黄海西南部和山东半岛中部远岸（达 50～100.0 g/m²），冬季出现在黄海中、北部靠近朝鲜半岛一侧（最高为 50.0 g/m²）；高栖息密度分布区，春季出现在黄海南部、北部和山东半岛远岸（最高达 500 个/m²），夏季出现在黄海中部山东半岛外缘（最高为 250 个/m²），秋季则呈近岸向远岸递减趋势（最高达 500 个/m²），冬季出现在黄海中线水域（最高为 250 个/m²）。

10.2.4.3　优势种

1998—2000 年的调查，根据种类的数量和出现频率，底栖生物的主要种类有花冈钩毛虫、长须沙蚕、斑角吻沙蚕、独指虫、角海蛹、掌鳃索沙蚕、索沙蚕、梳鳃虫、薄索足蛤、秀丽波纹蛤、蕃红花丽角贝、胶州湾角贝、拟紫口玉螺、日本壳蛞蝓、太平洋方甲涟虫、拟猛钩虾、短角双眼钩虾、美原双眼钩虾、日本沙钩虾、塞切尔泥钩虾、夏威夷亮钩虾、长颈麦杆虫、日本美人虾、萨氏真蛇尾。现将主要种类的数量与分布简述如下。

1）斑角吻沙蚕

该种分布较广，几乎遍布整个黄海调查区。春季，最大生物量为 4.12 g/m²，最高栖息密度为 60 个/m²；夏季，最大生物量为 4.08 g/m²，最高栖息密度为 84 个/m²；秋季，最大生物量为 2.76 g/m²，最高栖息密度为 92 个/m²；冬季，相对较低，最大生物量为 1.28 g/m²，最高栖息密度为 36 个/m²。

2）独指虫

春季，该种主要分布在黄海外侧远海；夏季和秋季，其出现率不高，主要分布在黄海南部、北部；冬季，主要出现在黄海南部。夏季，该种最大生物量为 4.12 g/m²；春季，其最高栖息密度为 348 个/m²。

3）掌鳃索沙蚕

春季，该种主要分布在近海和黄海南部；夏季和秋季，主要分布在黄海南部和北部；冬季，主要出现在黄海南部。春季，该种最大生物量为 3.96 g/m²；夏季，其最高栖息密度为 116 个/m²。

4）梳鳃虫

春季，该种分布在黄海的内侧水域，其他季节出现率不高，主要分布在南部。夏季，其最大生物量为 4.16 g/m²，最高栖息密度为 108 个/m²。

5）薄索足蛤

春、夏季，薄索足蛤分布较广，秋季，出现率比较低。春季，最大生物量为 10.88 g/m²，冬季，最高栖息密度高达 1 252 个/m²。

6）太平洋方甲涟虫

春季和夏季，该种的出现频率较高，分布比较广；秋季和冬季，主要分布在黄海南部。夏季，最大生物量仅为 0.16 g/m²，春季，最高栖息密度达到 628 个/m²。

10.2.4.4　基本特征与评价

与历史资料对比（《中国海岸带生物》编写组，1996），1998—2000 年黄海的软体动物种数较曾报道的 118 种少 32 种，其中，甲壳动物少了 22 种，棘皮动物也比原报道的 37 种少。显然，黄海底栖生物主要类群的种数均比以前减少。

黄海曾以狭盐性、北温带种，如萨氏真蛇尾，*Ophiopholis mirabilis*，*Pagurus ochotensis*，*P. pectinatus*，*Crangon affinis*，薄索足蛤，*Nucula mirabilis*，*Clinocardium californiense*，*Onuphis iridescens*，*Hymeniacidon assimilis* 等喜冷水群体为主（《中国海岸带生物》编写组，1996），本次调查中除薄索足蛤和萨氏真蛇尾仍为优势种外，其他种已不存在优势（金显仕等，2005）[132]。

10.3　渔场形成条件[*]

渔场是指渔业生物数量相对集中，在渔业生产过程中具有较高捕捞效率的海域。渔场和渔期的形成是捕捞对象的生态习性和生理状况与所在海域环境条件相适应的结果。不同的捕捞对象因对环境条件的要求各异而有不同的渔场和渔期。同一捕捞对象在不同生活阶段，也因其适应性不同而有不同的渔场和渔期，有的捕捞对象即使在同一生活阶段，也因年间环境条件出现差异，其渔场的地理位置和渔期的早晚也有所不同。

渔场按游泳动物洄游性质可划分为产卵渔场、索饵渔场、越冬渔场；按水域空间方位可划分为海湾渔场、近海渔场、外海渔场、远洋渔场；按地理位置可划分为海洋岛渔场、烟威渔场、石岛渔场、海州湾渔场、连青石渔场、吕泗渔场和大沙渔场等；按捕捞对象可划分为带鱼渔场、大黄鱼渔场、大头鳕渔场、金枪鱼渔场等；按作业网具的类型可划分为拖网渔场、围网渔场等、流刺网渔场、定置网渔场、延绳钓渔场等。

黄海为半封闭陆架浅海，平均水深为 44 m。流入黄海的主要河流有长江、淮河、鸭绿江、汉江、锦江、荣山江等，其中，长江入海径流量最大。黄海的流系包括黄海暖流和黄海沿岸流等，两者终年构成一气旋式环流系统（苏育嵩，1986）。黄海暖流是对马暖流的一个支流，由济州岛西南流入黄海，并沿黄海槽向北流动。黄海暖流在北上途中先后向左、右两侧分出其支流：首先在35°N附近向西（左侧）分出一个分支，并与黄海沿岸流汇合南下，然后又于37°N附近向东（右侧）分出一个分支，汇入南下的西朝鲜沿岸流。其主流经过北黄海后以微弱的势力向西进入渤海。黄海暖流具有相对高温、高盐特征，其势力冬强、夏弱。在黄海沿岸流系中，有自鸭绿江口冲淡水形成的指向西南的辽南沿岸流，沿朝鲜西岸南下的西朝鲜沿岸流和自渤海湾起沿山东半岛北部东流并在成山角转向南流入南黄海的黄海沿岸流。所有这些沿岸流都具有低盐（冬季为低温）的特征。除黄海环流外，黄海冷水团是黄海的另一重要水文现象。黄海冷水团系指存在于黄海中央槽区，其近底层温度较低的那部分水体，黄海冷水团是季节性水团，它与温跃层同时出现，存在于春季、夏季、秋季，冬季消失。黄海冷水团具有低温、高盐特征（苏育嵩，1986）。

黄海流系和黄海冷水团的分布和变化在很大程度上决定了黄海环境要素的分布与变化，进而影响渔业生物资源的分布与变化。黄海中的渔场均属于近海渔场，主要有海洋岛渔场、烟威渔场、石岛渔场、海州湾渔场、连青石渔场、吕泗渔场和大沙渔场等。黄海的渔场类型包括产卵场、索饵场、越冬场和过路渔场。

黄海中的渔场一般形成于大江、大河的入海口处，径流入海带来丰富有机质和营养盐类，浮游生物得以大量繁殖，为鱼、虾、蟹类提供了充足的饵料生物，有利于渔业生物集群索饵和产卵，如长江口和鸭绿江口均为良好渔场。黄海沿岸流和黄海暖流的交汇区，寒、暖流交汇区存在海洋锋，温、盐梯度和海水辐合度较大，营养盐类丰富，饵料生物充足，也成为渔业生物生长繁衍的良好场所。近岸存在上升流的区域，海洋上层光合作用充分，但营养盐类有限，海洋底层存在生物腐殖质，营养盐丰富，上升流将底层富有营养的海水带至表层，提高了上升流水域的相对生产力，使该区域成为良好渔场（如吕泗渔场）。黄海暖流流经的区域，暖水舌轴线附近水温高于周围海域，一方面，为洄游性鱼、虾类的生殖洄游和越冬洄游

---

　　[*] 执笔人：陈聚法

创造了适宜的水温条件,形成过路渔场(如烟威渔场);另一方面,黄海暖流暖水舌锋区也是鳀的越冬场,11 月至翌年 1 月鳀中心渔场基本沿流轴逆向南移(马绍赛,1989)。黄海北部冷水团所控制的区域,冷水团内部最低水温一般在 10℃ 以下,为冷温性鱼类大头鳕和太平洋鲱等提供了适宜的栖息和繁殖场所。黄海冷水团西南侧的混合带附近,也易形成良好渔场(苏育嵩,1986)。另外,冬季,黄海东南部的相对高温特性,为鱼、虾类的越冬提供了有利条件,形成越冬场。下面以吕泗渔场为例,从水文条件、物理环境、生物环境等方面,具体阐述渔场的形成原因和形成条件。

吕泗渔场位于黄海西南部 32°00′~34°00′N,122°30′E 以西的水域,南起长江口,北至射阳河口,东连大沙渔场,西邻苏北沿岸。吕泗渔场地处废黄河口,泥沙运动频繁,渔场内的沙滩位置与形态常常发生变化,是我国著名的沙洲渔场。吕泗渔场历史上曾是黄海、东海最大的大黄鱼、小黄鱼产卵场,捕捞的渔业生物种类超过 100 种,主要捕捞对象有小黄鱼、大黄鱼、银鲳、蓝点马鲛、鳓、鲙、河豚类和海蜇等。主要渔汛期在 4—6 月。

受捕捞强度不断加大和过度捕捞以及环境污染等因素的影响,从 20 世纪 80 年代开始,吕泗渔场主要经济鱼类资源呈现衰退趋势,大黄鱼资源近乎衰竭。但小黄鱼资源在历经兴盛期、衰退期和恢复期几个阶段后,近年来资源得到有效恢复,产量基本呈增加趋势(林龙山等,2008),吕泗渔场成为黄海、东海小黄鱼的主要渔场之一。下面根据小黄鱼的生态习性和区域环境状况,分析吕泗渔场的形成原因和条件。

10.3.1 小黄鱼生态习性

小黄鱼是底拖网、帆张网和定置张网等的专捕、兼捕对象。小黄鱼主要以磷虾、糠虾、端足类等浮游甲壳动物为食,其占小黄鱼摄食种类的 60% 以上(李建生等,2007)。春季,在吕泗渔场产卵的小黄鱼,产卵期为 4 月中旬至 5 月中旬,适宜底层水温为 11~15℃,产卵后的鱼群分散索饵,10 月下旬,向 32°00′~34°00′N,123°45′~126°00′E 一带作越冬洄游。黄海南部群系小黄鱼,产卵、索饵和越冬洄游范围仅限于吕泗产卵场、黄海南部至东海北部边缘一带海域(《中国海洋渔业资源》编写组,1990)。

10.3.2 理化环境

黄海西南部海域优越的地理位置和复杂的水文条件是形成吕泗渔场的主要原因。吕泗渔场地处北温带,紧靠大陆,气候条件优越。据报道(苏纪兰,2005),冬季(2 月),吕泗渔场表层水温多年均值为 4~8℃;春季(5 月),表层水温为 14~18℃,底层水温为 11~16℃;夏季(8 月),表层水温为 26~27℃,底层水温为 11~28℃;秋季(11 月),表层水温为 16~19℃,底层水温为 11~19℃。由此可见,适宜的水温是吕泗渔场形成的基本条件。该区域,春季,水温非常适合小黄鱼等产卵繁殖,夏、秋季,水温状况对小黄鱼等的生长也非常有利。

由于长江和内河大量淡水排向吕泗渔场近海,咸淡水体交混明显,因而盐度较低。吕泗渔场,冬季(2 月),表层盐度多年均值为 28~32;春季(5 月),表层盐度为 26~32;夏季(8 月),表层盐度为 23~31;秋季(11 月),表层盐度为 25~32(苏纪兰,2005)。可见,适宜的盐度也是吕泗渔场形成的基本条件。该区域盐度较低,有利于小黄鱼等的产卵繁育。

黄海环流的存在是吕泗渔场形成的重要条件。吕泗渔场地处长江冲淡水、苏北沿岸流和黄海暖流的交汇区，一方面，长江冲淡水带来了大量的营养物质，作为小黄鱼主要饵料的浮游生物，繁殖旺盛，充足的饵料为小黄鱼等在此集群索饵提供了有利条件；另一方面，黄海沿岸流和黄海暖流的交汇区存在海洋锋，锋区内温度、盐度的分布梯度和海水辐合度较大，营养盐类丰富，饵料生物充足，成为渔业生物生长繁衍的良好场所。另外，锋区内温度、盐度等环境要素变化剧烈，对鱼类移动产生屏障作用，可延长滞留时间促使其集群，形成渔场。吕泗渔场近岸水域存在的上升流现象（朱建荣等，2004）也是吕泗渔场形成的重要因素。存在上升流的水域初级生产力较高，基础饵料丰厚，为鱼类等营造了良好的饵料生物环境条件。

10.3.3　生物环境

黄海水域，叶绿素 a 平面分布的形成主要与黄海环流的组成有关。春、夏季，受长江冲淡水、黄海沿岸流的影响，高值区主要分布在南黄海的南部，长江口北部 33°～34°N 水域和江苏近岸。冬季，高值区则可能主要受黄海暖流的影响，高值区主要分布在北黄海的西北部和北部以及济州岛的西侧等水域，但高值区的范围都不大。

黄海浮游植物年均数量为 12.15×10^4 个/m³，其中，黄海南部的浮游植物平均数量最高（24.94×10^4 个/m³），其次是黄海北部（18.15×10^4 个/m³），黄海中部的浮游植物最少（5.83×10^4 个/m³）。春季，黄海中南部浮游植物的数量低于北部，主要密集区分布在西南部边海；夏季，以黄海南部浮游植物的平均数量最高，达 20.17×10^4 个/m³，主要密集区分布在南部 33°N 及中部 121°～122°E 的海域；秋季，浮游植物平均数量为 7.92×10^4 个/m³，以黄海北部的鸭绿江口外海及渤海海峡附近最高，黄海中部、南部海域比较接近，主要分布在调查海域西部 121°～123°E 的海域；冬季，浮游植物平均数量仅次于夏季，为 18.26×10^4 个/m³，以黄海中部较高（8.73×10^4 个/m³），北部、南部数量接近，分别为 5.25×10^4 个/m³、5.01×10^4 个/m³。

1998—2000 年的调查，黄海浮游动物各季节的总生物量以夏季最高，为 43.65 mg/m³，冬季最低，仅 27.55 mg/m³，春、秋两季分别为 39.32 mg/m³、37.92 mg/m³。黄海浮游动物各区域的总生物量是黄海南部（34°N 以南）明显高于北部、中部，南部的总生物量分别是北部（37°N 以北）、中部（34°～37°N，126°E 以西）的 2.58 倍、2.34 倍。

春季，黄海南部浮游动物平均生物量为 134.7 mg/m³，高生物量区出现在黄海南部吕泗渔场的东侧和大沙渔场的中部，高达 613.9 mg/m³，组成高生物量的主要种类有中华哲水蚤、太平洋磷虾和强壮箭虫；夏季，黄海北部、中部的生物量较春季大幅度上升，分别是 50.1 mg/m³、45.4 mg/m³，除在烟威渔场的东南部和海洋岛渔场的南部有一相对高生物量分布区（> 100 mg/m³）外，黄海北部的近 50% 的站位其生物量不足 20 mg/m³，黄海南部夏季生物量月均为 27.1 mg/m³，为四季最低；秋季，黄海浮游动物的生物量由北向南递增，中北部除连青石渔场东南部和海州湾渔场东南部各有超过 100 mg/m³ 的相对密集区外，57% 的站位的生物量在 0.3～19.1 mg/m³，南部的平均生物量高达 84.9 mg/m³，远远高于北部和中部；冬季（12 月），其生物量水平最低，不同海区的差异幅度较小，除大沙渔场东侧有一密集区外（117.7 mg/m³），大部分站位的生物量在 20～96.6 mg/m³ 波动。

10.4 渔业预报 *

10.4.1 渔情预报

10.4.1.1 预报的种类和内容

渔业生物种群在周期性洄游时在某些地理位置上个体密集，并在一个短时期内保持相对稳定，从渔业作业的角度看，移动相当于洄游，分布相当于渔场、渔期。渔情预报的一个主要内容是判断渔场、渔期的变化，即判断分布的变化，实质上是在预测种群移动的变化。传统的中国近海渔业以追捕洄游移动中的鱼群为主，包括从外海（越冬场）游向近岸浅水区（产卵场）产卵的生殖群体，例如小黄鱼黄渤海种群，每年4月游经烟威外海去渤海产卵场产卵；渤海秋汛中国对虾游离渤海途经烟威外海去黄海中南部越冬场越冬，其每年进出渤海的时间或早或迟，洄游路线或里或外，停留时间或长或短。渔情预报的内容之一就是判断这种位置和时间的变化。20世纪50年代以来，随着渔业资源开发和渔业生产发展，各水产研究所在中国近海广泛开展了渔情预报工作，积累了丰富的经验。

1）渔汛期预报

预报的有效时间为整个渔汛，内容包括渔期的起讫时间，盛渔期及延续时间，中心渔场的位置和移动趋势以及结合资源状况分析渔汛期间的渔获变化（鱼发）形势等。这类预报在渔汛前适时发布，供渔业生产者参考。如根据水温、盐度、气压等环境因子搭配编制的黄海、渤海蓝点马鲛渔业初渔期的预报（周彬彬，1987）。

2）阶段预报

对渔汛初期、盛期和末期渔情进行阶段性预测，也可根据各个捕捞对象的鱼发特点分段预报，如大黄鱼阶段性预报依大潮汛（俗称"水"）划分，预测下一"水"鱼发的起讫时间、旺发日期、鱼群的主要分布区和鱼发区的变动趋势；而带鱼则依大风变化（俗称"风"）划分，预测下一"风"鱼群分布范围、中心渔场位置及移动趋势。这类预报是在渔汛期间发布的，时间性要求强。

3）现场预报

通过生产船电讯收集的现场作业记录分析，对未来24 h或几日内的中心渔场位置、鱼群动向及旺发的可能性进行预测，并及时通过电讯系统传输给生产船只，达到指导现场生产的目的。如20世纪60—70年代的渤海秋汛中国对虾的现场预报。

10.4.1.2 预报原理和指标

渔情预报实际上是对预报捕捞对象移动规律的研究，即研究并预测鱼群分布移动特征和集群特性。据此，根据有机体和环境为统一体的原理，凡是影响鱼群移动规律的生物性或非

---

* 执笔人：邓景耀

生物性因素，均可成为预报指标。编制渔情预报所需的主要影响因子如下。

1）性腺成熟度

性腺发育和成熟状况是影响生殖群体洄游和移动变化的主导内因，预示着渔汛期早晚、延续时间、集群状况和渔场动态等变化。一般来说，随着性腺的发育，鱼群开始离开越冬场，洄游过程中性腺发育迅速，性成熟并到达产卵场时，鱼群最为集中，渔场稳定，形成生产高潮。当已产卵鱼的比例激增时，盛渔期已近尾声，渔期末期将至，渔汛即告结束。故性腺成熟度是种群生殖群体渔情预报的主要指标。

2）群体组成

这是与性腺发育密切关联的指标。由于生殖季节，高龄个体的性腺发育早于低龄个体，个体的差异会使开始生殖洄游以及开始产卵的时间早晚不一，对于群体年龄组成有年间变化的种群，这种差别将直接影响整个群体的移动，形成产卵期和渔期的变化。如太平洋鲱年龄组成的年间变化较大，并直接影响性腺发育期的变化，据此预测其渔期早晚，曾经取得很好的效果。

此外，群体性组成的变化也是一个有用的指标。如中国对虾洄游时雌、雄分群，雌虾在前，雄虾在后，可利用渔获中出现雄虾的时间预测渔汛结束的时间。

3）资源状况

渔情预报除预测渔期外，同时要预测中心渔场的位置和范围、鱼群密集情况以及盛渔期延续的时间等内容。这些内容在很大程度上与种群在这个时间的分布形式有关。鱼群的分布形式与资源状况、鱼体的大小比例有关。资源量丰厚的年份，在生产上反映出，鱼群密度大，中心渔场范围大，盛期延续的时间长。资源量短缺的年份，整个渔场情况与此相反。一般地说，环境条件只能在上述分布形式上添加影响。所以编制一个正确的渔情预报要建立在正确的数量预报基础上。

4）水温

水温不仅对个体性腺发育速度有明显的影响，同时也约束群体的移动分布，是一项重要的非生物性预报指标。生殖洄游群体到达产卵场并开始产卵的时间，越冬洄游群体游离索饵场的时间都依水温的年间变化而异。4.5～5.0℃等温线的出现和消失及其变动趋势与6.5℃等温线的出现，是判断小黄鱼烟威外海渔场变动范围及渔期发展的有效指标；20.5～23℃、18～19℃、15℃和12～13℃等温线被看做为渤海秋汛中国对虾集群、移动和游离渤海的环境指标（邓景耀等，1990；刘永昌，1986）。水温与渔场、渔期的密切关系还可通过统计分析定量预测，如蓝点马鲛，根据黄海越冬场4月上产卵洄游群体旬表层水温资料，应用直线回归和概率统计分析蓝点马鲛的渔期、渔场（韦晟等，1988b）。20世纪60—70年代，世界尚未进入卫星遥感时代，为了预报蓝点马鲛产卵洄游群体春汛在黄海南部集群的动向和渔场、渔期，按广播电台每天定时发布渔情预报的需要，还要辅之以定期的海上水文调查，以及时提供水温变动的趋势或适时发布水温预报。

5）风情、潮汐、气压、降雨、河水径流量和盐度

在大黄鱼、小黄鱼，带鱼、中国对虾、毛虾、蓝点马鲛、太平洋鲱、鲐、海蜇及蓝圆鲹

等种群渔情预报中，都已证明上述环境因子也是有用的预报指标。

不言而喻，使用上述指标进行预报是建立在对预报对象的洄游分布、移动规律、生活习性、生物学特性和渔场的生态环境条件及其相互关系有了充分的调查研究的基础上，也只有这样，才能发现有效的预报指标，正确地使用预报指标，并收到预期的效果。

渔情预报是预测种群分布的动态，提供生产单位和作业船队组织指挥汛期生产时的重要参考资料，这项工作在20世纪60—70年代备受管理部门和生产单位重视。当时各沿海省、市、县都组成渔业生产指挥部，组织指挥海上捕捞生产，而不同形式的渔情预报则是主要的参考资料。进入80年代中期，随着生产结构和生产形式发生的变化，个体生产船自行其事，大型捕捞企业都有自己的技术力量，组建渔场调度室，加之一些经济种群资源相继衰退，已经难以形成具生产规模的"单一"渔业，更没有了年复一年兴盛的渔汛，曾经一度辉煌的渔情预报已成为历史的陈迹。

10.4.2 渔获量预报

渔获量预报中的统计分析预报已在渤海篇中进行过介绍，这里再介绍一下世代解析预报。

对于多年生渔业生物种群的渔获量预报则应包括两个组成部分：一为捕捞群体剩余量的预报，一为补充量预报，主要用于判断新生世代的实力。一个简单的世代产量预报方程可以写为式（10.1）。

$$Y_{t+1} = \left(\frac{C_t}{F_t} S \right) F_{t+1} \overline{W}_{t+1} \tag{10.1}$$

如果捕捞处于稳定阶段，历年捕捞力量变化不大，捕捞系数（q）也相近，即 $F_t \approx F_{t+1}$，那么上式可简化为式（10.2）。

$$Y_{t+1} = C_t \cdot S \cdot \overline{W}_{t+1} \tag{10.2}$$

两式中：

Y_{t+1}——$t+1$ 时的预报产量；

C_t——t 时的渔获尾数（或重量）；

F_t——t 时的捕捞死亡率；

F_{t+1}——$t+1$ 时的捕捞死亡率；

S——残存率；

$\overline{W}_{t+1}$——$t+1$ 时个体的平均重量。

太平洋鲱的世代分析预报主要是用于捕捞剩余部分渔获量预报，以下介绍根据世代分析、渔获物的年龄组成和计算剩余部分残存率预报渔获量。以20世纪70年代太平洋鲱为例进行分析。

10.4.2.1 剩余量的预报

预报时需要掌握上一年度的捕捞状况和群体组成资料，测出前一年捕捞群体的残存率（$S = e^{-z}$）和预测预报年度的捕捞死亡率等主要参数。现以1977年剩余部分渔获量预报为例，说明预报编制步骤：

（1）1976年年龄组成和拖网调查资料表明，1977年剩余部分是以1974年出生的3龄鱼为主；1976年2龄鱼残存率可用1974年世代太平洋鲱拖网单位捕捞力量渔获尾数资料测出，$S = C_{76}/C_{75} = 4\,249$（尾）/$17\,130$（尾）$= 0.25$，式中，$C_{75}$ 和 C_{76} 分别表示1975年和1976年

12 月拖网平均网获尾数。假定 1975 年和 1976 年可捕系数相近，那么，1976 年 2 龄鱼的残存率为 0.25。

（2）已知 1976 年度 2 龄鱼捕捞尾数为 44 190 万尾，那么，1977 年 3 龄鱼的资源尾数为：
$N = 44\ 190\ /\ (1 - 0.25)\ -44\ 190 = 14\ 730$（万尾）。

（3）若 1977 年度按 0.70 的捕捞死亡率生产，3 龄鱼的可能渔获量为：
$y = 14\ 730 \times 0.70 \times 200$（g/尾）$= 2.06$（$\times 10^4$ t）

若 1977 年剩余部分 3 龄鱼与其他高龄鱼的比例以 9∶1 计，那么，1977 年剩余部分的可能渔获量为 2.3×10^4 t。

10.4.2.2　补充量的预报

通过以下两项工作对世代实力加以判断：

（1）每年 6—7 月，以山东荣成的青鱼滩、城厢、大鱼岛和威海的皂埠、孙家疃等太平洋鲱主要产卵场为重点，对定置网、大拉网等渔具的渔获物进行抽样调查和群众访问。这时的资源状况已反映了该世代的资源状况，即世代实力。

（2）历年 1 龄鱼的兼捕产量与翌年 2 龄鱼产量关系密切，相关系数 $r = 0.975$（$p < 0.01$）。因此，对 1 龄鱼兼捕资料的收集和整理是判断预报年度补充部分资源趋势的一项有用的工作。

根据以上两项指标预测补充部分资源量的精度不高，但是，当其他预报方法需要的资料不具备时，该方法的结果亦有一定的参考价值，基本上能够预测补充部分的资源趋势。

第 11 章 主要渔业种类渔业生物学与种群数量变动

11.1 中上层鱼类

11.1.1 鳀[*]

鳀（*Engraulis japonicus*）隶属于鲱形目（Clupeiformes）、鳀科（Engraulidae）、鳀属（*Engraulis*）。中文异名：鳀、日本鳀。俗名：鲅鱼食、离水烂、青天烂、出水烂、烂船钉等。鳀属于暖温性、浮游动物食性、小型中上层鱼类。

11.1.1.1 种群与洄游

1）种群

分布在渤海、黄海、东海的鳀，与朝鲜半岛南部和日本沿海的鳀同属一种（伍汉霖，1994），未有明显的遗传分化（Liu J X et al, 2006），因此不存在不同的种群。虽然如此，仍不能排除由于繁殖活动的时、空差异以及分布区域、洄游路线等方面的不同而存在或多或少相对独立的、需要在渔业管理上区别对待的"地理群"，在此称其为"群体"。

渤海、黄海、东海鳀的群体划分目前未见正式报道，习惯上有渤海群体、黄海群体、东海北部群体和浙闽外海群体之说。其中渤海群体的越冬场也在黄海，实际工作中很难将其与黄海群体区分，因此将二者一并叙述。

2）洄游

鳀是洄游性鱼类，一年四季在产卵场、索饵场和越冬场之间有节律地做季节性洄游。朱德山和 Iversen 对黄海、东海鳀的洄游分布做了较为详细的描述（中国水产科学研究院黄海水产研究所等，1990）[18]。

（1）越冬场

12 月下旬至翌年 2 月上旬，是黄海越冬场鳀分布最为集中、最为稳定的季节。根据水文条件和资源状况的不同，其年间分布各有差异。一般而言，黄海鳀分布的北界位于 7℃ 等温线附近；西界受黄海沿岸冷水左右，一般位于 40 m 等深线附近，水温在 7 ~ 8℃；黄海南部越冬场鳀密集分布区的南界一般位于苏北沿岸冷水北侧锋面和黄海暖流锋面，水温在 11 ~ 13℃ 的水域经常形成密度极高的鳀分布区，水温 15℃ 以上的暖流区很少有鳀分布。

---

* 执笔人：赵宪勇

（2）生殖洄游

3月中下旬以后，自南向北随着水温的回升，鳀逐步由深水越冬场向西、西北沿岸扩散，一边摄食一边向产卵场做生殖洄游。黄海东南部和中东部越冬场的鳀大致分为两支分别向西北和向北扩散。游向西北的一支，4月份进入山东半岛南部水域，其中一部分继续向西进入海州湾产卵场，一部分向西北进入青岛、海阳、乳山等沿岸产卵场；北上的一支，进入黄海北部后，一部分继续向北进入海洋岛渔场附近沿岸产卵，另一部分进入烟威渔场产卵，其余部分向西经由渤海海峡进入渤海各产卵场。

同大多数洄游性鱼类一样，鳀的生殖洄游也是大个体在前，小个体在后。重复产卵个体先期进入产卵场，而进入产卵场的日期则视水文状况而存在年间变化。根据朱德山和 Iversen 报道（中国水产科学研究院黄海水产研究所等，1990）[21]，海州湾产卵场的鳀，5月中旬进入产卵盛期，并持续到6月上旬，期间表层水温为 13～18℃。近年，相关项目的鳀产卵场专题调查结果显示：海州湾产卵场鳀的产卵盛期始于6月上旬，6月下旬即告结束，产卵盛期较十几年前明显推迟，可能与生殖群体的低龄化有关（李显森等，2006）。产卵盛期的推迟，相应的海水温度也偏高，5 m 层水温多在 17～21℃。

（3）索饵洄游

随着产卵季节的推移，完成部分批次产卵的个体逐渐由近岸浅水区外返，同时觅食，以补充下批次产卵所需能量（李显森等，2006），此时鳀的洄游距离有限，多在产卵区附近。7、8两月，大部分鳀已产卵结束，移向深水区索饵，少部分个体在索饵中继续产卵（李富国，1987）[42]。9、10两月，随着水温逐步降低，鳀进一步向深水区移动，渤海鳀开始外返，生殖季节结束。

（4）越冬洄游

11月以后，随着大风降温过程的频繁发生，鳀亦开始大规模越冬洄游。渤海鳀大批游出海峡与黄海北部的鳀汇合，并随着水温的进一步降低逐步向黄海中东部深水区集结，山东半岛南部的鳀则进一步向东和东南深水区移动。

12月，鳀的成鱼已全部游离渤海，仅有少量当年生幼鱼仍滞留其中。渤海与黄海北部的鳀，其主体已越过成山头进入黄海中部，黄海鳀越冬场基本形成。12月下旬至翌年2月初，是鳀分布最为稳定的越冬期，这期间，黄海水温逐步下降至全年最低点，鳀则集中分布于黄海中南部 40 m 等深线以深海域，其中鳀密集分布区主要出现于黄海中东部和东南部 60～80 m 的深水海域，黄海西侧水深 40～50 m 海域多为当年生幼鱼分布。

（5）垂直分布

鳀一年四季具有明显的昼夜垂直移动现象。白天，鳀一般分布于中下层至底层，主要以各种形状的集群出现，有时，尤其是幼鱼也分布于中上层；夜间，鳀则主要离散分布于中层至中上水层。

11.1.1.2　渔业生物学

1）摄食

（1）食性与主要饵料种类

鳀属于浮游生物食性。据朱德山和 Iversen 报道（中国水产科学研究院黄海水产研究所等，1990）[27]，黄海中南部和东海北部鳀的饵料组成包括浮游植物、浮游动物、鱼卵仔鱼、有机碎屑等近 60 种，且以浮游动物为主。在浮游动物中，又以浮游甲壳类为主，按重量计占 60% 以上，其次为毛颚类的箭虫和双壳类的幼体等。鳀成鱼的主要饵料生物有中华哲水蚤（*Calanus sinicus*）、强壮箭虫（*Sagitta Crassa*）、太平洋磷虾（*Euphausia pacifica*）、细长脚虫戎（*Themisto gracilipes*）、长额刺糠虾（*Acanthomysis longirostris*）等。

鳀的饵料组成随栖息水域浮游生物组成的不同有明显的区域差异、季节变化和年间变化。据邓景耀等（1988）报道，渤海四五月份，各种仔鱼在鳀食物组成中也占有重要地位，重量百分比、尾数百分比和出现频率分别达到 55.4%、3.7% 和 29.3%。据朱德山和 Iversen 的研究结果（中国水产科学研究院黄海水产研究所等，1990）[27]：秋、冬季，黄海中南部深水区鳀的饵料组成比较单纯，主要为中华哲水蚤、太平洋磷虾和细长脚虫戎；春、夏季，鳀进入近岸浅水区后，在其饵料组成中，太平洋磷虾和细长脚虫戎等高盐外海性种类则极为少见。另据陈大刚（1991）报道，硅藻在黄海鳀的饵料中也占有很高比重，与桡足类一起构成鳀饵料的主体。

鳀在其生活史的不同阶段，喜食的浮游动物种类各有差异。据孟田湘报道（2001；2003），鳀一生大致存在两次饵料转换：叉长在 20 mm 之内的幼鱼和仔稚鱼，其主要饵料为原生动物、小型桡足类的卵、桡足类无节幼体和桡足类幼体；叉长为 30~100 mm 的鳀，其主要饵料为中华哲水蚤和桡足类幼体，二者占个数百分比的 60%~80%，随着体长的增加，中华哲水蚤成体的比例逐渐升高，在叉长为 91~100 mm 鳀的胃含物中，中华哲水蚤的数量百分比达到最高，占 50% 以上，其他大型桡足类和太平洋磷虾的比例也明显增加；叉长为 100 mm 以上时，中华哲水蚤在其饵料中的地位逐渐降低，太平洋磷虾成为绝对优势饵料种类，其次为细长脚虫戎、胸刺水蚤、中华哲水蚤等。总之，鳀终生以浮游动物和它们的幼体为食，随着鳀的生长，其饵料的个体也越来越大。

（2）摄食节律

鳀的成鱼，一天 24 小时几乎都摄食，但摄食强度存在明显昼夜差异，上午 10 时至下午 18 时的摄食强度相对较高，14~16 时的平均摄食等级最高，16~18 时的空胃率最低。

孟田湘（2001；2003）研究的结果显示：体长小于 20 mm 鳀的仔稚鱼摄食率较低，6 月份，山东半岛南部水域产卵场鳀仔稚鱼的平均摄食率仅为 16.2%；体长大于 20 mm 的个体摄食率较高，平均摄食率为 72.7%。体长小于 5 mm 者主要在夜间摄食，饵料种类主要是没有活动能力的小型桡足类的卵；体长为 5~20 mm 的仔、稚鱼几乎全天都摄食，但白天摄食率明显高于夜间，其中尤以上午 9 时，摄食率最高；体长大于 20 mm 的幼鱼已明显形成了以白天摄食为主的规律，其中，正午 12 时观测到的摄食率最高。

以上结果似乎意味着鳀以白天摄食为主的习性，是随着其活动能力的增强由仔鱼期的夜间摄食型逐步演变而来的。

（3）季节变化

鳀的摄食强度随其生活史阶段的不同存在明显的季节性变化。越冬期间，鳀的摄食率最低，空胃率达 90% 以上。

3 月份，随着水温的升高，鳀开始生殖洄游，其间鳀的摄食强度逐步增加，伴随着性腺的发育，4 月达全年最高峰，5 月份进入生殖期，摄食强度开始降低，6 月是鳀的繁殖盛期，生殖群体的摄食强度进一步降低，空胃率达 60% 左右（李显森等，2006）。就个体而言，由于鳀在一个生殖季节内多次产卵，性腺发育的不同时期，其个体摄食强度差异较大。鳀通常在产卵活动前摄食强度低，空胃率增加，而产卵后的摄食强度则明显增强，以补充下一次产卵所需的能量。7月份之后，已结束生殖活动的个体进入夏、秋索饵期，摄食强度再度增加，直至10月。11月进入越冬洄游期，鳀的摄食率大幅降低，空胃率达80%，但仍有部分个体摄食强度达到2至4级。

总体而言，黄海、东海鳀属"机会"摄食类型，与自越冬起到生殖洄游直至产卵都不摄食的太平洋鲱（Slotte，1999）采取的是完全不同的摄食策略。

2）繁殖

（1）生殖习性

黄海、渤海鳀属多批次产卵类型，一年只有一个生殖季节，但同一个体在生殖季节内可多次产卵（李富国，1987）。鳀的产卵期较长，从5月中下旬水温达到14～16℃时开始产卵，6月为产卵盛期，到10月中旬前后，水温为21～23℃时，产卵结束。

鳀一般在夜间产卵（万瑞景等，2008），时间为傍晚19时至翌日拂晓5时，其中21时至2时为产卵高峰时段。

（2）生殖力

鳀1龄即性成熟，最小性成熟个体叉长为6.0 cm、体重为1.8 g（李富国，1987）[42]，50%性成熟的平均全长为8.3 cm（Johannessen et al，2001）。个体生殖力大致在几千粒至2×10^4余粒之间。

李富国（1987）[47]对黄海中南部鳀的生殖力（卵径大于0.6 mm的卵粒数）进行了研究，结果显示：叉长为9.0～12.7 cm鳀的生殖力为600～13 600粒，平均5 500粒。曾玲等（2005）以同样方法研究发现：2002—2004年间，鳀的个体生殖力较1985—1986年间的个体生殖力有显著提高，无论是个体生殖力还是相对生殖力均提高了一倍。马健等（2009）根据组织切片和粒径分布综合分析显示：李富国（1987）和曾玲等（2005）研究的结果可能更接近鳀的批次生殖力，而非个体的绝对生殖力，这意味着鳀的生殖力可能更高。

3）生长

根据耳石的鉴定结果，黄海鳀的最高年龄为4龄（中国水产科学研究院黄海水产研究所等，1990）[30]，其体重与体长的关系为式（11.1）。

$$W = 4.0 \times 10^{-3} L^{3.09} \tag{11.1}$$

式中：

W——鳀个体的体重（g）；

L——鳀个体的全长（mm）。

黄海鳀的 Von Bertalanffy 生长方程为式（11.2）。

$$L_t = 16.3 \times \left[1 - e^{-0.8(t+0.2)} \right] \tag{11.2}$$

式中：

L_t——t时鳀个体的全长（mm）；

t——时间（龄）。

孟田湘（2004）根据耳石的日轮对山东半岛南部产卵场鳀仔稚鱼的生长进行了研究，鳀仔稚鱼的日生长率为0.32 mm/d，得鳀仔稚鱼体长与日轮数的关系为式（11.3）。

$$SL = 0.32 I + 3.45 \tag{11.3}$$

式中：

SL——鳀仔稚鱼个体的体长（mm）；

I ——鳀仔稚鱼个体耳石的日轮数。

4）死亡

Iversen et al（1993）曾利用 1985—1990 年间同一世代相邻两年间的资源丰度（尾数）声学评估结果对鳀的总死亡系数进行计算得：1 龄鱼的总瞬时死亡系数（Z）分别为 0.28、0.35、0.43、0.24，平均 0.33；2 龄鱼的 Z 值分别为 1.3、1.35、0.28、0.71，平均 0.91。由于 20 世纪 80 年代黄海鳀资源正处于鼎盛时期，且没有以鳀为主捕对象的规模化渔业，因此可将以上 Z 值近似地看作瞬时自然死亡系数（M）。由以上数据可以看出，黄海鳀的自然死亡系数存在较大的年间波动。当然，由于以上年度估算值完全依赖两个资源丰度评估结果，任何一个年度出现较大的资源评估误差均将对死亡系数估算的准确性产生不可忽视的影响。

近年 Zhao et al（2003）利用 1987—1995 年间的资料，采用 VPA 方法得 2 龄、3 龄鳀的自然死亡系数分别为 0.45、0.92。

5）亲体—补充关系

Zhao et al（2003）依据 1987—2002 年间的数据，得黄海鳀群体的亲体—补充关系 Ricker 模型的关系式（11.4）。

$$R = 151.1 \times SSB \times e^{-0.299\,SSB}$$ (11.4)

式中：

R——越冬群体中 1 龄鱼的补充量（10^9 ind.）；

SSB——相应的生殖群体生物量（10^6 t）。

11.1.1.3 资源变动

图 11.1 给出了 1985—2005 年间，黄海鳀越冬群体的资源变动与鳀渔业的兴衰历程。1990 年以前，尚无规模化的鳀渔业的几年间，鳀资源比较稳定，在 250×10^4 t 左右波动。

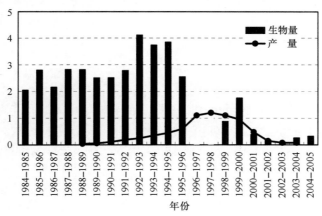

图 11.1　1985—2005 年鳀越冬群体生物量与渔业产量（$\times 10^6$ t）

注：其中产量指标是年度后一年份的产量

1989 年之后，鳀渔业逐步兴起并呈直线上升，至 1996 年全国鳀产量达到 60×10^4 t，突破朱德山和 Iversen 建议的 50×10^4 t 的谨慎性开发捕捞限量（中国水产科学研究院黄海水产研究所等，1990）[33]，事实上也超过其52×10^4 t的最大可持续产量（Zhao et al，2003）。

在鳀渔业快速发展的这段时间内，鳀资源出现较大的正向波动（见图11.1），1992—1993年冬季的调查评估结果最高，超过400×10^4 t。1996年的资源量在连续3年高值后回落到20世纪80年代中后期的平均水平250×10^4 t。1996—1997年冬季和1997—1998年冬季均未进行资源监测调查，也正是在这期间，鳀渔业经历了更加迅猛的发展，产量连续4年过100×10^4 t，甚至更高。其后资源急剧下降，至2003年1月跌至11×10^4 t的历史最低纪录。2003年之后，捕捞压力仍在，黄海的鳀资源则在$(25 \sim 30) \times 10^4$ t的低水平上徘徊，资源量仅为20世纪80年代中后期的1/10。

11.1.2　蓝点马鲛[*]

蓝点马鲛（*Scomberomorus niphonius*）的分类地位、生态类型、分布海域以及种群划分，在渤海篇中的该条目里已有表述，这里不在重复。

11.1.2.1　洄游

黄海、渤海种群越冬场主要在沙外渔场和江外渔场，洄游于黄海和渤海中的各个产卵场。黄海南部种群越冬场在浙、闽外海渔场，洄游于浙、闽和南黄海近海的产卵场。

黄海、渤海种群每年4月中下旬从越冬场经大沙渔场，由东南抵达江苏射阳河口东部海域后，鱼群一路游向西北，进入海州湾和山东半岛南岸各产卵场，产卵期为5—6月。主群则沿122°30′N北上，4月底绕过山东高角，向西进入烟威近海产卵场以及渤海的莱州湾、辽东湾、渤海湾及滦河口等主要产卵场，产卵期为5—6月。在山东高角处，主群的另一支继续北上，抵达黄海北部的产卵场，产卵期为5月中旬到6月初。每年9月上旬前后，鱼群开始陆续游离渤海，9月中旬黄海索饵群体主要集中在烟威、海洋岛及连青石渔场。10月上、中旬，主群向东南移动，经海州湾以东海域，汇同海州湾内索饵鱼群在11月上旬迅速向东南洄游，经大沙渔场的西北部返回到沙外渔场、江外渔场越冬。

11.1.2.2　数量分布

1998—2000年间的四季调查结果如下。

1）春季

黄海蓝点马鲛产卵群体4月底至6月初主要分布于黄海北部的海洋岛渔场、烟威渔场和山东半岛沿岸的海州湾渔场、青岛至乳山外海和石岛渔场，水深为15～35 m的海域。1998年春季调查的112个站位中，只在3个站捕到蓝点马鲛，其出现在海州湾外侧和济州岛以西近海，最高指数为3.9 kg/h。

2）夏季

蓝点马鲛亲鱼和幼鱼均在沿岸产卵场附近分散索饵，分布面广，其中的幼鱼分布于20 m以内较浅水域索饵。2000年夏季调查，其在黄海、渤海的出现频率为18.3%，指数在0.08～11.85 kg/h，平均指数为0.336 kg/h。在黄海，其主要分布在海洋岛周围水域、渤海海峡、

＊　执笔人：李显森

石岛沿岸和射阳河口东南水域。

3）秋季

随着近岸水温下降，鱼群陆续向较深海域行适温洄游，并继续强烈摄食、生长育肥。在渤海，蓝点马鲛幼鱼开始外泛，主群于 9 月上旬至 10 月上旬前后抵达烟威渔场西部，水深为 20～30 m 的水域，此时，海洋岛渔场的蓝点马鲛幼鱼也南移至 20 m 等深线以外的较深水域。10 月中下旬，渤海水温降至 8～12℃，黄海北部水温降至 12～13℃，当年幼鱼主群开始南移，11 月上旬前后与来自渤海和黄海北部的当年幼鱼汇集于烟威渔场的东部至石岛渔场的北部，水深为 30～40 m 一带的水域。11 中下旬，渤海和黄海水温继续下降，鱼群基本游离渤海和黄海北部，南移到达黄海中南部的连青石至大沙渔场一带水深为 20～40 m 的宽广海域。2000 年秋季调查的 118 个站位中，有 5 个站位出现蓝点马鲛，其指数为 0.44～4.5 kg/h，主要分布在连青石渔场。

4）冬季

蓝点马鲛在黄海东南部外海至五岛外海一带和东海中南部外海至钓鱼岛以北海域的深水区越冬。1999 年冬季调查的 40 个站位中，有 3 个站位出现蓝点马鲛，指数为 0.72～2.44 kg/h，分布于济州岛西部的黄海暖流区内。

11.1.2.3 渔业生物学

1）群体组成

蓝点马鲛资源的开发利用经历了 4 个阶段，即 1962 年以前的原始阶段，1962—1976 年的发展阶段，1977—1989 年的充分利用阶段和 1990 年以后的过度利用阶段。其产卵群体组成也发生了较大变化，趋于小型化、低龄化。从原始阶段到充分利用阶段，平均年龄由 2.83 龄下降到 1.98 龄，优势年龄则从 3 龄、2 龄变为 1 龄、2 龄，平均叉长、体重分别从 583 mm、1 507 g 下降到 521 mm、1 091 g（邱盛尧，2003）。

本次调查，蓝点马鲛春季群体的叉长范围为 275～803 mm，平均叉长 496 mm；夏季叉长范围为 184～540 mm，平均值为 244 mm，优势组为 230～250 mm，占 78.1%；秋季群体叉长范围为 320～500 mm，平均值为 369 mm；冬季群体叉长范围为 316～443 mm，平均值为 372 mm。

春季群体的体重范围为 160～3 900 g，平均值为 1 540 g；夏季群体体重范围为 80～1 250 g，平均值为 107 g，优势组为 100～120 g，占 72.7%；秋季群体体重范围为 160～500 g；冬季群体体重范围为 255～760 g，平均值为 459 g。

2）生长

蓝点马鲛生长迅速。研究结果表明（邱盛尧，2003）：1 龄鱼平均叉长、平均体重可达 419 mm、520 g，加入到产卵群体中；2 龄鱼可生长到 537 mm、1 197 g；3 龄鱼之后，体长生长减慢，体重生长加快，3 龄鱼平均为 606 mm、1 601 g。

蓝点马鲛体重与叉长之间呈幂函数关系，其关系为式（11.5）。

$$W = 2.30 \times 10^{-5} L^{2.815\,9} \tag{11.5}$$

167

式中：

    W——蓝点马鲛个体的体重（g）；

    L——蓝点马鲛个体的叉长（mm）。

蓝点马鲛的 Bertalanffy 生长方程为式（11.6）、（11.7）。

$$L_t = 746 \left[1 - e^{-0.4606(t+0.733)} \right] \tag{11.6}$$

$$W_t = 3157 \left[1 - e^{-0.4606(t+0.733)} \right]^3 \tag{11.7}$$

两式中：

    L_t——t 时蓝点马鲛个体的叉长（mm）；

    W_t——t 时蓝点马鲛个体的体重（g）；

    t ——时间（龄）。

体重生长拐点在 1.65 龄处，叉长的生长较体重的生长在前，3 龄之前是叉长主要增长期，而体重主要增重期在 1~4 龄（见图 11.2）。

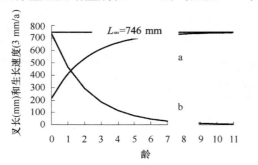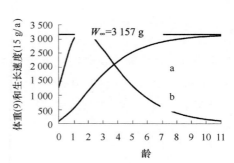

图 11.2　蓝点马鲛叉长、体重的生长曲线（a）和生长速度曲线（b）

3）繁殖

蓝点马鲛的性腺，1 年内成熟 1 次（邱盛尧，2003），生殖周期为 1 年。9 月至翌年 2 月，群体的性腺成熟度组成简单，均处于 II 期（部分当年生幼鱼为 I 期），成熟系数低，在 6.0~65.5。3 月份，性腺开始发育，群体中 III 期的个体占 89.5%，雌、雄的成熟系数分别升至 25.5、28.8。4 月份，群体中 IV 期个体增加，雌、雄的成熟系数分别为 109.0、109.1。5—7 月，群体中包含有性成熟的 III、IV、V 期个体，未成熟的 II 期个体，产过卵的 VI 期个体和产卵后恢复的 VI 期个体，雌、雄的成熟系数分别为 15.9~107.1、10.5~94.4。8 月份，群体中仅有未成熟的 II 期个体和产完卵的 VI 期个体，雌、雄的成熟系数分别为 11.0、7.8。蓝点马鲛最小性成熟叉长为 360 mm。个体生殖力为 4.80 万~11.00 万粒。

4）摄食

蓝点马鲛属于肉食性的凶猛鱼类，食谱较单纯，以小型鱼类为主要饵料，还有少量头足类和甲壳类等。鳀是蓝点马鲛常年摄取的最主要种类，此外，还有玉筋鱼、青鳞沙丁鱼、细条天竺鲷、黄鲫、斑鰶、枪乌贼类、曼氏无针乌贼幼体、鹰爪虾等。

5）死亡

以流刺网片数和拖网盘数分别作为标准捕捞力量单位（f）（邱盛尧，2003），应用 Ricker

（1975）死亡系数估算法 $L_n C_{t+1} = L_n C_t - Z$，并经 $Z = M + qf$ 回归，分别对黄海、渤海蓝点马

鲅 1 龄以上群体和当年幼鱼的死亡情况进行估算，并经 Alverson 等（1975）的 $T_{max} \times 0.25 = (1/k) L_n (M + 3k/N)$，Pauly（1980）的 $L_{og} M = -0.006 - 0.279 L_{og} L_\infty + 0.654\ 31 L_{og} k + 0.463\ 4 L_{og} T$，Gunderson（1988）的 $M = 0.03 + 1.68 WGSI$ 这 3 种估算自然死亡系数经验公式校正，结果为：1 龄以上成鱼的自然死亡系数为 0.411 2，当年幼鱼为 0.460 2。1990—1992年，平均总死亡系数分别为 3.053 5、4.579 0，捕捞死亡系数为 2.642 3、4.118 8，资源残存率仅分别为 4.72%、1.03%。

11.1.2.4　资源变动

蓝点马鲛是黄海、渤海渔业的主要捕捞对象，是目前年渔获量超过 10×10^4 t 唯一的大型经济鱼类，渔业生产以秋汛捕捞当年生蓝点马鲛为主。1962 年以前，由棉线流刺网捕捞产卵群体，捕捞能力较低，年渔获量仅 $0.14 \times 10^4 \sim 0.48 \times 10^4$ t。1963 年以后，随着渔船机动化和胶丝流刺网的使用，捕捞能力迅速提高，虽仍以捕捞产卵群体为主，但年渔获量逐年增加，渔获量为 $0.86 \times 10^4 \sim 4.30 \times 10^4$ t。1977 年以后，秋季底拖网渔船加入到蓝点马鲛的捕捞生产，并逐渐成为蓝点马鲛资源的主要开发利用网具，蓝点马鲛渔业分春、秋两季进行，春季渔获量一直保持在 2×10^4 t 左右，但年渔获量则逐年增加，达到 $2.98 \times 10^4 \sim 6.95 \times 10^4$ t。1990 年以后，由于变水层疏目拖网的使用，蓝点马鲛年渔获量迅速上升到 $6.26 \times 10^4 \sim 16.99 \times 10^4$ t。

蓝点马鲛资源在经历了原始阶段、发展阶段、充分利用阶段和过度利用阶段之后，随着黄海、渤海蓝点马鲛渔业管理法规和伏季休渔制度的实施，其产卵群体资源和补充群体资源得到有利的保护，开发利用趋于科学、合理，1998 年以后，黄海、渤海蓝点马鲛年渔获量增加到 20×10^4 t 以上，为 $21.40 \times 10^4 \sim 29.72 \times 10^4$ t，其中，2005 年创历史最高水平。

11.1.3　银鲳[*]

银鲳（*Pampus argenteus*）隶属于鲈形目（Perciformes）、鲳科（Stromateidae）、鲳属（*Pampus*）。它属于暖水性、浮游生物食性、中型中上层鱼类，在渤海、黄海、东海、台湾海峡和南海均有分布，还分布在日本西部海域。此外，印度洋也能见其踪迹，为广温、广盐、广分布种。在分类学上，我国的渔业生物学研究和资源评估中把翎鲳（*Pampus cinereus*）称作银鲳，并沿用至今。

11.1.3.1　洄游

银鲳可分为黄海、渤海种群和东海种群（《中国海洋渔业资源》编写组，1990）。银鲳黄海、渤海种群的越冬场位于济州岛西南侧海域及济州岛与五岛列岛之间的对马渔场，水深为 $60 \sim 100$ m，此外，在 $34 \sim 37°N$，$122 \sim 124°E$ 的黄海洼地西部，水深 60 m 的海域内，也有部分银鲳越冬，翌年春天进入黄、渤海沿岸产卵索饵，其分布区明显独立于东海银鲳种群。

秋末，当黄、渤海沿岸水域的水温下降到 $14 \sim 15℃$ 时，在沿岸河口索饵的银鲳群体开始向黄海中南部海域集结。12 月，分布于 $34 \sim 37°N$，$122 \sim 124°E$ 的连青石渔场和石岛渔场南部海域。1—3 月，越冬群体南移至济州岛西南海域和对马渔场越冬。每年的 12 月至翌年 3 月，为黄海、渤海银鲳种群的越冬期。3—4 月，银鲳开始由越冬场北上，向大陆沿岸的产卵

＊ 执笔人：李显森

场洄游，当洄游至大沙渔场北部 33~34°N，123~124°E 海域时，分出一支游向海州湾产卵场，另一支继续北上，到达成山头附近海域时，又分为两支：一支游向海洋岛渔场，另一支游向烟威渔场，然后进入渤海。5—7 月为产卵期，产卵场分布在沿海河口浅海混合水域的高温、低盐区，水深一般为 10~20 m，底质以泥砂质和砂泥质为主，水温为 12~23℃，盐度为 27~31。在黄海，其主要产卵场有海州湾，吕泗渔场是最大的银鲳产卵场，但在此产卵的银鲳属东海银鲳种群，7—11 月为索饵季节，索饵场与产卵场基本重叠，到秋末，随着水温下降，在沿岸索饵的银鲳向黄海中南部集群，南下越冬洄游。

11.1.3.2　数量分布

1998—2000 年间的四季调查结果如下。

1）春季

银鲳在黄海的分布较广，但密度较低，平均指数为 0.18 kg/h。高密度区主要出现在黄海南部，以江苏沿岸较为集中，指数为 1.2~2.3 kg/h。黄海中北部海域的银鲳数量较少。

2）夏季

银鲳主要分布在 10~30 m 水深的沿岸水域索饵，40 m 以深海域基本没有分布。黄海调查区内银鲳的指数明显高于春季，为 0.58 kg/h。高密度区分布于江苏沿海，指数为 3.5~21 kg/h。

3）秋季

银鲳分布区集中于山东半岛南部至江苏沿岸海域，在黄海北部仅在海洋岛渔场东部有少量分布，40 m 以深水域基本没有分布。秋季的分布区与夏季相比，银鲳已开始向黄海深水移动。黄海银鲳的平均指数为 1.30 kg/h，其中，在海州湾出现最高指数，达 80 kg/h。

4）冬季

初冬，银鲳主要分布在黄海中南部 40 m 以上深水。越冬期间，银鲳集群性较强，平均指数为 3.70 kg/h，为全年最高值。密集区主要在黄海中南部的连青石渔场，指数为 5.5~24.9 kg/h。

11.1.3.3　渔业生物学

1）群体组成

春季银鲳群体的叉长范围为 70~226 mm，平均叉长为 137.0 mm，优势叉长为 110~150 mm，占群体的 71.5%，其中，120~130 mm 叉长组占比例最高，为 23.8%。体重范围为 9~485 g，平均体重为 81.4 g。春季产卵群体以 1 龄、2 龄鱼为主，占 68.0%，3 龄以上仅占 3.3%。

夏季银鲳群体的叉长范围为 67~217 mm，平均叉长为 116.9 mm，优势叉长为 60~130 mm，占群体的 72.3%。体重范围为 8~342 g，平均体重为 59.8 g。夏季群体以当年生幼鱼为主，占 58.3%，1 龄、2 龄鱼占 32.8%，3 龄以上仅占 2.0%。

秋季银鲳群体的叉长范围为 81 ~ 223 mm，平均叉长为 136.8 mm，优势叉长为 90 ~ 160 mm，占群体的 80.5%。体重范围为 11 ~ 347 g，平均体重为 81.8 g。秋季群体以 1 龄、2 龄鱼为主，占 56.2%，当年生幼鱼占 29.9%，3 龄以上仅占 3.5%。

冬季银鲳群体的叉长范围为 69 ~ 252 mm，平均叉长为 140.8 mm，优势叉长为 90 ~ 170 mm，占群体的 72.4%。体重范围为 12 ~ 546 g，平均体重为 86.8 g。冬季群体以 1 龄、2 龄鱼为主，占 64.2%，当年生幼鱼占 26.7%，3 龄以上仅占 3.9%。

2）生长

银鲳的体重与叉长呈幂函数关系，根据调查取样测定的 1 166 尾的叉长、体重数据进行计算，其关系为式（11.8）。

$$W = 2.93 \times 10^{-5} L^{2.999\,96} \tag{11.8}$$

式中：

W——银鲳个体的体重（g）；

L——银鲳个体的叉长（mm）。

黄海南部银鲳群体的 Bertalanffy 生长方程为式（11.9）和式（11.10）。（《中国海洋渔业资源》编写组，1990）[115]

$$L_t = 301.5 \left[1 - e^{-0.356(t+1.47)} \right] \tag{11.9}$$

$$W_t = 722.2 \left[1 - e^{-0.356(t+1.47)} \right]^{3.052\,8} \tag{11.10}$$

两式中：

L_t——t 时银鲳个体的叉长（mm）；

W_t——t 时银鲳个体的体重（g）；

t——时间（龄）。

3）繁殖

银鲳的最小性成熟叉长为 120 mm 左右，最小性成熟年龄为 1 龄，性成熟度的周年变化很有规律。在 8 月到 12 月的群体中，性成熟度基本处于 II 期，可占 90% 以上。在春季 5 月进入黄海沿岸产卵场的生殖群体中，61.4% 的银鲳个体的性腺处于 III 期，26.3% 处于 IV 期。6—7 月为产卵盛期。从 5 月和 8 月银鲳的分布情况分析，在黄海，银鲳的主要产卵场有黄海南部的吕泗渔场、海州湾渔场，水深为 10 ~ 20 m 的河口浅滩。对黄海南部银鲳的生殖力研究表明（曾 玲等，2005），银鲳个体绝对生殖力为（73 295 ± 4 224）粒，相对生殖力为（377.4 ± 15.9）粒/mm，较 20 世纪 70 年代的个体绝对生殖力（64 551 ± 2 889）粒和相对生殖力（335.3 ± 9.8）粒/mm（农业部水产局等，1990）有所提高。

4）摄食

银鲳是以摄食浮游生物为主的滤食性鱼类，摄食强度较弱，尤其是在越冬期及产卵期，空胃率达 90% 以上。春季，进入产卵场的银鲳产卵群体中混栖着 30% 以上的未成熟幼鱼，经过一个越冬期体内能量的消耗，开始摄食，摄食率为 26.9%；秋季是银鲳摄食最旺盛的季节，摄食率为 29.0%，其中，胃饱满度为 2 级、3 级的个体占 10.3%。从银鲳在索饵期的分布来看，索饵场的范围要比产卵场大，位置更偏外海，山东和江苏沿岸 40 m 等深线以浅的水域是银鲳的索饵场。银鲳的饵料生物主要有海链藻、根管藻和小拟哲水蚤，其次为太平洋纺锤水蚤、真刺唇角水蚤等。银鲳的营养等级为 3.2（韦晟，1992）。

11.1.3.4　资源变动

20 世纪 80 年代以前，黄海、渤海渔业以捕捞大黄鱼、小黄鱼、带鱼和中国对虾等传统经济种类为主，银鲳仅作为拖网的兼捕对象，产量并不高，不足 2×10^4 t。随着我国海洋渔业的迅猛发展，黄海、东海的大黄鱼、小黄鱼和带鱼以及中国对虾资源相续衰退，对银鲳资源的开发利用引起了重视。自 20 世纪 70 年代后期，江苏的群众渔业在吕泗渔场以流刺网捕获银鲳取得成功后，专捕银鲳的渔船数量迅速增加，产量明显上升。黄海、渤海银鲳产量在 1980—1995 年间处于波动状态，维持在 $1 \times 10^4 \sim 3 \times 10^4$ t，到 1996 年突然增加到 6×10^4 t，此后的几年则保持在较高水平，1999 年达 7.5×10^4 t。

目前捕捞银鲳的渔具除了专用的流刺网外，拖网和沿岸定置网亦可兼捕银鲳。主要作业渔场为黄海中南部的吕泗渔场、大沙渔场和海州湾渔场以及连青石渔场，渔期为 5—11 月，其次为黄海北部的石岛渔场、海洋岛渔场，渔期为 6—11 月。冬季在黄海中南部越冬的银鲳为底拖网兼捕对象，渔期为 1—4 月。

11.1.4　鲱 *

鲱（*Clupea harengus pallasi*）隶属于鲱形目（Clupeiformes）、鲱科（Clupeidae）、鲱属（*Clupea*）。异名：*Clupea pallasi*。中文异名：太平洋鲱。在黄海，渔民俗称：青鱼。太平洋鲱属于冷温性、浮游生物食性、中型中上层鱼类，广泛分布于北太平洋，如美国和加拿大的西部沿海、阿拉斯加湾、白令海、俄罗斯东北部沿海、鄂霍次克海、日本海和黄海等。

11.1.4.1　种群与洄游

1）种群

由于鲱的分布海域如此之广，又不做远距离洄游，因此，形成了若干地方性种群。如，生活在西、北太平洋的鲱，有北海道—萨哈林种群（北海道—萨哈林鲱）、黄海种群（黄海鲱）、白令海种群（白令海鲱）等。

2）洄游

生活在黄海的鲱，终年不出黄海，其越冬场在黄海中央部、水深为 70～90 m 的海域。冬末 2 月上旬，性成熟的鲱开始向近岸移动，3—4 月，主群游进山东半岛荣成—威海近岸的各湾口进行生殖，另有少量鱼群游向辽东半岛东南部沿岸和朝鲜西岸浅水区产卵。4—5 月，产卵后，鱼群迅速游向外海深水区觅食。夏季，广泛分布于黄海中北部、水深为 60～90 m 的海域；秋季，其分布区向中心收缩；冬季，进入 35°10′～37°10′N，123°30′～125°00′E 海域。

11.1.4.2　数量分布与环境的关系

1998—2000 年间的四季调查结果如下。

---

　　* 执笔人：唐启升，程济生

1）春季

5 月，在调查的 112 个站位中，只有 5 个站捕到鲱，出现频率仅为 4.5%，资源指数很低，为 0.060 ~ 0.210 kg/h，平均指数仅 0.005 kg/h。相对其他季节来说，春季鲱的分布范围最大，为黄海 35°45′ ~ 38°30′N，122°00′ ~ 124°15′E 的海域，表层水温为 12 ~ 16℃，底层水温为 8 ~ 10℃。

2）夏季

8 月，在调查的 108 个站位中，只有 6 个站捕到鲱，出现频率为 5.6%，资源指数为 0.010 ~ 0.550 kg/h，平均指数为 0.008 kg/h。鲱只分布于黄海 36°30′ ~ 38°00′N，123°00′ ~ 124°30′E 的海域，表层水温为 24 ~ 28℃，底层水温为 9 ~ 15℃。

3）秋季

10 月，在调查的 99 个站位中，只有 5 个站捕到鲱，出现频率为 5.1%，资源指数为 0.015 ~ 0.210 kg/h，平均指数也只有 0.005 kg/h。鲱的分布范围在四季中最小，只限于黄海 36°00′ ~ 36°45′N，123°45′ ~ 124°30′E 的海域，表层水温为 20.5 ~ 21.5℃，底层水温为 10℃。

4）冬季

12 月，在调查的 39 个站位中，只有 4 个站捕到鲱，出现频率为 10.3%，资源指数为 0.033 ~ 0.885 kg/h，平均指数为 0.031 kg/h。鲱只分布于黄海 37°00′ ~ 38°00′N，122°00′ ~ 124°00′E 的海域，表层、底层水温均为 9 ~ 10℃。

5）垂直移动

一年之中，5 月至翌年 2 月，即春末、夏季、秋季、冬季，鲱主要栖息在水深 60 ~ 90 m 海域的底层，且常常有昼夜垂直移动的现象，其移动程度随季节而变化。在 3—4 月鲱的产卵盛期，其主要活动在浅水区，垂直移动现象也非常明显，白天常栖息在底层，夜间移至中层或表层。

11.1.4.3　渔业生物学

1）群体组成

根据 1999—2009 年间的生物学测定结果如下。

（1）春季

5 月，鲱群体的叉长范围为 168 ~ 239 mm，优势叉长是 220 ~ 235 mm，占群体的 60%，平均叉长为 212 mm；群体的体重范围为 70 ~ 156 g，优势体重是 105 ~ 125 g，占群体的 50%，平均体重为 106 g。群体中，1 龄鱼约占 40%，2 龄鱼约占 60%，雌雄个体的比例为 40:60。

（2）夏季

8 月，鲱群体的叉长范围为 165 ~ 221 mm，优势叉长是 192 ~ 216 mm，占群体的 61.5%，平均叉长为 202 mm；群体的体重范围为 53 ~ 120 g，优势体重是 81 ~ 116 g，占群体的 55.6%，平均体重为 87.2 g。群体中，1 龄鱼约占 15%，2 龄鱼约占 85%，雌雄个体的比例为 46:54。

（3）秋季

10 月，鲱群体的叉长范围为 125～214 mm，优势叉长是 125～140 mm，占群体的 85.7%，平均叉长为 148 mm；群体的体重范围为 19～104 g，优势体重是 19～33 g，占群体的 85.7%，平均体重为 36.5 g。群体中，当年生幼鱼约占 86%，1 龄鱼约占 14%，雌雄个体的比例为 57∶43。

（4）冬季

12 月，鲱群体的叉长范围为 106～242 mm，优势叉长是 138～162 mm，占群体的 80.0%，平均叉长为 150 mm；群体的体重范围为 29～157 g，优势体重是 33～45 g，占群体的 73.3%，平均体重为 45.8 g。群体中，当年生幼鱼约占 73%，1 龄鱼约占 20%，2 龄鱼约占 7%，雌雄个体的比例为 50∶50。

2）繁殖

（1）产卵场与产卵期

鲱喜欢在盐度较高、温度较低、水质清澈、海草丛生、硬砂质泥底的近岸浅水区产卵。卵子为黏性、沉性卵，产出的卵子粘着在海底或近底层海水中的海草、藻类、礁石、其他附着物上。产卵盛期，亲鱼进入水深为 0.5～10 m 的浅水区，水温为 3～5℃，盐度为 30.0～32.0。

在黄海，鲱的产卵期为 2—5 月，产卵盛期为 3—4 月。主要产卵场位于山东半岛的桑沟湾、荣成湾和威海市皂埠至田村沿岸水域，此外，海洋岛、薪岛，辽东半岛的黄海沿岸，朝鲜半岛西海岸的黄海道、忠清南道也有其产卵场。

（2）生殖力

在黄海，鲱第一次达到性成熟的最小叉长、体重：雌鱼分别为 200 mm、80 g；雄鱼分别为 168 mm、46 g。雌鱼属典型一次排卵类型，个体的绝对生殖力为（1.93～7.81）×10⁴ 粒。个体的绝对生殖力与纯体重呈直线增长关系，与叉长呈幂函数增长关系，其相关方程分别为式（11.11）、式（11.12）。

$$F = 0.030\ 4\ W - 0.409 \tag{11.11}$$
$$F = 7.98 \times 10^{-8} L^{3.170\ 7} \tag{11.12}$$

两式中：

F——雌鱼个体的怀卵量；

W——雌鱼个体的纯体重；

L——雌鱼个体的叉长。

雌鱼个体的相对生殖力分别为 93～269 粒/mm、210～379 粒/g。

3）早期发育与年内生长

鲱产出的卵，在水温为 5.5～9.8℃ 的情况下，从受精到孵化需要 11.6～13.6 天；在 7.5～13.2℃ 的情况下，需要 9.6～12.5 天。卵径为 1.42～1.65 mm 的受精卵，孵出的仔鱼全长为 5.24～7.49 mm。仔鱼孵出后 2～3 天，游泳能力显著增强，多半栖息于水底，有时也游向水面或中层；6 天后，全长已达 8 mm 以上，卵黄吸收殆尽，由被动摄食转为主动摄食，进入后期仔鱼；14～16 天，全长为 10.2～11.5 mm。稚、幼鱼一直在产卵场附近的浅水区栖息。

在黄海，周年内，鲱个体的生长有明显阶段性变化：夏季生长迅速，秋季及初冬生长缓慢，冬末至产卵前生长又加速，产卵期间及产卵后恢复初期生长量最小。

4）叉长与体重关系及生长方程

在黄海，鲱的纯体重与叉长之间呈幂函数关系，其关系为式（11.13）；鲱的 Von Bertalanffy 长度生长方程为式（11.14），重量生长方程为式（11.15）。

$$W = 7.938 \times 10^{-6} L^{3.02} \qquad (11.13)$$

$$L_t = 305 \times \left[1 - e^{-0.66(t+0.198)} \right] \qquad (11.14)$$

$$W_t = 253 \times \left[1 - e^{-0.66(t+0.198)} \right]^3 \qquad (11.15)$$

三式中：

W——个体的纯体重（g）；

L——个体的叉长（mm）；

W_t——t 时个体的纯体重（g）；

L_t——t 时个体的叉长（mm）；

t——时间（龄）。

与其他海域的鲱相比，黄海的鲱生长较为迅速。如 2 龄鱼，黄海的鲱平均叉长为 24 cm，日本海的鲱约 20 cm，白令海的鲱约 17 cm；4 龄鱼，黄海的鲱为 28 cm，日本海的鲱约 27 cm，白令海的鲱约 20 cm（久保伊津男，1962；Wespestad 和 Barton，1981）。

5）死亡与补充

在黄海，同大多数海洋鱼类一样，鲱早期阶段个体死亡率很高，存活率为万分之四左右；之后，死亡率相对较低；8~9 龄后，绝大多数个体由于衰老而死亡。

用不同的方法，测出其群体的自然死亡系数（M）差别较大，分别为 0.1、0.58、0.78。

在黄海，1 龄鱼只有个别个体达性成熟，2 龄鱼个体 99% 达性成熟，3~9 龄鱼个体全部性成熟。

6）摄食

（1）饵料组成

鲱属于浮游生物食性。稚、幼鱼和成鱼均以栖息海域浮游动物的主要种类为主，如磷虾类、桡足类、端足类、毛颚类、糠虾类、枝角类和被囊动物等，有时也摄食少量仔鱼。

在黄海，鲱以黄海中浮游动物的优势种为主：4—8 月为主要索饵期，其主食是太平洋磷虾（*Euphausia pacifica*），这是因为该季节，磷虾是鲱分布区内的浮游动物的优势种；产卵前期的 2—3 月，威海外的鲱胃含物以细长脚虫戎（*Themisto gracilipes*）为主，因海区位于北黄海冷水团西南边缘，正是冷温性浮游动物种类细长脚虫戎的密集分布区之一。因此可以说，鲱的主要饵料成分随着季节、海域浮游动物优势种的变化而异。

（2）摄食强度

在黄海，鲱摄食的显著特点是摄食强度大的季节比较集中，主要索饵期在 4—8 月，越冬后期和产卵前期有少量摄食，其他季节摄食量很低，甚至停止摄食。

11.1.4.4　资源变动

同鲱的其他种群如北海道鲱、白令海鲱一样（Murphy，1977；Wespestad 和 Barton，

1981），黄海鲱的资源数量变动也属于剧烈波动类型，其变动幅度之大，在我国海洋渔业种类中也属罕见。这可体现在其年渔获量的变化上：1967 年（0.1×10^4 t）到 1970 年（1.3×10^4 t），资源呈上升的趋势；1971 年（3.1×10^4 t）后猛增到 18.2×10^4 t（1972 年），然后又逐年下降，1977 年（1.8×10^4 t）为最低；1977 年以后，先略有增加（1979 年达 3.4×10^4 t）然后再次逐年下降。

根据 1998—2000 年底拖网调查数据，用扫海面积法进行估算：在黄海，鲱四季的平均资源量仅为 44 t。当前，因其资源严重衰退，已无产量统计。

渔业生物学基础研究结果表明：黄海鲱的资源变动与洄游无关，主要受世代发生量（补充量）的影响，自然环境是影响其世代发生量的重要原因，降水量、大气环流、水温可能是主要的影响因子。

11.2 底层鱼类

11.2.1 小黄鱼[*]

小黄鱼（Larimichthys polyactis）隶属于鲈形目（Perciformes）、石首鱼科（Sciaenidae）、黄鱼属（Larimichthys）。俗称：黄花鱼（山东省、河北省、辽宁省）、小鲜、（浙江省、江苏省）、小黄瓜（福建省）。它属于暖温性、底栖动物食性、中型底层鱼类，广泛分布于渤海、黄海、东海。小黄鱼是我国最重要的海洋渔业经济种类之一，与大黄鱼、带鱼、墨鱼并称为我国"四大渔业"。

11.2.1.1 种群与洄游

中、日两国对小黄鱼种群曾作过较多研究，将小黄鱼基本上划分为四个群系，即黄海北部—渤海群系、黄海中部群系、黄海南部群系、东海群系，每个群系之下又包括几个不同的生态群（《中国海洋渔业资源》编写组，1990）[45]。

黄海北部—渤海群系主要分布于 34°N 以北的黄海和渤海。越冬场在黄海中部，水深为 60～80 m，底质为泥砂、砂泥或软泥，底层水温最低为 8℃，盐度为 33～34，越冬期为 1—3 月。春季，随着水温升高，小黄鱼从越冬场向北洄游，经成山头分为两群：一群向北，到鸭绿江口附近，另一群经烟威渔场进入渤海产卵。另外，朝鲜西海岸的延平岛水域也是其产卵场，产卵期主要在 5 月，产卵后鱼群分散索饵。10—11 月，随着水温下降，逐渐游经成山头以东，124°E 以西海域向越冬场洄游。

黄海中部群系是最小的一个群系，主要在 35°N 附近越冬，5 月上旬在海州湾、乳山外海产卵，产卵后就近分散索饵，11 月开始向越冬场洄游。

黄海南部群系，一般仅限于在吕泗渔场至黄海东南部越冬场之间的海域进行东西向移动，4—5 月，在江苏沿岸吕泗渔场进行产卵，产卵后分散索饵，10 月下旬向东进行越冬洄游，越冬期为 1—3 月份。

东海群系，在小黄鱼资源盛期时，数量较多，越冬场非常明显，主要在温州至台州外海水深 60～80 m 海域，越冬期为 1—3 月。从 2000 年冬季调查来看，该群系资源仍没明显恢

---

　　* 执笔人：金显仕

复，越冬范围较小，越冬小黄鱼春季游向浙江与福建近海产卵。主要产卵场在浙江北部沿海和长江口外水域，亦有在佘山、海礁一带浅海区产卵，产卵期为 3 月底至 5 月初，产卵后鱼群分散在长江口一带索饵，11 月前后随水温下降，向温州至台州外海作越冬洄游。东海群系的产卵与越冬均属定向洄游，一般仅限于东海范围。

11.2.1.2　数量分布

1998—2000 年间的四季调查结果如下。

1) 季节变化

(1) 春季

小黄鱼主要集中在黄海的中南部，密度较低，特别是 36°N 以北的资源指数都在 1 kg/h 以下，这可能由于大部分鱼群已进入近岸水域。小黄鱼的出现频率为 72.3%，平均指数为 1.00 kg/h、34 ind./h，最高为 19.6 kg/h、768 ind./h。

黄海北部，小黄鱼的出现频率为 50%，平均指数为 0.04 kg/h、1 ind./h，最高为 0.19 kg/h、6 ind./h；黄海中部，其出现频率为 62.9%，平均指数为 0.23 kg/h、5ind./h，最高为 2.8 kg/h、28 ind./h；黄海南部，其出现频率最高，为 87.3%，平均指数为 1.87 kg/h、66 ind./h，最高为 19.6 kg/h、768 ind./h。

(2) 夏季

小黄鱼密集区在江苏外海的吕泗渔场，出现频率为 42%，平均指数为 1.76 kg/h、135 ind./h，最高指数为 87.5 kg/h、806 ind./h。

黄海北部，小黄鱼出现频率为 29.2%，平均指数为 0.34 kg/h、8 ind./h，最高为 5.905 kg/h；黄海中部，其出现频率为 28.6%，平均指数为 0.36 kg/h、9 ind./h，最高为 9.2 kg/h；黄海南部，其出现频率为 56.6%，平均指数为 3.33 kg/h、276 ind./h。

(3) 秋季

小黄鱼分布范围广，出现频率高，为 79.2%，密集区在江苏外海的吕泗渔场。平均指数为 3.42 kg/h、594 ind./h，最高为 44.4 kg/h、22 750 ind./h。

黄海北部，小黄鱼出现频率为 47.8%，平均指数为 1.65 kg/h、37 ind./h，最高为 16.4 kg/h、330 ind./h；黄海中部，其出现频率为 75.9%，平均指数为 1.95 kg/h、63 ind./h，最高为 15.0 kg/h、342 ind./h；黄海南部，其出现频率为 95.9%，平均指数为 5.12 kg/h、1 170 ind./h，最高为 44.4 kg/h、22 750 ind./h。

(4) 冬季

小黄鱼大部分进入了越冬场，12 月份，只有小部分尚未到达，主要分布于黄海中南部深水区。小黄鱼出现频率为 72.5%，平均指数为 6.71 kg/h、386 ind./h，最高为 59.07 kg/h、3 108 ind./h。

黄海北部，小黄鱼出现频率为 55.6%，平均指数为 1.46 kg/h、123 ind./h，最高为 11.67 kg/h、1 012 ind./h；黄海中部，其出现频率为 84.6%，平均指数为 9.48 kg/h、528 ind./h，最高为 43.40 kg/h、2 539 ind./h；黄海南部，其出现频率为 72.2%，平均指数为 7.33 kg/h、414 ind./h，最高为 59.07 kg/h、3 108 ind./h。

2）数量分布与环境的关系

（1）春季

小黄鱼分布海域的底层水温自南向北逐渐下降，为 6～16℃，盐度自近岸向外、自北向南升高，为 32.1～34.2，溶解氧分布与水温相反，自南向北逐渐降低，为 8.2～10.3 mg/L，硝酸盐为 2～12 μmol/L，磷酸盐为 0.1～0.45 μmol/L。小黄鱼密集分布区的水温为 9～14℃，盐度为 32.7～33.9，溶解氧为 8.2～9.0 mg/L，硝酸盐为 7～9 μmol/L，磷酸盐为 0.15～0.35 μmol/L。在小黄鱼的密集分布区，浮游植物的密度很低，在 5×10^4 个细胞/m³ 以下，以东水域浮游动物生物量很高，超过 200 mg/m³。

（2）夏季

小黄鱼主要分布在近岸，底层水温为 8～27℃，密集区的水温较高，在 20℃ 以上，盐度为 31.9～32.5，溶解氧为 5.5～7.0 mg/L，硝酸盐为 5～10 μmol/L，磷酸盐为 0.9～3.8 μmol/L。浮游植物的密集区与小黄鱼类似，也在近岸，以江苏外海最高，达 930×10^4 个细胞/m³。江苏外海的浮游动物生物量较低，在 150 mg/m³ 以下。

（3）秋季

小黄鱼广泛分布在黄海，底层水温为 8～24℃，以黄海海槽为最低。密集区的底层温度在 10℃ 以上，盐度在 31.6～32.8，溶解氧为 5.1～7.5 mg/L，硝酸盐为 2～14 μmol/L，磷酸盐为 0.6～2.2 μmol/L。浮游植物密集区与小黄鱼密集区的分布相反，主要在近岸。浮游动物的密集区在黄海南部，与小黄鱼南部密集区基本一致。

（4）冬季

小黄鱼越冬场的底层水温较均匀，为 9～15℃，盐度为 32.2～33.3，溶解氧在 5.9～7.5 mg/L，硝酸盐为 1.5～3.5 μmol/L，磷酸盐为 1.0～8.0 μmol/L。浮游植物密集区主要在近岸，中南部很低，在 15×10^4 个细胞/m³ 以下。浮游动物分布较均匀，生物量在 120 mg/m³ 以下。

3）年间变化

对照黄海 1985—1986 年相同季节与区域的底拖网调查资料，本次小黄鱼资源密度有较大增加。1986 年春季，小黄鱼出现频率为 68.7%，主要分布在黄海南部和威海外海，分布范围较小。平均指数为 0.208 kg/h、7 ind./h，最高为 3.067 kg/h、87 ind./h，远低于 1998 年同期。1985 年夏季，小黄鱼出现频率仅为 23.9%，主要分布在江苏外海至济州岛附近，黄海中北部只有零星分布，平均指数为 0.136 kg/h、6 ind./h，为全部调查区中的最低值，最高为 7.42 kg/h、255 ind./h。1985 年秋季，小黄鱼出现频率为 42.9%，主要分布于黄海南部，在中部和北部仅有少量分布，平均指数为 2.871 kg/h、141 ind./h，最高为 47.787 kg/h、3 136 ind./h。1985 年冬季，小黄鱼主要分布于黄海中南部，出现频率为 61.4%，平均指数为 1.178 kg/h、39 ind./h，最高为 16.667 kg/h、641 ind./h。

1998—2000 年的调查与 1985—1986 年同期的调查对比，黄海小黄鱼资源密度按重量计为前期的 1～8 倍，按尾数计为前期的 4～27 倍，分布范围扩大，资源恢复明显。

11.2.1.3 渔业生物学

1）群体组成

春季生殖群体，个体较大，体长范围为 90～190 mm，平均体长为 118 mm，优势体长组为 110 ~ 130 mm，占 84.8%；体重范围为 15 ~ 127 g，平均体重为 32 g，优势体重组为 20 ~ 30 g，占 77.0%。

夏季群体，开始出现当年生幼鱼，体长范围为 50 ~ 220 mm，平均体长为 112 mm，优势体长组为 100 ~ 130 mm，占 60.4%；体重范围为 3 ~ 131 g，平均体重为 31 g，优势体重组为 10 ~ 40 g，占 72.0%。

秋季群体，体长范围为 80 ~ 200 mm，平均体长为 121 mm，由于当年生幼鱼大量出现，有两个优势体长组，分别为 90 ~ 110 mm、140 ~ 160 mm，分别占 53.1%、25.2%；体重范围为 8 ~ 180 g，平均体重为 39 g，优势体重组为 10 ~ 20 g，占 49.5%。

冬季群体，体长范围为 70 ~ 180 mm，平均体长为 106 mm，主要由当年生补充群体组成，优势体长组为 90 ~ 110 mm，占 71.9%；体重范围为 7 ~ 129 g，平均体重为 26 g，优势体重组为 10 ~ 20 g，占 67.8%。

2) 区域变化

春季，黄海北部，小黄鱼体长范围为 90 ~ 150 mm，平均体长为 123 mm，优势体长组为 110 ~ 120 mm，占 56.6%；黄海中部，其体长范围为 110 ~ 140 mm，个体较均匀，平均体长为 126 mm，优势体长组为 120 ~ 130 mm，占 80.6%；黄海南部，其体长范围为 90 ~ 190 mm，平均体长为 118 mm，优势体长组为 110 ~ 120 mm，占 72.2%。

夏季，黄海北部，小黄鱼体长范围为 90 ~ 170 mm，平均体长为 118 mm，优势体长组为 110 ~ 120 mm，占 73.7%；黄海中部，其体长范围为 90 ~ 200 mm，平均体长为 128 mm，优势体长组为 120 ~ 140 mm，占 72.4%；黄海南部，其体长范围为 50 ~ 190 mm，平均体长为 101 mm，有两个优势体长组，为 60 ~ 80 mm、120 ~ 140 mm，分别占 40.7%、34.4%。

秋季，黄海北部，小黄鱼体长范围为 100 ~ 180 mm，平均体长为 139 mm，优势体长组为 130 ~ 150 mm，占 65.6%；黄海中部，其体长范围为 80 ~ 190 mm，平均体长为 118 mm，有两个优势体长组，为 90 ~ 110 mm、140 ~ 150 mm，分别占 52.1%、24.0%；黄海南部，其体长范围为 80 ~ 200 mm，平均体长为 120 mm，也有两个优势体长组，为 90 ~ 110 mm、150 ~ 170 mm，分别占 58.8%、15.4%。

冬季，各区域的小黄鱼体长均呈单峰分布，由北向南个体增大。在黄海北部，小黄鱼体长范围为 70 ~ 140 mm，平均体长为 90 mm，优势体长组为 80 ~ 90 mm，占 79.5%；黄海中部，其体长范围为 80 ~ 160 mm，平均体长为 105 mm，优势体长组为 100 ~ 110 mm，占 61.9%；黄海南部，其体长范围为 80 ~ 180 mm，平均体长为 110 mm，优势体长组为 90 ~ 110 mm，占 68.5%。

3) 年间变动

黄海北部的烟威渔场，20 世纪 50 年代，小黄鱼体长主要在 200 mm 左右，年平均体重在 150g 以上，主要由 2 ~ 5 龄鱼组成，小于 160 mm 的鱼所占比例很低，特别是 1955—1957 年，仅占 1.0% ~ 3.9%，平均体长超过 190 mm 的占 51.2% ~ 85.8%。春季生殖群体主要是高龄鱼，性成熟主要为 2 龄。经过近 30 年捕捞，小黄鱼群体结构发生很大变化，80 年代中期，平均体长为 151 ~ 166 mm，平均体重为 59 ~ 80 g，体长小于 160 mm 的比例超过 50%，大于 190 mm 的不足 18%。本次调查结果，平均体长仅为 123 mm，平均体重为 28 g，个体全部在 160 mm 以下。这表明目前群体组成更趋简单，2 龄以上鱼很少。

黄海南部，春季群体组成年间变化与黄海北部类似，平均体长由 20 世纪五六十年代的 221 mm、227 mm 下降至 70 年代的 179 mm，之后仍呈下降趋势。从 1980 年的 164 mm 下降至 1998 年的 118 mm，平均体重也相应下降。

小黄鱼生长缓慢，捕获的最大年龄为 23 龄（农业部水产局等，1990），在黄海北部，群体一般由 1~15 龄鱼组成，且不短缺年龄组，开始性成熟主要为 2 龄鱼，1 龄鱼绝大多数未成熟。20 世纪 80 年代以来，小黄鱼性成熟年龄明显提前，生殖群体主要由 1 龄鱼组成（Jin，1996）。

1999 年吕泗渔场，1 龄鱼占 91.5%，2 龄占 8.5%。1959 年，群体的年龄范围为 1~20 龄，10 龄以上高龄鱼占 14.2%，1 龄鱼仅占 0.3%，平均年龄为 5.12 龄；1981 年，群体年龄范围仅为 1~5 龄，10 龄以上的高龄鱼没有发现，1 龄鱼占 64.8%，平均年龄为 1.48 龄；1991 年，群体年龄范围缩短至 1~3 龄，4 龄以上鱼没有出现，1 龄占 88.3%，平均年龄为 1.12 龄。可以看出，低龄化、小型化不仅没有得到扼制，反而加剧。

4）体长与体重的关系

根据 1998—2000 年间的生物学测定资料，求得黄海、渤海小黄鱼体长与体重的关系为式（11.16）。

$$W = 3.58 \times 10^{-5} L^{2.86} \tag{11.16}$$

式中：

W——小黄鱼个体的体重（g）；

L——小黄鱼个体的体长（mm）。

5）繁殖

小黄鱼主要产卵期为 4—5 月，由南向北略为推迟，产卵场一般在河口区和受入海径流影响较大的沿海，底质为泥砂质、砂泥质或软泥质，主要产卵场都分布在低盐水与高盐水混合的偏高温区。小黄鱼昼夜产卵，主要产卵时间在 17~22 时，以 19 时左右为产卵高峰，产卵场底层适温为 11~14℃（Jin，1996）。在黄海中北部产卵场，小黄鱼卵卵径为 1.30~1.60 mm，南部为 1.28~1.65 mm。卵子孵化时间的长短随水温而有所不同，通常为 63~90 h（农业部水产局等，1990）。

小黄鱼性腺成熟度系数，雌鱼以 9 月最低，10 月至翌年 2 月增长缓慢，3—4 月增长迅速，5 月达到高峰，雄鱼 3—4 月为最高（农业部水产局等，1990）。5 月份群体的性腺成熟度：Ⅰ、Ⅱ 期合计占 44.9%，Ⅳ、Ⅴ、Ⅵ 期分别占 35.4%、6.3%、13.4%；夏、秋季为恢复期，全部为 Ⅰ~Ⅱ 期；冬季，Ⅰ~Ⅱ 期、Ⅲ 期分别占 84.3%、15.7%。小黄鱼怀卵量与年龄有关，2~4 龄鱼为 $32 \times 10^3 ~ 72 \times 10^3$ 粒，5~9 龄鱼正处于怀卵高峰期，怀卵量为 $83 \times 10^3 ~ 125 \times 10^3$ 粒，从 10 龄鱼开始，怀卵量开始下降（农业部水产局等，1990）。各季节群体的雌雄比例，春、秋季分别为 1:0.9、1:0.6，有一定的差别，夏、冬季均为 1:1。

6）摄食

对黄海中南部小黄鱼样品分析的结果：秋季，小黄鱼的空胃率最低，为 36.8%；冬季，空胃率最高，达到 87.4%；夏季，摄食强度较高。

小黄鱼属于广食性鱼类。饵料组成为细条天竺鲷（53.0%）、幼鳀（7.2%）、太平洋磷虾（17.3%）、其他虾类（22.1%）。1985—1986 年的小黄鱼样品分析（Jin，1996），小黄鱼主要摄食鳀（45.2%）、棘头梅童鱼（9.4%）、戴氏赤虾（15.1%）、脊腹褐虾（13.5%）其他种类（16.8%）。

小黄鱼的幼鱼和成鱼食物组成差异明显，且幼鱼在各发育阶段食物转换现象十分显著：体长在 9～20 mm 时，以双刺纺锤镖蚤为主要饵料；体长在 16～60 mm 时，以浮游动物太平洋哲镖蚤、真刺唇角镖蚤、长额刺糠虾、强壮箭虫等为主要饵料，同时开始吞食小鱼；体长在 61～80 mm 时，开始捕食较大虾类和小鱼，如中国毛虾和鰕虎鱼幼鱼等，但仍摄食浮游生物；体长达 81 mm 以后，以虾类和小鱼为主要饵料，且具有成鱼的摄食食性。

小黄鱼食性还有区域性差异：在黄海北部，以脊腹褐虾、玉筋鱼、鳀和浮游甲壳类为主；在黄海南部，以鱼类和甲壳类为主（农业部水产局等，1990）。这表明小黄鱼的摄食对象在很大程度上取决于栖息环境饵料种类的分布情况。

11.2.1.4　资源变动

小黄鱼是中国、日本和韩国的底拖网、围缯、风网、帆张网和定置张网专捕和兼捕对象。20 世纪 50—60 年代，小黄鱼渔业是我国最重要的海洋渔业之一。

黄海区北方三省一市，1963 年前的小黄鱼产量占其海捕鱼类总产量的 9.3%～20.2%，以 1957 年最高，达 5.9×10^4 t，占 20.2%。在 20 世纪，从 60 年代初，小黄鱼产量持续下降，至 1972 年，仅 1 500 余 t，所占比例下降至 0.3%。直至 1990 年，产量一直徘徊在 2×10^4 t 以下。90 年代初，产量开始增长，并超过历史最高水平，由于海洋捕捞总产量的增加，其所占比例自 70 年代以来一直在 5% 以下。

1964 年前，渔获的小黄鱼以 2 龄以上鱼为主，幼鱼比例平均不足 40%，之后，幼鱼比例不断上升，超过 90%，成鱼数量极少。目前，其产量主要是幼鱼。

图 11.3 为中、日、韩三国小黄鱼产量的年间变化情况。20 世纪 70 年代前，日本在黄海、东海的小黄鱼产量占小黄鱼总产量的 25%～46%，随后开始下降，至 90 年代，仅有几百吨。韩国的小黄鱼产量和所占比例，在 80 年代以前基本呈增长趋势，1974 年最高，达 5.4×10^4 t，1980 年占的比例最高，为 57%。80 年代，三国产量都处于较低水平，90 年代，韩国产量在 1.3×10^4～4.0×10^4 t 波动，但总体呈下降趋势。

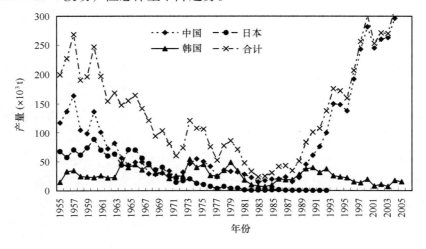

图 11.3　中、日、韩三国小黄鱼产量的年间变化

小黄鱼资源大致分为 4 个阶段：兴盛期（20 世纪 50 年代），种群的补充和延存比较好，即使在捕捞强度不断增大的情况下渔获量尚能保持相对稳定；衰退期（60 年代初到 70 年代初），产卵群体补充失调，剩余群体损耗增大，渔获量不断下降；严重衰退期（70 年代中期到 80 年代末期），小黄鱼资源继续恶化，成鱼极少，数量不多的补充群体也被大量捕捞，种群呈现出生长、性成熟和繁殖力均加速提高等自动调节现象；恢复期（90 年代初期到 90 年代末），由于对小黄鱼产卵场（每年 4—7 月）进行 10 余年保护，加上从 1995 年起在吕泗渔场实施伏季休渔，有力地保护了小黄鱼资源。近几年小黄鱼资源开始慢慢回升，创历史最高记录。1991 年 1—2 月中、日两国调查资料显示：小黄鱼东海越冬场不仅范围大，数量也多。日本也认为中国一侧小黄鱼的数量正在增加。

江苏近海的吕泗渔场曾是小黄鱼最大产卵场，1956—1961 年，群众渔业在该渔场的小黄鱼产量占全国群众渔业捕捞小黄鱼的 50% 以上。1962 年起，资源开始衰退，吕泗渔场的产量大幅下降，至 1979 年，几乎无小黄鱼渔汛了。1981 年，经国务院批准对吕泗渔场实行休渔，开始几年产量仍然很低，1985 年以后，产量增加，1990 年起，资源衰退趋势得到缓解，资源转入恢复期。

大沙渔场的南部是小黄鱼产卵、索饵及越冬洄游的必经之地，从春季到秋季，该渔场均有较多小黄鱼分布。吕泗春汛结束后，产卵后小黄鱼在这一海域索饵，因而，秋季在大沙渔场形成小黄鱼渔场。沙外、江外和舟外渔场的西部是小黄鱼的越冬场，这里成为秋、冬季小黄鱼渔场。过去，小黄鱼以春、夏汛为主，目前，小黄鱼是全年捕捞。近年来，春、夏汛产量仅占 1/3，秋、冬汛产量占 2/3。

11.2.1.5 资源评价

在 20 世纪 50 年代的小黄鱼兴盛期，群体由多龄鱼组成，以 2 龄以上鱼为主，经济价值高，成为黄海、渤海渔业的支柱产业之一。自 60 年代开始，随着捕捞强度的增大，资源开始衰退，产量下降，三省一市的产量在 1972 年降至历史最低水平，到 80 年代末期，资源处于底峪。90 年代以来，资源开始恢复，按照冬季调查的数据来计算，1999 年小黄鱼资源量为 1985 年的 3.9 倍，但是，过度捕捞导致的群体结构简单、生长加快、性成熟提前的现象并未改观。

11.2.2 鲆鲽类*

鲆鲽类是指鲽形目（Pleuronectiformes）鱼类，包括鲽、鲆、鳎、舌鳎几类，主要分布于大西洋、太平洋、印度洋的大陆架浅海，仅有少数种类在索饵期间进入江河（Norman J，1934）。我国近海鲽形目鱼类计 134 种，主要分布在渤海、黄海、东海及南海大陆架及其邻近水域，常见且经济价值较高的有 20 种左右（陈大刚，1991），在渤海、黄海、东海，主要有褐牙鲆（*Paralichthys olivaceus*）、高眼鲽（*Cleisthenes herzensteini*）、钝吻黄盖鲽（*Pseudopleuronectes yokohamae*）、尖吻黄盖鲽（*Pseudopleuronectes herzensteini*）、长鲽（*Tanakius kitaharae*）、角木叶鲽（*Pleuronichthys cornutus*）、圆斑星鲽（*Verasper variegatus*）、虫鲽（*Eopsetta grigorjewi*）、石鲽（*Kareius bicoloratus*）、半滑舌鳎（*Cynoglossus semilaevis*）、短吻红舌鳎（*Cynoglossus joyneri*）、短吻三线舌鳎（*Cynoglossus abbreviatus*）、带纹条鳎（*Zebrias zebra*）等。鲆鲽类

---

* 执笔人：金显仕

是底拖网和钓渔业的专捕、兼捕对象。

高眼鲽（*Cleisthenes herzensteini*）隶属于鲽形目（Pleuronectiformes）、鲽科（Pleuronectidae）、高眼鲽属（*Cleisthenes*），俗称：长脖、高眼。它是冷温性、底栖动物食性、中型底层鱼类，分布在黄海、渤海，东海和日本沿海也有出现。高眼鲽是我国沿海鲆鲽类中数量最多的一种，在 34°N 以北的黄海海域比较密集，经济价值比较高。

11.2.2.1　洄游

黄海鲆鲽类的主要越冬场在 70 ~ 80 m 的深水区，舌鳎类在 50 ~ 60 m，越冬期为 1—3 月。4 月，随着水温升高，鲆鲽类开始离开越冬场向近岸浅水区移动，除产卵期为秋季的角木叶鲽是进行索饵洄游外，其余是产卵洄游。主要产卵场在青岛的胶州湾附近和烟台、石岛、文登等地的近岸水域及海洋岛附近水域，小部分进入渤海产卵。夏、秋季，鲆鲽类在产卵场附近深水区索饵，11 月、12 月，向越冬场移动，1 月进入越冬场。

在黄海，高眼鲽主要分布在 34°N 以北海域（《中国海洋渔业资源》编写组，1990）。冬季，其主群在黄海海槽水深 60 ~ 80 m、底层水温为 8 ~ 12℃、盐度为 33 ~ 34 的外海高温、高盐水所控制的海域越冬。春季 4—5 月，高眼鲽由深水向浅水作产卵洄游，主要产卵场位于黄海北部、青岛外海冷水区的边缘水域及渤海海峡冷水区附近。高眼鲽产卵后强烈索饵，索饵场分布较广。在黄海北部，主要集中在有蛇尾类滋生的海区索饵。7—8 月，在沿岸水域索饵的鱼群，随着水温的升高向深水移动，11—12 月，开始返回越冬场。

11.2.2.2　数量分布

1）鲆鲽类数量分布季节变化

黄海捕获的鲆鲽类有 15 种，其中，高眼鲽为优势种。

春季，鲆鲽类出现频率为 71.4%，平均指数为 1.05 kg/h、88 ind./h，最高为 20 kg/h、2 091 ind./h，其中，高眼鲽的出现频率为 55.4%，平均指数为 0.93 kg/h、87 ind./h，最高为 20 kg/h、2 090 ind./h。鲆鲽类主要分布于 35°N 以北的海域，密集区在黄海中部，出现频率为 91.4%，平均指数为 2.49 kg/h、244 ind./h。其中，高眼鲽出现频率为 88.6%，平均指数为 2.33 kg/h、244 ind./h。

夏季，鲆鲽类出现频率为 43.8%，平均指数为 0.331 kg/h、9 ind./h，其中，高眼鲽出现频率为 33.0%，平均指数为 0.29 kg/h、8 ind./h。鲆鲽类分布较分散，密度较低，无明显密集区，黄海中北部鲆鲽类和高眼鲽的平均资源密度和出现频率比黄海南部高。

秋季，鲆鲽类出现频率为 49.5%，平均指数为 0.78 kg/h、22 ind./h。高眼鲽出现频率为 26.7%，平均指数为 0.63 kg/h、20 ind./h。鲆鲽类主要分布于黄海中部深水区（122°E 以东，34°N 以北水域），该区域鲆鲽类出现频率为 44.8%，平均指数为 1.57 kg/h、53 ind./h，高眼鲽出现频率为 41.4%，平均指数为 1.56 kg/h、53 ind./h。

冬季，鲆鲽类出现频率为 47.5%，平均指数为 0.86 kg/h、27 ind./h，最高为 8.76 kg/h、276 ind./h，其中，高眼鲽出现频率为 35.0%，平均指数为 0.61 kg/h、23 ind./h。鲆鲽类主要分布于黄海中、北部越冬，以黄海中部的平均指数最高，黄海中部鲆鲽类出现频率为 61.5%，平均指数为 1.04 kg/h、59 ind./h，其中，高眼鲽出现频率为 61.5%，平均指数为 0.95 kg/h、56 ind./h。

2）鲆鲽类数量分布年间变动趋势

1985—1986 年间的四个季节，曾用同样方法在相同海域、季节进行过调查，鲆鲽类出现频率为 85.4%，平均指数为 2.47 kg/h、45 ind./h，分布范围和平均生物量指数远大于本次调查结果，仅平均尾数指数小于本次调查结果。这表明目前鲆鲽类个体较小。其中，高眼鲽占鲆鲽类总渔获量的 71.2%，出现频率为 53.4%，平均指数为 1.45 kg/h、41 ind./h。

1986 年春季，鲆鲽类出现频率为 89.6%，分布范围较广，主要在黄海中、北部，最高指数为 9.44 kg/h、634 ind./h，平均 2.56 kg/h、77 ind./h，其中，高眼鲽出现频率为 71.6%，分布于 34°N 以北海域，密集区在黄海中部，最高指数为 8.88 kg/h、634 ind./h，平均 1.83 kg/h、74 ind./h；1985 年夏季，鲆鲽类出现频率为 84.8%，主要分布于黄海中、北部水域，最高指数为 15.46 kg/h、208 ind./h，平均 1.19 kg/h、16 ind./h，为四季中的最低值，其中，高眼鲽出现频率为 50.0%，全部分布于 34°N 以北水域，密集区在黄海中部，最高指数为 14 kg/h、208 ind./h，平均 0.70 kg/h、14 ind./h；1985 年秋季，鲆鲽类出现频率为 82.4%，最高指数为 20.12 kg/h、351 ind./h，平均 2.13 kg/h、29 ind./h，其中，高眼鲽出现频率为 38.5%，均分布于 34°30′N 以北海域，最高指数为 19.68 kg/h、350 ind./h，平均 1.16 kg/h、24 ind./h；1985 年冬季，鲆鲽类出现频率为 82.4%，主要分布于黄海中部越冬场，最高指数为 22.43 kg/h、881 ind./h，平均 5.71 kg/h、87 ind./h，其中，高眼鲽出现频率为 63.6%，最高指数为 21.66 kg/h、875 ind./h，平均 3.03 kg/h、81 ind./h。

1998—2000 年的调查资料与 1985—1986 年的进行对比，鲆鲽类资源下降，个体明显偏小，分布范围缩小，高眼鲽资源下降幅度更大。

11.2.2.3　渔业生物学

1）群体组成

（1）高眼鲽：春季群体由多龄鱼组成，体长范围较大，有幼鱼出现，体长范围为 40～380 mm，平均 103 mm，优势体长组为 70～130 mm，占 80.4%；体重范围为 0.2～1 206 g，平均 37 g，优势体重组为 0.2～30 g，占 77.0%。夏季群体体长范围为 60～320 mm，平均 120 mm，优势体长组为 80～140 mm，占 81.7%；体重范围为 2～390 g，平均 35 g，优势体重组为 10～30 g，占 68.0%。秋季群体体长范围为 70～280 mm，平均 127 mm，优势体长组为 100～140 mm，占 65.6%；体重范围为 3～355 g，平均 37 g，优势体重组为 10～30 g，占 66.4%。冬季群体体长范围为 50～300 mm，平均 153 mm，大个体较多，优势体长组为 110～180 mm，占 77.9%；体重范围为 1～582 g，平均 63 g，优势体重组为 20～30 g，占 35.5%。

高眼鲽体长与体重关系为式（11.17）。

$$W = 2.3 \times 10^{-6} L^{3.38} \tag{11.17}$$

式中：

　　W——高眼鲽个体的体重（g）；

　　L——高眼鲽个体的体长（mm）。

（2）角木叶鲽：春季群体个体较大，体长范围为 110～190 mm，平均 149 mm；体重范围为 22～237 g，平均 121 g，无明显优势组。夏季群体体长范围为 60～160 mm，平均 110 mm；体重范围为 6～145 g，平均 45g，无明显优势组。秋季群体体长范围为 80～150 mm，平均

107 mm，优势体长组为 100 ~ 110 mm，占 55.7%；体重范围为 14 ~ 98 g，平均 40 g，优势体重组为 30 ~ 40 g，占 52.9%。冬季群体体长范围为 100 ~ 200 mm，平均 118 mm，优势体长组为 110 ~ 120 mm，占 70.7%；体重范围为 22 ~ 343 g，平均 49 g，优势体重组为 30 ~ 40 g，占 68.4%。

角木叶鲽体长与体重关系为式（11.18）。

$$W = 1.03 \times 10^{-5} L^{3.22} \tag{11.18}$$

式中：

W——角木叶鲽个体的体重（g）；

L——角木叶鲽个体的体长（mm）。

（3）虫鲽：春季群体体长范围为 60 ~ 260 mm，平均 165 mm，体重范围为 5 ~ 293 g，平均 99 g；夏季群体体长范围为 110 ~ 220 mm，平均 160 mm，体重范围为 25 ~ 205 g，平均 85 g。

（4）钝吻黄盖鲽：春季群体体长范围为 70 ~ 350 mm，平均 234 mm，体重范围为 9 ~ 798 g，平均 343 g；夏季群体仅捕获两尾，体长、体重分别为 162 mm、75 g 和 192 mm、115 g；秋季群体体长范围为 150 ~ 270 mm，平均 194 mm，体重范围为 63 ~ 504 g，平均 185 g，无明显优势组。

（5）石鲽：春季群体体长范围为 220 ~ 380 mm，平均 271 mm，体重范围为 96 ~ 1 128 g，平均 353 g。夏季捕获 4 尾，体长、体重分别为 118 mm、35 g，180 mm、120 g，265 mm、242 g，370 mm、268 g。秋季仅捕获 1 尾，体长、体重分别为 215 mm、215 g。冬季群体体长范围为 200 ~ 310 mm，平均 259 mm，体重范围为 161 ~ 446 g，平均 305 g。各季节均无明显优势组。

（6）短吻红舌鳎：春季群体全长范围为 190 ~ 330 mm，平均 232 mm，体重范围为 42 ~ 98 g，平均 71 g；夏季群体全长范围为 80 ~ 150 mm，平均 126 mm，体重范围为 3 ~ 20 g，平均 10 g；秋季群体全长范围为 140 ~ 330 mm，平均 228 mm，体重范围为 14 ~ 230 g，平均 122 g；冬季群体全长范围为 130 ~ 210 mm，平均 161 mm，体重范围为 9 ~ 45 g，平均 19 g。

（7）群体组成变动趋势：对照历史资料研究表明，鲆鲽类群体组成趋于小型化、单一化。从体长、年龄组成来看，20 世纪 70 年代以前，体长组成属于较稳定时期（主要由产卵群体组成），优势体长范围较大；80 年代，群体优势体长开始变小，平均体长下降，亲鱼数量占有一定比例；90 年代，基本由当年生幼鱼或未成熟个体组成，亲鱼数量比例很小。

2）生长

主要经济种类的 von Bertalanffy 生长方程以及体重与体长关系式中的主要参数因种类而异。体长与体重幂函数关系式中的 a 值为 $0.09 \times 10^{-5} \sim 22.91 \times 10^{-5}$，$b$ 值为 2.55 ~ 3.59，生长方程中的 L_∞ 为 242 ~ 803 mm，t_0 为 -3.1 ~ 1.02，k 为 0.11 ~ 0.43。短吻红舌鳎、短吻三线舌鳎等小型种类的 k 值较大，达到 L_∞ 的年龄较短，而褐牙鲆、钝吻黄盖鲽、半滑舌鳎等大型种类的 k 值较小，达到 L_∞ 的年龄较长。

另外，主要生长参数在雌雄个体之间也存在较大差异。如半滑舌鳎雄性个体（$k = 0.37$）比雌性个体（$k = 0.26$）达到相应的 L_∞ 所用时间短。石鲽的雌（$k = 0.41$）雄（$k = 0.26$）个体之间的生长差异更大。但短吻红舌鳎、短吻三线舌鳎、角木叶鲽等小型种类的雌、雄个体大小相近，相应的生长参数差异并不显著（Dou S Z，1995）。

3）繁殖

除钝吻黄盖鲽产沉性卵外，其余 11 种均产浮性卵。它们产卵场一般在近岸，底质为泥质、砂质或泥砂质水域，但石鲽一般在砂砾底质水域产卵。半滑舌鳎和短吻红舌鳎也常在河口区产卵。产卵期因种类而异，褐牙鲆、钝吻黄盖鲽、尖吻黄盖鲽、虫鲽、短吻三线舌鳎、带纹条鳎等一般在春季 4—6 月，产卵场水温为 10～20℃。角木叶鲽和半滑舌鳎一般在秋季 9—11 月产卵，产卵场水温为 14～25℃。星鲽和石鲽在冬季 12 月到翌年 2 月产卵，产卵场水温为 5～12℃。各种类产卵场水深一般不超过 40 m，盐度为 28～32。生殖期一般持续 2～3 个月，但短吻红舌鳎时间较长，从 4 月可以持续到 10 月（Dou S Z，1995）。

繁殖力大小因种类而异，以短吻红舌鳎最低（10^4 粒），褐牙鲆最高（10^6 粒）。产卵群体的最大性腺指数（GSI）以石鲽最小（1.5%），钝吻黄盖鲽最大（26.2%）。

鲆鲽类孵化后的浮游仔鱼阶段一般为 30～40 天。仔鱼有向岸移动的接岸生态习性，完成变态发育、着底并完全从浮游阶段转入底栖生活后，稚、幼鱼逐渐离开近岸向附近较深水域索饵，并随亲体逐渐向越冬场移动。

一年四季均发现高眼鲽有性成熟并将产卵（Ⅳ 期以上）的个体，主要产卵期在春季。8 月份，仍有部分产卵群体，性腺 Ⅳ 期以上个体占 22.2%；10 月份，占 11%；12 月份，占 4.6%。一年四季，高眼鲽群体中的雌鱼均多于雄鱼。

4）摄食

鲆鲽类食谱较广，以底栖和游泳动物为主，食性因种类而有较大差异。

高眼鲽食物种类很多，据分析（韦晟，1992）[185] 有 20 余种，包括浮游动物、底栖动物和鱼类，主要种类为鳀、玉筋鱼、脊腹褐虾、太平洋磷虾、头足类等，其中，鱼类占 65% 以上。摄食强度季节变化很大，冬季，空胃率最高，达 54.1%，其次为春季，为 25.0%，这两季节摄食等级为 3、4 级的个体占 10% 以上；夏、秋季，空胃率较低，分别占 19.1%、19.6%，但其他的摄食等级并不高，主要为 1 级和 2 级。

褐牙鲆属于游泳生物食性，以中小型鱼类如黄鲫、青鳞沙丁鱼、鰕虎鱼类、鳀、短吻红舌鳎、梅童鱼类、小黄鱼及头足类（如枪乌贼类）等为主要食物种类。另外，还摄食一些底栖甲壳类，如口虾蛄、脊腹褐虾、鼓虾类、糠虾类等，偶尔还摄食一些海葵、软体动物等。褐牙鲆除冬季摄食强度减弱外，其余季节均强烈摄食，即使在产卵期也不停食，最高摄食率出现在夏季（69.2%），冬季最低（36.8%）。褐牙鲆的食物组成也有明显季节变化：春季，以鱼类（重量百分比 80.9%）和甲壳类（18.6%）为主；夏季，以鱼类（83.5%）和软体动物类（13.1%）为主；秋季，以鱼类（87.9%）为主；冬季，以鱼类（73.2%）和甲壳类（19.7%）为主。食物组成的季节性变化与索饵场饵料生物的季节变化密切相关（窦硕增等，1993）。

钝吻黄盖鲽是典型的广食性的底栖生物食性，摄食多毛类、软体动物、棘皮动物、甲壳类、腔肠动物等 50 余种。主要食物有海葵、沙蚕、壳蛞蝓、鼓虾、毛虾、糠虾、褐虾、蟹类、蛇尾和小型底栖鱼类，如鰕虎鱼类。它常年强烈摄食，平均月摄食率在 85% 以上，只有产卵季节略有减弱。其食物组成也有明显季节变化，并与饵料生物分布密切相关。春季，它以多毛类（25.7%）和软体动物（22.0%）为主；夏季，以软体动物（49.1%）为主；秋季，以多毛类（38.8%）和棘皮动物类（35.8%）为主；冬季，以多毛类（23.2%）居多（窦硕增等，1992a）。

半滑舌鳎是底栖动物食性，以底栖甲壳类（如口虾蛄、褐虾、鼓虾、糠虾、蟹等）、双壳类及中小型鱼类，如鰕虎鱼类、短吻红舌鳎、梅童鱼类、小黄鱼等为主，另外还摄食头足类、腹足类、棘皮动物，偶尔也摄食海葵和多毛类。它终年摄食，摄食强度季节变化不明显，平均月摄食率均在80%以上，产卵季节也不停食，最高摄食率在夏季（92.2%），冬季最低（81.8%）。它的食物组成也有明显季节变化：春季，以十足类（重量百分比82.6%）为主；夏季，以十足类（37.5%）和口足类（36.8%）为主；秋季，以十足类（32.5%）、口足类（32.1%）和双壳类（22.1%）为主；冬季，以十足类（62.7%）为主。十足类在春、夏、冬季半滑舌鳎的食物中占绝对优势，在秋季，所占比例稍微下降。口足类在夏、秋季其食物中所占比例较大，仅次于十足类（窦硕增等，1992b）。

石鲽以头足类、十足类、双壳类为主要食物类群，另外还摄食一些腹足类、棘皮动物、多毛类、甲壳类等，有日本鼓虾、鲜明鼓虾、枪乌贼类等30余种。星鲽以头足类、口虾蛄为主要食物类群，另外还摄食一些腹足类、鱼类、多毛类、甲壳类等，种类有日本鼓虾、鲜明鼓虾、鹰爪虾、乌贼类等20余种。角木叶鲽以多毛类、口虾蛄、腹足类、十足类为主要食物类群，另外还摄食一些棘皮动物、海葵类、头足类、双壳类、甲壳类、鱼类等，种类有鼓虾类、脊腹褐虾、沙蚕类等50余种。短吻红舌鳎以头足类、甲壳类、双壳类和鱼类为主要食物类群，种类有鼓虾类、乌贼类、脊腹褐虾、戴氏赤虾等20余种。条鳎以甲壳类、多毛类、双壳类为主要食物，种类有鼓虾类、脊腹褐虾、沙蚕类、口虾蛄等。虫鲽以甲壳类和鱼类为主要食物，另外还摄食一些双壳类、头足类、多毛类等，种类有日本鼓虾、口虾蛄等40余种。短吻舌鳎以甲壳类和鱼类为主要食物，另外还摄食一些头足类、双壳类、腹足类、多毛类等，种类有鼓虾类、脊腹褐虾、鰕虎鱼类、梅童鱼类等40余种。

鲆鲽类幼鱼的食物主要以中小型底层鱼类（鰕虎鱼类、梅童鱼类、小黄鱼），底栖虾类（鼓虾类、口虾蛄、褐虾类、糠虾类、鹰爪虾等），软体动物（双壳类、腹足类、乌贼类等），多毛类（如沙蚕类）为主，另外还摄食一些海葵类、棘皮动物，如蛇尾类等。鲆鲽类食物以甲壳类、鱼类、多毛类、头足类为主，有日本鼓虾、口虾蛄、日本枪乌贼、鲜明鼓虾、脊腹褐虾等（Dou S Z，1995）。

鲆鲽类可以分为以下摄食生态类群：①底栖动物食性：如钝吻黄盖鲽、尖吻黄盖鲽、角木叶鲽、短吻红舌鳎、短吻舌鳎条鳎、半滑舌鳎等。②底栖动物与游泳动物混合食性：如高眼鲽、石鲽、星鲽、虫鲽。③游泳动物食性：如褐牙鲆。

11.2.2.4　资源变动

在黄海，鲆鲽类虽分布较广，但优势种高眼鲽始终未形成单种渔业，仅为底拖网的兼捕对象。其主要渔场在海洋岛渔场、烟威渔场和石岛渔场等。20世纪50年代，鲆鲽类产量呈上升趋势，由1952年的逾6 000 t增加到1960年的3.2×10^4 t，在我国北方三省一市海捕鱼类总产量中的比例由2.6%上升到8.2%。70年代初，鲆鲽类的产量迅速增加，1975年达历史最高水平，为5.3×10^4 t，从1976年开始，产量急剧下降。80年代初，略有上升，之后又急剧下降。自80年代末以来，其产量虽有提高，但个体较小，近年来产量又下降了。

11.2.2.5　资源评价

1）资源量评估

根据1998—2000年间的四季底拖网调查资料，用扫海面积法，设可捕系数为1，对拖网水层的鲆鲽类进行资源评估：其资源量除夏季为584 t外，其他季节在1 397～1 770 t，其中，以春季最高。从区域看，黄海北部资源量变动在204～329 t。在黄海中南部，其资源量变化较大：春季，在黄海中部，为1 242 t，在黄海南部，仅为199 t，分别占春季黄海鲆鲽类资源量的70.2%、11.2%；夏季，在黄海中部、南部，分别占40.2%、21.9%；秋季，分别占55.9%、29.5%；冬季，分别占33.7%、45.1%。在黄海北部、中部和南部，春季，高眼鲽分别占鲆鲽类总资源量的15.9%、74.7%、9.4%；夏季，分别占33.8%、45.8%、20.4%；秋季，分别占6.6%、68.6%、24.7%；冬季分别占1.5%、43.0%、55.6%。

2）资源评价

当前，鲆鲽类像其他经济鱼类一样，因过度捕捞，资源严重衰退，资源量仅为1985—1986年同期的15.6%～61.0%，冬季降幅最大。只有高眼鲽有一定产量，高眼鲽资源为15年前同期的30.3%～82.0%，下降幅度略小于其他鲆鲽类。石鲽、钝吻黄盖鲽、角木叶鲽等产量越来越少，褐牙鲆、半滑舌鳎几乎枯竭。

11.2.3 带鱼[*]

带鱼（*Trichiurus japonicus*）隶属于鲈形目（Perciformes）、带鱼科（Trichiuridae）、带鱼属（*Trichiurus*）。另一中文名：日本带鱼。俗称：刀鱼、裙带鱼、白带鱼、鳞刀鱼等。它属于暖温性、游泳动物食性、大型近底层鱼类。它广泛分布于我国、朝鲜、日本、印度尼西亚、菲律宾、印度、非洲东部等地的近海及红海。我国的渔获量最高，占世界同种鱼渔获量的70%～80%。带鱼是我国重要的经济鱼类，在我国海洋渔业生产中具有重要地位，对渔业生产起着举足轻重的作用。

11.2.3.1 种群与洄游

1）种群

分布于中国近海带鱼的种群问题，国内外学者进行了广泛的研究。三栖宽（1961；1964）根据带鱼的洄游分布与渔获统计及某些形态指标，认为渤海、黄海，东海的带鱼有两个种群，而东海又分为因发生水域不同的南、北两个群系。林新濯（1965）通过形态特征和体节数量，将我国近海带鱼分成五个群系：渤海—黄海、东海—粤东、粤西、北部湾近岸和北部湾外海等。张其永（1966）根据形态特征和肌肉蛋白沉淀反应，认为海礁、大陈、牛山、兄弟岛和竭石的生殖鱼群之间，不存在统计学上明显的地理变异，应属于同一地方种群。罗秉征应用了带鱼耳石与鱼体相对生长的地理变异，认为中国近海带鱼可划分为四个种群，即渤海—黄海群、东海北部群、东海南部—粤东群（台湾海峡南部至珠江口以东海域）及南海群（珠江口以西至海南省和北部湾海域），并指出带鱼种群较为复杂，即使在同一海域中也会出现长体型和短体型两种体型截然不同的个体。所以认为，在南海的带鱼群体中可能存在种群以上的分类单元。江素菲（1980）和卢继武（1983）研究提出了台湾浅滩南部与北部的带鱼生殖群体，在体节数量及耳石生长等特征上均具有明显差异，应分为两个不同的生态种群。

---

* 执笔人：孟田湘

以上学者在中国近海的带鱼种群的划分上，大家对渤海、黄海的带鱼为同一种群的观点比较一致，而对东海和南海带鱼种群的划分，其观点不尽一致，特别是对南海带鱼的划分，意见分歧较大，因此，对南海带鱼种群归属需进一步研究（邓景耀等，1991）[119]。

2）洄游

黄海、渤海带鱼种群产卵场位于黄海沿岸各湾和渤海的莱州湾、渤海湾、辽东湾，它们大多在水深 20 m 左右，底层水温为 14~19℃，盐度为 27.0~31.0 的河口混合水区域，水深较浅，受气候因子影响较大。

春季 3—4 月，带鱼自济州岛附近越冬场开始向产卵场作产卵前期索饵洄游和产卵洄游，经大沙渔场，游往海州湾、乳山湾、辽东半岛东岸、烟威近海和渤海各湾。海州湾带鱼产卵群体，自大沙渔场经连青石渔场的南部，沿 20~40 m 水深斜坡向沿岸洄游，到海州湾的石臼所、岚山头外产卵。乳山湾带鱼产卵群体，经连青石渔场的北部进入产卵场，以灰岛东南至苏山岛西北一带为鱼群分布的中心。黄海北部带鱼产卵群体，自成山头外海游向海洋岛、大鹿岛南、大长山岛和庄河、新金沿岸水域产卵。渤海带鱼产卵群体，从烟威渔场向西游进渤海，其群体可分为南、北两个部分：南部群体进入莱州湾，产卵中心在黄河口东北、水深 20 m 处；北部群体分布于渤海中部和辽东湾的东、西两岸，两群体之间有一定联系。辽东湾东岸带鱼产卵群体，春汛，在复县外海金州湾洄游，经长兴岛向北到熊岳河口为止；辽东湾西岸带鱼产卵群体，自大清河口经秦皇岛、山海关、绥中等处近海到葫芦岛外海。

夏、秋季索饵期，渤海的南、北产卵群体产卵后，部分群体向渤海中部和滦河口近海索饵，部分群体游出渤海到烟威渔场索饵。黄海北部带鱼索饵群体，于 11 月，在海洋岛近海汇同烟威渔场的鱼群向南移动。海州湾渔场小股索饵群体可向北游到乳山、石岛近海，绕过成山头到达烟威近海，大股索饵群体分布在海州湾渔场东部和青岛近海索饵，10 月，向东移动到青岛东南近海，同来自渤海、烟威、黄海北部各鱼群汇合。乳山渔场的索饵群体，8 月、9 月份，分布在石岛近海，9 月、10 月、11 月份，先后同渤海、烟威、黄海北部和海州湾等索饵群体，在石岛东南和南部的陡坡，水温梯度大的海域汇合，形成非常密集的鱼群，当鱼群移动到 36°00′N 以南时，随着陡坡渐缓，水温梯度减少，鱼群逐渐分散，游往大沙渔场。

秋末、冬初，随着水温的下降，11 月份，渤海带鱼离开渤海，12 月底前后，离开黄海北部、中部，从大沙渔场进入济州岛附近越冬，越冬场在济州岛南部 32°00′N，126°00′~127°00′E 附近，水深约 100 m，终年底层水温在 14~18℃，底层盐度为 33.0~34.5，受黄海暖流影响的海域（林景祺，1985）。

在黄海，也有一部分东海带鱼种群的索饵群体，它们越冬场主要位于 30°00′N 以南的浙江中南部外海，基本上为南、北向洄游移动。春季，随着水温的回升，该带鱼逐渐集群，向近海靠拢，并陆续向北移动进行生殖洄游。5 月份起，鱼群密度增大，经鱼山进入舟山渔场及长江口渔场进行产卵活动，产卵期为 5—8 月。8 月起，产卵鱼群数量明显减少，除部分产过卵的鱼群停留在产卵场附近进行索饵以外，其主群继续北上，8—10 月，分布在黄海南部一带索饵，分布偏北的鱼群最北可达 35°N 附近，与黄海、渤海种群相混在一起，10 月后，天气转冷，因沿岸水温下降，鱼群由北向南移动，形成著名的浙江渔场带鱼冬汛生产，随水温的变化，鱼群逐渐进入越冬场。

11.2.3.2 数量分布

由于分布在黄海的带鱼即有黄海—渤海种群，也有东海种群，所以在夏、秋季的数量分布中，即包括黄海—渤海种群，也包括部分东海种群。

1）春季

鱼群主要分布在 35°00′N 以南的黄海南部、江苏以东和济州岛以西，资源密度不大，最高指数为 1～10 kg/h，一般为 0.1～0.5 kg/h。另外，在石岛近海也有零星分布，资源指数在 0.1 kg/h 以下。

2）夏季

鱼群分布范围明显扩大，高密集区有三处：一处在 33°00′～34°00′N，122°00′～123°00′E，江苏以东沿海，资源指数在 12.0～18.9 kg/h，最高的 1 站资源指数为 122.0 kg/h；第二处密集中心在济州岛西部沿海，一般指数为 1～10 kg/h，高密度站的指数在 11.2～19.4 kg/h；第三处密集区在黄海北部，资源指数最大的 1 站在鸭绿江口，指数为 1.0 kg/h，其他站的指数都不大，在 0.5～1.0 kg/h。

3）秋季

鱼群有两个密集分布区：一个在海州湾以东，一个在济州岛以西。海州湾以东的密集区，高资源指数站为 10.3～28.0 kg/h，其他为 1～10 kg/h。济州岛西部高密集站的资源指数为 60.0～80.0 kg/h，一般为 1～10 kg/h。在黄海北部辽宁以东沿海，也能捕到带鱼，但资源指数不大，仅为 0.1～1.0 kg/h。

4）冬季

鱼群主要分布在 35°00′N 以南的黄海中南部越冬场，资源指数最高的 1 站为 37.8 kg/h，其他各站在 0.5～1.0 kg/h。

11.2.3.3

1）群体组成

1998—2000 年间生物学测定结果，分布于黄海的带鱼，肛长范围在 60～300 mm，优势肛长组为 140～190 mm，占总尾数的 59.1%，其中，又以 150～180 mm 为主。各季节群体的组成差异较大。

春季，共测量带鱼 39 尾，小个体带鱼相对较多，平均肛长 115.0 mm，优势肛长组为 80～130 mm，占总尾数 87.3%，其中，又以 100～110 mm 个体为主，占 48.7%。

夏季，共测量 484 尾，大个体带鱼开始增加，平均肛长 138.9 mm，优势肛长组为 130～170 mm，占 64.9%，其中，又以 140～160 mm 肛长组为主，占 47.1%。

秋季，共测量带鱼 538 尾，大个体带鱼进一步增加，平均体长为 182.4 mm，优势肛长组变成 170～200 mm，占带鱼总尾数的 64.0%，其中，肛长 180 mm 的占 20.6%。

冬季，共测量 130 尾，群体组成偏小，平均肛长 130.1 mm，有两个优势肛长组，一个是以 90～110 mm 为主，占 45.4%，另一个为 150～160 mm，占 20.8%

由于黄海、渤海带鱼种群的衰落，本次调查，在黄海捕到的带鱼大部为东海北上索饵的带鱼。

2）肛长与体重的关系

根据 2000 年的调查资料，秋季，山东半岛南部带鱼的纯体重与肛长的关系，济州岛以西带鱼的纯体重与肛长的关系分别为式（11.19）、式（11.20）。

$$W = 0.001\ 2\ L^{2.172\ 5} \tag{11.19}$$
$$W = 0.004\ L^{1.914\ 0} \tag{11.20}$$

两式中：

　　　　W——带鱼个体的纯体重（g）；

　　　　L——带鱼个体的肛长（mm）。

3）繁殖

由于黄海—渤海群系带鱼资源的严重衰退，黄海调查没捕到产卵群体，捕到的多为东海群系北上索饵的个体，所以性腺成熟度多为 2 期。

根据 1961—1962 年取得的资料，海州湾的黄、渤海群系带鱼为一次排卵，个体怀卵量：1 龄为 0.89 万粒，2 龄为 2.0 万粒，3 龄为 2.3 万粒，4 龄为 3.7 万粒，5 龄可达 5.0 万粒，到 10 龄，其怀卵量可达 10.6 万粒。带鱼怀卵量波动较大，随时间、地点的不同会有变化（朱德山，1982）。在一般情况下，它的怀卵量与肛长、纯体重的关系分别为式（11.21）、式（11.22）。

$$E = 2.664 \times 10^{-7} L^{3.168\ 7} \tag{11.21}$$
$$E = 0.026\ 8\ W^{1.135\ 8} \tag{11.22}$$

两式中：

　　　　E——带鱼个体的怀卵量（万粒）；

　　　　W——带鱼个体的纯体重（g）；

　　　　L——带鱼个体的肛长（mm）。

带鱼产卵时间很长，黄海、渤海群系的带鱼约为两个月。在 20 世纪 60 年代，黄海海州湾带鱼雌鱼，第一次性成熟年龄为 1~4 龄，大量成熟的年龄主要在 3 龄。带鱼的卵系飘浮性卵，鱼卵主要飘浮水层为 5~25 m，在 20℃的状况下，鱼卵的孵化时间大约为 3.5 d。

4）摄食

带鱼属广食性、凶猛鱼类，摄食对象很广。在黄海、渤海，其摄食对象包括甲壳类幼体、磷虾类、糠虾类、毛虾类、鹰爪虾、鼓虾类、脊腹褐虾、细鳌虾、葛氏长臂虾，枪乌贼类、耳乌贼类、青鳞沙丁鱼、黄鲫、梅童鱼类、叫姑鱼、鳀、细条天竺鲷、玉筋鱼、鰕虎鱼类、七星底灯鱼等。

从 1959 年黄海、渤海带鱼的摄食习性来看，春季产卵期，其摄食等级较低，8—12 月，摄食较强盛，昼夜变化不明显。带鱼还有食性转换的特点，肛长在 200 mm 以下的带鱼，以糠虾类、磷虾类为主食；200 mm 以上的个体，则以摄食鱼类、甲壳类、头足类为主。因栖息水域的饵料种类不同，带鱼食谱也发生改变。在黄海，当年生幼带鱼栖息在河口时，以糠虾类、毛虾类、口虾蛄幼体和小鱼为主要饵料；在浅水区，主要摄食毛虾类、脊腹褐虾、鹰爪虾、葛氏长臂虾、口虾蛄、鳀、青鳞沙丁鱼、黄鲫、梅童鱼类、细条天竺鲷、枪乌贼类、太平洋磷虾等（农业部水产局等，1990）。

11.2.3.4 资源变动与评价

1）资源变动

黄海带鱼主要为拖网所捕捞，群众渔业的钓钩也捕捞少部分。

1962 年以前，黄海、渤海带鱼年产量为 $4.0 \times 10^4 \sim 6.5 \times 10^4$ t，1964 年，大幅度下降到 2.5×10^4 t，1965 年，下降到 1.6×10^4 t，以后每况愈下。20 世纪 70 年代以后，黄海、渤海带鱼渔业基本上消失。

对春汛带鱼产卵群体和秋汛带鱼索饵群体的过度捕捞，是造成黄海—渤海群系带鱼消失的重要原因之一。黄海带鱼渔业管理的中心任务是为恢复带鱼资源创造条件。目前实施的渤海全年禁止拖网作业，黄海伏季休渔等措施对恢复黄海—渤海群系带鱼有一定的作用。

2）资源评价

根据 1998—2000 年间的四季调查资料，用扫海面积法估算分布在黄海调查区（约 22.3 $\times 10^4$ km²，且不包括近岸）近底层（6.6 ~ 7.1 m）水域内的带鱼（大部分为东海带鱼）资源量：全年平均为 5 598 t，其中，春季为 322 t，夏季为 7 916 t，秋季为 8 923 t，冬季为 5 231 t。

从区域来看，在黄海北部，带鱼全年平均资源量为 33 t，主要出现在夏季，为 106 t，其次是秋季，为 26 t；在黄海中南部，全年平均平均资源量为 5 580 t，主要在秋季，为 8 871 t，其次是夏季，为 7 796 t，冬季为 5 342 t。

用声学方法评估的结果：春季为 5 203 t，夏季为 27 106 t，秋季为 20 937 t，冬季为 141 t，全年平均 16 859 t。带鱼属于近底层鱼类，并不是紧贴海底栖息的鱼类，分布水深范围较大，有明显的垂直移动。用声学方法估算的资源量相对来说应该是较准确的。目前，分布在黄海的带鱼主要为东海群系，从生产情况看，声学评估结果是比较可信的（金显仕等，2006）[139]。

11.2.4 大头鳕[*]

大头鳕（*Gadus macrocephalus*）隶属于鳕形目（Gaiformes）、鳕科（Gadidae）、鳕属（*Gadus*）。在山东、辽宁，渔民俗称：大头鱼、大口鱼、大头腥、大头青、鳘等。它是冷暖性、游泳动物食性、大型凶猛的底层鱼类，分布在黄海，此外，朝鲜、日本和俄罗斯远东沿海也能见其踪迹。

11.2.4.1 洄游

大头鳕的越冬场主要在石岛以东和东南部海域，因为在冬季产卵，所以它的越冬场即产卵场。4 月，低龄鱼开始向北缓慢移动，5 月，鱼群越过成山头，5—6 月，主要分布在黄海北部的海洋岛以南和东南海域；部分低龄鱼向东北移动，到达鸭绿江口外海。产卵后的成鱼，大部分向东移动，越过 124°00′E 线。6 月以后，黄海北部的鱼群大部分开始向南移动，大多分布在成山头附近水域，少部分向渤海海峡外海移动。10 月下旬前后，主要鱼群沿 123°30′E

---

    * 执笔人：程济生

南移，分布在烟威外海东部和石岛外海，1 月，又开始向石岛以东和东南海域集中。可以看出：一年四季，大头鳕不做长距离洄游，属于地方性种群。

11.2.4.2 数量分布与环境的关系

大头鳕为冷温性种类，喜欢生活在水温较低的海域，因此，黄海北部冷水团的消长会直接影响大头鳕的分布，索饵时主要分布在黄海冷水团的边缘，在 6~8℃ 的水域会形成比较密集的分布区。它栖息的最适水温为 7~8.5℃，9℃ 时，数量就比较稀少，10℃ 以上的海域很少见其踪影。

1998—2000 年间的四季调查结果如下。

1）春季

5 月，在调查的 112 个站位中，大头鳕出现频率为 23.2%，资源指数变动在 0.005~10.890 kg/h，平均指数为 0.512 kg/h。它的分布范围为 35°15′~38°00′N，122°30′~125°00′E 的海域，密集分布区在 36°30′~37°30′N，123°30′~125°00′E，那里的底层水温为 8℃。

2）夏季

8 月，在调查的 108 个站位中，大头鳕的出现频率为 16.7%，资源指数为 0.020~3.300 kg/h，平均指数为 0.089 kg/h。与春季相比，它的分布区略微南移，为 35°00′~37°30′N，122°30′~125°00′E 的海域，该海域的底层水温范围为 9~12℃。夏季，没有明显的密集分布区。

3）秋季

10 月，在调查的 99 个站位中，大头鳕的出现频率为 22.2%，资源指数变动在 0.015~5.200 kg/h，平均指数为 0.203 kg/h。与夏季相比，它的分布区进一步南移，是在 33°30′~37°00′N，122°30′~124°30′E 的海域，密集区为 36°00′~37°00′N，123°00′~124°15′E，那里的底层水温为 10℃。

4）冬季

12 月，在调查的 39 个站位中，大头鳕的出现频率为 25.6%，资源指数为 0.145~10.300 kg/h，平均指数为 1.109 kg/h。与其他季节相比，大头鳕冬季的分布范围最大，为 35°00′~39°00′N，122°00′~125°00′E 的海域，该海域的底层水温范围为 9~11℃。冬季，也没有密集分布区。

11.2.4.3 渔业生物学

1998—2000 年间的生物学测定结果如下。

1）群体组成

（1）春季

5 月，大头鳕群体体长范围为 37~760 mm，主要优势体长组为 251~350 mm，占群体的 54.5%，次要优势体长组为 45~70 mm，占群体的 27.3%，群体的平均体长为 259 mm；体重范围为 33 ~ 6 700 g，优势体重组为 210 ~ 900 g，占群体的 78.4%，平均体重为 809 g。群体中当年生的幼鱼约占 29%，1 龄、2 龄鱼约占 64%，3 龄以上约占 7%。群体中雌雄个体的比例为 52:48。

（2）夏季

8 月，大头鳕群体体长范围为 70 ~ 392 mm，优势体长组为 110 ~ 130 mm，占群体的 67.0%，群体的平均体长为 123 mm；体重范围为 10 ~ 1 080 g，优势体重为 15 ~ 30 g，占群体的 76.3%，群体的平均体重为 66.6 g。群体以当年生幼鱼为主，约占 88%，1 龄、2 龄鱼约占 12%。

（3）秋季

10 月，大头鳕群体的体长范围为 100 ~ 530 mm，优势体长为 130 ~ 189 mm，占群体的 80.2%，群体的平均体长为 174 mm；体重范围为 13 ~ 2 596 g，优势体重为 30 ~ 95 g，占群体的 77.4%，平均体重为 120 g。群体仍以当年生幼鱼为主，约占 50%，其次是 1 龄鱼，约占 43%，2 龄鱼只占 7%。群体中雌雄个体的比例为 51:49。

（4）冬季

12 月，大头鳕群体的体长范围为 185 ~ 620 mm，主要优势体长组为 400 ~ 500 mm，占群体的 54.5%，次要优势体长组为 210 ~ 260 mm，占群体的 27.3%，群体的平均体长为 376 mm；体重范围为 90 ~ 3 765 g，主要优势体重组为 1 200 ~ 1 800 g，占群体的 42.4%，次要优势体重组为 140 ~ 300 g，占群体的 33.3%，平均体重为 1 139 g。群体中 1 龄鱼约占 39%，2 龄、3 龄鱼约占 58%，4 龄鱼约占 3%。群体中雌雄个体的比例为 43:57。

2）繁殖

大头鳕产卵季节为 1—3 月，产卵盛期在 2 月上旬。主要产卵场在石岛以东和东南的海域，少数鱼群分散在海州湾外海产卵。主要产卵场水深为 30 ~ 50 m，多为软泥底质。产卵水温范围为 2 ~ 8℃，最适水温为 4 ~ 6℃，适盐范围为 31.6 ~ 32.0。

大头鳕受精卵在水温 5 ~ 6℃ 条件下，需要 16 ~ 18 天才能孵化；在 7 ~ 8℃ 时，仅需要 12 天左右即可孵出幼苗。鳕卵呈球形，属沉性卵，卵径为 0.98 ~ 1.05 mm。

鳕 2 龄开始性成熟，3 龄全部性成熟。性成熟系数随个体性腺成熟度而异：性腺成熟度为 Ⅱ 期时，为 46.0‰；Ⅴ 期时，为 318.4‰；Ⅵ 期时（产过卵的鱼），为 62.0‰。体长 370 ~ 500 mm 雌鱼的个体绝对怀卵量 34×10^4 ~ 138×10^4 粒。鳕属于一次性排卵类型，产卵以后，卵巢所剩卵粒极少。

3）体重与体长的关系及生长

大头鳕的体重与体长呈幂函数关系，其关系为式（11.23）。

$$W = 2.0 \times 10^{-5} L^{2.9836} \tag{11.23}$$

式中：

　　W——个体的体重（g）；

　　L——个体的体长（mm）。

大头鳕的生长较快：1 龄鱼体长范围为 140 ~ 280 mm，平均体长 205 mm，平均体重为 116 g；2 龄为 300 ~ 480 mm，平均体长 420 mm，平均体重 890 g；3 龄鱼为 500 ~ 580 mm，平均体长 540 mm，平均体重为 1 700 g；4 龄鱼为 590 ~ 600 mm，平均体长 610 mm，平均体重

为 3 000 g；5 龄鱼为 680～720 mm，平均体长 690 mm，平均体重为 4 000 g；6 龄鱼在 730 mm 以上，平均体重约 6 000 g。

可以看出：体长以 1 龄、2 龄生长最快，以后增长缓慢；体重，1～6 龄增加都比较大。迄今为止，所捕获的最高为 7 龄，其最大体长为 850 mm，体重为 8 500 g。

4）摄食

大头鳕体长在 150 mm 以下的幼鱼为浮游动物食性，以摄食太平洋磷虾、细长脚虫戎等为饵；体长在 150～300 mm 时，由摄食大型浮游动物转向摄食底栖动物、游泳动物。可以看出：其食性转换是明显的。

鳕的成鱼食物种类比较广泛，其捕食副腹足类、瓣鳃类、头足类、甲壳类、海星类、蛇尾类、鱼类 7 个生物类群 60 多种，其中，主要类群是鱼类、甲壳类、头足类，有鳀、黄鲫、小黄鱼、叫姑鱼、方氏云鳚、长绵鳚、玉筋鱼、鹰爪虾、脊腹褐虾、寄居蟹、枯瘦突眼蟹、枪乌贼等。

大头鳕属于强烈摄食和昼夜摄食的鱼类，摄食强度很高，即使在产卵期间和产卵前后的 12 月至翌年的 5 月，月平均摄食等级都在 2 级以上，6—10 月，月平均摄食等级为 1.15～1.70 级。从昼夜来看，11 时摄食等级最高，为 3.09 级；子夜至黎明最低，为 1.44～1.88 级。

11.2.4.4　资源变动

大头鳕资源的数量变动比较大，这从其渔获量的变化上可以看出。1953 年到 1958 年，从 0.91 万 t 逐渐降到 0.17×10^4 t；1959 年猛增至 2.86×10^4 t，到 1961 年又降至 0.28×10^4 t；1962 年突增到 1.35×10^4 t，1963 年又减至 0.23×10^4 t。1972 年以后，每况愈下，1973 年仅为 74 t，1976 年为 483 t。其渔业已从专捕渔业沦为兼捕渔业。

目前，因其渔获量太低，已无产量统计。根据 1998—2000 年底拖网调查数据，用扫海面积法进行的估算：其四季平均资源量为 1 256 t。

11.3　甲壳类和头足类 *

11.3.1　鹰爪虾

鹰爪虾（*Tachypenaeus curvirostris*）隶属于甲壳亚门（Crustacea）、软甲纲（Malacostra-ca）、十足目（Decapoda）、对虾科（Penaeidea）、鹰爪虾属（*Trachypenaeus*）。曾用中文名：鹰爪糙对虾。俗称：英虾、红虾、硬壳虾等。鹰爪虾为暖水性、底栖生物食性、中小型底栖虾类，属于广温、广盐性种类，为印度—西太平洋广分布种，分布在渤海、黄海、东海、南海和日本近海，此外，在马来西亚、印度尼西亚、澳大利亚、印度、马达加斯加等国的近海以及非洲东部近岸水域、红海、地中海东部均有分布。

11.3.1.1　洄游

黄海、渤海鹰爪虾越冬场主要在黄海 33°30′～37°30′N，122°30′～124°15′E，水深 60～

---

　　* 执笔人：程济生

80 m 的深水区。那里的底层水温为 7.5～12.0℃，底层盐度为 31.4～33.3，越冬期在 1—3 月。一般年份，3 月底，鹰爪虾开始从越冬场向近岸水域进行生殖洄游，一支向西面的胶州湾、乳山湾、石岛湾等缓慢移动，主群向北进行洄游，4 月下旬到达成山头以北的烟威外海，这时集群性强、密度高，在此形成鹰爪虾的春汛渔场。其主支经渤海海峡进入渤海，分支向黄海北部的海洋岛以东和鸭绿江口附近水域移动。6 月份，鹰爪虾进入近岸各产卵场，新出生的幼虾一直在近岸水域索饵、生长。在渤海，10 月中下旬，鹰爪虾自各湾浅水区向渤海中部深水区移动，11 月中下旬，陆续游离渤海。黄海北部近岸的鹰爪虾群体，11 月底，到达海洋岛以南水域，再向南行，与来自渤海的群体汇合；在 12 月初或晚些时候，越过成山头；12 月底，进入石岛东南外海的越冬场。山东半岛南岸的鹰爪虾离开近岸水域的时间会更一晚些，向东游入越冬场。

11.3.1.2　数量分布与环境的关系

春季 5 月，黄海中部 35°00′～36°30′N，123°30′～124°15′E 海域内已没有鹰爪虾分布，但在其他海域均有出现。这时，鹰爪虾密集分布区有三处：一是，黄海北部 38°00′～39°20′N，123°15′～124°15′E 的区域；二是，黄海西部 35°00′～36°30′N，122°00′～122°30′E 的区域；三是，黄海东南部 33°00′～33°30′N，124°00′～125°30′E 的区域。

夏季 8 月，在黄海，鹰爪虾分布于近岸水深不超过 25 m 的高温、低盐浅水区，进行产卵或育幼，那里的底层水温均在 21℃以上，底层盐度小于 32，在黄海中央水深超过 60 m 的低温、高盐深水区，没有鹰爪虾存在。

秋季 10 月，在黄海中部，山东半岛南岸水域的鹰爪虾继续停留在水温仍比较高的近岸水域索饵；在黄海北部，海洋岛以东水域的鹰爪虾，随着近岸水温的下降，开始向较深水域移动，但分布区水深仍然不超过 60 m。此时，黄海中央深水区依然不见鹰爪虾的踪迹。

初冬 12 月，鹰爪虾在黄海的分布仍然比较广，38°30′N 以南海域，基本都有出现。这时，有两个相对密集区：一个密集区的范围比较宽，是在 37°00′～38°30′N，121°30′～123°30′E 的区域；另一个集区的范围较窄，是在 36°00′～37°00′N，124°50′～125°10′E 的区域。

鹰爪虾有白天潜伏，夜间摄食的习性。

11.3.1.3　渔业生物学

1）群体组成

表 11.1 列出了 1986 年黄海四季调查的鹰爪虾群体的体长、体重和性比的组成情况。

表 11.1　黄海鹰爪虾群体组成与季节变化

季节	体长/mm				体重/g				性比	
	范围	优势组		平均值	范围	优势组		平均值	雌	雄
		范围	%			范围	%			
春季 5 月	39～103	55～70	51.2	68	0.7～14.9	2～6	66.3	4.9	57	43
		75～90	27.1			7～10	15.9			
夏季 8 月	47～101	55～70	49.3	66	1.3～11.5	2～4	44.1	4.4	62	38
		80～95	19.1			7～11	15.1			

季节	体长/mm				体重/g				性比	
	范围	优势组		平均值	范围	优势组		平均值	雌	雄
		范围	%			范围	%			
秋季 10 月	33 ~ 99	45 ~ 60	57.6	56	0.4 ~ 11.7	1 ~ 3	62.1	2.6	54	46
		65 ~ 80	20.4			4 ~ 7	15.2			
冬季 12 月	37 ~ 89	50 ~ 70	58.9	64	0.6 ~ 11.1	1 ~ 4	56.0	4.3	61	39
		75 ~ 85	15.8			6 ~ 10	20.1			

从表 11.1 中可以看出：一年四季，鹰爪虾群体的平均体长、平均体重从春季→夏季→秋季呈现出减小、下降的趋势，到了冬季，才开始增大、增重，其中，以春季群体的平均体长、平均体重最大、最重。各季节的鹰爪虾群体均存在两个优势体长组、体重组，由此可推断：鹰爪虾至少是由两个世代组成，并以当年发生的新生代占优势，鹰爪虾寿命至少是两年。

春、夏季的鹰爪虾群体，雌性数量明显多于雄性，尤其是夏季，雌虾的比率最高，这说明部分雄虾在春季交尾后逐渐死亡。秋季，当年发生的鹰爪虾开始补充到群体中来，雌、雄比接近 1:1，群体中雌虾的平均长度明显大于雄虾。从以往调查取得的生物学资料来看，雌性最大体长为 107 mm，雄性最大体长为 83 mm。

2）繁殖

鹰爪虾的生殖活动可分为交尾、产卵两个阶段。交尾后的雌虾在纳精囊外有几丁质栓封闭囊口，精子储存在囊内。雌虾个体的怀卵量变动在 $30 \times 10^4 ~ 50 \times 10^4$ 粒，怀卵量多少因个体大小而异。交尾雌虾的最小体长为 52 mm。在一个繁殖季节里，雌虾卵巢内的卵子分批发育、分批产出，第 1 次的产卵量一般为 $2 \times 10^4 ~ 6 \times 10^4$ 粒/尾，孵化率为 60% ~ 80%，后几次的产卵量、孵化率逐渐减少、下降（凡守军等，1999）。产出的卵子为沉性卵。产卵雌虾的最小体长为 55 mm。产卵一般在夜间进行，产出的卵子与排出的精子在海水里进行体外受精。

在黄海，3 月下旬，鹰爪虾已开始交尾，雌虾的交尾率约为 15%。5 月份，雌虾的交尾率约为 36%，性腺为 II 期。6 月份，是鹰爪虾交尾的盛期。7 月份，雌虾基本上都已交尾，III 期性腺约占 38%，IV 期约占 56%，V 期约占 6%。鹰爪虾产卵期为 7—9 月，产卵盛期在 7—8 月。9 月份，体长在 71 mm 以上的雌虾，IV 期性腺约占 3%，V 期约占 13%，已产卵的约占 84%。10 月份，越年雌虾已全部产过卵。

3）个体发育

鹰爪虾卵子孵化与幼体发育的最佳温度为 21 ~ 24℃。刚从卵孵出的为无节幼体，经过 6 次蜕皮，变态为蚤状幼体，蚤状幼体经 3 次蜕皮变态为糠虾幼体，糠虾幼体再经 3 次蜕皮变态为仔虾，仔虾经过数次蜕皮变成幼虾。从受精卵发育为幼虾，要 60 ~ 65 天（张树德等，1992）。从幼虾到成虾，仍然为蜕皮生长，但其形态不再发生变化。

4）体重与体长的关系

根据 1986 年黄海四季调查的生物学资料进行计算，鹰爪虾的雌虾、雄虾的体重与体长之间呈幂函数关系（见图 11.4、图 11.5），体重与体长的关系分别为式（11.24）、式

（11.25）。

$$W_{\female} = 1.0 \times 10^{-5} L_{\female 3.0699} \tag{11.24}$$

$$W_{\male} = 2.0 \times 10^{-5} L_{\male 2.9112} \tag{11.25}$$

两式中：

$W_{\female}$——雌鹰爪虾个体的体重（g）；

$W_{\male}$——雄鹰爪虾个体的体重（g）；

$L_{\female}$——雌鹰爪虾个体的体长（mm）；

$L_{\male}$——雄鹰爪虾个体的体长（mm）。

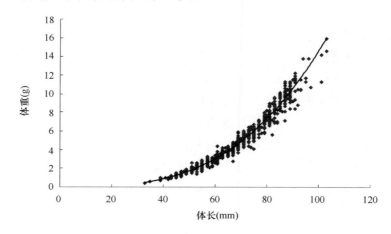

图11.4　雌性鹰爪虾体长与体重的关系

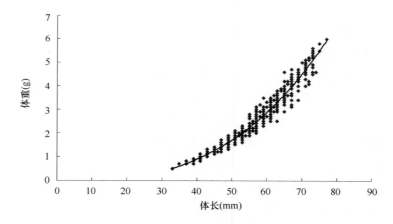

图11.5　雄性鹰爪虾体长与体重的关系

5）摄食

鹰爪虾摄食强度的季节变化比较明显。在黄海，春季群体的摄食强度比较高，摄食率达88%；夏季群体的摄食强度最高，摄食率可达97%；秋季群体的摄食强度要比春、夏季有所降低，摄食率减至62%；冬季群体的摄食强度最低，摄食率只有39%。一年四季，鹰爪虾平均摄食率约为73%。此外，鹰爪虾摄食强度的昼夜变化也有所差异，夜间大于白天。

鹰爪虾为广食性种类，主要摄食底栖动物，其胃含物中的主要饵料类别是多毛类、瓣鳃类、蛇尾类、腹足类，钩虾类、涟虫类以及桡足类。此外，还有稚幼鱼、长尾类和耳乌贼类等。在其胃含物中，也出现过海绵和有机碎屑（程济生等，1997）。

11.3.1.4 资源变动

从已有的统计资料来看：1975 年以前，黄海、渤海鹰爪虾的渔获量在低水平上波动，平均年渔获量为 0.57×10^4 t，其中，以 1968 年最高，为 0.85×10^4 t；1976—1987 年间是在中等水平上波动，平均为 1.71×10^4 t，其中，产量最高的年份是 1987 年，为 2.96×10^4 t；1988 年以后，在高水平上波动，平均为 6.11×10^4 t，其中以 1996 年最高，达 8.39×10^4 t。由此可以看出：20 多年来，黄海、渤海鹰爪虾的渔获量一直呈上升趋势，这反映鹰爪虾资源处于较好状态。但应指出的是，黄渤海捕捞力量的迅猛增长，捕捞作业时间的延长，是鹰爪虾渔获量增加的主要原因。

11.3.2 太平洋褶柔鱼

太平洋褶柔鱼（*Todarodes pacificus*）隶属于头足纲（Cephalopoda）、枪形目（Teuthoidea）、柔鱼科（Ommastrephidae）、褶柔鱼属（*Todarodes*）。异名：*Ommastrephes sloani pacificus*。曾用中文名：太平洋斯氏柔鱼（张玺等，1960）、太平洋柔鱼（董正之，1978）、太平洋飞枪乌贼（千国史郎，1985）、太平洋丛柔鱼（农业部水产局等，1990）。俗称：鱿鱼、黄海鱿鱼、日本鱿鱼、火箭鱼等。太平洋褶柔鱼属于暖温性种，是与大陆架联系最密切的浅海—大洋性种类。在头足类中，其资源量最大，年渔获量最高曾近 80×10^4 t，在西北太平洋西部分布范围很广，从鄂霍次克海至我国的粤东外海均有分布。主要分布区为日本海和北海道东南海域，在黄海和东海的数量也比较多，南海也有分布，在渤海却很少出现。

11.3.2.1 种群与洄游

太平洋褶柔鱼种群由三个不同的产卵群组成，即夏季产卵群、秋季产卵群、冬季产卵群，这种现象称作群体的分宗，各宗群在繁殖与生长方面具有各自的特性。太平洋褶柔鱼种群主要栖居在暖流水系与寒流水系或大洋水系与沿岸水系交替的海域以及深水散射层（DSL）明显的海域（董正之，1988）。它们与黑潮、亲潮和对马海流的消长进退有着错综复杂的关系。黄海、东海的太平洋褶柔鱼为一独立群体，黄海群体以冬季产卵群为主，秋季产卵群和夏季产卵群的数量都不大。

黄海太平洋褶柔鱼的越冬场和产卵场是在东海北部海礁附近的水域。4 月份，在上层水温达到 10℃时，太平洋褶柔鱼群体开始北上进行索饵洄游，西支经黄海东南游向大黑山西北水域。5 月份，群体到达 32°N 附近又分成两支：一支向北偏西游去，到达 34°N 附近，8 月份，游至成山头外海，在冷水区边缘度过夏季和仲秋；另一支沿朝鲜半岛西海岸向黄海北部游去。10 月份，随着水温的下降，黄海北部的太平洋褶柔鱼群体，沿黄海暖流东侧边缘南下，但移动缓慢，主群在 11 月中旬前后到达成山头外海，11 月下旬以前，主要停留在黄海中北部水域，11 月下旬，才逐渐向南进行越冬或生殖洄游。

在黄海，海洋岛渔场、石岛渔场和石东渔场都是太平洋褶柔鱼的密集分布区。

11.3.2.2 数量分布与环境的关系

太平洋褶柔鱼是一种广温性动物，在 $0.4 \sim 28$℃的海域中都有发现，适温范围为 $12 \sim 20$℃。捕捞太平洋褶柔鱼效率的高低与水温有关，捕捞效果较好海域的水温为 $12 \sim 18$℃。聚集的群体常停留在小型涡动水域附近出现的潮隔，或大洋中的亲潮前锋、交汇带等流动潮隔一带，从而形成渔场。有的研究结果则认为：太平洋褶柔鱼群体的分布同浮游生物的分布有很大的相关性，温度本身并不决定其群体的分布，温度只是说明具备良好的饵料条件的间接指标。

在黄海，有适宜太平洋褶柔鱼栖息的水文环境和丰富的饵料基础（如太平洋磷虾），水文状况主要由黄海冷水团所控制，其渔场的变化与黄海冷水团的移动与消长有着密切的关系，太平洋褶柔鱼通常聚集在不同水团的交汇处——锋面区域。

1）春季

黄海水温仍比较低，1998 年 5 月，表层平均水温为 15.1℃，底层平均水温为 9.5℃，浮游动物平均生物量为 39.32 mg/m^3（金显仕等，2005），其中的太平洋磷虾资源特别丰富。太平洋褶柔鱼主要集中分布在石岛以南或东南 34°～36°N 的区域，那里的表层水温范围约为 14～16℃。此外，在济州岛西南 32°～33°N 的海域也常有分布。

2）夏季

黄海水温明显升高，2000 年 8 月，表层平均水温为 26.9℃，底层平均水温为 14.0℃，浮游动物平均生物量为 43.65 mg/m^3（金显仕等，2005）。在黄海，太平洋褶柔鱼从南到北均有分布，资源平均指数为全年最大值，石岛东南 34°～36°N 海域的资源仍比较丰富，一般密集分布区是在 60 m 以深海域。此外，在黄海北部超过 50 m 水深的海域，也比较密集。

3）秋季

黄海水温开始下降，2000 年 10 月，表层平均水温为 21.4℃，底层平均水温为 13.2℃，浮游动物平均生物量为 37.92 mg/m^3（金显仕等，2005）。在黄海，一般说来，36°N 以北海域的太平洋褶柔鱼平均指数比以南海域的高，且高密度分布区偏向东部。

4）冬季

黄海水温四季最低，1999 年 12 月，表层平均水温为 10.7℃，底层平均水温为 10.7℃，浮游动物平均生物量为 27.55 mg/m^3（金显仕等，2005）。在黄海，太平洋褶柔鱼资源指数也明显下降，分布范围仅限于 37°N 以南海域，且高密度分布区仍然偏东。

5）垂直移动

太平洋褶柔鱼多活动在海水的中上层，栖息水层有明显日节律，白天下沉至 50～70 m 以下的水层，黑夜上浮，垂直移动范围从表层至 300 m 左右水深。随季节不同，主要栖息水层也有所差异，这可能与水温变化有关。它的垂直移动与浮游动物数量、温跃层、照度等环境因子有着密切的关系。

11.3.2.3 渔业生物学

太平洋褶柔鱼为一年生头足类，与鱼类相比，群体年龄结构比较简单，但由于繁殖期长，群体补充时间也比较长，使得群体组成存在分宗现象，这也是其群体组成相对较复杂的一面。

1）群体组成

表11.2列出了1998—2000年间的四季，黄海调查生物学测定的太平洋褶柔鱼群体的胴长、体重组成情况。从表中可以看出，从春季→夏季→秋季→冬季，黄海太平洋褶柔鱼群体的平均胴长、平均体重呈现逐渐增长、增重的趋势。冬季，是一年之中群体平均胴长、平均体重最大、最重的季节。由于黄海的太平洋褶柔鱼群体主要是由冬季出生的个体为主，春季群体的平均胴长和平均体重是一年里最小和最轻的季节。夏季群体的平均胴长、平均体重分别比春季群体增加了31.1%、1.4倍，秋季群体比夏季群体分别增加了14.4%、58.4%，冬季群体又比秋季群体增加了17.0%、44.0%。

1998—2000年间的黄海太平洋褶柔鱼，春季群体中的雌雄比为57∶43，夏季群体为47∶53，秋季群体为48∶52，冬季群体为31∶69。可以看出：夏季群体和秋季群体中雌、雄尾数的差异较小，比率接近1，冬季群体中的雌、雄尾数相差较大。

表11.2 黄海太平洋褶柔鱼群体胴长和体重组成及季节变化

季节	胴长/mm				体重/g			
	范围	优势组		平均值	范围	优势组		平均值
		范围	%			范围	%	
春季5月	80~201	90~119	83.2	106	16~219	22~40	76.0	32.6
夏季8月	68~233	100~199	85.7	139	8~301	20~120	74.0	78.9
秋季10月	70~275	90~190	65.6	153	9~525	22~155	60.8	125
冬季12月	95~270	130~210	61.8	179	25~500	70~300	67.3	180

2）体重与胴长的关系

根据1998—2000年间四季调查所取得的生物学测定资料进行计算，太平洋褶柔鱼体重与胴长之间呈幂函数关系（见图11.6），其关系为式（11.26）。

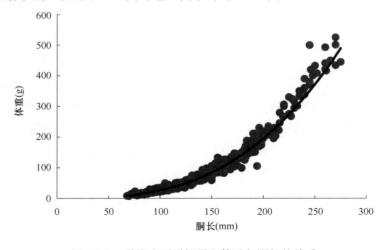

图11.6 黄海太平洋褶柔鱼体重与胴长的关系

$$W = 4.0 \times 10^{-5} L^{2.9064} \qquad (11.26)$$

式中：

      W——太平洋褶柔鱼个体的胴长（mm）；

      L——太平洋褶柔鱼个体的体重（g）。

3）生长

根据每个月太平洋褶柔鱼生物学测定的胴长、体重平均值拟合，其 von Bertalanffy 胴长、体重生长方程分别为式（11.27）、式（11.28）。（金显仕等，2006）

$$L_t = 285.7 \left[1 - e^{-0.37(t-2.43)} \right] \tag{11.27}$$

$$W_t = 522.2 \left[1 - e^{-0.37(t-2.43)} \right]^3 \tag{11.28}$$

两式中：

      L_t——t 时太平洋褶柔鱼个体的胴长（mm）；

      W_t——t 时太平洋褶柔鱼个体的体重（g）；

      t——时间（月）。

从式（11.27）、式（11.28）可以看出：黄海太平洋褶柔鱼的渐近胴长（L_∞）为 285.7 mm，渐近体重（W_∞）为 522.2 g，生长系数（k）为 0.37，理论上胴长或体重为零时的月龄（t_0）为 2.43（月）。

体重的生长拐点在 7 月上旬左右。雌、雄个体生长有明显差异，这种差异从 5 月份就已表现出来，雌性个体明显大于雄性个体。

4）繁殖

太平洋褶柔鱼交配适宜温度为 10 ~ 17℃，交配时，雄性个体用生殖腕将精荚送入雌性个体围口膜上的纳精囊，待其产卵时，同时放出精虫在体外进行受精（农业部水产局等，1990）。在黄海，其交尾季节一般在 8—9 月，9 月中下旬，雌性个体的交尾率约占 61%，10 月中下旬到 11 月初，雌性个体开始性成熟。交尾后是太平洋褶柔鱼雄性个体的主要死亡期。产卵适温为 15 ~ 20℃，雌性个体在产卵后不久死亡。卵子发育的适宜温度为 12 ~ 18℃。雌性最小性成熟胴长为 200 mm。个体生殖力为 $30 \times 10^4 \sim 50 \times 10^4$ 粒（金显仕等，2006）。卵子孵化期 4 ~ 5 d。

5）摄食

太平洋褶柔鱼属肉食性动物，在黄海，主要捕食小型鱼类、头足类，其在胃含物中的出现频率很高。浮游动物也是它捕食的主要对象，特别是磷虾类（如太平洋磷虾）的出现频率很大（程济生等，1997）。它的摄食强度随季节有所变化，春季，摄食强度比较低；夏季，非常高；秋季，有所下降；冬季，摄食强度也非常高，全年平均摄食率为 72.8%，远远高于日本枪乌贼和火枪乌贼的摄食率。

11.3.2.4 资源变动

太平洋褶柔鱼资源数量年间波动较大，在日本海，多数年份的渔获量变动幅度为 30% 左右。

在黄海，太平洋褶柔鱼资源的发现始于 20 世纪 70 年代，1972 年，在我国的围网试验中发现石岛东南外海有它的密集群体。1974 年秋冬之交，日本柔鱼钓船在成山头外海大量捕获太平洋褶柔鱼，10—12 月，共钓捕 4 400 t，第二年却没有形成渔汛。80 年代起，我国底拖网生产船在黄海所兼捕的数量开始增多，1982 年夏季，在石外渔场发现密集群体，8 月份，北方一公司拖网生产船半月捕获了 3 500 t，年渔获量约 4 000 t。1990 年，在长江口发现密集群体，4 个渔业公司的年渔获量约为 5 400 t。1985—1991 年间，我国在黄海捕捞太平洋褶柔鱼的年渔获量之差为 3 倍多。1981—1993 年，韩国从黄海捕捞的太平洋褶柔鱼的年渔获量最高达 31 684 t。1998 年以来，黄海太平洋褶柔鱼资源数量再度增加，到 2002 年，渔获量高达 5.6×10^4 t。

11.3.3 日本枪乌贼和火枪乌贼

日本枪乌贼（*Loligo japonica*）和火枪乌贼（*Loligo beka*）均隶属于头足纲（Cephalopoda）、枪形目（Teuthoidae）、枪乌贼科（Loliginidae）、枪乌贼属（*loligo*）。日本枪乌贼异名：*Loligo tetradinamia*；火枪乌贼异名：*Loligo sumatrensis*。在黄渤海区，俗称：笔管艄、梧桐花、墨鱼子、子乌等。日本枪乌贼为暖温性种，是浮游动物和游泳动物食性的中小型头足类；火枪乌贼为暖水性种，是浮游动物食性的小型头足类。日本枪乌贼分布在渤海、黄海、东海北部以及日本列岛周围海域，在南海也有发现；火枪乌贼分布在渤海、黄海、东海、南海以及日本南部海域和印度尼西亚海域，但偏向近岸水域。

11.3.3.1 种群与洄游

日本枪乌贼种群以春季产卵群和夏季产卵群组成，但以春季产卵群占优势。火枪乌贼种群由春季产卵群、夏季产卵群和秋季产卵群组成，以夏季产卵群占优势，春季产卵群次之，秋季产卵群数量很少。

在黄海，枪乌贼类以日本枪乌贼数量最多；在渤海，枪乌贼类是火枪乌贼占优势。这两种枪乌贼均在黄海越冬。火枪乌贼基本在黄海 35°30′N 以北的 50～80 m 的深水区越冬，那里底层水温为 5～9℃；日本枪乌贼主要在黄海 35°30′N 以南中央 40～80 m 的深水区越冬，那里底层水温为 7～12℃。它们的越冬期为 1—3 月。一般 3 月底，它们的越冬群体开始聚集，向黄海西部、北部的近岸水域及渤海进行洄游。4 月份，火枪乌贼已遍布渤海。4 月下旬，部分枪乌贼群体向西游向海州湾和山东半岛南岸水深在 20 m 以内的浅水区产卵场，另一部分群体进入渤海的产卵场，此外，两种枪乌贼还各有一分支到达黄海北部的海洋岛产卵场。在渤海和黄海沿岸水域出生的枪乌贼，在那里索饵、生长，秋季，随着近岸水温的降低，逐渐向深水移动，11 月下旬，才开始游离渤海和黄海沿岸水域；12 月下旬，逐渐进入黄海的越冬场。

11.3.3.2 数量分布与环境的关系

春季，两种枪乌贼在黄海从南到北均有分布，但是在 35°30′N 以北的平均密度和出现频率均明显大于 35°30′N 以南，且密集区靠近岸水域。海州湾、乳山外海、黄海北部近岸水域的资源密度都比较高，5 月份，那里的表层水温为 12～16℃，底层水温为 8～14℃。

夏季，两种枪乌贼的分布明显偏向黄海近岸的高温浅水区，8 月份，那里的表层水温在 21℃ 以上，底层水温在 18℃ 以上。在黄海冷水团所盘踞的黄海中央深水区，则很少有枪乌贼的踪迹，那里的底层水温为 6～9℃。

秋季，两种枪乌贼仍然分布在水温较高的黄海近岸浅水区，10 月份，那里的表层水温仍在 20℃ 以上，底层水温在 15℃ 以上。在仍然被冷水团所占据的黄海中央深水区，基本上没有枪乌贼出现，那里的底层水温在 10℃ 以下。

初冬 12 月，两种枪乌贼已遍布整个黄海，且黄海北部的平均密度和出现频率都大于黄海南部，黄海南部西侧的平均密度和出现频率要高于东侧。

这两种枪乌贼通常都活动在海水的近底层，并有昼沉、夜浮的垂直移动现象。

11.3.3.3 渔业生物学

日本枪乌贼和火枪乌贼均为一年生头足类。日本枪乌贼种群的生殖季节相对集中，群体结构比较简单；火枪乌贼种群由于生殖季节比较长，群体中存在较明显的分宗现象，所以，群体组成相对较为复杂。两种枪乌贼亲体在完成生殖活动不久即相继死去。

1）群体组成

表 11.3 是黄海四季调查的枪乌贼（日本枪乌贼和火枪乌贼）群体的胴长和体重的组成情况。

表 11.3　黄海枪乌贼群体胴长和体重组成的季节变化

季节	胴长/mm				体重/g			
	范围	优势组		平均值	范围	优势组		平均值
		范围	%			范围	%	
春季 5 月	26 ~ 138	40 ~ 65	74.5	60	2 ~ 97	7 ~ 22	71.7	13.5
夏季 8 月	24 ~ 95	45 ~ 65	72.1	55	1 ~ 46	5 ~ 11	76.5	12.0
秋季 10 月	13 ~ 106	20 ~ 45	63.3	43	0.5 ~ 35	1 ~ 5	63.3	7.0
冬季 12 月	16 ~ 110	35 ~ 60	53.8	58	0.2 ~ 67	3 ~ 8	48.6	12.3
		70 ~ 90	22.1			20 ~ 40	27.4	

春季，枪乌贼群体的平均胴长、平均体重最长、最重。从春季→夏季→秋季，枪乌贼群体的平均胴长、平均体重呈逐渐减小的趋势，到了秋季，枪乌贼群体的平均胴长、平均体重最小、最轻。自秋季→冬季→春季，枪乌贼群体的平均胴长和平均体重呈逐渐增大的趋势。

夏季，由于日本枪乌贼生殖群体，在产卵后逐渐死亡以及新生补充群体的开始出现，使得黄海枪乌贼群体的平均胴长、平均体重比春季分别下降了 8.3%、11.1%。

秋季，由于火枪乌贼生殖群体在生殖活动后的不断死亡，火枪乌贼新生补充群体的大量出现，导致黄海枪乌贼群体的平均胴长、平均体重比夏季进一步变小，又分别下降了 21.8%、41.7%。

冬季，随着枪乌贼补充群体在秋季迅速地生长，使黄海枪乌贼群体的平均胴长、平均体重比秋季都有了显著的增长、增重，分别增长了 34.9%、75.7%。

日本枪乌贼群体的雌、雄比随季节而变化（邱显寅，1986）：春季 5 月，群体中的雌、雄比为 51:49；夏季 8 月，为新生补充群体，雌、雄尚难区分；秋季 10 月，雌、雄比为 52:48；冬季 2 月，雌、雄比为 64:36。可以看出：春、秋两季群体中的雌、雄比接近于 1，冬季群体中的雌性明显多于雄性。

从已取得的生物学资料来看，黄海、渤海日本枪乌贼、火枪乌贼个体的最大胴长分别约为 150 mm、90 mm。

2）胴长与体重的关系

根据 1982 年、1986 年黄海、渤海各自调查所取得的生物学测定资料进行的计算，黄海日本枪乌贼体重与胴长之间呈幂函数关系，其关系为式（11.29）。

$$W = 2.615 \times 10^{-4} L^{2.609}$$

（11.29）

渤海火枪乌贼体重与胴长之间也呈幂函数关系，其关系为式（11.30）。

$$W = 9.031 \times 10^{-4} L^{2.285}$$

（11.30）

根据1998—2000年黄海四季调查所取得的枪乌贼生物学测定资料进行计算，枪乌贼（包括日本枪乌贼和火枪乌贼）的体重与胴长之间仍为幂函数关系（见图11.7），其关系为式（11.31）。

$$W = 2.0 \times 10^{-4} L^{2.643}$$

（11.31）

三个式中：

W——枪乌贼个体的体重（g）；

L——枪乌贼个体的胴长（mm）。

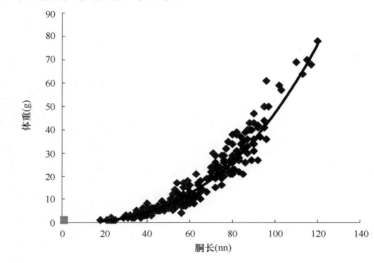

图11.7 黄海枪乌贼体重与胴长的关系

3）繁殖

日本枪乌贼种群的产卵期为4月下旬到7月上旬，盛期是5—6月，产卵适温为13～16℃；火枪乌贼种群的产卵期为5—10月，春季产卵群是5月中旬至6月中旬产卵，夏季产卵群是7月中旬至8月中旬产卵，产卵适温为14～18℃。两种枪乌贼均在交配后不久即产卵，产出的卵包呈棒状、透明胶质的卵鞘中，许多卵鞘常常聚集在一起粘着于其他物体上。日本枪乌贼卵鞘长60～70 mm，每个卵鞘含60～80个卵；火枪乌贼卵鞘长30～50 mm，每个卵鞘含20～40个卵（董正之，1988）。两种枪乌贼亲体在生殖活动结束不久即相继死去。

日本枪乌贼的个体怀卵量为3 300～9 200粒，平均5 100粒，个体怀卵量与胴长、体重呈正相关，胴长与怀卵量的关系较体重与怀卵量的关系更密切些。个体相对怀卵量为40～50粒/mm，胴长的相对怀卵量与体重的相对怀卵量相比，其状态也更稳定些（邱显寅，1982）。日本枪乌贼雌性个体性成熟最小胴长约为90 mm。

火枪乌贼的个体怀卵量为550～2 200粒，平均1 150粒，个体的相对怀卵量为70～156粒/g和10～29粒/mm。火枪乌贼雌性个体性成熟最小胴长约为50 mm。

4）摄食

火枪乌贼和日本枪乌贼皆为浮游动物食性，日本枪乌贼还兼有游泳动物食性。两者均以浮游动物中的磷虾类、桡足类、糠虾类、毛颚类、端足类、介形类和毛虾类等为主要饵料生物，日本枪乌贼还捕食幼鱼，此外，头足类（耳乌贼和枪乌贼）也常在其胃含物中出现，底栖的薮枝螅偶尔出现在它们的胃含物里（程济生等，1997）。

日本枪乌贼和火枪乌贼全年均摄食。日本枪乌贼的摄食率以夏、冬季相对高些，秋季较低，春季、夏季、秋季、冬季的摄食率约分别为 37%、42%、32%、42%，四季平均约为 38%。总体来说，火枪乌贼的摄食率要比日本枪乌贼低一些，夏季摄食率最高，春、秋季最低，春季、夏季、秋季、冬季的摄食率约分别为 24%、53%、23%、40%，四季平均摄食率仅 35%。由此看出，两种枪乌贼的摄食强度都非常低，摄食率均为春、秋两季低，夏、冬两季高。

11.3.3.4 资源变动

一般来说，一个渔业种类的年捕捞量与其资源量是呈正相关的。黄海、渤海枪乌贼类资源数量的年间变动可以从下面的产量分析反映出来。1965 年前，枪乌贼年渔获量不高，估计年产量为 $1 \times 10^4 \sim 2 \times 10^4$ t。20 世纪 70 年代，根据对国营机轮拖网渔获物取样进行的分析，再按黄渤海区的总产量进行粗略的估算：黄海、渤海枪乌贼的年渔获量波动在 $1.3 \times 10^4 \sim 10.8 \times 10^4$ t，平均年渔获量为 5.5×10^4 t（邱显寅，1986）。80 年代以后，产量已明显下降，平均年渔获量仅为 0.5×10^4 t。

第12章　渔业资源管理与增殖[*]

12.1　渔业资源管理

12.1.1　依法进行管理

12.1.1.1　法律依据

渔业资源管理的相关法律依据在渤海篇中已有表述，这里不再重复。

12.1.1.2　法规依据

1）主要综合性法规

渔业资源管理的相关法规依据在渤海篇中也有过表述，这里也不再重复。

2）主要单种类法规

中国对虾曾经是黄渤海产量大、经济价值极高、进行长距离洄游、可形成单种捕捞渔业的大型虾类，1990年11月农业部印发的《黄渤海区对虾亲虾资源管理暂行规定》，在黄海划定了中国对虾洄游通道的范围，并对洄游通道的禁渔期也做了规定，其目的在于加强对中国对虾亲虾资源的保护。

蓝点马鲛（鲅鱼）是黄海、渤海唯一一种渔获量大、经济价值高、可形成单种捕捞渔业的大型鱼类，1996年农业部发出《关于加强对黄渤海鲅鱼资源保护的通知》，对蓝点马鲛的可捕标准、蓝点马鲛流刺网网目的大小都做了规定，并在黄海北部设立了春汛蓝点马鲛保护区与保护期。

在黄海，还先后制定发布了一些地方性单种类法规，例如，《山东省鹰爪虾资源管理规定》、《关于加强山东南部海域亲虾管理的暂行规定》等。

12.1.2　保护种质种苗

随着黄海一些重要经济种类资源的衰退，为了满足人们生活对这些种类数量的需求，在黄海、渤海沿岸开展了人工养殖。随着养殖业的不断发展，也给渔业自然资源带来一定程度的影响。中国对虾开始养殖时，是利用自然亲虾、自然种苗，为了保护自然亲虾资源，在《黄渤海区对虾亲虾资源管理暂行规定》中指出：从1991年起养殖、增殖放流需要的亲虾，原则上不再捕捞黄海春季自然活对虾亲虾，以人工培育的越冬亲虾保障需要。

　＊ 执笔人：程济生

鱼类的养殖开展以后，不仅利用自然亲鱼、自然苗种进行人工育苗、养殖，而且还出现捕捞真鲷、褐牙鲆、大泷六线鱼、许氏平鲉等经济价值高种类的自然苗种销往国外的现象。为了保护黄海的渔业生物资源与苗种，20世纪90年代以后，沿海各省、市相继出台了水产种苗管理的具体规定，以控制主要经济种类苗种的采捕、销售与流通。

12.1.3　实施禁渔制度

1955年，国务院为了保护我国沿岸水域的渔业生物资源，颁布了《关于渤海、黄海及东海机轮拖网渔业禁渔区的命令》，设置了禁渔区线，规定机轮拖网渔业、拖曳网具都不得在禁渔区线内作业。1981年国务院又批准：在机轮底拖网禁渔区线海域内，禁止所有底拖网机动渔船作业。

1996年，黄海区开始实行伏季休渔制度，休渔期为每年的7月1日至8月31日，1998年，将休渔期延长，休渔期为7月1日至9月15日。2003年，将休渔期再次调整，休渔期为6月16日12时至9月1日12时。

上述各项禁渔制度的实施，对黄海渔业生物资源的保护和幼鱼资源的阶段性养护都起到了一定的作用。

12.1.4　监测资源动态

在黄海，从2000年至2006年，使用同样马力的生产渔船、网具，用相同的调查方法，连续7年进行了底拖网定点调查，取得了渔业生物资源结构、数量、分布、主要渔业种类资源密度与生物学等方面的动态资料。从2005年开始，又在黄海重点水域，每年使用"北斗"号渔业生物资源专业调查船及其配备的网具，进行渔业生物资源与环境的定点底拖网调查和走航式声学调查，取得了底层渔业生物资源结构与生物学、资源声学评估、渔业环境方面的系统资料。

上述调查，也为渔业科学工作者的进一步深入研究以及渔业主管部门的管理进行调整，为今后实施渔业生物资源配额管理，提供了比较全面、系统、完整的资料或依据。

12.2　渔业资源增殖

在黄海，渔业生物资源的增殖始于20世纪80年代初，首先，开展了海参、皱纹盘鲍等海珍品的底播增殖。1983年起，又进行了中国对虾的放流增殖，后来放流增殖的种类还有海蜇、金乌贼、鲅、真鲷、褐牙鲆等，此外，还进行了日本对虾、斑节对虾、南美白对虾的移殖增殖。浅海底播增殖的种类还有虾夷扇贝、魁蚶、大连紫海胆、马粪海胆、紫石房蛤、泥蚶、脉红螺、美洲帘蛤和太平洋皇蛤等。进入21世纪以后，特别是2005年以来，又加大了放流的力度，增添了放流种类，如黑鲷、半滑舌鳎、黄盖鲽、三疣梭子蟹等，使黄海渔业生物资源的增殖工作又有了长足的进展。现将在黄海开展增殖的主要种类做以简要介绍（2005年以来各增殖种类放流数量均取自互联网）。

12.2.1　中国对虾

12.2.1.1　放流数量

在黄海北部近岸水域，1985—1992年，8年共放流中国对虾幼虾97.25亿尾，平均年放流 12.16 亿尾，放流相关数据见表 12.1（金显仕等，2006）。1993 年开始，因受虾病和其他因素的影响，中国对虾的放流规模有所缩小，但仍坚持放流。进入 21 世纪，在黄海北部近岸水域，每年保持一定的放流数量，从 2005 年起，加大了中国对虾放流的力度，2006 年、2007 年、2008 年、2009 年、2010 年约分别放流其幼虾 5.0×10^8 尾、8.0×10^8 尾、2.6×10^8 尾、2.5×10^8 尾、6.6×10^8 尾。

表 12.1　黄海北部中国对虾放流量、渔获量和回捕率

项 目	1985 年	1986 年	1987 年	1988 年	1989 年	1990 年	1991 年	1992 年
放流数/$\times 10^8$ 尾	1.62	7.17	7.47	14.00	15.81	11.90	18.24	21.04
渔获数/$\times 10^6$ 尾	25.92	80.86	65.99	146.15	79.84	98.90	147.44	117.99
回捕率/%	16.0	11.3	8.8	10.4	5.0	8.3	8.1	5.6

在黄海中部西海岸水域，1983 年开始中国对虾的放流增殖试验，6 月份，在山东半岛南岸的乳山湾放流其幼虾约 280 万尾，7—8 月份，在桑沟湾放流其幼虾约 416 万尾。1984—1992 年，在山东半岛南部沿岸水域，9 年共放流其幼虾 79.08 亿尾，平均年放流 8.79 亿尾，此后，放流一直没有中断过。2006 年、2007 年、2008 年、2009 年、2010 年约分别放流其幼虾 2.05 亿尾、1.80 亿尾、1.90 亿尾、2.67 亿尾、0.55 亿尾。在海州湾，2007 年、2008 年、2009 年、2010 年约分别放流其幼虾 0.13 亿尾、1.00 亿尾、1.50 亿尾、4.78 亿尾。

12.2.1.2　放流技术

中国对虾放流增殖应主要抓住种苗生产、暂养、放流这三个环节。放流要注意两个问题：一是放流体长，二是放流条件。放流条件包括放流水域、放流天气。放流水域以港湾区比较好，应选择较好的天气进行放流。

在黄海中部和黄海北部放流的中国对虾，一般都是体长为 30 mm 的幼虾。1996 年以前，在黄海北部一般是 6 月 20 日开始放流，1996 年以后，为了减少暂养期内病毒对放流种苗的感染，缩短了暂养期，减小放流体长，提前进行放流（金显仕等，2006）。1997 年开始，在黄海北部，放流的幼虾体长改为略大于 10 mm 的仔虾。放流较大规格的幼虾，对放流条件要求比较低，而放流小尺寸的仔虾，对放流条件的要求比较严格。

12.2.1.3　增殖效果

黄海北部，1985 年以前，中国对虾的产量是在低水平上波动，1980—1984 年的平均年捕捞量约为 200 t。1985 年放流后，产量明显回升，1985—1992 年的平均年捕捞量为 2 447 t，平均年回捕率为 9.2%（见表 12.1）。每放流 1 亿尾体长为 30 mm 的幼虾，可回捕产量约 190 t。1993—1996 年（缺 1994 年），平均年回捕率仅为 2.4%，回捕率下降主要原因是放流种苗在暂养期内感染了病毒，导致入海后大量死亡。1997 年、1998 年，放流回捕率有所提高，分别为 5.0%、4.7%（金显仕等，2006）。

黄海中部，1983 年 6 月放流的中国对虾的回捕率为 8.0%，回捕产量为 6 t。1984—1992 年，平均年回捕中国对虾 1 606 t，回捕率在 5% ~ 10%（信敬福等，2000）。1992 年以后，中国对虾的放流效果因受虾病影响，回捕率有所下降。

总之，在黄海北部和黄海中部，中国对虾的放流起到了补充种群数量、提高捕捞产量的增殖效果。

12.2.2 日本对虾

日本对虾（*Penaeus japonicus*）隶属于甲壳亚门（Crustacea）、软甲纲（Malacostraca）、十足目（Decapoda）、对虾科（Penaeidae）、对虾属（*Penaeus*）。俗称：车虾、花虾、竹节虾等。它为暖水性、大型底栖虾类，在黄海、渤海没有分布，在东海、南海，日本、菲律宾、印度尼西亚沿海以及印度洋均有分布。日本对虾生长快、肉质好，可以活体上市和出口，是国内外市场价格较高的虾类。

日本对虾栖息于100 m水深范围内，以10～40 m水深为主，喜欢砂泥底质，白天潜砂，夜间活动。仔虾生长至体长为8 mm时，便具有潜砂习性，不喜欢潜入砂粒粒径大于0.5 mm的粗砂，在粒径为0.5 mm以下的细砂、泥砂中，能迅速潜入。体长达到12 mm以上的日本对虾，从浮游生活转入底栖生活，潜沙深度一般为1～3 mm，白天潜砂时只露出双眼与额角，仅在饥饿或夜间才出穴觅食。

日本对虾为暖水性、一年生虾类，生活水温为5～32℃，适宜水温为17～29℃，最适水温为20～29℃，高于32℃时不能正常生活，低于5℃时会出现死亡。日本对虾表现为广盐性，适盐范围为15.0～34.0，对低盐的适应能力较差，盐度在11.0以下时存活会受影响，盐度突变会引起大量死亡。

12.2.2.1 放流数量

在山东半岛南岸沿海，从1993年起，一直进行日本对虾的放流移殖，年放流量在 426×10^4 ～ $10\ 970 \times 10^4$ 尾之间，截至2003年，累计放流其幼虾 $42\ 996 \times 10^4$ 尾（见表12.2）（金显仕等，2006）。2005年、2006年、2007年、2008年、2009年、2010年约分别放流其幼虾 $5\ 200 \times 10^4$ 尾、$15\ 000 \times 10^4$ 尾、$13\ 200 \times 10^4$ 尾、$30\ 000 \times 10^4$ 尾、$46\ 900 \times 10^4$ 尾、$9\ 600 \times 10^4$ 尾，2005—2010年累计放流 $119\ 900 \times 10^4$ 尾，平均年放流约 $20\ 000 \times 10^4$ 尾。

表12.2　山东半岛南部沿海日本对虾人工放流增殖情况

年份	放流数量/ $\times 10^4$ 尾	秋汛回捕渔获量/t	产值/万元
1993	500	25	175
1994	0	40	280
1995	426	55	385
1996	2 500	43	323
1997	3 700	40	320
1998	4 879	85	680
1999	4 824	62	496
2000	10 970	91	850
2001	3 749	66	660
2002	4 817	85	680
2003	6 631	136	1 088
合 计	42 996	728	5 937

在辽东半岛以东海域，1995年，也曾进行过日本对虾的放流移殖。2009年、2010年又分别放流其幼虾 $11\ 000 \times 10^4$ 尾、$5\ 100 \times 10^4$ 尾。

在海州湾，2008 年、2009 年、2010 年约分别放流其幼虾 5 843×10⁴ 尾、1 000×10⁴ 尾、800×10⁴ 尾。

12.2.2.2　放流技术

日本对虾育苗所用亲虾来源有二：一是采用海捕成熟或接近成熟的雌虾，经过暂养或促熟培育，使其产卵；二是选用人工养殖的大个体虾，经过人工养殖越冬，促熟培育，获得卵子。目前，海捕虾是日本对虾育苗亲虾的主要来源。

日本对虾的放流移殖，宜在潮流畅通的内湾或岸线曲折的浅海，且附近有淡水径流入海的水域进行，种苗放流于潮间带以下，低潮水位大于 1 m，放流水域要远离排污口、盐场和大型养殖场的进水口。放流种苗的体长为大于 8 mm 的仔虾。放流水域盐度为 10.0～35.0，底质为砂泥或泥质砂，无还原层污泥，饵料生物要丰富。

一般在 5—6 月间放流，放流水域的温度不低于 16℃，苗种培育水温与放流水域水温相差不超过 2℃。将苗种用船运至放流水域，然后贴近海面分散投放在水中。

1993 年 6 月 7—14 日，分四批在乳山口东侧的塔岛湾，放流体长为 8.9～10.1 mm 的仔虾 500×10⁴ 尾。放流水域温度为 23.2℃，潮间带砂温为 23.9℃，盐度为 31.8，天气晴朗，西南风 2～3 级，在海水开始退潮时候，将仔虾投放在 0.2～0.3 m 水深的潮间带。

12.2.2.3　移殖效果

在山东半岛南部沿海，1993—2003 年，日本对虾的年回捕量在 25～136 t，共回捕 728 t（见表 12.2），平均年捕捞量为 66.2 t。移殖放流的年回捕率在 5%～13%。

12.2.3　金乌贼

金乌贼（*Sepia esculenta*）隶属于乌贼目（Sepiida）、乌贼科（Sepiidae）、乌贼属（*Sepia*）。俗称：墨鱼、北墨等。它是暖温性、游泳动物和底栖动物食性、大型头足类，分布于渤海、黄海、东海、南海，日本和菲律宾沿海以及印度洋。在黄海，以海州湾的数量最多。

金乌贼越冬场在黄海南部、济州岛以西偏南的深水区，越冬期为 12 月至翌年 3 月。4 月初，开始游离越冬场进行生殖洄游，分别向黄海沿岸各水域结群洄游、产卵。游向山东半岛南岸的群体，以到达日照沿岸水域的时间最早，其次是青岛市的胶南、即墨沿岸水域，继续向北洄游的群体，于 5 月上旬至 6 月底抵达鸭绿江口附近水域。8—11 月是金乌贼的索饵期，主要在近海索饵。

春季，金乌贼洄游到近岸 5～10 m 水深处产卵。产卵场一般在沿海岛屿，那里盐度较高、水清藻密、底质较硬。4 月中旬至 5 月底，金乌贼在日照沿海集群产卵，5 月初至 6 月底，在青岛的胶州湾也有少量金乌贼产卵。产卵适宜水温为 13～16℃，盐度为 31.0 左右。金乌贼是分批产卵，产出的卵子外包白色膜质卵膜，附着于附着基上。金乌贼是一年生头足类，生长快。春季产卵孵化的仔乌贼，到 11 月，其平均体重可达到 162～194 g，最大可达 500 g，生长期间一直停留于近岸浅水区。

12.2.3.1　投放附卵器数量

金乌贼的增殖方式，是在其产卵场投放附卵器，以提高其附卵率和孵化率。

1991 年开始，在海州湾日照近海投放附卵器，当年投放墨鱼笼 14 002 个，增殖其幼乌贼约为 1 400 × 10⁴ 头。1992—2003 年，年投放金乌贼附着基在 30 015 ~ 54 886 具，平均每年投放 43 240 具，年增殖其幼乌贼在 3 000 × 10⁴ ~ 5 500 × 10⁴ 头，平均每年增殖 4 323 × 10⁴ 头。截至 2004 年，共增殖其幼乌贼约 6 × 10⁸ 头。2005—2010 年累计投放金乌贼附着基约 280 × 10⁴ 具，平均每年投放约 46.7 × 10⁴ 具。

12.2.3.2 投放技术

2000 年以前，金乌贼增殖是用乌贼笼作为卵子附着基，其结构是用木棒或竹杆等圆柱形的支撑材料做成，底部为弓形的三棱框架，外部用聚乙烯网衣包覆，底部留有一铁制圆孔。从 2000 年起，增殖改用黄蒿这种草本植物制作成的附着基，它能诱使金乌贼附着产卵，且能增加其受精卵的孵化率。

附着基的投放方法有悬吊式和着底式两种：前者用缆绳、浮子，使附着基与海底保持一定距离，一般 1 ~ 1.5 m 即可，投放时按行排列，行距一般 3 ~ 5 m；后者将附着基投放海底，均匀分布，间距不小于 1 m。附着基投放完毕后，在增殖水域要做好增殖标志，对附着基要经常进行检查，发现有淤陷等情况，要及时处理。

附着基的收集、投放，应尽量选择在日出前、日落后或阴天进行，并尽量缩短干露的时间，一般不要超过两小时。在增殖期间，将产卵场附卵后的附着基，分期、分批地收集起来。将选择整理好的附着基迅速用船或其他运输工具运至预定增殖水域，运输过程中要使附着基（受精卵）保持一定湿度，当运送距离较远、且有阳光照射时，附着基应采取遮荫措施。

投放金乌贼附着基的水域应选择在避开航道、锚地、倾废区和拖网作业区的特定水域，水深为 10 ~ 15 m，投放的适宜水温为 15 ~ 27℃，盐度为 29.0 ~ 31.0，底质为砂泥底，无污泥，水清藻密，海流通畅，流速一般在 0.4 ~ 0.7 m/s，基础饵料生物丰富的水域。一般下附着基的时间为 6 月 10—30 日。

12.2.3.3 增殖效果

20 世纪 80 年代中期以前，金乌贼渔获量较高，此后，由于捕捞过度，资源严重衰退。日照和胶南外海是金乌贼的主要产卵场和渔场，投放附着基前的 1987—1990 年，金乌贼的年渔获量在 860 ~ 2 243 t，平均年渔获量为 1 625 t。1991 年开始投放附着基以后，1991—2003 年，年渔获量上升到 2 692 ~ 5 279 t，平均年渔获量为 3 419 t，平均年增加金乌贼产量 1 794 t（见表 12.3）（金显仕等，2006）。

表 12.3 历年日照、胶南投放墨鱼笼增殖效果

年份	收集附卵乌贼笼/个	增殖幼乌贼/ ×10⁴ 头	回捕产量/t	产值/万元
1989			2 215	
1990			2 243	
1991	14 002	1 400	2 692	2 154
1992	30 015	3 000	2 857	2 286
1993	37 132	3 700	2 354	1 883
1994	42 127	4 200	4 008	3 206
1995	51 161	5 100	3 189	2 551
1996	53 678	5 400	3 180	2 544
1997	54 886	5 500	2 212	2 200

年份	收集附卵乌贼笼/个	增殖幼乌贼/×10⁴ 头	回捕产量/t	产值/万元
1998	39 102	3 900	3 375	3 375
1999	48 528	4 850	5 279	5 279
2000	40 645	4 100	4 364	4 364
2001	50 137	5 000	2 901	2 901
2002	50 273	5 000	3 830	3 830
2003	50 439	5 050	4 200	4 200
合计	562 125	56 200	44 441	40 773

增殖的金乌贼资源于 9 月 16 日开捕，回捕率达 3% ~5%，截至 2004 年，共回捕 3.6×10^4 t。

12.2.4 贝类

在黄海，开展底播增殖的主要名贵贝类有以下几种。

12.2.4.1 皱纹盘鲍

皱纹盘鲍（*Haliotis discus hannai*）隶属于原始腹足目（Archaeogastropoda）、鲍科（Haliotidae）、鲍属（*Haliotis*）。俗称：鲍鱼。它属于冷水性种类，能在低温环境下生活。皱纹盘鲍栖息于近海潮下带至水深 20 m 以内的浅水海域，喜生活在周围海藻丰富、水质清晰、水流畅通的岩礁裂缝、石棚穴洞等岩礁底质，常群聚在不易被阳光直射和背风、背流的阴暗处隐匿。栖息环境水温在 0 ~28℃，盐度为 28.0 ~33.0。通常为了觅食或产卵，它可作短距离移动。皱纹盘鲍分布在黄海、渤海，此外，在日本和朝鲜半岛沿海也有分布。

1）底播数量

辽东半岛以东，1987 年 10 月和 1988 年 9 月，在獐子岛水域进行皱纹盘鲍底播试验（刘永峰等，1994），2002—2006 年，5 年来累计底播其幼鲍 $2\ 000 \times 10^4$ 个。

山东半岛以北，1990—1995 年，在渤海海峡大黑山岛、南长山岛、砣矶岛、大小钦岛、南北隍城岛附近水域，累计底播其幼鲍约 $6\ 000 \times 10^4$ 个。2009 年，在烟台市牟平区养马岛底播其幼鲍 3.2×10^4 个。

2）底播技术

底播以水清、流畅、透明度大、环境理化因子稳定的海湾、岬角水域为好，水深以 3 ~5 m 为宜，底质为岩礁、较大岩石、砾石，单位海藻面积总生物量应不少于 100 g/m² （刘庆营，2008）。此外，底播区域中幼鲍的敌害生物，如海星、长蛸、蟹类等尽量要少。底播季节以 5—7 月或 10—11 月，底层水温为 12 ~23℃ （宋宗贤等，1993）。选择无风、无浪的天气进行底播。底播幼鲍的壳长在 25 mm 以上，播放密度以 10 个/m² 为宜（柳忠传，1996）。

3）增殖效果

皱纹盘鲍一般在底播后两年采捕，回捕率一般为 30.0% ~34.0% （柳忠传，1996）。据统计，2005 年，底播皱纹盘鲍产量为 500 t，约占皱纹盘鲍总产量的 10%。

12.2.4.2　虾夷扇贝

虾夷扇贝（*Pecten yessoensis*）隶属于珍珠贝目（Plerioidae）、扇贝科（Pectinidae）、扇贝属（*Pecten*）。它是冷温性、多年生的浅海贝类，生长适温范围为 5～23℃，最适水温为 10～20℃，海水盐度为 25.0～40.0，最适盐度为 30.0～33.0，喜欢栖息在砂质、砂砾质的海底，自然分布水深为 6～60 m，在 10～30 m 水深为比较密集。虾夷扇贝分布在日本的北海道和本洲北部，朝鲜东岸以及俄罗斯千岛群岛的南部水域。其闭壳肌可以加工成名贵的"干贝"。

1）底播数量

20 世纪 80 年代初，从日本北海道引种，在我国近海移植成功。

辽东半岛以东，1983 年，在大长山岛与小长山岛之间进行了底播增殖试验。1988 年开始，在障子岛进行了较大规模的虾夷扇贝底播增殖，1990—1993 年，共底播其幼贝 7 205×10^4 粒，2002—2006 年，共底播其幼贝约 100×10^8 粒。2010 年，在小长山岛附近水域底播其幼贝约 20 多×10^8 粒，目前全岛底播面积已达 90×10^4 亩。

山东半岛以北，1980—1995 年，15 年在烟台市长岛县的 8 处水域累计底播其幼贝 15 亿粒，2000 年开始，每年在小钦岛周围水域底播其幼贝约 5 000×10^4 粒，底播面积达 7 000 亩，2009 年，底播其幼贝 432×10^4 粒。2006 年，威海市环翠区孙家疃镇新开发虾夷扇贝底播增殖区 1 万亩。

2）底播技术

底播增殖区域应选择在水深为 20～30 m，以粗砂为主，略为柔软的砂泥底质，且敌害生物较少的海域。底播幼贝的壳长一般在 30 mm 以上，底播密度以 7～8 粒/m^2 为宜。底播季节为 10 月下旬至 12 月初（李永民等，2000），选择小潮、流缓、风浪小的天气进行（贺先钦等，1997）。

3）增殖效果

据统计，2005 年，底播增殖的虾夷扇贝产量约为 2.6×10^4 t，占虾夷扇贝总产量的21.7%。在烟台，底播后 2～3 年开始采捕，回捕率为 10%～30%。

12.2.4.3　魁蚶

魁蚶（*Scapharca broughtonii*）隶属于蚶目（Arcoida）、蚶科（Arcidae）、毛蚶属（*Scapharca*）。俗名：赤贝。它是冷温性、多年生的大型经济贝类，栖息于 3～60 m 水深，在 20～30 m 水深比较密集，喜欢底质为软泥和泥砂质的海底，用足丝附着在石砾或死碎贝壳上，栖息环境水温为 1～25℃，生长适宜水温为 5～15℃，海水盐度为 26.0～33.0。魁蚶分布在渤海、黄海、东海，此外，在日本海也有分布。

1）底播数量

山东半岛，1980—1995 年，在烟台市长岛县的车由岛、大竹山岛、小竹山岛等 8 处水域底播魁蚶种苗 1 000×10^4 粒。2010 年，在荣城俚岛湾外底播其种苗 556×10^4 粒。截至 2006 年，在半岛以北，烟台市文登近海的魁蚶底播面积为 0.5×10^4 亩。

辽东半岛，1983 年，在大连市黑石礁近海进行了魁蚶底播试验；2005 年，在甘井子区底

播其种苗 $1\ 200 \times 10^4$ 粒；2006 年，在旅顺口区北海村水域底播其种苗 $17\ 000 \times 10^4$ 粒。在半岛以东，2004 年上半年，庄河近海的魁蚶底播面积为 17.2×10^4 亩，2006 年，獐子岛近海的魁蚶底播面积已达 37×10^4 亩，旅顺口区北海村开发底播面积 16×10^4 亩。

在青岛市近海，从 2006 年开始连续 4 年放流魁蚶苗。

2）底播技术

底播季节以 10 月中旬比较好，底播种苗规格以壳长为 20~25 mm 为宜，撒播密度一般是 15 粒/m^2，底播区域应选在水深超过 10 m，底层水温低于 25℃，环境稳定性较好，敌害生物（海星、蟹类）少的水域。

3）增殖效果

桑沟湾底播的魁蚶，1 年后的回捕率在 50% 以上（唐启升等，1994）。敌害生物数量的多少是影响回捕率的主要因子。一般底播的魁蚶 3 年后可达商品规格，其放流回捕率在 20% 左右。

12.2.5　其他种类

12.2.5.1　海蜇

在黄海北部，海蜇放流增殖始于 1984 年，是在大连市黑石礁湾进行的。表 12.4 列出了 1984—1986 年在大连市黑石礁湾放流的海蜇数量和监测结果（金显仕等，2006）。

表 12.4　1984—1986 年大连黑石礁湾海蜇放流数量和监测结果

年份	放流碟状幼体			监测成体海蜇				回捕率 /%
	日期 /（月/日）	数量 /个	伞径 /mm	面积 /km²	数量 /个	伞径 /mm	密度 /个/km²	
1984	6 – 19—6 – 22	200 300	5~10	0.36	56	150~350	155	2.58
1985	6 – 12—7 – 12	503 400	5~15	0.43	82	150~350	189	1.24
1986	5 – 28—7 – 21	213 000	5~10	0.43	49	150~350	113	1.76

注：海蜇有效分布区面积为 33 km²。

表 12.5 列出了 1988—1993 年，在黄海北部大洋河口附近放流海蜇幼体数量及增殖的效果（金显仕等，2006）。可以看出，在放流的 6 年里，有 4 年回捕率接近或超过 1%，其投入产出比为 1:8~1:10，经济效益比较好。1991 年，投入产出比为 1:2，有一定的经济效益；1992 年，投入产出比为 1:0.6，经济亏损。

表 12.5　1988—1993 年大洋河口附近水域海蜇碟状幼体放流数量及增殖效果

年份	放流碟状幼体			增殖效果			
	日期 /（月/日）	数量 /×10⁴ 个	伞径 /mm	重量 /t	数量 /×10⁴ 个	相对密度 /（个/km²）	回捕率 /%
1988	05 – 01—06 – 01	460	3~4	200	5.0	91	0.82
1989	05 – 15—06 – 01	1 100	5~10	500	12.5	227	1.02
1990	05 – 25—06 – 10	3 850	5~10	1 550	38.7	682	0.97

续表 12.5

年份	放流碟状幼体			增殖效果			
	日期 /（月/日）	数量 /×10⁴ 个	伞径 /mm	重量 /t	数量 /×10⁴ 个	相对密度 /（个/km²）	回捕率 /%
1991	05 – 28—06 – 10	7 220	5 ~ 10	900	25.0	432	0.32
1992	05 – 04—05 – 20	17 100	5 ~ 10	500	13.2	218	0.07
1993	04 – 25—05 – 22	1 730	5 ~ 10	700	16.7	281	0.89

注：主要渔场面积为 550 km²。

2003、2004 年个体户在大洋河口水域放流伞径为 20 mm 的幼蜇分别为 3 000、531 × 10⁴ 个，2003 年的海蜇捕捞量为 20 t（金显仕等，2006）。

在黄海中部，2003 年开始进行海蜇放流，在乳山近海放流伞径为 16 ~ 30 mm 的幼蜇 600 × 10⁴ 个，当年捕捞量为 288 t，回捕率为 1.1%；2004 年，又在乳山近海放流 846 × 10⁴ 个，当年捕捞量为 855 t，回捕率为 2.2%。2004 年，在唐岛湾放流伞径为 10 ~ 50 mm 的幼蜇 1 100 × 10⁴ 个，在胶州湾放流伞径为 15 mm 的幼蜇 120 × 10⁴ 个，放流回捕率为 1.5%，当年捕捞量约 1 000 t。2005 年，又在胶州湾放流 1 227 × 10⁴ 个。2007 年，放流后评估的山东半岛南部沿海秋汛海蜇回捕量为 2.32 × 10⁴ t，该产量主要是放流增殖资源。

12.2.5.2　三疣梭子蟹

2005 年起，在山东半岛以南沿岸进行过三疣梭子蟹放流。2005 年，在青岛市崂山附近的小岛湾放流平均壳宽为 5 mm 幼蟹 304 × 10⁴ 只，回捕率为 6.2%；2006 年，在乳山附近水域也进行过三疣梭子蟹的放流；2007 年，在海阳近海放流了 1 000 × 10⁴ 只；2008 年，在青岛市胶南的黄家塘湾放流了 20 × 10⁴ 只，在海州湾近岸放流了 4 100 × 10⁴ 只。

12.2.5.3　鱼类

1）鲹

1985 年起，每年在山东半岛南岸的乳山湾放流体长为 10 cm 左右的鲹苗，放流数量从万尾至数百万尾，回捕量为 20 ~ 80 t，1991 年，放流了 320 × 10⁴ 尾，回捕量为 85 t。通过鲹的增殖放流，不但增加了乳山近海鲹的资源量，而且鲹还使种群繁育到文登、海阳、胶州等地近海水域。2009 年，在胶州湾放流了 50 × 10⁴ 尾。

2）褐牙鲆

1986 年，在黄海开始放流，到 2005 年，在山东半岛北部沿岸水域累计放流约 70 × 10⁴ 尾。2005—2008 年，在山东半岛沿岸水域累计放流 2 481 × 10⁴ 尾。2006—2007 年，在黄海北部沿岸水域放流 170 × 10⁴ 尾。2008 年，在青岛胶南的黄家塘湾放流 500 × 10⁴ 尾。

3）其他鱼类

20 世纪 90 年代中期，曾在黄海中部近海放流真鲷 172 × 10⁴ 尾。2005 年，在黄海北部大连近海放流过真鲷、黑鲷等幼鱼 300 × 10⁴ 尾。2008 年，在海州湾放流了半滑舌鳎幼鱼 10

万尾。

12.3　人工鱼礁建设

20 世纪 70 年代中期，在黄海中部青岛市崂山沿海，曾用石块构筑过海参鱼礁；80 年代初期，在山东半岛北部蓬莱的刘旺湾口，在青岛市胶南的胡家山前、灵山岛西南水域，都进行过人工鱼礁区的建设。

进入 21 世纪以后，在黄海的我国一侧沿岸水域，人工鱼礁建设重新兴起、方兴未艾：2004 年开始，在烟台市的豆卵岛、牟平的养马岛、海阳的千里岩、长岛等附近水域建设 4 个人工鱼礁区；2005 年以来，先后在威海市高区小石岛、荣成俚岛、荣成爱莲湾、威海皂埠、威海双岛湾以西、荣成霞口滩北首、荣成苏山岛等附近水域建设 7 个人工鱼礁区；2008 年开始，在青岛市即墨的鳌山湾大管岛至马儿岛水域建设人工鱼礁区，在青岛市胶南的斋堂岛水域建设人工鱼礁区；2009 年，在大连市的三山岛、金州区蚂蚁岛、开发区城子村附近水域建设 3 处海洋牧场人工鱼礁示范区；2010 年开始，在丹东市的大鹿岛东南水域投放人工鱼礁，分别在青岛市的王哥庄、五丁礁、大管岛、石岭子礁等附近水域建设 4 个人工鱼礁区，在日照市的太公岛以东水域进行人工鱼礁区建设。

12.4　渔业资源可持续开发利用对策

在渤海篇中所提到的渔业管理手段中的第三种类型，渔获量管理手段，在国际上，先进渔业国的渔业管理基本都是以总允许渔获量（TAC 制度）作为主要管理手段。所谓 TAC 制度就是总可捕量的限制制度。日本从 1997 年起对其周边海域主要海洋捕捞种类实行了 TAC 管理，韩国自 1999 年开始也实行了 TAC 管理，管理的种类在逐渐增加。我国至今还没有采用这种方式对某一种类渔业资源进行管理。

黄海像东海和南海一样，是多国共享渔业资源的水域，鉴于黄海有的宽度不足 400 海里，在实施 200 海里专属经济区时，无法满足周边各国对 200 海里管辖权益的要求，因此，至今还没有进行专属经济区的划界。2000 年 8 月 3 日，我国与韩国签署了《中华人民共和国政府和大韩民国政府渔业协定》，在协定中设立了"暂定措施水域"。现阶段，"暂定措施水域"由中、韩双方共同进行管理。为了和国际接轨，黄海的渔业管理将面临着重大转变，推进海洋渔业管理制度的创新已成为摆在我们面前的新课题。

为了黄海渔业资源的可持续开发利用，提出以下几点主要对策。

12.4.1　对主要渔业种类实施 TAC 管理

在黄海，实施 TAC 制度既符合国际渔业管理的发展趋势，也是适应新形势下我国专属经济区渔业管理的需要。刚开始实施 TAC 制度时，可选择经济价值高、渔获量大、资源衰退明显以及各国渔民共同捕捞的主要种类，管理的种类可逐渐增加或视资源状况的变化进行调整。

12.4.2　进一步强化已实施的管理措施

即使实行了 TAC 制度，也还需要强化其他相关的管理措施，如限制捕捞力量（许可证、数量、功率、有限准入措施或航次限制等）、最小网目尺寸（可捕标准）、兼捕幼鱼比例等。

实行 TAC 管理制度，还需要建立严格的渔船登记体系，这项工作是实施该项管理制度的基础之一。其次，还要建立完善的渔捞统计制度和严格的监管体系，不论是配额或限额捕捞管理，都需要对捕捞量进行有效的监督。此外，在所有海洋捕捞生产渔船建立填报渔捞日志制度，这对实施该项管理制度来说，是十分重要的基础性工作，也是实施其他各项管理措施的生产依据。

12.4.3 压缩捕捞力量与降低捕捞强度

当前，影响黄海捕捞渔业可持续发展的主要制约因素也使捕捞力量与渔业资源之间失去了平衡。因此在黄海，压缩捕捞力量、降低捕捞强度也是亟待解决的突出问题。这一问题的解决，除了需要强化已经实施的各项相关管理措施之外，还需要针对目前海洋捕捞渔船所存在的雇用非海洋渔业人口的现象，制定一项新的法规，以杜绝非海洋渔业人口从事海洋捕捞生产的现象。

12.4.4 科学开展增养殖渔业

20 世纪 80 年代以来，在黄海开展了增养殖渔业。增养殖渔业多在滩涂、近岸、港湾或近海进行，那里的温度适宜、水质肥沃、饵料丰富，受灾害性天气影响相对较小，适宜增殖渔业的发展，但也易受来自陆域或近岸污染的影响，使其生态环境受到污染。随着增养殖规模的不断壮大，目前增养殖渔业已暴露出的布局不够合理、病害发生严重、种苗质量低下、生态环境恶化等一些问题已经突现出来。因此，今后要加大对近海增养殖环境的保护和对污染治理的力度，为增养殖渔业的健康发展提供良好的海域环境。

增养殖需选择适宜本地区的优良品种。选育、改良品种和培育健康苗种是增养殖渔业可持续发展的关键。要积极进行原种培养与繁育，开展优良品种引进与杂交，促进原种保存、提纯复壮和良种选育，建立主要增殖种类基因库和种质库。要提高优质种苗大规模的繁育技术，进行健康苗种的培育，以实现增养技术的创新与发展。此外，要采取多样的增养殖方式进行多种类的增养殖，形成全方位的综合增养殖格局，以保持海洋生态的平衡。

第 3 篇　东　海

第13章　渔业生物种类组成特征与渔业

13.1　资源种类[*]

13.1.1　种类组成

13.1.1.1　种类和类群

1998—2000年间的四季调查，捕获鱼类、甲壳类和头足类共602种。其中，鱼类397种，隶属于29目134科268属，硬骨鱼类数最多为363种，软骨鱼类33种，盲鳗目1种；甲壳类160种，隶属于4类32科，虾类和蟹类分别为75种和59种；头足类45种，隶属于3目10科，枪形目19种，乌贼目17种，八腕目9种。

2006—2008年间的四季调查，捕获鱼类、甲壳类、头足类共534种，其他类别1种。其中，鱼类354种，隶属于22目107科；甲壳类139种，隶属于2目30科；头足类40种，隶属于3个目，枪形目16种，乌贼目12种，八腕目12种。其他类别为剑尾目的中国鲎。

13.1.1.2　种类的渔场和季节变化

1）渔获种类的渔场变化

从不同渔场的种类组成来看，鱼山—闽东渔场的种类数最高，为360种，其次，江外—舟外渔场为309种，吕泗—大沙渔场出现种类数最少，为151种。各渔场鱼类、甲壳类和头足类的种类数同样以鱼山—闽东渔场最高，吕泗—大沙渔场的种类数最少（见表13.1）。

表13.1　东海渔获物种类数的区域变化　　　　　　　　单位：种

渔　场	鱼类	甲壳类	头足类	合　计
吕泗—大沙	92	47	12	151
沙外	192	72	27	291
长江口—舟山	128	62	21	211
江外—舟外	204	79	26	309
鱼山—闽东	240	90	30	360
鱼外—闽外	197	59	25	281
闽中—闽南	116	49	12	177

---

　* 执笔人：李圣法，蒋玫

从鱼类种类数的渔场分布来看（见表 13.2），所有渔场均出现的鱼类种类数最少，仅为 23 种，占鱼类种类数的 5.8%，但它们的渔获尾数和渔获量占鱼类渔获尾数和渔获量的 72.5% 和 67.8%。仅在一个渔场出现的鱼类种类数最多，为 132 种，占鱼类种类数的 33.2%，但其渔获尾数和渔获量只占鱼类渔获尾数和渔获量的 0.3% 和 1.0%。

表 13. 2 东海渔获物种类数的渔场分布

出现渔场数	鱼类		甲壳类		头足类		合计	
	种类数	%	种类数	%	种类数	%	种类数	%
1	132	33. 2	56	35. 0	12	26. 7	200	33. 2
2	75	18. 9	35	21. 9	9	20. 0	119	19. 8
3	41	10. 3	18	11. 3	6	13. 3	65	10. 8
4	56	14. 1	12	7. 5	4	8. 9	72	12. 0
5	39	9. 8	13	8. 1	1	2. 2	53	8. 8
6	31	7. 8	17	10. 6	7	15. 6	55	9. 1
7	23	5. 8	9	5. 6	6	13. 3	38	6. 3
合 计	397		160		45		602	

从甲壳类种类数的渔场分布来看（见表 13.2），全海区都出现的甲壳类种类数为 9 种，占了甲壳类种类数的 5.6%，其渔获尾数和渔获量分别占了甲壳类渔获尾数和渔获量的 32.1% 和 20.9%。仅在 1 个渔场出现的种类数达 56 种，占甲壳类种类数的 35.0%，但其渔获尾数和渔获量仅占甲壳类渔获尾数和渔获量的 0.3% 和 0.2%，说明这些只在 1 个渔场出现的种类均为偶见种类。

从头足类种类数的渔场分布来看（见表 13.2），全海区都出现的头足类种类数为 6 种，占头足类种类数的 13.3%，其渔获尾数和渔获量占头足类渔获尾数和渔获量的 74.1% 和 78.7%。出现在 1 个渔场的种类数为 12 种，占头足类种类数的 26.7%，但其渔获尾数和渔获量仅占头足类的渔获尾数和渔获量的 0.02% 和 0.14%。

2）渔获种类的季节变化

1998—2000 年间的四季调查，在东海，各季节渔获的种类数以秋季最多，为 383 种，其次春季为 365 种，冬季最少，仅 302 种（见图 13.1）。各季节中，均以鱼类的捕获种类数最高，头足类最少。从各类群种类数的季节变化来看，各类群种类数的季节变化不同，鱼类以秋季为最多（264 种），甲壳类以春季最多（102 种），头足类以夏季最多（35 种）。各类群渔获种类数最少都出现在冬季（分别为 201 种、83 种和 18 种）。

2006—2008 年间的四季调查，在东海，各季节渔获的种类数也是秋季最多，为 363 种，其次是春季，为 306 种，夏季、冬季分别为 287 种、286 种。各季节中，仍以鱼类的种类数最多，头足类最少。

13.1.2 渔获数量组成

13.1.2.1 各类群的平均重量密度指数和平均尾数密度指数的季节组成

1998—2000 年间的四季调查，渔业生物资源平均重量密度指数为 49.08 kg/h，平均尾数

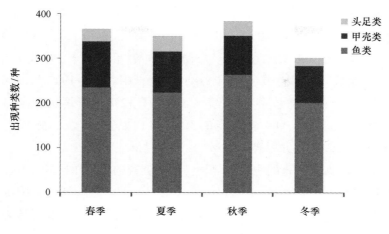

图 13.1 各季节出现种类数

密度指数为 4 501 ind./h。三个类群中以鱼类最高，分别为 41.88 kg/h 和 3 681 ind./h，甲壳类的平均尾数密度指数虽然比头足类高，但其平均重量密度指数却比头足类低（见表 13.3、表 13.4）。各季节均以鱼类平均重量密度指数和平均尾数密度指数为最高；头足类平均重量密度指数春、冬季比甲壳类低，其他两个季节为高于甲壳类；而各季节甲壳类的平均尾数密度指数均高于头足类。

表 13.3 东海各季节各类群的平均重量密度指数变化

类群	春季		夏季		秋季		冬季		全年	
	kg/h	%	kg/h	%	kg/h	%	kg/h	%	kg/h	%
鱼类	34.89	85.93	64.66	88.70	38.93	81.95	29.05	82.25	41.88	85.33
甲壳类	3.03	7.47	1.74	2.39	3.29	6.93	3.69	10.45	2.94	5.99
头足类	2.68	6.61	6.49	8.91	5.28	11.12	2.58	7.30	4.26	8.68
合计	40.60		72.90		47.50		35.32		49.08	

表 13.4 东海各季节各类群的平均尾数密度指数变化

类群	春季		夏季		秋季		冬季		全年	
	ind./h	%	ind./h	%	ind./h	%	ind./h	%	ind./h	%
鱼类	3 814	84.62	4 329	86.3	2 691	74.47	4 308	78.72	3 681	81.37
甲壳类	514	11.41	430	8.57	811	22.47	1 049	19.17	649	15.07
头足类	179	3.98	258	5.13	111	3.06	116	2.11	172	3.56
合计	4 507		5 016		3 613		5 474		4 501	

13.1.2.2 渔获数量组成及其变动趋势

1998—2000 年间的四季调查，主要优势种为带鱼、竹荚鱼、鳀、发光鲷和黄鳍马面鲀五种，其重量占到 50.3%，以带鱼和竹荚鱼为最高，分别占 16.2% 和 16.1%，其他 3 种均低于 7%，其次还有小黄鱼、剑尖枪乌贼、大平洋褶柔鱼、银鲳、细点圆趾蟹、刺鲳、蓝点马鲛、龙头鱼、绿鳍马面鲀、鲐、细条天竺鱼、黄鲫、夏威夷双柔鱼、黄鲷、鳄齿鱼、蓝圆鲹、水珍鱼、短尾大眼鲷和灰鲳 19 种，共占 29.6%，以上 24 种合计占 79.9%。

然而，在 1959 年、1960 年近海调查（大面试捕）的优势种为带鱼（16.4%）、小黄鱼（13.7%）、魟类（10.8%）、鮸（7.8%）、银鲳（6.8%）、大黄鱼（6.4%）、海鳗（6.3%）、鲨类（5.2%）、宽体舌鳎（4.8%）、鳐类（3.3%）、鰳（2.2%）、皮氏叫姑鱼（1.4%）、黄鲫（1.3%）和白姑鱼（1.1%）14 种合计为 87.5%。在 1973—1977 年使用对拖渔轮对外海的调查中，5 年平均值的优势种为绿鳍马面鲀 31.12%、短尾大眼鲷 17.84%、带鱼8.38%、鲐鲹 5.48%、鲳鱼 5.34%、红娘鱼 3.9%、白姑鱼 1.3%、蛇鲻鱼 0.9% 和乌贼0.7%，9 种合计为 75.0%（郑元甲等，1978[①]）。

将 1998—2000 年间四季调查的主要优势种与历史调查的结果相比较，除了带鱼、小黄鱼和鲳鱼仍然为优势种外，20 世纪 60 年代为优势种的鲨、魟、鳐、宽体舌鳎等典型底层鱼类和鮸、大黄鱼、鰳等如今已很少了，就连在 20 世纪 70 年代为外海主要优势种的绿鳍马面鲀目前也很少了。

13.1.3　鱼卵仔鱼

13.1.3.1　种类组成

1998—2000 年间的四季调查，在东海采集的鱼卵、仔鱼隶属 15 目 70 科 102 属 172 种，其中，鱼山—闽东渔场的种类数最多，达到 84 种，鱼外—闽外渔场种类数居第二位，有 61 种，江外—舟外渔场和闽中—闽南渔场为第三、第四位，且数量相当，而位置偏北的渔场，其种类较少（见表 13.5）。

表 13.5　各渔场鱼卵、仔鱼种类组成　　　　　单位：种

渔场	总种类数	春季	夏季	秋季	冬季
吕泗－大沙渔场	5	1	4	4	—
沙外渔场	30	5	16	16	6
长江口－舟山渔场	24	10	15	5	4
江外－舟外渔场	41	14	26	19	8
鱼山－闽东渔场	84	34	69	27	23
鱼外－闽外渔场	61	17	48	18	16
闽中－闽南渔场	38	30	31	12	—
合 计	172	57	86	43	33

2006—2008 年间的四季调查，在东海采集的鱼卵、仔稚鱼为 235 种，隶属于 22 目 88 科。已鉴定的鱼卵有 54 种，隶属于 8 目 24 科；仔稚鱼有 247 种，隶属于 22 目 87 科。

1998—2000 年间的四季调查，季节变化呈现出夏季的种类数最多，春季居次，冬季种类数最少。其中，鱼山—闽东渔场、长江口—舟山渔场和闽中—闽南渔场鱼卵、仔鱼的数量均为夏季＞春季＞秋季＞冬季，江外—舟外渔场和鱼外—闽外渔场为夏季＞秋季＞春季＞冬季，吕泗—大沙和沙外渔场为夏、秋季相等，春冬季的数量少，显示出南黄海鱼种的产卵时间较晚（见表 13.5）。

① 郑元甲，等．1978．东海外海的底鱼资源概况//农牧渔业部渔政渔港监督管理局．1982．渔业资源保护和合理利用材料选编（一）．110－114．

2006—2008 年间的四季调查，鱼卵种类数以春、夏两季较多，分别为 31 种、32 种；秋、冬两季较少，分别为 16 种、18 种；仔稚鱼种类数仍以春、夏两季较多，分别为 149 种、132 种；秋、冬两季较少，分别为 76 种、87 种。

1998—2000 年，在已鉴定的鱼卵种类中，鲭科数量最多，占总量的 66.6%，鳀科第二（17.0%）、大眼鲷科第三（4.5%），其他种类占 12.0%。

1998—2000 年，在已鉴定的仔鱼种类中，鳀科数量最多，占总量的 31.82%，其次是灯笼鱼科（7.7%），鲔科占第三（5.4%），狗母鱼科占 3.8%，其他种类占 51.2%。

13.1.3.2 数量分布及季节变化

1）总量分布

1998—2000 年，东海四个季节鱼卵的总平均密度为 0.37 ind./m³、仔鱼为 0.26 ind./m³。从分布来看，鱼山—闽东渔场鱼卵的总平均密度最高，达到 0.62 ind./m³，其次为长江口—舟山渔场，沙外渔场为最低，仅为 0.03 ind./m³。仔鱼平均密度最高的是闽中—闽南渔场，达 0.36 ind./m³，鱼山—闽东渔场海域居次，吕泗—大沙渔场最少，仅为 0.04 ind./m³（见表 13.6）。鱼卵和仔鱼数量高密集区基本上都出现在鱼山—闽东渔场内。吕泗—大沙渔场和沙外渔场的数量则相对较低。

表 13.6　各渔场鱼卵仔鱼数量密度统计　　　　　　　单位：ind./m³

渔场	鱼卵					仔鱼				
	平均	春季	夏季	秋季	冬季	平均	春季	夏季	秋季	冬季
吕泗—大沙渔场	0.06	0.04	0.19	0	0	0.04	0	0.04	0.12	0
沙外渔场	0.03	0.01	0.04	0.04	0.02	0.05	0.03	0.09	0.05	0.04
长江口—舟山渔场	0.15	0.37	0.16	0.02	0.03	0.22	0.34	0.41	0.10	0.04
江外—舟外渔场	0.09	0.07	0.24	0.01	0.03	0.12	0.08	0.13	0.20	0.06
鱼山—闽东渔场	0.62	0.55	1.57	0.31	0.04	0.34	0.51	0.44	0.08	0.33
鱼外—闽外渔场	0.10	0.01	0.36	0.01	0.03	0.28	0.27	0.26	0.10	0.48
闽中—闽南渔场	0.14	0.27	0.15	0.01	/	0.36	0.60	0.39	0.10	/
总平均	0.37	0.32	0.74	0.13	0.04	0.26	0.38	0.32	0.09	0.27

从表 13.6 可见，鱼卵采获量夏季最多，为 0.74 ind./m³，其次是春季（0.32 ind./m³），冬季最低，仅为 0.04 ind./m³。仔鱼的采获量比鱼卵略少，季节变化趋势也有差异，春季最多，为 0.38 ind./m³，夏季次之（0.32 ind./m³），秋季最低，为 0.09 ind./m³。

由于东海南北跨度大，渔场众多，鱼类资源丰富，加之不同鱼类繁殖季节的差异，造成不同区域鱼卵仔鱼数量季节变动不尽相同。当春季来临，气温回升，东海出现由南向北逐步增温的过程，与之相适应，地理位置偏南的闽中—闽南渔场和鱼山—闽东渔场，于春初率先进入繁殖盛季，而位置偏北的渔场则稍为滞后；夏季，绝大高数渔场基本都进入繁殖旺季，鱼卵仔鱼数量出现高峰值。

2）鱼卵数量分布及季节变化

1998 年 3 月，共采获鱼卵 3 995 ind.，平均密度为 0.32 ind./m³，其中，鱼山—闽东渔场和长江口—舟山渔场数量分布相对较多，分别为 0.55 ind./m³ 和 0.37 ind./m³，沙外渔场及鱼外—闽外渔场为最少，均仅为 0.01 ind./m³（见表 13.6），数量高值区位于鱼山—闽东渔场南部水域，高达 6.57 ind./m³。

1999 年 6 月，共采获鱼卵 15 918 ind.，平均密度为 0.74 ind./m³，鱼山—闽东渔场最高，达 1.57 ind./m³，而沙外渔场最少，仅为 0.04 ind./m³。数量高密集区位于鱼山—闽东渔场近海内，高达 2.74 ind./m³。

1997 年 10 月，共采获鱼卵 549 ind.，平均密度为 0.13 ind./m³。除鱼山—闽东渔场的数量较高（0.31 ind./m³）外，其余各渔场数量的分布较均匀，吕泗—大沙渔场的数量则为 0。高值区数量位于鱼山—闽东渔场内，为 2.15 ind./m³。

2000 年 2 月，共采获鱼卵 214 ind.，平均密度为 0.04 ind./m³。各海区数量分布均匀，多数渔场平均密度为 0.02～0.04 ind./m³，鱼山—闽东渔场数量略高，而吕泗—大沙渔场数量最低（0 ind./m³），闽中—闽南渔场没有进行调查。

综上所述，东海春、夏、秋、冬季鱼卵数量分布主要以鱼山—闽东渔场的数量较多，数量高峰出现在夏季，春季数量次之，冬季数量最少，长江口—舟山和闽中—闽南渔场次之，而沙外渔场最少。

3）仔鱼数量分布及季节变化

1998 年 3 月，共采获仔鱼 6 249 ind.，平均密度为 0.38 ind./m³，闽中—闽南渔场最多，达 0.60 ind./m³，吕泗—大沙渔场数量最少为 0（见表 13.6），高密集区主要集中在鱼山—闽东渔场内，达 3.95 ind./m³。

1999 年 6 月，共采获仔鱼 8 339 ind.，平均密度为 0.32 ind./m³，鱼山—闽东渔场最高，达 0.44 ind./m³，吕泗—大沙渔场最少，仅为 0.04 ind./m³。全区仔鱼高数量密集区位于鱼山—闽东渔场内，密集中心达 3.95 ind./m³。

1997 年 10 月，共采获仔鱼 2 588 ind.，平均密度为 0.09 ind./m³，各渔场的数量较均匀，其中以江外—舟外渔场数量较多，为 0.20 ind./m³，沙外渔场数量最低，仅为 0.05 ind./m³。数量高值区位于江外—舟外渔场，为 1.44 ind./m³。

2000 年 2 月，共采获仔鱼 1 684 ind.，平均密度为 0.27 ind./m³，鱼外—闽外渔场最高，为 0.48 ind./m³，而吕泗—大沙渔场则为 0 ind./m³。全区高数量区位于鱼外—闽外渔场南部海域，为 1.92 ind./m³。

综上所述，东海仔鱼数量分布以闽中—闽南渔场和鱼山—闽东渔场数量较多，高峰出现在春季，夏季数量次之，秋季数量最少，而吕泗—大沙和沙外渔场数量相对较少。

13.1.3.3　主要种类的数量分布特征

1）鳀

共采获鱼卵 950 ind.，只出现在春、夏两季。采获仔鱼 984 ind.，四季均有出现。但春、夏两季的数量较多，占其总量的 98.7%，秋、冬季数量甚少。

春季：鱼卵平均密度为 0.85 ind./m³，仔鱼平均密度为 0.51 ind./m³，主要分布在鱼山—闽东渔场的大部分区域以及长江口—舟山渔场南部的少数测站中。鱼卵单站数量高达 6.35 ind./m³，仔鱼单站数量最高为 3.91 ind./m³。而吕泗—大沙渔场、沙外渔场均无该种分布，江外—舟外渔场数量稀少。

夏季：鱼卵平均密度为 0.27 ind./m³，仔鱼平均密度为 8.76 ind./m³，主要分布在江外—舟外渔场和鱼外——闽外渔场，以及沙外渔场的少数站点。鱼卵数量最高为 1.75 ind./m³，仔鱼单站数量最高达 4.95 ind./m³。而近海的昌泗——大沙渔场、长江口—舟山渔场和鱼山—闽东渔场以及闽中—闽南渔场数量分布极其稀少。

秋季：只有仔鱼分布，平均密度为 0.06 ind./m³，只零星分布于江外—舟外渔场和鱼山—闽东渔场的 4 个测站中。

冬季：只采获仔鱼，平均密度为 0.16 ind./m³。同样只有 4 站出现，分布在长江口—舟山渔场、鱼山—闽东渔场和江外—舟外渔场内。

2）鲐

除秋季外，其他各季均有出现。鱼卵数量夏季最多（2.06 ind./m³），占其总量的 97.19%，春、冬季数量十分稀少。仔鱼数量相对鱼卵要少得多，各季平均密度仅为 0.06 ~ 0.615 ind./m³。

春季：鱼卵平均密度为 0.34 ind./m³，仔鱼平均密度为 0.61 ind./m³。鱼卵仔鱼只分布在鱼山—闽东渔场、鱼外—闽外渔场和闽中—闽南渔场。而其他 4 个渔场均未有该种类出现。鱼卵数量最高为 4.0 ind./m³，仔鱼数量最高为 0.18 ind./m³，均出现在鱼山—闽东渔场内。

夏季：鱼卵平均密度为 2.04 ind./m³，仔鱼平均密度为 0.07 ind./m³。全区鱼卵数量剧增，分布范围扩大。鱼卵高值区位于闽中—闽南渔场，数量高达 65.1 ind./m³，仔鱼数量相对较少，零星分布在鱼山—闽东渔场和鱼外—闽外渔场以及闽中—闽南渔场部分区域中。

冬季：鱼卵数量明显下降，平均密度为 0.04 ind./m³，仔鱼数量则达到最多，平均密度为 0.08 ind./m³。基本上都分布在鱼山—闽东渔场内。

3）短尾大眼鲷

除秋季没有出现外，其余三季均有出现，以夏季最多，春季次之，冬季最少。鱼卵的数量相对较多，仔鱼出现数量极少。

春季：鱼卵平均密度为 1.92 ind./m³，仔鱼平均密度为 0.28 ind./m³。数量密集区则出现在闽中—闽南渔场水域，此外，鱼山—闽东渔场南部也有少量分布。

夏季：鱼卵平均密度为 1.35 ind./m³，仔鱼平均密度为 0.05 ind./m³。数量密集区则出现在鱼山—闽东渔场。但鱼卵各站数量分布极其不均匀，只有 2 个测站出现该种类，其中最多一站的数量高达 2.63 ind./m³。仔鱼则相对分布比较均匀，没有明显的高峰值区。

冬季：数量极少，只有鱼山—闽东渔场南部的 1 个测站出现 1 尾仔鱼，未拖获鱼卵。

13.1.3.4 各季节产卵的鱼种及其主要产卵场

春季：由于温度开始上升，春季产卵型的种类开始产卵，鱼卵密集区出现在长江口—舟山渔场 30°N 以南；鱼山—闽东渔场 26° ~ 27°N 和闽中—闽南渔场 24° ~ 25°N。主要鱼种为鳀、带鱼、鲐。其他还有长条蛇鲻、多齿蛇鲻、大头狗母鱼、鲾等经济鱼类约 50 种在此产卵。作为传统的捕捞渔场，每年春季都在此作业。

夏季：密集区主要出现在 32°N 以北海区，同时在长江口—闽南渔场一带也有很多经济鱼类产卵，鲐在此季节有一个产卵高峰。还有多齿蛇鲻、大头狗母鱼等，约 60 种鱼类在此产卵。卵和仔稚鱼出现区与捕捞作业区基本一致。

秋季：鱼卵、仔稚鱼分布还是在 23°~33°N，118°~128°E 的广阔海域。但没有明显的密集区出现。秋季产卵种类明显减少，但还是有零星鱼类产卵。

冬季：产卵鱼种甚少，只有周年产卵的鳀、带鱼等有卵和仔稚鱼出现。

东海由于过度捕捞造成资源衰退，鳀、鲐、带鱼等鱼种的产卵数量已比过去减少，产卵范围也有所缩小。

13.2　优势种及功能群[*]

13.2.1　优势种组成及其变化

1998—2000 年间的四季调查，东海出现的渔业生物种类，按其资源平均指数的大小进行排序，以其渔获量占总渔获量比例超过 1% 的种类作为优势种，其季节变化如下。

13.2.1.1　春季

优势种共计 22 种，主要包括鳀、发光鲷、带鱼、蓝点马鲛、小黄鱼、剑尖枪乌贼、细点圆趾蟹、凤鲚、半纹水珍鱼、青鳞沙丁鱼、日本蝠鲼和竹荚鱼等。其资源的平均指数为 0.64~11.07 kg/h，其渔获量占总渔获量的比例为 1.1%~18.8%，合计为 74.3%。

13.2.1.2　夏季

优势种共计 15 种，主要为竹荚鱼、带鱼、黄鳍马面鲀、发光鲷、夏威夷双柔鱼、小黄鱼、剑尖枪乌贼和花美鮨等。其资源的平均指数为 0.91~25.24 kg/h，其渔获量占总渔获量的比例为 1.0%~27.8%，合计为 81.3%。

13.2.1.3　秋季

优势种共计 18 种，主要为带鱼、小黄鱼、太平洋褶柔鱼、黄鳍马面鲀、刺鲳、绿鳍马面鲀、竹荚鱼、剑尖枪乌贼、凤鲚、龙头鱼、发光鲷、银鲳和水珍鱼。其资源平均指数为 0.65~10.20 kg/h，其渔获量占总渔获量的比例为 1%~15.5%，合计为 57.4%。

13.2.1.4　冬季

优势种共计 20 种，主要为带鱼、发光鲷、竹荚鱼、鳀、细条天竺鲷、太平洋褶柔鱼、小黄鱼和黄鲷等。其资源的平均指数为 0.45~5.25 kg/h，其渔获量占总渔获量的比例为 1%~12.0%，合计为 64.8%。

东海渔业资源生物优势种组成存在明显的季节差异。四个季节均作为优势种出现的种类共计 7 种，为带鱼、小黄鱼、竹荚鱼、银鲳、发光鲷、剑尖枪乌贼和太平洋褶柔鱼；在三个季节作为优势种出现的种类共计 3 种，为龙头鱼、水珍鱼和细点圆趾蟹；在两个季节作为优势种出现的种类共计 8 种，为鳀、黄鲫、刺鲳、凤鲚、蓝点马鲛、细条天竺鲷、鲐和黄鳍马面鲀；仅在一个季节作为优势种出现的种类共计 22 种，主要为短鳍红娘鱼、赤鼻棱鳀、鳄齿

---

　　* 执笔人：姜亚洲，李圣法

鱼、黄鲷、蓝圆鲹、绿鳍马面鲀、日本海鲂和夏威夷双柔鱼等。

13.2.2 功能群

依据各种类的食性类型（韦晟等，1992；郑元甲等，2003；张波等，2003、2004；蔡德陵等，2005；庄平等，2006），将四季调查中单种渔获量占总渔获量的百分比位居前 50 位的种类划分为 6 个功能群，分别为食浮游动物者、食浮游/底栖动物者、食底栖动物者、杂食者、食底栖/游泳动物者、食游泳动物者，分别计算各功能群资源的平均指数及其渔获量占总渔获量的百分比（见表 13.7），分析各季节东海各功能群的组成特征及其季节变化。

表 13.7 东海四季各功能群资源的平均指数及其所占比例

功能群	春季		夏季		秋季		冬季	
	平均资源密度指数/（kg/h）	比例/%	平均资源密度指数/（kg/h）	比例/%	平均资源密度指数/（kg/h）	比例/%	平均资源密度指数/（kg/h）	比例/%
FG1	24.61	50.1	7.37	8.8	10.78	21.5	10.58	28.9
FG2	1.16	2.4	12.39	14.8	4.77	9.5	1.26	3.5
FG3	2.78	5.7	2.38	2.8	3.18	6.3	4.33	11.8
FG4	8.23	16.8	34.61	41.4	9.23	18.4	7.60	20.8
FG5	2.19	4.5	2.21	2.6	6.13	12.2	1.86	5.1
FG6	10.15	20.7	24.85	29.7	16.15	32.1	10.96	30.0

注：FG1：食浮游动物者；FG2：食浮游/底栖动物者；FG3：食底栖动物者；FG4：杂食者；FG5：食底栖/游泳动物者；FG6：食游泳动物者。

13.2.2.1 春季

各功能群按其资源平均指数的大小排序，依次为食浮游动物者、食游泳动物者、杂食者、食底栖动物者、食底栖/游泳动物者和食浮游/底栖动物者（见表 13.7）。食浮游动物者是资源指数最高的功能群，其渔获量占优势种总渔获量的比例高达 50.1%，该功能群包含 13 种鱼类，主要为鳀、发光鲷、凤鲚、半纹水珍鱼和青鳞沙丁鱼等；食游泳动物者渔获量占优势种总渔获量的比例为 20.7%，该功能群包括 9 种鱼类和 1 种头足类，鱼类主要为带鱼、蓝点马鲛、日本蝠鲼、龙头鱼和鲖等，头足类为太平洋褶柔鱼；杂食者渔获量占优势种总渔获量的比例为 16.8%，共含 10 种，包括 7 种鱼类和 3 种头足类，主要为小黄鱼、竹荚鱼、鲐、锯齿鱼和剑尖枪乌贼等；食底栖动物者渔获量占优势种总渔获量的比例为 5.7%，包含的主要种类为细点圆趾蟹、脊腹褐虾和深海红娘鱼等；食底栖/游泳动物者，其渔获量占优势种总渔获量的比例为 4.5%，包含的主要种类为路氏双髻鲨、日本海鲂和宽纹虎鲨等；食浮游/底栖动物者资源的平均指数最低，其渔获量占优势种总渔获量的比例仅为 2.4%，含有的主要种类为绿鳍马面鲀、黄鳍马面鲀和假长缝拟对虾等。

13.2.2.2 夏季

各功能群资源按其平均指数大小排序依次为杂食者、食游泳动物者、食浮游/底栖动物者、食浮游动物者、食底栖动物者、食底栖/游泳动物者。杂食者是夏季东海中资源平均指数最高的功能群，其渔获量占优势种总渔获量的比例为 41.4%，共含有 7 种鱼类和 4 种头足类，其中竹荚鱼资源的平均指数最高，其渔获量占优势种总渔获量的比例高达30.2%，其次是小黄鱼、剑尖枪乌贼和鲐等；食游泳动物者渔获量占优势种总渔获量的比例为29.7%，含有8种鱼类、2种头足类，资源平均指数较高的种类为带鱼、花美鲇、褐石斑鱼、夏威夷双柔鱼和太平洋褶柔鱼等；食浮游/底栖动物者渔获量占优势种总渔获量的比例为14.8%，含有5种鱼类和2种头足类，主要种类包括黄鳍马面鲀、绿鳍马面鲀、鲚和圆板赤虾等；食浮游动物者，其渔获量占优势种总渔获量的比例为8.8%，含有5种鱼类，主要包括发光鲷、刺鲳、银鲳和黄鲫等；食底栖动物者，其渔获量占优势种总渔获量的比例为2.8%，含有4种鱼类和3种甲壳类，主要包括深海红娘鱼、棘鼬鳚和细点圆趾蟹等；食底栖/游泳动物者资源的平均指数最低，其渔获量占优势种总渔获量的比例为2.6%，含有的主要种类为海鳗和大头白姑鱼等。

13.2.2.3　秋季

各功能群按其资源平均指数的大小排序，依次为食游泳动物者、食浮游动物者、杂食者、食底栖/游泳动物者、食浮游/底栖动物者和食底栖动物者。食游泳动物者资源是平均指数最高的功能群，其渔获量占优势种总渔获量的比例高达32.1%，包含5种鱼类和1种头足类，其中，带鱼的资源指数最高，其渔获量占总渔获量的比例高达20.3%，其次是太平洋褶柔鱼、龙头鱼和高体鰤等；食浮游动物者渔获量占优势种总渔获量的比例为21.5%，含有10种鱼类和1种甲壳类，资源平均指数较高的种类为刺鲳、凤鲚、发光鲷、银鲳和水珍鱼等；杂食者渔获量占优势种总渔获量的比例为18.4%，含有6种鱼类和2种头足类，资源平均指数较高的种类为小黄鱼、竹荚鱼、剑尖枪乌贼和蓝圆鲹等；食底栖/游泳动物者渔获量占优势种总渔获量的比例为12.2%，含有14种鱼类，主要包括虎斑猫鲨、路氏双髻鲨、白姑鱼和星康吉鳗等；食浮游/底栖动物者渔获量占优势种总渔获量的比例为9.5%，含有2种鱼类和1种头足类，分别为黄鳍马面鲀、绿鳍马面鲀和葛氏长臂虾；食底栖动物者资源的平均指数最低，其渔获量占优势种总渔获量的比例为6.3%，含有的主要种类为暗鳍腹刺鲀、棘鼬鳚和三疣梭子蟹等。

13.2.2.4　冬季

各功能群按其资源平均指数的大小排序，依次为食游泳动物者、食浮游动物者、杂食者、食底栖动物者、食底栖/游泳动物者和食浮游/底栖动物者。食游泳动物者是资源平均指数最高的功能群，其渔获量占优势种总渔获量的比例高达30.0%，包含11种鱼类和1种头足类，其中，带鱼资源的平均指数最高，其渔获量占优势种总渔获量的比例高达14.3%，其次是太平洋褶柔鱼、黄鲷、龙头鱼和蓝点马鲛等；食浮游动物者渔获量占优势种总渔获量的比例为28.9%，含有12种鱼类，资源平均指数较高的种类为发光鲷、鳀、细条天竺鲷、尖牙鲈、水珍鱼和银鲳等；杂食者渔获量占优势种总渔获量的比例为20.8%，含有5种鱼类和3种头足类，资源平均指数较高的种类为竹荚鱼、小黄鱼、鳄齿鱼和剑尖枪乌贼等；食底栖动物者渔获量占优势种总渔获量的比例为11.8%，包含的主要种类为细点圆趾蟹、短鳍红娘鱼和鳗鲇等；食底栖/游泳动物者渔获量占优势种总渔获量的比例为5.1%，含有6种鱼类，主要包括日本海鲂、海鳗和星康吉鳗等；食浮游/底栖动物者资源的平均指数最低，其渔获量占优势种总渔获量的比例为3.5%，含有的主要种类为圆板赤虾、假长缝拟对虾和黄鳍马面鲀等。

东海渔业资源生物群落功能群组成存在一定的季节差异，从各功能群资源平均指数及其所占的渔获量百分比来看，食浮游动物者、杂食者和食游泳动物者是东海渔业资源生物群落的优势功能群，但它们的平均指数及其所占优势种总渔获量的比例均存在明显的季节差异，食浮游动物者资源平均指数以春季最高，秋、冬季次之，夏季最低；食游泳动物者资源平均指数的季节差异相对较低，夏季稍高，春季稍低；杂食者资源的平均指数夏季最高，其他季节均较低；食底栖动物者资源的平均指数季节变化不明显；食底栖/游泳动物者资源的平均指数在秋季和春季稍高，其他季节均较低；食浮游/底栖动物者资源的平均指数的季节变化显著，以夏季最高，秋季次之，春、冬季较低。从各功能群包含的种类数来看，食浮游动物者包含物种数呈现明显的季节差异，春季最高，秋、冬季次之，夏季最低；食游泳动物者包含物种数的季节差异不大，以冬季稍高，秋季稍低；杂食者包含物种数也呈现一定的季节差异，春、夏季较高，秋、冬季较低。

13.3 渔业生物群落结构与区系特征[*]

13.3.1 鱼类

13.3.1.1 群落结构特征

东海的气候、水深、地貌以及海况等自然环境条件差异显著，影响了本海域鱼类的组成和分布。根据鱼类分布与水深以及温、盐度等环境因素的关系，并参照有关文献（沈金鳌和程炎宏，1987；农牧渔业部水产局等，1987；李圣法等，2004；李圣法等，2007），将东海鱼类划分为如下5个群落类型。

1）内陆架群落

这一群落类型主要分布于东海北部（30°30′N以北、125°30′E以西）、长江口大沙滩及其周围以及中南部的近海一带海域，其分布平均水深一般在60 m以浅。该海域周年盐度较低，水温变化剧烈，致使该群落类型的分布范围随着季节的不同有所变化。

其种类组成中大部分种类定居在该海域，如近岸河口性鱼种的鲚、凤鲚等，近海性鱼种的龙头鱼、黄鲫、赤鼻棱鳀、棘头梅童鱼、黑鳃梅童鱼和小带鱼等；还有一些洄游性种类的产卵期和索饵期大多也栖息在内陆架里，如小黄鱼、细条天竺鲷、银鲳、白姑鱼、鮸和灰鲳等。

2）外陆架群落

这一群落类型主要分布界于东海内陆架群落类型和大陆架外缘群落类型之间，分布海域较广、南北跨度较大，呈北部和南部窄中部较宽的格局，分布水深大多为60~110 m。

该群落的种类组成中既有东海近海群落的鱼类，又有东海大陆架外缘群落的鱼类，具有一定的混合特征。其主要种类有带鱼、发光鲷、油魣、小黄鱼、短尾大眼鲷、尖牙鲷、花斑蛇鲻、细条天竺鲷、刺鲳、蓝点马鲛等。这些种类分布范围一般较广，多数种类为洄游性种类，故而在不同季节，可能属于不同的群落类型。

---

* 执笔人：李圣法，凌建忠

3）大陆架外缘群落

东海大陆架外缘群落类型主要分布界于东海外陆架群落与大陆坡群落之间，其分布平均水深一般在 110～200 m，基本上沿着 110 m 等深线以深的海域分布，自东北向西南延伸，该海域常年为高温和高盐的特征。

这一群落的种类组成主要以外海性鱼种为主，如黄鳍马面鲀、绿鳍马面鲀、黄鲷、高体若鲹、深海红娘鱼、日本海鲂、贡氏红娘鱼、水珍鱼、叉斑狗母鱼、日本红娘鱼、短尾大眼鲷、拟三刺鲀、竹荚鱼等。该群落类型种类组成中除少数种类在生殖期或索饵期进入近海活动外，多数种类越冬和产卵洄游不明显，在其整个生命阶段中基本上栖息在这一海域，如日本红娘鱼、黄鲷、日本海鲂等。但有少数种类仍具有明显的洄游规律，如黄鳍马面鲀和绿鳍马面鲀。

4）大陆坡群落

东海大陆坡群落分布水深为 200～950 m，其主要种类为半纹水珍鱼、冬银鲛、隆背青眼鱼、叉尾带鱼、巨口鱼、霞鲨、大鳞新灯笼鱼、瓦氏眶灯鱼、合鳃鳗、异鳞海蜥鱼、日本腔吻鳕、平棘腔吻鳕、史氏腔吻鳕、粗棘腔吻鳕、柯氏鼠鳕、潜鼬鳚及冠鼬鳚等，它们大多数分布在水深 400～950 m 范围内。

5）冲绳海槽（西侧）群落

冲绳海槽（西侧）群落分布于 950～1 055 m 水深带，主要种类为深海鲑、纤钻光鱼、长钻光鱼、低星光鱼、裸体鱼及约氏黑角鮟鱇等，还有平头鱼、黑异鳞鲨、太平洋光巨口鱼、鱼奎鱼、塔氏鱼、黑口鱼及线口鳗等种类。

13.3.1.2 区系特征与资源特点

1）区系特征

东海北部属于暖温带海区，东海南部和台湾海峡是亚热带海域，除东南部大陆坡下部和冲绳海槽深层外，东海广大海域受黑潮暖流及其分支台湾暖流的影响较大，已具热带海域的性质，使得东海鱼类的区系组成主要以暖水性种占优势（占 61.0%），暖温性种类次之（占 37.0%），冷温性种类很少。东海鱼类区系属于亚热带性质的印度—西太平洋区的中—日亚区。

2）资源特点

东海鱼类多样性非常丰富，但能够形成渔业规模的鱼种则相对较少，东海主要的捕捞对象为带鱼、大黄鱼、小黄鱼、绿鳍马面鲀、黄鳍马面鲀、海鳗、白姑鱼、黄鲫、梅童鱼、短尾大眼鲷、鲐、蓝圆鲹、银鲳、灰鲳、鳓、蓝点马鲛、脂眼鲱、金色小沙丁鱼、乌鲳、舵鲣、鳀等。多数鱼类资源量相对较低，其中仅有带鱼的资源量超过 50×10^4 t，曾超过 20×10^4 t 的有大黄鱼、小黄鱼、绿鳍马面鲀、海鳗、鲐、蓝圆鲹和蓝点马鲛等，其他种类的资源量一般在 10×10^4 t 以下。东海多数鱼类生长速度较快、性成熟较早、年龄结构较简单、具有明显的洄游特性。

13.3.2 虾类

13.3.2.1 种类组成

根据东海水产研究历次调查和张秋华等（2007）等资料，东海虾类有166种，隶属于22科63属，以对虾科、管鞭虾科的种类最多，达11属53种。其中经济价值较高、数量较多和已成为渔业捕捞对象的常见种类有40余种，如对虾属、新对虾属、仿对虾属、鹰爪虾属、赤虾属、拟对虾属、管鞭虾属等均为大中型重要的经济虾类，是东海近、外海主要的捕捞种类，而个体较小的毛虾，近年产量达（20~30）×10^4 t，是东海沿岸张网的主要捕捞对象。

13.3.2.2 群落结构

根据虾类分布与水深、温、盐度等环境因素的关系、东海渔业资源监测网近年来定点调查及其常规监测资料，并参照有关文献（刘瑞玉，1959、1963；董聿茂等，1988；宋海棠等，1992；宋海棠、丁天明，1993、1995、1997），将东海虾类划分为如下5个群落类型。

1）沿岸群落

分布在水深30 m以浅的河口、港湾、岛屿周围的沿岸水域，受沿岸低盐水控制，底层的温度、盐度一般为4~28℃、10~25。其主要种有安氏白虾、脊尾白虾、细螯虾、鞭腕虾、中国毛虾、锯齿长臂虾、巨指长臂虾、敖氏长臂虾、中国对虾、长毛对虾和鲜明鼓虾等。其中，脊尾白虾、安氏白虾和中国毛虾是沿岸低盐水域的优势种，是沿岸作业的重要捕捞对象。

2）近海群落

这一生态群落的主要分布在水深为30~70 m，是沿岸低盐水和外海高盐水的混合水域，周年底层温为8~24℃，盐度为25~33.5，主要种类有葛氏长臂虾、中华管鞭虾、哈氏仿对虾、刀额仿对虾、细巧仿对虾、周氏仿对虾、刀额新对虾、日本对虾、鹰爪虾、戴氏赤虾、扁足异对虾、滑脊等腕虾等。

3）外海群落

主要分布水深为70~150 m，周年底层温为15~24℃，盐度为34以上，大多为高温高盐性种类，主要种有凹管鞭虾、大管鞭虾、高脊管鞭虾、假长缝拟对虾、须赤虾、菲赤虾、脊单肢虾、日本单肢虾、拉氏爱琴虾、东方扁虾、毛缘扇虾、九齿扇虾、脊龙虾等。

4）大陆坡群落

这一生态群落主要分布在水深150~1 000 m的大陆架外缘至大陆坡海区，主要种类有高深对虾、长足近对虾、短足须对虾、锯额拟须虾、东方拟哈虾、栗刺动钳虾、异腕虾、棘虾、玻璃虾、俪虾、短额线（长）足虾等，其中，多数为本群落的特有种，以短足须对虾、东方拟哈虾、长足近对虾、锯额拟须虾等数量较多（10~30 kg/h），它们通常分布在160~1 000 m的大陆坡近底层，基本上受黑潮中、深层水控制，属广温高盐性种。

5）冲绳海槽（西侧）群落

这一群落的虾类主要有（高）深对虾、长足近对虾、锯额拟须虾、长额半对虾等。但值得注意的是这些虾类在大陆坡群落中也有分布。它们的分布以1 000 m以深为主，基本上受冲绳海槽深层水控制，温度为4～5℃、盐度为34.4～34.5，具有低温高盐特征。

13.3.2.3　区系特征

东海虽然地处北温带，但由于受黑潮、台湾暖流和黄海暖流的影响，虾类种类组成以热带和亚热带暖水种占优势，同时由于西部沿岸水系和北面黄海冷水的存在，东海虾类区系的性质表现出如下特征。

1）热带暖水种占优势

东海南部及外海，受黑潮暖流、台湾暖流和黄海暖流的影响，水温和盐度高，热带暖水种多，如分布在60～120 m水深海域的高温、高盐生态群落都属热带暖水种，越往南暖水性种类的数量越多，尤其在外海大陆架外缘陆坡深海，栖息着广分布的深海种（董聿茂，1988），如对虾总科的刀额拟海虾、须对虾；玻璃虾科的日本玻璃虾、太平洋玻璃虾；长额虾科的长足红虾、齿额红虾等；还有刺虾科、剪足虾科、镰虾科、鞘虾科、海螯虾科中的种类都属深海种。

在近海广温广盐生态群落中分布着热带近岸种，如斑节对虾、短沟对虾、长毛对虾、刀额新对虾、脊额外鞭腕虾、太平长臂虾等，这些种类的分布区北边不越过长江口渔场，但也有的暖水种，如日本对虾、哈氏仿对虾、中华管鞭虾、细巧仿对虾、刀额仿对虾、周氏新对虾、长眼对虾、日本毛虾等可越过长江口渔场，分布到黄海，鹰爪虾在黄渤海区都有分布。上述种类，与南海虾类相同，为热带亚热带的常见种（刘瑞玉，1963）。而且对虾总科中的种类如凹管鞭虾、大管鞭虾、假长缝拟对虾、须对虾、哈氏仿对虾、鹰爪虾、中华管鞭虾、日本对虾、周氏新对虾、菲赤虾等，群体数量大，是东海区渔业生产重要的捕捞对象。

2）沿岸海域虾类组成

沿岸海域由于受大陆气候和江河淡水注入的影响，温度年变化幅度较大，盐度较低，因此沿岸海域的虾类组成与黄渤海较类似。如本海域与黄渤海的共有种为：中国对虾、中国毛虾、葛氏长臂虾、安氏白虾、鲜明鼓虾、细螯虾、日本鼓虾、长足七腕虾、疣背宽额虾、水母虾、脊腹褐虾、圆腹褐虾等（刘瑞玉，1959）。在这些种类中，除长足七腕虾、脊腹褐虾、圆腹褐虾属冷水性种外，其他多属暖温性和暖水性的地方种，其中较大宗的中国对虾、中国毛虾、葛氏长臂虾、脊尾白虾等，是中国的地方种，是渔业生产的重要的捕捞对象。

3）大陆架冷水性种类稀少

东海北部由于受黄海冷水团的影响，一些冷水性种类，如长足七腕虾、脊腹褐虾、圆腹褐虾等渗入本海区，但只分布到长江口渔场和舟山渔场，数量不多，在东海南部海域未见分布。

13.3.2.4　虾类资源特点

东海虾类资源除了种类繁多、分布区域性明显外，主要种类的繁殖期、幼虾的出现期不同。虾类属多次排卵类型，产卵期较长，所以不同虾类的产卵高峰期也不同，东海虾类的产卵高峰期有三种类型：春季（4—6月）产卵的有葛氏长臂虾、日本对虾等；夏季（6—8月）

产卵的有鹰爪虾、哈氏仿对虾、戴氏赤虾等；夏秋季（7—10 月）产卵的有凹管鞭虾、中华管鞭虾、假长缝拟对虾等。幼虾相对集中出现的时间和海域也有三种类型：日本对虾幼体，6—7 月出现在沿岸、港湾及岛屿周围海域，呈集群性分布；葛氏长臂虾、哈氏仿对虾、戴氏赤虾、鹰爪虾等种类的幼虾相对集中出现在夏秋季（7—10 月），分布在沿岸和近海混合水区；凹管鞭虾、中华管鞭虾、假长缝拟对虾幼虾集中出现在秋冬季（11 月至翌年 2 月），中华管鞭虾分布在沿岸和近海混合水区，其他两种分布在鱼山、温台渔场 50 m 水深以东盐度较高的海域。

13.3.3　头足类

13.3.3.1　种类数

头足类包括乌贼、柔鱼、枪乌贼和蛸四大类，种类繁多，东海的头足类有 81 种，隶属于 4 目 21 科 39 属，分别占全国头足类 95 种 6 目 21 科 45 属的 66.7%、95.2% 和 84.2%，占全世界头足类 500 余种的 16% 左右。其中，乌贼科种类数最多，为 18 种，占海区头足类种数的 22.5%，其次为蛸科，13 种，占 16.3%，其他依次为枪乌贼科 10 种，占 12.5%，柔鱼科 9 种，占 11.3%，武装乌贼科 4 种，占 5.0%。

13.3.3.2　区系特征

按适温性可分为暖水性种 49 种，占 60.5%，暖温性种类 32 种，占 39.5%。按分布水深分，大陆架和大陆坡海域均有分布的种类有 34 种，占 42%，隶属于 4 目 14 科 22 属，暖温性和暖水性种类相差不大，分别为 18 种和 16 种，以乌贼科种类最多，为 10 种，其他各科种类相对较少；仅在大陆架海域出现的种类有 37 种，占 45.7%，隶属于 3 目 14 科 17 属，暖水性种类数明显高于暖温性种类数，分别 29 种和 8 种，其中，以蛸科种类最多，为 11 种，其次枪乌贼科 5 种；仅在大陆坡海域出现的种类有 10 种，占 12.3%，隶属于 3 目 7 科 9 属，暖水性种类数和暖温性种类分别为 4 种和 6 种，其中，以柔鱼科种类最多，为 3 种。东海的头足类具有温带区系和热带区系的混合分布特征，主要由热带、亚热带的暖水性和暖温性种类所组成，因此，其性质仍属印度—西太平洋热带区的印—马亚区。

13.4　渔业结构及其变化[*]

东海海洋捕捞产量历来位居中国大陆架各海区产量的首位，2004—2009 年其产量（上海市、江苏、浙江和福建省产量的合计数，下同）为 $476.33 \times 10^4 \sim 617.50 \times 10^4$ t，占全国海洋捕捞产量 41.4% ~45.5%。海洋捕捞主要作业类型有拖网、围网、小型流刺网、定置网、钓业等。关于东海渔业结构及其变化，程家骅等（2006）和张秋华等（2007）作过较详细的论述。

13.4.1　海洋捕捞产量

自新中国成立以来，东海海洋捕捞渔业有很大发展，其产量由 1951 年的 26.6×10^4 t 增

＊ 执笔人：林龙山

加到 2000 年的 625.4×10^4 t（历年最高值），直至 2006 年一直维持在 600×10^4 t 以上，但 2007—2009 年降至 $476.3 \times 10^4 \sim 516.5 \times 10^4$ t（见图 13.2）。从图 13.2 可以看出，东海海洋捕捞产量变化可分为三个时期，第一时期为 1951 年至 20 世纪 80 年代，该时期渔业产量增长较为缓慢，各年渔业产量增幅基本维持 10% 以内，少数年份出现下降；第二时期为 20 世纪 90 年代，该时期为渔业产量迅速增长期，多数年份增幅超过 10%，年代平均产量较 80 年代平均产量幅度达 149%；第三时期为 2000 年以后，产量呈小幅振荡，但仍居于历史的高水平。

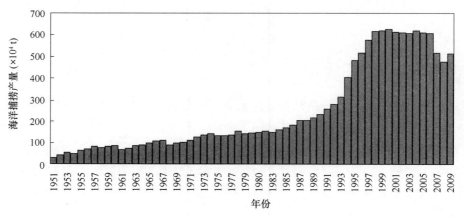

图 13.2　东海海洋捕捞产量变动情况

13.4.2　海洋捕捞渔船

20 世纪 50 年代初期，中国海洋捕捞渔船绝大部分为非机动渔船，机动渔船非常少，1955 年以前东海机动渔船不足 100 艘（为上海市、江苏、浙江和福建省的合计数，下同），随后逐年增长，1959 年增加到 1 000 艘以上，1969 年达 7 993 艘，之后增长有所放缓，到 1974 年为 10 000 艘以上，到 1980 年增加到 20 000 艘以上，1981 年以后又加速增长，至 1985 年已经突破 50 000 艘，1989 年渔船数量达 102 851 艘，随后由于渔业资源衰退，渔业效益逐渐下降，渔船数量增长速度迅速下降，到 1996 年最高渔船数量为 117 797 艘，2000 年以后，随着国家开始控制捕捞力量的盲目增长，并采取一系列措施进行转产转业以后，东海渔船数量开始出现下降，2004—2006 年平均渔船数量为 98 500 艘，2007—2009 年为 101 472 ~ 103 249 艘。

13.4.3　海洋捕捞渔船功率

新中国成立以来，东海捕捞机动渔船功率基本呈现逐年增长态势，1951 年仅有 0.83×10^4 kW（为上海市、江苏、浙江和福建省的合计数，下同），到 2002 年增加到 679.84×10^4 kW，增幅高达 812 倍。其中有几个阶段增幅较为明显，第一阶段为 20 世纪 50 年代中期至 60 年代初期，为高速增长期，平均每年增幅均超过 20%，多数年份超过 50%；第二阶段为 20 世纪 60 年代中期至 70 年代初期，多数年份的增长幅度超过 10%；第三阶段为 20 世纪 70 年代中期至 80 年代中后期，增幅维持在 10% ~ 17%。90 年代末期以后，渔船功率增幅减小，部分年份出现下降，2007—2009 年海洋机动渔船的功率为 $643.06 \times 10^4 \sim 648.00 \times 10^4$ kW。

13.4.4　海洋捕捞主要作业类型

13.4.4.1　拖网

拖网渔业是东海乃至全国海洋捕捞的最主要作业方式，有双拖网、单拖网和桁杆拖网作业。在东海拖网渔业的地位一直位居各类作业之首，2001—2006 年的产量维持在 300×10^4 t 左右，2007—2009 年降为 $224 \times 10^4 \sim 259 \times 10^4$ t，约占东海海洋捕捞总产量的 50%。

20 世纪 50 年代以来，东海拖网渔船（单拖网和双拖网）数量基本呈现逐年增长之势，其中，1990—2000 年东海双拖网渔船为 4 124 ~ 8 609 艘（为上海市、江苏、浙江和福建省的合计数，以下各作业类型船皆同），单拖网渔船为 252 ~ 5 577 艘，1997 年两种船合计达 12 416 艘，为该时期最高年份。2003—2006 年又快速增长，单、双拖渔船合计为 16 541 ~ 18 914 艘，年平均达 17 787 艘，2007—2009 年略有减少，为 14 687 ~ 16 616 艘。

东海拖网渔船作业范围很广，几乎遍及东海的近、外海，主要渔场有鱼山、温台、沙外、舟外、江外、舟山、闽东、长江口、温外和闽外 10 大渔场，合计渔获量约占拖网渔业产量 87%。中心渔场一个分布在禁渔线外档附近海域；另一个位于 125°E 经线外侧附近海域。

拖网渔业的渔获物种类繁多，主要渔获物依次有带鱼（约占 36.8%）、鲐鲹（7.1%）、鲳类（7.0%）、马鲛类（占 5.6%）、小黄鱼（3.6%）、马面鲀（2.5%）、刺鲳（0.5%）、鳗（0.4%）、头足类（占 4.7%）和虾蟹类（0.9%），合计占拖网渔业产量 68.9%，其他种类多达 100 多种。

13.4.4.2　围网

围网渔业包括国有渔业公司的机轮灯光围网和群众渔业机帆船灯光围网、群众渔业对网和福建围缯等，其中，适宜于东海、黄海外海作业的主要是机轮围网，而机帆船灯光围网、对网和围缯作业等主要在近海生产。2004—2009 年东海围网渔业产量略有上升，从 2003 年的 26×10^4 t 上升到 $30 \times 10^4 \sim 36 \times 10^4$ t。

国有渔业公司机轮灯光围网（以下简称机轮围网）渔业在 20 世纪 60 年代逐渐发展起来以后，在 70 年代中后期达到鼎盛时期，以后渔船规模不断萎缩。2005 年以来，全国机轮围网船组维持在 15 ~ 18 组。群众渔业灯光围网船只在 2000 年以后再度发展，浙江近海群众灯光围网船组数量在 2005 年达到了创纪录的 600 余组，福建闽南近海渔场灯光围网船组近年来也维持在 100 多组。2003—2006 年东海三省一市的围网船只（含灯船）维持在 1 400 艘左右，2007—2009 年为 1 401 ~ 1 479 艘。

中国在东、黄海的机轮围网作业渔场分为两大块，以 32°00′N 为界，其以北简称北渔场，其以南的简称南渔场。连东渔场渔获量最高，约占围网渔业产量的 19.8%，其次为温台渔场，近年来，大沙渔场在主要渔场中的地位已经下降，作业的重心已开始由北渔场向南渔场转移。从渔期来看，北渔场一般为 7—11 月，主要渔期在 8—10 月；南渔场渔期为每年 2—12 月，主要渔期为 3—8 月。

北渔场主要渔获物是鲐，其次是竹荚鱼，还有少量蓝圆鲹；南渔场鱼种复杂，以蓝圆鲹、竹荚鱼、鲐等为主。

13.4.4.3　帆式张网

东海帆式张网是 20 世纪 80 年代发展起来的新兴锚张网。因帆式张网渔业具有捕捞效率

237

高、携带网具多、渔获量高、成本低、效益好、选择渔场机动灵活等特点，发展非常迅速，渔船数量几乎逐年上升，至 2000 年达 2 455 艘为最高，2003—2006 年为 1 900 艘左右，近年产量在 59×10^4 t 左右。

帆式张网作业渔场北起海州湾渔场，南至舟山、舟外渔场，东迄沙外、江外渔场，作业渔场合计 9 个，以大沙渔场的渔获量为最高，沙外渔场居次，江外渔场列第三，长江口渔场排第四，这 4 个渔场合计渔获量约占各渔场总渔获量的 90%。

由于帆式张网网囊网目过小（10 余毫米），对渔获物几乎无选择性，故其渔获物组成较为复杂。主要渔获物有带鱼，约占 36%、小黄鱼约占 28%，带鱼当中幼鱼约占 65%、小黄鱼当中幼鱼约占 80%，损害经济鱼类幼鱼相当严重，其余渔获物有鲳鱼（约占 3%）、鲅鳙（约占 2%）、虾类（约占 2%）、海鳗（约占 1%）等。

13.4.4.4 沿岸定置张网

自 20 世纪 70 年代后期以来，由于东海一些传统捕捞品种相继衰退，但沿岸张网因成本低反而快速发展，如浙江和福建两省 1976 年只有 11.6×10^4 个桩头，到 1982 年增加到 20.0×10^4 个桩头。定置张网作业产量 1976 年为 31.52×10^4 t，1982 年增加到 42.48×10^4 t，占海洋捕捞总产量的 27.8%。进入 20 世纪 80 年代以后，海区定置张网渔业仍有很大发展，以浙江省为例，从 1981 年至 1991 年，定置张网渔船数从 2 986 艘增加到 10 235 艘，网具数量从 9.80×10^4 个增加到 22.97×10^4 个，全海区沿岸定置张网产量到 2000 年已增至 112×10^4 t，占海区海洋捕捞总产量的 17.86%。

东海定置张网作业由于使用的网具、作业的海域和作业季节不同，渔获物组成有所差异。据浙江省海洋水产研究所于 20 世纪 80 年代初的张网渔获物周年调查资料，张网渔获种类有鱼类 164 种，头足类 9 种、甲壳类 55 种以及水母类等。据福建省水产研究所 90 年代初全省张网渔业调查，张网渔获物已鉴定的鱼类有 281 种，头足类 13 种，甲壳类 72 种。东海各地张网渔获物中经济幼鱼占一定比例，主要出现月份在 5—9 月。这些经济类幼鱼主要是带鱼、小黄鱼、鲳鱼。其他还有一些常见的小型鱼类和小型甲壳类。

13.4.4.5 流刺网

流刺网是东海一种历史悠久的作业方式，其渔船数量和类型众多，功率大小参差不齐，是各渔区的大宗作业类型。根据捕捞主要对象的不同，可分为鲳鱼流刺网、蓝点马鲛流刺网、梭子蟹流刺网、黄鲫流刺网、小黄鱼流刺网、对虾流刺网等 10 多种。20 世纪 90 年代初，又发展了外海深水流网。2007—2009 年流刺网渔业产量为 $49 \times 10^4 \sim 60 \times 10^4$ t，占东海海洋捕捞总产量的 10% 左右。

1990 年以来，东海流刺网渔船数量基本维持在 18 000 艘左右，2003—2006 年东海三省一市的流网船只为 16 834 ~ 18 943 艘，2007—2009 年又有所增加，为 20 409 ~ 21 708 艘。

东海深水流网渔业作业渔场北起大沙渔场，南至温台渔场，东迄对马—五岛渔场，渔获量以舟外渔场最高，其次为鱼外渔场。主要渔获物为方头鱼、黄姑鱼和刺鲳，分别占深水流网渔业年平均渔获量的 29%、8% 和 7%。

13.4.4.6 桁杆拖网

拖虾渔业又名桁杆拖虾渔业，是以专门捕捞虾类为主的一种作业方式，近年来东海拖虾

渔业年渔获量为 $58 \times 10^{4} \sim 70 \times 10^{4}$ t。

拖虾渔业是在 20 世纪 70 年代末期才发展起来的捕捞作业类型，由于拖虾渔业经济效益较好，渔船数量逐年增加，2000 年达 8 139 艘。

拖虾渔业作业渔场北至海州湾、连青石渔场，南至闽中、台北渔场，以江外渔场的渔获量为最高，鱼山渔场居其次，舟外渔场排第三。渔获物组成中，虾类约占 64%，鱼类约占 22%，头足类约占 3%，蟹类约占 1%，其他占 9%。虾类中，假长缝拟对虾占 15%，菲赤虾和葛氏长臂虾均占 13%，须赤虾占 9%，凹管鞭虾、中华管鞭虾和鹰爪虾各占 6%，哈氏仿对虾和大管鞭虾各占 5%，高脊管鞭虾占 3%。

13.4.4.7　蟹笼

蟹笼渔业是 20 世纪 80 年代末期研制成功，90 年代发展起来的作业方式，由于其成本较低、渔获物能保持鲜活，已发展成为重要的作业类型之一。2000 年浙江省蟹笼作业产量已达 46 784 t，成为捕捞蟹类的主要作业方式，福建省蟹笼渔获量在 2003 年达到 49 762 t，江苏省蟹笼发展滞后，2000 年产量最高，但也仅 519 t。

蟹笼渔船数量在 20 世纪 90 年代增长较快，1990—1991 年，浙江省专业蟹笼作业渔船还不到 60 艘，至 1993 年已发展到 1 130 艘，另有兼业渔船 477 艘，合计 1 607 艘，蟹笼总数达 100 余万只。此后渔船数量略有波动，但渔船总功率和所携带蟹笼数量仍在不断增加，至 2000 年专业和兼业蟹笼作业渔船 1 358 艘，渔船数量虽比 1993 年减少，但蟹笼具总数达 160 多万只。福建蟹笼作业始于 20 世纪 90 年代初期，随后发展迅速，到 2003 年全省共有作业船 1 199 艘，笼具 58 万余只。蟹笼已成为浙、闽两省捕捞蟹类的主要作业方式。江苏省从 1993 年开始有专业蟹笼生产渔船，但至 2000 年蟹笼生产渔船尚不到 100 艘。

蟹笼主要作业渔场，北部海区为大沙渔场、长江口渔场和舟山渔场水深 20 ~ 50 m 海域，南部海区主要在鱼山、温台、闽东渔场。近年来由于蟹笼作业渔船和笼具数量过大，已形成捕捞过度，一些渔场在个别年份已形不成汛期。

蟹笼的主要渔获对象为蟹类和头足类。蟹类的优势种为三疣梭子蟹、红星梭子蟹、日本蟳、锈斑蟳、武士蟳、细点圆趾蟹等。头足类的主要种类为短蛸和长蛸等，在某些时间段它们可占蟹笼渔获物的一半左右，福建省蟹笼作业中还经常兼捕到东风螺等。

从上述东海几个主要作业类型渔船数量规模变化来看，拖网和帆式张网渔业渔船数量从发展到 2000 年之前，基本呈现上升态势，2000 年之后由于渔业资源欠佳、油价上升以及国家政策限制，帆式张网渔业呈减少趋势；机轮围网渔船数量在 90 年代以后开始萎缩衰退，目前数量已经很少，但群众渔业灯光围网渔船数量在 2000 年之后逐渐发展壮大，目前仍有增加趋势；流刺网、桁杆拖网和蟹笼渔船数量从发展至今，由于经济效益尚可，一直处在增加之中。

第14章　渔业生物资源分布特征与栖息地

14.1　渔业生物资源密度分布*

渔业生物资源指数是渔业资源重要的特征值，从中可以了解渔业资源的分布概况和变动趋势，故渔业资源调查总把渔业资源指数作为必要的内容之一加以总结和分析。

14.1.1　渔业生物资源密度的变化

14.1.1.1　季节变化

1998—2000 年间的四个季节的渔业生物资源的平均指数如表 14.1 所示。

表 14.1　各季节渔业生物的资源指数

季节	调查总站位数	出现站位		渔获量				资源指数	
		出现站位	出现频率/%	渔获重量/kg	渔获重量范围/kg	渔获尾数/ind.	渔获尾数范围/ind.	资源重量指数/（kg/h）	资源尾数指数/（ind./h）
春季	191	189	99.0	7 734	0.01~1 424	856 064	1~233 520	40.5	4 482
夏季	171	168	98.3	11 315	0.02~3 692	765 412	4~320 441	66.2	4 476
秋季	189	187	98.9	9 942	0.32~880	707 205	2~40 604	52.6	3 742
冬季	81	80	98.8	3 776	0.38~436	548 046	1~27 983	47.2	6 851
全年	632	624	98.7	32 767	0.01~3 692	2 876 727	1~320 441	51.6	4 888

由表 14.1 获知，东海渔业生物资源指数以夏季最高，秋季居次、春季最低。

春季，东海渔业生物资源指数较高的渔场有三个，以长江口—舟山渔场最高，占 32.7%，其次为鱼山—闽东渔场和江外—舟外渔场，分别占 20.1% 和 17.8%；夏季，以江外—舟外渔场最高，占 38.7%，其次为鱼山—闽东渔场，占 30.7%；秋季，以鱼山—闽东渔场最高，占 25.9%，其次为江外—舟外渔场、长江口—舟山渔场，分别占 18.1%、17.9%；冬季，以沙外渔场最高，占 28.4%，其次为江外—舟外渔场、鱼山—闽东渔场，分别占 18.8%、17.1%。

14.1.1.2　各渔场渔业生物资源密度分布和主要渔获物

东海各渔场渔业生物资源指数分布如表 14.2 所示。

---

　　* 执笔人：沈伟，姜亚洲，程家骅

表 14.2　东海各渔场四季渔业生物资源分布

渔场	季节	调查总站位数	出现站		资源重量			资源尾数		
			出现站数	出现站占调查站比例/%	渔获重量/kg	渔获重量范围/kg	资源指数/（kg/h）	渔获尾数/ind.	渔获尾数范围/ind.	资源尾数指数/（ind./h）
吕泗—大沙渔场	春季	10	10	100	436.46	8.98~122.70	43.65	36 756	4~11 853	3 676
	夏季	10	10	100	717.23	29.48~105.75	71.72	38 622	1 287~6 661	3 862
	秋季	10	10	100	648.87	4.88~181.93	64.89	37 955	889~8 749	3 795
	冬季	5	5	100	208.7	10.52~80.20	41.73	51 254	2 884~24 466	10 251
	合计	35	35	100	2 011.22	4.88~181.93	57.46	164 587	4~24 466	4 702
沙外渔场	春季	24	24	100	427.49	13.51~122.70	17.81	35 149	2 011~6 807	1 465
	夏季	17	16	94.12	477.4	1.49~145.82	28.08	11 984	99~1 813	705
	秋季	23	23	100	1 374.6	3.66~300.93	59.76	79 511	67~13 561	3 457
	冬季	15	15	100	1 070.59	7.66~436.18	71.37	69 963	121~12 468	4 664
	合计	79	78	98.73	3 350.01	1.49~436.18	42.41	196 607	67~12 468	2 489
长江口—舟山渔场	春季	22	22	100	2 532.52	0.7~1 423.6	115.11	341 293	43~233 520	15 513
	夏季	22	22	100	1 143.7	4.79~268.6	51.99	63 794	390~25 062	2 900
	秋季	21	21	100	1 780.83	5.98~635.61	84.80	168 534	278~9 973	8 025
	冬季	11	11	100	353.79	8.02~130.70	32.16	91 355	2 615~20 536	8 305
	合计	76	76	100	5 810.85	0.7~1 423.6	76.46	664 976	43~233 520	8 750
江外—舟外渔场	春季	37	37	100	1 378.46	0.39~439.11	37.26	105 462	18~15 444	2 850
	夏季	32	32	100	4 376.71	0.09~3 691.69	136.77	352 629	5~320 441	11 020
	秋季	41	40	97.56	1 802.55	0.32~155.16	43.96	177 519	2~21 462	4 330
	冬季	16	16	100	711.2	4.17~155.75	44.45	153 226	121~26 572	9 577
	合计	126	125	99.21	8 268.92	0.09~3 691.69	65.63	788 836	2~320 441	6 261
鱼山—闽东渔场	春季	56	56	100	1 555.2	0.11~146.89	27.77	199 417	11~146 893	3 561
	夏季	52	51	98.08	3 477.56	0.02~931.75	66.88	244 764	4~78 850	4 707
	秋季	57	57	100	2 572.1	2.34~880	45.12	190 664	48~40 604	3 345
	冬季	23	22	95.65	894.68	0.38~180	38.90	133 259	1~27 983	5 794
	全年	188	186	98.94	8 499.54	0.02~931.75	45.21	768 104	1~146 893	4 086
鱼外—闽外渔场	春季	25	25	100	758.63	0.03~125.97	30.35	106 917	23~309 493	4 277
	夏季	24	24	100	963.05	0.45~522.34	40.13	40 617	30~8 575	1 692
	秋季	16	16	100	1 287.7	4.48~519.87	80.48	42 781	121~10 720	2 674
	冬季	9	9	100	475.44	0.87~209.25	52.83	31 002	19~10 869	3 445
	合计	74	74	100	3 484.79	0.03~522.34	47.09	221 317	19~309 493	2 991
闽中—闽南渔场	春季	17	15	88.24	345.71	0.45~116.30	20.34	12 524	10~3 612	737
	夏季	14	14	100	159.1	0.40~451.87	11.36	13 003	21~6 835	929
	秋季	21	21	100	475.64	0.51~232.2	22.65	10 242	27~1 655	488
	合计	52	50	96.15	980.45	0.40~451.87	18.85	35 769	10~6 835	688

1）吕泗—大沙渔场

该渔场（32°00′~34°00′N，125°00′E以西）的资源指数以夏季最高，其余依次为秋季、春季、冬季。其年资源指数占各渔场的第三位。

资源指数较高区域的分布，春季，是在该渔场调查水域的东部和南部（见图14.1）（以下凡涉及资源指数分布均指调查水域之内）；夏季，在该渔场的东部和北部；秋季，在该渔场的西部和东部；冬季，则比较均匀。

细点圆趾蟹、小黄鱼、龙头鱼和黄鲫是该渔场的主要优势种。在春季，细点圆趾蟹资源的平均指数占资源总指数的比例高达34.5%，冬季，也较高；小黄鱼以夏季最高，其次为春、秋季，冬季最低；龙头鱼是秋季优势度最高的种类，冬季次之，春、夏季较低；黄鲫全年在该渔场均有分布，以秋季稍高，夏季稍低。

2）沙外渔场

该渔场（32°00′~34°00′N，125°00′~128°00′E）的资源指数以冬季最高，其余依次为秋季、夏季、春季。其年资源指数占各渔场的第六位。

资源指数较高区域的分布，春、夏季，均在该渔场的东北角；秋季，在该渔场的东部和西部；冬季，比较均匀。

带鱼、太平洋褶柔鱼、竹荚鱼和小黄鱼是沙外渔场最主要的优势种。其中，带鱼全年均为该渔场的优势种，其资源平均指数以秋季最高，夏季最低。太平洋褶柔鱼以夏、秋季较高，冬季较低；竹荚鱼以春、冬季较高，秋季较低；小黄鱼全年在该渔场均有分布，以秋季最高，春、冬季次之，夏季最低。

3）长江口—舟山渔场

该渔场（29°30′~32°00′N，125°00′E以西）的资源指数以春季最高，其余依次为秋季、夏季、冬季。其年资源指数高居各渔场的首位。

资源指数较高区域的分布，春季，是在该渔场的北部和东南部；夏季，在该渔场的北部、中部和东南部；秋季，在该渔场的中部和南部；冬季，较均匀。

带鱼、鳀、小黄鱼和竹荚鱼是该渔场的主要优势种。带鱼为最主要的优势种，其资源的平均指数夏季最高，春季最低；鳀是春季该渔场的绝对优势种，其资源平均指数占资源总指数的比例高达70.5%；小黄鱼以春、秋季较高，冬季则较低；竹荚鱼以秋季较高，其他季节均较低。

4）江外—舟外渔场

该渔场（29°30′~32°00′N，125°00′~128°00′E）的资源指数以夏季最高，其余依次为冬季、秋季、春季。其年资源指数居各渔场的第二位。

资源指数较高区域的分布，春季，是在该渔场的东部；夏、秋季，均在该渔场的西南部；冬季，较均匀。

带鱼、竹荚鱼、蓝点马鲛、小黄鱼是该渔场的主要优势种，带鱼是最主要的优势种，其资源平均指数的季节变化相对较小；竹荚鱼是春、夏季重要的优势种，夏季，其资源平均指数占资源总指数的比例高达79.1%；蓝点马鲛是春季该海域最主要的优势种，其他季节均较

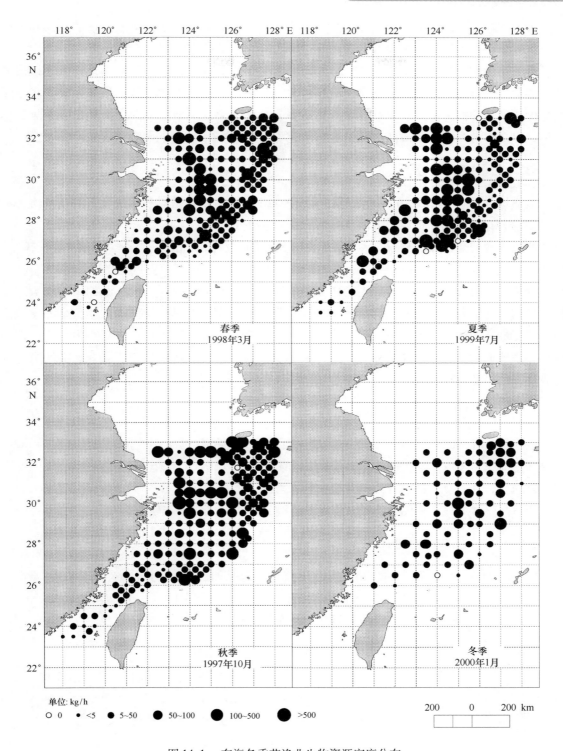

图 14.1　东海各季节渔业生物资源密度分布

低；小黄鱼的季节变化较小，较高值出现在冬季、较低值出现在春季。

5）鱼山—闽东渔场

该渔场（26°00′～29°30′N，125°00′E 以西）的资源指数以夏季最高，其余依次为秋季、冬季、春季。其年资源指数占各渔场的第五位。

资源指数较高区域的分布，春季，是在该渔场的东北部；夏季，在该渔场的东部和近岸海域；秋季，在该渔场的东南部；冬季，比较均匀。

黄鳍马面鲀、带鱼、发光鲷和鳀是该渔场的主要优势种。黄鳍马面鲀是夏、秋季最重要的优势种，其资源平均指数以夏季最高，其次是秋季，春、冬季均较低；带鱼在该渔场全年都是优势度较高的种类，以夏季最高，其他季节变化不大；小型鱼类的发光鲷也是全年的优势种，以夏季最高，秋季最低；鳀是冬季该渔场优势度最高的种类，但在其他季节均较少。

6）鱼外—闽外渔场

该渔场（26°00′~29°30′N，125°00′~127°00′E）的资源指数以秋季最高，其余依次为冬季、夏季、春季。其年资源指数占各渔场的第四位。

资源指数较高区域的分布，春季，是在该渔场的中部和东北部；夏季，在该渔场的南部；秋季，在该渔场的外侧海区；冬季，在该渔场的北部。

带鱼、竹荚鱼、发光鲷和剑尖枪乌贼是该渔场的主要优势种。带鱼资源的平均指数，以秋季最高，占资源总指数的比例达到 34.3%，夏、冬季次之，春季最低；竹荚鱼是冬季该渔场优势度最高的种类，占资源总指数的比例高达 42.0%，春、秋季居次，夏季为最低；发光鲷是春季该渔场优势度最高的种类，夏、秋两季较低；剑尖枪乌贼是春、夏季该渔场重要的优势种，秋、冬季较低。

7）闽中—闽南渔场

该渔场（23°00′~26°00′N，121°30′E 以西）的资源指数以秋季最高，其余依次为春季、夏季（冬季未调查）。其年资源指数占各渔场的第七位。

该渔场，春、夏、秋季资源的分布比较均匀。

带鱼是该海域最重要的优势种，以春季最高，夏季次之，秋季较低。

14.1.2 鱼类资源密度分布

1998—2000 年间，四个季节鱼类资源指数分布情况如表 14.3 所示。东海鱼类资源指数以夏季最高，秋、冬季次之，春季最低。由于鱼类是渔获物主体（占总渔获量的 85.8%），其资源指数的渔场分布趋势与资源总指数的分布趋势相类似。

表 14.3 东海各季节鱼类资源密度

| 季节 | 调查总站位数 | 站 位 | | 资源数量 | | | | 资源密度 | |
		出现站位数	出现频率/%	渔获重量/kg	渔获重量范围/kg	渔获尾数/ind.	渔获尾数范围/ind.	资源指数/（kg/h）	资源尾数指数/（ind./h）
春季	191	189	99.0	6 690	0.01~1 419	726 328	1~233 040	35.03	3 803
夏季	171	169	98.8	9 992	0.003~3 598	650 322	1~318 301	58.43	3 803
秋季	189	187	98.9	8 357	0.18~863	534 981	6~40 380	44.22	2 831
冬季	80	79	98.8	3 084	0.38~306	427 934	1~27 920	38.55	5 349
合计	631	624	98.9	28 123	0.003~3 598	2 339 565	1~233 040	44.57	3 708

春季，东海鱼类资源指数较高的渔场有三个，以长江口—舟山渔场最高，占 36.1%，其次为鱼山—闽东渔场、江外—舟外渔场、分别占 23.3%、20.6%；夏季，以江外—舟外渔场

最高，占 43.8%，其次为鱼山—闽东渔场，占 34.8%；秋季，以鱼山—闽东渔场最高，占 30.8%，其次为江外—舟外渔场和长江口—舟山渔场，分别占 21.6%、19.8%；冬季，以鱼山—闽东渔场最高，占 29.0%，其次为沙外渔场、江外—舟外渔场，分别占 27.5%、23.1%。

14.1.3 甲壳类资源密度分布

甲壳类各季节资源密度分布见图 14.2。

1998—2000 年，东海四季调查总站位数为 631 个，其中有 522 个站位出现甲壳类，占调查总站位数的 82.7%，四季平均资源指数为 2.93 kg/h，资源平均尾数指数为 522 ind./h。东海甲壳类资源指数以冬季为最高，其次为秋、春季，夏季最低。

春季，东海甲壳类资源指数较高的三个渔场，分别为吕泗—大沙渔场、长江口—舟山渔场和鱼山—闽东渔场，最低为闽中—闽南渔场；夏季以鱼山—闽东渔场、江外—舟外渔场和鱼外—闽外渔场较高，最低为闽中—闽南渔场；秋季较高的三个渔场为吕泗—大沙渔场、江外—舟外渔场和沙外渔场，最低渔场为闽中—闽南渔场；冬季较高的三个渔场为吕泗—大沙渔场、江外—舟外渔场和沙外渔场，最低渔场为鱼外—闽外渔场。

14.1.4 头足类资源密度分布

头足类各季节资源指数分布见图 14.3。

1998—2000 年，东海四季调查中有 469 个站位出现头足类，占调查总站位数的 74.3%，该类资源的四季平均指数为 4.30 kg/h，以夏季为最高，其次为秋、冬季，春季最低。该类资源的四季平均尾数指数为 163 ind./h。

春季，东海头足类出现站位占调查站位的 65.5%，全海域资源的平均指数为 2.76 kg/h，资源的平均尾数指数为 184 ind./h。资源指数较高的三个渔场分别为：鱼外—闽外渔场、鱼山—闽东渔场和闽中—闽南渔场，最低渔场为吕泗—大沙渔场；夏季，东海头足类资源指数较高的三个渔场分别为：鱼外—闽外渔场、沙外渔场和江外—舟外渔场，最低为吕泗—大沙渔场；秋季，较高的为沙外渔场、江外—舟外渔场和鱼外—闽外渔场，最低为吕泗—大沙渔场；冬季，较高的为鱼外—闽外渔场、鱼山—闽东渔场和沙外渔场，最低为吕泗—大沙渔场。

14.1.5 优势种分布的季节和区域差异

14.1.5.1 春季

以鳀资源的平均指数为最高，其他为发光鲷、带鱼、蓝点马鲛、小黄鱼和细点圆趾蟹等。鳀主要分布在东海北部近海的长江口—舟山渔场；发光鲷在全海区均有分布，以鱼山—闽东渔场和鱼外—闽外渔场为较高；带鱼除了在吕泗—大沙渔场和鱼外—闽外渔场比例较低以外，其他区域均较高；蓝点马鲛主要出现在江外—舟外渔场；小黄鱼主要出现在吕泗—大沙渔场、沙外渔场、长江口—舟山渔场和江外—舟外渔场；细点圆趾蟹主要出现在吕泗—大沙渔场和长江口—舟山渔场。

14.1.5.2 夏季

以竹荚鱼资源的平均指数为最高，其他为带鱼、黄鳍马面鲀、发光鲷和小黄鱼等。竹荚鱼主要出现江外—舟外渔场；带鱼在全海区均有分布；发光鲷主要出现在鱼山—闽东渔场；

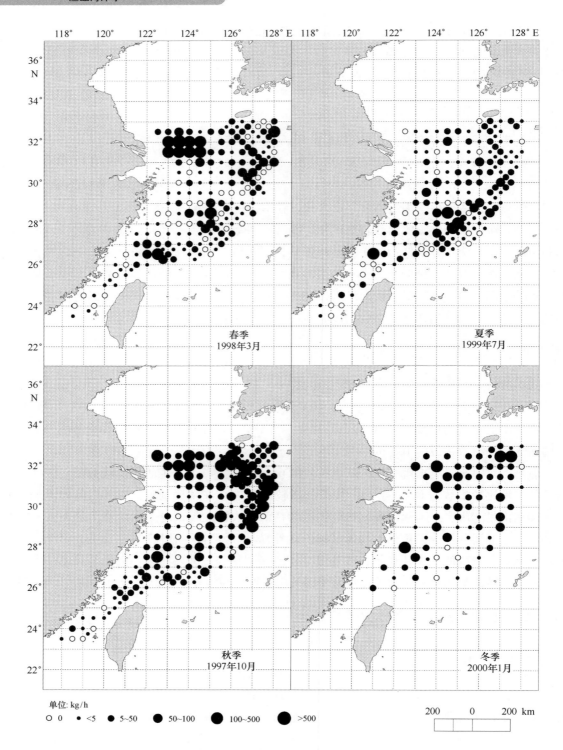

图 14.2　东海各季节甲壳类资源密度分布

黄鳍马面鲀主要出现在鱼外—闽外渔场；小黄鱼主要分布在吕泗—大沙渔场。

14.1.5.3　秋季

以带鱼资源的平均指数为最高，其他为小黄鱼、太平洋褶柔鱼、黄鳍马面鲀和刺鲳等。带鱼除在吕泗—大沙渔场和闽中—闽南渔场分布相对较少外，在其他海域均有较多的分布；

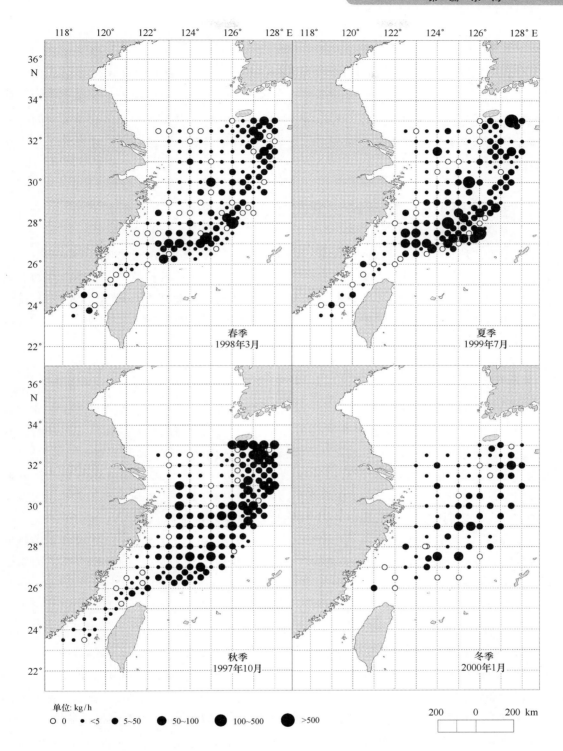

图 14.3 东海头足类各季节资源密度分布

小黄鱼主要出现在吕泗—大沙渔场、长江口—舟山渔场、沙外渔场和江外—舟外渔场；太平洋褶柔鱼主要出现在沙外渔场和江外—舟外渔场；黄鳍马面鲀主要出现在鱼山—闽东渔场和鱼外—闽外渔场；刺鲳主要出现在长江口—舟山渔场和沙外渔场。

14.1.5.4 冬季

以带鱼资源的指数为最高，其他为发光鲷、竹荚鱼、鳀、细点圆趾蟹等。带鱼除在吕泗—大沙渔场分布较少外，在其他海域均有大量分布；发光鲷主要出现在沙外渔场、江外—舟外渔场、鱼山—闽东渔场和鱼外—闽外渔场；竹荚鱼主要出现在沙外渔场和鱼外—闽外渔场；鳀主要出现鱼外—闽外渔场；细点圆趾蟹主要出现于吕泗—大沙渔场、沙外渔场和长江口—舟山渔场。

14.2　主要产卵场、育幼场、索饵场、越冬场[*]

东海地处亚热带和温带，气候、水温、盐度、营养盐类等物理、化学和生物环境因素的季节变化较明显。所以东海中大多数鱼、虾、蟹类在一年中往往具有越冬、产卵、育幼和索饵不同性质的栖息地，根据实际调查资料和有关文献（农牧渔业部水产局等，1987；赵传细主编，1990；郑元甲等，2003；陈新军，2004；张秋华等，2007；庄平等，2006），其主要洄游类型有以下几种。

14.2.1　南北向洄游鱼类

这类型鱼类的越冬场一般分布在东海的南部，产卵场、育幼场和索饵场分布在较北的海域。春季，鱼群开始自越冬场向北作产卵洄游，到秋末又从东海的北部向南作越冬洄游，其代表性的鱼类有带鱼、海鳗、鲐、蓝圆鲹和蓝点马鲛等，南北方向是其洄游路线的主要方向。但由于其中有的鱼种如带鱼和鲐等有部分越冬场也分布于东海外海，据"东海专项补充调查"项目冬季（1月）的调查结果，在沙外至江外渔场东至128°E、在闽东渔场东至125°30′E海区均有一定数量的带鱼分布，所以它们又兼具东西向洄游的性质。

每年春季，越冬鱼群离开闽中、闽东渔场越冬场开始沿福建中、北部和浙江南部近海逐渐向北洄游，一般是性腺先成熟的高龄鱼群体首先离开越冬场，然后是个体较整齐的中龄鱼群体，它们系为产卵群体的主群，最后离开越冬场的是低龄鱼的群体。其产卵场分布于福建中、北部至浙江沿岸河口、海湾、岛屿及其外侧海区，据渔民反映，甚至在沈家门的乌沙门口就可看见蓝点马鲛在海面上跳跃产卵。带鱼不仅在禁渔区线附近有产卵场，如海礁周围海区就是它的主要产卵场，故历来就有海礁带鱼产卵场之说，而且在近海和外海也有其产卵场的分布，如"东海专项补充调查"时，夏秋季从近海到128°E海区、冬春季从近海到127°30′E海区均有带鱼鱼卵的分布（郑元甲等，2003）。从20世纪50—90年代初期，每年春末到初秋，国营拖网渔轮都把产卵带鱼作为主要捕捞对象进行追捕。再如，鲐和蓝点马鲛还可北上至海州湾等海区产卵。此洄游类型鱼类的产卵期自南而北逐渐推迟，如带鱼在福建中、北部海区3月份就有产卵群体出现，到长江口一带海区至10月份仍有少数个体在产卵。海鳗的产卵期为12月至翌年7月，而全年均有Ⅲ期性腺出现（张秋华等，2007）。蓝圆鲹的产卵期也长达7个月（3—9月），但鲐和蓝点马鲛的产卵期均为3—6月（郑元甲等，2003），相对较短。产卵后的群体有的分布在产卵场附近海区索饵，有的则继续北上，边洄游边索饵，索饵海区遍及东海中、北部和南黄海沿近海海区，如带鱼，而像鲐和蓝点马鲛的索饵场还北伸到黄海中、北部海区。其幼鱼的索饵区，

---

　　[*] 执笔人：郑元甲，周荣康

大多集中于禁渔区线附近海区，边索饵边北上，其中尤以鲐和蓝圆鲹的幼鱼于夏季至初秋从鱼山渔场近海逐渐向长江口渔场洄游的情况最为典型，由于其群体密集，早已构成中层拖网和群众渔业灯光围网渔业追捕的对象，据东海资源监测网浙江站的统计，2002—2006 年浙江近海灯光围网的年产量为 $2.8 \times 10^{4} \sim 8.5 \times 10^{4}$ t，年均达 5.9×10^{4} t。

秋末，随着渔场水温的下降，索饵鱼群陆续向南或东南（越冬场在东海外海的群体）作越冬洄游，冬季回到越冬场。越冬洄游时，有的鱼种如带鱼和鲐能够形成渔汛。从 20 世纪 50—90 年代，每年 10—12 月带鱼向南洄游经过长江口—舟山渔场的嵊山至东福山一带海区时，形成全国著名的冬季带鱼汛，然后继续南下，到 1 月分于大陈岛一带海区还有一定的集群，但已是冬季带鱼渔汛的尾声，一般至春节前夕冬季带鱼渔汛宣告结束。但是，由于带鱼资源的衰退，近年来冬季带鱼渔汛的汛期和渔场已不显著。鲐从黄海南下洄游时，在秋、冬季可在大沙至沙外渔场形成国营灯光围网渔业的汛期。

因鱼类洄游过程与环境因子十分密切，如水温升高和下降的快与慢与鱼群北上或南下的速度直接相关，沿岸水和外海水势力的强与弱将使其渔场偏开或偏拢，不同水系的势力均强时会使水文因子的梯度增强，促使鱼群集群程度增大，有利于生产，反之，则使鱼群较分散，生产较差。

洄游路线长，产卵场和索饵场广，栖息的空间大和资源量高，是该洄游类型鱼类的主要特点。由于此洄游类型鱼类的资源量为本海区最高（带鱼）和较高（鲐、海鳗和蓝点马鲛），它们构成本海区最主要的捕捞对象，其资源量的变化对海区渔业产生重大影响。

14.2.2　东西向洄游鱼类

这类型鱼类的越冬场一般分布在海区的东部，尤其是在海区中北部外侧海区更为集中，产卵场和索饵场分布在海区沿岸和近海海域。春季，鱼群开始自越冬场向西至西北方向作产卵洄游，春季至夏季在沿岸浅水区产卵，其索饵场一般分布在其产卵场至其外侧和北侧海区，秋末从索饵场向东至东南方向作越冬洄游。其代表性的鱼类有小黄鱼、大黄鱼、白姑鱼、鳓鱼、银鲳和灰鲳等，而其中的多数种类经济价值较高，为国内市场热销和高产价出口的种类，东西方向是其洄游路线的主要方向。它们的洄游路线虽然没有南北方向洄游鱼类那么长，但也是较长的。在海区渔业资源良好时期，海区中寿命较长的鱼类如大黄鱼和小黄鱼都属于本类洄游类型。所以，本洄游类型中的许多种类也是本海区重要的经济鱼类。

14.2.3　外海型洄游鱼类

这种类型鱼类终生栖息于东海外海的深水区，其代表性的鱼类如绿鳍马面鲀、黄鳍马面鲀、水珍鱼、黄鲷和剑尖枪乌贼等。其中，大多只作短距离洄游，越冬场、产卵场和索饵场的区分不甚明显，其中，只有个别鱼种作南北向长距离的洄游，如绿鳍马面鲀和黄鳍马面鲀，绿鳍马面鲀的越冬场分布在对马海峡至东海北部外海海区，产卵场在东海南部外海钓鱼岛附近海区，索饵场在东海北部至黄海南部外侧海区，黄鳍马面鲀也作南北向洄游，不过，比绿鳍马面鲀的稍短。但是，由于产卵场的生态环境受到破坏和过度捕捞幼鱼等，从 20 世纪 90 年代中期起，东海马面鲀的资源已先后出现严重衰退，其洄游规律已不太明显。

14.2.4　暖水性洄游鱼类

东海南部的闽中、闽南渔场位于亚热带海区，水温终年较高，栖息在那里的鱼类无须越冬场，一般不作长距离洄游，只是到产卵季节时稍向浅水区移动，产卵场广，产卵期长，产卵后分散索饵，索饵场不明显。其代表性种类有脂眼鲱、圆腹鲱、二长棘鲷、羽鳃鲐和闽南渔场的鲐和蓝圆鲹（为独立种群），它们基本上不会游离台湾海峡到东海海的中北部海区。

14.2.5 沿岸型洄游鱼类

这种类型鱼类终生栖息于沿岸和近海的浅水区，只作短距离洄游，越冬场一般分布在浅水区的偏外侧和偏南侧区域，产卵场大多在沿岸河口和港湾及其附近区域，索饵场就在产场附近水域。其代表性的鱼类如梅童鱼、石斑鱼、二长棘鲷、黄鲫、龙头鱼和葛氏长臂虾等。由于东海底层和近底层鱼类资源普遍呈现衰退，近年来黄鲫、龙头鱼和梅童鱼的数量明显上升。

14.2.6 河口定居性鱼类

河口定居性鱼类终生生活在河口半咸水水域中，是典型的河口种类，可在较大盐度范围的水中生活，其主要生活盐度为 5~20。其代表种类如鲻、鲛、斑鰶、大银鱼、四指马鲅、花鲈和弹涂鱼等。

14.2.7 溯河洄游性鱼类

东海的主要溯河鱼类有中华鲟、凤鲚、鲥、前颌间银鱼、鲥和暗纹东方鲀等。这些鱼类每年春夏季时届性腺发育或临成熟时溯河到河川或湖泊淡水区产卵繁殖，仔幼鱼和产过卵的成鱼洄游到河口至海洋中育肥、索饵和越冬。长江是东海溯河鱼类的盛产区，庄　平等（2006）对长江的溯河性鱼类作了较为详细的论述。

综上所述，东海主要鱼类的越冬场、产卵场和索饵场均较广泛，30°N 以北水深 60~200 m、30°N 以南至台湾北部水深 80~200 m 海区以及台湾海峡东侧海域基本上都是鱼类和头足类的越冬场。本海区沿岸河口和港湾直至禁渔区线附近大部分海域均为鱼、虾、蟹的产卵场，带鱼的产卵场在近海和外海均有分布，而黄鲷、水珍鱼、绿鳍马面鲀、黄鳍马面鲀、太平洋褶柔鱼和剑尖枪乌贼的产卵场均在东海中、北部外海区。30°N 以北从沿岸至水深 60 m、28°~30°N 从沿岸至 80 m、25°~28°N 从沿岸至 100 m 以及台湾海峡之海域基本上均是鱼、虾、蟹的索饵场。每年的春末至夏季是东海众多鱼、虾、蟹和头足类的产卵期，只有少数种类在秋、冬季产卵，如秋宗大黄鱼（9—10 月）、鲻（福建和台湾沿海为 11 月至翌年 1 月）、花鲈（浙江至长江口沿海为 11 月至翌年 1 月）、竹荚鱼（产卵盛期 2—3 月）、斜带髭鲷（东海 11—12 月）、木叶鲽（9—11 月）、秋宗剑尖枪乌贼、秋宗和冬宗太平洋褶柔鱼、秋宗中国枪乌贼等。每年夏季至秋季是东海鱼类、虾、蟹类和头足类的主要索饵期。东海鱼类的主要越冬期为 12 月至翌年的 2 月或 3 月。

由于产卵季节，各种鱼、虾、蟹普遍会集成大群，常常构成渔业最佳捕捞时机；索饵鱼群通常比较分散，但是，小黄鱼、带鱼、绿鳍马面鲀和鲐、鲹鱼的索饵群体有时也会集群构成捕捞群体，而其幼鱼在索饵期间经常集群，所以秋季在鱼山至长江口禁渔区线内外侧经常能捕到鲐鲹鱼幼鱼的大网头，秋季至冬初在东海中北部至南黄海的近外海，也时常能捕到小黄鱼和带鱼幼鱼的大网头，1991 年 11 月在沙外渔场的济州岛西侧海区滥捕 9×10^4 t 绿鳍马面鲀幼鱼，这是导致该鱼种资源严重衰退的重要原因之一，所以，加强幼鱼的保护工作非常重要；越冬鱼群一般也较分散，但是少数种也能集成大群，构成渔业的主要捕捞对象，如对马渔场的越冬马面鲀就是中国国营渔业公司拖网渔船冬季的主要捕捞对象。又如 1974 年和 1975 年冬季中国大批群众渔业机动渔船到江外、舟外渔场大捕越冬的大黄鱼，导致该鱼种从此转入资源严重衰退时期。所以，对生活周期各阶段鱼群的捕捞利用都要有个度，要控制在合理的范围之内，否则，将会酿成恶果，渔业历史上的这些沉痛教训应引以为戒！

14.3　渔获物组成和主要渔场及其变化 *

东海由于自然条件优越，大陆架面积广大、地势平坦，有多种水团在海区内相交汇，海洋峰明显。所以，东海成为中国四个海区中渔获量最高的海区，在中国海洋渔业中占有重要的地位。

14.3.1　渔获物组成

东海渔业自然资源品种繁多，计有鱼类 1 751 种，分列隶属于 3 个纲 42 目 261 科 819 属；虾类 159 种，隶属于 22 科 63 属；头足类 81 种，隶属于 4 目 21 科 45 属（张秋华等，2007）；蟹类和口足类 51 种（郑元甲等，2003）；连同海龟、海兽共有 2 000 余种。其中，经济价值较高的种类有 50~60 种，是中国四个海区中渔获量最高的海区。农业部渔业局的全国水产统计年报，从 2003 年起，统计的品种从 20 世纪 80 年代初期的 22 种扩充到 40 种，根据该统计年报（至 2009 年止），年渔获量超过和曾经超过万吨的有 30 多种，其中，超过 50×10^4 t 的只有带鱼 1 种，超过 30×10^4 t 的有蓝圆鲹、毛虾、鹰爪虾 3 种，超过 20×10^4 t 的有绿鳍马面鲀、鲐、鲳（含银鲳和灰鲳）、海鳗、鳀、梅童鱼类、梭子蟹 7 种，超过 10×10^4 t 的有大黄鱼、小黄鱼、马鲛鱼、乌贼、鱿鱼、虾蛄和海蜇 7 种，超过 5×10^4 t 的有拟沙丁鱼、白姑鱼和章鱼 3 种。

14.3.1.1　年产量的主要渔获物组成

2004—2006 年，东海扣除远洋渔业产量后的海洋捕捞产量（即上海市，江苏、浙江和福建省产量的合计数）为 $555.63 \times 10^4 \sim 562.69 \times 10^4$ t，3 年捕获量年平均为 559.63×10^4 t，3 年年平均渔获物的组成中，占 1% 以上的品种有 17 种（见表 14.4），其中，带鱼占 13.1%，为最高，占 5%~7% 的只有毛虾和蓝圆鲹 2 种，占 4%~5% 为鹰爪虾、鲐和梭子蟹 3 种，占 2%~4% 为 6 种，依次为梅童鱼类、鲳鱼、海鳗、鳀、鱿鱼和小黄鱼，占 1%~2% 的为 5 种，依次为虾蛄、马面鲀、马鲛鱼、乌贼和白姑鱼，这 17 种渔获物的合计比例达 63.8%，为主要优势种。

表 14.4　2004—2006 年东海年平均捕捞量 * 及其主要种类（>1%）

项目	海捕总产量	带鱼	毛虾	蓝圆鲹	鹰爪虾	鲐	梭子蟹	梅童鱼	鲳鱼
年均产量/ $\times 10^4$ t	559.63	75.07	34.49	29.74	26.76	25.47	22.38	21.91	21.33
组成/%		13.1	6.2	5.3	4.8	4.6	4.0	3.9	3.8
最高年产量/ $\times 10^4$ t	562.69	78.89	37.34	31.74	31.79	26.01	24.91	22.82	22.60
最高产量年份	2006	2006	2006	2006	2005	2004	2006	2005	2005
项目	海鳗	鳀	鱿鱼	小黄鱼	虾蛄	马面鲀	马鲛鱼	乌贼	白姑鱼
年均产量/ $\times 10^4$ t	18.69	17.24	12.78	11.99	9.07	8.68	8.50	7.39	5.79
组成/%	3.3	3.1	2.3	2.1	1.6	1.6	1.5	1.3	1.0
最高年产量/ $\times 10^4$ t	24.06	18.54	14.11	12.27	10.10	11.13	9.05	8.85	5.84
最高产量年份	2006	2005	2006	2006	2004	2005	2005	2004	2004

注 *：不包括远洋渔业产量。

---

* 执笔人：郑元甲，凌兰英

中国是在 1985 年才开始发展远洋渔业，所以在 1985 年以前，东海的海洋捕捞产量均产自国内。1983—1985 年东海海洋捕捞产量为 $147.63 \times 10^4 \sim 168.34 \times 10^4$ t，以 1985 年为高，3 年年均产量为 158.68×10^4 t，仅为 2004—2006 年年平均海捕产量的 28.4%，其主要渔获物组成如表 14.5 所示，其中，占海捕总产量 1% 以上的品种有 11 种，最高的同样是带鱼，达 23.1%，占 6% ~ 7% 为马面鲀和毛虾，占 4% ~ 6% 的为鲐和蓝圆鲹，占 2% ~ 3% 的仅鲳鱼一种，占 1% ~ 2% 的有 5 种（类），依次为乌贼、鹰爪虾、大黄鱼、马鲛鱼和海鳗，11 种的比例合计达 57.1%，为主要优势种。

如果将 2004—2006 年的渔获物组成与 1983—1985 年相比较，比例明显提高的种类依次为鹰爪虾（+2.9%）、海鳗（+2.1%）、小黄鱼（+1.7%）、鲳鱼（+1.3%）、蓝圆鲹（+0.7%）、鲷类（+0.6%）和海蜇（+0.51%），此外，对虾和马鲛鱼也有 0.4% 和 0.3% 的提高。比例明显下降的种类依次为带鱼（−9.6%）、马面鲀（−5.2%）、大黄鱼（−1.6%）、鲐（−1.3%）、乌贼（−0.6%）、毛虾（−0.4%）和鳓（−0.2%）。

表 14.5　1983—1985 年东海年平均捕捞量及其主要种类（>1%）

种类项目	海捕总产	带鱼	马面鲀	毛虾	鲐	蓝圆鲹	鲳鱼	乌贼	鹰爪虾	大黄鱼	马鲛	海鳗
年均产量 /×10⁴ t	158.68	36.58	10.65	10.33	9.35	7.40	3.93	3.04	2.95	2.75	1.93	1.63
组成/%		23.1	6.7	6.5	5.9	4.7	2.5	1.9	1.9	1.7	1.2	1.0
最高年产量 /×10⁴ t	168.34	37.91	13.87	11.28	11.51	14.9	4.77	3.32	6.34	3.60	2.25	1.87
最高产量年份	1985	1983	1984	1984	1983	1983	1985	1983	1985	1984	1985	1985

可见，渔获物组成比例提高的种类较多，但是提高幅度较小，而比例下降的种类较少，但降幅较大。

按大类分析，2004—2006 年海洋捕捞的年平均产量中，鱼类占 69.0%，为绝对优势；甲壳类占 21.4%，居次；软体动物（含头足类和贝类）为 6.9%；藻类仅占 0.11%，为最低；其他（含海蜇）为 2.7%。

14.3.1.2　近年渔业资源监测调查的渔获物组成

据林龙山等（2007）的报道，2000—2005 年渔业资源监测调查的渔获物组成中，带鱼渔获量所占比例连续 6 年处于第一位，但所占比例在 2003 年以后呈逐年下降；小黄鱼的比例从 2000 年的 18.8% 下降至 2005 年的 9.7%；银鲳的比例 2000 年至 2002 年呈上升，之后显著下降；刺鲳、龙头鱼和其他杂鱼类比例出现上升趋势，刺鲳最为明显，从 2000 年的 2.1% 上升到 2005 年的 14.5%，为位居第二的捕捞品种。2003 年以后，底拖网渔业传统的主要捕捞对象带鱼、小黄鱼和银鲳的总比例呈现逐年下降趋势，合计比例已从 2003 年的 85.9%，下降到 2004 年的 80.3% 和 2005 年的 71.6%，刺鲳、龙头鱼等其他相对低值鱼种的比例则出现上升，反映了目前东海底拖网渔业资源利用结构正在向低值和低营养层次鱼种转化，与此同时主要渔获物生物学普遍趋于小型化（详见第 17 章）。

14.3.2　东海主要作业渔场

关于东海近年的主要作业渔场，程家骅等（2006）依据东海苏、浙、沪为主的海洋渔业近况典型调查的结果，分析了东海主要作业方式拖网、围网、帆式张网、流刺网和桁杆拖网（拖虾）渔场、渔期状况，分析范围以在禁渔区线外、27°00′N以北的东、黄海海域为主，但波及作业渔场和作业渔区的分布范围，含及闽中渔场。

东海1998—2000年期间，5种主要作业类型（拖网、围网、帆式张网、流刺网和桁杆拖网）作业范围北自海洋岛渔场南至闽中渔场，共涉及25个渔场、240个渔区。作业渔区的分布北自39°00′N，南至25°00′N，西从120°00′E，东迄129°00′E。3年的平均年渔获量为266.75×10⁴ t，各作业渔场渔获量的变幅为8～393 207 t，各作业渔区渔获量的变幅为2～91 253 t，全部作业渔区平均渔获量为11 115 t。主要作业渔场的渔获量、占总渔获量比例、作业渔区数量、渔区平均渔获量等情况如表14.6所示。

按作业渔场渔获量分析，占总渔获量5%以上的渔场共有9个。其中，大沙、沙外、鱼山和江外渔场相对较高，其余依次为舟外、长江口、舟山、温台和闽东渔场。9个渔场合计渔获量达240.39×10⁴ t，占总渔获量的90.1%，可见，这些渔场居绝对优势地位，是东海渔船的主要作业渔场。在其他渔场中，鱼山渔场的渔获量为最高，占3.6%；温外、闽外和吕四渔场分别占1%～2%；余者均在1%以下。

表14.6 东海主要作业种类主要作业渔场渔获量*

作业渔场				作业渔区			渔区渔获量范围	
名 称		渔获量/t	%	渔区数量/个	%	平均渔获量/t	最高/t	最低/t
主要作业渔场	大沙	393 207	14.7	20	8.3	19 660	47 595	6 070
	沙外	334 463	12.5	16	6.7	20 904	91 253	75
	鱼山	331 335	12.4	17	7.1	19 490	35 731	5 040
	江外	315 634	11.8	14	5.8	22 545	85 860	639
	舟外	260 104	9.8	18	7.5	14 450	32 919	42
	长江口	217 251	8.1	10	4.2	21 725	45 606	1 936
	舟山	208 914	7.8	13	5.4	16 070	32 323	2 757
	温台	205 799	7.7	16	6.7	12 862	35 610	601
	闽东	137 155	5.1	14	5.8	9 797	14 020	468
	小计	2 403 863	90.1	138	57.5	17 419	91 253	42
其他渔场		263 654	9.9	102	42.5	2 583	29 558	2
合 计		2 667 517	100	240	100	11 115	91 253	2

注*：引自程家骅等，2006。

综上所述，目前东海主要作业渔场有10个，即为大沙、沙外、鱼山、江外、舟外、长江口、舟山、温台、闽东和鱼外渔场。

14.3.3 主要作业渔场变动趋势

中国在东海作业渔场的变化随着捕捞渔船的逐步大型化，经历了一个由沿岸向近海和外海逐步东扩的过程，关于这个发展过程张秋华等（2007）作了较详细的阐述。

20世纪50年代以前，东海、黄海海洋捕捞主要以木帆渔船进行季节性渔汛生产，沿岸渔场为主要作业渔场，除小黄鱼外，绝大多数渔业资源处于利用不足的状况。20世纪60年代，群众渔业机动渔船得到发展，传统的沿岸和近海资源得到较充分的开发利用，资源水平与捕捞强度基本适应。海洋捕捞生产基本维持着传统渔汛生产和以中、小型机动渔船和木帆船为主的生产格局，作业渔场基本稳定在125°E以西的近海、沿岸渔场范围、在26°～28°N海区只在80～90 m等深浅以西海区作业。

20世纪70年代，根据原农林部"海洋渔业资源调查座谈会议"的精神，于1972年年底起开展了"东海外海底层鱼类资源季节性调查"，首次到127°海区调查和作业，并于1974年开发了绿鳍马面鲀新渔业资源，使东海外海渔业从此走向蓬勃发展的新时期。随着外海渔业的发展，海区机帆船和渔轮也逐渐向中、大型发展，使外海作业渔场逐步扩大，作业时间延长，同时鲐、鲹等上层鱼资源在后期也得到一定程度的开发，至70年代末期，外海作业已由季节性渔汛生产转为全年性生产。

20世纪80年代机帆船大型化和渔轮快速发展，作业方式转为以拖网为主，外海渔场生产能力不断拓展，中国渔船逐步东扩，开始进入日本、韩国周边海域生产，外海渔获产量比例也从1986年的8.3%提高到1989年的25.3%（见表14.7）。

表14.7　东海分海域、分水层渔获量

年份	海洋捕捞总渔获量/t	按海域分				按水层分			
		近海/t	%	外海/t	%	底层/t	%	中上层/t	%
1985	1 683 413	1 455 059	86.5	228 354	13.5	1 320 142	78.4	363 271	21.6
1986	1 818 516	1 445 506	91.7	131 421	8.3	745 483	41	1 073 034	59
1987	2 018 764	1 839 276	91.1	179 488	8.9	1 281 915	63.5	736 849	36.5
1988	2 027 831	1 860 088	91.7	167 743	8.3	1 496 539	73.8	531 292	26.2
1989	2 159 957	1 613 195	74.7	546 762	25.3	1 554 606	72	605 351	28
1990	2 297 063	1 670 000	72.6	626 829	27.4	1 280 351	55.7	1 016 712	44.3
1991	2 549 483	1 655 642	64.9	893 835	35.1	1 391 652	54.6	1 157 831	45.4
1992	2 781 750	1 710 339	61.5	1 071 411	38.5	1 552 571	55.8	1 229 179	44.2
1993	3 134 224	1 751 495	55.9	1 382 729	44.1	1 766 721	56.4	1 367 503	43.6
1994	4 031 849	2 196 679	54.5	1 835 160	45.5	2 278 993	56.5	1 752 846	43.5
1995	4 819 046	2 283 372	47.4	2 535 674	52.6	2 442 851	50.7	2 376 197	49.3
1996	5 140 629	2 534 259	49.3	2 606 370	50.7	4 052 529	78.8	1 088 100	21.2
1997	5 746 883	2 882 878	50.2	2 864 005	49.8	4 233 668	73.7	1 513 215	26.3
1998	6 146 185	2 984 981	48.6	3 161 204	51.4	4 359 768	70.9	1 786 417	29.1
1999	6 184 031	2 646 409	42.8	3 537 982	57.2	4 407 877	71.3	1 776 154	28.7
2000	6 253 899	2 789 013	44.6	3 464 886	55.4	4 397 419	70.3	1 856 480	29.7
2001	6 127 125	2 690 282	43.9	3 436 443	56.1	4 310 002	70.3	1 817 123	29.7
2002	6 082 451	2 494 011	41.0	3 588 440	59.0	4 167 643	68.5	1 914 808	31.5

20世纪90年代，由于渔轮和大型机帆船继续大量增加，巩固了其作为捕捞主体的地位，捕捞强度进一步提高，全年都有渔船在外海渔场作业。至90年代中期随着国有渔轮逐步退出东海、黄海渔场，群众渔业机动渔船成为海洋渔业捕捞的主体，到外海作业的渔船数量显著增加，外海产量的比例也从1990年的27.4%到1995年提高到52.6%。到90年代末期东海和南黄海外海已成为中国新发展的外海拖虾作业、深水流网作业以及冬汛的拖网作业、帆式张网作业、灯光机轮围网作业的主要作业渔场，因此外海渔场产量的比例到1999—2002年也随

之提高到 55%~59%。

　　但是，随着新的中日渔业协定（2000 年 6 月 1 日起生效）和中韩渔业协定（2001 年 6 月 30 日起生效）的执行，到毗邻日本和韩国海区作业的渔船大量削减，东海外海作业产量显著下降。据估算，因中国渔船从日、韩渔业管理水域撤出作业，每年减少的渔业产出接近 1/5，其中又以围网、拖网和帆式张网三种渔业受影响的程度较为严重（程家骅等，2006）。

第15章　渔业生物资源量评估[*]

渔业资源的调查和评估是渔业资源管理的前提和基础。底拖网扫海面积法是渔业资源评估最常用的方法之一，而声学积分法是评估中上层等渔业资源种类较为有效的方法。通过年间不同时空的渔业资源调查资料而获取的资源量评估结果，可了解和掌握评估目标鱼种或类群的资源分布状况和变动趋势，为渔业生产和管理提供科学依据。

15.1　总资源量

依据1998—2000年间的四季调查，"北斗"号调查船底拖网获取的单位小时渔获量资料，利用扫海面积法对东海各渔场的生物资源量进行评估。资源量（B）计算公式：

$$B = C \times A / q \times a \tag{15.1}$$

式中：

C——单位时间取样面积内的渔获量／（t/km^2）；

A——评估海区面积：吕泗—大沙渔场为 $8.43 \times 10^4 \, km^2$，沙外渔场为 $4.65 \times 10^4 \, km^2$，长江口—舟山渔场为 $8.00 \times 10^4 \, km^2$，江外—舟外渔场为 $7.93 \times 10^4 \, km^2$，鱼山—闽东渔场为 $15.60 \times 10^4 \, km^2$，鱼外—闽外渔场 $7.05 \times 10^4 \, km^2$，闽中—闽南渔场为 $8.09 \times 10^4 \, km^2$。

q——渔具捕获率：分别对415种鱼类、164种虾蟹类和45种头足类按其生态习性及其对网具的反应能力取不同的值，具体取值参见郑元甲等（2003）。

a——网具每小时取样面积："北斗"号底层生物资源取样网的网口宽度和各季节调查的平均拖速参见郑元甲等（2003）。

各主要渔场和各季节资源量的评估结果如下。

15.1.1　各主要渔场资源量

根据东海的地理位置、地形地貌、水文气象以及生物资源的分布特点等，将东海分为吕泗—大沙渔场，沙外渔场，长江口—舟山渔场，江外—舟外渔场，鱼山—闽东渔场，鱼外—闽外渔场，闽中—闽南渔场七大渔场，分别评估其各季节各大类及主要渔获物的资源量。

15.1.1.1　吕泗—大沙渔场

春季：鱼类 $6.36 \times 10^4 \, t$，虾蟹类 $1.88 \times 10^4 \, t$，头足类 $0.01 \times 10^4 \, t$，合计 $8.25 \times 10^4 \, t$。其中，凤鲚占27.2%，细点圆趾蟹占20.2%，小黄鱼占18.0%，黄鲫占11.6%，银鲳占5.4%，鳀占5.0%。

夏季：鱼类 $11.62 \times 10^4 \, t$，虾蟹类 $0.14 \times 10^4 \, t$，头足类 $0.05 \times 10^4 \, t$，合计 $11.81 \times 10^4 \, t$。

* 执笔人：严利平，袁兴伟

其中，小黄鱼占41.0%，带鱼占21.3%，银鲳占15.4%，海鳗占5.4%，黄鲫占5.1%。

秋季：鱼类8.96×10^4 t，虾蟹类0.66×10^4 t，头足类0.02×10^4 t，合计9.64×10^4 t。其中，龙头鱼占29.2%，黄鲫占16.2%，小黄鱼占14.2%，灰鲳占7.0%银鲳占5.6%。

冬季：鱼类3.34×10^4 t，虾蟹类1.08×10^4 t，头足类0.09×10^4 t，合计4.51×10^4 t。其中，龙头鱼占24.2%，细点圆趾蟹占19.3%，黄鲫占15.9%，黑鳃梅童鱼占10.4%，银鲳占9.1%。

15.1.1.2 沙外渔场

春季：鱼类2.65×10^4 t，虾蟹类0.08×10^4 t，头足类0.22×10^4 t，合计2.95×10^4 t。其中，竹荚鱼占12.7%，鲱科鱼类占10.4%，鳀占9.3%，带鱼占8.4%，水珍鱼占7.7%。

夏季：鱼类1.51×10^4 t，虾蟹类0.06×10^4 t，头足类0.63×10^4 t，合计2.20×10^4 t。其中，太平洋褶柔鱼占20.2%，带鱼占11.5%，剑尖枪乌贼占8.0%，花美鮨占7.2%；竹荚鱼占7.1%，褐石斑鱼占5.9%。

秋季：鱼类4.18×10^4 t，虾蟹类0.22×10^4 t，头足类1.05×10^4 t，合计5.45×10^4 t。其中，带鱼占20.9%，太平洋褶柔鱼占12.5%，水珍鱼占9.2%，刺鲳占7.6%，小黄鱼占7.6%，剑尖枪乌贼占6.1%，葛氏长臂虾占5.8%，银鲳占5.5%。

冬季：鱼类2.79×10^4 t，虾蟹类0.19×10^4 t，头足类0.20×10^4 t，合计3.18×10^4 t。其中，带鱼占21.7%，竹荚鱼占11.5%，发光鲷占6.0%，小黄鱼占4.6%。

15.1.1.3 长江口—舟山渔场

春季：鱼类23.09×10^4 t，虾蟹类0.34×10^4 t，头足类0.16×10^4 t，合计23.59×10^4 t。其中，鳀占75.7%，青鳞沙丁鱼占5.1%。

夏季：鱼类7.54×10^4 t，虾蟹类0.12×10^4 t，头足类0.26×10^4 t，合计7.92×10^4 t。其中，带鱼占77.2%，鲐占5.1%。

秋季：鱼类12.0×10^4 t，虾蟹类0.21×10^4 t，头足类0.43×10^4 t，合计12.64×10^4 t。其中，带鱼占17.8%，竹荚鱼占16.0%，蓝圆鲹占10.9%，刺鲳占8.5%，银鲳占8.3%，发光鲷占6.8%，小黄鱼占5.5%，灰鲳占5.0%。

冬季：鱼类3.24×10^4 t，虾蟹类0.40×10^4 t，头足类0.16×10^4 t，合计3.80×10^4 t。其中，带鱼占26.9%，细条天竺鲷占11.6%，蓝点马鲛占7.9%，发光鲷占5.8%，银鲳占5.6%。

15.1.1.4 江外—舟外渔场

春季：鱼类6.07×10^4 t，虾蟹类0.18×10^4 t，头足类0.26×10^4 t，合计6.51×10^4 t。其中，蓝点马鲛占36.1%，竹荚鱼占8.1%，鲐占6.7%，银鲳占6.2%。

夏季：鱼类29.0×10^4 t，虾蟹类0.16×10^4 t，头足类0.71×10^4 t，合计29.87×10^4 t。其中，竹荚鱼占86.0%，带鱼占4.4%，小黄鱼占1.5%。

秋季：鱼类3.76×10^4 t，虾蟹类0.40×10^4 t，头足类0.91×10^4 t，合计5.07×10^4 t。其中，带鱼占24.3%，太平洋褶柔鱼占12.0%，小黄鱼占6.0%，竹荚鱼占4.4%。

冬季：鱼类4.19×10^4 t，虾蟹类0.27×10^4 t，头足类0.32×10^4 t，合计4.78×10^4 t。其中，带鱼占20.0%，发光鲷占16.5%，小黄鱼占10.9%，细条天竺鲷占9.0%，蓝点马鲛占

5.4%，鳄齿鱼占5.0%。

15.1.1.5　鱼山—闽东渔场

春季：鱼类5.86×10^4 t，虾蟹类0.34×10^4 t，头足类1.01×10^4 t，合计7.21×10^4 t。其中，发光鲷占22.6%，带鱼占16.0%，剑尖枪乌贼占10.6%，尖牙鲈占3.9%。

夏季：鱼类26.5×10^4 t，虾蟹类0.47×10^4 t，头足类1.78×10^4 t，合计28.75×10^4 t。其中，黄鳍马面鲀占23.9%，竹荚鱼占22.7%，带鱼占13.6%，发光鲷占11.0%，刺鲳占4.1%。

秋季：鱼类7.35×10^4 t，虾蟹类0.32×10^4 t，头足类0.69×10^4 t，合计8.36×10^4 t。其中，黄鳍马面鲀占20.0%，带鱼占16.5%，刺鲳占9.3%，发光鲷占4.4%。

冬季：鱼类9.13×10^4 t，虾蟹类0.40×10^4 t，头足类0.83×10^4 t，合计10.36×10^4 t。其中，鳀占27.8%，发光鲷占15.9%，带鱼占7.5%，竹荚鱼占6.8%，黄鲷占5.9%。

15.1.1.6　鱼外—闽外渔场

春季：鱼类3.33×10^4 t，虾蟹类0.08×10^4 t，头足类0.72×10^4 t，合计4.13×10^4 t。其中，发光鲷占14.8%，剑尖枪乌贼占13.1%，鳀占11.7%，竹荚鱼占10.6%，半纹水珍鱼占8.2%。

夏季：鱼类2.64×10^4 t，虾蟹类0.12×10^4 t，头足类2.18×10^4 t，合计4.94×10^4 t。其中，夏威夷双柔鱼占31.7%，剑尖枪乌贼占6.9%，竹荚鱼占6.1%，带鱼占5.4%，棕斑腹刺鲀占5.4%，太平洋褶柔鱼占5.1%。

秋季：鱼类6.13×10^4 t，虾蟹类0.22×10^4 t，头足类0.49×10^4 t，合计6.84×10^4 t。其中，带鱼占33.7%，绿鳍马面鲀占24.2%，竹荚鱼占6.1%，太平洋褶柔鱼占3.5%。

冬季：鱼类6.91×10^4 t，虾蟹类0.14×10^4 t，头足类0.62×10^4 t，合计7.67×10^4 t。其中，竹荚鱼占56.4%，太平洋褶柔鱼占5.7%，发光鲷占3.4%。

15.1.1.7　闽中—闽南渔场

春季：鱼类1.88×10^4 t，虾蟹类0.01×10^4 t，头足类0.06×10^4 t，合计1.95×10^4 t。其中，带鱼占56.9%，路氏双髻鲨占6.34%，蓝圆鲹占5.4%，灰鲳占3.6%。

夏季：鱼类1.12×10^4 t，虾蟹类0.03×10^4 t，头足类0.13×10^4 t，合计1.28×10^4 t。其中，带鱼占44.2%，中国枪乌贼占8.2%，发光鲷占8.0%，脂眼凹肩鲹占4.3%。

秋季：鱼类0.97×10^4 t，虾蟹类0.04×10^4 t，头足类0.04×10^4 t，合计1.05×10^4 t。其中，高体鰤占12.8%，带鱼占12.4%，刺鲳占9.7%，灰鲳占7.3%，乌鲳占7.0%，蓝圆鲹占6.0%。

冬季：未调查。

从各渔场最高资源量季节来看，春季为长江口—舟山渔场和闽中—闽南渔场；夏季为吕泗—大沙渔场，江外—舟外渔场和鱼山—闽东渔场；秋季为沙外渔场；冬季为鱼外—闽外渔场（见表15.1）。连同各渔场次高资源量的季节分布分析，秋、冬季高资源量区主要分布于偏外海和偏南部的渔场，春、夏季高资源量区主要分布于偏近海和偏北的渔场，而闽中—闽南渔场资源量的季节差异小。这些资源量的分布特点，正与本海区许多鱼类秋、冬季到外海和偏南海区越冬，春、夏到沿、近海产卵和育肥，而闽中、闽南渔场的多数鱼类只作短距离洄游特征相符合；从各渔场年优势渔获物种类来看，带鱼在各渔场中均占到较大比例，小黄鱼主要分布于长江口—舟山渔场和江外—舟外渔场以北的渔场，竹荚鱼的分布也较广，在沙外、长江口—舟山、江外—舟外、鱼山—闽东和鱼外—闽外渔场占有一定的比例，而太平洋褶柔鱼、剑尖枪乌贼、黄鳍马面鲀、绿鳍马面鲀、夏威夷双柔鱼、水珍鱼等主要分布在外海海域的沙外、江外—舟外和鱼外—闽外渔场（见表15.1）。

表15.1 各渔场高资源量季节及年平均资源量的主要优势种

渔 场	高资源量季节及其资源量/（×10⁴ t）	主要优势种占年平均资源量比例/%
吕泗—大沙渔场	夏、秋、春季 （11.82、9.64、8.25）	小黄鱼占 22.6%，龙头鱼占 12.6%，黄鲫占 11.2%，银鲳占 9.4%，带鱼占 8.5%
沙外渔场	秋、冬季 （5.44、3.18）	带鱼占 17.0%，太平洋褶柔鱼占 9.6%，竹荚鱼占 7.0%，水珍鱼占 6.4%，小黄鱼占 5.5%
长江口—舟山渔场	春、秋、夏季 （23.59、12.61、7.92）	鳀占 37.8%，带鱼占 19.7%，竹荚鱼占 4.9%，小黄鱼占 3.6%，发光鲷占 3.0%
江外—舟外渔场	夏、春季 （29.82、6.51）	竹荚鱼占 57.3%，带鱼占 8.2%，蓝点马鲛占 5.7%，小黄鱼占 3.4%，太平洋褶柔鱼占 2.6%
鱼山—闽东渔场	夏、冬季 （28.69、10.36）	黄鳍马面鲀占 15.8%，竹荚鱼占 13.9%，带鱼占 13.2%，发光鲷占 12.4%，鳀占 5.3%
鱼外—闽外渔场	冬、秋季 （7.67、6.83）	竹荚鱼占 23.3%，带鱼占 12.4%，绿鳍马面鲀占 7.6%，夏威夷双柔鱼占 6.7%，剑尖枪乌贼占 4.5%
闽中—闽南渔场	春、夏、秋季 （1.96、1.27、1.05）	带鱼占 42%，发光鲷占 4.0%，蓝圆鲹占 4.0%，灰鲳占 3.5%，高体若鲹占 3.0%

15.1.2 东海各季节各大类累计资源量

利用扫海面积法进行估算的东海各季节各大类累计资源量见表15.2，四季平均资源量为 56.18×10⁴ t，以夏季最高，春季次之，冬季最低。从各季的资源量变化来看，鱼类资源量以夏季为最高，春季次之，秋季为第三，冬季最低。虾蟹类以春季为最高，冬季次之，秋季为第三，夏季为最低。头足类以夏季为最高，秋季次之，春季为第三，冬季最低。鱼类，虾蟹类，头足类各季节的资源量变化与其洄游、繁殖、生长及渔业管理措施有关。

表15.2 东海各季节各大类累计资源量 单位：×10⁴ t

季节	鱼类	虾蟹类	头足类	合计
春季	49.23	2.97	2.34	54.54
夏季	79.83	1.10	5.73	86.66
秋季	43.30	2.06	3.62	48.98
冬季	29.59	2.74	2.22	34.55
平均	50.49	2.22	3.48	56.18

该调查由于底拖网网口高度的限制，渔获率较低，且调查期间是昼夜拖网，而且生物资源大多具有昼夜垂直移动的习性，所以评估的结果比实际的资源量明显偏低。

15.2　中上层鱼类

中上层鱼类主要为围网渔具和灯光敷网的捕捞对象，也是底拖网的兼捕对象。随着捕捞技术、船舶性能、渔具渔法、探鱼仪器功能的发展与提高和对中上层鱼类渔场的逐渐掌握，其渔业地位正逐渐提高。

1998—2000 年间的四季调查，利用声学评估方法对 52 种的鱼类进行了估算，这些种类以中上层鱼类为主，还包括一些近底层鱼类，评估的目标鱼种为：银鲳、燕尾鲳、刺鲳、鲐、蓝圆鲹、竹荚鱼、蓝点马鲛、鳀、棱鳀类（包括赤鼻棱鳀、杜氏棱鳀）、黄鲫、沙丁鱼类（包括金色沙丁鱼、青鳞沙丁鱼、黑尾沙丁鱼）、鲾类（包括鹿斑鲾、粗纹鲾、黄斑鲾、短吻鲾、长棘鲾、长鲾、条鲾）、带鱼、小黄鱼、白姑鱼、黄鲷、大眼鲷类（包括短尾大眼鲷、黑鳍大眼鲷）、二长棘鲷、金线鱼类（包括金线鱼、日本金线鱼、深水金线鱼）、灯笼鱼类（包括短颌灯笼鱼）、天竺鲷类（包括细条天竺鲷、斑鳍天竺鲷、红天竺鲷、四线天竺鲷、半线天竺鲷、黑鳍天竺鲷）、发光鲷、七星底灯鱼、鳄齿鱼、犀鳕类（包括麦氏犀鳕、黑鳍犀鳕）、枪乌贼类（包括剑尖枪乌贼、日本枪乌贼、中国枪乌贼、尤氏枪乌贼、长枪乌贼、神户枪乌贼、火枪乌贼、小管枪乌贼）、太平洋褶柔鱼。本海区各季节总生物量、主要种类生物量及其比例如下。

15.2.1　春季

春季用声学法评估的海区渔业总生物量为 425.05×10^4 t，评估的 27 个种（类）生物量合计为 285.61×10^4 t，占总生物量的 67.2%，其中，枪乌贼类的生物量最高，为 112.47×10^4 t；其次为竹荚鱼（23.63×10^4 t）和带鱼（23.10×10^4 t）。其他生物量较高的种类有太平洋褶柔鱼、蓝点马鲛、发光鲷、鳀、小黄鱼、银鲳等。而二长棘鲷、灯笼鱼类本季节没有出现。

从 27 个评估种（类）生物量密度及生物量的各区域分布来看，春季以鱼外—闽外渔场为最高，其次是沙外渔场，吕泗—大沙渔场最低。春季评估鱼种总生物量的分布特点是外海远大于近海，说明渔业生物资源大都仍栖息在外海越冬场。

15.2.2　夏季

夏季调查范围内的总生物量为 236.77×10^4 t，27 个评估种（类）的生物量为 147.63×10^4 t，占总生物量的 62.4%，其中，带鱼的生物量最高，为 40.88×10^4 t；其次为枪乌贼（22.03×10^4 t）；发光鲷居第三（15.62×10^4 t）。其他生物量较高的种类有太平洋褶柔鱼、竹荚鱼、小黄鱼、银鲳、刺鲳、大眼鲷类等。但棱鳀类、二长棘鲷、金线鱼类 3 类渔业生物资源在本季节没有出现。

夏季以鱼山—闽东渔场的平均生物量密度最高，其次是长江口—舟山渔场，沙外、江外—舟外、鱼外—闽外和闽中—闽南渔场均较低。夏季评估鱼种总生物量的分布特点是近海大于外海（闽中—闽南渔场除外），说明夏季渔业生物资源的许多种类已到近海产卵和索饵。

15.2.3　秋季

秋季是东海渔业生物量最高的季节，达 829.19×10^4 t，其中，评估鱼种的生物量合计为

487.67×10^4 t，占总生物量的58.81%。主要渔业种类中，以带鱼的生物量最高，达96.53×10^4 t；其次是太平洋褶柔鱼（59.59×10^4 t）和刺鲳（45.84×10^4 t）。其他生物量较高的种类有天竺鲷类、银鲳、枪乌贼类、竹荚鱼、发光鲷、小黄鱼等，而灯笼鱼类本季节没有出现。

秋季以沙外、江外—舟外渔场的平均生物量密度最高，其次是长江口—舟山渔场；而鱼山—闽东、鱼外—闽外渔场和闽中—闽南渔场较低。秋季评估鱼种总生物量的分布特点是北部水域大于南部水域，说明夏、秋季长江径流丰富的营养成分使得东海北部海域饵料丰盛，引来较多的渔业生物资源到此索饵。

15.2.4　冬季

冬季东海渔业总生物量为259.53×10^4 t，27种（类）评估鱼种的总生物量为165.58×10^4 t，占东海渔业总生物量的63.8%，其中，以带鱼生物量最高，为42.39×10^4 t，竹荚鱼其次（37.04×10^4 t）；发光鲷第三（17.61×10^4 t）。其他生物量较高的种（类）有太平洋褶柔鱼、鳀、天竺鲷类、黄鲷、枪乌贼类、小黄鱼等。而鲾类、灯笼鱼类、金线鱼类本季节没有出现。

冬季以鱼外—闽外渔场的平均生物量密度最高，其次是江外—舟外和沙外渔场；而吕泗—大沙、长江口—舟山渔场较低。冬季评估鱼种总生物量的分布特点与春季相似，外海水域大于近海水域，说明众多的渔业生物资源已游向外海越冬。

15.3　底层鱼类

底层鱼类是东海捕捞业的主要捕捞对象，其产量占海区总产量的70%右右，而在底拖网渔业中其比例更高。

除闽中—闽南渔场外，四季底层鱼类平均资源量和平均资源密度以近海渔场的吕泗—大沙、长江口—舟山和鱼山—闽东渔场高于外海渔场的沙外、江外—舟外和鱼外—闽外渔场。在近海渔场中，资源量以鱼山—闽东渔场为最高，吕泗—大沙渔场居次，长江口—舟山渔场为最低，而资源密度以吕泗—大沙渔场为最高，鱼山—闽东渔场居次，长江口—舟山渔场为最低；在外海渔场中，鱼外—闽外渔场和江外—舟外渔场的资源量很接近，而沙外渔场为最低；资源密度以鱼外—闽外渔场为最高，而沙外渔场和江外—舟外渔场相当（见表15.3）。

表15.3　各渔场底层鱼类资源状况统计性描述

渔　场	四季平均资源量		四季平均资源密度/（t/km²）	主要优势种占年平均资源量比例*/%
	资源量/×10⁴ t	最高季节		
吕泗—大沙渔场	4.45	夏季	0.53	小黄鱼占43.3%（夏季）；龙头鱼占24.2%（秋季）；带鱼占16.3%（夏季）；海鳗占4.9%（夏季）；黑鳃梅童鱼占2.6%（冬季）；鮸占2.1%（秋季）
沙外渔场	1.69	秋季	0.36	带鱼占34.5%（秋季）；小黄鱼占11.1%（秋季）；褐石斑鱼占1.9%（夏季）；黄鲷占4.7%（冬季）；棘鼬鳚占4.3%（秋季）；发光鲷占4.1%（冬季）

续表 15.3

| 渔 场 | 四季平均资源量 | | 四季平均资源密度 / (t/km²) | 主要优势种占年平均资源量比例*/% |
	资源量 / ×10⁴ t	最高季节		
长江口—舟山渔场	3.82	夏季	0.48	带鱼占 61.9%（夏季）；小黄鱼占 11.4%（春季）；发光鲷占 9.3%（秋季）；细条天竺鲷 3.7%（冬季）；龙头鱼占 2.7%（冬季）
江外—舟外渔场	2.84	冬季	0.36	带鱼占 33.4%（夏季）；小黄鱼占 13.6%（冬季）；发光鲷占 10.3%（冬季）；细条天竺鲷占 8.8%（冬季）；鳄齿鱼占 3.4%（冬季）；黄鲷占 1.9%（秋季）
鱼山—闽东渔场	7.84	夏季	0.50	黄鳍马面鲀占 27.5%（夏季）；带鱼占 23.0%（夏季）；发光鲷占 21.7%（夏季）；鳄齿鱼占 2.0%（春季）；短尾大眼鲷占 0.7%（秋季）
鱼外—闽外渔场	2.89	秋季	0.41	带鱼占 25.2%（秋季）；绿鳍马面鲀占 15.6%（秋季）；发光鲷占 7.8%（春季）；黄鳍马面鲀占 5.6%（冬季）；黄鲷占 4.3%（夏季）；棕斑腹刺鲀占 2.8%（夏季）
闽中—闽南渔场	0.95	春季	0.12	带鱼占 63.2%（春季）；发光鲷占 6.0%（夏季）；路氏双髻鲨占 4.2%（春季）；花斑蛇鲻占 3.2%（春季）；麦氏犀鳕占 2.1%（春季）；黑斑双鳍电鳐占 1.6%（秋季）

注＊：括号内的季节表示该优势鱼种最高生物量出现的季节。

从各渔场底层鱼类资源量比例较大的优势种看，带鱼在各渔场中均为优势种，表明它在本海区中的分布最广，数量最多，其占各渔场资源量的比例为 16.3%～63.2%，以闽中—闽南渔场和长江口—舟山渔场所占比例较大；小黄鱼为吕泗—大沙、沙外、长江口—舟山和江外—舟外四个渔场的优势种，在该次调查的底层鱼类中，其优势程度仅次于带鱼，其主要分布区位于黄海冷水团控制的黄海南部至东海北部，所占比例为 11.1%～43.3%，以吕泗—大沙渔场为最高；龙头鱼主要出现在沿岸水系与冷水团交汇处的吕泗—大沙渔场和长江口—舟山渔场，占 2.7%～24.2%；黄鳍马面鲀、绿鳍马面鲀和黄鲷分布于处于高温、高盐的沙外、江外—舟外、鱼山—闽东和鱼外—闽外渔场；一些小型鱼类如发光鲷、细条天竺鲷、鳄齿鱼和麦氏犀鳕主要分布于暖水性海域（见表 15.3）。

15.4 甲壳类和头足类

甲壳类为栖息于底层的生物资源，主要是桁杆拖网和蟹笼作业的捕捞对象，也是底拖网的兼捕对象，而头足类中的乌贼类和章鱼类栖息于底层，柔鱼类和枪乌贼类为具有昼夜垂直洄游的生物资源，是底拖网和灯光敷网的捕捞对象之一。

从各渔场甲壳类和头足类的资源量和资源密度来看，资源量以鱼山—闽东渔场为最高，吕泗—大沙渔场和鱼外—闽外渔场相当，沙外和长江口—舟山渔场较低，闽中—闽南渔场为最低（见表 15.4）；资源密度以鱼外—闽外渔场、沙外和吕泗—大沙为高，而且相差较小，其余依次为江外—舟外渔场、鱼山—闽东渔场和长江口—舟山渔场，而闽中—闽南渔场依然为最低（见表 15.4）。

表 15.4　各渔场甲壳类和头足类资源状况统计性描述

渔 场	四季平均资源量		四季平均资源密度 / (t/km²)	主要优势种占年平均资源量比例 * /%
	资源量 / ×10⁴ t	最高季节		
吕泗—大沙渔场	0.99	春季	0.14	细点圆趾蟹占 68.2%（春季）；三疣梭子蟹占 9.3%（秋季）；葛氏长臂虾占 4.4%（冬季）；脊腹褐虾占 2.3%（春季）；短蛸占 2.0%（冬季）
沙外渔场	0.67	秋季	0.15	太平洋褶柔鱼占 49.3%（秋季）；剑尖枪乌贼占 22.8%（秋季）；细点圆趾蟹占 4.4%（冬季）；毛缘扇虾占 4.1%（冬季）；莱氏拟乌贼占 1.6%（春季）；葛氏长臂虾占 1.3%（秋季）
长江口—舟山渔场	0.52	秋季	0.07	细点圆趾蟹占 22.6%（春季）；剑尖枪乌贼占 19.2%（秋季）；太平洋褶柔鱼占 6.3%（春季）；神户枪乌贼占 6.3%（夏季）；葛氏长臂虾占 5.3%（冬季）；三疣梭子蟹占 3.4%（秋季）
江外—舟外渔场	0.80	秋季	0.10	太平洋褶柔鱼占 37.5%（秋季）；剑尖枪乌贼占 19.7%（夏季）；细点圆趾蟹占 10.0%（秋季）；假长缝拟对虾占 4.1%（冬季）；金乌贼占 2.5%（冬季）；神户乌贼占 2.5%（冬季）
鱼山—闽东渔场	1.46	夏季	0.09	剑尖枪乌贼占 39.0%（夏季）；太平洋褶柔鱼占 13.7%（冬季）；枪乌贼属占 11.1%（夏季）；圆板赤虾占 5.0%（冬季）；假长缝拟对虾占 4.3%（春季）；细点圆趾蟹占 2.6%（春季）
鱼外—闽外渔场	1.15	夏季	0.16	夏威夷双柔鱼占 34.1%（夏季）；剑尖枪乌贼占 23.3%（春季）；太平洋褶柔鱼占 20.7%（冬季）；细点圆趾蟹占 3.0%（秋季）；头足类占 2.6%（春季）
闽中—闽南渔场	0.09	夏季	0.01	头足类占 16.7%（春季）；枪乌贼属占 14.8%（秋季）；中国枪乌贼占 11.1%（夏季）；拟目乌贼占 7.4%（秋季）；须赤虾占 7.4%（秋季）；中华管鞭虾占 3.7%（夏季）

注 *：括号内的季节表示该优势鱼种最高生物量出现的季节。

　　从各渔场甲壳类和头足类的优势种来看，细点圆趾蟹除闽中—闽南渔场无分布外，其他渔场均有分布，为分布较广和资源量最高的甲壳类优势种，以吕泗—大沙渔场所占资源量比例最高，达 68.2%；太平洋褶柔鱼和剑尖枪乌贼分布于沙外、长江口—舟山、江外—舟外、鱼山—闽东、鱼外—闽外渔场；葛氏长臂虾出现在吕泗—大沙、沙外和长江口—舟山渔场，为分布较偏北的暖温性虾类。

15.5　综合评价

　　关于东海渔业生物资源量的评估，国内不少学者曾先后作过多次研究。费鸿年于 1979 曾作过估算，东海的资源量为 230×10⁴ t，实际可捕量为 100×10⁴ t 左右。杨纪明（1985）利用营养动态法估算东海海域鱼类的最大持续渔获量为 168.9×10⁴ t、资源量约为 340×10⁴ t。宁修仁等（1995）据 1984 年的东海调查资料也利用营养动态法对渔业资源进行了估算，其结果资源量为 363×10⁴ t、最大持续渔获量为 182×10⁴ t。20 世纪 80 年代中期的《东海渔业资源调查和区划》一书评估结果表明，东海的资源量约为 500×10⁴ t，可捕量为 240×10⁴ t。此后的 10 余年中，东海的捕捞力量迅猛发展，过高的捕捞强度，使东海渔业资源捕捞群体日益小型化、短生命周期的生物在渔获物中的比例显著上升，渔业资源的平均营养级不断降低。根据东海资源和渔业状况的快速变化，1997 年丘书院[①]和吴家骅[②]再次对东海的资源进行评价，丘书院采用生态效率转换和碳鱼比例方法对东海渔业资源量进行了计算，以生态效率为 15% 和 90 年代初期前后东海 34 种经济鱼类的平均营养级为 2.61 级评估东海潜在鱼类年生产量为 616.19×10^4 t，可捕量为 308.09×10^4 t。吴家骅认为至 90 年代中期海区渔业资源的平均营养级又进一步下降，又采用丘书院的方法以平均营养级为 2.46 级再次计算，估算结果资源量上升为 800×10^4 t，可捕量约为 400×10^4 t。目前的东海海洋捕统计产量虽然大大超过了该可捕量，但是，如果剔除渔业统计上的一些人为主观因素，该结果应当是较为接近客观实际的。

1998—2000 年间的四季调查，既比较分析了东海渔业生物资源的相对资源量变化，也对其绝对资源量进行了评价。评估方法不仅沿用了传统的底拖网扫海面积法，同时也利用了当今世界渔业资源调查先进的声学评估法。扫海面积法的评估结果，各渔场合计的平均资源量为 56.18×10^4 t，其中，夏季 86.66×10^4 t，为最高，春季和秋季分别为 54.54×10^4 t 和 49.98×10^4 t，冬季仅 34.55×10^4 t，为最低。这一结果如同历次调查用面积法评估的结果一样，总比实际情况明显偏低。但声学评估结果却较切合东海渔业资源的现状，即四个季度平均渔业资源量为 437.6×10^4 t，其中，秋季最高，达 829.19×10^4 t，春季和冬季分别为 425.05×10^4 t 和 259.53×10^4 t，夏季最低，仅为 236.77×10^4 t（郑元甲等，2003）。

从东海鱼类的繁殖和生长规律以及自 1995 年以来中国东海实施了伏季休渔的效果分析，由于伏季休渔的作用，绝大多数经济鱼类的幼生群体经过 3 个月的索饵生长，至秋季已形成当年的资源补充群体，构成了渔业捕捞的对象。所以，秋季开禁入渔的初期，正是海域的渔业生物资源量一年中最大的时候，因而将东海海域秋季的资源量作为东海海域的年潜在资源量应当是较为客观的，笔者认为，在近年里东海海域的资源可捕量仍可保持在 400×10^4 t 左右，但应随着新的《渔业法》限额捕捞制度的实施，逐步将其降低至 300×10^4 t 左右才较为合理。

值得一提的是，渔业资源是一种动态变化的资源，它不仅受到生物体自身因素的制约，而且也受到赖以生存的海洋理化环境、生物环境和人类渔业活动的影响。因此，今后应加强资源监测和评估工作，根据资源的变动趋势和捕捞力量的现实状况，不断评价可捕资源量的数值，以供渔业管理参考，以使海区渔业资源逐步向可持续利用发展。

① 丘书院.1997. 论东海鱼类资源量的评估//农业部东海区渔政渔港监督管理局东海区渔业指挥部. 东海区渔业资源动态监测网、东海区渔业资源管理咨询委员会十周年专辑，220 – 222。

② 吴家骅.1997. 东海区渔业资源利用情况及发展趋势//农业部东海区渔政渔港监督管理局东海区渔业指挥部. 东海区渔业资源动态监测网、东海区渔业资源管理咨询委员会十周年专辑，197 – 212。

第16章 渔场形成条件与渔业预报

本章16.1~16.2节主要根据1998—2000年的调查资料，对东海渔业生物资源的栖息环境状况简述如下。

16.1 渔场理化状况及其变化 *

16.1.1 渔场水温和盐度状况与变化

东海各渔场的表层水温、盐度的分布变化主要受制于气象条件、地理环境和流系的消长与运动等因素，底层水温和盐度分布还与海水垂向热传导、涡动混合和垂直对流等有关。

16.1.1.1 水温

调查海区表层水温年分布范围8.43~28.62℃，平均21.86℃，底层水温年分布范围8.36~28.00℃，平均18.34℃。表层平均水温以夏季最高，为26.16℃；其次为秋季和春季，分别为23.35℃和18.35℃；冬季最低，为17.18℃。底层平均水温则以秋季最高，为20.61℃；其次为夏季和春季，分别为18.84℃和16.55℃；冬季最低，为16.29℃。

处于不同地理位置的东海各渔场水温时空分布状况差异较大，春季东海南部各渔场（闽中—闽南渔场、鱼外—闽外渔场和鱼山—闽东渔场，下同）表、底层水温高于北部各渔场（江外—舟外渔场、沙外渔场、长江口—舟山渔场和吕泗—大沙渔场，下同），南北之间表层平均水温最大温差为7.90℃，底层平均水温最大温差为10.09℃；夏季表层水平温差小，南北之间表层平均水温最大温差为2.20℃。底层平均水温温差仍较大，南北之间最大温差为10.11℃；秋季表层水温自西北向东南递增，各渔场之间表层平均水温最大温差为2.30℃。东海北部近海渔场（长江口—舟山渔场和吕泗—大沙渔场）底层平均水温高于其他各渔场，各渔场之间底层平均水温最大温差为4.38℃；冬季东海南部各渔场表、底层水温高于北部各渔场，南北之间表层平均水温最大温差为6.75℃，底层平均水温最大温差在3.83℃。

16.1.1.2 盐度

调查海区的表层盐度年分布范围18.62~34.82，平均32.91，底层盐度年分布范围30.71~34.77，平均33.80。表层平均盐度以冬季最高，为33.89；其次为秋季和夏季，分别为33.48和32.29；春季最低，为32.49。底层平均盐度以冬季最高，为34.09；其次为夏季和秋季，分别为34.04和33.98；春季最低，为33.27。

处于不同地理位置的东海各渔场因受不同流系等影响，时空分布状况差异较大，春、秋

---

　　* 执笔人：王云龙

和冬季外海渔场（沙外渔场、江外—舟外渔场和鱼外—闽外渔场）表、底层平均盐度均高于近海渔场（吕泗—大沙渔场、闽中—闽南渔场和长江口—舟山渔场）；夏季南部各渔场表、底层平均盐度高于北部各渔场。

16.1.2　渔场化学环境状况与变化

16.1.2.1　无机氮

无机氮是海水中的硝酸盐、亚硝酸盐和氨氮的总和。无机氮是海水中重要的营养盐之一，是浮游植物生长不可缺少的化学成分。海水中的氮主要由大陆径流带入，其次由大气降雨输入，另外是海洋生物的排泄和尸体腐解，这些都形成海洋中氮的再生和循环方式。氮肥在海水中的分布和含量常受生物和大陆径流、水系、底层有机质分解和水体垂直运动等因素的影响，因而海水中的氮有明显的时空变化。

无机氮年含量分布范围 0.38 ~ 16.35 μmol/L，年平均含量为 4.31 μmol/L；其中，春、夏、秋和冬各季平均含量分别为 5.74 μmol/L、5.74 μmol/L、3.16 μmol/L 和 2.61 μmol/L。

16.1.2.2　无机磷

磷酸盐是海水中丰度较大的元素之一，也是海洋浮游植物生长所需的营养盐之一，是细胞原生质的主要组成部分，其分布与海洋生物密切相关。其含量大小直接影响着海洋初级生产力，从而成为浮游植物生长的限制因子之一。磷酸的分布和变化将受浮游植物的季节变化影响外，还受到江河径流的影响，另外有机质的氧化分解及海水的运动，对磷酸盐的分布和变化都会产生重大的影响。磷酸盐年平均含量分布范围 0.01 ~ 2.73 μmol/L，年平均含量为 0.45 μmol/L；其中，春、夏、秋和冬季平均含量分别为 0.13 μmol/L、0.93 μmol/L、0.07 μmol/L 和 0.66 μmol/L。

16.1.2.3　硅酸盐

硅酸盐是海洋生物繁殖生长所需要的营养盐之一，特别是硅藻、放射虫和硅质海绵必不可少的营养元素。其分布变化除受海洋生物季节性变化影响外，主要是受江河径流的影响。东海有中国最大河流长江以及钱塘江等径流流入，对硅酸盐的分布变化产生较大的影响。其次，海水的运动对硅酸盐的分布变化也产生一些影响。

硅酸盐年平均含量分布范围 0.13 ~ 25.67 μmol/L，年平均含量为 7.23 μmol/L；其中，春、夏、秋和冬季平均含量分别为 6.60 μmol/L、9.47 μmol/L、4.25 μmol/L 和 8.30 μmol/L。

16.2　渔场基础生产力与饵料生物[*]

16.2.1　基础生产力

16.2.1.1　叶绿素 a

海洋初级生产力代表着海区中生产有机物质的能力，它与生态系统的能量流动和物质循

---

　　[*]　执笔人：徐兆礼，王云龙

环密切相关，是生态系统功能的一种表现。叶绿素 a 是浮游植物现存量的一个良好指标。

1998—2000 年间的四季调查，东海叶绿素 a 含量四季平均为 0.47 mg/m³，其中，春季最高，为 0.62 mg/m³，其次为秋季和冬季，分别为 0.60 mg/m³ 和 0.33 mg/m³，夏季最低，为 0.24 mg/m³。空间分布趋势为近海高，外海低；北部高，南部低。

2006—2007 年间的四季调查，东海表层叶绿素 a 含量四季平均为 1.84 mg/m³。东海表层叶绿素 a 的平均含量，春季为 1.94 mg/m³，夏季为 3.22 mg/m³，秋季为 1.34 mg/m³，冬季为 0.84 mg/m³。高值区一般分布在长江口及其邻近海域，舟山群岛—渔山列岛—南麂列岛，台湾海峡一带的沿岸水域。

16.2.1.2 初级生产力

初级生产力与诸多海洋环境因素有关。同时，初级生产力又限制着生态系中潜在次级生产力乃至渔业资源的补充能力。

1998—2000 年，东海初级生产力四季均值为 38.63 mg/（m²·h）（以碳计），其中，秋季最高，为 49.02 mg/（m²·h）（以碳计）；其次为春季和夏季，为 48.30 mg/（m²·h）（以碳计）和 27.04 mg/（m²·h）（以碳计）；冬季最低，为 17.97 mg/（m²·h）（以碳计）。

2006—2007 年，东海初级生产力四季平均为 98.44 mg/（m²·h）（以碳计）。春季，为 90.55 mg/（m²·h）（以碳计）；夏季，为 179.54 mg/（m²·h）（以碳计）；秋季，为 108.00 mg/（m²·h）（以碳计）；冬季，为 15.65 mg/（m²·h）（以碳计）。初级生产力的高值区，春季、夏季出现在长江口外海至浙江近海一带；秋季，则以浙江东北部外海相对较高；冬季，从近岸至外海逐渐增加。

16.2.1.3 浮游植物

1998—2000 年间的四季调查，东海浮游植物样品中出现 3 门 58 属 188 种 7 变种。其中，硅藻的种类最多，占总种数 75%，甲藻次之，占 22%，蓝藻最少，占 3%。硅藻类数量占浮游植物总量的 99.1%，是决定东海浮游植物数量分布和变动的主要成分。

2006—2007 年间的四季调查，东海浮游植物样品中，除定鞭藻和不等长鞭毛藻外，共鉴定出 8 门 125 属 581 种。其中，春季，为 98 属 341 种；夏季，为 79 属 310 种；秋季，为 80 属 307 种；冬季，为 87 属 328 种。

1998—2000 年，东海浮游植物数量，春季为 2.00×10^4 个/m³，以闽中—闽南渔场数量最高，为 9.07×10^4 个/m³，主要由洛氏角毛藻、并基角毛藻和掌状冠盖藻等组成，其次长江口—舟山渔场，为 2.29×10^4 个/m³，主要由中华盒形藻和细弱海链藻等组成；夏季为 50.40×10^4 个/m³，吕泗—大沙渔场数量最高，为 145.37×10^4 个/m³，主要由拟弯角毛藻、窄隙角毛藻和旋链角毛藻等组成；秋季为 211.9×10^4 个/m³，以吕泗—大沙渔场、沙外渔场数量为高，分别为 485.31×10^4 个/m³ 和 416.97×10^4 个/m³，主要由细弱海链藻等组成；冬季为 11.4×10^4 个/m³，以沙外渔场和长江口—舟山渔场为高，分别为 26.97×10^4 个/m³ 和 22.98×10^4 个/m³，主要由北方劳德藻、拟弯角毛藻和洛氏角毛藻等组成。

2006—2007 年，东海浮游植物的平均数量，春季，为 529×10^4 个/m³；夏季，为 $5\,020 \times 10^4$ 个/m³；秋季，为 $1\,840 \times 10^4$ 个/m³；冬季，为 90.8×10^4 个/m³。

16.2.1.4 浮游动物

1）种类组成

1998—2000 年间的四季调查，在东海，共采集到浮游动物 611 种（不含 41 种浮游幼体），隶属于 8 门 17 大类群（见表 16.1）。

表 16.1 东海浮游动物种类组成及百分比

类别		总计		春季		夏季		秋季		冬季	
		种数	%	种数	%	种数	%	种数	%	种数	%
原生动物		3	0.5			1	0.2	3	0.8		
腔肠动物	水螅水母类	61	10.0	30	8.4	33	7.8	22	5.6	23	7.5
	管水母类	41	6.7	31	8.7	35	8.3	26	6.7	35	11.4
	钵水母类	4	0.7	2	0.6	3	0.7	1	0.3	1	0.3
栉水母动物		7	1.2	6	1.7	5	1.2	4	1.0	6	2.0
环节动物	多毛类	33	5.4	19	5.3	21	5.0	19	4.9	12	3.9
软体动物	翼足类	15	2.5	5	1.4	15	3.5	20	51.3	14	4.6
	异足类	11	1.8	2	0.6	7	1.7	9	2.3	1	0.3
甲壳动物	枝角类	3	0.5	3	0.8	3	0.7	2	0.5		
	介形类	26	4.3	14	3.9	16	3.8	19	4.9	10	3.3
	磷虾类	23	3.8	16	4.5	15	3.5	16	4.1	10	3.3
	糠虾类	18	2.9	7	2.1	9	2.1	14	3.6	4	1.3
	桡足类	226	37.0	140	39.2	163	38.4	152	39.0	123	40.2
	十足类	10	1.6	7	2.0	7	1.7	4	1.0	5	1.6
	涟虫类	4	0.7	3	0.8	3	0.7	3	0.8	1	0.3
	等足类	2	0.3	1	0.3	1	0.2	1	0.3	1	0.3
	端足类	70	11.5	28	7.8	41	9.7	38	9.7	23	7.5
毛颚动物		26	4.2	25	7.0	25	5.9	21	5.4	23	7.5
脊索动物	有尾类	7	1.2	6	1.7	5	1.2	6	1.5	5	1.7
	海樽类	21	3.4	12	3.4	16	3.8	11	2.8	9	2.9
共计		611		357	58.4	424	69.39	391	64.0	306	50.1
浮游幼体		41		23		33		28		13	

2006—2007 年间的四季调查，东海浮游动物样品经鉴定共有 803 种（不含 68 类浮游幼体），隶属于 7 门 18 大类群。此外，鉴定出浮游幼体 68 类。

2）优势种

当各季浮游动物优势度（Y）≥0.02 时，即被认为本调查海区的优势种。1998—2000年，浮游动物优势种有 19 种（含 2 种浮游幼体）。从表 16.2 可见，各季优势种以桡足类占绝对优势（10 种，占 52.6%）；毛颚动物次之，为 3 种，占 15.8%；有尾类 2 种，水母类和樱虾类各 1 种。各季优势种数依次为秋（10 种）＞冬（8 种）＞夏（6 种）＞春（5 种）。中华哲水蚤是东海浮游动物的关键种。

表 16.2　东海浮游动物主要优势种及其优势度（Y）（$Y \geqslant 0.02$）

优势种		春季	夏季	秋季	冬季
中华哲水蚤	*Calanus sinicus*	0.18	0.15	0.03	0.08
驼背隆哲水蚤	*Acrocalanus gibber*			0.02	
精致真刺水蚤	*Euchaeta concinna*			0.17	0.02
小哲水蚤	*Nannocalanus minor*			0.03	
丽隆剑水蚤	*Oncaea venusta*			0.04	
普通波水蚤	*Undinula vulgaris*			0.07	
亚强真哲水蚤	*Eucalanus subcrassus*		0.04	0.12	0.03
异尾宽水蚤	*Temora discaudata*		0.03		
平滑真刺水蚤	*Euchaeta plana*				0.02
缘齿厚壳水蚤	*Scolecithrix nicobarica*				0.02
中型莹虾	*Lucifer intermedius*		0.05		
百陶箭虫	*Sagitta bedoti*			0.03	
肥胖箭虫	*Sagitta enflata*		0.04	0.03	0.02
五角水母	*Muggiaea atlantica*	0.10			
海龙箭虫	*Sagitta nagae*				0.06
软拟海樽	*Dolioetta gegenbauri*	0.03			
东方双尾纽鳃樽	*Thalia democratica orientalis*	0.10			
长尾类幼体	*Macrura larvae*			0.03	
真刺水蚤幼体	*Euchaeta larvae*	0.04	0.04		0.18

3）生物量平面分布与季节变化

1998—2000 年，东海浮游动物生物量的四季平均值为 65.32 mg/m³，其中，秋季（86.18 mg/m³）＞夏季（69.18 mg/m³）＞春季（55.67 mg/m³）＞冬季（50.33 mg/m³）。生物量平面分布不均匀，250~500 mg/m³ 的高生物量区范围小，一般仅占调查总面积的 1%~4%。生物量的分布季节变化明显（郑元甲等，2003）。

2006—2007 年，东海浮游动物生物量的四季平均值为 252 mg/m³。季节变化呈现春季（399 mg/m³）＞夏季（300 mg/m³）＞秋季（226 mg/m³）＞冬季（84 mg/m³）。

4）各类浮游动物数量及季节变化

1998—2000 年，东海浮游动物丰度以桡足类占绝对优势，占总丰度的 55.6%，其次是浮游幼虫和海樽类，占 10.2% 和 8.4%，毛颚动物和管水母也占 6.8% 和 5.3%。总丰度的季节变化是秋季＞夏季＞春季＞冬季。

5）浮游动物年间变化

新中国成立以来，曾对东海浮游动物设专项进行过数次大范围、大规模的调查研究，但由于以往各次调查的范围、时间等与本次调查不完全一致，因此，较难全面比较。现选取调查范围基本接近、时间间隔基本一致的 1959—1960 年（中国科学院海洋研究所浮游生物组，1977）以及 1973 年、1979 年、1980 年和 1981 年（农牧渔业部水产局等，1987）东海北部近海调查资料，分析比较东海调查海区浮游动物的年间变化特征。

随着时间的变化，浮游动物种类和优势种组成发生一定的变化。1973—1981 年，东海浮游桡足类共出现 243 种、毛颚动物 22 种、糠虾类 13 种、端足类 39 种，本次调查除桡足类种数稍低些（226 种），其余各类种类数明显增加（农牧渔业部水产局等，1987）。从 1959—1960 年、1973—1981 年调查到本次调查，一直保持优势种地位的有：中华哲水蚤、精致真刺水蚤、亚强真哲水蚤、普通波水蚤、平滑真刺水蚤、肥胖箭虫、中型莹虾、海龙箭虫、东方双尾纽鳃樽、五角水母等。到本次调查，还出现了其他一些优势种，包括丽隆剑水蚤、小哲水蚤、异尾宽水蚤、驼背隆哲水蚤，缘齿厚壳水蚤等。

近 40 年来，东海饵料浮游动物生物量有较大的变化，呈明显的下降趋势。

东海北部近海，1959—1960 年，饵料浮游动物生物量一般在 100 mg/m³ 以上，其中，冬季最低（43 mg/m³），夏季达四季最高峰（354 mg/m³）。1973 年四季平均饵料生物量为 159.4 mg/m³，生物量最高值出现在 8 月，达 249.3 mg/m³；1979—1981 年明显下降，四季平均值分别是：1979 年为 133.0 mg/m³，1980 年为 118.0 mg/m³，1981 年为 86.2 mg/m³；到本次调查，生物量发生急剧下降，仅为 36.3 mg/m³。饵料浮游动物生物量的季节变化也显示一定的变化。1959—1960 年，以冬季（2 月）最低，春季开始上升，夏季（6 月）为四季最高峰，8—10 月急剧下降。1973 年、1979 年、1981 年均以夏季最高，1980 年以春季最高，1997—2000 年"东海专项补充调查"中则以秋季最高，春季最低，其余两季变化不明显（Xu Zhaoli et al，2004）。

东海北部外海，1973 年、1979 年、1980 年和 1981 年饵料浮游动物生物量四季平均值依次为 112.5 mg/m³、60.9 mg/m³、87.4 mg/m³ 和 47.7 mg/m³；到本次调查明显下降，达历史最低水平，仅 35.0 mg/m³，与 1973 年、1979 年、1980 年和 1981 年四季平均值相比，分别减少 68.9%、42.5%、60.2% 和 26.6%。饵料浮游动物生物量的季节变化明显，1973—1981 年均以春季为最高峰，而 1997—2000 年调查则以春季生物量最低，最高值出现在秋季，其次是冬季、夏季（Xu Zhaoli et al，2004）。

1998—2000 年，在东海北部，春季生物量与历史资料相比明显下降，可能与该次调查时间在 3 月底和 4 月初水温偏低有关。

16.2.2 渔场饵料生物状况及其变化

16.2.2.1 浮游动物

1998—2000 年，东海浮游动物四季生物量平均值为 65.32 mg/m³，其中，饵料生物量的四季平均值为 40.9 mg/m³，约占总生物量的 60%，季节变化明显，平面分布趋势与总生物量基本一致。影响东海饵料生物量的主要种类有甲壳动物的中华哲水蚤、亚强真哲水蚤、真刺水蚤及其幼体、太平洋磷虾、普通波水蚤、中华假磷虾、中型莹虾、真刺唇角水蚤、宽水蚤、短棒真浮萤；毛颚动物肥胖箭虫、海龙箭虫、百陶箭虫及有尾类异体住囊虫等。

16.2.2.2 底栖生物

1）种类组成

1998—2000 年间的四季调查，东海大型底栖生物已鉴定 855 种，其中，多毛类 268 种，软体动物 283 种，甲壳动物 171 种，棘皮动物 68 种和其他动物 65 种。春季、夏季、秋季和冬季出现的种类分别为 452 种、380 种、435 种和 288 种。

2006—2007 年间的四季调查，东海采集到大型底栖生物 1 300 种，其中，多毛类最多，为 428 种，其次是软体动物，为 291 种，甲壳动物略少于软体动物，为 283 种，棘皮动物 80 种，其他类别为 218 种。夏季、冬季、春季、秋季出现的种类数分别为 733 种、657 种、631 种和 609 种。

2）生物量

1998—2000 年，东海大型底栖生物生物量的四季平均为 21.36 g/m²。春季，为 41.27 g/m²，主要由软体动物构成；夏季，为 12.45 g/m²，主要由棘皮动物和多毛类构成；秋季，为 21.17 g/m²，主要由软体动物构成；冬季，为 10.23 g/m²，主要由棘皮动物和多毛类构成。

2006—2007 年，东海大型底栖生物平均生物量的四季平均为 15.06 g/m²。春季，为 19.39 g/m²，其中，以棘皮动物为主；夏季，为 14.07 g/m²，棘皮动物和软体动物略多些；秋季，为 11.71 g/m²，仍以棘皮动物和软体动物略多；冬季，为 15.06 g/m²，主要是棘皮动物。

3）栖息密度

1998—2000 年，东海大型底栖生物平均栖息密度的四季平均为 283 ind./m²。春季，为 384 ind./m²，主要由多毛类构成；夏季为 178 ind./m²，主要由多毛类和甲壳动物构成；秋季，为 384 ind./m²，主要由甲壳动物、多毛类和软体动物构成；冬季，为 146.00 ind./m²，主要由多毛类和甲壳动物构成。

2006—2007 年，东海大型底栖生物平均栖息密度的四季平均为 164 ind./m²。春季，为 120 ind./m²；夏季，为 201 ind./m²；秋季，为 109 ind./m²；冬季，为 225 ind./m²。

16.3　渔场形成条件 *

16.3.1　渔场形成机理

渔场通常是指渔业生物密集或较为密集且适宜于开展渔捞作业的场所。而海洋中构成渔业生物聚集的机制（或原理），就是渔场形成机理（条件）。形成渔场环境条件的因素很多，可归纳为海洋非生物环境因素和海洋生物环境因素两大类。大多数渔场的形成，往往是这两类环境因素综合作用的结果。如上升流渔场的形成，首先是因非生物环境条件的海洋动力因素，导致营养丰富的深层水上升至表层，结果浮游生物得以大量繁殖、生长，优越的饵料生物环境条件，遂成为渔业生物优良的索饵渔场。渔业生物不同种类、不同发育时期、不同生活阶段，对水深、水温、盐度等理化环境以及浮游生物、底栖生物等生物环境条件的要求也各异。如东海带鱼在越冬洄游阶段，水温及其变化是该阶段的主要因素。又如大、小黄鱼和鲳鱼等的生殖活动，通常都会选择在初级生产力高和潮流湍急的河口、沿岸一带进行。因此，一个优良渔场的形成是由多个因素综合影响的结果。如本海区最优良并被誉为"东海鱼仓"

---

　　* 执笔人：沈金鳌

的舟山渔场，它是大陆架、堆礁、上升流、涡流、潮流渔场以及位于长江口和钱塘江口有利位置等因素在时空上综合影响的硕果。

16.3.2 渔场类别

16.3.2.1 依据渔场所处海域性质划分

1）沿岸渔场

将大陆海岸线至"禁渔线"之间的海域划为沿岸渔场，总面积约 14×10^4 km²。它是本海区乃至四大海区中最重要的渔场。本渔场离大陆最近，渔业资源相当丰富，传统上以带鱼、大黄鱼、小黄鱼、鲳鱼、乌贼等大宗鱼类为主要捕捞对象。作业种类以群众渔业小型拖网与张网为主，以围网、流网和钓业为辅。本渔场渔获量曾约占东海大陆架渔获量的 2/3（农牧渔业部水产局等，1987），但 20 世纪 90 年代以来，由于群众渔业渔业大型机帆船的迅速发展，外海渔业渔获量快速增长，目前沿岸渔场渔获量比例已降至 1/5 左右。

本渔场的西侧为大潮高潮位与低潮位之间的潮间带，称滩涂渔场。东海滩涂自西向东伸展，坡度十分平缓，而且，潮差很大，在长江口南北沿岸一带，大潮差通常有 5～7 m，其中，杭州湾澉浦和苏北弶港最大潮差可达 9 m（农牧渔业部水产局等，1987），大潮时最大流速可达 6 kn。因此，东海滩涂面积大，几占四大海区滩涂总面积的一半（王颖主编，1984）。故滩涂渔场在东海有其独特地位，是一些小型渔具常年作业的场所。比较著名的渔场有吕泗的文蛤渔场、长江口的鳗苗和蟹苗渔场。据有关资料估算，本海区滩涂渔场年渔获量约 43×10^4 t。

2）近海渔场

将"禁渔线"至水深 80～100 m 的海域划为近海渔场，总面积约 26×10^4 km²。它大部分处于 125°E 以西，传统上系机轮拖网、围网和部分群众渔业机帆船的主要渔场，但自 20 世纪 90 年代初期以来，国营机轮拖网渔船已逐渐退出东海大陆架作业渔场，21 世纪初开始，只有国营机轮灯光围网船和群众机帆船拖网、围网、流网、钓业以及帆张网等在此作业。主要捕捞对象有带鱼、大黄鱼、小黄鱼、鲳、鳓、鲐、鲹等。本渔场渔获量约占东海大陆架渔获量的 1/5。

3）外海渔场

将水深 80～100 m 至 150～160 m（大陆架坡折线）的海域划为外海渔场，总面积约 17×10^4 km²，大部分处于 125°E 以东海域，主要捕捞对象有带鱼、小黄鱼、绿鳍马面鲀、黄鳍马面鲀、黄鲷、大眼鲷、鲐、鲹等。传统上以国营渔业机轮拖网和围网作业为主，以群众渔业机帆船拖网、流网、帆张网和钓业为辅，但近年来，也是只有国营机轮灯光围网船和群众渔业大中型拖网及深水流网主要在这一带海区作业，本渔场渔获量约占东海大陆架渔获量的 1/2。

4）深海渔场

将 150～160 m 等深线至 500～600 m 等深线之间的海域划为深海渔场，实际上就是东海大陆坡上、中部渔场。20 世纪 80 年代渔业资源调查研究表明，这一带中、南部西侧是一个优良的水珍鱼渔场，资源密度颇高，是一个很有开发前途的渔场（沈金鳌等，2002）。

16.3.2.2 依据渔场所处的地理位置传统习惯称呼划分

例如，吕泗渔场，舟山渔场，长江口渔场，岱衢洋渔场，钓鱼岛渔场和闽东渔场等。

16.3.2.3 依据渔场形成机理划分

例如，大陆架渔场，上升流渔场，涡旋渔场，流界渔场，堆礁渔场，潮流渔场，河口渔场和滩涂渔场等。

16.3.2.4 依据捕捞作业的种类划分

例如，拖网渔场，围网渔场，流网渔场，张网渔场和钓业渔场等。

16.3.2.5 依据主要捕捞对象的种类划分

例如，带鱼渔场，大黄鱼渔场，小黄鱼渔场，鲐、鲹渔场，虾蟹渔场，鳗苗渔场，文蛤渔场等。

16.3.2.6 依据主要捕捞对象的生活阶段划分

例如，产卵渔场，索饵渔场，越冬渔场和过路渔场等。

16.3.2.7 依据主要捕捞对象所处的水层划分

例如，中上层鱼渔场和底层鱼渔场等。

16.3.2.8 依据渔场资源开发的程度划分

例如，尚未开发渔场，初步开发渔场，中等开发渔场，充分开发渔场和资源枯竭渔场等。

16.3.2.9 按国家统一命名的渔场

按国家统一命名的渔场〔农林部〔（75）农林（渔）字第8号文〕〕东海三省一市沿近海（22°00′~35°05′N）共有20个渔场，从北至南、由西向东依次为：海州湾渔场、连青石渔场、连东渔场、吕泗渔场、大沙渔场、沙外渔场、长江口渔场、江外渔场、舟山渔场、舟外渔场、鱼山渔场、鱼外渔场、温台渔场、温外渔场、闽东渔场、闽外渔场、闽中渔场、台北渔场、闽南渔场和台湾浅滩渔场等。

16.4 渔场主要类型 *

16.4.1 大陆架渔场

古今中外，大陆架是世界上开发最早、利用率最高的优良渔场。据统计，全世界大陆架面积占海洋总面积的7.6%，却提供了全世界海洋总渔获量的80%左右。在东海海洋渔场中

＊ 执笔人：沈金鳌

大陆架则更为重要，近几年的年渔获量（500×10^4 t 左右——按自然海区统计的产量），几乎全部来自大陆架渔场。它之所以形成优良渔场，这是由于它具备下列的优越条件。

（1）东海大陆架紧邻中国大陆，流入东海的大陆径流有长江、钱塘江和闽江等大江，入海径流量很大，占全国的 2/3 以上，其中，长江平均径流量约为 $9\,460 \times 10^8$ m³/a。入海径流中还携带着 $2.16 \times 10^8 \sim 3.46 \times 10^8$ t/a 的大量泥砂，并含有丰富的营养盐类以及每年超过 300×10^4 t 的有机物质，奠定了这一带海域初级生产力丰硕的物质基础。

（2）东海大陆架大多位于 160 m 以浅海域，绝大部分海水能直接接受太阳光的恩惠，初级生产力显著高于大陆坡等其他海域。

（3）东海大陆架海岸曲折绵长，港湾众多，岛礁沙洲星罗棋布，越是近岸水深越浅，海水越混，潮流越急。大、小黄鱼等主要经济鱼类选择在混水中且有较大流速刺激时进行生殖活动，因而形成著名的吕泗洋大、小黄鱼汛和岱衢洋大黄鱼汛等渔汛。

（4）东海大陆架从宏观来看，海底地貌平坦（坡度平均仅约 1），水深适宜（平均约 72 m），适合拖网、围网、流刺网、张网以及钓业等几乎所有作业类型的作业。

（5）东海大陆架，里侧有东海沿岸流，外侧有黑潮主干及其分支组成的外海水，北侧还有黄海水团和黄海深层冷水等水团从中间楔入。上述几种水系的消长变化而形成错综复杂的各种水（流）隔也相应地变化多端。因而东海的海洋水文状况的时空变化不但非常复杂，而且变幅很大，能够满足各种海洋生物一年中的生殖、索饵、越冬等生活阶段的需求，形成一些大渔汛，如冬季带鱼汛，吕泗大、小黄鱼汛，岱衢洋大黄鱼汛等。

16.4.2　上升流渔场

长期的海洋渔业生产及其科研表明，上升流海域是世界海洋中最肥沃的场所，也是世界海洋中最优良的渔场。它的面积虽仅占世界海洋总面积的 0.1%，但其渔获量却占海洋渔获量的 22%。众所周知，渔业资源的分布与饵料生物的分布有着密切的关系。根据 Cushing 的理论研究，上升流海域的基础生产力随着上升流流速的减小，呈指数函数迅速增大，临界上升速度约为 1 m/d（见图 16.1）。即低于这个速度生产量就高，超过这个速度生产量就低。他的研究结果，消除了个别学者认为强劲的上升流才能形成优良渔场的误解。上升流海域由于捕捞对象的营养级较小（约 1.5），且生态效率较高（约 20%），故该海域的渔获量颇高。

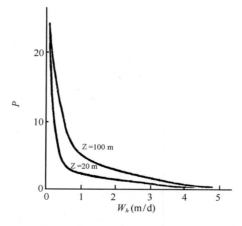

图 16.1　上升流区光照层基础生产力 P（gC/（m³·d））
与海水上升速度 W_h 之间的关系

（引自：Cushing，1969）

　　东海虽称不上是著名的上升流渔场，但也有不少上升流海域被相继发现。如浙江省沿岸一带每年的夏秋季在西南季风的影响下，黑潮次表层水在流动过程中受到海底地形的阻挡后逆坡爬升，在鱼山渔场西侧、舟山渔场西南侧沿岸一带形成上升流（潘玉萍等，2004）。黑潮在东海南、中部沿大陆坡流动过程中，在大陆架外缘及其附近一带，形成较大范围的上升流区。据概算上升流流速为 10^{-4} cm/s 数量级，如此缓慢的上升流，对基础生产力的增长非常有利。这一带正是黄鳍马面鲀的主要分布栖息海域（沈金鳌，1992）。20 世纪 90 年代，每年春季在温台、闽东渔场东部水深 120～150 m 的大陆架外缘一带，形成黄鳍马面鲀的产卵渔场，鱼发很好。据评估其原始资源量达 9×10^4 t 以上（Shen，1990）。在此之前的 20 世纪70—80 年代，绿鳍马面鲀的产卵场也基本上在此，旺发时，盛况空前。黑潮主干在流经东海大陆坡上、中部时，通常会在这一带及其大陆架外缘形成明显的上升流（Shen，1994）。20世纪 70—80 年代，中国及日本的调研表明，在舟外、鱼外渔场东部水深 150～280 m 海域是一个优良的水珍鱼渔场（沈金鳌等，2002）。

16.4.3　流界渔场

　　海洋上两个不同性质的水系或海流之间的境界称为流界，也称为流隔、水隔、海洋锋、交汇区或不连续面。流界是一种海洋现象，它与渔业海洋学有着密切的关系。自古以来，中国海洋渔民已积累了许多经验。流界一带经常会聚集一些木片、塑料瓶等漂浮物，甚至形成水泡和微波，其两侧的水色或透明度有明显差异。流界是形成优良渔场的重要条件，在那里捕捞作业往往可望获得高产。在北原论述的基础上宇田又进一步概括出"鱼群一般都有集群于流界附近的倾向，尤其在流界凹凸曲折大的地方更为集中"（宇田，1960）。

　　关于流界形成优良渔场的机理，通常是这样诠释的。在流界两侧的水体，它们的海洋理化与海洋生物环境因素明显不同，两者一旦相遇就不会立即融为一体，还会在交汇处形成一个明显的流界。流界内由于两个不同属性尤其是流向、流速的明显差异，因而容易引发发散、辐合与涡流等动力现象。发散现象表明有上升流存在，以致形成高生产力区（见上升流渔场）；辐合和顺时针涡流，在流速较小时，会使上层海水辐合下沉，于是处于流界附近的各类大小生物都汇集于辐合区中心；随着不同海流或水系而来的各种浮游生物和渔业生物，双方都不能迅速逾越流界继续前进，都滞留在流界及其附近一带，而后继生物又源源不断地游来，结果各种生物的密度越来越大。浙江嵊山冬季带鱼汛是一个较为典型的流界渔场，渔汛期间如长时间没有大风和冷空气入侵渔场，在缺乏外界动力的情况下，水隔不明显，带鱼鱼群趋于分散，生产普遍不好，此时渔民们都盼望早日"打暴"。在大风以后，因大风扰动和降温作用，在温盐平面图上会出现一条水平梯度较大的带状混合区，渔民们就俗称水隔。它是由里侧的浙江沿岸水与外侧的台湾暖流水交汇而成。根据长期生产实践经验，大风后出海捕鱼寻找好渔场的指标，就是目测白米米（水色 14～11 号）水隔和白清（水色 10～08 号）水隔，这一带鱼探映象良好，通常可以获得高产，这就更进一步印证了水隔区有鱼群密集的现象（沈金鳌等，1985a[*]）。

　　两个不同性质的海流相遇而形成的流界，不仅表现在海洋表面上的水平方向，更重要的是在其深层次的垂直方向上。海洋中从表层到底层通常会形成一定倾斜和多变的流界面。并且，有些深层水（如黑潮次表层水、南黄海深层冷水等）始终潜伏于中层至底层之间，海洋

---

　　[*]　沈金鳌，密崇道 . 1985a. 浙江近海冬季带鱼汛渔情预报方法的探讨// . 东海区带鱼资源调查、渔情预报和渔业管理论文集 . 87～99。

表面根本见不到它的踪影，但是它们会在不同深度的流界面上显现温（盐）度变化较大的温（盐）跃层。这类跃层会起到流界的屏障作用。如 1971 年 9 月中旬，在海礁东北 35 n mile、水深 53 m 一带，探到在水深 17～53 m 层聚集着浓密的鲐、鲹鱼群，它们正处于黑潮水系（$T \approx 21℃$、$S \approx 34$）之中，其上方覆盖着厚度为 10 m 的浙江沿岸水系（$T \approx 26℃$、$S \approx 31$），可见两个水系之间（厚度约为 7 m）则存在较强的温、盐跃层，这类跃层就起了很好的屏障作用。因此，渔民们在用围网捕捞时，不必担心鱼群会向海表面逃窜，为围捕创造了有利条件，结果一网捕获鲐、鲹鱼达 52 t。与此相反，鱼群聚集在中上层，而温（盐）跃层显现于下层，渔民们形象化称它为"软海底"。此时，也不必担心鱼群会向"软海底"逃窜，这两次作业均获得成功。

16.4.4 涡旋渔场

海洋涡旋是由于海底陡坡、礁盘，或异向潮波、海流引发海水围绕一个中心作圆周运动的现象（宇田道隆，1960）。按涡旋的成因，分为力学涡流系、地形涡流系和复合涡流系三种类型。力学涡流系是两种不同流速、流向的海流交汇所产生的，流界两侧有相对流速之差，由于切变不稳定性而产生不稳定波动，从而发展成为涡流，如济州岛西南部的涡旋；地形涡流系是海水在流动过程中与突变地形相遇所形成的涡流系，如舟山群岛北部海区的冷涡；复合涡流系是由力学和地形两种因素共同作用产生的涡流系，如台湾东北部的冷涡和暖涡（胡杰，1995）。

按涡流的性质又可分为暖涡流和冷涡流。暖涡又称为反气旋涡旋，为顺时针方向旋转的涡旋，表层海水呈收敛性而下沉，下层海水有高温中心区；冷涡又称为气旋型涡旋，为逆时针方向旋转的涡旋，表层海水呈发散性而引发下层海水上升，上（表）层出现低温区，如果盐度高，则通常会有封闭状高密区出现。

袁耀初等（2007）综合了国内外学者的研究结果，指出东海大陆架（水深 200 m 以浅）海区存在 4 个冷涡和 1 个暖涡，冷涡分布在台湾东北部、济州岛西南部、长江口东北部和舟山群岛北侧海区，暖涡分布在东海西南部的台湾以北海区，其空间尺度约为 3×2 经纬度，略呈 SW—NE 向的椭圆形，同时指出如果黑潮路经作反气旋弯曲时，一般在其东侧也会出现暖涡。

"冷涡"能引发海面水发生辐散，导致海水向上涌升，把底层海水的丰富营养盐类携带到真光层，使水质变得肥沃、浮游生物大量繁殖。由于海水具连续性，使上升流区周围易于形成下降流，把高含氧量、养料丰富的沿岸水带到底层，使近底层和底层鱼类获得所必需的溶解氧。所以"冷涡"附近海域往往形成良好的渔场，钓鱼岛东北部的绿鳍马面鲀、黄鳍马面鲀渔场就是东海最著名的涡旋渔场。据方瑞生等（1986）的研究认为，在钓鱼岛东北部以 $26°30'N$、$124°30'E$ 为中心的海域存在一个冷涡，冷涡中心上升流的速度约为 10^{-4} cm/s 量级。通过对 1981—1984 年春季（4 月）该海区海况的分析发现，当黑潮势力较强（如 1983 年），冷涡偏向东北，反之，则偏西偏南（如 1982 年）；冷涡的强度及位置与马面鲀渔场关系密切，如 1983 年在 $26°N$ 断面海区出现冷涡的范围比 1982 年大，且位置明显偏东，其底部含有低氧的深层冷水比 1982 年强，而下降流又比 1982 年弱且范围较广。因此，1983 年绿鳍马面鲀渔场位置明显比 1982 年偏向东北，鱼群也较分散；绿鳍马面鲀的产量与冷涡底部外洋水的上升强度呈负相关，当冷涡底部外洋水弱的年份，产量较高，反之，则产量较低。绿鳍马面鲀具有夜间贴底白天上浮的垂直洄游习性，所以当鱼群位于冷涡边缘下凹区时，会阻断它的垂直洄游幅度，使拖网作业昼夜都能获得较好产量。当鱼群处于海水结构为上凸圆顶状时，则白天的产量显著偏低。在暖涡或冷涡附近的上层水有大量的马面鲀仔鱼聚集，尤其近表层为多，而暖涡对仔鱼的发育可能产生不良影响（方瑞生等，1986；方瑞生，1998＊）的研究结果表明，以26°30′N、123°00′E为中心的水域存在一个冷涡，呈长椭圆形，冷涡底部有低温、高盐和高密度的黑潮次表层水涌升，其东侧近底层形成黄鳍马面鲀渔场中心渔场。

20世纪90年代中期以后，尽管台湾东北部的冷涡依然年年存在，但是，由于绿鳍马面鲀资源严重衰退，钓鱼岛北部绿鳍马面鲀产卵场已近乎消失。所以，渔业资源数量是渔场的基础，环境因子只是能否促使鱼群集群的外界因素而已。

16.4.5　堆礁渔场

古今中外的捕鱼史表明，海洋中隆起的沙堆（洲）、岛屿、暗礁、海岭、海山以及地形突变的海峡、海岬等处附近海域，往往是鱼类经常聚集的场所，由此而形成的渔场，统称为堆礁渔场。

海洋中经久不息地流动的各种海流以及随时随地变化的各式潮流，当它们流经各类堆礁时，因地形突变导致产生相应的上升流与涡流。上升流产生于流遇堆礁的前方，在沙堆、岛屿的后背则会产生背后涡流，并出现局部辐聚现象。如秋冬季，黑潮主干及其支梢在流经台湾岛与台湾浅滩时，产生的上升流形成台湾浅滩渔场，产生的涡流形成彭佳屿和钓鱼岛渔场。这是因为堆礁所引发的上升流将沉积于底层的无机营养盐类源源不断地输送到中上层来，形成高生产力海域，遂成为植食性、肉食性经济生物趋之若鹜的场所；沙洲和岛屿等水下堆礁为原先平坦的海底增大了与海水接触的面积，扩大了底栖生物的栖息空间；堆礁还可以成为产粘着性卵如乌贼和马面鲀等鱼种的良好产卵场所，因而形成优良的产卵渔场。

世界著名的堆礁渔场有：大西洋中西部（加拿大纽芬兰近海）大浅滩（Grand Bank）的鳕鱼渔场、日本海大和堆的太平洋褶柔鱼渔场、鄂霍次克海北见大和堆的狭鳕渔场等。

东海沿岸海区因拥有数量多且分布广的岛屿、沙洲和海湾，所以自古以来，就是众多捕捞对象的产卵场和幼体索饵场以及底栖生物常年生长栖息的场所。当前，国内外发展人工鱼礁方兴未艾，也是堆礁海域能够形成优良渔场的一个有力佐证。

16.4.6　潮流渔场

如按海水作用于渔具的原动力来划分渔场，则可分为风力、潮力、人力和机械力等渔场，然而传统上并无此类划分。但是，东海海洋捕捞中潮流却作出了特殊贡献，故本文就独树一帜，将潮流渔场单独列为形成渔场机理之一。

东海近海特别是沿岸一带，是中国海域中的一个强潮流（最大达6 kn）及大潮差（最大达9 m）区。其中，有些岛屿或沙洲之间潮流因狭管效应还可能更大。直接"靠潮（天）吃饭"的张网作业和滩涂作业队伍庞大，在海洋捕捞方面具有举足轻重的地位。此外，本海区又拥有规模较大的大、小黄鱼产卵渔场，它们在产卵时通常需要强潮流刺激，潮力作为"助产力"也作出了贡献，间接"靠潮（天）吃饭"作业的渔获量也相当可观。

潮汐和潮流是一对孪生兄弟，渔民们则泛称之为潮水。无论何时何地，海水都会受到不同程度潮水的作用，一方面会影响海洋水文环境状况；另一方面相应地也会直接或间接影响

＊　方瑞生．1998．东海黄鳍马面鲀渔场海洋学结构的研究．油印本。

生活栖息其中的各种海洋生物。因此，以捕捞各种海洋生物为业的各种捕捞作业，必须深谙潮水的变化及其对各种海洋生物影响的规律，浙江渔谚："抓鱼抓潮水。"意思就是捕鱼作业必须抓牢潮水，以达到最大限度地渔获目的。现就诠释对潮水依赖性较大的几种作业。

16.4.6.1 张网作业

它是以定置于海洋中的囊状网具，凭借潮流迫使捕捞对象入网的一种捕捞作业。东海张网类渔具是分布最广、种类最多、数量最大的传统定置渔具，近 20 多年又发展了帆式张网这类流动性强的渔具：前者作业一般在水深 30～40 m 以浅的沿岸和近海，后者通常作业水深为 50～80 m 以深的外海。21 世纪初期，本海区各类张网渔船数达 13 000 艘左右，约占海区总渔船数 23%。张网桩头数在 30×10⁴ 个以上。张网年渔获量约 170×10⁴ t，约占海区总渔获量的 27%。可见，张网作业在本海区海洋捕捞作业中的显要地位。

21 世纪初期，东海帆式张网年平均渔船数约 2 500 艘，据估算该作业全年过滤海水总体积竟为整个东海大陆架海水总体积的 9 倍余（程家骅等，2006），可见其捕捞强度之大，而它的全部捕捞则完全是依赖潮流所做的贡献。因此，张网作业渔场是一种典型的潮流渔场。

16.4.6.2 插网作业

插网是一种长带形网片并附有多个网囊和多根插杆的渔具（小者长 30～50 m，大者长 500～600 m），选择潮差较大且渔业生物较丰的滩涂，趁低潮时将插杆沿水线呈弧形插入，拦截涨潮时被潮流携带进入滩涂的各种渔业生物，待退潮时捞捡网内和滞留在滩涂上的各种渔获物，其渔获量的多寡与潮流（差）的大小成正比。

16.4.6.3 大、小黄鱼产卵渔场

早在 16 世纪、17 世纪，中国渔民在生产实践中，已经熟悉大、小黄鱼渔场、渔期及其与潮水之间的密切关系。而现代的调研则有了进一步的认识：从鱼类的生理、生态习性来看，黄鱼产卵群体进入产卵场后，在大潮汛期间大潮流（3 kn 以上）时连续鱼发，强潮流（4～6 kn）时形成产卵旺发。往年在大、小黄鱼资源丰盛年代，两者在产卵渔场的年渔获量高达（10～25）×10⁴ t。可见，黄鱼产卵渔场的鱼发与大潮汛有着非常密切的关系。除此之外，月球的异常运行或大风引起的风暴潮，都有可能导致异常高潮位，从而将引发相应的强潮流，因此对张网、滩涂作业以及大、小黄鱼产卵场等捕捞，也都会产生一定的促进作用（林龙山等，2007）。

16.4.7 河口渔场

这里的河口渔场特指中国最大的长江口河口渔场。长江河口系长江径流与苏浙沿岸水彼此消长相互作用的场所，其西部为河流特征为主的近口段，东部为海洋特征为主的口外段。根据上述河口定义，参照特定生态状况与传统渔业生产特点，这里界定该渔场的范围：北起江苏启东海岸带外侧，南迄大戢山、小洋山外侧和杭州湾（上海市南汇—金山）海岸带南侧，东起长江口佘山、鸡骨礁东侧，西迄江苏常熟水域（30°40′～31°54′N，121°10′～122°30′E），水深多为 0～20 m 的浅水区，水域总面积约 10 500 km²。长江河口是长江径流注入东海的门户，径流与潮流相互作用，海淡水混合，海陆物质交汇，它们在相互作用中产生复杂的物理、化学、生物和地质等过程，导致生态环境具有独立的特殊性和多样性。

生产实践和科研结果表明，长江河口既是众多捕捞对象的产卵场和索饵场，又是一些洄游性生物的必经通道。如按其生态特性可分为 4 个类型。

（1）淡水种类。主要分布在河口西侧盐度小于 5 的水域，有长吻鮠、铜鱼等。

（2）河口定居种类。主要分布在河口中西部盐度 5 ~ 25 的咸淡水中，如弹涂鱼、白虾等。

（3）海洋种类。主要分布在河口东侧盐度 25 ~ 32 的海区，如梅童鱼、小黄鱼等。

（4）溯河性和降海性种类。长江河口为它们的必经之地，鲥、鲚、前颌间银鱼和中华绒螯蟹等在此形成过路渔场或产卵渔场，在传统渔业生产上再加上白虾汛，就有长江河口五大渔汛之称。20 世纪 70 年代起，为了应对人工养殖中华绒螯蟹和鳗鲡的需求，又相继兴起了蟹苗汛和鳗苗汛。

16.5 灾害性天气、环境污染与渔场的关系 *

灾害性天气和环境污染中一个或多个因素，对海洋渔业设施、海洋捕捞、海水养殖以及渔场、渔汛等都会产生不同程度的影响，其中大多数情况是产生负面效应，而环境污染对本海区某些重要渔业资源衰退和海洋生态状况的恶化也起着推波助澜的作用。

16.5.1 灾害性天气

16.5.1.1 台风

它对海洋捕捞和海水养殖往往构成严重威胁，如防范不力，则可造成生命财产的巨大损失。同时，对活动能力较差的生物幼体的成活率也会产生重大的影响。如 1956 年 8 月初，舟山渔场连续 3 个昼夜遭遇 12 级以上台风的袭击，时值日本无针乌贼处于稚幼期（胴长 < 13 mm、体重 <0.75 g）且呈浮游状态，经不起长时间波浪的快速［常可达 2.5m/s 或以上（HU Sverdrup. et val，1958）］冲击和更强烈的波浪破裂的撞击，导致大多数夭折，造成台风过后，海面上漂满乌贼内壳，资源损失惨重（农牧渔业部水产局等，1987），翌年浙江省日本无针乌贼年产量不及 1956 年的 1/5。

16.5.1.2 温带气旋

它在东海至黄海南部的发生和发展均较为活跃，特别是气旋入海加强（中心强度平均 6 ~ 10 hPa）造成海上大风，不仅影响捕捞作业，甚至造成海上严重灾害。春季为气旋多发期，应多加防范。如 1959 年 4 月 10—11 日，时值吕泗渔场小黄鱼汛，苏、浙大批渔船生产正旺，突然遭到江淮气旋侵袭，且偏东大风增强到 11 级，当时浙江众多木帆船被迫误入如迷魂阵般的沙洲、港汊。在大风大浪的颠簸起伏中，屡屡与坚硬的沙脊背相撞，许多渔船犹如触礁般地当即解体沉没或严重损伤，沉没渔船近 300 艘、严重损伤的 1 400 艘，渔民死亡达 1 700 多人（江苏省地方志编纂委员会，2001）。酿成本海区渔业史上最惨重的海难事故。

16.5.1.3 冷空气

冷空气活动的强弱与迟早，直接影响海洋水温的下降速度及其分布，并与作适温洄游鱼

---

* 执笔人：沈金鳌

类渔汛的迟与早、渔期的长与短、鱼发的好与差有着密切关系。如嵊山渔场带鱼汛，1972年11月份，冷空气活动偏多，偏北大风也相应增加，嵊山渔场水温迅速下降，作适温洄游的带鱼加速进入渔场，导致渔汛开始与旺发提前；又如1975年12月初，嵊山渔场带鱼汛正处于旺发阶段，但从6日起渔场连续11昼夜刮起8级以上偏北大风，渔场水温从18~19℃剧降至15℃左右，带鱼即迅速离场，导致渔场提前结束。

16.5.1.4 风暴潮

东海沿岸常有台风或寒潮大风侵袭，是风暴潮危害严重的海区之一。如2000年8月底，12号台风入侵东海，导致本海区沿海直接经济损失超达67亿元（国家海洋局，2001）。同时也会引发沿岸海水养殖场被淹没以及污水倾泻入海等事故，造成渔业经济损失和对生态环境产生不良影响。

16.5.2 环境污染

16.5.2.1 石油类污染

东海是石油污染比较严重的海区，它对海洋生物资源的危害很大。油类在海面会形成薄膜，使海水中的溶解氧减少，常常会形成大面积的贫氧区或缺氧区；油膜、油块会粘住生物幼体和鱼卵的体表，使其窒息死亡；贫（缺）氧区导致海洋生物逃避或改变其洄游分布（孙湘平，1985）。

16.5.2.2 重金属污染

以长江等大河流排放入东海的汞、镉、铅等重金属的数量最多。海洋生物主要通过摄食含有重金属的饵料与海水，然后在生物体内吸收、蓄积与残留，以致它们随着食物链的上升，其残留的重金属数量也相应增多。

16.5.2.3 有机物污染

中国沿海主要有机物污染源数以百计，其中，通过大陆径流排污入东海的占50%以上，故东海是有机物污染较为严重的海区。如东海沿岸相继建立了许多高密度的对虾养殖场，过剩的饵料碎屑及其腐败物大量排入海中，大大超过海洋的自净能力，使得养殖海域有机物污染严重，导致虾病暴发，养殖业损失惨重。同时，海洋富营养化还往往会引发赤潮，有机物污染严重的海区也是赤潮多发的海区。

16.5.2.4 能量污染

东海各种海洋事业的迅速发展，不仅直接加重了上述海洋的物质污染，同时也增加了海洋的能量污染。

1）动力污染

它是指船舶在动力作用下拖曳物在拖刮海底过程中直接或间接对海洋生物的生理生态产生有害或破坏的现象。目前，东海的底拖网和虾拖网机动渔船已逾万艘，总功率超过 3×10^6 kW。它们在作业的拖曳中，既重又大的沉子纲不但严重扰动海底，而且往往拖损众多的底栖生物，严重损害海洋生态环境和底栖生物资源。如马面鲀钓鱼岛产卵场粘附在海底石砾、珊瑚与贝壳的鱼卵，经不住拖网渔轮的反复拖刮，产卵场已被破坏殆尽，导致绿鳍绪马面鲀资源枯竭。

2）热污染

它是指人类活动直接或间接引起海水温度升高，以致对海洋生物的生理生态产生有害或破坏的现象。热污染会引起水中溶解氧减少和生物耗氧量的增加，能使某些生物加速生长和提早性成熟，对其种群资源产生不利影响等。

3）放射性污染

它是指人类活动排放的放射性污染物，使海洋的放射性水平高于天然本底或超过有关的安全标准，对海洋生物产生的污染现象。海洋中放射性污染源主要有：①核试验沉降物，如太平洋上的核试验，东海会受其影响；②核工业的废水，如东海沿岸已相继建立秦山、漳州等核电站；③放射性核素的生产和应用，如长江泥沙运动的核素试验等。

放射性污染对渔业的主要危害有：①影响鱼类等海洋生物的食用价值；②影响生物的繁殖和生长。因此，对可能遭受放射性污染的海域必须进行监测，严格控制放射性核素的排放浓度和排放数量（刘世英，1994）。

16.6　渔业预报

16.6.1　东海的渔业预报[*]

东海渔业预报工作，始于 20 世纪 50 年代后期，首先开展了浙江近海带鱼、大黄鱼渔场预报和吕泗洋小黄鱼渔场预报等。嗣后，根据渔业指挥部门和生产单位的要求，增加了渔获量预报。起初为渔获量趋势预报，后来发展为渔获量数量预报。20 世纪 60—90 年代，参与东海渔业预报的单位，主要有东海水产研究所、黄海水产研究所和浙江省海洋水产研究所等。渔业预报的准确率，一般可通过生产实践得到检验。

16.6.1.1　渔获量预报

1）统计分析方法

使用统计分析法进行渔获量预报的原理在渤海篇中已有过表述，这里不再重复。该方法在东海渔业中的应用实例有带鱼的渔获量预报。

2）世代分析方法

使用世代分析法进行渔获量预报的原理在黄海篇中也有过表述，这里不再重复。该方法在东海渔业中的应用实例有绿鳍马面鲀的渔获量预报。

---

　*　执笔人：沈金鳌

3）相关分析方法

通过将捕捞对象在某个或多个渔场历年渔获量统计资料，用曲线形式表达出来，就容易看出渔获量历年的变化趋势。例如，江外、舟外渔场越冬大黄鱼与苏浙近海渔场产卵大黄鱼系同一种群，两者之间存在着非常紧密的关系。这类渔获量历年的变动趋势，往往会表现出周期性波动，但是否确实具有周期性，不能被某些表面现象（如冬汛带鱼年景的单、双年）所迷惑，从而发布不实的预报。

4）综合分析方法

主要是以资源分析为基础，并运用统计分析法和相关分析法进行综合分析作出预报。对上述几种方法取长补短，预报效果通常较好。

16.6.1.2　渔场渔期预报

在黄海篇的渔业预报部分中，已对可作为预报指标的几种因素进行过介绍，此外，水系、水色等，在特定情况下也是有用的预报指标。

从 20 世纪后期开始，日本、中国内地及台湾地区有关水产研究机构，利用卫星探测海况资料来预测渔场渔期。它是依靠探测鱼群分布洄游的海洋环境条件，结合捕捞对象已知的最适海况（如水温、水色或海洋锋面等），来预测鱼群游来时间、聚集位置、聚集程度和移动趋势等。这类方法应用在中上层鱼类较为有效。

16.6.2　主要经济种类渔业预报

16.6.2.1　带鱼渔业预报*

浙江嵊山渔场冬季带鱼汛，历史上为中国最大的渔汛。从 20 世纪 60 年代至 80 年代初期，基本每年都开展渔汛预报。

1）全汛预报

预报当年冬汛带鱼可能渔获量或年景趋势，并展望带鱼中心渔场概位和渔期的开始、转旺和渔汛结束的大体时间。

渔获量年景预报，影响渔获量变化的主要因子有资源量的多寡、捕捞力量的大小和渔场环境条件的优劣三个方面。在建立预报方程时，我们从许多可能因子中选择与分析出与渔获量相关性较显著且又彼此间均为独立的三个主要因子：①带鱼资源量指数，参照渔民生产经验，经研究表明，东海夏秋汛机轮拖网捕捞的带鱼与冬汛群众渔业渔船捕捞的带鱼基本上为同一群系，这个前提为冬汛总产量与夏秋汛产量之间的紧密关系提供了必要依据。于是取国营渔业公司 5—9 月拖网的平均网次产量作为汛前带鱼资源量指数，它是预报方程中最主要的因子。②捕捞力量，汛前可取得各省市准备参加冬汛的渔船数量，再根据冬汛天气预报估算整个冬汛可作业的天数，两者的乘积即为捕捞力量，它是预报方程中次要的因子。③长江径流量，它是衡量长江冲淡水势力强与弱的指标，它对渔场的海况有较明显的影响，使中心渔

---

　　*　执笔人：沈金鳌

场偏外或偏里，这对当年功率普遍较小的渔船作业就会产生一定的影响。

渔获量预报方程，设 Y_1、Y_2 分别为浙江近海、嵊山渔场冬汛带鱼总渔获量，$\hat{Y}_1$、$\hat{Y}_2$ 分列为 Y_1、Y_2 的回归估计量。X_1 为上海市海洋渔业公司夏秋汛带鱼资源量指数；X_2、$X^{'2}$ 分别为当年冬汛投入浙江近海、嵊山渔场的捕捞力量，X_3 为长江（9 月份）平均径流量。根据上述因子建立了多元线性回归方程：

$$\hat{Y}_1 = 58.10 + 6.780\,X_1 + 0.062\,X_2 - 0.156\,X_3 \tag{16.1}$$

$$\hat{Y}_2 = 138.34 + 5.392\,X_1 + 0.007\,X^{'2} - 0.313\,X_3 \tag{16.2}$$

从 1960—1983 年期间预报渔获量与实际渔获量检验表明，平均准确率在预报初期（1960—1964 年）为 76%，中期（1965—1974 年）为 84%，后期（1975—1983 年）为 89%，其中，1980—1983 年高达 96%（朱德林等，1985[*]）。

渔场渔期趋势预报。①秋汛带鱼渔场位置，秋汛机轮、机帆船与钓业的带鱼中心渔场位置，通常有较好的延续性，可作为预报嵊山冬汛渔场和渔期的依据之一；②汛前嵊山渔场海况，主要调研台湾暖流、苏浙沿岸水、黑潮次表层水等水系的强弱及其分布；③汛前嵊山渔场天气，主要调研风情（风向、风力、风时和风区）对渔场海况有较显著的影响。

2）阶段性渔情预报

主要预测下一阶段渔场的鱼发形势和海况特征。

鱼发形势：及时掌握本渔场最新生产动态、渔场外围带鱼渔情、带鱼渔获物的生物学状况以及渔场冷、暖水性鱼种在渔获物中的比例。

海况特征：①水温，嵊山冬汛渔场的带鱼是越冬洄游鱼群，所以鱼发与水温的关系相当密切，通常渔场底温降至 21℃ 左右时，开始鱼发，底温在 20～18℃ 时为旺汛，降到 15℃ 左右时，嵊山冬汛即趋于结束；②盐度，冬汛期间，带鱼栖息的盐度范围通常为 33～34，而在 33.5 左右的海区往往可形成中心渔场；③水系，嵊山渔场通常在白米米或白清水水隔海域是带鱼密集之处。近年，凭借海洋遥感卫星能及时获取海洋表层水温、水色等资料，则可对渔场水温、水系等海况进行实时分析，这对渔场海况特征的判别将大有裨益。

16.6.2.2　绿鳍马面鲀渔业预报[**]

绿鳍马面鲀曾是东海、黄海主要的经济鱼类之一，最高年产量达 36×10^4 t，它在东海、黄海渔业中曾占据过重要的地位，有关单位曾进行过多年的渔业预报工作，主要预报方法如下。

1）可能渔获量预报

实际种群分析方法是绿鳍马面鲀渔情预报的主要方法，其基本原理是根据渔获物年龄结构、渔获量及捕捞死亡系数和总死亡系数，以鱼类世代为线索从当前向过去和将来推算资源量，其主要计算公式为：

$$C_i = F_i/Z_i(1 - e^{Zi})N_i \tag{16.3}$$

---

　[*] 朱德林，沈金鳌，林新濯. 1985. 东海区带鱼资源调查、渔情预报和渔业管理总结//. 东海区带鱼资源调查、渔情预报和渔业管理论文集. 4-8。

　[**] 执笔人：郑元甲

$$C_i/N_{I+1} = F_i/Z_i(e^{Z_i} - 1) \tag{16.4}$$

$$N_{i+1} = N_i e^{-Z_i} \tag{16.5}$$

三式中：

N_i 和 N_{i+1}——一个世代在年龄 i 和 $i+1$ 开始时的资源尾数；

C_i——年龄 i 时的渔获量；

F_i——年龄 i 时的捕捞死亡系数；

Z_i——年龄 i 时的总死亡系数。

在绿鳍马面鲀资源状况良好年代，预报产量与实际产量趋势基本接近，从渔业生产和管理部门反馈的信息看，预报在生产管理决策中有良好的参考作用（陈卫忠，2000）。

2）趋势预报

（1）世代分析法

郑元甲，陈卫忠等（1993）根据实际种群分析法反演的历年资料，总结分析了1974—1993年绿鳍马面鲀各个世代的情况，发现1974—1982年间有五个连续较强的世代和四个连续较弱的世代，为绿鳍马面鲀数量变动的第一周期。1983—1989年间又有连续四个较强世代和三个较弱世代，为第二周期。1990年以后为第三个周期。各世代资源量表明第三周期的补充量比第一、第二周期弱得多，由此预计第三周期年渔获量的总体水平必然要比第一、第二周期低得多。第三周期（1990—1999年）年均产量为 7.68×10^4 t，仅为第一、第二周期的46.1%和30.5%，事实证明该分析是正确的。另外，对照海况分析，绿鳍马面鲀世代的强弱似乎和黑潮7～9年的变化周期相吻合，从有关资料获悉，在1973年、1982年和1989年黑潮的势力都是较弱的年份，这几年马面鲀的世代也正好较弱。因此，初步认为东、黄海绿鳍马面鲀世代强弱的变化与黑潮强弱的变化呈正相关，这一现象值得深入探讨。

（2）汛前资源密度指数法

东海水产研究所利用对马渔场绿鳍马面鲀越冬汛前调查获得的资源密度指数、探鱼仪映象和体长组成情况等资料，分析研究后对1985年和1986年两年该渔场绿鳍马面鲀的渔情趋势进行了预报，提出："1985年冬季的渔获物体长将比去年大，对马渔场的渔获量将比去年低。"和"1986年冬季对马渔场产量将好于去年，渔获个体将比去年的大"。生产实践表明，这两年的预报与实际情况相一致（对马渔场产量和渔获物平均体长：1984年51 385 t、139.7 mm。1985年为41 649 t、154.9 mm。1986年84 776 t、163.7 mm）。由比可见，绿鳍马面鲀渔场汛前调查的资源密度指数，可作为渔情趋势预报的良好指标（郑元甲，1991）。

（3）综合分析法

1976年3月初，沈金鳌等认为马面鲀刚利用2年，资源状况依然很好。2月下旬马面鲀的性腺大多数尚未成熟，鱼群还不会离开产卵场。2月底国营渔轮在温台渔场的作业产量还较高。多年气象资料显示3月份温台渔场的实际作业天数是有保证的。据此提出"2月下旬期间，在大陈岛东至东南水深60～100 m的海域内，应栖息着较密集的马面鲀鱼群。当时有人认为鱼群已经拖散，看来是缺乏事实依据的。"从而留住了上海市和江苏省群众渔业机动渔船在温台渔场继续捕捞马面鲀，获得了近8 000 t的产量，取得了良好的经济和社会效益（沈金鳌等，1987）。

在20世纪70年代中期至90年代初期，沿海一些海洋渔业公司，每年马面鲀渔汛前均会预测当年度渔情年景与渔汛迟早，在渔汛期间又会注意分析冷空气的活动频率和强度、水温的变化情况、鱼群移动的速度、性腺发育程度和渔获物生物学指标等，这些分析在生产中发挥了较大的作用。

16.6.2.3　鲐和鲹渔情预报[*]

早在 1978—1982 年，浙江省海洋水产研究所，就开展了鲐、鲹鱼类的渔情预报工作，迄今该所仍在每年汛前进行鲐、鲹鱼类幼鱼的调研工作。20 世纪 80 年代，中国水产科学研究院东海水产研究所等开展了卫星遥感在渔业上应用的研究工作，并于 1987 年冬季向全国定期发布海渔况速报（韩士鑫等，1993）。2002 年起，有关单位还在每年渔汛期每月发布鲐、鲹鱼围网渔场短期预报。

1）群众灯光围网秋汛预报

预报方法和内容，浙江水产研究所每年 6—10 月在东海北部近海，进行鲐、鲹鱼类幼鱼及其渔场环境调查，在此基础上发布全汛趋势预报和全汛趋势预报（朱德林等，1993）。全汛趋势预报于每年 6 月下旬定报以后正式发布，预测秋汛灯围生产的资源状况和渔情趋势。阶段预报从 7 月份起每月发布一期，每年 3 次。预测秋季灯围渔汛期间中心渔场范围、鱼发趋势及渔场变化等。秋汛鲐、鲹鱼的资源状况的预报，是以调查的幼鱼生物量密度指数和兼捕状况为依据的。预测东海北部秋汛鲐、鲹鱼中心渔场的主要依据从海况看，中心渔场一般都在不同水系交汇区，尤其是在高盐水舌锋以内及混合水区靠高盐水的一侧，蓝圆鲹成鱼栖息在跃层底界附近及以下，幼鱼则栖息在跃层区内及其上方。东海北部以鲐为多，南部则以鲹鱼较多；从水文结构看，一般在跃层加强时，灯诱效果好，尤以跃层出现在下界深度为 15～20 m 处最佳，当沿岸水和高盐水强弱相当或一强一弱程度适中时，就往往会出现这一有利条件。当跃层逐渐消失，鱼群上浮，灯诱效果较差，起水鱼数量增多；从饵料生物量看，鲐、鲹鱼的重要分布区，往往趋于 250 mg/m³ 以上浮游动物的高生物量分布区。渔获物组成中，有的年份鲐数量占绝对优势，而蓝圆鲹则出现时盛时衰的局面。

预报检验，全汛趋势预报，从资源状况的年景预报看，1987—1990 年期间，其中 3 年预报与实际相符，有 1 年不符（1989）；从预测汛期的进展和渔汛前期的主要渔场看，4 年的预测与实际基本相符，置信度较高。

2）机轮围网渔情预报

东海水产研究所等科研部门自 1987 年迄今，在每年冬季发布的"海渔况速报图"上，除了显示表面海水温度分布状况外，还分析了冷暖水系的流势、流隔配置与中心作业海场位置，并对未来渔海况作了预测（韩士鑫等，1993）。

2002 年始，浙江海洋学院围网技术组依据海况速报，通过对水温、水系配置和海面高度分布等因子的分析，定期发布阶段性的围网中心渔场的预报。

严利平（1990）依据夏秋汛在长江口渔场拖网鲐的生产情况和生物学测定资料，预测了冬季大沙渔场围网鲐的可能渔获量，认为 1990 年围网渔获量属中等偏高年份，其优势体重组成为 125～175 g。

上述预报帮助生产单位较好地掌握中心渔场位置、渔期的迟早及变化趋势，提高了渔获

---

　　[*]　执笔人：严利平

量，同时缩短侦鱼时间，节约了成本。

3）鲐、鲹鱼资源量和渔获量预报

陈卫忠等（1997）利用剩余产量模型专家系统（CLIMPROD）评估东海鲐、鲹鱼类的最大持续产量（MSY）为 $34.5 \times 10^4 \sim 44.2 \times 10^4$ t，其中，鲐为 16.1×10^4 t，蓝圆鲹为 22.2×10^4 t；东海北部群鲐、鲹鱼的 MSY 为 $12.5 \times 10^4 \sim 13.2 \times 10^4$ t；福建沿海群为 20.1×10^4 t。

陈卫忠等（1998）利用实际种群分析法评估了东海和长江口鲐 1987—1997 年年际的现存资源量，其中，东海鲐波动在 $13.21 \times 10^4 \sim 23.49 \times 10^4$ t，长江口鲐波动在 $4.08 \times 10^4 \sim 12.71 \times 10^4$ t，并依据东海鲐年渔获量与长江口鲐年渔获量呈正比线性关系，得出长江口最适捕捞产量为 8×10^4 t 左右。

第17章　主要渔业种类渔业生物学与种群数量变动

17.1　中上层鱼类

17.1.1　鲐*

鲐（*Scomber japonicus*）隶属于鲈形目（Perciformes）、鲭科（Scombridae）、鲭属（*Scomber*）。俗称：花鲲、青占、鲐鲅鱼等。广泛分布于西北太平洋沿岸水域，在渤海、黄海、东海、南海均有分布，最北达到千岛群岛和鞑靼海峡。鲐主要被中国（包括台湾地区）、日本和韩国等所利用。

17.1.1.1　洄游

1998—2000 年间的四季调查，春季，鲐主要分布在东海、黄海的外海深水区域，但在浙江南部和福建北部沿海也有少量分布；夏季，鲐的分布有明显地向北、向西（浅海）移动的现象，可达东海北部的 32°30′N、123°E 附近，同时，在钓鱼岛以北水域（27°N 附近、123°30′~124°30′E）仍有较多的鲐分布；秋季，产卵后群体和当年生幼体集中分布在长江口、舟山群岛东侧海域索饵育肥；冬季，鲐分布中心又回到东海、黄海外海济州岛南部海域，即重新回到了越冬场（郑元甲等，2003）。

17.1.1.2　数量分布

1998—2000 年间的四季调查，鲐的重量资源密度指数和尾数资源密度指数均以夏季最大（1.29 kg/h，36 ind./h），其余依次为春季（0.59 kg/h，10 ind./h）秋季（0.38 kg/h，2 ind./h）和冬季（0.12 kg/h，1 ind./h）。

就分布区域而言，春季，鲐以江外—舟外渔场的资源密度指数最高（2.00 kg/h），尾数资源密度指数以鱼山—闽东渔场最多（2 ind./h）；夏季，鲐分布于东海各渔场，以鱼山—闽东渔场的资源丰度最大（2.25 kg/h，87 ind./h）；秋季，鲐在东海各渔场均有分布，以长江口—舟山渔场资源数量最为密集（3.00 kg/h，18 ind./h）；冬季，以沙外和江外—舟外渔场的分布最为密集（0.22~0.26 kg/h，1~2 ind./h）。

17.1.1.3　渔业生物学

1）群体组成

1998—2000 年的生物学测定结果，鲐叉长组成，秋季在 210~239 mm 有一个峰值，主要

---

* 执笔人：严利平，凌兰英

为不到 1 龄的当年生鱼群；夏季在 185 mm 附近有一个明显的峰值，在 295 mm 附近有一个小的峰值。说明样品中有 2 个年龄组以上；冬季的优势组在 220~259 mm，为 1 周龄不到的隔年生群体。

2）繁殖

黄海、东海鲐性成熟年龄一般为 2 龄。少数个体一周岁即可达性成熟。在黄海，鲐初次性成熟的叉长一般为 250 mm。东海南部鲐性成熟最小叉长，雌性为 220~230 mm，雄性为 210~220 mm（邓景耀等，1991）。

黄海鲐的个体怀卵量为 20×10^4~110×10^4 粒，平均约 70×10^4 粒（朱树屏，1957；刘松等，1988），根据黄海山东近海流刺网鲐渔获物的样本研究得出，鲐的个体绝对生殖力（R）为 19.54×10^4~90.04×10^4 粒，平均为 53.16×10^4 粒；而根据邓景耀等（1991）报道，东海南部的鲐为 5.3×10^4~35.5×10^4 粒，东海福建南部沿海叉长为 235 mm 鲐的怀卵量为 15.9×10^4 粒。

3）摄食

东海南部台湾海峡鲐的摄食，从出现频率来看，桡足类达 37.0%，为最高，其次是端足类，32.8%，第三是鱼类，10.0%，主要是各种幼鱼。此外，藻类、被囊类、等足类和糠虾类等也有出现（戴萍，1989）。

日本学者认为，一般在仔稚鱼和幼鱼时期，初期以桡足类的无节幼虫和桡足类的幼体为食（宇佐美修造，1966），以后以小型桡足类、夜光虫、尾虫类、纽鳃樽类（Salpa）为食，进一步生长后则以糠虾、磷虾类、沙丁鱼幼体为食（落合明，1986）。

东海鲐在夏、秋季都有摄食现象，最大摄食强度都可达到 4 级，但相对来说，秋季鲐胃饱满度高一些（郑元甲等，2003）。

17.1.1.4 渔业利用

自 20 世纪 60 年代中国机轮围网试验成功以后，东海鲐产量从 70 年代起迅速上升，80 年代以后，随着近海底层鱼类资源的衰退，鲐也成了底拖网渔船的兼捕对象，2001—2009 年，中国东海鲐的产量为 17.3×10^4~29.2×10^4 t（本章中东海各鱼种的产量均为上海市和江苏、浙江及福建三省产量的合计数），黄海区（北方三省一市）的鲐产量也从 20 世纪 80 年代的 3×10^4 t 左右，至 2001—2009 年提高到 8.7×10^4~25.2×10^4 t，已成为中国主要的经济鱼种之一，在中国的海洋渔业中具有重要地位。

17.1.2 鲹类[*]

鲹类属鲈形目，鲹科，主要分布于印度洋、太平洋、大西洋热带和亚热带水域，也可随暖流到达纬度较高的海区，多数种类为中上层洄游性鱼类，是拖、围网作业的主要捕捞对象。中国沿海的鲹类约有 64 种，以蓝圆鲹的渔获量最高，兼捕的种类有竹荚鱼、颌圆鲹、丽叶鲹、脂眼凹肩鲹、大甲鲹等，但在"东海专项补充调查"中，竹荚鱼渔获量占鲹类的 92.6%，居首位（关于它的种群和数量分布等详见郑元甲等，2003），蓝圆鲹为 4.8%，居第

[*] 执笔人：严利平

二。这里把蓝圆鲹作为鲹类的代表鱼种进行阐述。

蓝圆鲹（*Decapterus maruadsi*）隶属于鲈形目（Perciformes）、鲹科（Carangidae）、圆鲹属（*Decapterus*），为近海、暖水性、中上层鱼类，有时也栖息于近底层，底拖网全年均有渔获。在中国南海、东海、黄海均有分布，以南海数量为最多，东海次之，黄海很少，1999 年广东省蓝圆鲹的海洋捕捞年产量就有 18.7×10^4 t。20 世纪 60 年代以来，随着群众灯光围网渔业的兴起，蓝圆鲹在东海的渔获量迅速上升，20 世纪 80 年代以后又对它加强利用，如今，蓝圆鲹已经成为各种渔业兼捕对象之一。1991—2000 年东海蓝圆鲹平均年渔获量为 21×10^4 t，2001—2009 年中有 5 年达 30×10^4 t 以上，在东海海洋渔业中占有重要的地位。

17.1.2.1　种群与洄游

1）种群

根据国内外学者（山田梅芳等，1986；汪伟洋等，1987；赵传缃等，1990）的研究，东海的蓝圆鲹有三个种群，即九州西岸种群、东海种群和闽南—粤东种群（简称闽粤种群）。

2）洄游

东海种群的蓝圆鲹，有两个越冬场：一个在台湾海峡东南部，另一个在台湾北部彭佳屿附近 100～150 m 水深海域。在台湾海峡的鱼群约于 3 月开始向西和东北两个方向作产卵洄游，在闽中、闽东近海的产卵期为 4—7 月，盛产期为 5—6 月。产过卵的亲体和当年生幼鱼均可北上至浙江近海索饵。在台湾北部越冬的鱼群，约于 3、4 月向西至西北方向作生殖洄游，产卵场在浙江近海，产卵期 4—7 月，5 月、6 月为盛期，个别可延长至 9 月，产卵期由南至北逐渐推迟。7—10 月亲鱼和幼鱼集中在浙江北部近海索饵。11 月索饵鱼群向南至西南和东南方向作越冬洄游（农牧渔业部水产局等，1987）。

17.1.2.2　数量分布

1998—2000 年间的四季调查，蓝圆鲹的重量资源密度指数以秋季为最高（0.85 kg/h），其次为夏季（0.55 kg/h），其余依次为春季（0.07 kg/h）和冬季（0.001 kg/h）；而尾数资源密度指数以夏季为最高（39 ind./h），但平均个体最小，其次为秋季（11 ind./h）。

就蓝圆鲹分布区域而言，春季以闽中—闽南渔场的分布最为密集（0.47 kg/h，24 ind./h）；夏季以鱼山—闽东渔场的分布数量最多（1.58 kg/h，114 ind./h）；秋季以长江口—舟山渔场的分布最为密集（6.76 kg/h，88 ind./h）；冬季，仅在长江口—舟山渔场有分布（0.007 kg/h，0.33 ind./h）。

17.1.2.3　渔业生物学

1）群体组成

1998—2000 年的生物学测定结果，蓝圆鲹叉长为 100～217 mm，平均叉长 163 mm，优势叉长组为 110～140 mm（幼鱼）和 160～190 mm（成鱼），分别占 13.8% 和 65.0%。平均叉长以春季为最大，夏季最小。

2）叉长与体重的关系

$$W = 9 \times 10^{-6} L^{3.082} \cdots \qquad (R^2 = 0.978, \ N = 136 \ 尾) \qquad (17.1)$$

式中：

    W——体重/g；

    L——叉长/mm。

3）繁殖

东海种群：浙江北部近海秋汛蓝圆鲹性腺成熟度绝大多数为 I 期和 II 期。闽东渔场冬汛以 II 期占绝大多数，少数出现 III 期。闽中、闽东渔场春汛，4 月份以 III 期和 IV 期为主，5—6 月份均以 IV 期为主，7 月份以 II 期和 VI 期为主，且在 5—7 月份均有 V 期的亲鱼被渔获（汪伟洋等，1987）。

闽粤种群：闽粤种群蓝圆鲹性腺成熟度分布，周年以 II 期出现时间最长，各月均有分布，而以 8 月至翌年 1 月份为多，均占绝对优势；III 期除 10 月份外，其他 11 个月均有出现，而以 2—7 月份所占比例较大；IV 期出现于 12 月份至翌年 8 月份，以 IV ~ VI 期居多；V 期和 VI 期分别出现于 2—8 月份和 3—9 月份。V 期和 VI 期样品少的原因与蓝圆鲹产卵时不趋光和产卵后分散离开作业区，往深水索饵育肥有关（汪伟洋等，1987）。

4）摄食

东海种群：蓝圆鲹属广食性鱼类。浙江北部近海索饵鱼群的饵料生物种类包括 10 余类，其中，以磷虾类（太平洋磷虾和宽额假磷虾）和毛颚类（箭虫）为最主要，其次为翼足类、端足类和其他鱼类，还有桡足类、十足类（细螯虾）、头足类、短尾类、口足类、瓣鳃类幼虫、等足类和长尾类等。闽中、闽东渔场产卵群体的主要饵料有：桡足类、圆腹鲱幼鱼、端足类、腹足类、十足类和磷虾类，其次是浮游幼虫、被囊类、多毛类、毛颚类、水母类、硅藻类和原生动物，还有枝角类和双壳类为偶然性饵料（汪伟洋等，1987）。

闽粤种群：蓝圆鲹对饵料选择性不大，在不同时间和不同海区，饵料组成常有不同，常随着海区饵料生物优势种类的变化而变化。饵料组成主要有犀鳕、鳀科幼鱼、桡足类、翼足类、毛颚类、端足类、糠虾类和短尾类等。其中，成鱼以犀鳕、小型鱼类和翼足类为主；幼鱼则以桡足类、小型鱼类、端足类、毛颚类和仔虾居多（汪伟洋等，1987）。

17.1.2.4 渔业利用

东海 1980—1985 年蓝圆鲹的年产量波动于 $3.5 \times 10^4 \sim 6.9 \times 10^4$ t。20 世纪 80 年代中期起，一方面由于底层主要鱼类资源衰退后加强了对蓝圆鲹的利用；另一方面作业渔场在不断扩大，蓝圆鲹的年产量开始逐年增加，1987 年达 15.3×10^4 t，1988—1991 年为 $10.3 \times 10^4 \sim 19.8 \times 10^4$ t，1992—2002 年在 20×10^4 t 上下波动，2003—2009 年达 $28.0 \times 10^4 \sim 36.3 \times 10^4$ t。

从产量变动趋势和生物学状况等分析，蓝圆鲹的资源状况目前尚属良好，但应注意降低对幼鱼的利用。

17. 1. 3　银鲳[*]

银鲳（*Pampus argenteus*）的分类地位、生态类型、分布海域及其种群划分，在黄海篇中的该条目里已有表述，这里不再重复。在东海，银鲳还俗称：车片鱼、平鱼等，是流刺网的专捕对象，也是定置网、张网、底拖网和围缯网的兼捕对象。

17. 1. 3. 1　洄游

东海北部外海越冬的东海种群，一般自 4 月开始，随暖流势力的增强向西—西北方向移动，4 月上、中旬，舟山渔场和长江口渔场鱼群明显增多，此后鱼群迅速向近岸靠拢，分别进入大戢洋和江苏近海产卵。温台外海的越冬鱼群，洄游于浙闽近海诸产卵场和越冬场之间，其产卵洄游的北界一般不超过长江口。一般来说，银鲳产卵后在产卵场及其邻近海区索饵。10 月以后，随着近岸水温的下降，鱼群渐次游向各自的越冬场进行越冬（农牧渔业部水产局等，1987）。

17. 1. 3. 2　数量分布

1998—2000 年间的四季调查，银鲳重量资源密度指数春季最高（1.40 kg/h），以长江口—舟山渔场最高（3.996 kg/h），秋季居次（1.15 kg/h），以长江口—舟山渔场最高（5.18 kg/h），夏季较低（0.78 kg/h），以吕泗—大沙渔场最高（7.29 kg/h），冬季最低（0.44 kg/h），以吕泗—大沙渔场最高（1.70 kg/h）。

17. 1. 3. 3　渔业生物学

1）群体组成

据记载，1979 年群体年龄组成为 1～7 龄；1982 年的年龄结构由 1～5 龄鱼组成，其中，2 龄鱼占优势，约占 60%，1 龄鱼占 24%，平均体长为 197.7 mm，平均年龄为 1.94 龄。到1990 年年龄结构降为由 1～4 龄鱼组成，1 龄鱼占 68%，2 龄鱼占 27%，群体平均体长减小到180.5 mm，平均年龄降为 1.37 龄（罗秉征等，1993）。1997—2000 年群体的平均体长已减小到 147.8 mm（郑元甲等，2003），较 1990 年又有了更大幅度的下降。可见，自 20 世纪 80 年代以来银鲳的种群结构发生了较大的变化。

2）繁殖

据 1998 年春季调查取样，性腺成熟度组成比例为 Ⅴ 期占 4.6%、Ⅳ 期占 14.5%、Ⅲ 期占44.4%，性腺成熟度较高的群体主要分布于长江口渔场、舟山渔场、江外渔场、舟外渔场海域；而 1999 年夏季调查取样测定的结果显示，性腺成熟度较高的银鲳群体主要分布于吕泗渔场和大沙渔场海域。可见，各产卵场的主要产卵期随纬度的增高而推迟，东海群系银鲳的产卵期与历史记载的每年 4—6 月基本相符。

3）摄食

据赵传絪等（1990）记载，银鲳的饵料以幼鱼和底栖长尾类为主，大型浮游动物如水

---

　　[*] 执笔人：李建生

母、糠虾等甚至硅藻和小型桡足类也在摄食之列。产卵期内一般不摄食，空胃率在95%以上，1级、2级者仅有少量出现。据杨纪明（2001）对银鲳食性研究的结果，其主要营浮游动物食性，摄食种类主要有水母类、涟虫类、小拟哲水蚤、真刺唇角水蚤和细拟长脚虫戎等。

17. 1. 3. 4　渔业利用

近20年来，东海鲳鱼（含灰鲳）的年产量虽然呈连续上升的趋势，1999—2009年达$21.1 \times 10^4 \sim 23.7 \times 10^4$ t，但其资源状况却并不容乐观。从"东海专项补充调查"的结果来看，鲳鱼的年龄、长度组成、性成熟等生物学指标均逐渐趋小，一方面说明对其补充群体的捕捞量明显过度，另一方面说明鲳鱼已处于生长型过度捕捞状态之中。

17. 1. 4　蓝点马鲛[*]

蓝点马鲛（*Scomberomorus niphonius*）的分类地位、生态类型、分布海域及其种群划分，在渤海篇中的该条目里已有表述，这里不再重复。

17. 1. 4. 1　洄游

在东海，有2个蓝点马鲛的越冬场：一个在浙江中部近外海至闽南渔场水深80 m左右海域；另一个为沙外、江外渔场水深80～100 m一带海区。位于东海中南部的越冬鱼群，每年3月，鱼群陆续由南向北和从外海向浅海近岸作生殖洄游，相继到达浙江、上海和江苏南部沿海河口、港湾、海岛周围海区产卵，主要产卵场分布在禁渔区线以内海区，产卵期形成沿海马鲛鱼春汛，从标志放流重捕资料证实，其中有一部分鱼群可北上至黄海、渤海产卵。产卵后鱼群分散于产卵场附近海域索饵。秋后，索饵鱼群向外海深处洄游，12月至翌年1月相继回到越冬场越冬。位于沙外、江外渔场的越冬鱼群也于3月向西和西北作产卵洄游，其中，一部分鱼群到黄海的吕泗和海州湾产卵，另一部分鱼群向黄海、渤海洄游。

17. 1. 4. 2　数量分布

蓝点马鲛平均资源密度指数最高的是江外—舟外渔场，为7.90 kg/h；其次是沙外渔场、长江口—舟山渔场、鱼山—闽外渔场、吕泗—大沙渔场以及鱼山—闽东渔场，资源密度指数为0.13～0.36 kg/h；闽中—闽南渔场最低，只有0.006 kg/h。

各季度资源密度指数分布不均匀。春季蓝点马鲛主要出现在东海北部外海，以江外—舟外渔场的10.83 kg/h为最高。其次是沙外渔场、鱼外—闽外渔场和鱼山—闽东渔场，为0.36～0.20 kg/h。长江口—舟山渔场最低，仅为0.05 kg/h。其他区域未有蓝点马鲛出现；在夏季调查中，蓝点马鲛只在闽中—闽南渔场出现，为18尾幼鱼。夏季的平均资源密度指数和平均资源尾数密度均为全年最低；秋季蓝点马鲛的分布范围比较分散，近海海域的资源密度指数要高于外海海域，其中，以吕泗—大沙渔场的资源密度指数最高，为0.17 kg/h；长江口—舟山渔场、沙外渔场、鱼山—闽东渔场几个区域相接近，为0.05～0.09 kg/h。在本次调查中，其他区域未出现蓝点马鲛；冬季以长江口—舟山渔场的资源密度指数最高，达1.30 kg/h，其次是江外—舟外渔场的1.1 kg/h，其余依次为沙外渔场的0.83 kg/h、鱼山—闽东渔场的0.20 kg/h以及鱼外—闽外渔场的0.04 kg/h。

---

[*]　执笔人：张寒野

17.1.4.3　渔业生物学

1）群体组成

春季、秋季和冬季的渔获个体较大，体长范围为 407～451 mm，基本以成鱼为主。夏季渔获的个体均为幼鱼。根据调查取样测定的 130 尾标本计算出体长（mm）与体重（g）关系表达式为：

$$W = 1.494\,0 \times 10^{-6} L^{3.268\,2} \quad (r = 0.981\,9)。$$

2）繁殖

蓝点马鲛属分批产卵类型。20 世纪 70 年代末，成鱼雌、雄个体的性成熟时间有很大差异，雌性的性成熟年龄一般比雄性推迟一年左右。过度捕捞使群体组成小型化，性成熟提早，当前产卵群体以 1 龄鱼为主体。雌、雄 2 龄已全部成熟，而在 1 龄鱼中，除春汛极少部分体重在 250 g 左右的小型鱼性腺没有发育外，其他全部性成熟。个体绝对怀卵量为 80×10^4～120×10^4 ind.，随年龄的增大而增加（邓景耀等，1991）。

3）摄食

蓝点马鲛的摄食强度有明显的季节变化，春季的摄食强度最低，0 级占 72%，3～4 级仅占 8%；秋季摄食强度最高，3～4 级为 45%，0 级仅占 3%；夏季和冬季摄食强度均较低，夏季空胃达 22%，3～4 级为 36%，而冬季空胃达 42%，3～4 级为 24%。

据邓景耀等（1991）记载，蓝点马鲛是一种肉食性的凶猛鱼类，主要饵料为一些小型鱼类，以及数量较少的头足类和甲壳类等，鳀是其常年摄取的主要种类。

17.1.4.4　渔业利用

东海近 30 年来蓝点马鲛的海洋捕捞产量基本呈稳步上升趋势，从 20 世纪 80 年代初的不足 1×10^4 t 上升到 1997 年的逾 8×10^4 t，1998 年至 2002 年达到历史最高点，维持在 14×10^4～15×10^4 t 的水平。但从 2003 后，产量略有回落，已连续 3 年保持在 8×10^4～9×10^4 t，2007—2009 年为 12×10^4 t 左右。

近年来，东海蓝点马鲛的产量虽仍保持稳定，但其单位产量明显降低，主要作业渔场范围缩小，渔获物趋于小型化，资源状况不容乐观，已处于生长型过度捕捞之中，主要是由于捕捞强度过大，过量捕捞产卵亲体，大量损害幼鱼造成的。

17.1.5　鳓*

鳓（*Ilisha elongata*）隶属于鲱形目（Clupeiformes）、鲱科（Clupeidae）、鳓属（*Ilisha*）。在东海，渔民俗称：曹白鱼、扁鱼、白力鱼、长鳓等。它为暖水性、中上层鱼类。广泛分布于印度洋和太平洋西部，在渤海、黄海、东海、南海均有分布，其中以东海的数量为最多，常年都可捕获。

---

* 执笔人：张辉

17. 1. 5. 1 洄游

鳓从黄海的海州湾至东海厦门附近海域都有分布。它平时栖息在近海，生殖季节游向近岸，其越冬场主要分布于大沙渔场、江外和舟外渔场以及浙闽近海。在大沙渔场的越冬群体，约于5月中下旬进入海州湾南部近岸产卵，产卵期为5—6月，7—12月，产卵后的产卵亲体和幼鱼均游向江苏北部近海索饵。在江外和舟外渔场的越冬群体，约于4月分别向西和西北两个方向作产卵洄游，产卵期为5—7月上旬，7—12月，产卵亲体和幼鱼均游向江苏南部近海索饵。在浙闽近海的越冬群体，约于4月向福建、浙江沿岸作产卵洄游，产卵期为4—6月，产卵盛期在5月，7—11月，产卵亲体和幼鱼均游向浙南近海和外海索饵。秋末、冬初，以上各索饵群体陆续返回各自的越冬场（农牧渔业部水产局等，1987；张秋华等，2007）。

17. 1. 5. 2 数量分布

1998—2000年间的四季调查，鳓的重量资源密度指数和尾数资源密度指数均以秋季最大（1.42 kg/h，18 ind./h），其余依次为夏季（0.495 kg/h，4.5 ind./h）、春季（0.15 kg/h，2 ind./h）和冬季（0.023 kg/h，1 ind./h）。

就分布而言，春季，以温台渔场的重量资源密度指数最高（0.115 kg/h），尾数资源密度指数以长江口—温台渔场最高（2 ind./h）；夏、秋季，重量资源密度指数和尾数资源密度指数均以温台渔场为最高，依次为0.495 kg/h，4.5 ind./h和0.64 kg/h，14 ind./h；冬季，以长江口渔场的分布最为密集（0.023 kg/h，1 ind./h）。

17. 1. 5. 3 渔业生物学

1）群体组成

2000—2011年的"东海区渔业资源大面积定点监测调查"，鳓的叉长、体重范围，春季分别为163～220 mm、42～110 g，夏季分别为50～235 mm、4～137 g，秋季分别为113～266 mm、190～211 g，冬季分别为168～288 mm、52～260 g。

1978年，鳓群体的年龄组成为1～9龄，以2、3龄为主，平均年龄为2.46龄，平均叉长为326 mm。1980年以后，鳓的群体结构逐渐趋于低龄化、小型化，1983年鳓的年龄组成为1～4龄，1龄鱼比例从1978年的7.2%提高到1983年的38.3%，3、4龄鱼比例从26.9%和7.5%下降至10.7%和0.6%，平均年龄、平均叉长也分别降至1.7龄、278 mm（农牧渔业部水产局等，1987）。从舟山近海鳓的产卵群体来看，1959—1961年，其优势叉长组为360～480 mm，平均叉长为418 mm；2002—2003年，其优势叉长组降为290～350 mm，平均叉长降为326 mm（张秋华等，2007）。

2）叉长与体重的关系

据农牧渔业部水产局等（1987）的资料，鳓鱼叉长（mm）与体重（g）的关系为：
$$W = 9.1 \times 10^{-6} L^{3.000553} \qquad (R = 0.992，N = 650)。$$

3）繁殖

鳓的性腺成熟系数，以5月为最高，6月次之，7月后产卵活动结束，性腺成熟系数骤然下降。3 月，鳓的性腺成熟度以Ⅱ期为主，有部分Ⅲ期个体；4 月，以Ⅲ期为主，有少量的Ⅵ期个体；5 月，以Ⅳ期和Ⅴ期个体为主，有少部分Ⅵ期个体；6 月，仍以Ⅳ期和Ⅴ期个体为主，有一定数量的Ⅵ期个体；7 月，主要以Ⅵ期为主，但仍有部分Ⅳ期和Ⅴ期的个体；8 月，基本是产过卵的Ⅵ期（张秋华等，2007）。鳓性成熟的最小叉长，雌雄分别为 280 mm 和268 mm（农牧渔业部水产局等，1987）。

鳓的个体繁殖力不大，1981—1983 年的拖网资料显示，叉长在 280～520 mm 的个体，繁殖力范围为 $3.96 \times 10^4 \sim 19.73 \times 10^4$ 粒，平均为 8.38×10^4 粒。陈必哲等（1994）[*] 的研究发现，厦门近海鳓的个体绝对生殖力为 $2.26 \times 10^4 \sim 26.22 \times 10^4$ 粒，平均为 8.03×10^4 粒。2002—2003 年，浙江舟山近海鳓的产卵个体的绝对生殖力为 $2.49 \times 10^4 \sim 24.25 \times 10^4$ 粒，平均为 6.91×10^4 粒。鳓一般在小潮汛期间集成大群，起浮于水面或中层产卵，产卵场水质混浊，透明度不超过 1 m，盐度较低，产卵时间多在黎明和黄昏（张秋华等，2007）。

4）摄食

鳓属广食性的鱼类，摄食活动以黄昏和黎明时最频繁。产卵期间基本不摄食，直到产卵后期才开始慢慢恢复摄食（张秋华等，2007）。饵料生物种类共计有 15 类，31 种，以头足类为主，其次依次为长尾类、鱼类、糠虾类、毛颚类、磷虾类、端足类、口足类、枝角类、桡足类、腹足类、水母类、多毛类和瓣鳃类。在这些饵料生物中，游泳动物占 32.1%，浮游生物占 34.8%，底栖生物占 33.1%。不同叉长组的鳓，其主要饵料生物也有所不同，叉长小的个体食浮游动物（箭虫、桡足类等）较多，叉长大的则以食底栖生物为主（农牧渔业部水产局等，1987）。

17.1.5.4 渔业利用

在东海，鳓是重要的经济鱼类之一，捕捞渔具主要为流刺网，拖网也有所兼捕。由于捕捞过度和沿岸水域污染等原因，至 20 世纪 80 年代中期，鳓的资源不断衰退，90 年代，特别是自 1995 年实行伏季休渔以来，鳓的资源量有所上升，东海区的年渔获量又恢复到了 2×10^4 t 以上。但从渔获物的群体组成来看，多为补充群体，小型化趋势十分明显。鳓已属于资源严重衰退的中上层鱼类，今后应加强渔业管理（张秋华等，2007）。

17.2 底层鱼类

17.2.1 带鱼[**]

带鱼（*Trichiurus japonicus*）的分类地位、生态类型、分布海域以及种群划分，在黄海篇中的该条目里已有表述，这里不再重复。带鱼是东海最重要的鱼种之一，在中国渔业中占有重要地位。

17.2.1.1 洄游

在东海中北部越冬的带鱼，其越冬场主要位于 30°N 以南的浙江中南部外海，水深为

---

[*] 陈必哲，张澄茂，张壮丽 . 1994. 厦门近海鳓鱼生殖群体监测调查 . 全国"近海渔业资源监测研讨会论文".
[**] 执笔人：林龙山，胡芬

40～100 m 的海域，越冬期为 1—3 月。春季，随水温的回升，越冬鱼群逐渐集群向近海靠拢，并陆续向北移动进行生殖洄游，5 月起鱼群集聚密度增大，经鱼山进入舟山渔场及长江口渔场进行产卵活动，8 月起产卵鱼群数量明显减少。20 世纪 90 年代以来，产过卵的鱼群大部分停留在产卵场附近海域进行索饵，部分鱼群继续北上。8—10 月分布在东海北部至黄海南部海域索饵。之后，随着水温的下降，带鱼开始南下，从嵊山岛至大陈岛海区形成冬季带鱼汛。但是，从 90 年代末期以来，冬季带鱼汛的汛期不如以前显著，渔期也大为缩短，11 月以后，鱼群分期分批游向越冬场；分布在福建和粤东近海的越冬带鱼在 2—3 月就开始北上，在 3 月就有少数鱼群开始产卵繁殖，产卵盛期为 4—5 月，产卵后进入浙江南部海域，并随台湾暖流继续北上，分散在浙江近海索饵；分布在闽南—台湾浅滩一带的带鱼，不作长距离的洄游，仅随季节变化作深、浅水间的东西向移动（郑元甲等，2003；唐启升等，2006）。

17.2.1.2 数量分布

1998—2000 年间的四季调查，带鱼资源密度指数较高的有长江口—舟山渔场、沙外渔场、鱼山—闽东渔场、江外—舟外渔场，平均资源密度指数为 7.92～18.65 kg/h，其次为鱼外—闽外渔场、吕泗—大沙渔场和闽中—闽南渔场，为 4.18～5.85 kg/h。但各季节的分布有差异，其中，春季在闽中—闽南渔场的平均资源密度指数最高，为 8.36 kg/h，其次为鱼山—闽东渔场、沙外渔场和江外—舟外渔场，为 2.23～4.51 kg/h，其他渔场仅为 0.26～0.76 kg/h；夏季在长江口—舟山渔场的平均资源密度指数最高，为 43.07 kg/h，其次为吕泗—大沙渔场和鱼山—闽东渔场，分别为 16.80 kg/h 和 14.09 kg/h，其余仅为 2.15～9.22 kg/h；秋季平均资源密度指数较高的有鱼外—闽外渔场、长江口—舟山渔场、沙外渔场和江外—舟外渔场，其值为 10.20～21.51 kg/h，其余渔场仅为 1.06～5.82 kg/h；冬季在沙外渔场的平均资源密度最高，为 8.61 kg/h，其次为长江口—舟山渔场和江外—舟外渔场，平均资源密度指数分别为 7.44 kg/h 和 7.04 kg/h，其余渔场仅为 0.04～2.89 kg/h。另外，各季节带鱼总站位平均资源密度指数：春季为 3.03 kg/h，夏季为 13.45 kg/h，秋季为 10.20 kg/h，冬季为 5.24 kg/h（郑元甲等，2003）。

17.2.1.3 渔业生物学

1）群体组成

由于海洋"四大渔业"中大黄鱼和日本无针乌贼资源于 20 世纪 70—80 年代先后衰竭，对带鱼的捕捞力量不断增加，高强度的捕捞压力使得东海带鱼渔获物个体逐渐变小，渔获物中幼鱼比例不断提高，平均年龄逐年变小，东海带鱼平均肛长已从 1963 年的 256.48 mm 减小到 1983 年的 226.29 mm，到 2003 年只有 186.76 mm（林龙山等，2008）；夏秋季带鱼渔获物平均年龄从 20 世纪 60 年代初的 2.08 龄减小到 80 年代的 1.84 龄，到 90 年代末只有 1.29 龄（郑元甲等，2003）。

2）生长与死亡

带鱼由于长年受高强度捕捞压力的作用，内部生长特征已发生改变，生长速度加快，捕捞死亡系数和总死亡系数逐年增大，东海带鱼生长曲率 k 值由 1963 年的 0.27，逐步增大至 1983 年的 0.31 和 2003 年的 0.46（林龙山等，2008），捕捞死亡系数从 1963 年的 1.01、1983

年的 2.09，增大至 2003 年的 2.52，总死亡系数也从 1963 年 1.45 增大至 1983 年的 2.53 和 2003 年的 2.90，呈现快生长高死亡状态。

3）繁殖

带鱼属于多次排卵类型鱼类，产卵期比较长，早的在 3—4 月开始排卵，个别晚的延续至 10 月以后，产卵盛期为 5—7 月，大约 2 个月时间，产卵场范围分布比较广，从福建沿海到浙江近外海均有分布（郑元甲等，2003）。由于东海水温随全球气候温暖化而提高以及过度捕捞等人为因素的影响，带鱼最小性成熟肛长变小，性成熟呈逐渐提前的趋势，带鱼性腺成熟度达 III 期以上个体的平均肛长已从 1963 年的 266.5 mm，下降到 1983 年的 217.4 mm，而 2003 年仅为 202.3 mm（林龙山等，2008）。初次性成熟的最小肛长也比 20 世纪 60 年代小 60 mm 左右（郑元甲等，2003），但同年龄、同一体长组的带鱼个体平均绝对繁殖力比过去均有所提高（凌建忠等，2005）。

4）摄食

带鱼属广食性凶猛鱼类，摄食对象很广，摄食对象包括鱼类、长尾类、头足类、磷虾类、口足类、端足类、糠虾类等，其食性因不同生长阶段具有转换和就地摄食的特点（郑元甲等，2003）。最新研究表明，东海带鱼全年摄食的饵料种类数共有 60 余种，鱼类和甲壳类为其主要饵料类群，相对重要性指标最高的饵料是带鱼，其次为磷虾、糠虾、刺鲳、七星底灯鱼等；但各季节主要饵料组成不同，其中，春季以细条天竺鲷、磷虾和带鱼为主，夏季以带鱼、磷虾、糠虾和刺鲳为主，秋季以口足类幼体、七星底灯鱼和竹䇲鱼为主，冬季以带鱼、七星底灯鱼、小带鱼和糠虾为主；各季节摄食强度的变化并不明显，但同类相食即大的带鱼摄食小带鱼现象非常明显（林龙山等，2005）。

17.2.1.4 渔业利用

带鱼是中国主要的经济鱼类之一，对东海渔业生产的经济效益有着举足轻重的影响。尽管全国带鱼产量在 20 世纪 70 年代后期至 80 年代的产量有所下降，但 90 年代以来又呈上升趋势，特别是 1995 年全国产量达 100×10^4 t 以后，2001—2009 年其产量维持在 117×10^4 ~ 142×10^4 t 的历史高水平，其中，东海产量在 64×10^4 ~ 89×10^4 t，也处在历史高位。

但是，近年来的渔获物个体明显表现为低龄化和小型化，生长型捕捞过度现象十分显著，高龄鱼数量减少，低龄鱼比重日益增多，群体比例关系严重失调，带鱼群体结构日趋不合理。另外，带鱼性成熟逐渐提早和个体初次性成熟的最小肛长趋小，并出现产卵期延长，产卵场分散以及产卵场位置向外扩展等情况，这些现象均表明带鱼资源已遭受严重破坏（郑元甲等，2003；密崇道，1997；徐汉祥等，2003）。

17.2.2 小黄鱼[*]

小黄鱼（*Larimichthys polyactis*）的分类地位、生态类型、分布海域及其种群划分，在黄海篇中的该条目里已有表述，这里不再重复。

17.2.2.1　洄游

东海的小黄鱼含括南黄海群系和东海群系。南黄海群系的主要产卵场在吕泗外海、长江口的佘山洋、大戢洋等海域，其主要越冬场在江外和舟外渔场，而吕泗外海的部分产卵亲体来自济州岛西部越冬场。春季随着水温上升，4—5月到产卵场产卵，形成小黄鱼的春汛，产卵后鱼群分散索饵，从10月下旬开始索饵鱼群向越冬场洄游，越冬期为1—3月；东海群系的产卵场分布在福建北部至浙江中南部沿海，主要越冬场在浙江中南部近外海，3—5月到沿岸进行产卵，产卵期从南向北逐渐推迟，形成浙江近海春汛，产卵后鱼群就近或向外分散索饵，11月前后随水温下降向东南方向进行越冬洄游（农牧渔业部水产局等，1987；郑元甲等，2003；唐启升等，2006）。但据最新研究表明，目前小黄鱼产卵场范围较过去有所扩大，外海海域也有产卵场分布，表明部分小黄鱼未进行长距离产卵洄游，而是直接在外海海域进行产卵（林龙山等，2008）。

17.2.2.2　数量分布

1998—2000年间的四季调查，小黄鱼平均资源密度指数较高的有吕泗—大沙渔场、长江口—舟山渔场、沙外渔场和江外—舟外渔场，为2.72~15.38 kg/h，其他渔场仅为0.23 kg/h和0.03 kg/h。但各季节有差异，春季在吕泗—大沙渔场最高，为10.68 kg/h，其次为长江口—舟山渔场、江外—舟外渔场和沙外渔场，分别为6.55 kg/h、2.08 kg/h和1.86 kg/h；夏季在吕泗—大沙渔场最高，为32.35 kg/h，其次为江外—舟山渔场，为3.15 kg/h；秋季在吕泗—大沙渔场最高，为10.69 kg/h，其次为沙外渔场、长江口—舟山渔场、江外—舟外渔场为2.53~5.81 kg/h；冬季在江外—舟外渔场最高，为3.83 kg/h，其次为沙外渔场，为1.82 kg/h。另外，小黄鱼总站位资源密度指数春季平均为1.97 kg/h，夏季平均为2.73 kg/h，秋季平均为2.70 kg/h，冬季平均为1.17 kg/h（郑元甲等，2003）。

17.2.2.3　渔业生物学

1）群体组成

20世纪80年代以后，由于东海捕捞强度不断增加和捕捞网具网目规格日趋小型化，东海小黄鱼渔获物逐渐变小，幼鱼比例提高，渔获物年龄组成日趋简单，平均体长已从1963年的224.23 mm减小到1983年的152.31 mm，到2001年只有120.97 mm，平均年龄从1963年的5.66龄减小到1983年的1.99龄，到2001年只有0.923龄（林龙山等，2004）。

2）生长与死亡

海洋捕捞压力的加大和海洋环境的改变，已经导致当前小黄鱼生长速度加快，特别是性成熟前的生长速度加快尤其明显，东海小黄鱼生长曲率 k 值由1963年的0.24，逐步增大至1983年的0.44和2001年的0.55。另外，小黄鱼生长拐点年龄逐渐变小，1963年、1983年和2001年分别为3.80龄、1.95龄和1.67龄。与此同时，小黄鱼总死亡率呈现不断增高趋势，1963年仅为0.151，到1983年变为0.334，2001年达到0.520（林龙山等，2004）。

3）繁殖

相关研究结果表明，东海性成熟度在Ⅲ期以上小黄鱼的个体平均体长，1963年为

246.2 mm，1983 年降为 173.6 mm，到 2001 年仅为 123.4 mm，表明东海小黄鱼性成熟年龄显著提早（林龙山等，2004）。与此同时，东海小黄鱼绝对繁殖力已经降低，绝对繁殖力平均由 1960 年的 111 649 粒（体长范围为 240～250 mm）降至目前的 15 676 粒（体长范围为 110～172 mm），但相对繁殖力有所提高，单位体重相对繁殖力（FW）由 1961 年的 300 粒/g（邱望春，1962）升至目前的 360 粒/g，卵径变小，卵径平均大小由 1960 年 1 mm 以上（赵传细，1962）下降为目前的 0.809 mm。这些生物学的显著变化既是小黄鱼对环境适应性提高的表现，也是其资源为延续种群所采取的一种生存策略（林龙山等，2008）。

4）摄食

小黄鱼为广食性鱼类，终年摄食，摄食方式是吞食兼滤食，食物组成与海区、季节、潮汐和鱼类不同的生活阶段有关。东海小黄鱼食物种类包括甲壳类、鱼类、毛颚类和头足类，其中，甲壳类（以糠虾类和磷虾类为优势种）为一年四季中最主要摄食种类，其比例超过 50%，其次为鱼类。依据食物重量和尾数的相对重要性指标（IRI）分析，甲壳类中以长额刺糠虾、中华假磷虾、脊腹褐虾、鹰爪虾和口虾姑为主要饵料；鱼类以七星底灯鱼、六丝钝尾鰕虎鱼、蓝圆鲹、细条天竺鲷、发光鲷和矛尾鰕虎鱼为主要饵料（林龙山，2007）。

17.2.2.4 渔业利用

从 20 世纪 80 年代末期以来，小黄鱼资源逐渐恢复，渔业产量不断上升，全国渔业产量从 2×10^4 t 到 2004—2009 年均逾 30×10^4 t，其中，2000—2009 年东海产量维持在 11×10^4～16×10^4 t，渔业产量处在历史高位，但与此同时，其渔获物个体小型化、低龄化达到历史最低水平，与 20 世纪 50—60 年代资源良好时期年平均年龄为 4～6 龄相比，差距甚大，90 年代以来其渔获物年龄组成不超过 3 个龄组，平均年龄在有些年份甚至低于 1 龄（林龙山等，2004），小黄鱼渔业资源利用长年处在生长型捕捞过度状态之中，资源结构相当脆弱，如再不切实降低捕捞强度就可能演变为补充型捕捞过度。

17.2.3 绿鳍马面鲀[*]

绿鳍马面鲀（*Thamnaconus modestus*）隶属鲀形目（Tetraodontiformes）、革鲀科（Aluteridae）、马面鲀属（*Thamnaconus*），为外海性、近底层鱼类，分布于东海、黄海、渤海、日本海、日本东部沿海以及印度洋、非洲西部和南部近海等，以东海的数量为最多。

17.2.3.1 洄游

东海绿鳍马面鲀的种群属于东海、黄海—韩国沿海种群（郑元甲等，1990），其主要越冬场有两处：一是济洲岛以东至对马岛周围海区；二是在东海中、北部外海海区。越冬期均为 12 月至翌年 2 月。每年 2 月末至 3 月初，越冬的鱼群向南至西南方向洄游，3 月份在江外—舟外渔场有时能集大群而形成良好的鱼发。3 月末到 4 月，产卵鱼群先后到达台湾北部至东北部海区进行产卵，产卵后的亲体陆续离开产卵场，向北作索饵洄游，5—7 月在长江口—舟山渔场的外侧至江外—舟外渔场做短暂的停留，有的年份可形成良好的鱼发，如 1974—1977 年的 5 月下半月至 6 月，并且部分鱼群停留在东海北部至黄海南部海区，但主群经黄海

---

[*] 执笔人：郑元甲，周荣康

南部向黄海北部边索饵边洄游，有的可达大连市沿海。10—11 月索饵鱼群陆续从黄海外海向南洄游，11 月末前后回到原来越冬场。此外，该种群还有部分鱼群向黄海北部和韩国南部沿海作产卵洄游。但近年来由于资源严重衰退，洄游规律已不如以前明显。

17.2.3.2 数量分布

1998—2000 年间的四季调查，调查总站位的平均资源密度指数以秋季最高，为 1.424 kg/h，其次为春季和夏季，分别为 0.488 kg/h 和 0.344 kg/h，冬季最低，为 0.05 kg/h，其中，较高的渔场依次为鱼外—闽外渔场、鱼山—闽东渔场和沙外渔场，其平均资源密度指数依次为 3.725 kg/h、0.432 kg/h 和 0.349 kg/h。

按季节分析，春季的分布面较广，共有 6 个渔场有分布，但资源密度指数仅居第二位，较高的渔场为鱼外—闽外渔场（1.062 kg/h）。夏季较高的渔场为鱼山—闽东渔场（0.996 kg/h）。秋季较高的渔场为鱼外—闽外渔场，达 15.458 kg/h，也是调查中最高的记录。冬季较高的渔场为沙外渔场（0.108 kg/h）。

17.2.3.3 渔业生物学

1）群体组成

东海绿鳍马面鲀经过 20 多年的高强度捕捞，群体组成显著小型化。从 1973—1998 年近 8×10^4 尾样品资料中，可以看出渔获群体小型化的 5 个阶段：①1973—1976 年，年平均体长为 194～202 mm，加权平均为 199 mm，这是各阶段中最大的；②1977—1983 年，年平均体长为 180～203 mm，加权平均为 186 mm，比上阶段小了 13 mm；③1984—1989 年，年平均体长为 136～167 mm，加权平均为 158 mm，比第二阶段小了 28 mm；④1990—1993 年，年平均体长为 137～167 mm，加权平均为 152 mm，比第三阶段小了 6 mm；⑤1994—1998 年，年平均体长为 98.9～124 mm，加权平均为 116 mm，比上阶段小了 36 mm。

从第一阶段到第五阶段平均体长共缩小了 83.1 mm，小型化的速度相当快。

2）生长与死亡

由于绿鳍马面鲀资源的衰退，其生长速度明显加快，生长曲率 k 值由 20 世纪 70 年代中后期的 0.141 8（郑元甲，1991）到 90 年代末期升至 0.46（林龙山等，2006），体长和体重极限（L_∞、W_∞）则分别由 380 cm 降至 349 cm 和由 1 143 g 降至 841 g。

由体长与体重的关系式获知，同是 15～20 cm 的中小条绿鳍马面鲀，20 世纪 90 年代末期比 70 年代末期要重 5 g 左右，同是 25 cm 的大条鱼也要重 3 g 多。

捕捞死亡系数从 20 世纪 70 年代的 0.7 以下，到 90 年代增长到 2～7（张秋华等，2007）。

3）繁殖

东海绿鳍马面鲀属分批产卵类型，一年产卵一次。个体绝对生殖力为 5.49×10^4～32.87×10^4 粒，一般为 6.00×10^4～10.00×10^4 粒，随体长和体重的增加而增加，但老龄鱼又稍有下降（密崇道等，1980；郑元甲等，1987）。产卵季节排卵时间为 23 时至翌日 11 时为主，其卵为沉性粘着卵，海藻、贝砾、海绵和珊瑚枝等是其良好的附着物。

随着捕捞强度的加大，繁殖力提高、生长速度加快。雌鱼性腺成熟度系数平均值从 1979

年的 8.16% 到 1982 年上升至 11.34%，雄性也从 1979 年的 6.86% 到 1981 年上升为 7.56%（郑元甲，1991）。东海 1984 年绿鳍马面鲀各龄鱼的逆算体长大多比 1978 年大了 3 ~ 6 mm（詹秉义，1986；钱世勤，1987）。

　　4）摄食

　　据秦忆芹（1987）、朴炳夏（1985）和青山恒雄（1980）的报道，绿鳍马面鲀不管在东海、黄海，还是在日本海和日本西南部太平洋一侧海区，其食性大体相似，一般是以浮游甲壳类为主要对象，同时兼食底栖软体动物和腔肠动物等，是一种杂食性鱼类。

17.2.3.4　渔业利用

　　东海绿鳍马面鲀自 1974 年开发后，东黄海的年产量在 1976—1991 年中除 1979 年、1980 年和 1983 年为 7.8×10^4 ~ 14.0×10^4 t 外，均在 20×10^4 t 以上，其中 1986 年、1987 年和 1989 年均达 30×10^4 t 以上。但自 1992 年起年产量降至 8×10^4 t 以下，其中，1994 年和 1995 年还不足 1×10^4 t，其资源处于严重衰退状态之中。过度捕捞、大量捕捞幼鱼、破坏资源的补充机制、产卵场生态环境遭受损害和绿鳍马面鲀种群数量的变动可能具有长周期变化规律是其资源急剧衰退的主要原因（张秋华等，2007）。

17.2.4　黄鳍马面鲀[*]

　　黄鳍马面鲀（*Thamnaconus hypagyreus*）隶属鲀形目（Tetraodontiformes）、革鲀科（Aluteridae）、马面鲀属（*Thamnaconus*），为暖水性、底层鱼类，广泛分布于东海、南海、日本海南部沿海和澳大利亚。1990 年起成为东海底拖网的主要捕捞对象之一。

17.2.4.1　洄游

　　东海黄鳍马面鲀具有明显的季节性集群移动特点，随生长发育阶段的差异，其洄游群体分为产卵和索饵两个类型。其主要产卵场在钓鱼岛的西部至北部海区及 26°30′ ~ 27°30′N、124°00′ ~ 125°30′E 海域，产卵结束以后，分两股鱼群洄游移动，一股群体停留在产卵场及其附近海域进行索饵活动，另一股分批沿东北方向作索饵洄游，10 ~ 11 月最北可游至 33°N 一带海域。入冬后，这一股鱼陆续向南作越冬洄游，12 月或 1 月与栖息原地的群体汇合一起，一般在 27°30′ ~ 28°30′N、125°30′ ~ 126°30′E 海区形成渔汛。3 月以后大部分鱼群向产卵场洄游，4—6 月两股鱼群又分别回到上述产卵场进行产卵活动。

17.2.4.2　数量分布

　　1998—2000 年间的四季调查，黄鳍马面鲀主要分布于鱼山—闽东渔场和鱼外—闽外渔场，平均资源密度指数分别为 9.08 kg/h 和 1.32 kg/h；江外—舟外渔场居次，为 0.17 kg/h，长江口—舟山渔场、沙外渔场和闽中—闽南渔场只有少量分布。

　　从各季节的平均资源密度指数分布来看，春季以鱼外—闽外渔场最高，为 0.88 kg/h，其次鱼山—闽东渔场为 0.32 kg/h。夏季以鱼山—闽东渔场最高，为 24.72 kg/h，其他依次为鱼外—闽外渔场、江外—舟外渔场和闽中—闽南渔场。秋季的分布最广，以鱼山—闽东渔场最高，为 7.04 kg/h，鱼外—闽外渔场为 1.59 kg/h 居次。冬季以鱼外—闽外渔场最高，为

---

　　[*]　执笔人：李圣法

1.68 kg/h，鱼山—闽东渔场为 0.12 kg/h 居次。从分布水深来看，主要分布于东海南部外海的 100～150 m 水深，呈带状分布（郑元甲等，2003）。

17.2.4.3　渔业生物学

1）体长与体重关系

黄鳍马面鲀的体长和体重范围为 70～120 mm 和 2～130 g，体长和体重的关系式为：
$$W = 1.663\ 5 \times 10^{-5} L^{3.058\ 4} \qquad (R^2 = 0.9382)。$$

2）年龄组成

根据 1998—2000 年的调查资料，黄鳍马面鲀的年龄组成从 1 龄到 7 龄，其中，以 1 龄鱼和 2 龄鱼为主，4 龄以上鱼比例很低。夏季 1 龄鱼的比例近 90%，冬季比例最低也有 62.8%。秋季和冬季 2 龄鱼的比例较高。东海各龄鱼的计算体长和体重如表 17.1 所示。另外，在年龄为 3.5 龄时，其体重生长速度达到最大值。

表 17.1　东海黄鳍马面鲀各龄鱼的计算体长和体重

年　龄	1	2	3	4	5	6	7
体长/mm	102.6	128.6	149.6	166.6	180.3	191.4	200.4
体重/g	20.20	42.5	70.0	99.7	129.3	157.4	183.1

3）繁殖

东海黄鳍马面鲀的性成熟度到 3 月份仍以 Ⅱ 期为主，Ⅲ 期比例有所增加，Ⅳ 期略有出现；4 月 Ⅱ～Ⅵ 期均有出现，Ⅳ 期和 Ⅴ 期为主，极少量达到 Ⅵ 期；5 月份仍以 Ⅳ、Ⅴ 期为主，而 Ⅵ 期有一定的比例；6 月份性腺成熟度大部分恢复为 Ⅱ 期，但也有少量还处于 Ⅴ 期和 Ⅵ 期，属产卵末期；7 月份基本为 Ⅱ 期和 Ⅵ～Ⅱ 期，产卵完全结束。可见，黄鳍马面鲀的产卵期为 4—6 月份。黄鳍马面鲀初次性成熟的最小体长为 93 mm，最小体重为 18 g。

4）摄食

黄鳍马面鲀进入产卵活动之前（2 月、3 月），其摄食强度达最大，2、3 级占 34%～77%，4 级也达 6%～8%，其他月份均无 4 级出现。在产卵期间（4—6 月份），摄食强度降低，2、3 级的比例比二三月下降了 18%～43%，0 级（空胃）百分率由二三月份的 3%～24% 增至 30%～70%。在 11 月至翌年 1 月的越冬期中，2～3 级占到 58% 和 49%，摄食强度较强。

东海黄鳍马面鲀的饵料生物组成为：浮游植物占 2.3%，浮游动物占 61.1%，底栖生物占 20.8%，自游生物占 14.8%，其他占 0.03%，鱼卵和圆筛硅藻也有少量摄食（钱世勤，1998）。

5）生态习性

由调查资料可看出黄鳍马面鲀主要分布海域的水深为 100～150 m，这是受黑潮次表层水影响较大的区域，尤其在具有上升流的涡旋区外缘及大陆架的混合水与其外缘斜坡可能出现的涌升流的前缘区域，容易形成良好的渔场。秋季黄鳍马面鲀中心渔场的底温为 21～22℃、盐度为 34.4 ~ 35、海水密度 $\triangle st$ 为 340 ~ 440；冬、春季渔场的底温为 14 ~ 20℃、盐度为 34.5 ~ 34.8，海水密度 $\triangle st$ 为 270 ~ 290。相比之下，秋季黄鳍马面鲀中心渔场的底温与海水密度均高于冬春秋；适盐范围较接近。

17.2.4.4 渔业利用

东海黄鳍马面鲀自 20 世纪 90 年代被开发利用后，就成为在马面鲀捕捞业中的主捕对象。该鱼的渔获量也逐渐提高，1997 年达 6.3×10^4 t，为历史上的最高水平。1998 年起呈逐渐减少的趋势，资源已过度利用。同时其群体结构也发生了显著的变化，鱼发时间也明显缩短，由 3 ~ 4 个月减至 1 ~ 2 个月，因此必须加强对黄鳍马面鲀资源的养护和管理。

17.2.5 海鳗*

海鳗（*Muraenesox cinereus*）隶属于鳗鲡目（Anguilliformes）、海鳗科（Muraenesocidae）、海鳗属（*Muraenesox*）。俗称：鳗鱼、狗鳗、牙鱼等。它为暖水性、近底层鱼类，广泛分布于非洲东部红海、印度洋北部及西北太平洋的缅甸、马来西亚沿海。中国沿岸均产，主要产区在东海。海鳗是中国重要的经济鱼类之一。

17.2.5.1 洄游

东海海鳗有东海南部和东海中部两个群系。东海南部群系，有两个越冬场：一在台湾海峡以南海区；二是浙江南部外海（与东海中部群系的越冬场相混合）。台湾海峡南部越冬鱼群，3 月开始集群，从闽东渔场向浙江沿海洄游，5—7 月份，鱼群向北到达嵊山海域；浙江南部外海鱼群，3 月以后，随着水温上升，从鱼外、温外渔场水深 100 m 左右向南北麂—鱼山海域移动，5 月到达鱼山列岛东南，与沿岸北上的鱼群汇合向北洄游；同时沿岸鱼群由南向北进行产卵洄游，6—8 月到达吕泗、长江口、嵊泗外侧水深 40 ~ 50 m 处索饵。10 月以后，鱼群从江苏吕泗沿海向南洄游，10—12 月经过长江口、东福山、嵊山、洋鞍、鱼山等海区，形成冬季海鳗生产的主要汛期。1—3 月鱼群返回浙江南部海域和外海越冬场越冬。东海中部群系的越冬场主要分布在 27°30′ ~ 31°00′N，125°00′ ~ 127°00′E 海区，与浙江南部外海鱼群越冬场相混合。3 月开始鱼群在外海集群，4 月鱼群大体上沿 31°N 线左右向近岸移动，5—6 月在海礁、嵊山渔场与东海南部群系沿岸北上的鱼群汇合，并一起向北游动，10—11 月转向东南移动，游向外海越冬场（张秋华等，2007）。

17.2.5.2 数量分布

1998—2000 年间的四季调查，共渔获海鳗 323 尾，重 115.9 kg。海鳗资源密度指数较高的有吕泗—大沙渔场，平均资源密度指数为 1.90 kg/h，其次为鱼山—闽东、长江口—舟山渔场，为 0.26 kg/h 和 0.23 kg/h。但各季节分布有差异，其中，春季仅出现 5 站，13 尾海鳗，重 6.04 kg，其中，10 尾在鱼山—闽东渔场；夏季则主要分布在吕泗——大沙渔场，平均资源密度指数为 4.75 kg/h，其中，位于 32°30′N，123°E 一个站位就采获 110 尾；秋季平均资源密度指数较高的有吕泗—大沙渔场，为 2.01 kg/h，其余依次为长江口—舟山渔场，平均资源密度指数为 0.76 kg/h；冬季仅 3 站出现海鳗，采获 4 尾，重 11.5 kg，其中，鱼山—闽东

---

* 执笔人：胡芬

渔场 3 尾，有 1 尾重达 10.57 kg，是该调查中最重的 1 尾。另外，各季节海鳗总站位平均资源密度指数分别为：春季为 0.03 kg/h，夏季为 0.32 kg/h，秋季为 0.23 kg/h，冬季为0.14 kg/h。

17.2.5.3 渔业生物学

1）群体组成

2002—2003 年生物学测定结果，海鳗肛长范围 73 ~ 954 mm，优势肛长组范围 170 ~ 345 mm，占 85.94%，以 2 ~ 3 龄为主。而 1960—1961 年海鳗的肛长组成范围为 110 ~ 940 mm，优势肛长组为 240 ~ 380 mm，占 60% ~ 70%。1978—1980 年肛长范围为 160 ~ 860 mm，优势肛长组为 230 ~ 400 mm，占 75.6%。从渔获肛长变化可看出，海鳗的肛长组成呈小型化趋势，优势肛长组范围进一步缩小。

2）生长与死亡

海鳗的年龄系列较长，最高的年龄可达 16 龄。

根据逆算肛长拟合的 Von Bertalanffy 方程为：

$$L_t = 936\left[1 - e^{-0.2(t-0.1)}\right] \tag{17.2}$$

$$W_t = 15\,146\left[1 - e^{-0.2(t-0.1)}\right]^{2.817\,9} \tag{17.3}$$

式中：

　　t——年龄数（1，2、3，…）；

　　L_t——t 龄时的体长（肛长）；

　　W_t—— t 龄时的体重。

海鳗生长的拐点年龄：$t_p = \dfrac{\ln 3}{K} + t_0 = 5.6$ 龄。

3）繁殖

海鳗的产卵时间较长，全年都有性成熟达 Ⅲ 期的海鳗出现，产卵时间为 12 月至翌年 7 月，产卵盛期为 4—6 月，8 月海鳗开始进入产卵后的索饵期。海鳗的产卵场范围几乎遍及整个浙江近海，产卵场水深 20 ~ 40 m，底质为砂质或软泥，近底层水温为 14 ~ 21℃，盐度约为 29 ~ 34，透明度 1 ~ 3 m。海鳗为一次产卵类型，怀卵量较大，个体绝对繁殖力 F 变动范围为 $5.3 \times 10^4 ~ 384.8 \times 10^4$ 粒/g；个体相对繁殖力为 202 ~ 3 847 粒/mm；FW 为 156 ~ 618 粒/g（贺舟挺，2007）。

4）摄食

海鳗周年摄食，摄食强度比其他鱼类大，各月的摄食强度差异较小；其摄食种类也较多，从 2002—2003 年的调查资料显示，近 700 尾样品的胃含物分析表明，摄食的鱼类有 40 多种，出现频率为 49.2%（其中，上层鱼类出现频率为 10.8%），蟹类占 16.76%，虾蛄占 15.5%，虾类占 11.1%，头足类占 7.0%（柔鱼和枪乌贼类占 4.3%），水母类占 0.1%，海胆类占 0.1%（张秋华等，2007）。

17.2.5.4 渔业利用

2000—2009 年全国海鳗渔获量稳定在 $24 \times 10^4 \sim 40 \times 10^4$ t，其中，东海渔获量为（12 ~ 24）$\times 10^4$ t。海鳗集群性较差，主要为单拖网、流刺网、帆式张网、拖虾、钓业等作业所兼捕。近年来，海鳗在东海渔获量统计中呈上升趋势，1990 年为 37 931 t，1998 年达 144 641 t，2003 年和 2004 年又连创历史最高水平，分别达 153 359 t 和 176 716 t，占东海总渔获量的 2% ~ 3%，2006 年达 243 483 t 的最高纪录。东海海鳗渔获量主要来自福建和浙江，20 世纪 80 年代末至 90 年代各占东海海鳗渔获量的 40% 以上，1997 年开始浙江渔获量逐渐上升，近两年浙江海鳗渔获量已占东海海鳗渔获量的 51% 以上。

近年海鳗的渔获肛长组成呈小型化趋势，初次性成熟肛长进一步缩小，应引起生产管理部门的注意（张秋华等，2007）。

17.3 甲壳类与头足类

17.3.1 鹰爪虾[*]

鹰爪虾（*Trachypenaeus curvirostris*）的分类地位、生态类型及其分布海域，在黄海篇中的该条目里已有表述，这里不再重复。在东海区，鹰爪虾还俗称：鸡爪虾、厚皮虾、粗皮虾、霉虾等。在东海，鹰爪虾是拖虾船的主要捕捞对象之一，2000—2009 年东海产量为（13 ~ 34）$\times 10^4$ t，在拖虾渔业中占重要地位，其虾肉饱满，可制成冻虾仁、干虾米，具有较高的经济价值。

17.3.1.1 洄游

据 1998—2000 年的调查与历史资料，鹰爪虾在东海主要分布在水深 40 ~ 70 m 海域，在水深 30 m 以浅的沿岸低盐水和水深 70 m 以深海区的数量均不多，夏季密集分布在海礁至韭山以东一带海域产卵，形成汛期，产卵期为 6—7 月，其幼虾在混合水区都有分布。冬季向外海及北部较深海域进行越冬洄游。

17.3.1.2 数量分布

1998—2000 年间的四季调查，鹰爪虾年平均资源密度指数较高的有长江口—舟山渔场、吕泗—大沙渔场、闽中—闽南渔场和鱼山—闽东渔场，其值为 51. 61 ~ 69. 44 g/h。

各季节平均资源密度指数的分布有一定差异。春季吕泗—大沙渔场最高，为 13. 32 g/h，其次为闽中—闽南渔场、鱼山—闽东渔场和长江口—舟山渔场，依次为 11. 79 g/h、11. 34 g/h 和 9. 06 g/h；夏季以鱼山—闽东渔场最高，为 134. 30 g/h，其次是闽中—闽南渔场，为 96. 31 g/h；秋季以长江口—舟山渔场最高，为 208. 7 g/h，其次为吕泗—大沙渔场、闽中—闽南渔场、沙外渔场、江外—舟外渔场，为 37. 99 ~ 197. 17 g/h；冬季以江外—舟外渔场最高，为 61. 08 g/h，其次为长江口—舟山渔场为 55. 26 g/h。此外，鹰爪虾的平均资源密度指数也随着昼夜、纬度及深度的不同而变化（郑元甲等，2003）。

---

* 执笔人：凌建忠

17.3.1.3 渔业生物学

1）群体组成

1998—2000 年的生物学测定结果，鹰爪虾全年体长为 18～110 mm，平均体长为 69.73 mm，优势体长组为 50～100 mm，占 89.13%，平均体长比 1986—1988 年的 63.55 mm（浙江省海洋水产研究所《东海虾类资源调查报告》）略大。

鹰爪虾全年体重范围为 0.5～21 g，平均体重为 5.64 g，优势体重组为 1.00～12.00 g，占 90.8%。

鹰爪虾的体长与体重呈幂函数关系，其关系式为：

$$W = 2.575\ 0 \times 10^{-6} \times L^{3.397\ 98} \qquad (R = 0.998\ 7, N = 277\ 尾)。$$

2）繁殖

繁殖期为 5—9 月，盛期为 6—8 月，9 月份开始出现体长 30～40 mm 的幼虾，直至翌年 1 月份都有幼虾出现，体长 50 mm 以下的幼虾以 11 月至翌年 1 月份的比例较高，幼虾逐日长大，成为翌年新的捕捞对象（宋海棠等，2006）。

3）摄食

据程济生、朱金声（1997）报道，鹰爪虾的食物组成有：多毛类、腹足类、瓣鳃类和甲壳类（以桡足类、端足类、涟虫类、长尾类的细螯虾和脊腹褐虾为主，糠虾类也有出现）4个生物类群，其中尤以浮游甲壳类和多毛类为主。其次为蛇尾类、稚幼鱼、耳乌贼类和棘刺锚参。海绵和圆筛硅藻偶有出现。此外，有机碎屑和砂粒也常出现。

17.3.1.4 渔业利用

20 世纪 80 年代中后期，浙江省水产研究所曾对东海 29°30′～31°30′N、水深 20 m 至 125°00′E 海域进行拖虾调查，采用资源密度法评估鹰爪虾的平均资源量为 18 094.5 t，最高现存量为 40 638.5 t，其季节变化以夏季最高，其次是春、秋两季（俞存根等，1994）。然而时隔 10 余年后的"东海虾蟹资源调查"，其季节变化趋势虽然相似，但鹰爪虾的资源量却大大下降，其平均资源量和最高资源量与 80 年代中后期相比分别下降 71.3% 和 69.4%。前后两次调查海域面积虽然不同，但后者调查海域覆盖了前者调查海域，并向东部、北部和南部扩大了调查范围，调查面积扩大，资源总量反而减少。若以平均资源密度来比较，从 80 年代中后期的 180.9 kg/km² 至 90 年代末降至 16.8 kg/km²，下降了 90.7%。可见鹰爪虾资源量下降趋势十分明显。目前捕捞鹰爪虾类的网具在 1979 年未发展桁拖网以前主要有定置张网，此后为桁杆拖网（分双囊、三囊）、双拖网（兼捕虾类）和帆张网（兼捕虾类）等，捕捞压力较大，需实施合理的科学管理和合理利用及养护。

17.3.2 假长缝拟对虾*

假长缝拟对虾（*Parapenaeus fissuroides*）隶属于十足目（Decapode）、对虾科（Penaei-

---

* 执笔人：戴国梁，凌建忠

dae）、拟对虾属（*Parapenaeus*）。在浙江南部，渔民俗称：白葱、白丁虾，是1998—2000年调查的虾类优势种之一，占虾类的17%，占甲壳类的8%。是东海重要的经济虾类，也是近10多年新开发的虾类资源，已成为拖虾作业和其他作业的捕捞对象。分布于东海、南海、以及印度洋、红海、印度尼西亚诸岛、马来西亚、太平洋西部至日本（刘端玉，1959；刘端玉等，1988）。

17.3.2.1 洄游

假长缝拟对虾属高温高盐种类，它的洄游分布区域和季节变化与台湾暖流的消长和沿岸水的强弱有着密切的关系。每年春季3—4月份，虾群随着水温的回升由深海游向近海，自东南至西北作索饵、生殖洄游，虾群迅速生长成熟。至7—9月份多密集于水深60～70 m的海域产卵，成为生殖高峰。10月份以后，随着北方冷空气的频繁南下，水温逐步下降，沿岸水势力不断增强和台湾暖流势力的逐步减弱，虾群开始逐步返回深海越冬（郑元甲等，2003）。

17.3.2.2 数量分布

1998—2000年间的四季调查，假长缝拟对虾年平均资源密度指数较高的有江外—舟外渔场、鱼山—闽东渔场、鱼外—闽外渔场、吕泗—大沙渔场和沙外渔场，其值为106.88～421.21 g/h，而长江口—舟山渔场和闽中—闽南渔场，仅为49.82 g/h和16.70 g/h。

平均资源密度指数各季节的分布有一定的差异。春季以鱼山—闽东渔场最高，为612.35 g/h，其次为江外—舟外渔场、鱼外—闽外渔场、沙外渔场和吕泗—大沙渔场，依次为547.80 g/h、204.19 g/h、135.11 g/h和115.39 g/h；夏季以鱼外—闽外渔场最高，为348.75 g/h，其次为鱼山—闽东渔场，为163.37 g/h；秋季以鱼外—闽外渔场最高，为733.9 g/h，其次为江外—舟外渔场、吕泗—大沙渔场、鱼山—闽东渔场和沙外渔场，为129.12～510.15 g/h；冬季以江外—舟外渔场的平均资源密度指数最高，为602.29 g/h，鱼山—闽东渔场居第二，为492.62 g/h。

假长缝拟对虾的适宜底温为17.5～26.5℃、底盐为33.7～34.8。它在水深70～200 m的广大海域都有分布，但以水深60～100 m比例最高，占70%左右，小于水深60 m只占16%。

17.3.2.3 渔业生物学

1）群体组成

假长缝拟对虾的体长为12～128 mm，平均体长为77 mm，优势体长70～100 mm，占63%。由各季度体长组成来看：秋季平均体长88 mm，为最大，优势组70～100 mm，所占的比例也是最高的，春季为最小。

假长缝拟对虾体重为0.1～19.0 g，平均体重为5.8 g，优势组4.0～10.0 g，占75%。以夏、秋两季平均体重较大，为6.6 g；春、冬两季较小，为4.9 g。

2）体长与体重的关系

假长缝拟对虾体长与体重的关系属于幂函数类型，符合指数增长型，可用 $W = aL^b$ 的关系式来表示。根据各个体长中值和相应的平均体重配合回归，求得其关系式如下：

$$W = 1.371\ 7 \times 10^{-5} L^{3.178\ 5} \qquad (R^2 = 0.973\ 7，N = 37\ 2\ 尾)。$$

3）繁殖

假长缝拟对虾的繁殖期为 7—10 月，高峰期在 8—9 月。8 月份在捕捞群体中开始出现 35～55 mm 的补充群体，并逐月长大，至 12 月可达 55～75 mm。这一群体经过越冬，翌年 4 月开始加速生长，至 8—9 月长成成虾，并进行产卵。11 月后剩余群体逐渐减少，而补充群体逐渐增多，成为翌年新的捕捞对象。

4）摄食

假长缝拟对虾的不同发育阶段与浮游动植物、底栖生物有着密切的关系，如幼体阶段多以甲藻、硅藻为食。仔虾期以后食底栖生物，幼体多以小型甲壳类、软体动物和多毛类的幼体为食。成虾食性较广，以底栖甲壳类、瓣鳃类、多毛类及小型蛇尾等为食，其中，以甲壳类为主。

17.3.2.4　渔业利用

假长缝拟对虾是 20 世纪 80 年代中后期新开发利用的资源，主要作业渔具为桁杆拖网，还有拖网、定置张网等。据东海近海及外侧海区虾类资源调查结果，假长缝拟对虾占虾类渔获量的 15%～30%（俞存根等，1994），而"东海专项补充调查"结果只占 17% 左右，这可能是调查船只和网具不同引起的。

17.3.3　葛氏长臂虾*

葛氏长臂虾（*Palaemon gravieri*）隶属十足目（Decapode）、长臂虾科（Palaemonidae）、长臂虾属（*Palaemon*）。在东海区，渔民还俗称：红芒子虾、红长臂虾、红虾、花虾等。它为暖温性、底栖动物食性、小型底栖虾类，栖息在水温 8～25℃，盐度 25～34 的沿岸水域和高低盐水交汇的混合水域，属广温、广盐性种类。葛氏长臂虾生活于泥砂底质的浅海中，分布于中国和朝鲜以及韩国近海，是这些海域的特有种。

17.3.3.1　洄游

葛氏长臂虾主要分布于 30°00′N 以北水深 30～60 m 的东海和黄渤海，30°00′N 以南海域，只在沿岸水域有少量分布。在东海，每年冬季（11 月至翌年 2 月），葛氏长臂虾在外侧岛屿以东海越冬，春季（3 月份），随着水温回升，群体逐渐向沿岸作产卵洄游，4 月份绝大部分进入吕泗、长江口及浙北沿岸、近海水域的产卵场进行产卵，产卵期较长，新孵化出的葛氏长臂虾幼体在沿岸海域索饵、生长，并随着个体的长大逐步向外侧海域移动，到 11 月份前后，随着水温下降，陆续向外侧海域洄游越冬（郑元甲等，2003）。

17.3.3.2　数量分布

1998—2000 年间的四季调查，葛氏长臂虾各季节的资源密度指数以冬季最高，为 260.47 g/h，其次为秋季 126.96 g/h，春季为 74.62 g/h，夏季最小，为 2.89 g/h（郑元甲等，2003）。

---

* 执笔人：李惠玉

按渔场分析，葛氏长臂虾的年平均资源密度指数较高的有长江口—舟山渔场和吕泗—大沙渔场，分别为 3 068.41 g/h 和 2 236.38 g/h，其次为沙外渔场和江外—舟外渔场，分别为 768.85 g/h 和 652.57 g/h，鱼山—闽东渔场仅为 0.60 g/h。

各渔场的平均资源密度指数有季节变化。春季，吕泗—大沙渔场最高，为 869.48 g/h，其次为长江口—舟山渔场和江外—舟外渔场，分别为 620.59 g/h 和 111.11 g/h；夏季，长江口—舟山渔场为 11.59 g/h，江外—舟外渔场和吕泗—大沙渔场分别为 3.96 g/h 和 2.99 g/h；秋季，沙外渔场最高，为 717.15 g/h，江外—舟外渔场居次，为 319.04 g/h；冬季，沙外渔场最高，为 2 436.24 g/h，吕泗—大沙渔场居次，为 1 354.62 g/h，江外—舟外渔场较低，为 214.04 g/h。

17.3.3.3　渔业生物学

1）群体组成

1998—2000 年的生物学测定结果，葛氏长臂虾体长为 12 ~ 68 mm，优势体长组为 30 ~ 55 mm，占 61.0%；体重为 0.2 ~ 8.8 g，优势体长组为 0.2 ~ 2.0 g，占 53.8%，平均体长为 46.3 mm，平均体重为 1.9 g，与 1981 年的 48.5 mm 和 1991 年的 48.7 mm，2.0 g 相比，略为变小。葛氏长臂虾在体长 45 mm 以下时雌雄体间无明显差异，超过 45 mm 时，雄性个体明显偏小，同时体长在 47 mm 以下的雄性占多，而体长大于 59 mm 时，几乎全部是雌虾（赵传絪等，1987）。根据拟合的 Von Bertalanffy 方程求得雌雄年龄均为 1 龄时，雌虾最大头胸甲长为 14.4 mm，雄虾最大甲长仅为 10.13 mm（Araki and Hayashi，2002；Kim and Hong，2004）。葛氏长臂虾的体长与体重呈幂函数增长关系，其关系式为：

$$W = 1.071\ 3 \times 10^{-4} L^{2.518\ 8} \qquad (R = 0.785，N = 132\ 尾)。$$

2）繁殖

葛氏长臂虾在产卵旺汛时雌雄比例可达 4∶1，在一个生殖期内一个个体能多次产卵，因此产卵期较长，跨春、夏、秋三季。一般在 3 月份性腺开始成熟，3 月份抱卵率可达 80% 以上，4 月、5 月份全部抱卵，产卵高峰期在 3—6 月（农牧渔业部水产局等，1987）。葛氏长臂虾在其繁殖过程中，个体生长和产卵繁殖相继进行，即性成熟→产卵→蜕皮（生长）→交尾→性成熟循环进行。产卵季节，雌虾抱卵不久，其头胸甲卵巢又开始发育至Ⅱ期，抱卵后期，腹部卵粒呈淡绿或淡灰色，此时有部分卵巢发育至Ⅲ期，当腹部虾卵孵化为蚤状幼体进入水中时，头胸甲里的卵巢已发育至Ⅳ期，此后，再经过 2 ~ 5 天，雌虾又再次产卵（农牧渔业部水产局等，1987）。秋季出现繁殖次高峰，同时当年生幼虾在 7—8 月份出现高峰期，到秋末冬初成长为成虾，成为拖虾作业的捕捞对象（丁天明等，2002；宋海棠等，2006）。葛氏长臂虾抱卵量在 306 ~ 6 160 粒，卵径为 0.968 mm（Kim and Hong，2004）。根据卵重与雌虾体重比算出的繁殖系数（Reproductive output）为 0.399 ± 0.142 6，卵发育中损失率（embryo loss）为 17.7%（Kim and Hong，2004）。

3）摄食

葛氏长臂虾是一种广食性虾类，对饵料几乎没有什么选择性，主要以小型底栖动物为食，其中腹足类所占比例最大（44.9%），如拟紫口玉螺、红带织纹螺和微黄镰玉螺等；其次为小型甲壳类如介形类、糠虾类、端足类以及小型双壳类如红明樱蛤等；多毛类则包括双唇索沙蚕和寡节甘吻沙蚕等；还包括蛇尾类、棘刺锚参和头足类等，同时也摄食少量的仔稚鱼和小型鱼类（邓景耀等，1988；程济生等，1997；杨纪明，2001；Araki and Hayashi，2002）。葛氏长臂虾摄食强度均以 1 级为主，2 级次之，3 级的比例最低，一般只在 5—6 月份出现，葛氏长臂虾产卵盛期时的摄食强度最低，空胃率可达 30% 以上，说明产卵群体一般不索饵（农牧渔业部水产局等，1987）。葛氏长臂虾的营养级为 2.32 级（程济生等，1997）。

17.3.3.4　渔业利用

葛氏长臂虾是东海北部海域重要的捕捞对象之一，其利用历史较长，20 世纪 70 年代末以前是沿岸定置张网和小型拖网的主要捕捞对象。春夏季在沿岸海域利用其生殖群体为主，个体虽小，但因肉质鲜美，可鲜食或干制成虾米，是人们喜食的品种。目前葛氏长臂虾的资源已属过度捕捞，今后应根据其生态属性加强保护幼虾。

17.3.4　三疣梭子蟹[*]

三疣梭子蟹（*Portunus trituberculatus*）的分类地位、生态类型及其分布海域，在渤海篇中的该条目里已有表述，这里不再重复。三疣梭子蟹是东海重要的经济蟹类。因其肉质饱满、味道鲜美、营养丰富，是人们喜食的海产蟹类之一，也是东海海洋渔业主要的捕捞对象之一，每年有一定数量出口国外。

17.3.4.1　洄游

三疣梭子蟹每年春季随着水温回升，性成熟个体自南向北，从福建的台山、四礵、梧屿、乌丘和浙江的鱼山、温台渔场等越冬场向近岸浅海、河口、港湾作产卵洄游。3—4 月份在福建沿岸海区、港湾，4—5 月份在浙江中南部沿岸海域，5—6 月份在舟山、长江口渔场浅海区，形成三疣梭子蟹的产卵期和产卵场。6—8 月份孵出的幼蟹在沿岸浅海区肥育，生长迅速，并向深水海区移动。8—9 月份近海水温继续上升，外海高盐水向北推进，索饵群体北移至长江口、吕泗、大沙渔场。10 月份以后，随着沿岸水温逐渐下降，索饵群体开始自北向南，自内侧浅水区向外侧深水区作越冬洄游（农牧渔业部水产局等，1987；宋海棠等，1989）。

17.3.4.2　数量分布

1998—2000 年间的调查结果，三疣梭子蟹的平均资源密度指数较高的有吕泗—大沙渔场、长江口—舟山渔场、江外—舟外渔场和沙外渔场，为 32.98 ~ 1 482.31 g/h，较低的为鱼山—闽东渔场和闽中—闽南渔场，分别为 12.50 g/h 和 1.76 g/h。

三疣梭子蟹平均资源密度指数的分布有季节差异。春季只出现在吕泗—大沙和长江口—舟山两个渔场，分别为 197.78 g/h 和 22.22 g/h；夏季也只出现在吕泗—大沙、长江口—舟山和闽中—闽南三个渔场，分别为 352.22 g/h、12.14 g/h 和 0.43 g/h；秋季在吕泗—大沙渔场最高，为 3 655.47 g/h，其次为长江口—舟山渔场、江外—舟外渔场和沙外渔场，为 32.98 ~ 865.15 g/h，闽中—闽南渔场最低，仅为 2.6 g/h；冬季只出现一站，在长江口—舟山渔场，平均资源密度指数为 4.48 g/h。由此可见，三疣梭子蟹主要分布于北部渔场，南部渔场较少。

---

　* 执笔人：凌建忠，李惠玉

三疣梭子蟹的数量分布与水温、盐度、底栖生物有着密切的关系。对水温要求比对盐度更为严格，适温下限为12℃，当水温降至10℃时，即进入休眠状态，产卵阶段的合适盐度为30～34.5（郑元甲等，2003）。

17.3.4.3 渔业生物学

1）群体组成

1998—2000年间的生物学测定结果，三疣梭子蟹头胸甲宽为12～208 mm，平均甲宽为100 mm，优势组20～80 mm和100～200 mm，各占54%和41%。与历史资料（宋海棠等，1989）相比，显出其个体已明显小型化（见表17.2）。

表17.2　三疣梭子蟹甲宽比较　　　　　　　　　　　　　单位：mm

年　份	甲宽范围	甲宽平均值	优势组范围	优势组占%
1977—1981（机轮拖网）	30～250	152.7	120～190	79.7
1982—1983（机帆船）	50～230	163.1	140～190	74.0
1997—2000（专项补充调查）	12～208	100.0	20～80 100～200	54 41

三疣梭子蟹体重为4～151 g，平均体重为68.49 g，优势组20～50.0 g，占69%。50 g以下的个体占多数，100 g以上的个体少。与1982—1983年的资料相比较（见表17.3），其个体已明显小型化。

表17.3　三疣梭子蟹体重、优势组的比较　　　　　　　　单位：g

年　份	体重范围	平均体重	优势组范围	优势组占%
1982—1983（机帆船）	15～650	259	140～340	70
1997—2000 [专项补充调查（单拖）]	0.3～570	122	0.5～50 100～600	59 34
1998—1999[东海虾蟹类 资源调查（桁杆网）]	4～151	68.5	20～50	69

2）头胸甲宽与体重的关系

三疣梭子蟹头胸甲宽与体重的关系呈幂函数，其关系式为：

$$W = 2.509\,5 \times 10^{-4} L^{2.646\,5} \qquad (R^2 = 0.954\,7，N = 477\,尾)。$$

3）繁殖

三疣梭子蟹交配期为7—11月，交配盛期为9—11月，翌年4—7月繁殖，繁殖盛期为4月下旬至6月，排卵量$18 \times 10^4 \sim 266 \times 10^4$ind.，平均为$98 \times 10^4$ind.，6月份开始出现当年生幼蟹，7月份形成幼蟹高峰期，9月份以后，当年生甲宽大于100 mm的较大个体开始向较深海域移动，加入捕捞群体。

4）摄食

三疣梭子蟹是广食性蟹类，饵料组成以底栖生物和小型鱼类为主，也食动物尸体、虾类、乌贼和水藻的嫩芽等，其中，以腹足类、瓣鳃类、短尾类的出现频率最高。

17.3.4.4　渔业利用

三疣梭子蟹主要作业渔具为蟹笼、桁杆拖网、蟹流刺网，还有拖网和定置张网等。据不完全的统计资料，东海三疣梭子蟹的年产量在 20 世纪 80 年代中期仅 5×10^4 t 左右，后来发展了蟹笼作业，使产量快速上升，2000—2009 年达 $18 \times 10^4 \sim 25 \times 10^4$ t，但渔获物小型化显著，资源已显著衰退，应加强其资源保护。

17.3.5　剑尖枪乌贼 [*]

剑尖枪乌贼（*Loligo edulis*）隶属于枪形目（Teuthoidae）、枪乌贼科（Loliginidae）、枪乌贼属（*Loligo*）。俗称：红鱿鱼（浙江）。它分布于黄海、东海、南海，其中，以东海的数量较多，此外，在日本青森县以南的日本海以及菲律宾群岛海域也有分布（董正之，1991）。它是一种体形大、经济价值高的头足类。

17.3.5.1　洄游

剑尖枪乌贼的幼体主要分布于 28°N 以南的东海大陆架外侧水深 80～100 m 海区越冬，到春季，随着水温回升，剑尖枪乌贼从越冬场向北和向西北方向移动（郑玉水，1997[①]），春生群于春末、夏生群于 6—8 月、秋生群于 10 月左右在东海南部至中部的外海海域产卵，其中，夏生群的数量最大，分布面也较广，是剑尖枪乌贼的主群，而秋生群发生量远不及春生群和夏生群。在九州西部海域越冬的剑尖枪乌贼春季向西移动，主要分布在五岛渔场，4—7 月在该海域产卵，这些群体属于春生群，其数量较少。秋末，随着海水温度下降，当年生幼体分别回到东海南部外侧和九州西部海区越冬。相对而言，其洄游距离较短。

17.3.5.2　数量分布

1998—2000 年的调查结果，剑尖枪乌贼调查总站位的平均资源密度指数以夏季最高，为 2.40 kg/h，其次为秋季和春季，为 1.54 kg/h 和 1.51 kg/h，冬季最低，仅为 0.67 kg/h（郑元甲等，2003）。四季平均资源密度指数较高的渔场依次为鱼外—闽外渔场、鱼山—闽东渔场和沙外渔场，依次为 2.75 kg/h、2.74 kg/h 和 2.07 kg/h，此外，江外—舟外渔场也有 1.28 kg/h。

按季节分析，春季较高的渔场为鱼外—闽外渔场（4.672 kg/h），鱼山—闽东渔场（2.98 kg/h）。夏季较高的渔场为鱼山—闽东渔场（3.83 kg/h），鱼外—闽外渔场、江外—舟外渔场和沙外渔场为 2.12～2.71 kg/h。秋季较高的渔场为沙外渔场（4.70 kg/h），而江外—舟外渔场、长江口—舟山渔场、鱼山—闽东渔场和鱼外—闽外渔场相差不大，为 1.01～1.66 kg/h。冬季较高的渔场为沙外渔场（1.10 kg/h），其他渔场均较低。

　　* 执笔人：郑元甲，张寒野

17.3.5.3　渔业生物学

1）群体组成

1998—2000 年间的生物学测定显示，剑尖枪乌贼胴长组范围为 20～280 mm（1 792 尾），平均胴长 81.4 mm。体重范围为 13～640 g，平均体重 45.7 g。以秋季最大，冬季居次，春、夏季较小，且相接近。

夏季是剑尖枪乌贼的主要渔汛期，对比历年夏季的生物学资料，平均胴长和平均体重已由 1991 年的 138 mm 和 130 g，2000—2002 年降到 86.4 mm 和 48.7 g，减小了 51 mm 和 81 g（张秋华等，2007）。个体小型化相当迅速。

据 1998—2000 年的资料，剑尖枪乌贼胴长与体重的关系式为：
$$W = 6.985\ 9 \times 10^{-4} L^{2.435\ 8}, \quad (R^2 = 0.958\ 0, \ N = 1\ 710\ 尾)。$$

2）生长与死亡

据丁天明等（2000）研究，剑尖枪乌贼胴长、体重以 3 月最小，后逐渐增加，12 月至翌年 2 月达最大，平均月增重 30～40 g、月增长 15～20 mm，其中 6—7 月的生长开始加快，10 月份以后增长减缓，这与董正之（1991）的报道相接近。

剑尖枪乌贼为一年生生物，生殖后不久，亲体即死亡。

3）繁殖

1998—2000 年的资料表明：在 4—10 月，剑尖枪乌贼均有成熟个体出现，且都有一定数量的产卵个体，但在 3 月和 11—12 月，没有出现产卵和产过卵的个体，表明其产卵期为 4—10 月，产卵盛期为 6—8 月，产卵场一般在 60～100 m 的较深海区。

剑尖枪乌贼达到性成熟的最小胴长分别为：春季 105 mm，夏季 74 mm，秋季 185 mm、冬季 212 mm，即性成熟的最小胴长为 74 mm。排卵量 $1 \times 10^4 \sim 2 \times 10^4$ ind.，依其个体大小而有所差异。

4）摄食

1998—2000 年间测定的结果，剑尖枪乌贼摄食强度以空胃和少量摄食为主，0 级占 55.6%、1 级占 28.0%、2 级占 10.9%、3 级占 3.4%、4 级占 2.1%。王友喜（2002）也指出 4 级仅出现于 3—5 月份，2—12 月平均空胃率达 33.7%，特别是 6—12 月繁殖期及繁殖后期空胃率达 31.9%～52.0%。

剑尖枪乌贼摄食强度随繁殖活动进入高峰而降低，一般是夜间的摄食强度大于白天，尤以深夜和黎明前的摄食强度最大。剑尖枪乌贼的食性因个体大小有所不同，胴长 80 mm 以上的个体以捕食鳀、鲐、沙丁鱼、鲱等的稚、幼鱼为主，出现频率达 70%～80%，同类相残较普遍；胴长 50～70 mm 的个体以捕食甲壳类为主，出现频率达 80%～90%。

17.3.5.4　渔业利用

20 世纪 80 年代以前中国没有渔船专业捕捞剑尖枪乌贼，直到 1991 年开展"东黄海鱿鱼资源调查"后，1992 年才有国营渔轮投入剑尖枪乌贼的专业捕捞。此后，浙江南部地区引进单拖作业，剑尖枪乌贼成为其主要渔获物之一，中国年产剑尖枪乌贼25 000 t左右。

东海剑尖枪乌贼的主要渔场有三处：东海南部渔场是主要的作业渔场，渔期为5—10月，以6—8月为盛期；东海中部渔场，产量稍低，渔期7—10月，7—8月为盛期；五岛渔场，周年可捕，主要汛期在夏、秋季。

据东海水产研究所的研究，东海中南部渔场水温与剑尖枪乌贼的生长和鱼发密切相关，可作为剑尖枪乌贼渔情预报的指标之一（张秋华等，2007）。

17.3.6 太平洋褶柔鱼[*]

太平洋褶柔鱼（*Todarodes pacificus*）的分类地位、生态类型及其分布海域，在黄海篇中的该条目里已有表述，这里不再重复。在东海区，太平洋褶柔鱼还俗称：日本鱿、北鱿等。

17.3.6.1 洄游

在东海，春季，太平洋褶柔鱼的幼鱼向西北或西进行洄游，5—7月到舟山、江外和舟外至长江口渔场一带索饵，夏季继续向北洄游到黄海索饵。其稚仔则有栖居表层和中上层的习性。

17.3.6.2 数量分布

1998—2000年的调查，太平洋褶柔鱼重量资源密度指数以秋冬季较高，为2.65 kg/h和1.26 kg/h，春、夏季较低，为0.75 kg/h和1.41 kg/h（郑元甲等，2003）。按渔场分析，春季以沙外渔场最高（1.69 kg/h），江外—舟外渔场次之（1.51 kg/h）；夏季也以沙外渔场最高（5.38 kg/h），鱼外—闽外渔场（2.00 kg/h）和江外—舟外渔场次之（1.93 kg/h）；秋季仍以沙外渔场最高（9.61 kg/h），江外—舟外渔场次之（5.02 kg/h）；冬季以鱼外—闽外渔场最高（3.61 kg/h），鱼山—闽东渔场次之（1.88 kg/h）。

17.3.6.3 渔业生物学

1）群体组成

在东海，太平洋褶柔鱼成体的最大胴长为297 mm，最大体重为747 g。

春季，胴长28～262 mm，平均胴长168.0 mm，优势胴长组为200～250 mm和30～50 mm，占58.1%和24.3%；体重1～425 g，平均体重179.1 g。优势体重组为1～10 g和220～270 g，均占27.6%。

夏季，胴长23～232 mm，平均胴长163.5 mm，优势胴长组为130～200 mm，占78.2%。体重15～747 g，平均体重119.6 g。体重的优势组为40～100 g和120～190 g，占41.9%和32.3%。

秋季，胴长98～297 mm，平均胴长235.7 mm。优势组为210～60 mm，占78.4%。体重23～620 g，平均体重为284.1 g，优势组为210～310 g，占55.1%。

冬季，胴长91～269 mm，平均胴长235.1 mm。优势胴长组220～250 mm，占75.7%。体重30～500 g，平均体重301.0 g，优势组为260～350 g，占70.1%。

＊ 执笔人：李建生

2）繁殖

太平洋褶柔鱼北上交配时适温 10~17℃，南下产卵时适温 15~20℃，其洄游活动中与黑潮主轴的移动路线相吻合。亲体交配后 2~3 个月产卵，一般北上索饵交配，南下产卵，繁殖力 $30×10^4~50×10^4$ ind.（董正之，1991）。

1998—2000 年的调查结果，太平洋褶柔鱼的性腺成熟度［以 V 期制为标准（欧瑞木，1990）］春季Ⅳ期（即将产卵和正在产卵）占 36.2% 为最高，Ⅲ期占 31.9% 为次，V 期（产过卵）也有 8.5%；夏季，Ⅳ期占 30.2% 居次，V 期占 10.9%；秋季，Ⅳ期占 87.8%，Ⅲ期和 V 期分别占 8.2% 和 4.1%。1994 年调查结果显示，东海太平洋褶柔鱼的性腺成熟度组成为：4 月份在东海南部 27°15′N、125°15′E 周围海区，以Ⅱ期和Ⅲ期为主，占 64%，Ⅳ期和 V 期各占 18%；7 月、8 月份在东海北部（27°30′~29°30′N，124°30′~125°30′E 海区），以Ⅲ期和Ⅲ~Ⅳ期为主，占 70%~90%，Ⅳ期和 V 期占 3%~25%，10 月份长江口渔场Ⅳ期和 V 期占 94%，10 月份在对马海区几乎全为Ⅳ期和 V 期。

可见，东海春、夏、秋三个季节均有太平洋褶柔鱼的产卵个体存在，而秋季产卵和已产卵个体比例达 92%，是东海太平洋褶柔鱼的主要繁殖季节。东海春季也有产卵个体存在，与日本海的群体具有夏宗、秋宗和冬宗略有不同，这一现象值得今后深入调查研究。

17.3.6.4　渔业利用

在东海，太平洋褶柔鱼的主要渔场有两处：一是长江口渔场和舟山渔场的北部海区。该渔场太平洋褶柔鱼的数量是 20 世纪 80 年代以来才逐渐增多的，渔期为 5—7 月份，以 6 月份为旺汛，一般网产数十箱，少数一二百箱（每箱 20 kg）。但汛期短，渔场不易掌握，产量年间变化大，一般 1 000~2 000 t/a，产量好时可达 3 000~4 000 t/a，差时几乎无渔获。二是对马渔场。该渔场是太平洋褶柔鱼的主要分布区，中国直到 1993 年才在该渔场进行生产，此前该资源一直为日本和韩国利用。主要作业渔场在济州岛东部至对马岛西南海区。渔期 8—11 月份（有的年份甚至可延长到翌年 1 月），以 9 月、10 月份为旺汛。一般网产数十箱至一二百箱，少数可达 1 000 箱，并有大潮水时的产量比小潮水时的产量高的现象（严利平，1999；郑元甲，1999）。

17.3.7　金乌贼[*]

金乌贼（*Sepia esculenta*）的分类地位、生态类型及其分布海域，在黄海篇中渔业资源增殖部分中的该条目里已有表述，这里不再重复。

在黄海，金乌贼曾是拖网和定置网具的兼捕对象，笼网的专捕对象。主要渔场在黄海南部，年产量约 1 000t，20 世纪 70 年代后期由于乌贼卵子和幼体长期遭到严重破坏，补充量显著下降，致使年产量不足百吨（韦晟，1990）。在东海，自 20 世纪 90 年代初以来，群众渔业发展了单拖网作业，金乌贼等乌贼成为重要的捕捞对象之一，同时也是对拖网和定置网的兼捕对象，成为东海乌贼类中的重要种类之一（严利平等，1999）。

17.3.7.1　洄游

东海金乌贼的主要分布，春季在北部外海，夏季在外海，尤以南部外海分布数量为多，

---

[*] 执笔人：刘勇

秋季的分布最广泛，数量显著提高，主要分布在南部，冬季为北部外海，南部近海有一定的分布数量（郑元甲等，2003；严利平等，2007）。

综合中国和日本的调查结果，金乌贼在东海、黄海域的越冬场大致分为三个区域，即黄海中部海域，台湾北部海域，对马五岛西南海域。至春季各自向产卵场洄游，这些各自的越冬群体是否为独立的地方种群，国内外未见专项的种群研究和报道，有待进一步研究。

17.3.7.2　数量分布

根据1998—2000年的调查资料，金乌贼的重量资源密度指数以秋季为最高（170.96 g/h），其次为冬季（151.72 g/h）和春季（30.16 g/h），夏季为最低（17.40 g/h）。

就资源密度指数区域分布而言，春季以江外—舟外渔场为最高，在长江口—舟山、鱼山—闽东和闽中—闽南渔场也有一定分布；夏季以鱼外—闽外渔场为最高，在沙外、长江口—舟山、鱼山—闽东和闽中—闽南渔场也有一定分布；秋季以长江口—舟山渔场为最高，其次为鱼山—闽东渔场，在江外—舟外、鱼外—闽外和闽中—闽南渔场也有一定分布；冬季以江外—舟外渔场的数量最多，在沙外、长江口—舟山和鱼山—闽东渔场也有一定分布。

17.3.7.3　生物学特征

1）群体组成

1998—2000年间的生物学测定结果显示，金乌贼春季的平均胴长（33.0 mm）和平均体重（5.8g）小于秋季的平均胴长（47.9 mm）和平均体重（51.2 g）。

2）胴长与体重的关系

金乌贼的胴长与体重呈幂函数关系，关系式为：

$$W = 2 \times 10^{-4} L^{2.8847} \qquad (R = 0.9903，N = 64 \text{尾})。$$

3）繁殖和生长

据山田梅芳（1986）报道：金乌贼的产卵期在东海为5月上旬至6月上旬，在韩国的群山为5月下旬至6月初旬，在黄海为6—7月。

据董正之（1991）报道：幼乌贼生长迅速，6个月左右，胴长可达120~140 mm，7个月左右，胴长可达160~180 mm，从整个生活周期看，孵化后在沿岸停留至抵达越冬场前，为生长快速阶段，越冬期间为生长缓慢阶段，而在繁殖季节中，生长几乎停滞。一年内性成熟，一生中繁殖一次，寿命为1年。

在历年生殖洄游中，总是大个体在前，小个体在后，生殖集群初期的平均胴长与平均体重最大，以后逐渐减小，初期群体的平均体重可达末期群体平均体重的1倍，甚至2~3倍。

4）摄食

据记载（董正之，1991），金乌贼的稚仔以端足类和小型甲壳类为食，幼年期多捕食小鱼，成体以虾蟹类等为食。根据日本对捕自黄海底拖网中金乌贼胃含物的粗略分析，虾蟹类约占50%，鱼类约占25%，其余为同类残食和其他杂类。

17.3.7.4　渔业利用

20 世纪 90 年代初以来，福建、浙江两省大力发展单拖渔业，东海乌贼类的产量迅猛增加，从 1993 年的 6.37×10^4 t，1994—2002 年上升至 $8 \times 10^4 \sim 14 \times 10^4$ t，但 2007—2009 年的产量又降至 $5 \times 10^4 \sim 6 \times 10^4$ t。其中，金乌贼比例较高，它在福建主要分布于闽中、闽南渔场（严利平等，1999），在浙江，中心渔场分布在 $27°30′ \sim 29°30′E$，渔期 8—12 月，1—3 月在沙外渔场的 $32°00′ \sim 33°00′N$，$126°30′ \sim 127°30′E$ 海区也是金乌贼的良好渔场（宋海棠等，1999）。

金乌贼是中大型种类，颇受市场的青睐，经济价值高，但关于它的渔业情况和研究资料均较少，今后应加强其调查研究。

17.3.8　曼氏无针乌贼 *

曼氏无针乌贼（*Sepiella maindroni*）隶属于十腕目（Decapoda）、乌贼科（Sepiidae）、无针乌贼属（*Sepiella*）。同种异名：*Sepiella japonica*。其他中文名：日本无针乌贼。俗称：乌鱼、乌贼、墨鱼、目鱼、墨斗鱼、海猫、花拉子等。它的分布范围相当广，北从俄罗斯沿海和日本本州关东地区沿海，南到马来群岛海域，在渤海、黄海、东海、南海均有分布（董正之，1991）。历史上，其产量以东海最高。

曼氏无针乌贼是一种具有较高经济价值的渔业种类，曾是我国海洋渔业的四大捕捞对象之一。20 世纪 50 年代，其最高年产量曾超过 6×10^4 t（含部分其他乌贼—下同）。20 世纪 80 年代后期以来，资源急剧衰退，当前东海区的捕捞业已难觅其踪迹。

17.3.8.1　洄游

曼氏无针乌贼的洄游具有局部性和地区性。春夏之交，海水升温，越冬群体从较深的外海海域，向近海浅水区进行生殖洄游，大体呈辐射式，形成若干地方种群。浙北、闽东海域的洄游群体较大，而闽中、闽南、粤东以及鲁南海域的洄游群体较小。秋末、冬初，新的世代群体集群由近海浅水区向外海进行局部和地区性的越冬洄游（董正之，1991）。

曼氏无针乌贼的洄游移动受风、流的影响较大。春季，东南风加强，近岸水温上升，曼氏无针乌贼游向沿岸浅水水域，在中国近海呈现向西北移动的趋势。初冬，西北风加强，沿岸水趋冷，便离岸向深水域移动，在中国近海呈现向东南移动的趋势。即使在同一季节，随着各年间风、流变化的差异以及不同水团的消长变化，其洄游路线也会发生深和浅、偏北或偏南的年间差异（邓景耀等，1991）。

17.3.8.2　数量分布

1998—2000 年的调查中，捕获的曼氏无针乌贼较少。仅在 1997 年秋季调查中的 3 个站位出现过，出现频率为 1.6%，平均资源密度指数为 0.705 kg/h，平均资源尾数密度指数为 3.05 ind./h。它主要分布在长江口—舟山渔场和鱼山—鱼外渔场。据 2007—2010 年东海渔业资源调查资料，春季，曼氏无针乌贼主要分布在舟山—鱼山渔场和温台—闽东渔场。夏季，主要分布在舟山—鱼山渔场。冬季，主要分布在舟山—舟外渔场、鱼山—鱼外渔场和温台

---

　　* 执笔人：杨林林

渔场。

17.3.8.3 渔业生物学

1）群体组成

1998—2000 年间生物学测定的结果：曼氏无针乌贼秋季的胴长范围为 115～135 mm，平均胴长为 126 mm。2007—2010 年东海渔业资源调查生物学测定结果：春季，曼氏无针乌贼胴长范围为 50～64 mm，平均胴长为 57.0 mm，体重范围为 40～48 g，平均体重为 44.0 g；夏季，胴长范围为 62～75 mm，平均胴长为 69 mm，体重范围为 53～94 g，平均体重为 73.7 g；秋季，胴长范围为 37～80 mm，平均胴长为 58 mm，体重范围为 11～76 g，平均体重为 38.1 g；冬季，胴长范围为 65～110 mm，平均胴长为 81 mm，体重范围为 48～231 g，平均体重为 115 g。

2）胴长与体重的关系

据东海区渔业资源监测的资料，曼氏无针乌贼的胴长（mm）与体重（g）呈幂函数关系，关系式为：

$$W = 1.5 \times 10^{-3} L^{2.4882} \quad (R^2 = 0.9285，N = 30)。$$

3）繁殖

据董正之（1991）报道，曼氏无针乌贼的产卵期为 4—6 月。在水温 20～26℃时，卵子的孵化期为 28～30 天。其稚仔生长很快，7 月份，浙江北部的幼乌贼平均胴长在 9 mm 左右，8 月份，长至 16 mm，此时，胴长与体重呈正比关系，在胴长超过 16 mm 后，体重的增加大大快于胴长的增长。成体胴长增长较为缓慢，特别是在越冬和繁殖期间。越冬个体的平均胴长，11 月下旬为 119 mm，12 月下旬为 122 m，1 月下旬为 135 mm，2 月下旬为 142 mm，但平均体重有较大增加，从 11 月下旬的 209 g 增加到 2 月下旬的 310 g。繁殖期间的平均壳长，5 月为 88 mm，6 月为 92 mm。

4）摄食

据董正之（1991）报道，曼氏无针乌贼食性凶猛，对食物没有明显的选择性，所捕食种类常与当时的活动水层中的优势种类有关。在主要生长阶段的秋季和冬初，摄食强度较高；在生殖阶段，摄食强度逐渐降低，在生殖末期，摄食活动接近停止。此外，昼夜摄食强度也有所不同。通常白昼摄食强度高于夜间。昼夜饵料种类组成无显著差异。

据邓景耀等（1991）报道，曼氏无针乌贼在不同的生活阶段食性不同。7—8 月，胴长小于 25 mm 的稚幼乌贼，触腕短小，角质颚弱，主要食部分浮游生物，如硅藻、三角藻等，以及糠虾、小型虾类幼体。胴长大于 25 mm，可捕食虾、蟹类幼体以及小型鱼类幼体。胴长大于 50 mm 时，触腕增长，角质颚完善，食物组成多样化，可捕食甲壳类、鱼类、桡足类。鱼类主要有龙头鱼、黄鲫、梅童鱼、带鱼、细条天竺鲷、发光鲷等；甲壳类主要有中国毛虾、葛氏长臂虾、细螯虾、中华管鞭虾、口虾蛄等。此外，曼氏无针乌贼还存在着种内自残现象。

17.3.8.4 渔业利用

在中国沿海，曼氏无针乌贼资源衰退以前，其主要渔场有 4 个：闽东的大瑜山渔场，浙南的南北麂和大陈岛渔场，浙北的中山街列岛渔场和嵊泗列岛渔场，主要渔汛期为春、夏季（董正之，1991）。曼氏无针乌贼的专门作业方式有乌贼拖网、墨鱼笼和乌贼扳罾等。此外机帆对网、机轮拖网、延绳钓、定置网等也有兼捕（邓景耀等，1991）。20 世纪 50 年代的年平均渔获量约为 2.3×10^4 t，60 年代为 4.3×10^4 t，70 年代为 3.4×10^4 t。由于对产卵群体和越冬群体的过度捕捞，张网等对幼乌贼持续的严重损害，自 20 世纪 80 年代后期开始，曼氏无针乌贼的单位产量持续锐减，以至于渔场和渔汛消失。据"东海专项补充调查"及近年来的渔业资源监测调查，曼氏无针乌贼出现的频率及平均资源密度指数等都处于极低的水平。当前的资源状况处于衰竭之中，亟需加强对曼氏无针乌贼资源的保护和管理，增强资源增殖工作的力度。

第 18 章　渔业资源管理与增殖

18.1　渔业资源管理[*]

18.1.1　法律法规逐步建立和健全，"依法治渔、依法兴渔"的局面基本形成

《中华人民共和国渔业法》颁布后，东海区的沿海各省都制定、公布了本省的实施办法：江苏省颁布了《江苏省渔业管理条例》，浙江省相继制定实施了《浙江省海洋捕捞行业就业准入若干规定（试行）》、《浙江省渔港渔业船舶管理条例》、《浙江省渔业捕捞许可管理实施办法》等规范性文件，福建省陆续出台了《福建省实施〈野生动物保护法〉办法》、《长乐海蚌保护区管理规定》、《官井洋大黄鱼增殖保护管理规定》、《福建省重要水生动物苗种和亲体管理条例》等地方性渔业法规，使东海的渔业生产走上了稳定、健康之路。

18.1.2　渔业资源保护措施逐步完善

18.1.2.1　严格渔业捕捞许可制度

东海各级渔业主管部门按照渔业捕捞许可制度规定的权限，审核、审批和发放捕捞许可证，通过 2000 年捕捞渔船的数据普查，建立了海洋捕捞渔船数据库，开发了"海洋捕捞渔船许可证换证系统"，使换发捕捞许可证做到信息化和规范化，在日常渔政管理中，对无证捕捞生产进行惩处。

东海区的三省一市认真贯彻"双控"制度，分别制定了《控制捕捞强度实施意见》，各级渔业行政主管部门分解控制指标，采取了一系列控制措施，使东海海洋捕捞机动渔船有所减少，2000 年为 87 129 艘，渔船数比"八五"期末减少 2.1 万艘，但功率比"九五"期末增加 112.5×10^4 kW，平均年增长率 4.5%。

18.1.2.2　实施转产转业工程

根据国家的沿海捕捞渔民减船、转产的方针政策，东海区沿海各省、市积极组织实施沿海捕捞渔民减船、转产工程，分别出台了《江苏省海洋捕捞减船转产试点方案》、《关于上海市推进近海渔民转产转业工作的意见》、《关于加快渔业经济发展的通知》（浙江省）和《关于浙江省海洋捕捞渔船报废和转产转业专项资金管理办法（试行）》等，进一步明确细化了减船转产的具体政策，加快了转产转业的进程。据不完全统计，截至 2005 年年底，东海已拆解捕捞渔船 5 300 多艘，捕捞强度有所降低。

---

　　* 执笔人：程家骅，严利平

18.1.2.3　严格休渔制度

1）禁渔区制度

1957 年 7 月，国务院将东海机轮拖网渔业禁渔区线从 29°N 延伸至 27°N；1981 年，又将该线从 27°N 延伸至北伦河口。

2）禁渔期制度

东海伏季休渔制度自 1979 年先由浙江省集体拖网渔船恢复伏季休渔的历史习惯开始，在取得良好效果的基础上，国家水产总局（81）渔总管字 014 号《关于集体拖网渔船伏季休渔和联合检查国营渔轮幼鱼比例的通知》确定在全国实施，这就是早期的"伏季休渔"制度。为了缓和伏季集体渔船拖网休渔而国营渔轮不休渔的矛盾，1987 年国办发（87）19 号文件明确规定集体渔业大马力底拖网渔船不实行伏季休渔，而开展幼检的试点，自此，拖网渔船伏季休渔制度逐步名存实亡。1995 年经国务院同意，农业部农渔发（1995）6 号《关于修改东、黄、渤海主要渔场渔汛生产安排和管理的规定的通知》规定：自 1995 年起，在东、黄海海域实施拖网、帆式张网伏季休渔制度。东海休渔范围为 27°00′~35°00′N 的海域，时间为每年的 7 月 1 日至 8 月 31 日。定置作业休渔每年不得少于 2 个月，由各省市自行规定并报部局备案。经过 3 年实践，1998 年农业部又以农渔发（1998）6 号《关于在东、黄海实施新伏季休渔制度的通知》规定：将伏休海域扩大为 26°00′~35°00′N，时间延长为每年的 6 月 16 日至 9 月 15 日 24 时，禁止拖网、帆式张网作业捕捞（定置张网作业仍按原规定）。2000 年，又对东海伏季休渔时间进行了微调，休渔起止时间统一后推 12 小时，26°30′N 以南东海海域休渔时间调整为 6 月 1 日 12 时至 8 月 1 日 12 时。2001 年起，增加 22°30′~23°30′N，117°00′~120°00′E 海域，每年 6 月 1 日 12 时至 8 月 1 日 12 时，所有灯光围网作业实行休渔。2003 年起，又对东海的桁杆拖网作业实行休渔，时间为每年 6 月 16 日 12 时至 7 月 16 日 12 时。自 2006 年起，国家对东海伏季休渔制度再度调整，将桁杆拖网休渔时间延长 1 个月。

3）保护区制度

国务院决定自 1981 年起在东海和黄海设立"大黄鱼幼鱼保护区"和"带鱼幼鱼保护区"，1989 年起，在舟山渔场设立"产卵带鱼保护区"，原《中日渔业协定》在东海总共设定了 7 个休渔区、6 个保护区。这些保护区使东海的渔业资源得到了一定的休养生息。

4）实施渔具渔法管理

坚决取缔电鱼、毒鱼、炸鱼等严重危害渔业资源的渔具渔法。长期以来，东海各级渔业行政执法机构，认真贯彻落实《渔业法》第三十条关于"禁止使用炸鱼、毒鱼、电鱼等破坏渔业资源的方法进行捕捞"的规定，坚决取缔严重危害渔业资源的渔具渔法。如 20 世纪 50—60 年代，浙江、福建盛行的敲𦩞作业，严重危害大黄鱼资源，国家发布命令后东海坚决予以取缔。又如每年组织力量集中打击电鱼、毒鱼、炸鱼等非法捕捞活动，其中尤以 1992 年、2001 年和 2004 年的规模最大，使渔场作业秩序有了明显好转。

严格核定作业方式、方法。《渔业捕捞许可管理规定》的第十八条第二款规定，作业类型分为刺网、围网、拖网、张网、钓具、耙刺、陷井、笼壶和杂渔具（含地拉网、敷网、抄网、掩罩网及其他杂渔具）共 9 大类。渔业捕捞许可证核定的作业类型最多不得超过其中的两种，并应明确每种作业类型中的具体作业方式。拖网、张网不得与其他作业类型兼作，其他作业类型不得改为拖网、张网作业。对有些作业还规定渔具数量及其规格等。又如对张网类，采取严格的控制措施，对危害资源严重的予以淘汰，对定置张网严格控制作业总量，划定作业桁地，不得跨县（区）作业。对帆式张网，按照《帆式张网管理规定》，严格控制作业规模，限制渔具数量以及控制船龄等，逐年减少作业渔船，2004 年东海核定的帆式张网渔船已减至 1 450 艘。

5）实施幼鱼比例检查制度

东海实行幼鱼比例检查制度，最早是根据"关于东、黄海区水产资源保护几项暂行规定"精神制定的，对国有（当时称国营）渔轮实行幼鱼比例检查，对带鱼、大黄鱼、小黄鱼、鲳鱼等主要经济种类实行全年幼鱼比例检查，重点检查的时间为 7—10 月。同时规定了可捕标准和渔获物中幼鱼的比例，如小黄鱼体长为 19 cm，带鱼肛长为 23 cm，鲐叉长为 22 cm，渔获物中幼鱼比例的限制是：拖网不超过 20%，围网不超过 15%。此外，东海各省、市也依法对本地经济鱼类制定了可捕标准。东海于 1980 年开始组织三省一市各级渔政管理机构实施幼鱼比例检查，之后每年抽调各省市的渔政力量组成巡回检查组，指导和检查各地的实施情况，并编制了《东海幼鱼比例检查手册》。自 1995 年起东海开始实施新的伏休制度，只有上海市等少部分地区仍坚持幼鱼比例检查。这些制度的实施，保护了幼鱼资源。

6）渔业结构不断调整

捕捞、养殖、加工并举，全面发展渔区经济：1985 年国家明确了渔业的发展方针是"以养殖为主，养殖、捕捞、加工并举，因地制宜，各有侧重"。同年，中共中央、国务院关于放宽政策、加速发展水产业的指示（中发〔1985〕5 号），放开水产品市场价格，极大地推动了水产业的发展。"九五"期间，国家将渔业发展的指导方针调整为"加速发展养殖，养护和合理利用近海资源，积极扩大远洋渔业，狠抓加工流通，强化法制管理"。1999 年提出海洋捕捞实行"零增长"的要求，2000 年进一步提出海洋捕捞渔获量实行"负增长"的目标，并实施海洋捕捞减船转产工程，为海洋渔业的可持续发展奠定了政策基础。根据国家的方针、政策，这些年来东海三省一市在渔业产业结构的调整上下了很大力量，因地制宜进行渔业产业结构调整，取得了显著的效果，使得结构日趋合理。

海洋捕捞作业结构不断调整，适应渔业资源的变化：20 世纪 80 年代中后期起，东海海洋捕捞业先后发展了帆式张网、单拖、蟹笼、鱿钓等作业，许多对网、拖网作业改为桁杆拖网、灯光围网、流刺网等作业，海洋捕捞作业结构有了很大的调整，努力开发利用尚有潜力的一些品种渔业资源，如虾蟹类平均年渔获量从 1990—1994 年的 58.16 × 10^4 t 上升到 1995—2001 年的 116.02 × 10^4 t。由于发展了单拖作业，头足类渔获量从伏休之前 5 年的平均 12.87 × 10^4 t 增加到伏休后 7 年平均的 45.63 × 10^4 t，占海捕渔获量的比例由 1990—1994 年的 4.2%，迅速提高到 1995—2001 年的 7.9%；其他小型鱼类的渔获比例也有不同程度的上升，如鳀等由伏休前 5 年平均的 0.3% 上升为伏休后 7 年平均的 1.9%。作业结构的调整从一定程度上缓解了拖网对底层经济鱼类资源的捕捞压力，有效地利用了多种资源，也加速了外海渔场和新资源种类的开发，使沿岸近海渔场拥挤状况稍有改观。

18.2 渔业资源增殖[*]

18.2.1 渔业资源增殖措施及种类

从 20 世纪 80 年代后期开始，增殖放流工作逐渐受到东海区渔业界的重视，放流种类由少到多，放流规摸逐渐扩大，有些品种的放流已成为近年每年必做的长效机制。近年来在东海进行放流增殖、移植增殖、底播增殖的种类有海蜇、中国对虾、大黄鱼、石斑鱼、黑鲷、日本对虾、长毛对虾、尼罗罗非鱼、文蛤、菲律宾蛤、波纹巴菲蛤、杂色蛤、缢蛏、泥蚶等近 20 种。2004—2005 年东海渔政渔港监督管理局在长江口、杭州湾水域共放流大黄鱼、黑鲷、海蜇、日本对虾、三疣梭子蟹、锯缘青蟹、菲律宾蛤、青蛤等 4.0×10^8 ind.。多年的增殖已取得一定的成效。

18.2.2 主要增殖种类规模和效果

18.2.2.1 中国对虾

1）移植放流概况

①浙江省，浙江海域原来没有中国对虾的自然分布。1982 年浙江省海洋水产研究所开展了浙江北部近海中国对虾放流移植实验，至 1995 年在象山港、三门湾和舟山海域共放流 1.53×10^9 ind.，回捕产量达 2.45×10^3 t，平均回捕率为 8.7%。②福建省，1982 年福建省曾在三都澳内的东吾洋进行过少量中国对虾的试验放流，1986—1995 年，该省在东吾洋共放流中国对虾 9.80×10^8 ind.，放流规格为 1.0 ~ 42.2 mm，回捕 5.15×10^7 ind.，回捕重量为 1.19×10^3 t，回捕率为 5.3%。

2）移植放流效果分析

对放流增殖效益恰如其分的评估是检验放流增殖成效的关键。由于浙江象山港及福建东吾洋附近海区原来没有中国对虾的自然分布，相对于黄渤海来说，放流增殖中国对虾的效益容易检验。效益的体现主要表现在以下三个方面。

回捕率较高。象山港标志虾的回捕率：1982—1985 年的年平均回捕率为 18.8%，"七五"期间为 2.8%，"八五"期间达到 6.4%，1982—1992 年为 11.3%。

象山港放流虾群的回捕，"八五"期间，象山港及相邻海域共放流中国对虾平均回捕率9.4%。东吾洋 1986—1995 年（1994 年未放流）放流虾群总的平均回捕率为 5.3%。

浙江象山港和福建东吾洋的放流虾已在放流海域形成自然繁殖群体。通过放流后的调查，象山港已找到自然产卵的主要海域并采集到受精卵，产卵亲虾从越冬海区向岸回归，主群集中在象山港口六横岛南部及三门湾口部海域产卵。综合亲虾回归、虾卵及幼虾调查结果分析，认为这是移植放流群体自然繁殖的结果。

福建东吾洋从 1986—1995 年开展对虾移植放流后，翌年 3—4 月都可在福宁湾海区形成

---

* 执笔人：袁兴伟，程家骅

产卵群体。说明中国对虾已在福宁湾形成自然种群，并能自然繁殖。

经济、生态、社会效益明显。1986—1990 年在象山港及邻近海域中国对虾放流投入与产出为 1∶5.9，即 5 年总投入 595.7 万元，总产出 3 499 万元。1991—1995 年中国对虾放流投入与产出比为 1∶5.2。

1986—1995 年，在东吾洋水域放流的对虾绝大部分是没有经过中间暂养的仔虾（占 93.6%），降低了增殖放流成本，投入产出比 1∶5.5。同时每年春季海区产卵回归亲虾的大量出现，从根本上改善了当地育苗用亲虾的紧张局面，保证了育苗生产，取得了良好的社会效益。

18.2.2.2　海蜇

1）海蜇增殖放流概况

"海蜇增殖研究"被中国列入"七五"攻关项目，1986 年农牧渔业部水产局下达了"七五"国家科技攻关项目"象山港海蜇增殖可行性及杭州湾海蜇繁殖保护研究"，研究年限为 1986—1990 年，在完成海蜇生产性人工育苗的基础上，1986 年起正式进行放流可行性研究，至 1989 年浙江省在北部海区共放流 1.25×10^8 只，放流规格以放流伞径 0.4~0.8 cm 的稚蜇为主，伞径 1.5~3.0 cm 的幼蜇占 0.015%，平均回捕率为 0.1%。

2）浙江海蜇增殖放流效果

"七五"期间，浙江北部海域海蜇的放流主要是在完成海蜇生产性人工育苗的基础上进行增殖放流试验的，"八五"期间将该项成果应用于浙江南部海域，1992—1994 年放流海蜇已在浙江南部海域放流 $17\ 533 \times 10^4$ 只，并形成自然繁殖群体，苍南县水产局调查资料表明，到 1996 年止放流已产生了较好经济效益，若按 1995 年统计值估计，1996 年的纯效益为 50 万元左右，至 1996 年止，放流的投入产出比为 1∶1.65。

从 20 世纪 90 年代中期起，东海至南黄海霞水母、多管水母、口冠水母等水母类的数量明显增加，有的年份达到泛滥程度，影响了渔业生产。从上述海蜇的增殖放流情况来看，具有恢复原有地方种的可能，若能扩大增殖放流规模，有可能以生物群落种的替代方式改善有害水母泛滥的局面，以取得较好的生态效益。

18.2.2.3　石斑鱼

有关石斑鱼增殖放流试验，国内最早报导的是 1980 年浙江省海洋水产研究所在舟山黄兴岛周围水域标志放流 100 尾野生赤点石斑鱼和青石斑鱼成鱼，当年重捕率 10%。1980—1995 年，在东海共放流石斑鱼 11.65×10^3 ind.。

18.2.2.4　大黄鱼

1）浙江大黄鱼增殖概况

1998—2000 年由浙江省水产局组织在浙江近岸海域进行了可行性试验放流，2001—2003 年由宁波市海洋与水产局组织实施了生产性放流，5 年共放流 414 万余尾（见表 18.1）。

表 18.1 浙江大黄鱼放流情况

年份	放流总数量/尾	挂牌标志鱼数量/尾	放流地点
1998	143 339	4 683	象山港口部野龙山附近海域
1999	306 481	4 982*	象山港口部东屿山附近海域
2000	1 123 213	6 902	象山港口部东屿山附近海域和舟山黄大洋海域
2001	1 006 736	4 814	象山港内和象山港口部野龙山附近海域
2002	1 561 641	—	象山港内
合计	4 141 410	25 818	

*1999 年曾对当年生 12 cm 左右苗种挂牌实验，标志鱼数量为 4 437 尾。

2）增殖放流成效

1998—2000 年的放流试验表明，在浙江北部沿岸进行大黄鱼放流是完全可行的，放流鱼能够在放流区域附近海域存活、生长，并进行索饵、产卵洄游，形成一定数量的捕捞群体。近年在放流区域附近海域，大黄鱼的出现率和捕获数量逐年增加，放流鱼的分布范围在逐步扩大，同时发现有性腺发育成熟的放流大黄鱼。

18.2.2.5 黑鲷

自 20 世纪 80 年代中期以来，江苏省海洋水产研究所在黑鲷育苗成功的基础上，在吕泗渔场进行了连续 20 多年的放流工作。

1）增殖放流概况

①江苏省在 1986—2005 年共放流黑鲷 1.24×10^6 ind.，放流规格为 3.00~12.00 cm。据江苏省海洋水产研究所多年的检测以及港口调查，黑鲷在各类作业中均有捕获，以流刺网渔获量最高；②浙江省，宁波市水产研究所于 1990 年在象山港内进行了人工增殖放流实验，1990—2002 年共放流 2.00×10^5 ind.。

2）增殖放流效果

江苏省近年黑鲷海洋捕捞年产量约 130 t，折合产值 200 多万元，投入产出比约为 1:10。随着放流苗量逐年加大，在江苏沿海形成自然群体，增殖放流产生的经济效益日趋明显。鲷产量逐年增加，如 1993 年港内黑鲷产量增加了 13.5 t，净产值 110 万元，放流取得了良好的经济效益。

上述各种类共放流了 32 亿余尾。

18.2.2.6 其他种类放流

除上述几个种类的大规模增殖放流外，东海各省市和各地区还组织了一些小规模的增殖放流活动（见表 18.2）。

从表 18.2 中可看出，东海各省市在 16 年中对 16 个种类放流了 109×10^8 尾，在资源养护中发挥了显著的成效。

18.3 渔业资源可持续开发利用对策 *

18.3.1 存在主要问题

18.3.1.1 捕捞力量大大超过资源的承载能力

1970 年海区海洋机动渔船为 7 451 艘、动率为 411 233 kW，到 1996 年机动渔船数达 117 797 艘，为历年最高，功率为 5 601 797 kW，为 1970 年的 15.81 倍和 13.62 倍，而海洋捕捞产量 1996 年为 504.71 × 10⁴ t，仅是 1970 年 99.54 × 10⁴ t 的 5.07 倍，产量提高的速度仅是渔船数量提高速度的 1/3 左右。在东海作业的还有日本、韩国和我国台湾地区、香港地区的渔船。

此外，作业时间的延长、船只的大型化、网具数量的增加、渔具材料质量与网具性能的提高、通信导航的便捷、探鱼仪的使用、一线实际从业劳动力的增加、一船兼多种作业等也直接或间接地急剧提高了捕捞能力，导致东海现有的海洋渔业不仅从作业规模的投入上，而且从作业能力的提高上均促使捕捞强度一直居高不下，且呈逐年增长的态势，导致单位渔获量显著下降，许多捕捞对象小型化、低龄化和性成熟提早现象日趋严重。

表 18.2 小规模增殖种类的放流情况

放流品种	放流时间	放流地点	放流数量 / × 10⁴ 尾	规格 /cm	放流目的	放流部门
梭鱼	2002 – 07 – 20	象山港峡山	10	6.29	增殖	宁波市
日本对虾			40		增殖试验	江苏省
尼罗罗非鱼	1990 – 07	泉州湾晋江口	8 000		增殖试验	福建省
长毛对虾	1988—1989	厦门海区	7 000		增殖试验	福建省
	2004—2005	福建罗源湾	14 135		增殖放流	福建省
香鱼	2001 – 03	温州楠溪江	18	全长 4.7	增殖试验	温州市
	2004	福建霍童溪	85		增殖放流	福建省
大黄鱼	2002 – 07 – 16	浙江南麂海区	20.344	—	人工鱼礁增殖	温州市
	2003 – 05 – 13	浙江南麂海区	20	5.02	人工鱼礁增殖	温州市
	2004—2005	福建官井洋	370		增殖放流	福建省
黑鲷	2002 – 07 – 16	浙江南麂海区	24.7	8.7	人工鱼礁增殖	温州市
	2003.8	浙江朱家尖海域	6.1	6.6	人工鱼礁增殖	舟山市
真鲷	2002 – 07 – 16	浙江南麂海区	25.2	8.48	人工鱼礁增殖	温州市
	2003 – 05 – 13	浙江南麂海区	147.9	2.45	人工鱼礁增殖	温州市
	2004	厦门同安湾	14.4		增殖放流	福建省
黄鳍鲷	2004—2005	厦门同安湾	6 299	7 ~ 8	增殖放流	福建省
石斑鱼	2003 – 08	浙江朱家尖海域	3.15	8.5	人工鱼礁增殖	舟山市
双斑东方鲀	2003.5.13	浙江南麂海区	36.6	1.42	人工鱼礁增殖	温州市
	2005 – 07	福建泉州湾、同安湾	120	1 ~ 3	增殖放流	福建省
鲍鱼、巴菲蛤、江珧、仙女蛤、海蚌	2004—2005	福建沿海	1 050 000		底播增殖	福建省
合计	1990—2005		1 086 375	1 ~ 8.7		

* 执笔人：程家骅，李圣法，郑元甲

种种迹象说明海区捕捞力量大大超过资源承载的能力。这是海区渔业存在问题中的最主要的问题。

18.3.1.2 渔业法规不够健全，有的法规执行不力

近年来渔业法规的修改和新订有了长足的进展，然而，有的法规虽然有了，如拖网、流刺网的最小网目尺寸、渔获物幼鱼比例和大黄鱼、小黄鱼和带鱼产卵场的禁渔区、禁渔期等，但是，实际上却未能得到切实有效地执行，法规的效应未能如实发挥。

18.3.1.3 沿岸海域污染日趋严重

据调查和估算，东海近岸海域成为全国受污染面积最大，污染程度最重的海域，其中，长江口、杭州湾、浙江沿岸海域、福建和苏北近岸海域是污染最严重的区域，赤潮灾害频率呈上升趋势。东海每年受纳的陆源污水占全国总量的60%左右，受纳的入海污染物占全国总量的55%以上，年均约8.46×10^6 t，主要污染物是氨氮、COD、磷酸盐和汞（《专项综合报告》编写组，2002[*]）。

由于污染等原因，吕泗渔场小黄鱼产卵规模比20世纪50—60年代显著缩小，而在黄海南部至东海北部外海却新发现有其产卵场（林龙山，2008）。此外，沿岸一些小杂鱼和虾类的产卵场均受到不同程度的损害。

18.3.1.4 捕捞结构不够合理

目前东海捕捞作业方式是以对资源和生态破坏性较大的拖网类和张网类为主，2001—2004年其渔获量比例达71%～75%，而对资源利用对象选择性较强的围网、流网和钓等作业方式的产量比例低下，仅占15%～18%。此外，近20年来出现了电脉冲拖虾、帆式张网等对资源极具破坏性的渔具、渔法，并形成了相当的产业规模。一些渔民为获取更多的利益，往往刻意加大网型、缩小网目尺寸、甚至不惜采用电捕作业，使现有的捕捞作业和渔业资源长期陷入一种恶性循环状态。

18.3.1.5 渔业资源日趋衰退

1）单位捕捞力量渔获量持续徘徊在低水平

东、黄海的捕捞渔船单位功率渔获量20世纪90年代的平均值为1.01 t/kW，仅为50年代资源开发初期2.13 t/kW的47.4%，目前依然在较低的水平上持续徘徊。

2）传统的渔业资源结构不复存在

近年底拖网调查表明，东海渔获物共有602种。其中，鱼类397种，仅为以往调查记录数760种的52.3%；甲壳类160种，其中，虾类为75种，仅为历史记录91种的82%；头足类45种，仅为历史记录64种的70%。优势种主要为带鱼、竹荚鱼、鳀、发光鲷和黄鳍马面鲀五种，其重量比例占到50.3%。其次为小黄鱼、剑尖枪乌贼、大平洋褶柔鱼、银鲳、细点圆趾蟹、刺鲳、蓝点马鲛、龙头鱼、绿鳍马面鲀、鲐、细条天竺鱼、黄鲫、黄鲷、鳄齿鱼、

---

[*] 《专项综合报告》编写组．2002. 我国专属经济区和大陆架勘测专项综合报告（秘密）．北京：海洋出版社．284－285。

蓝圆鲹、水珍鱼、短尾大眼鲷和灰鲳等种类重量比例占到 29.6%。上述优势种类合计重量比例达 79.9%。

与历史调查优势种为带鱼、小黄鱼、魟类、鲵、银鲳、大黄鱼、海鳗、日本无针乌贼、鲨类、宽体舌鳎、鳐类、鳓、皮氏叫姑鱼、黄鲫和白姑鱼等相比，目前东海的渔业资源结构已发生了巨大的变化，取而代之的是个体小、营养级低、生命周期短的种类，它们已逐渐成为东海渔业资源利用的主体。一些原有优势种如日本无针乌贼、大黄鱼、魟鳐类、鳓等资源已严重衰退或枯竭，甚至 20 世纪 70 年代中期刚开发利用的绿鳍马面鲀资源也严重衰退了，渔业生物群落结构正变得愈加脆弱与不稳定。

3）传统的渔汛已名存实亡

历史上东海一直是中国海洋渔业中渔汛最为明显的高产渔场，如嵊山冬季带鱼渔汛，吕泗洋、岱巨洋和官井洋大黄鱼渔汛，吕泗春季小黄鱼产卵渔汛，东海南部外海冬、春季绿鳍马面鲀汛等。但是从 20 世纪 80 年代中后期起，由于捕捞强度的无节制扩大，海域中渔业资源急剧衰退，许多经济鱼类产卵与栖息生长的生态环境遭到空前破坏，使渔汛丧失了形成的基础，大黄鱼、日本无针乌贼和绿鳍马面鲀等许多著名的传统渔汛成为了历史。另有一些原有渔汛已不明显，或发生了根本的变化，如传统的以主捕剩余群体为主的春季小黄鱼汛、冬季带鱼汛，现已变为以主捕补充群体为主的伏季休渔禁捕期后的夏、秋季渔汛。可见，诸多传统的渔汛已经是名存实亡。

4）优质鱼比例显著下降

东海优质鱼渔获量的比例从 1956 年和 1957 年的 67.7% 和 69.4% 到 1991 年和 1992 年下降至 49.4% 和 48.4%，降幅达 20% 左右。

18.3.1.6 渔区和谐社会潜伏着危机

1）外海作业面职显著缩小，沿海、近海捕捞压力增大

随着新的中日渔业协定和中韩渔业协定的生效，虽然从表面上中国仍然能够有条件到日、韩管辖水域从事作业，但从协定实施的实际效果来看，由于日、韩两国渔业管理制度的相对苛刻，中国渔船事实上已绝大部分撤出上述水域，那些原来在外海作业的渔船只好撤回到东海、黄海近海作业。

2）非渔劳动力的大量涌入，使海上生产埋下了诸多安全隐患

经过 20 多年的高速发展，中国沿海一些渔民致富成为船东，他们的后代大多离开艰苦的捕捞行业，取而代之的是非渔劳动力大量涌入了传统的海洋渔业；为获取更大利润，现有的船东大量雇用内陆贫困地区的农民出海捕鱼，有的渔船甚至仅船长和轮机长是传统渔民，其他岗位均由雇用工充当，从而使东海的实际捕捞从业者数量不仅没有降低，相反，在不断增加，而且由于外来雇用工大多没有经过专业培训，捕捞作业技能低下，使海上生产埋下了诸多安全隐患。

3）渔业成本迅速提高，渔区贫富分化加剧

船用柴油每吨价格，已从前些年的 2 000 余元，到 2010 年升至 8 000 余元，提高了约 3

倍，而且近年其他渔需物资和生活物资也均明显上升，但是，渔获价格却变化不大，使绝大多数海洋捕捞从业渔民的经济收入减少，有的甚至是严重减少，而且贫富的差距也在迅速扩大。

4）不同作业类型间和地区间的渔业矛盾增大

由于渔业法规不够完善，各大作业类型的作业规模和作业渔场均无法有效约束。因此，海上拖网、帆式张网和流刺网等作业类型间彼此争夺渔场的现象经常发生，由此引起的海上纠纷也时有出现。另外，海区间或地区间的矛盾也时有出现，如前几年北方的地耙网大批拥入江苏沿岸、近海海区作业，严重损害了当地渔民的利益。

5）捕捞渔民转产专业工程的实施难度相当大

近年来，国家渔业行政主管部门配套出台了渔船报废制度和捕捞渔民转产转业措施，以期有效控制捕捞强度。但是，由于传统捕捞渔民户籍性质制约、文化程度普遍不高、资本积累不足、专业技能缺乏的特殊性，加之社会就业岗位紧缺等客观因素的存在，全国捕捞渔民的转产转业工作的进展并不尽人意，即使是现有报废的渔船也主要是一些十分破旧的小型沿岸作业船只，而中大型机动渔船的报废数量寥若晨星，一些地方的转产转业和渔船报废制度的专款至今仍难以全额专项用完。

6）"三渔"问题已影响渔区社会的持续稳定发展

目前，在一些沿海地区，渔民收入的相对趋减、渔业社区发展的相对缓慢、渔业资源有限性和利用上的持续高强度之间的矛盾日益激化，已成为中国海洋渔业产业中的"三渔"问题。虽然各级渔业行政主管部门和各级政府已相继出台了一系列为渔民减负的措施与资金项目扶持政策来帮助渔民脱贫致富，但现有的力度与措施仍无法有效地解决好这一较为棘手的问题，这是事关中国渔区社会能否持续稳定发展、能否彻底解决"三渔"问题的大局。

18.3.2 渔业资源可持续利用对策

18.3.2.1 切实有效地削减捕捞力量

1）由政府拨出专款继续深入实施转产转业政策

首先要总结过去执行转产转业政策的经验和教训。其次是及时修订和完善转产转业政策及其实施细则。第三要设立督察机构，监督资金的应用和检查实施的效果，杜绝挪用这一专项资金，以保证转产转业政策得以有效地实施。

2）发展渔区综合型经济，改变单一捕捞结构

开展海洋渔业经济综合调查研究，对海洋渔区的陆地和海洋自然环境条件和自然资源进行深入地调查研究，评估其现状和潜能，提出发展渔区综合经济的计划和规划，例如，怎样在渔区发展游钓、观光等第三产业；如何把退出海洋捕捞业的渔船改为运输船或做人工鱼礁等；如何在渔区发展水产品小包装、小水产休闲食品等粗加工和深加工；如何对渔村渔民进行培训，为国内远洋渔业提供劳力和对外劳务输出；如何因地制宜地发展海水养殖业和深水

网箱养殖业；如何因地制宜地在大陆沿海和岛屿周围浅水区种植和底播底栖食用和药用的海洋生物；如何着重扶持渔村的教育事业，提高渔区文化素质水平等等，这是改变渔村的百年大计。以促使渔区改变单一捕捞经济，向综合型经济发展。

18.3.2.2 加强渔业立法和严格执法

针对中国捕捞渔船过多的现实状况，一方面必须把现有渔船减下来，另一方面严格控制新造渔船的数量。但是，目前中国控制新造渔船尚无法规可循，无法实际操作，应及早出台《渔船法》。许可新造渔船数量的前提是中国专属经济区的渔业资源状况，其次是考虑渔区社会稳定的因素。所以，建立对渔船的准造、建造、修理、更新改造等各环节严格控制的渔船管理制度，尤其要加强对船厂管理，实行严格的资质认可和监管制度，对于不遵守国家法律、法规的渔船建造单位和个人以及对没有省级以上渔业行政主管部门出具的《渔业船网工具指标批准书》就给予建造、更新渔船的船厂要坚决予以取缔。杜绝沙滩船厂和新的"三无"渔船的滋生，已是当务之急。

目前，中国渔货上市较混乱，渔船可以到处卸货，渔市场管理也无序可依。应及早建立渔市场管理法规，渔船应到指定的市场卸货，市场应按规定的程序收、售货，并应规定把收、售货的总数量和主要品种数量上报有关部门。

加强渔政执法职能建设，严格执法、公平执法，严防地方保护主义。加强遵纪守法的宣传和教育，提高渔民守法的自觉性，实行专管和群管相结合。建设渔业执法督察制度，严肃处理有法不依和执法不公的案件。

18.3.2.3 渔业管理从投入控制转向产出控制

在渔业管理政策措施方面，继续巩固和完善中国既有的海洋捕捞渔船"双控"、伏季休渔、禁渔区、海洋捕捞零增长、产卵场保护等卓有成效的渔业管理措施。在此基础上，进一步拓展制定并尽快出台实施相关的、行之有效的渔业管理措施。

1）投入控制管理层面

强化渔业捕捞许可制度，健全和完善捕捞渔业准入制度。其前提是必须明确公有渔业资源使用权的归属及使用的主体，规定获得捕捞权人的权利和义务。对准入捕捞渔业的公民、法人及其他组织要纳入法制管理，并强化捕捞许可证的法律地位和作用。

根据渔业资源状况和渔业特点，划定若干个鱼类和作业的捕捞区，规定每个捕捞区的准入条件，包括渔船数、功率数、捕捞工具数、网目尺寸以及限额捕捞数等。同时，要规定捕捞渔船和渔民的准入条件。

增补重要经济渔业资源种类的产卵场保护规定。

2）产出控制管理层面

培育发展渔民协会等渔业中介组织，实现渔业行政部门"专管"和渔业中介组织"群管"相结合，探索在市场经济条件下现代渔业管理的新模式。

加强对填报渔捞日志的培训和指导，由船长或指定船员按要求负责填写和通报。在现代信息技术的支撑下，建立起渔捞日志（自动）填报制度。

增补并细化渔获物最小可捕标准规定。

在条件相对成熟的海区，试行单鱼种 TAC 管理制度。

18.3.2.4　努力提高渔区社会的和谐与文明水平

1）社会经济层面

建立完善的渔获物产销市场经济体系，保证捕捞渔民的劳动所得，满足广大人民对优质水产品的市场需求。

加强渔港的功能建设，发挥其在渔区经济辐射和渔业特色文化宣传的作用，促进渔区的第二、第三产业的发展。

以渔业社区为基本单元，积极开展相关专业职业技能培训，稳步促进捕捞渔民转产转业工作的顺利进行，提高转产渔民的再就业率和实际收入。

借鉴社保机制，尽快在渔业社区建立渔民社会基本保障体系并试运行，保障渔区的社会安定。

2）渔业水域生态文明层面

①继续积极开展渔业资源的增殖放流活动；②继续大力鼓励与扶持人工鱼礁建设，并以此为基础发展休闲渔业。

18.3.2.5　提高水产业科学水平

应加强微观层面和宏观层面的水产科学研究，把应用研究和基础理论研究密切结合起来。加强科研投入，努力提高科学技术对水产业的贡献率，有效提高环境污染和资源衰退的预防和修复能力，维护海洋生态系统的健康，不断促进和提高人与自然的亲和力。

1）渔业资源调查与评估层面

将渔业资源监测调查事业列入国家年度的财政预算，坚持渔业资源的长年常规调查。

相关科研单位每年应针对特定的海域、特定的资源种类提出资源状况评估报告和生物学可允许捕捞量。

2）渔业资源基础研究层面

对渔业生态系统的功能及其演变过程进行深入研究，特别应注重对重要经济鱼种的产卵生态、索饵生态的跟踪监测研究。

重视重要经济渔业资源的种群生物学动态研究。

加强渔业生物多样性的研究。

3）渔业管理应用研究与战略研究层面

注重对渔业管理信息化工作的辅助研究。

注重中国渔业产业结构的跟踪调查，重视渔业可持续发展的宏观战略研究。

重视培育渔区综合型经济的发展，总结和研究其发展规律，指导渔区经济健康发展，创建渔区和谐社会。

第4篇　南　海

第19章　渔业生物种类组成特征与渔业[*]

19.1　资源种类

19.1.1　区系特征

南海地处热带—亚热带海域，为世界海洋动物区系最具多样性的海区之一。南海渔业资源的动物区系是由南海特殊的自然地理条件所决定，它与东海、黄海和渤海有显著的差别。从南海北部最冷季节表层水温20℃等温线沿40 m等深线贴近沿岸及绝大多数种类为暖水性，只有沿岸少数鱼类为暖温性种类，从缺冷温性种类这一事实看，根据动物地理学原理，南海经济动物区系应属印度—西太平洋热带区系。但印度—西太平洋热带水域十分宽广，根据该区域内不同水域鱼类区系的差异，再划分为若干小区：红海、东非、印度洋、马来亚群岛、大洋洲水域、琉球群岛和夏威夷群岛等，并把南海划在以马来群岛为中心的小区内，该小区为太平洋沿岸鱼类区系最丰富的区域（农牧渔业部水产局等，1989）。

特殊的地理环境使南海渔业资源的动物区系具有如下的基本特征。

（1）种类数多，生物种类格外丰富和多样。与邻近海区比较，已知的鱼类种数为东海的1.4倍，为黄海、渤海的3.56倍。甲壳类和头足类等其他生物也有类似的特征。

（2）单种生物量少，没有数量大的种群。如与东海共有种的带鱼和大黄鱼，在东海渔获量达约40×10^4 t和20×10^4 t，而在南海仅为$1 \times 10^4 \sim 2 \times 10^4$ t。又如黄、渤海的东方对虾年捕获量曾高达4×10^4 t，而在南海虽有东方对虾的分布，但捕获量仅有数吨（农牧渔业部水产局等，1989）。

（3）多数种类为广泛分布于印度—西太平洋沿岸的热带种类。部分为适温范围较广的亚热带种类，可分布至温带的暖水海域。

（4）多数种类为陆架地方性种群，分布广泛而分散，不作长距离的洄游，仅有从深水区到浅水区的往复移动，因而在陆架广阔海域可捕到同一种类。

（5）南海多数经济鱼类属中、小型种类，体长范围一般为200～400 mm。

由于上述的基本特征，决定了南海渔具结构类型的复杂多样和渔业管理必须特殊考虑的一系列问题。

19.1.2　种类组成

19.1.2.1　渔业生物资源

南海地跨热带与亚热带两个气候带，生境组成多样，包括了海南岛以东北部大陆架、北部湾和大陆斜坡，中南部珊瑚礁群和西南部大陆架等生产渔场，年平均气温较高，水系组成复杂，因而形成了与东海、黄海有着显著差异的渔业资源特征，呈现热带海洋生物区系的特性，种类繁多，物种多样性极高。

根据 20 世纪 90 年代前的历史资料统计，南海北部大陆架的鱼类有 1 027 种，远高于东海的 727 种和黄海的 289 种。另外，南海大陆斜坡和南海诸岛海域也分别记录了 205 种和 523 种的鱼类（见表 19.1）。虾类种数，南海也远高于东海和黄海，据刘瑞玉和钟振如等（1986）的统计（刘瑞玉等，1989），南海北部的虾类在 350 种以上，其中，对虾类不少于 100 种。头足类的种类也极为丰富，在南海北部有记录的为 73 种。2007 年 7 月内部统计，南海的鱼类（含北部大陆架、南部陆架、北部陆坡及南海诸岛）实际已有 2 060 种（已剔除历史资料中一鱼多名和雌雄异名造成的重复计数）。

表 19.1　中国各海域各渔业类群的种类数量比较

种　类	南　海			东　海		渤海、黄海
	北部大陆架	大陆斜坡	南海诸岛	大陆架	大陆斜坡	
鱼类	1 027	205	523	727	350	289
虾类	135	96	–	91	33	41
头足类	73	–	–	64	–	20

注：表中种类数的数据引自《中国海洋渔业区划》。

1997—2000 年间的四季拖网调查，在南海北部水深 200 m 以浅海域共捕获游泳动物 851 种（包括未能鉴定到种的分类阶元），其中，鱼类 655 种，甲壳类 154 种和头足类 42 种。底层和近底层鱼类占绝对优势，共 600 种，中上层鱼类 55 种；甲壳类中的虾类为 76 种，蟹类 57 种。在南海北部水深 200 m 以外的大陆斜坡和南海中部深海区的中层拖网调查中，渔获游泳动物共 349 种（包括未能鉴定到种的分类阶元），其中，鱼类 291 种、头足类 35 种和甲壳类 23 种。鱼类底层和近底层鱼类 275 种，中上层鱼类仅 16 种；甲壳类中虾类 17 种，虾蛄 5 种，蟹类 1 种。在南海岛礁区的手钓、流刺网和延绳钓调查中，捕获鱼类 242 种，其中，鲈形目 170 种，鳗鲡目和鲀形目均为 14 种，金眼鲷目 12 种，颌针鱼目 11 种，其他目鱼类为 21 种。

2006—2008 年间的四季拖网调查，在南海共捕获游泳动物 652 种，其中，鱼类为 515 种，甲壳类为 110 种，头足类为 26 种，其他类别 1 种。鱼类隶属于 29 目 124 科 294 属，甲壳类（蟹类 50 种、虾类 46 种、口足类 14 种）隶属于 2 目 28 科 49 属，头足类隶属于 3 目，其他类别为文昌鱼目的 1 种。

19.1.2.2　鱼卵仔鱼

鱼卵、仔鱼作为海洋生物的被捕食者、捕食者，不仅种类多，而且数量大，常是研究海洋生态系统重要的组成部分。通过对鱼卵、仔鱼的调查研究，可了解和掌握鱼类产卵场和产卵期，确定中心渔场的位置和寻找产卵鱼群，且鱼卵仔鱼决定着资源的补充，从而为资源量的估算提供理论基础（蒋玫等，2006）。

1）种类组成

1997—2000 年间的四季调查，在南海共采获鱼卵 28 978 粒、仔稚鱼 5 688 尾，其中，已经鉴定的种类有149种，鉴定到种的有61个，鉴定到属的有41个，鉴定到科的有36个，鉴定到目的1个。

2006—2008年间的四季调查，在南海采集的鱼卵、仔稚鱼样品中，共鉴定出鱼卵、仔稚鱼388种（鱼卵106种、仔稚鱼377种），隶属于22目114科。已鉴定到种的有241种，鉴定到属的有89种，鉴定到科的有84种，鉴定到目的有2种。

2）鱼卵数量组成

1997—2000年的调查，在已鉴定的鱼卵种类中，以鯵科鱼卵数量最多，占总数的28.9%，其次是鲾科（11.8%）、羊鱼科（6.6%）、鮨科（4.3%）、狗母鱼科（3.6%）、带鱼科（3.4%）和飞鱼类（含飞鱼科和针飞鱼科，2.7%）等。此外还有24.5%的鱼卵未能鉴定（见图19.1）。

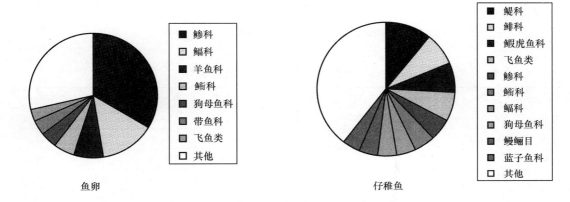

图19.1　鱼卵和仔稚鱼优势种类的数量百分组成

2006—2008年的调查，在已鉴定的鱼卵种类中，以鳀科鱼卵数量最多，占已鉴定鱼卵总数的18.2%，其次是鯵科（15.6%）、石首鱼科（14.6%）、鲾科（14.6%）、舌鳎科（5.4%）、狗母鱼科（4.6%）、鳚科（4.3%）和鲷科（4.2%）等。此外，还有23.8%的鱼卵未能鉴定。

3）仔稚鱼数量组成

1997—2000年的调查，采集的仔稚鱼样品大多数（96.1%）已鉴定。仔稚鱼优势种不太明显，数量占1%以上的科有鳀科（10.9%）、鲱科（7.6%）、鰕虎鱼科（7.3%）、飞鱼类（含鱵科、针飞鱼科和飞鱼科，7.1%）、鯵科（5.1%）、鲷科（5.0%）、鲾科（4.5%）、狗母鱼科（4.4%）、鳗鲡目（4.4%）、蓝子鱼科（4.3%）、金线鱼科（4.0%）、灯笼鱼科（3.5%）、革鲀科（3.4%）、羊鱼科（2.3%）、天竺鲷科（1.8%）、隆头鱼科（1.7%）、金枪鱼科、（1.2%）和犀鳕科（1.1%）等（见图19.1）。以生态类群分，深海鱼类占3.5%（灯笼鱼科、钻光鱼科、裸狗母鱼科、奇棘鱼科、水珍鱼科和星衫鱼科），大洋性鱼类占4.0%（金枪鱼科）；礁栖性鱼类占2.6%（隆头鱼科、灯眼鱼科、雀鲷科和蝴蝶鱼科），漂游性鱼类占7.1%（鱵科、针飞鱼科和飞鱼科）；中上层鱼类占24.6%（鯵科、鲱科、鳀科、鱵鱵科和鲳类等）；底层鱼类占54.3%。

2006—2008年的调查，在已鉴定的仔稚鱼中，以鰕虎鱼科的数量最多（占22.4%），数量较多的还有鳀科（18.9%）、石首鱼科（9.7%）、鲾科（5.2%）。其余种类的数量所占比例均在5%以下。

1997—2000 年的调查，在已鉴定的 149 个种类中，各季节出现的种类数有所不同，以春季出现的种类数最多，为 95 种，其次是夏季，68 种，秋季最少，58 种（见图 19.2）。这一变化趋势与鱼卵仔稚鱼总数量的季节变化趋势是一致的（见表 19.2、表 19.3），说明南海区鱼类开始大量繁殖的季节是在春季，并延续到夏季，至秋季降到最低水平，而冬季又有所回升。

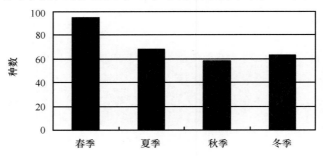

图 19.2　鱼卵和仔稚鱼种数的季节变化

表 19.2　各海区鱼卵采获情况对比（粒/网）

海区	台湾浅滩	粤东近海	珠江口	粤西近海	北部湾	粤东外海	粤西外海	海南南部
春季	200.5	35.1	88.9	54.0	202.5	33.2	33.3	37.4
夏季	95.2	108.4	110.9	67.7	136.5	83.7	11.2	17.7
秋季	31.6	82.9	8.0	2.3	75.9	20.4	8.5	8.0
冬季	50.6	43.8	6.0	19.6	25.1	144.9	37.7	11.8
全年	101.4	67.5	60.1	38.5	111.8	64.4	25.3	19.7

表 19.3　各海区仔稚鱼采获情况对比（尾/网）

海区	台湾浅滩	粤东近海	珠江口	粤西近海	北部湾	粤东外海	粤西外海	海南南部
春季	6.0	22.3	21.5	39.1	35.8	8.2	7.1	8.4
夏季	36.5	6.3	25.8	26.7	35.7	3.6	2.4	3.5
秋季	4.2	3.6	2.0	1.8	0.9	2.2	4.5	1.8
冬季	2.2	2.0	2.6	0.6	2.3	3.3	2.2	2.7
全年	13.8	8.5	14.5	18.6	18.9	4.5	3.8	4.3

19.2　优势种及功能群

19.2.1　优势种

根据 1997—2000 年南海北部的底拖网调查，单种渔获量所占比例在 1%（含 1%）以上的种类有 26 种，合计占总渔获量的 63%，最高为多齿蛇鲻，所占比例仅为 5.3%（见表19.4）。由此可见，南海北部渔业资源的种类繁多，但单一种类的数量不大。优势最大的前10 种经济渔获物依大小顺序为多齿蛇鲻、花斑蛇鲻、带鱼、短带鱼、剑尖枪乌贼、金线鱼、蓝圆鲹、鳞烟管鱼、短尾大眼鲷和中国枪乌贼（见表 19.4）。

表19.4　1997—2000年南海北部底拖网调查渔获组成

类别/种类	出现率/%	渔获率/（kg/h）	重量组成/%	渔获个体数/（个/h）	数量组成/%	优势度	平均体重/（g/个）
多齿蛇鲻	59.1	1.610	5.3	25.9	0.9	316.4	62
花斑蛇鲻	57.4	1.357	4.4	39.8	1.4	252.6	34
短带鱼	44.5	1.312	4.3	39.9	1.4	191.4	33
带鱼	47.5	1.293	4.2	17.6	0.6	199.5	74
黄斑蓝子鱼	18.7	1.280	4.2	53.2	1.9	78.5	24
剑尖枪乌贼	33.3	1.129	3.7	54.0	1.9	123.2	21
金线鱼	32.8	0.950	3.1	12.5	0.4	101.7	76
黄鳍马面鲀	25.6	0.839	2.7	58.3	2.0	69.1	14
二长棘鲷	20.0	0.629	2.1	28.2	1.0	42.0	22
中国枪乌贼	33.3	0.572	1.9	15.2	0.5	63.3	38
线纹拟棘鲷	1.9	0.511	1.7	25.8	0.9	3.2	20
短尾大眼鲷	34.0	0.502	1.6	7.6	0.3	54.4	66
尖吻半棱鳀	3.7	0.488	1.6	120.9	4.2	5.9	4
黄带绯鲤	17.5	0.390	1.3	12.5	0.4	22.8	31
康氏小公鱼	7.8	0.381	1.2	74.3	2.6	9.4	5
深水金线鱼	27.2	0.374	1.2	6.7	0.2	32.6	56
短吻半棱鳀	8.8	0.369	1.2	112.0	3.9	10.6	3
鳞烟管鱼	40.5	0.363	1.2	9.1	0.3	48.6	40
蓝圆鲹	40.9	0.356	1.2	10.7	0.4	49.1	33
约氏笛鲷	0.1	0.297	1.0	0.1	0.0	0.1	3 780

底层鱼类中，渔获种类组成较东海和黄海、渤海复杂，大多数单一种类的数量在总渔获量中所占的比例不足1%，渔获量在1×10^4 t以下，优势种类没有东海、黄海和渤海那样明显。只有个别的种类在某些年份产量较高，如黄鳍马面鲀在1966年的渔获量仅为3×10^4 t，约占当年南海区总渔获量的6.25%，到1976年渔获量曾达20×10^4 t，占当年南海区总渔获量的25.7%，但随后迅速下滑。其他的渔获量较高的经济种类有多齿蛇鲻、花斑蛇鲻、金线鱼、深水金线鱼、长尾大眼鲷、短尾大眼鲷、短带鱼、带鱼、海鳗、二长棘鲷、黄带绯鲤、黄斑蓝子鱼和红鳍笛鲷等。

中上层鱼类中，有少数种类的年产量在万吨以上，如蓝圆鲹、小公鱼、小沙丁鱼等，但大多数种类的年产量还是不到1×10^4 t。蓝圆鲹在20世纪60年代末期产量开始迅速增加，年产量在$1 \times 10^4 \sim 2 \times 10^4$ t，1970年达10×10^4 t，1977年最高时达到了17.3×10^4 t，占当年南海区总渔获量的20.8%。其他产量较高的中上层经济鱼类有金色小沙丁鱼、鲐、竹荚鱼、细圆腹鲱、康氏小公鱼、乌鲳、长体圆鲹、颌圆鲹和中华小沙丁等。

虾类的渔获种类较多，但没有一个种类的年产量超过1×10^4 t，渔获量较高的种类为墨吉对虾、长毛对虾、日本对虾、短沟对虾、斑节对虾、刀额新对虾和近缘新对虾等。头足类在渔获物中的优势种类为剑尖枪乌贼、中国枪乌贼和太平洋褶柔鱼等。

19.2.2　功能群

海洋生态系统中的生物种类繁多，食物关系错综复杂，并易受海洋理化环境变化的影响，但大量研究表明尽管生态系统中生物群落的种类组成会有显著的变化，但食物资源的利用方式，即功能群的组成还是相对稳定的。海洋鱼类食物网是海洋生态学基础理论研究的主要内容之一，通过对多种海洋鱼类食性类型的综合分析，阐明食物网营养级的能流途径，可为改造海洋生态系统，减少食物链的环数从而提高水域生产力提供科学依据。

根据 1997—2000 年在南海北部搜集的 49 种鱼类，共计 2 080 尾。对其食性分析，并依其食料生物的生态类群以及消化器官特点，将其划分为 5 种食性类型的功能群：浮游生物食性功能群、底栖生物食性功能群、游泳动物食性功能群、浮游生物兼底栖生物食性功能群和底栖生物兼游泳动物食性功能群（张月平，2005）。

（1）浮游生物食性功能群：以浮游生物为主食，此类型大多数为中上层鱼类，上下颌牙细小或退化，鳃耙细密而发达，用作滤食个体细小的浮游生物食料，胃呈 Y 形，胃盲囊较短，如白腹沙丁鱼、金色小沙丁鱼、蓝圆鲹、竹荚鱼、鲐、丽叶鲹和瓦氏软鱼。乌鲳、刺鲳和印度双鳍鲳则有所不同，其鳃耙排列较稀，贲门部形成一个侧囊（前胃），主要摄食个体稍大的水母类。

（2）底栖生物食性功能群：以底栖生物为主食，该类型大多属于底层或底栖鱼类，由于此种类型的食料组成复杂，因此颌牙的形态比较多样化，呈铺石状、绒毛状、尖锥状、犬齿状、臼齿状和喙状等多种形态。也由于所摄食的食料个体大小不同，胃型也较为多样，其中板鳃鱼类的胃呈 U 形或 V 形，而硬骨鱼类则呈 V 形或 Y 形，鳃耙的形态结构介于浮游生物食性与游泳动物食性之间。属于该食性类型的鱼类如脂眼凹肩鲹、金线鱼、深水金线鱼、马六甲绯鲤、条尾绯鲤、斑鲆、黄鲷、二长棘鲷、短鳍红娘鱼、花尾胡椒鲷、灰裸顶鲷、铅点东方鲀、尖嘴𫚓、条纹斑竹鲨、灰星鲨、古氏𫚓、许氏犁头鳐和何氏鳐等，该类型的种类最多。

（3）游泳动物食性功能群：以游泳动物（鱼类和头足类）为主食，该类型既有底层鱼类，又有中上层鱼类，性情凶猛贪食，且游泳活动能力强，口裂较大，上下颌牙强又尖锐，可向内倒伏或有倒钩犬牙，用以防止被捕食对象的逃脱。鳃耙稀疏、粗短或退化。属于该食性类型的鱼类有油魣、黑鳂鳒、多齿蛇鲻、花斑蛇鲻、大头狗母鱼、短带鱼、带鱼、蓝点马鲛、路氏双髻鲨、尖头斜齿鲨和鲕鱼等。

（4）浮游生物和底栖生物食性功能群：以浮游生物兼底栖生物为主食，属于此种类型的鱼类，常活动于中上层或底层。当它们生活在中上层时，多摄食浮游生物，但当栖息于底层时则多以底栖生物为主，如无斑圆鲹、瑞氏红纺鲱、长尾大眼鲷和短尾大眼鲷等。

（5）底栖生物和游泳动物食性功能群：以底栖生物和游泳动物为主食，属于此种类型的鱼类多属于底层鱼类，多栖息在浅海底层，比较凶猛贪食如鳄鲬、网纹鰧、棕腹刺鲀、花点𫚓、大黄鱼和大头白姑鱼等。

张月平（2005）根据 1997—2000 年在南海北部湾收集的 49 种鱼类，根据草食动物营养级为 1 级（绿色植物的营养级为 0 级），分析鱼类的营养级。本文以张月平（2005）的研究结果为基础，参照 Yang（1982）、唐启升（1991）和张波等（2004）提出的规范我国海洋食物网营养级的方法，计算南海北部重要鱼类种类的营养级。结果表明，南海北部浮游动物食性鱼类的营养级约为 3.1～3.5 级，平均约 3.37 级；底栖动物食性鱼类的营养级约为 3.3～4.5 级，平均约 3.56 级；杂食性鱼类的营养级约为 3.5～3.6 级，平均约 3.79 级；游泳动物食性鱼类的营养级约为 4.0～4.8 级，平均约 4.12 级。

19.3　生态类群

南海渔业的主要捕捞对象是陆架海域的底层、近底层鱼类、中上层鱼类和珊瑚礁鱼类。由于栖息环境的水温高，致使上述鱼类的大多数种类形成一个共同的生态特点，这就是：生命周期短，性成熟早。这些鱼类的生命周期一般只有 5 龄上下，1 至 2 龄便可性成熟，2 至 3 龄进入繁殖旺期。但 2 至 3 龄的繁殖群体却又是符合上市规格的捕捞对象。这种生态特点的优势是，如限定在资源可捕量的范围内进行捕捞，则其剩余群体有能力迅速补充资源的数量；而其最脆弱的一面则是，如果生产作业失控，无限制地以繁殖旺期群体为捕捞对象，使剩余群体所剩无几，年年如此则资源将被根本性地灭绝。此外，南海底层、近底层鱼类资源还有一个群体结构的特点，这就是大多数鱼种都以地方性种群的形式各自分散地栖息在不同的局部海域，习性相近的各个种群又彼此混居，在局部海域形成多鱼种的小群体。这样的一种资源群体结构，其优点是可为捕捞提供多个可选择的作业场地和捕捞对象，而其脆弱点则是经受不了同一场地内多艘渔船轮番往复的扫荡式捕捞。这又是一个必须将捕捞量控制在资源可捕量范围内的问题，只有对各个渔场实行捕捞配额制（限制渔船数量和捕捞量），才能从根本上解决问题。

19.3.1　底层鱼类

底层鱼类，包括营底层和近底层生活的种类，这个类群的多数种类具有较高的经济价值，是南海区底拖网主要的捕捞对象。营近底层生活的主要有鳓科、石首鱼科、大眼鲷科、金线鱼科、带鱼科以及鲹科中的鲹属等鱼类，属于真正底层生活的有鳐科、魟科、狗母鱼科、海鲇科、䲢科、鲉科、毒鲉科、鲂鮄科、鰕虎鱼科、羊鱼科、鲽形目、鲇鳒目以及鳗鲡目的一些鱼类。按其在南海区的分布特点可分为近岸河口类群、浅海类群和深海类群 3 大类群。

（1）近岸河口类群。近岸河口类群是指栖息于水深 40 m 或 50 m 以浅沿岸海域的种类。

（2）浅海类群。浅海类群是指分布于水深 40～200 m 大陆架海域的鱼类。

（3）深海类群。深海类群是指分布于大陆斜坡水深 200～1 000 m 海域的鱼类。

19.3.2　近海中上层鱼类

近海中上层鱼类是指栖息于沿岸、海湾、河口和大陆架海域，营中上层生活的鱼类，这类群的鱼类大多以浮游生物为食，也有的是以游泳生物为食，其食物链层次往往较低，个体较小。虽然中上层鱼类的种类以及所占海洋鱼类产量比例远小于底层鱼类，但其资源量也是不可低估的。随着渔业资源多年来的过度开发，大部分传统的底层经济鱼类资源出现衰退，而一些食物链层次较低，生命周期短，繁殖力强的中小型中上层鱼类，逐渐替代了部分传统的底层鱼类而成为优势渔获物，因此中上层鱼类资源在渔业生产中的位置愈加重要。

该类群为围网、刺网等的主要捕捞对象，底拖网也可捕获。主要有鲱科、鳀科、宝刀鱼科、鲻科、乌鲳科、鲳科、马鲅科、鲹科中圆鲹属和竹荚鱼属，以及皱唇鲨科、真鲨科和双髻鲨科等鱼类。按其在南海区的分布特点可分为两大类群：近岸河口类群和浅海类群。

19.3.3　金枪鱼类等大洋性洄游鱼类

1953～1980 年期间，南海水产公司和南海水产研究所曾在南海中部进行过几次金枪鱼延绳钓的试捕和调查，南海水产研究所在西沙、中沙和南沙北部海域进行大洋性中上层鱼类资源调查时，曾探查到 3 个以黄鳍金枪鱼为主的金枪鱼类密集分布区。随着我国远洋金枪鱼延绳钓渔业的发展，金枪鱼产品市场的不断开拓，对于金枪鱼渔业的钓捕技术、经营管理方面的问题得到了逐步解决。同时，考虑到南海金枪鱼类资源的开发对于突出我国在南沙群岛海域的渔业存在、转移南海北部近海捕捞强度和发展渔业生产等均具有重要意义，有必要尽快发展我国南海的金枪鱼渔业。

南海金枪鱼在习惯上分为两类：大洋性大型金枪鱼类及类似金枪鱼类；小型沿岸种类。

（1）大洋性大型金枪鱼类及类似金枪鱼类：为高度洄游性种类，来自西太平洋和印度洋，主要包括黄鳍金枪鱼 *Thunnus albacares*、大眼金枪鱼 *Thunnus obesus*、刺鲅 *Acanthocybium solandri*、平鳍旗鱼 *Istiophorus platypterus* 和印度枪鱼 *Makaira indica* 等，主要分布在南海东部，菲律宾四周及中央海盆部分；大型金枪鱼类在南海海域全年均可捕获，但各种类的分布随着季节的变化而变化，捕捞种类也随着时间地点的变动而不同：据 1974—1975 年南海水产研究所的调查资料分析南海海域主要金枪鱼类的分布区及渔获季节为：黄鳍金枪鱼主要产卵期为3—6 月，主要渔期为 10 月至翌年 5 月，大眼金枪鱼主要产卵期为 4—9 月，渔期与黄鳍金枪鱼相仿；刺鲅产卵期为 3—6 月，主要渔期为 11 月至翌年 2 月；平鳍旗鱼主要产卵期为 4—8月，盛渔期为夏季。大型金枪鱼类以黄鳍金枪鱼数量最多，经济价值最高，该种类分布在南海中部及南海以东和以南海域。

（2）小型沿岸种类：主要为东方狐鲣 *Sarda orientalis*、裸狐鲣 *Gymnosarda unicolor*、鲣 *Katsuwonus pelamis*、扁舵鲣 *Auxis thazard*、圆舵鲣 *A. tapeinosoma* 和鲔 *Euthynnus affinis* 等。小型金枪鱼类远多于大型金枪鱼类，潜在渔获量应有大型金枪鱼渔获量的数倍之多，主要分布在南海周围海域，在南海中部也有一定数量。

19.3.4　岩礁、珊瑚礁鱼类

岩礁及珊瑚礁鱼类系指栖息于岩石礁丛间、珊瑚礁之间或其邻近海域的鱼类以及季节性进入珊瑚礁区索饵的趋礁性鱼类，这些类群在南海区种类繁多，体态多姿，色彩鲜艳，是热带海域鱼类区系的一大特色。属于这类群的种类数量较多，具有代表性的有鮨科、笛鲷科、裸颊鲷科、海鳝科、锥齿鲷科、蝴蝶鱼科、隆头鱼科、雀鲷科、鯵科、羊鱼科、鹦嘴鱼科、篮子鱼科、鳃科及鳞鲀科中一些种类。

这类群主要分布于东沙群岛、中沙群岛、西沙群岛和南沙群岛的岛礁、珊瑚礁海域，以及南海北部沿岸的岛礁周围。这类群包括了许多经济价值较高的优质鱼类，有的色彩艳丽、体态优美，具有较高的观赏价值。

19.3.5　头足类

头足类广泛分布于南海水深 0～1 000 m 的广阔海域，根据南海北部的历史调查资料，有捕获记录的头足类种类为 74 种，种类数量远多于黄海和东海海区。太平洋柔鱼和夏威夷柔鱼主要分布于北部大陆架边缘海域，其他种类则广泛分布于包括北部湾在内的南海北部大陆架海域。从地理分布上看，上述种类大多数为印度—西太平洋热带区的广布种，属于印度—西太平洋热带区的马来亚区。

19.3.6　甲壳类

南海地处热带亚热带，气候温和，沿岸江河密布，海岸线曲折而多港湾，特别适于甲壳类的生长和繁殖，因此，南海区的甲壳类资源丰富、种类繁多。根据目前的资料，南海北部的虾类种类在350种以上，其中，对虾类至少有100种，常见的经济种类有35种。蟹类中，仅梭子蟹科就有40种左右。

19.3.7 贝类、藻类及其他种类

南海区地处热带和亚热带，海岸线曲折，生态环境多样，潮间带的生物种类十分丰富，根据1987年的广东省（当时包括海南岛）海岸带和海涂资源综合调查，获得的潮间带生物种类共有1 539种。各类群生物的种类组成中，腔肠动物53种，占3.4%；环节动物116种，占7.5%；软体动物527种，占34.2%；节肢动物276种，占17.9%；棘皮动物92种，占6.0%；藻类植物257种，占16.7%；鱼类及其他门类动物218种，占14.2%。北部大陆沿岸的潮间带生物大多数是印度—西太平洋暖水区的广布种，而海南岛的潮间带生物多是印度—马来群岛水域常见的热带种。

19.4 渔业结构及其变化

19.4.1 海洋捕捞产量及其变化

南海区的渔业产量包括广东、海南和广西三省（区）的产量，它们主要在南海北部生产。三省（区）的渔获物是以底层鱼类为主，占总渔获量的30.1%，其次为中上层鱼类，占总渔获量的23.4%，其后依次为甲壳类（10.5%）、贝类（9.5%），头足类和藻类所占的比例很少，分别为2.4%和0.5%。其他类群的产量较高，占到总渔获量的24.0%，主要为未分类统计的低值小型鱼类、幼鱼以及甲壳类等（见表19.5）（邱永松，2008）。

表19.5 南海区渔业分类年产量（根据1998—2000年生产统计资料）

底层鱼类		中上层鱼类		头足类		甲壳类		藻 类		贝 类		其 他	
产量 /$\times 10^4$ t	组成 /%	产量 /$\times 10^4$ t	组成 /%	产量 /$\times 10^4$ t	组成 /%	产量 /$\times 10^4$ t	组成 /%	产量 /$\times 10^4$ t	组成 /%	产量 /$\times 10^4$ t	组成 /%	产量 /$\times 10^4$ t	组成 /%
100.1	30.1	77.9	23.4	7.9	2.4	35.0	10.5	1.5	0.5	31.6	9.5	79.9	24.0

广东、海南和广西三省区1955年的海洋捕捞产量为43×10^4 t，但1955—1969年期间产量波动在$29 \times 10^4 \sim 48 \times 10^4$ t，年均41×10^4 t，此后从1969年的47×10^4 t增加到1977年的83×10^4 t，1977年之后由于沿海水域捕捞过度，产量又有所下降，到1981年时只有53×10^4 t（曾炳光等，1989）。1982年以后由于开发利用了近海和外海的渔业资源，同时，由于私人小型渔船的大量增加，开发了一些以前尚未充分利用的小宗渔业资源，捕捞产量又持续增长，2000年的统计产量达到340×10^4 t（见图19.3），但捕捞强度的增加使渔获质量明显下降，目前南海北部渔场的渔获物以小型低值鱼类为主。

19.4.2 海洋捕捞作业结构

海洋捕捞作业量是指从事海洋捕捞作业生产的作业单位的数量，常用渔船数量和功率大小表示。海洋捕捞作业量是衡量渔业发展的一个重要统计量，也是评估渔业资源开发状态的一个重要的基础数据，其准确统计具有非常重要的意义。

图 19.3　南海区海洋捕捞产量的变化

19.4.2.1　渔船数量和功率

1949 年新中国成立以来，南海三省（区）（包括广东、广西、海南）的机动渔船发展很快，数量和总功率快速增长（见图 19.4）。1953 年南海区的机动渔船仅有 4 艘，总功率约 595 kW。20 世纪 50 年代至 80 年代初期机动渔船数量平稳增长，到 1980 年机动渔船的数量达 9 295 艘，总功率约 55.1×10⁴ kW；80 年代急剧增长，到 1990 年机动渔船的数量为 67 499 艘，总功率约 185.6×10⁴ kW，与 1980 年相比，分别增长 6.3 倍和 3.4 倍；90 年代初机动渔船数量增长放缓，1995 年以后又恢复增长势头，到 2000 年三省（区）的机动渔船的数量已达 84 673 艘，总功率达 326.5×10⁴ kW。

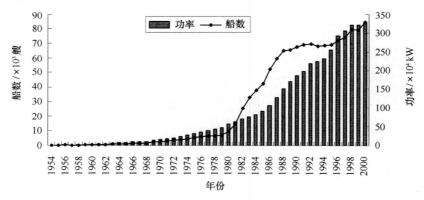

图 19.4　南海三省（区）机动渔船数量与总功率的变化趋势

非机动渔船的发展有别于机动渔船（见图 19.5）。1950 年南海区非机动渔船的数量为 22 482 艘，随后呈增长趋势，到 1954 年增至 50 574 艘，这期间非机动渔船的年平均增长率为 20%；1955—1970 年间非机动渔船数量先降后升；1970 年以后呈下降趋势，至 1995 年下降到 9 567 艘，年平均下降率为 3.1%。

19.4.2.2　捕捞作业类型及其变化趋势

根据统计资料，分别作出 20 世纪 80 年代、20 世纪 90 年代和 21 世纪初期三个阶段各种作业方式的组成（见图19.6）*。

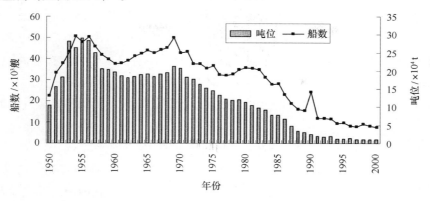

图19.5 南海三省（区）非机动渔船数量与总吨位的变化趋势

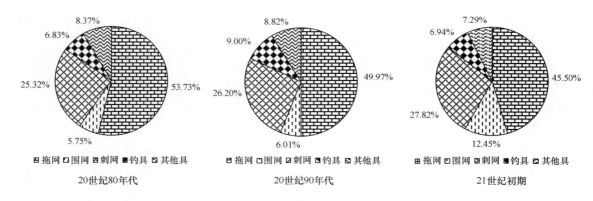

图19.6 不同时期不同作业方式的组成

拖网：拖网是用渔船拖曳网具，迫使捕捞对象进入网内的渔具。拖网是南海区机动捕捞渔船的重要组成部分，是海洋捕捞的主力军。在三个时期中，该作业方式均占所有作业方式的50%左右。

由于渔业资源的衰退和油价逐年升高等原因，拖网渔船的单产不断下降，成本直线上升，部分渔船已很难维持下去。因此，拖网渔船所占比例有减少趋势，从20世纪80年代的53.7%降低到20世纪90年代的50.0%和21世纪初期的45.5%。

刺网：刺网是以网目刺挂或网衣缠络原理作业的网具，刺网是仅次于拖网的作业方式。南海区的海洋刺网渔具种类多，分布广，沿海各地均有。作业渔场主要在100 m以浅海域。作业渔船主要有小舢板、小机船和大机船等。该作业方式成本较低，风险小，适合家庭式作业。从不同时期作业方式的组成图可看出，其所占比例在逐年增加，从20世纪80年代的25.3%增加到20世纪90年代的26.2%和21世纪初期的27.8%。

围网：围网是由网翼和取鱼部或网囊构成，用以包围集群对象的渔具，主要有光诱捕捞、围捕起水和瞄准捕捞等作业方式。围网渔船春季和夏季主要集中在粤东渔场和万山渔场作业，秋季和冬季主要集中在海南岛南部和北部湾生产。近年来，围网渔船数量有增加的趋势，从统计结果看，从20世纪80年代的5.8%上升到20世纪90年代的6.0%和21世纪初期的12.5%。

---

* 农业部南海区渔政渔港监督管理局．南海区渔业统计资料汇编．2008。

钓具：钓具是用钓线结缚装饵料的钩、卡或直接缚饵引诱捕捞对象吞吃的渔具。南海区沿海各地都有分布，渔场从沿岸到中、深海，对地形、地貌要求不高，海流及海底复杂的岛屿、岩礁区也可以作业。统计资料显示，在1986—1999年间，钓具类渔船功率在不断地增加，1996年达到最高值，而后有下降趋势。由于钓具是一种具有较强选择性的渔具，有利于渔业资源的保护，值得提倡和推广。近年来，钓具渔船功率有上升趋势。

其他渔具：包括张网、敷网、地拉网、抄网、掩罩、陷阱、耙刺和笼壶八大类。

19.4.2.3　捕捞作业分布格局

在广东、广西和海南三省区作业渔船中，除少部分大功率底拖网及刺、钓渔船有能力到南海北部外海及南海中南部作业外，绝大部分作业渔船集中分布在南海北部浅海及近海。

底拖网一向是南海北部的主要渔具。目前三省区共有拖网渔船约 1.0×10^4 艘，平均单船功率154 kW，长期以来，底拖网渔船主要在浅海及近海作业，1980年之后才有部分大功率渔船到水深 100~200 m 的外海和南沙西南部海域作业。虾拖网也属底拖网类型，其作业渔场集中在水深40 m以浅的河口和沿岸水域。

刺网是沿海的重要作业类型，目前三省区刺网渔船数量达 5.2×10^4 艘，平均单船功率仅20 kW。小舢板一般在港湾内及近岸浅海作业；主机功率在88.2 kW以下的小机船，主要分布于60 m以浅的近海区；部分主机功率在110~220 kW的大机船，主要分布于100 m以深的外海区和南沙、西沙海域。

围网主要分布于浅海及近海区，以捕捞蓝圆鲹等中上层鱼类为主；钓具的分布较为广泛，沿岸港湾及水深20~80 m的浅、近海区均有分布，目前已发展到台湾浅滩、南沙、西沙、东沙等渔场作业，作业的水深已超过120 m；其他渔具类型主要是分布在沿海或岸边的杂渔具。

第 20 章　渔业生物资源分布特征与栖息地[*]

南海是我国最大的陆缘海，自台湾浅滩南缘起，向南延伸至南沙，曾母暗沙群岛，为热带、亚热带海域。海底地貌包含大陆架、大陆坡和东沙、西沙、中沙、南沙诸岛及南海南部诸岛周沿深海。由于所处地理位置和海底地貌的多样性，造就了南海生物资源的独特性，主要表现为"南海北部大陆架海域鱼类群落具有沿水深成带的分布趋势，密度沿水深梯度的分布可概括地反映鱼类数量的空间分布格局"（邱永松，1988）。大陆架海域生物量渔获密度总的变化趋势是随水深的增加而增加，但外海区各水深组渔获密度的差异很明显。北部湾各水深组总渔获密度的差别不大，总的趋势是渔获密度随水深而下降，较高的渔获密度分别出现在 30 ~ 40 m 及 70 ~ 80 m 水深组。

20.1　密度分布及其季节变化

20.1.1　平均密度

南海北部调查海域四个季节 679 个站位的底拖网采样，渔业生物资源总密度的平均指数为 30.6 kg/h，变化范围在 0 ~ 390.3 kg/h，密度的频数明显呈偏态分布（见图 20.1），资源指数在 0 ~ 15 kg/h 的采样网次超过 50%，表明多数站次密度都很低，密度特别高的少数站位主要由金线鱼、黄鳍马面鲀、黄斑篮子鱼、棕腹刺鲀和二长棘鲷等的大量出现而应引起。南海北部各生态类群资源的平均指数见表 20.1。底层经济鱼类、头足类及虾类是底拖网渔获样品中经济价值较高的组成部分，这 3 个类群的年均指数分别为 13.3 kg/h、2.4 kg/h 及 0.6 kg/h，合计为 16.3 kg/h，占底拖网总指数的 53%。

20.1.2　密度的季节和区域变化

20.1.2.1　密度的季节变化

渔业生物资源的指数有明显的季节差异，渔获生物量和个体数都是冬季明显高于其他 3 季，从冬季至翌年秋季呈下降的趋势，秋季的资源密度最低，但这一变化趋势主要是反映底层非经济种类资源密度的季节变化；底层经济种类的资源密度也是冬季最高，但季节变化相对较小，资源指数从春季至冬季呈上升的趋势；头足类资源密度的季节变化最明显，生物量和个体数都是春夏季高于秋冬季，从秋季至翌年夏季，密度呈明显上升的趋势，这一变化趋势主要反映头足类优势种剑尖枪乌贼渔获密度的季节变化。

---

* 执笔人：孙典荣

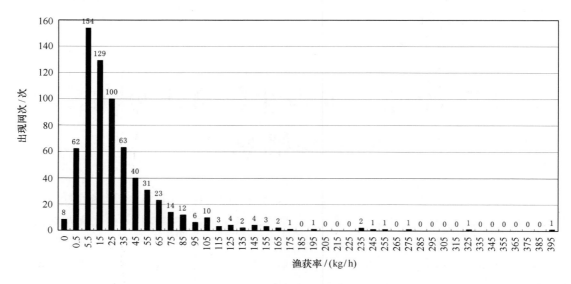

图 20.1　南海北部底拖网采样总密度的频数分布

根据声学的调查结果，南海北部全区评估种类的总密度以秋季最高，冬、春、夏季依次降低，但差异不大，四季的平均值基本与冬季相同。与全区总密度不同，分区密度的季节变化显著，珠江口和粤东分区也以秋季最高，而北部湾和粤西分区则以冬季为最高（见表 20.1）。

表 20.1　评估种类生物量密度（kg/n mile^2）的季节变化

类　别	季节	北部湾	粤西	珠江口	粤东	全区
非经济鱼类	春季	9 778	3 467	5 701	6 269	6 565
	夏季	3 781	4 845	4 725	4 831	400
	秋季	27 176	10 119	34 335	11 599	20 192
	冬季	22 472	12 110	5 955	10 741	12 100
	平均	15 802	7 635	12 679	8 360	10 839
经济鱼类	春季	16 351	10 707	16 061	9 988	13 234
	夏季	10 573	7 843	7 431	10 836	9 374
	秋季	8 881	16 957	18 997	18 675	15 439
	冬季	17 477	32 419	4 536	3 969	12 768
	平均	13 321	16 982	11 756	10 867	12 704
枪乌贼	春季	3 474	3 521	5 895	1 631	3 442
	夏季	4 079	8 834	11 613	7 698	7 621
	秋季	1 524	4 001	1 752	4 982	3 087
	冬季	3 814	6 977	972	1 038	2 819
	平均	3 223	5 833	5 058	3 837	4 242
全部评估种类	春季	29 603	17 695	27 656	17 888	23 241
	夏季	18 433	21 522	23 770	23 365	21 495
	秋季	37 580	31 076	55 084	35 256	38 718
	冬季	43 763	51 506	11 464	15 748	27 687
	平均	32 344	30 450	29 493	23 064	27 785

经济鱼类密度也是秋季最高，但除夏季较低外，秋、冬、春三季的差异不大。分区密度北部湾和粤西分区以冬季最高，珠江口和粤东分区以秋季最高。

非经济鱼类密度按秋、冬、春、夏依次降低,秋季显著高于其他三季。区域密度以北部湾和珠江口两个区域的变化最为显著,冬季密度最高,夏季密度最低。粤西分区春、夏、秋、冬呈逐渐上升趋势,而粤东区域的密度变化与全区一致。

枪乌贼密度的季节变化与经济鱼类、非经济鱼类和评估种类总密度的变化明显不同,其全区总密度和分区密度的最大值均出现在夏季,而秋、冬、春三季各分区密度的变化各有特点,珠江口和粤东的最低季节为冬季,粤西为春季,而北部湾秋季最低。

20.1.2.2 资源密度的区域变化

南海北部各区域渔业生物资源密度的差异非常明显,资源年平均总指数的变化范围,从台湾浅滩的 6.8 kg/h 至北部湾沿岸的 49.9 kg/h(见表 20.2、图 20.2)。北部湾海域的资源密度、底层经济鱼类资源密度和中上层鱼类的资源密度都明显高于海南岛以东的陆架区,另外,由于北部湾沿岸海域中上层鱼类的资源密度特别高,其资源总密度是南海北部各区域中最高的。海南岛以东陆架区渔业生物资源的年平均总密度从浅海至外海呈增加的趋势,大陆架外海的底层鱼类资源以低值鱼类为主,底层经济鱼类的资源密度低于大陆架浅海和近海,但由于大陆架外海以剑尖枪乌贼为主的头足类密度特别高,因此,海南岛以东大陆架区域的经济种类资源密度(主要包括底层经济鱼类和头足类)从浅海至外海仍呈增加的趋势。台湾浅滩海域由于底形复杂、底质粗糙,不适宜进行底拖网采样,尽管使用底纲加装滚轮的方法进行底拖网采样,但资源密度仍然非常低,其资源密度代表性较差。

表 20.2 南海北部底拖网各类群资源指数(kg/h)及其区域和季节变化

渔获类群	海 域	四季节	春季	夏季	秋季	冬季
资源总密度	全调查海域	30.621	31.294	30.865	26.299	38.095
	台湾浅滩	6.818	1.167	7.089	7.522	30.194
	大陆架浅海	20.668	18.981	26.537	16.937	20.120
	大陆架近海	27.761	27.773	29.324	20.183	43.101
	大陆架外海	30.717	34.977	31.360	23.549	37.540
	北部湾沿岸	50.507	54.981	45.498	56.451	36.152
	北部湾中南部	44.889	48.935	43.988	46.260	40.103
底层经济鱼类	全调查海域	13.348	12.831	12.875	12.474	17.417
	台湾浅滩	2.603	0.026	1.531	2.261	22.554
	大陆架浅海	9.623	11.147	10.976	8.170	6.602
	大陆架近海	12.202	12.204	11.561	9.740	20.131
	大陆架外海	8.145	7.297	4.595	8.566	19.638
	北部湾沿岸	22.826	23.936	31.594	20.782	4.706
	北部湾中南部	24.767	24.847	26.631	28.540	18.605
其他底层鱼类	全调查海域	11.373	11.475	11.309	9.574	15.231
	台湾浅滩	1.958	0.038	3.891	1.499	4.189
	大陆架浅海	7.480	4.587	9.789	6.389	11.389
	大陆架近海	10.981	10.663	12.518	7.209	17.508
	大陆架外海	15.245	18.402	16.562	11.591	13.193
	北部湾沿岸	12.152	4.120	4.637	21.771	25.716
	北部湾中南部	14.164	19.036	9.934	13.245	14.600

渔获类群	海 域	四季节	春 季	夏 季	秋 季	冬 季
中上层鱼类	全调查海域	2.665	3.345	2.155	2.359	2.990
	台湾浅滩	0.806	1.067	0.457	0.893	0.816
	大陆架浅海	2.453	2.578	4.192	1.509	0.507
	大陆架近海	1.672	1.246	1.704	1.577	2.924
	大陆架外海	0.823	0.849	0.885	0.626	1.120
	北部湾沿岸	13.702	25.613	4.825	13.669	4.721
	北部湾中南部	3.235	2.407	3.574	2.441	4.590
头足类	全调查海域	2.363	2.572	3.717	1.232	1.409
	台湾浅滩	1.207	0.034	0.840	2.679	1.540
	大陆架浅海	0.887	0.486	1.346	0.587	1.468
	大陆架近海	2.109	2.571	2.785	1.161	1.621
	大陆架外海	5.140	6.093	8.476	1.948	1.745
	北部湾沿岸	1.284	1.178	3.099	0.146	0.157
	北部湾中南部	1.487	1.584	2.619	0.430	1.266
甲壳类	全调查海域	0.873	1.071	0.809	0.661	1.048
	台湾浅滩	0.244	0.002	0.370	0.190	1.095
	大陆架浅海	0.224	0.183	0.234	0.282	0.154
	大陆架近海	0.796	1.088	0.757	0.496	0.917
	大陆架外海	1.365	2.335	0.841	0.818	1.844
	北部湾沿岸	0.543	0.134	1.343	0.083	0.851
	北部湾中南部	1.237	1.061	1.230	1.603	1.041

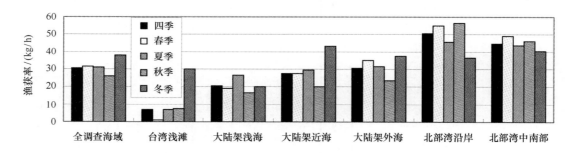

图 20.2　南海北部底拖网渔业生物资源总密度的区域和季节变化

　　根据声学的调查结果来看，各区域资源密度的年平均值差异不大明显，而不同季节生物量密度的区域变化显著（见表 20.1）。

　　对所有评估种类而言，资源密度的年平均值由北部湾分区至粤东分区逐渐减少。从不同季节来看，夏季密度的区域变化与年平均密度的变化基本相反，由北部湾分区至粤东呈逐渐升高的趋势，但变动幅度不大。秋、冬、春三个季节不同分区的密度存在显著差异。秋季，北部湾、粤西和粤东分区的密度显著低于珠江口分区；冬季，粤西和北部湾分区的密度则明显高于珠江口和粤东分区；春季，北部湾和珠江口分区的密度要高于粤西和粤东分区。

　　经济鱼类密度的平均值以粤西分区最高，北部湾其次。四个季节中以冬季和春季各分区的差异最为显著。

　　非经济鱼类各分区的密度以秋季和冬季差异最为明显。秋季，珠江口和北部湾分区明显高于粤西和粤东分区；冬季，珠江口分区的密度在 4 个分区中最低。

　　夏季，枪乌贼各分区密度的变动与所有评估种类相似，秋冬春三季区域变化显著。

　　由表 20.3 可见，调查西沙岛礁的延绳钓上钓率很低，只有 1.58，与 1975—1976 年西沙、中沙延绳钓调查的高上钓率 6.20 形成鲜明的对比，当时，西、中沙的鱼类资源处于开发初期，6.20 的上钓率属于优等等级；现在，经过 20 几年的开发利用，延绳钓资源已严重衰退，1.58 的上钓率已属下等等级。南沙岛礁延绳钓的上钓率相对较好，比西沙岛礁高 1 倍有余，但是，其 CPUE 却只比西沙略高，说明南沙的渔获个体较小（平均体重 15.05 kg），西沙渔获个体较大（平均体重 21.81 kg）。从表 20.4 可以进一步看出，南沙和西沙 100 kg 以下的渔获个体数量差别不是很大，西沙与南沙延绳钓 CPUE 差距比上钓率小的原因主要是西沙 100 kg 以上的渔获个体数量较多，共有 4 尾之多，而南沙只有 1 尾，表明西沙的大型鲨鱼资源比南沙丰富。此外，从各体重组的渔获个体数变化可以看出，体重组 0 ~ 5 kg 和 5 ~ 15 kg 的渔获率最高，但渔获率并非完全随体重组的增加而递减，而是在 15 ~ 25 kg 这个体重组上出现一个很低的渔获率，然后在 25 ~ 50 kg 体重组出现回升，之后再下降。这一点南沙和西沙表现出相同的规律。体重在 15 kg 以下渔获种类主要是裸胸鳝、紫红笛鲷、鲨类和石斑鱼，15 ~ 50 kg 渔获种类是鲨类、魟类和鲹类，50 ~ 100 kg 渔获种类是鲨类、魟类和石斑鱼，100 kg 以上的渔获种类全都是鲨类，具体种是居氏鼬鲨、路氏双髻鲨、短吻角鲨和灰六星鲨（贾晓平等，2004）。

表 20.3　南沙和西沙三种渔具渔获量比较

海区		延绳钓		手钓		流刺网	
		平均	范围	平均	范围	平均	范围
南沙	上钓率	3.37	0 ~ 10.00	321.9	93.33 ~ 601.89	51.41	1.59 ~ 145.45
	CPUE	41.51	0 ~ 123.15	57.65	26.09 ~ 111.66	7.52	0.59 ~ 16.57
西沙	上钓率	1.58	0 ~ 2.84	296.84	74.29 ~ 548.31	126.17	23.67 ~ 371.31
	CPUE	36.67	0 ~ 81.97	66.39	34.65 ~ 137.50	19.59	5.31 ~ 58.60

　　南沙与西沙手钓上钓率和 CPUE 的差距都比较小，但也表现出南沙的上钓率较高，而 CPUE 较低的特征，即南沙的渔获个体比西沙小（平均体重分别为 0.16 kg 和 0.19 kg）。西沙刺网渔获较好，其渔获率和 CPUE 均比南沙高 1 倍多，但渔获个体却比南沙小（平均体重分别为 0.16 kg 和 0.20 kg）。

表 20.4　南沙和西沙各体重组的渔获个体数量及种类

	体重范围/kg	个体数	种类
南沙	0 ~ 5	29	裸胸鳝 16、紫红笛鲷 4、鲨类 2、石斑鱼 2、细鳞紫鱼、纺锤蛇鲭、密斑刺鲀、大眼鲬、尾纹九棘鲈等
	5 ~ 15	35	裸胸鳝 10、紫红笛鲷 6、鲨类 6、鲹类 6、红钻鱼 3、石斑鱼 2、裸狐鲣、鳃棘鲈
	15 ~ 25	4	豹纹鲨、日本燕魟、黄边裸胸鳝、六带鲹
	25 ~ 50	9	鲨类 5、鲹类 2、无刺鲾鲼、黄魟
	50 ~ 100	4	七带石斑鱼 2、短颌沙条鲨、灰六星鲨
	>100	1	灰六星鲨
西沙	0 ~ 5	37	裸胸鳝 18、笛鲷 7、鲨类 6、石斑鱼 3、高体鰤、细鳞紫鱼、纺锤蛇鲭
	5 ~ 15	11	裸胸鳝 6、鲨类 2、紫红笛鲷 2、高体石斑鱼
	15 ~ 25	2	扁头哈那鲨、黄魟
	25 ~ 50	10	日本燕魟 6、鲨类 2、平线若鲹 2
	50 ~ 100	3	中国魟、日本燕魟、侧条真鲨
	>100	4	居氏鼬鲨 2、路氏双髻鲨、短吻角鲨

注：种类一栏中种名后面的数字为尾数，1 尾的未标出。

20.1.3 资源密度随水深梯度的变化

南海北部大陆架海域鱼类群落具有水深成带的分布趋势（邱永松，1988），资源密度沿水深梯度的分布可概括地反映鱼类密度的空间分布格局，因此，分别计算了大陆架和北部湾各水深组的资源总密度和各类群的资源密度（见图20.3，表20.5，表20.6）。由于台湾浅滩的底拖网渔获的资源密度代表性较差，并且其环境特点与陆架海域有明显的差别，因此在进行资源密度水深梯度分析时将台湾浅滩的调查数据剔除。

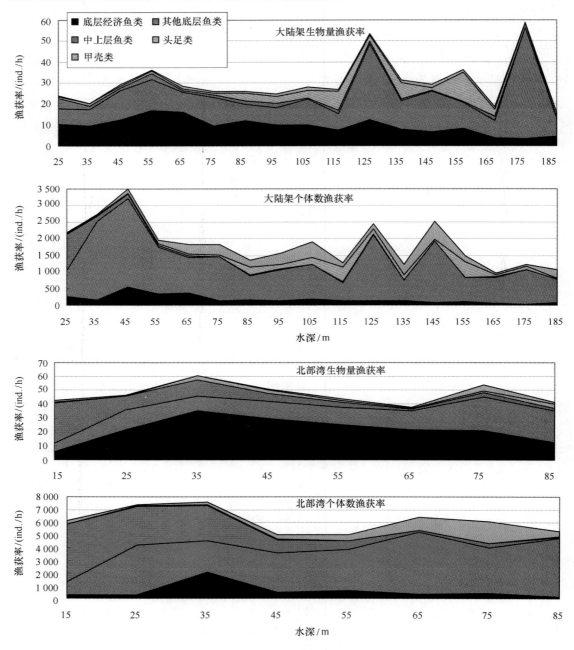

图 20.3　南海北部底拖网资源密度沿水深梯度的变化

大陆架海域生物量的密度总的变化趋势是随水深的增加而增加，但外海区各水深组资源密度的差异很明显。底层经济鱼类的资源密度在 50～60 m 水深组最高，为 16.8 kg/h，之后

表20.5　南海北部底拖网各类群的资源指数（kg/h）沿水深梯度的变化

海域	水深组/m	样品数	资源总指数	鱼类	中上层经济鱼类	其他中上层鱼类	底层经济鱼类	其他底层鱼类	头足类	枪形目	乌贼目	八腕目	甲壳类	虾类	虾蛄类	蟹类
大陆架	17~30	15	23.675	22.793	1.701	3.560	10.335	7.197	0.700	0.574	0.076	0.050	0.181	0.041	0.009	0.131
	30~40	46	20.227	19.077	1.308	0.309	9.584	7.876	0.902	0.851	0.032	0.019	0.248	0.066	0.014	0.168
	40~50	32	29.081	27.588	1.122	0.019	12.151	14.296	0.821	0.634	0.124	0.063	0.671	0.338	0.017	0.316
	50~60	29	36.147	34.554	2.791	0.011	16.788	14.965	1.183	0.940	0.129	0.114	0.409	0.238	0.008	0.163
	60~70	29	28.183	26.399	0.829	0.005	16.220	9.345	0.843	0.692	0.103	0.048	0.942	0.586	0.003	0.353
	70~80	43	25.921	24.165	1.259	0.004	9.550	13.352	0.959	0.730	0.178	0.051	0.797	0.575	0.003	0.219
	80~90	53	26.029	21.414	1.763	0.000	11.754	7.896	3.843	3.612	0.206	0.025	0.773	0.600	0.007	0.166
	90~100	53	24.596	20.206	1.872	0.060	9.804	8.470	3.273	2.746	0.484	0.043	1.117	0.835	0.003	0.278
	100~110	47	28.029	22.778	0.510	0.017	9.946	12.306	3.551	2.943	0.574	0.034	1.700	1.265	0.021	0.000
	110~120	18	26.535	16.681	1.512	0.000	7.324	7.846	9.172	8.990	0.141	0.040	0.682	0.440	0.002	0.240
	120~130	11	53.421	49.613	1.237	0.000	12.185	36.191	2.927	1.982	0.916	0.029	0.882	0.798	0.000	0.084
	130~140	12	31.088	22.191	0.907	0.000	8.002	13.281	7.779	7.148	0.509	0.122	1.119	0.914	0.035	0.170
	140~150	14	29.050	26.281	0.475	0.041	6.479	19.286	1.095	0.910	0.184	0.001	1.674	1.465	0.146	0.063
	150~160	14	36.342	20.788	0.364	0.004	8.220	12.200	14.118	13.544	0.573	0.001	1.436	1.192	0.003	0.242
	160~170	12	18.372	14.142	2.142	0.000	3.792	8.208	3.002	2.957	0.044	0.001	1.228	1.139	0.011	0.078
	170~180	5	58.805	56.394	0.059	0.000	3.168	53.167	1.934	1.906	0.021	0.006	0.477	0.333	0.020	0.125
	180~190	4	15.656	13.138	0.035	0.000	4.596	8.507	0.618	0.583	0.035	0.000	1.901	1.778	0.027	0.096
	各水深组平均		30.068	25.777	1.170	0.237	9.406	14.964	3.336	3.044	0.255	0.038	0.955	0.741	0.019	0.170

续表 20.5

海域	水深组/m	样品数	资源总指数	鱼类	中上层经济鱼类	其他中上层鱼类	底层经济鱼类	其他底层鱼类	头足类	枪形目	乌贼目	八腕目	甲壳类	虾类	虾蛄类	蟹类
	14~20	10	42.591	40.859	16.084	13.029	5.694	6.052	0.486	0.220	0.265	0.000	1.246	0.336	0.403	0.507
	20~30	14	46.261	45.780	1.167	8.396	21.477	14.740	0.235	0.186	0.049	0.000	0.245	0.116	0.061	0.068
	30~40	21	60.937	57.778	2.495	9.464	35.534	10.285	2.624	2.361	0.263	0.000	0.534	0.431	0.041	0.063
北	40~50	31	50.626	47.548	1.871	3.644	29.502	12.532	2.338	2.004	0.323	0.012	0.739	0.572	0.010	0.157
部	50~60	40	43.858	41.580	2.274	1.212	25.404	12.690	1.264	0.900	0.356	0.008	1.013	0.843	0.004	0.166
湾	60~70	41	38.032	36.588	0.762	0.528	21.686	13.613	0.650	0.521	0.128	0.000	0.794	0.668	0.004	0.121
	70~80	13	53.777	48.362	1.345	1.948	21.288	23.780	1.438	0.883	0.541	0.014	3.978	2.845	0.013	1.119
	80~90	7	41.558	37.158	1.669	0.280	12.325	22.884	3.056	2.860	0.194	0.002	1.344	1.283	0.000	0.062
	各水深组平均		47.205	44.457	3.458	4.813	21.614	14.572	1.511	1.242	0.265	0.004	1.237	0.887	0.067	0.283

表20.6　南海北部底拖网各类群资源的尾数指数（ind./h）沿水深梯度的变化

海域	水深组/m	样品数	资源总尾数指数	鱼类	中上层经济鱼类	其他中上层鱼类	底层经济鱼类	其他底层鱼类	头足类	枪形目	乌贼目	八腕目	甲壳类	虾类	虾蛄类	蟹类
大陆架	17~30	15	2 187	2 145	417	686	272	770	31	25	6	0.4	11	6	0.7	5
	30~40	46	2 754	2 693	110	51	169	2 363	36	34	2	0.2	25	19	0.6	6
	40~50	32	3 490	3 341	119	6	554	2 662	41	31	9	1	108	88	3	17
	50~60	29	1 961	1 811	626	0.4	331	1 417	38	31	5	1	113	101	0.3	12
	60~70	29	1 837	1 489	39	0.3	377	1 072	45	42	3	0.5	304	247	1	56
	70~80	43	1 840	1 473	13	0.2	132	1 328	55	52	2	0.5	313	293	0.4	20
	80~90	53	1 369	911	27	0.0	161	723	227	2 258	2	0.2	232	218	5	10
	90~100	53	1 577	1 087	20	0.8	128	938	135	129	6	0.2	355	307	4	45
	100~110	47	1 894	1 236	8	1	178	1 049	197	192	5	0.3	461	407	7	46
	110~120	18	1 269	702	17	0.0	1 286	557	451	447	4	0.6	1 164	94	0.7	21
	120~130	11	2 453	2 136	13	0.0	140	1 984	150	146	4	0.2	1 674	153	0.0	14
	130~140	12	1 238	757	9	0.0	142	606	167	163	4	0.4	314	297	1	15
	140~150	14	2 527	1 944	6	0.4	81	1 857	40	36	3	0.5	543	379	157	7
	150~160	14	1 494	835	4	2	105	725	472	464	8	0.1	187	174	0.1	13
	160~170	12	974	855	14	0.0	50	792	69	69	0.5	0.1	49	46	0.4	2
	170~180	5	1 220	1 070	5	0.0	35	1 029	114	111	3	0.2	37	32	0.8	4
	180~190	4	1 076	786	15	0.0	68	716	13	12	1	0.0	278	205	67	5
	各水深组平均		1 833	1 486	52	44	180	1 211	134	130	4	0.4	212	180	15	16

续表 20.6

海域	水深组/m	样品数	资源总尾数指数	鱼类	中上层经济鱼类	其他中上层鱼类	底层经济鱼类	其他底层鱼类	头足类	枪形目	乌贼目	八腕目	甲壳类	虾类	虾蛄类	蟹类
北部湾	14~20	10	6 131	5 869	2 227	2 307	297	1 038	8	6	2	0.0	254	142	38	74
	20~30	14	7 356	7 245	239	2 817	296	3 893	33	31	2	0.0	79	69	6	4
	30~40	21	7 585	7 302	532	2 235	2 037	2 499	54	44	10	0.0	229	217	4	7
	40~50	31	5 041	4 587	201	826	451	3 110	82	78	3	0.2	372	361	4	8
	50~60	40	5 065	4 532	147	551	592	3 242	36	29	6	0.3	498	484	0.8	12
	60~70	41	6 405	5 368	11	96	370	4 891	39	35	4	0.0	998	992	2	4
	70~80	13	6 102	4 323	13	277	435	3 599	31	24	7	0.4	1 748	1 507	3	238
	80~90	7	5 291	4 848	6	51	170	4 620	52	49	3	0.1	392	389	0.0	2
	各水深组平均		6 122	5 509	422	1 145	581	3 361	42	37	5	0.1	571	520	7	44

随着水深的增加而下降，在陆架外缘海域的资源指数只有 3.2 ~ 4.6 kg/h；其他底层鱼类的资源指数大致随水深的增加而增加，在陆架外缘的 170 ~ 180 m 水深组资源指数最高，达 53.2 kg/h；头足类资源指数较高的海域出现在 80 m 等深线以外，在 150 ~ 160 m 水深组资源指数最高，达 14.1 kg/h。陆架区资源尾数密度大致随水深的增加而下降，其变化趋势与资源生物量密度基本呈反相，这反映出陆架区资源尾数大致随水深的增加而增大；在 50 m 水深以浅海域生物量密度不高，但资源尾数密度却最高，表明陆架浅海的资源个体普遍较小，陆架外缘海域的情况则相反，资源个体一般较大。

北部湾各水深组总密度的差别不大，总的趋势是资源密度随水深而下降，较高的资源密度分别出现在 30 ~ 40 m 及 70 ~ 80 m 水深组。30 ~ 40 m 水深组的渔获样品主要由底层经济鱼类组成，而 70 ~ 80 m 水深组则主要由其他底层鱼类所组成。北部湾 30 m 以浅海域底层经济鱼类的资源密度很低，在 30 ~ 40 m 水深组达到最高，之后明显随水深的增加而下降；其他经济价值较低的底层鱼类的资源密度明显随水深的增加而上升；北部湾中上层鱼类的资源密度较高，但主要出现在水深 40 m 以浅海域，其资源密度明显随水深而下降。

20.2　主要产卵场、育幼场、索饵场、越冬场

由于南海地处热带亚热带海域，游泳生物的种类繁多，但群体均不大，产卵场、育幼场、索饵场均比较分散，而且产卵场也通常是育幼场，因此要准确的划分出具体种类的产卵场、育幼场、索饵场和越冬场是比较困难的。根据南海水产研究所多年的调查资料分析，可以划定几种主要经济种类的产卵场、育幼场。

20.2.1　南海中上层鱼类产卵场、育幼场

蓝圆鲹产卵场、育幼场的位置包括（见图 20.4）（中华人民共和国农业部，2002）：

粤东外海区，115° ~ 116°30′E，20°30′ ~ 22°35′N，水深为 70 ~ 180 m，产卵期为 3—7 月。粤西外海区，为 110°30′ ~ 112°40′E，18°15′ ~ 20°05′N，水深为 70 ~ 180 m，产卵期为 4—6 月。珠江口近海区，为 112°50′ ~ 114°30′E，21° ~ 22°N，水深为 60 m 以内，产卵期为 12 月至翌年 3 月。北部湾产卵场、育幼场，为 107°15′ ~ 109°40′E，20° ~ 21°30′N，水深为 40 m 以内，产卵期为 3—7 月。粤东近海区，115°20′ ~ 117°E，21°55′ ~ 22°15′N，水深为 40 ~ 75 m，产卵期为 1—4 月。台湾滩浅产卵场，位于台湾滩浅，为 117°10′ ~ 119°20′E 范围内 30 m 和 40 m 等深线所包括水域，产卵期 1 月至翌年 2 月底。

鲔产卵场、育幼场的位置包括：

珠江口近海区，位于 113°15′ ~ 116°20′E，21° ~ 22°25′N，水深为 30 ~ 80 m，产卵期为 1—3 月。粤西外海区，为 110°15′ ~ 113°50′E，18°15′ ~ 19°20′N，水深为 90 ~ 200 m，产卵期为 1—6 月。粤东外海区，115°10′ ~ 116°15′E，20°30′ ~ 22°10′N，水深为 90 ~ 200 m，产卵期为 2—4 月。珠江口外海区，为 113°30′ ~ 114°40′E，19°30′ ~ 22°26′N，水深 90 ~ 200 m，产卵期为 1—3 月。

20.2.2　南海底层、近底层鱼类产卵场、育幼场

南海底层、近底层鱼类产卵场、育幼场主要包括金线鱼、深水金线鱼、二长棘鲷、红笛鲷、绯鲤类、短尾大眼鲷、长尾大眼鲷、脂眼鲱和黄鲷的产卵场、育幼场（见图 20.5）。

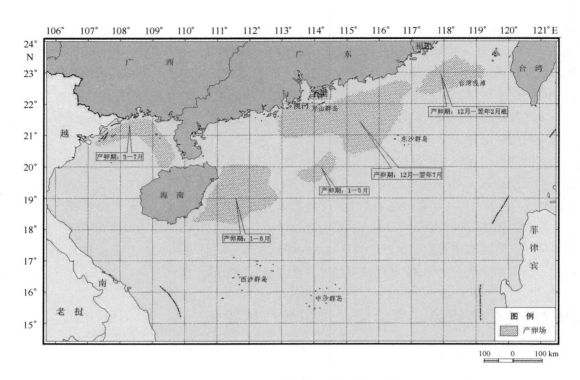

图 20.4　南海中上层经济鱼类产卵场示意图

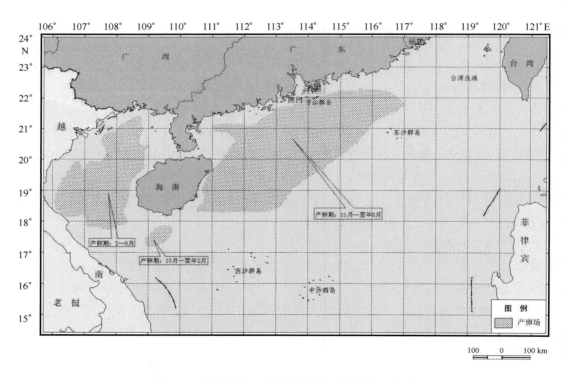

图 20.5　南海底层、近底层经济鱼类产卵场示意图

金线鱼的产卵场、育幼场位置包括：

南海北部产卵场、育幼场，分布范围广，由海南岛东岸一直延伸到汕尾附近（为 111°45′~ 115°45′E），水深为 25 ~ 107 m，主要为 40 ~ 80 m，产卵期为 3—8 月。北部湾产卵场，有二处，一处为 107°15′~ 108°50′E，19°10′~ 20°55′N，水深 40 ~ 75 m，产卵期为 2—6 月；另一处为 106°05′~ 17°20′E，18°15′~ 19°55′N，水深 20 ~ 80 m，产卵期为 4—8 月。

二长棘鲷产卵场位于北部湾 107°20′~ 109°15′E，19°N 至近岸，水深 60 m 以浅海区，产卵期为 1—3 月。

红笛鲷产卵场有两处，均位于北部湾，107°25′~ 108°43′E，19°12′~ 20°20′N，水深 20 ~ 70 m 海区，产卵期为 4—7 月；106°55′~ 107°56′E，17°45′~ 19°N，水深 65 ~ 85 m 海区，产卵期为 4—7 月。

绯鲤类的产卵场包括：

珠江口近海产卵场，位于 112°55′~ 115°40′E，21°30′~ 22°15′N，水深 20 ~ 87 m 海区，产卵期为 3—6 月。海南岛以东近海产卵场，位于 110°40′~ 112°00′E，19°00′~ 9°30′N，水深 53 ~ 123 m，产卵期为 3—6 月。珠江口—粤西外海产卵场，位于 111°30′~ 114°40′E，19°50′~ 21°N，水深 60 ~ 100 m，产卵期为 3—6 月。北部湾产卵场，位于 107°20′~ 108°15′E，18°15′~ 21°15′N，水深 20 ~ 100 m，产卵期为 2—8 月。

深水金线鱼产卵场在南海北部的分布范围广，从海南岛东岸 110°30′E 以东一直延伸到 117°00′E 的水深 90 ~ 200 m 范围内均的分布，主要产卵期为 3—9 月。

短尾大眼鲷的产卵场包括：

南海北部产卵场：在南海北部分布范围广，在 17 ~ 107 m 等深线内，由海南岛东部向东北延伸到汕尾外海（110°50′~ 115°45′E），连成一条狭长海区。北部湾产卵场共两处，一处位于 107°32′~ 106°20′E，17°40′~ 18°50′N 海区；另一处在 106°10′~ 108°15′E，18°40′~ 19°45′N 范围海区。短尾大眼鲷产卵期为 4—7 月。

长尾大眼鲷产卵场包括：

南海北部产卵场，共有两处，一处位于海陵岛南部，为 110°50′~ 112°45′E，20°25′~ 21°30′N；一处位于万山列岛的东南部，为 113°20′~ 115°45′E，20°35′~ 22°20′N。两个产卵场的水深为 26 ~ 80 m。北部湾产卵场，共有三个，位于 107°30′~ 108°50′E，20°15′~ 21°20′N；107°35′~ 109°05′E，19°35′~ 20°25′N，水深 20 ~ 100 m；107°35′~ 108°25′E，18°25′~ 19°25′N。长尾大眼鲷产卵期为 5—7 月。

脂眼鲱产卵场位于海南岛以东近海，110°45′~ 111°30′E，18°50′~ 19°50′N，水深 40 ~ 100 m，产卵期 5—8 月。

黄鲷产卵场包括：

南海北部产卵场：在南海分布广而狭，处于外海，沿着 90 m 等深线由海南岛东部向东北延伸至汕尾外海（111°45′~ 115°45′E，水深 77 ~ 119 m），连成一条带状，产卵期为 11 月至翌年 3 月，产卵盛期为 12 月至翌年 3 月。海南岛南部产卵场：位于 108°55′~ 109°15′E，17°15′~ 17°50′N，水深 70 ~ 120 m，产卵期为 10 月至翌年 2 月。

台湾浅滩中国枪乌贼产卵场：台湾浅滩中国枪乌贼产卵场位于 117°10′~ 119°20′E 范围内 30 m 和 40 m 等深线所包括水域，产卵期为每年的 5—9 月（见图 20.6）。

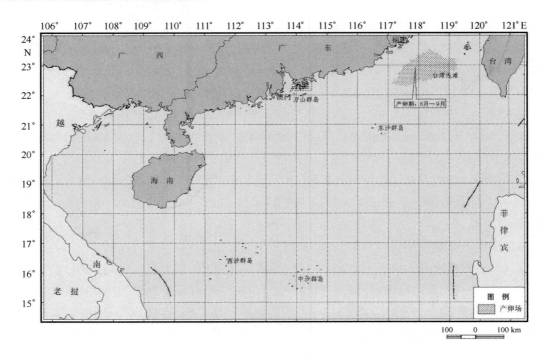

图 20.6　台湾浅滩中国枪乌贼产卵场示意图

20.3　主要渔场及其季节变化

南海渔业生产具有悠久的历史。早在公元前 2 世纪的汉武帝时代，我国渔民就在南海从事渔业生产；自唐代起，海南省渔民就开始到南沙群岛从事渔业生产。随着捕捞能力的不断增强，渔业生产活动几乎遍及整个南海海域。按地理位置和传统作业习惯划分可分 12 个区域渔场（农业部南海区渔政局等，1994）。

20.3.1　台湾浅滩渔场

该渔场是指 22°00′ ~ 24°30′N，117°30′ ~ 121°30′E 的海域，这里有丰富的头足类和中上层鱼类资源，其中主要的渔场有：

围网渔场：位于台湾浅滩西部与粤东海域东部的浅近海连成一片，共同构成传统的汕头—台浅围网渔场。渔期主要分春汛（12 月至翌年 5 月）和夏汛（7—9 月），渔获物以蓝圆鲹、金色小沙丁鱼、羽鳃鲐、竹荚鱼和鲐为主。本渔场的中上层鱼类绝大多数属于地方种群，不作长距离洄游。

鱿钓渔场：位于北部，汛期为 4—9 月，捕捞的主要种类为中国枪乌贼，还有少部分西博加枪乌贼、杜氏枪乌贼、剑尖枪乌贼、莱氏拟乌贼、拟目乌贼、虎斑乌贼和其他头足类。

虾拖网渔场：位于本海域的西北部和北部，渔汛期为 8 月至翌年 4 月，主要的捕捞种类有须赤虾、长额仿对虾、刀额新对虾、鹰爪虾、日本对虾和管鞭虾等。

20.3.2　粤东渔场

该渔场是指 22°00′ ~ 24°30′N，114°00′ ~ 118°00′E 的海域，按作业方式不同又可分为以下几个渔场：

拖网渔场：位于南澳岛正南到大星针以东水深 20~60 m 的水域，渔期为 3—5 月和 9—12 月。渔获的主要种类有白姑鱼、蓝圆鲹、竹荚鱼、绯鲤、蛇鲻、海鳗、大眼鲷、刺鲳、印度无齿鲳、高体若鲹、蟹类、虾类和头足类等。渔场南部水深 60 m 以深水域，为汕尾秋汛渔场的一部分。渔期为 9—12 月，旺汛期 10—11 月。

围网渔场：位于台湾浅滩至大星针水深 30~80 m 的水域，为广东著名的粤东春汛围网渔场。渔期为 12 月至翌年 4 月，旺汛期为 2—3 月。渔获的种类主要有竹荚鱼、蓝圆鲹、鲐、圆腹鲱和乌鲳等。

刺钓渔场：渔场散布于近岸、浅海，主要有以下几处：南澳岛周围水深 5~25 m 水域，渔期为 2—10 月，捕捞种类有鳓、四指马鲅、康氏马鲛、大黄鱼、乌鲳、黄鲫、七丝鲚等鱼类。碣石湾到红海湾一带水深 5~30 m 水域，渔期为 3—9 月，捕捞种类有乌鲳、中国鲳、带鱼和石首鱼类等。汕头到大星针一带水深 20~65 m 水域，几乎全年可以作业，捕捞的种类为海鳗、海鲶、鲨鱼、鳓和金线鱼等。

拖虾场：甲子至平海沿岸一带水深 40 m 以浅，汛期为 9 月至翌年 3 月，捕捞种类为周氏新对虾、长额仿对虾、近缘新对虾、长毛对虾、墨吉对虾、管鞭虾、赤虾、日本对虾和刀额新对虾等。海门湾附近水深 30 m 以浅水域，汛期为 7 月至翌年 4 月，捕捞种类有墨吉对虾、长毛对虾、长额仿对虾、亨氏仿对虾、赤虾和刀额新对虾等。韩江口的汕头港至南澳岛水深 30 m 以浅水域，汛期为 8 月至翌年 4 月，捕捞种类有墨吉对虾、长毛对虾、毛虾、刀额新对虾、日本对虾和管鞭虾等。

20.3.3　东沙渔场

该渔场是指 19°30′~22°00′N，114°00′~118°00′E 的海域，又分为三个主要渔场，其环境差异较大，渔获的种类区系属性也不相同。

粤东外海渔场：位于水深 60~200 m 范围。渔汛期为 7—11 月和 2—4 月，其中以 8—9 月份的产量较高。终年受高温高盐的外海水所控制，渔业资源由暖水性种类组成。拖网的渔获以竹荚鱼为主，其次蓝圆鲹、深水金线鱼、黄鳍马面鲀、多齿蛇鲻、高体若鲹和枪乌枪类等。本渔场既是竹荚鱼的产卵场，又是其幼鱼的索饵场，索饵期为 3—9 月。

粤东大陆架边缘渔场：位于水深 200~400 m 范围内。在水深 200~300 m 范围内，汛期为 9—11 月。拖网的渔获物除部分属暖水性种外，主要是暖温性种类组成，经济鱼类以胁谷软鱼占优势，其次是竹荚鱼和脂眼双鳍鲳。水深 280~400 m 的水域，有丰富的虾资源，主要经济种类有刀额拟海虾、单刺异腕虾、东方异腕虾及长足红虾等。虾汛期为 1—5 月。

粤东大陆坡渔场：位于水深 400~600 m 范围内，拖网的渔获物由冷温性种类组成。主要的经济虾类有长肢近对虾、拟须虾、绿须虾、刀额拟海虾等。虾汛期为 1—5 月。

东沙群岛附近渔场不宜拖网，但该水域有丰富的中上层鱼类资源，主要的渔获物有蓝圆鲹、狭头鲐、红背圆鲹、麒麟菜、马蹄螺、龙虾、石斑鱼、鲷科鱼类等。

20.3.4　珠江口渔场

珠江口渔场是指 20°45′~23°15′N，112°00′~116°00′E 的海域，按作业方式的不同可以分为以下几个渔场。

拖网渔场：114°E 以东水深 28~120 m 水域，为汕尾秋汛拖网渔场的一部分，渔期为 9—12 月，旺汛期为 10—11 月。主要渔获种类有蛇鲻、绯鲤、金线鱼、大眼鲷、刺鲳、带鱼、蓝圆鲹、高体若鲹、竹荚鱼、鲐、绒纹单角鲀等。114°E 以西水深 20 ~ 90 m 水域，为粤西中浅海拖网渔场的一部分，渔期为 2—6 月和 9—12 月，旺汛期为 9—12 月，主要渔获种类有白姑鱼、带鱼、金线鱼、海鳗、蛇鲻、绯鲤、刺鲳、蓝圆鲹、鲐、大甲鲹、黄鳍马面鲀、虾类、蟹类、头足类等。

围网渔场：位于蚊洲尾至乌猪州水深 25 ~ 80 m 水域，为广东著名的万山春汛围网渔场。渔期为 12 月至翌年 4 月，以 2—3 月为旺汛期。渔获种类有蓝圆鲹、金色小沙丁鱼、鲐、竹荚鱼、大甲鲹、蓝子鱼等。

刺钓渔场：川山群岛至万山群岛一带，水深 60 m 以浅，是良好的刺钓渔场。渔获种类有大黄鱼、带鱼、金线鱼、马鲅、马鲛、乌鲳、石斑鱼、真鲷、海鳗和鲨鱼等，全年均可作业。

虾拖场：广海—崖门浅海虾场：位于上川岛以北广海湾至崖门口一带，水深 5 ~ 15 m 水域。汛期 4—11 月。主要渔获的种类有周氏新对虾、近缘新对虾、长毛对虾等。高栏近海虾场：位于高栏列岛以南水深 10 ~ 30 m 水域。汛期为 4—11 月。主要渔获的种类有刀额新对虾、近缘新对虾、日本对虾、短沟对虾等。珠江口浅海虾场：位于伶仃洋水道两侧港湾水深 10 m 以浅水域。汛期为 4—9 月。主要渔获种类有长毛对虾、中国对虾、近缘新对虾等。大鹏湾虾场：位于大鹏湾内水深 28 m 以浅海域。汛期为 3—10 月。渔获的种类有赤虾、近缘新对虾、刀额新对虾、周氏新对虾、中型新对虾等。大亚湾虾场：位于大亚湾内水深 17 m 以浅水域。汛期为 5—8 月。渔获的种类有赤虾、近缘新对虾、刀额新对虾、周氏新对虾、墨吉对虾和日本对虾等。

20.3.5　粤西渔场

粤西渔场是指 19°30′ ~ 22°00′N，110°00′ ~ 114°00′E 的海域。

拖网渔场：万山群岛至雷州半岛以东水深 10 ~ 90 m 水域为中浅海渔场。汛期为 2—6 月和 9—12 月。主要渔获种类有绯鲤、蛇鲻、刺鲳、金线鱼、蓝圆鲹、鲐、白姑鱼、黄鳍马面鲀、马鲅、马鲛、大黄鱼、蟹类、虾类和头足类等。水深 90 m 以深水域为深海拖网渔场。汛期为 9 月至翌年 1 月。主要的渔获种类有金线鱼、蛇鲻、绯鲤、海鳗、大眼鲷、鲐、蓝圆鲹、虾类、蟹类和头足类等。

围网渔场：大万山岛至荷包岛一带海域水深 25 ~ 80 m 范围内水域，为万山春汛围网渔场。渔汛期为 12 月至翌年 4 月。渔获种类有蓝圆参、鲐等。

刺钓渔场：台山至电白沿海，水深 10 ~ 34 m 水域，渔汛期为 4—8 月，渔获种类有鲳鱼、带鱼、海鳗和白姑鱼。雷州半岛东部近海，水深 10 ~ 15 m 水域，渔汛期为 1—7 月，渔获种类有海鲶、白姑鱼、大黄鱼等。万山岛至东平一带水深 50 ~ 80 m 水域和东平至硇州岛东部水深 40 ~ 80 m 水域为钓鲨渔场，渔汛期分别为 7—9 月和 2—8 月。川山群岛至海陵岛水深 20 ~ 50 m 水域，为钓鳗渔场，渔汛期为 12 月至翌年 5 月，旺汛期为 12 月至翌年 2 月。

拖虾渔场：东平虾场：位于东平至溠州一带水深 10 m 以浅水域，渔汛期为 6 月至翌年 1 月，渔获种类有近缘新对虾、墨吉对虾、周氏新对虾等。东平外虾场：位于东平以南水深 20 ~ 40 m 水域，渔汛期为 5—8 月，渔获种类有刀额新对虾、赤虾、日本对虾、短沟对虾、鹰爪虾等。水东虾场：位于水东以南水深 40 m 以浅水域，渔汛期为 5—8 月，渔获种类有刀额新对虾、鹰爪虾、日本对虾和短沟对虾等。硇州虾场：包括广州湾和雷州湾水深 10 m 以浅水域，渔汛期为 7 月至翌年 1 月，渔获种类有墨吉对虾、哈氏仿对虾和周氏新对虾等。抱虎虾场：位于海南岛东北部水深 23 ~ 45 m 水域，渔汛期为 5—9 月，渔获种类有鹰爪虾、刀额新对虾、日本对虾、短沟对虾和斑节对虾等。

20.3.6　海南岛东南部渔场

海南岛东南部渔场是指 17°30′~20°00′N，109°30′~113°30′E 的海域。

清澜渔场：灯光围网作业海南岛东清澜沿岸水深 20~70 m 的水域，渔汛期 4—9 月，渔获种类有蓝圆鲹、圆腹鲱、小公鱼、颌圆鲹、乌鲳、金枪鱼、眼镜鱼和鱿鱼等。拖网作业以七洲列岛附近水域为主，渔汛期 4—8 月。主要捕获种类有黄鳍马面鲀、蓝圆鲹、鲐、蛇鲻、大眼鲷、带鱼等。钓业以捕鲨和捕鳗为主，刺网主要刺捕马鲛和燕鳐鱼。

拖网渔场：海南岛东南面水深 200 m 以浅的大陆架水域，全年均可作业。主要捕获物有黄鳍马面鲀、蓝圆鲹、蛇鲻、金线鱼、深水金线鱼、大眼鲷和黄鲷。

深海虾场：位于水深 400~600 m 海域，渔汛期为 4—7 月。主要捕获种类有长肢近对虾、拟须虾、绿须虾、刀额拟海虾等。

20.3.7　北部湾北部渔场

北部湾北部渔场是指 19°30′N 以北，106°00′—110°00′E 的北部湾海域。

拖虾渔场：位于北部湾北部和雷州半岛的西面沿岸。主要渔获种类有日本对虾、长毛对虾、墨吉对虾、宽沟对虾和须赤虾。

围网渔场：蓝圆鲹、金色小沙丁鱼渔场。渔汛期 10 月至翌年 4 月，主要作业渔场位于白龙尾岛附近海域。青鳞鱼渔场，渔汛期 8—10 月，主要作业海区 107°30′~109°E，19°30′~21°30′N。海鲶产卵洄游渔场，位于企水至江洪附近水域，渔汛期为 3—4 月。

刺钓渔场：枪乌贼钓业的主要作业水域在北部和西北部底质为砂石的浅水区，渔汛期为 8—10 月。马鲛渔汛期为秋季，主要作业海域为 108°~109°E，20°30′~21°30′N，用浮刺网和钓捕捞。海鳗刺钓渔场主要在围洲岛西南海域。

20.3.8　北部湾南部及海南岛西南部渔场

北部湾南部及海南岛西南部渔场是指 17°15′~19°45′N，105°30′~109°30′E 的海域。

昌化渔汛的渔场：位于 18°30′~19°30′N，107°40′~108°40′E，为产卵洄游渔汛，渔汛期 2—5 月。拖网作业的主要渔获种类有白姑鱼、蛇鲻、绯鲤和金线鱼等。围网作业渔场位于北部湾北部水域。刺、钓作业的主要分布于昌化到莺歌海的近海区，主要捕捞种类有海鳗、马鲛、乌鲳、金线鱼、带鱼、宝刀鱼和鲨鱼等。

三亚渔汛渔场：三亚附近浅海，主要在三亚港的西面和西南面。渔汛期为 11 月至翌年 2 月。拖网主要在三亚港的西南面近海区，主要渔获种类有大眼鲷、带鱼、白姑鱼、金线鱼和绯鲤。灯光围网作业渔场主要在三亚附近沿海，主要捕捞种类有小沙丁鱼和鲐。刺网作业渔场在水深 40~80 m 的水域，主要捕捞种类有带鱼、康氏马鲛、青干金枪鱼、宝刀鱼等。钓业作业渔场主要在水深 40~50 m 的水域，捕捞种类主要有马鲛、海鳗等。

20.3.9　中沙东部渔场

中沙东部渔场是指 14°30′~19°30′N，113°30′~121°30′E 的海域。

礁区刺钓渔场：适合延绳钓、手钓、飞鱼刺网、扛缯网等多种作业生产。鲨鱼延绳钓渔场位于立夫暗沙、济猛暗沙、排洪滩—涛静暗沙、比微暗沙—隐矶滩等水域，上钓率一般为

6%～7%，最高为15%。渔获主要种类有白边真鲨、千年笛鲷、紫红笛鲷。各种以笛鲷类、石斑鱼、鲨鱼延绳钓上钓率为15%，最高达22%。

金枪鱼延绳钓渔场：中沙西北、东北和黄岩岛南与南沙东北面的金枪鱼渔场相连。渔汛期为10月至翌年5月。金枪鱼延绳钓的上钓率一般为2%～4%，渔获物以黄鳍金枪鱼、大眼金枪鱼等大型金枪鱼类为主。

深海虾场：南海北部大陆坡水深220～280 m海区，底质为砂和泥。渔汛期为3—9月。渔获种类有拟须虾、深海红虾、刀额拟海虾、长肢近对虾等，可兼捕鳞首方头鲳等鱼类。

20.3.10　西沙、中沙渔场

西沙、中沙渔场是指15°00′～17°30′N，111°00′～115°00′E的海域。

多种刺钓岛礁渔场：主要的作业类型有各种延绳钓、曳绳钓、手钓、定置刺网、飞鱼刺网、扛缯网（敷网类）等。作业季节为12月至翌年5月。主要捕捞品种为鲨鱼、笛鲷类、石斑鱼类、刺鲅、东方狐鲣、鲣、白卜鲔、斑条鲬、侧牙鲈、小型金枪鱼等。

贝参采捕：采捕期为2—6月。主要贝类有马蹄螺、凤螺、砗巨、宝贝等。主要海参种类有梅花参、白乳参、黑乳参等。

海龟繁殖：每年4—8月，有大批海龟洄游到西沙的东岛、七连岛、晋卿岛、金银岛、森屏滩等地的沙滩产卵。海龟属国家Ⅱ级保护动物，禁止捕捞。

金枪鱼延绳钓渔场：中沙西北部和西沙南部。渔汛期为10月至翌年6月。上钓率一般为2%～2.5%，渔获黄鳍金枪鱼为主。

20.3.11　西沙西部渔场

西沙西部渔场是指15°00′～17°30′N，107°00′～111°00′E的海域。

北部湾口外底拖网渔场：位于北纬16°00′～17°30′N，108°00′～109°30′E的海域，面积约2.6×10⁴ km²，海底较平坦，水深90～120 m，宜底拖网作业。渔汛期为12月至翌年5月。渔获种类有红笛鲷、金线鱼、摩鹿加绯鲤、大眼鲷、蛇鲻、五棘银鲈、带鱼和石斑鱼等。在黄鳍马面鲀盛发年，7—9月份，黄鳍马面鲀的产量可占渔获量的40%～60%。

西沙西北部金枪鱼延绳钓渔场：位于16°30′～17°30′N，110°00′～111°00′E的海域，面积约0.87×10⁴ km²。10月至翌年6月，为黄鳍金枪鱼群索饵鱼汛。中心渔场平均上钓率为2%。渔获物有黄鳍金枪鱼、大眼金枪鱼，还有鲣、刺鲅、东方旗鱼、剑鱼、大青鲨、长尾鲨、鸢乌贼等20多种。

20.3.12　南沙渔场

南沙渔场是指14°30′N以南的南海海域。

礁盘浅海渔场：主要作业方式有潜水采捕海参、贝类、藻类以及曳绳钓。近年还有从事潜捕石斑、青眉等名贵鱼类的作业。

金枪鱼、鲨鱼延绳钓渔场：南沙群岛各岛、礁、滩附近的广阔水域均为金枪鱼、鲨鱼延绳钓作业渔区，南沙东面有世界著名的苏禄海延绳钓渔场。上钓率为2%～3%。

灯光围网渔场：主要在南沙东南部海域，捕捞对象有参科和鲹科等中上层鱼类。

底拖网渔场：主要在南沙西部巽它陆架，底形比较平坦，水深50～200 m，底质以砂泥为主，适合底拖网作业。渔获主要种类有蛇鲻、红鳍笛鲷、金线鱼、鲱鲤、马鲛、带鱼、枪乌贼等。

第 21 章　渔业生物资源量评估[*]

渔业生物资源量是指某一特定时间生活于某一水域的某种（或某类）渔业生物的数目或重量。评估渔业资源量常用的方法主要包括扫海面积法、根据标记放流估算资源量、根据卵子仔鱼调查估算资源量、根据累计渔获量、累计捕捞努力量和瞬时捕捞死亡率估算资源量、营养动态法以及水声学法等方法，本文主要采用扫海面积法和水声学法两种方法评估南海北部的生物资源量（费鸿年等，1990）。

21.1　总资源量

21.1.1　扫海面积法

根据 1997—1999 年和 2000—2002 年在南海北部海域进行的底拖网渔业资源调查资料，采用扫海面积法估算了调查海域的资源密度和现存资源量。1997—1999 年在南海北部水深 200 m 以浅海域调查的总面积 374 032 km^2，其中，北部湾海域 128 406 km^2（沿岸海域 68 064 km^2，中南部海域 60 342 km^2），海南岛以东的大陆架海域 245 626 km^2（浅海海域 64 842 km^2，近海海域 116 435 km^2，外海海域 64 349 km^2），海域面积的计算系采用《南海北部渔场图》[**]，并根据地理坐标值分区进行计算得出。在估算资源密度时，底拖网扫海宽度取网口实测宽度的平均值 21.7 m，采样拖速取平均拖速 3.355 kn，同时各类群的逃逸率均取 0.5。根据扫海宽度和平均拖速计算的每小时底拖网扫海面积为 0.135 km^2。在 2000—2002 年在南海北部渔业资源调查中，北部湾及海南岛南部近海调查海域面积为 87 977.04 km^2，海南岛以东近海调查海域面积为 139 682.84 km^2，逃逸率取 0.5，调查平均拖速 3.3 n mile/h，网口宽度取沉纲与浮纲平均值的一半为 21 m。利用上述数据按真道的"扫海面积法"估算现存资源量。

1997—1999 年在南海北部 200 m 以浅海域进行的底拖网渔业资源调查结果表明，南海北部水深 200 m 以浅海域的年均资源密度仅 0.62 t/km^2，现存资源量仅 23.26 × 10^4 t，其中大陆架海域和北部湾的资源密度分别为 0.50 t/km^2 和 0.85 t/km^2，现存资源量分别为 12.31 × 10^4 t和 10.94 × 10^4 t。底层经济鱼类、头足类及甲壳类中的虾类是经济价值较高的类群，这 3 个类群的年均现存资源量分别为 9.32 × 10^4 t、1.93 × 10^4 t 及 0.60 × 10^4 t，合计 11.85 × 10^4 t，占南海北部现存资源量的 51%。图 21.1 为南海北部底拖网总渔获密度分布图，表 21.1 列出了南海北部不同区域各类群的校正渔获率和资源密度估算值，表 21.2 列出了南海北部各区域资源总密度和现存资源量。

---

[*]　执笔人：李永振，陈国宝
[**]　国家水产总局南海水产研究所 . 南海北部渔场图 . 1978。

表 21.1 南海北部底拖网各区域校正资源指数和生物量密度（1997—1999 年）

分区	资源指数/（kg·h⁻¹）				生物量密度/（kg·km⁻²）				
	年平均	春季	夏季	秋季	冬季	年平均	春季	夏季	秋季	冬季
大陆架浅海（北部湾以东）	26.5	23.8	35.2	20.1	26.9	394	353	523	299	400
大陆架近海（北部湾以东）	36.0	31.3	36.8	23.8	52.3	535	464	545	353	776
大陆架外海（北部湾以东）	37.1	41.1	37.3	26.7	43.1	550	610	554	397	640
北部湾沿岸	60.9	72.2	51.9	71.1	48.2	902	1 071	770	1 054	715
北部湾中南部	53.7	58.9	55.7	51.1	48.9	796	873	826	758	725

从图 21.1 和表 21.1～表 21.2 可以看出北部湾的资源生物量密度明显高于大陆架海域，北部湾沿岸和中南部海域的年均密度分别为 0.90 t/km² 和 0.80 t/km²，在南海北部各分区中资源密度最高；大陆架浅海、近海和外海的年均资源密度分别为 0.39 t/km²、0.53 t/km² 和 0.55 t/km²，从浅海至外海资源密度呈增加的趋势。北部湾海域的面积占南海北部水深 200 m 以浅海域面积的 34%，但其现存资源量却约占南海北部现存资源量的 47%。就全南海北部调查海域而言，生物量密度和现存资源量没有明显的季节变化，但在大陆架海域，底层鱼类的密度冬季略高于其他三季，头足类密度的季节变化最明显，春、夏季高于秋冬季，而且各区域的季节变化格局基本相似，中上层鱼类密度的季节变化也比较明显，以春季的密度较高。

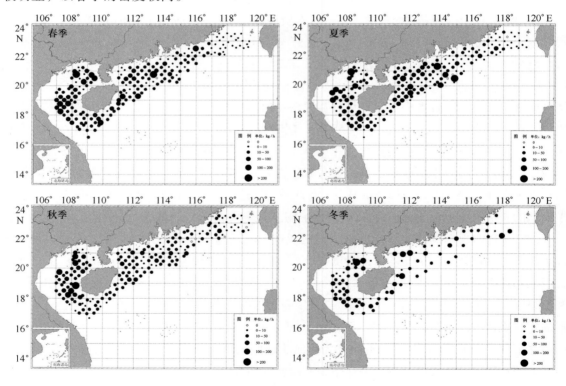

图 21.1 南海北部底拖网资源总密度分布

南海北部 40 m 以浅海域是沿岸水的分布范围，有江河径流携带的大量营养物质输入，沿岸海洋锋终年大部分时间也处于 40 m 等深线以浅海域（曾炳光，1989）。根据南海北部的海洋学特点，渔业资源密度和生产力应以沿岸浅海区域最高，并随着水深的增加而明显下降，但目前在大陆架海域，资源密度的分布情况正好相反，沿岸浅海区的现存密度明显低于近海和外海；北部湾沿岸是南海北部渔业资源潜在生产力最高的海域，但现存资源密度仅略高于北部湾中南部。当前南海北部渔业资源密度的不正常分布格局，显然是沿岸、近海区域承受过度捕捞压力的结果。

表 21.2　南海北部各区域资源总生物量密度和现存资源量（1997—1999 年）

海域	生物量密度/（t·km^{-2}）					现存资源量/×10^4 t				
	年平均	春季	夏季	秋季	冬季	年平均	春季	夏季	秋季	冬季
南海北部	0.62	0.65	0.63	0.54	0.67	23.26	24.18	23.53	20.35	24.98
大陆架海域（北部湾以东）	0.50	0.47	0.54	0.35	0.64	12.31	11.62	13.30	8.60	15.74
其中：浅海	0.39	0.35	0.52	0.30	0.40	2.55	2.29	3.39	1.94	2.59
近海	0.53	0.46	0.55	0.35	0.78	6.22	5.40	6.35	4.11	9.03
外海	0.55	0.61	0.55	0.40	0.64	3.54	3.92	3.56	2.55	4.12
北部湾	0.85	0.98	0.80	0.92	0.72	10.94	12.56	10.22	11.75	9.24
其中：沿岸	0.90	1.07	0.77	1.05	0.71	6.14	7.29	5.24	7.18	4.86
中南部	0.80	0.87	0.83	0.76	0.73	4.80	5.27	4.98	4.57	4.38

2000—2002 年南海北部渔业资源调查结果表明，北部湾及海南岛南部近海的渔业生物资源四季的生物量平均密度（1 703.452 kg/km^2）明显高于海南岛以东近海（830.482 kg/km^2），北部湾及海南岛南部近海主要经济种类的密度高于海南岛以东近海的有蓝圆鲹、竹荚鱼、多齿蛇鲻、带鱼、红鳍笛鲷、二长棘鲷、短尾大眼鲷、长尾大眼鲷、白姑鱼和刺鲳 10 种；海南岛以东近海主要经济种类的密度高于北部湾及海南岛南部近海的有金线鱼、花斑蛇鲻、条尾绯鲤、中国枪乌贼和剑尖枪乌贼 5 种。北部湾及海南岛南部近海的四季平均资源量（18.32×10^4 t）明显高于海南岛以东近海（11.6×10^4 t），北部湾及海南岛南部近海主要经济种类的资源量高于海南岛以东近海的有竹荚鱼、多齿蛇鲻、带鱼、红鳍笛鲷、二长棘鲷、短尾大眼鲷和白姑鱼 7 种；海南岛以东近海主要经济种类的资源量高于北部湾及海南岛南部近海的有蓝圆鲹、金线鱼、花斑蛇鲻、长尾大眼鲷、条尾绯鲤、刺鲳、中国枪乌贼和剑尖枪乌贼 8 种。

为了阐明南海北部底层渔业资源的现状和变化趋势，可将本次底拖网调查的结果与以往调查的结果作一比较。历年在该海域底拖网渔业资源的调查和评估曾进行过多次，其中，底拖网网具性能与本次调查相似的几次调查的资源密度估算结果见表 21.3，表中还列出了 Aoyama（1973）粗略估计的南海北部各区域的原始资源密度和最适资源密度。

1997—1999 年调查南海北部大陆架，陆架浅海区捕捞过度较为严重，现存生物量密度为 0.4 t/km^2，分别仅相当于原始密度的 1/10 和最适密度的 1/5，陆架近海和外海的现存密度也仅为原始密度的 1/4 和最适密度的 1/2；2000—2002 年调查海南岛以东大陆架，现存密度为 0.7 t/km^2，仅相当于原始密度的 1/4 和最适密度的 1/2。由于北部湾西部海域资源利用程度相对较低，北部湾的现存密度高于大陆架海域，但也处于严重的捕捞过度状态，1997—1999 年北部湾海域的现存密度仅略多于最适密度的 1/3，资源状况较差；2000—2002 年调查北部湾及海南岛南部近海，现存密度为 1.7 t/km^2，是因为 2000 年 7—10 月伏季休渔之后调查时二长棘鲷和竹荚鱼曾分别出现过几次大网头的渔获量，但并不说明该海域密度有明显增大，据了解在北部湾及附近海域作业的渔船生产效益仍较差，其他种类的资源状况并不乐观。

从表 21.3 可以看出，1962—1993 年包括北部湾在内的南海北部渔业资源衰退的速度很快，而 1993—2003 年仍呈下降的趋势，但下降的幅度相对较小，2001—2002 年调查显示渔业资源有所恢复。从我国海洋渔业的发展史看，1980—1998 年是海洋捕捞业高速发展的时期，渔业资源在这个时期呈现快速下降的趋势，1999 年南海区开始实行休渔制度，严格控制捕捞业的发展，1999 年以后休渔使渔业资源下降的趋势得到控制，因此总体上 1993—2003 年的资源密度下降的幅度相对较小，2001—2002 年整南海区的渔业资源有所恢复。总体看，伏季休渔制度在南海北部的实行取得了成效，北部湾海域的二长棘鲷、竹荚鱼、剑尖枪乌贼和中国枪乌贼以及大陆架的剑尖枪乌贼和中国枪乌贼有资源恢复的迹象。

表 21.3　南海北部底层渔业资源生物量密度的历年变化　　　　单位：t/km²

海域		原始密度[a]	最适密度[a]	1931—1938 年[b]	1956 年[b]	1962 年[c]	1960—1973 年[a]	1973 年[d]	1983 年[d]	1992—1993 年[c]	1997—1999 年	2000—2002 年
大陆架	浅海	4.0	2.0				1.0				0.4	
	近海	2.0	1.0				1.1	0.7	0.5		0.5	
	外海										0.6	
	全区	2.8	1.4	2.7	1.5		1.1				0.5	0.7
北部湾	沿岸	5.0	2.5			3.0	2.3			1.0	0.9	
	中南部	2.5	1.3			2.8	2.2			1.4	0.8	
	全区	4.1	2.1			2.9	2.3			1.3	0.9	1.7

资料来源：（a）Aoyama（1973）；（b）Shindo（1973），转引自 Richards et al（1985）；（c）袁蔚文等（1995）；（d）Richards et al（1985）。

21.1.2　水声学法

渔业水声学法是水声学在渔业资源研究领域的一个应用分支（赵宪勇等，2000），是近 30 年逐渐发展完善起来的海洋生物资源调查与评估方法，利用鱼体与海水介质物理特性的不同实现，具有浓厚的物理学背景和严格的物理学基础，为世界渔业发达国家所广泛采用（赵宪勇等，2002）。根据 1997—1999 年在南海北部海域利用 Simrad EK400 - QD 系统和 Simard EK500 系统进行的四个季节渔业资源声学调查资料，采用水声学法对南海北部海域主要中上层鱼类的渔业资源进行评估，评估的总资源量包括 25 类 131 种的渔业资源（李永振等，2002，2005；陈国宝，2006）。

春季声学评估覆盖面积 99 724 n mile²，评估鱼种的生物量密度为 23 241 kg/（n mile）²，总资源量 231.8×10⁴ t。生物量密度以北部湾海区最高，达 29 603 kg/（n mile）²，其次为珠江口海区，为 27 656 kg/（n mile）²，粤西和粤东海区的生物量密度比较接近，分别为 17 695 kg/（n mile）² 和 17 888 kg/（n mile）²。南海北部声学评估总资源量平面分布见图 21.2，分布图显示出资源量的分布极不均匀，海南岛周围海域和靠近外海的深水区资源量较低。但从整个平面分布来看，分布态势没有规则，表明评估鱼种集群较小而且比较分散。在评估种类的 25 类中，蓝点马鲛和玉筋鱼均未捕获，带鱼的平均生物量密度最高，达 3 694 kg/（n mile）²，资源量为 36.8×10⁴ t，占总资源量的 15.9%；其次为枪乌贼类，平均生物量密度 3 442 kg/（n mile）²，资源量为 34.3×10⁴ t，占总资源量的 14.8%；其余 21 种的累计资源量占总资源量的69.3%，但单一种类的资源量所占比重较小，均在10%以下，棱鳀类、白姑鱼和黄鲷所占比重仅为0.1%，河口区种类黄鲫所占比重还不到0.1%。

夏季声学评估覆盖面积104 833 n mile^2，评估鱼种的总生物量密度为21 495 kg/（n mile）^{2}，总资源量225.3×10^4 t。生物量密度以珠江口海区最高，达23 770 kg/（n mile）^{2}，其次为粤西和粤东海区，分别为21 522 kg/（n mile）^{2}、23 365 kg/（n mile）^{2}，北部湾海区的生物量密度最低，为18 433 kg/（n mile）^{2}。从总资源量的平面分布图来看，整个调查海区的资源量分布仍不均匀，局部海域密度较高，但整体上与春季相比，平均密度降低，鱼群正趋于向外分散，密集区转移。在评估种类的25类中，只有蓝点马鲛没有捕获，枪乌贼类的平均生物量密度最高，达7 621 kg/（n mile）^{2}，资源量为79.9×10^4 t，占总资源量的35.5%；其次是带鱼类，平均生物量密度3 374 kg/（n mile）^{2}，资源量为35.4×10^4 t，占总资源量的15.7%。仅这2个种类的资源量就占评估种类总资源量的51.2%。另外，鲾类（6.1%）、鲳类（6.0%）、大眼鲷类（5.3%）也有较高的资源量。

秋季声学评估覆盖面积94 485 n mile^2，评估鱼种的总生物量密度为38 718 kg/（n mile）^{2}，总资源量365.8×10^4 t。生物量密度以珠江口海区最高，达55 084 kg/（n mile）^{2}，北部湾、粤西和粤东3个海区的密度接近，分别为37 580 kg/（n mile）^{2}、31 076 kg/（n mile）^{2}和35 256 kg/（n mile）^{2}。整个调查覆盖区内，总资源量的分布并不均匀，粤西海区的资源量相对较低，北部湾、珠江口和粤东海区的资源量较高。秋季全调查海区基本上没有明显的优势种出现，一些种类仅在局部海域的资源量中占有较高的比例，如北部湾海区的发光鲷（20.1%）、小公鱼类（15.0%）；珠江口海区的天竺鱼类（19.5%）以及粤东海区的带鱼类（15.8%）等。从评估鱼种的资源量在总资源量中所占的比重来看，各种类占的比重相差不明显，如鲾类、天竺鱼类和带鱼类分别占10.5%、10.2%和10.3%，枪乌贼类和灯笼鱼类均占8%，鳄齿鱼类占7%，蓝圆鲹占6.1%，等等。

由于南海北部冬季调查覆盖到了200 m等深线以外的部分深水海域，因此冬季声学调查的覆盖面积在四个季节的调查中最大，总生物量密度达到140 426 n mile^2，评估鱼种的生物量密度为27 687 kg/（n mile）^{2}，总资源量为388.8×10^3 t。海区生物量密度以粤西最高，达51 506 kg/（n mile）^{2}，其次是北部湾海区，为43 763 kg/（n mile）^{2}，珠江口和粤东海区的密度接近，分别为11 464 kg/（n mile）^{2}、15 748 kg/（n mile）^{2}。整个调查覆盖区每1°×1°方区（4个渔区）总资源量的平面分布也直接反映了这个结果，粤西和北部湾海区明显高于珠江口和粤东海区，这与评估种类的实际分布有关。同时，由于调查分为2个航次进行，恰好粤西和北部湾海区为同一航次，珠江口和粤东海区为同一航次，而且航次间隔差不多1个月，因此，造成这种分布格局不排除有航次及海况的原因。冬季调查最明显的优势种为带鱼类，占总资源量的26.4%。灯笼鱼类为均深水区种类，由于调查覆盖了珠江口和粤东海区200 m等深线以外的大部分深水海域，因此灯笼鱼类的资源量明显上升，占总资源量的13.6%，一跃成为第二优势种。枪乌贼所占的比重排第三，为10.6%，其余各种类所占比重均在10%以下。由于评估种类分布的区域性和调查海域的广阔性，一些种类的资源量虽然在整个调查覆盖区所占的比重较小，但在局部海域则形成较明显的优势，如北部湾的发光鲷（17.5%）、鲾类（15.5%）和小公鱼类（10.2%）等。

21.2 中上层鱼类

21.2.1 蓝圆鲹

根据 1997—1999 年在南海北部海域的渔业资源声学调查资料采用声学评估方法评估南海北部蓝圆鲹的年均生物量密度 1 484 kg/（n mile）^{2}，资源量 163×10^3 t，占总资源量的 5.2%。春季，平均生物量密度 1 655 kg/（n mile）^{2}，资源量 165×10^3 t，占总资源量的 7.1%，以珠江口海区最高，北部湾海区最低，在珠江口偏右侧近岸海域，形成一个高度密集中心，但范围较小，主要由蓝圆鲹幼鱼及部分产卵亲体组成。夏季是蓝圆鲹生物量密度最低的季节，为 825 kg/（n mile）^{2}，资源量 8.6×10^4 t，占总资源量的 3.8%，在珠江口海区的 21°30′~22°N，113°~113°30′E；21°30′~22°N，113°30′~114°E 渔区和台湾浅滩东北部的 23°~23°30′N，118°30′~119°E；23°~23°30′N，119°~119°30′E 渔区的密度较高。秋季，蓝圆鲹的生物量密度为 2 375 kg/（n mile）^{2}，资源量 22.4×10^4 t，占总资源量的 6.1%，在海南岛东部近岸海域和台湾浅滩海域形成 2 个密集中心。冬季蓝圆鲹的生物量密度为 1 082 kg/（n mile）^{2}，资源量 15.2×10^4 t，占总资源量的 3.9%，分布态势与秋季相类似。

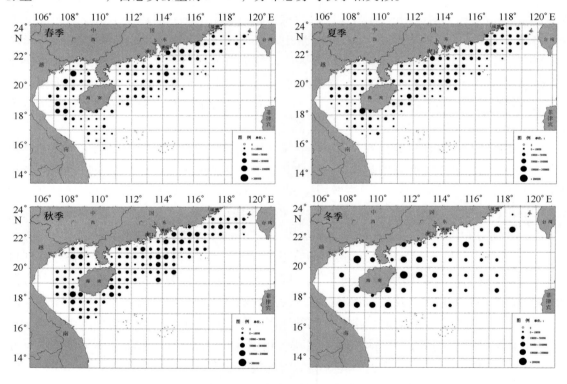

图 21.2　南海北部声学评估总资源量分布

根据 1997—1999 年在南海北部 200 m 以浅海域进行的底拖网渔业资源调查资料，采用扫海面积法计算资源量见表 21.4，蓝圆鲹的资源量为 1 530.13 t（四季平均值），冬季最高，达 2 125.18 t，春季最低，为 1 232.61 t，特别是冬季在大陆架外海海域明显增高，而在北部湾沿岸四季的的资源量均较低。

根据 2000—2002 年在南海北部海域进行的底拖网渔业资源调查资料，采用扫海面积法估算北部湾及海南岛南部近海蓝圆鲹现存资源量为 2 072 t、现存资源尾数为 7 370 尾，海南岛以东近海蓝圆鲹现存资源量为 2 298 t、现存资源尾数为 4 910 尾，北部湾及海南岛南部蓝圆鲹现存资源量低于海南岛以东，而现存资源尾数高于海南岛以东。

表 21.4　南海蓝圆鲹各海域各季节资源量（1997—1999 年）　　　　　　　单位：t

海域	面积/km²	平均	春季	夏季	秋季	冬季
大陆架浅海	64 842	397.89	302.1	523.16	508.42	44.21
大陆架近海	116 435	568.94	516.02	330.78	582.18	1 296.66
大陆架外海	64 349	124.31	285.18	7.31	95.06	102.37
北部湾沿岸	68 064	30.94	54.14	23.2	7.73	54.14
北部湾中南部	60 342	377.14	102.86	843.42	240	301.71
全调查海域	374 032	1 530.13	1 232.61	1 572.63	1 445.12	2 125.18

21.2.2　竹荚鱼

根据 1997—1999 年在南海北部海域的渔业资源声学调查，结果表明南海北部水声学法估算竹荚鱼的年均生物量密度为 944 kg/（n mile）²，资源量 10.4×10^4 t，占总资源量的 3.2%。春季，生物量密度为 649 kg/（n mile）²，资源量 6.5×10^4 t，占总资源量的 2.8%，主要分布于北部湾海区、粤西到粤东的浅近海海域。夏季的生物量密度为 652 kg/（n mile）²，资源量 6.8×10^4 t，占总资源量的 3.0%，分布态势与春季相似。秋季，生物量密度为 1 888 kg/（n mile）²，资源量 17.8×10^4 t，占总资源量的 4.9%，主要分布于调查覆盖区的外围水域，可以明显看出存在一条西南—东北向的分布带，有几个密集区出现。冬季，生物量密度为 588 kg/（n mile）²，资源量 8.3×10^4 t，占总资源量的 2.1%，鱼群主要分布于陆架区海域，以珠江口区的密度较高，在陆架区之外的深水区仅有零星分布。

根据 1997—1999 年在南海北部 200 m 以浅海域进行的底拖网渔业资源调查资料，采用扫海面积法计算资源量见表 21.5，竹荚鱼的资源量为 1 190.1 t（四季平均值），夏季最高，达 2 295.2 t，秋季最低，为 765.07 t，四个季节差距较大。竹荚鱼的资源量主要集中在大陆架近海海域，在北部湾沿岸和大陆浅海的资源量较低。

表 21.5　南海竹荚鱼各海域各季节资源量（1997—1999 年）　　　　　　　单位：t

海域	面积/km²	平均	春季	夏季	秋季	冬季
大陆架浅海	64 842	103.16	213.68	73.68	44.21	66.32
大陆架近海	116 435	661.56	105.85	1614.21	370.48	463.09
大陆架外海	64 349	182.81	124.31	175.5	175.5	350.99
北部湾沿岸	68 064	23.2	61.88	0	0	23.2
北部湾中南部	60 342	137.14	137.14	219.43	75.43	102.86
全调查海域	374 032	1 190.1	552.55	2 295.2	765.07	1 020.09

根据 2000—2002 年在南海北部海域进行的底拖网渔业资源调查资料，采用扫海面积法估算北部湾及海南岛南部近海海域竹荚鱼现存资源量为 24 830 t、现存资源尾数为 90 580 尾，海南岛以东近海竹荚鱼现存资源量为 1 675 t、现存资源尾数为 3 090 万尾，北部湾及海南岛南部近海竹荚鱼现存资源量、现存资源尾数均明显高于海南岛以东近海。

21.2.3　鲐

　　根据1997—1999年在南海北部海域的渔业资源声学调查，结果表明鲐主要分布于珠江口和粤东海域，尤以粤东海域数量最多。在粤西和北部湾海域，鲐也有分布，但相当零散。南海北部鲐的年均生物量密度为262 kg/（n mile）^{2}，资源量2.9×10^4 t，占总资源量的1.0%。鲐生物量密度的季节变化和区域变化都很明显。春季，鲐主要分布于粤东海区，并密集于浅、近海海域，该海区鲐的密度为447 kg/（n mile）^{2}，资源量4.5×10^4 t，占总资源量的1.9%。在珠江口海区的19°30′~20°N，113°30′~114°E渔区和19°~19°30′N，113°30′~114°E渔区以及北部湾海区的19°30′~20°N，107°E~107°30′E、19°~19°30′N，106°30′~107°E渔区，局部密度也较高。在粤西海区，仅有零星分布。夏季，北部湾海区的密度最高，为601 kg/（n mile）^{2}，资源量1.9×10^4 t，占总资源量的3.3%。在北部和海南岛东南沿海形成两个小范围的密集区。在粤东海区的中部，也有一个小的分布区相对密集。秋季，在北部湾和粤西海区基本没有分布，珠江口海区有零散分布，但总资源量并不高。在粤东海区，密集区十分明显，生物量密度为1 324 kg/（n mile）^{2}，资源量3.2×10^4 t，占总资源量的3.8%。冬季，仅在珠江口西侧有零星分布，资源量极低。

21.2.4　沙丁鱼类

　　根据1997—1999年在南海北部海域的渔业资源声学调查，沙丁鱼类声学评估包括金色、裘氏和短体小沙丁鱼3个种类，主要分布于浅、近海海域。全区年均生物量密度为248 kg/（n mile）^{2}，资源量2.7×10^4 t，占总资源量的0.7%。冬、春、夏三个季节的生物量密度很低，介于63~79 kg/（n mile）^{2}，季节资源量8 t左右，主要分布于北部湾，粤西和粤东东部沿岸海域有零星出现。秋季生物量密度最高，平均值774 kg/（n mile）^{2}，资源量7.3×10^4 t，占总资源量的2.0%。有3个明显的分布区，一个位于台湾浅滩及附近海域，一个位于粤西沿岸海域，第三个为北部湾海域，主要在中部和北部。

21.2.5　小公鱼类

　　根据1997—1999年在南海北部海域的渔业资源声学调查，采用声学方法评估南海北部包括7个种类的小公鱼类，结果表明南海北部的小公鱼类年均生物量密度为1 030 kg/（n mile）^{2}，资源量11.3×10^4 t，占总资源量的3.4%。春季，生物量密度为881 kg/（n mile）^{2}，资源量8.8×10^4 t，占总资源量的3.8%，主要分布于粤西海区的沿岸和浅海海域及北部湾中部和北部海域，并存北部湾北部沿岸海域出现密集区。夏季，生物量密度为227 kg/（n mile）$^{-2}$，资源量2.4×10^4 t，占总资源量的1.1%，分布态势与春季其中相似，但没有密集区出现。秋季，生物量密度为2 131 kg/（n mile）^{2}，资源量20.1×10^4 t，占总资源量的5.5%，主要分布于北部湾海域及粤西到粤东的沿岸和浅海海域。冬季，生物量密度为880 kg/（n mile）^{2}，资源量12.4×10^4 t，占总资源量的3.2%，仅在北部湾北部海域有分布。

21.2.6　棱鳀类

　　根据1997—1999年在南海北部海域的渔业资源声学调查，南海北部声学评估棱鳀类包括6种，均为非经济鱼类，主要分布于北部湾和粤西海区，在珠江口和粤东海区几乎未有出现。在北部湾和粤西海域，也只是在夏、秋、季资源量较高，冬、春季资源量极少，因此，这里只对北部湾和粤西海区棱鳀类夏秋季的分布进行分析。棱鳀类在粤西和北部湾主要分布于近岸海域，夏季，生物量密度分别为 1 107 kg/（n mile）^{2}和355 kg/（n mile）^{2}，资源量为2.9×10^4 t、1.1×10^4 t，占总资源量的5.1%和1.9%。秋季的生物量密度分别为 1 142 kg/（n mile）^{2}和3 859 kg/（n mile）^{2}，资源量为 2.8×10^4 t、10.6×10^4 t，占总资源量的3.7%和10.3%。由此可见，对于粤西海区，无论生物量密度还是资源量，夏、秋季的差异并不显著，但对于北部湾海区，这种差异则十分显著，这可从资源量的平面分布图上直观反映出来。

21.2.7　灯笼鱼类

灯笼鱼类均为大洋性深海鱼类，在南海北部种类多。根据1997—1999年在南海北部海域的渔业资源声学调查，采用声学方法评估南海北部包括24个种类灯笼鱼类（含未鉴定到种的种类）。结果表明灯笼鱼类的年均生物量密度为 1 886 kg/（n mile）^{2}，资源量207 t，占总资源量的6.2%。由于南海北部春、夏、秋3季的调查为底层调查，主要在200 m等深线以浅进行，因此，从平面分布图来看，春、夏季灯笼鱼类仅零星地分布于200 m等深线附近，秋季在珠江口海区和粤东海区的西部200 m等深线处还出现了2个小的密集区。冬季，由于调查为声学航次，航线覆盖了南海北部的大部分海域，灯笼鱼类的分布特征明显地呈现出来，即主要分布于200 m等深线以外的深海区，但不同区域密度差异不大。冬季灯笼鱼类的生物量密度为3 758 kg/（n mile）^{2}，资源量52.8×10^4 t，占总资源量的13.6%。

21.2.8　犀鳕类

犀鳕类属于小型非经济鱼类，为近海暖水性中上层鱼类。根据1997—1999年在南海北部海域的渔业资源声学调查，声学评估包括4个种类，年均生物量密度为431 kg/（n mile）^{2}，资源量4.7×10^4 t，占总资源量的1.6%。春季，犀鳕类生物量密度为654 kg/（n mile）^{2}，资源量6.5×10^4 t，占总资源量的2.8%，主要分布于粤西海区的东部、珠江口海区，粤东海区也有分布，但生物量密度不大，北部湾海区分布普遍，密度也不大。夏季，犀鳕类生物量密度为250 kg/（n mile）^{2}，资源量2.6×10^4 t，占总资源量的1.2%，鱼群遍布南海北部200 m等深线以浅海域，但没有密集区出现。秋季，生物量密度为570 kg/（n mile）^{2}，资源量5.4×10^4 t，占总资源量的1.5%，有三个明显的分布区存在，分别位于北部湾及111°~113.5°E、114.5°~117.5°E的浅近海海域。冬季，生物量密度为250 kg/（n mile）^{2}，资源量3.5×10^4 t，占总资源量的0.9%，主要分布于北部湾和粤西海区，珠江口沿岸和浅海海域也有出现。

21.2.9　鲥类

根据1997—1999年在南海北部海域的渔业资源声学调查，采用声学方法评估南海北部的鲥类包括11个评估种类，均为小型鱼类，主要分布于100 m等深线以浅海域，以80 m等深线以浅海域数量居多。年均生物量密度 2 428 kg/（n mile）^{2}，资源量26.7×10^4 t，占总资源量的8.4%。鲥类的生物量密度有着明显的季节变化和区域变化。以秋季的平均生物量密度最高，为4 069 kg/（n mile）^{2}，密集区出现于112°~116°E线80 m以浅海域和北部湾北部和南部湾口区一带海域；春季和冬季的平均生物量密度接近，分别为 2 121 kg/（n mile）^{2}和2 210 kg/（n mile）^{2}，主要分布于北部湾海域，粤东海域居其次，密集区较小；夏季的生物量密度在四个季节中最低，为 1 311 kg/（n mile）^{2}，北部湾分布虽然普遍但密度很小，粤西至粤东40 m等深线以浅海域密度相对较高。

21.3 底层鱼类

21.3.1 二长棘鲷

根据 1997—1999 年在南海北部 200 m 以浅海域进行的底拖网渔业资源调查，采用扫海面积法估算南海北部二长棘鲷的年均现存资源量约 6 000 t，其中，约 5 600 t 分布于北部湾海域，占南海北部二长棘鲷现存资源量的 93%，尤以 40 m 以浅的北部湾北部海域资源分布最为集中。二长棘鲷资源量的季节变化非常明显，春季幼鱼群体大量出现时数量最大，达 15 800 t，之后群体数量明显减少。南海北部及各分区二长棘鲷生物量密度和现存资源量列于表 21.6。

表 21.6　南海北部二长棘鲷生物量密度和现存资源量（1997—1999 年）

海　域	平　均		春　季		夏　季		秋　季		冬　季	
	密度/ (kg· km⁻²)	数量 /t	密度/ (kg· km⁻²)	数量/ t	密度/ (kg· km⁻²)	数量/ t	密度/ (kg· km⁻²)	数量/ t	密度/ (kg· km⁻²)	数量/ t
南海北部	16.0	6 000	42.3	15 820	4.4	1 650	2.0	760	9.5	3 560
大陆架海域	1.7	420	0.8	210	4.2	1 040	0.6	160	0.0	0.00
其中：浅海	0.4	30	1.0	70	0.4	30	0.0	0.00	0.0	0.00
近海	2.8	330	1.0	120	7.1	830	1.3	160	0.0	0.00
外海	1.0	70	0.3	20	2.8	180	0.0	0.00	0.0	0.00
北部湾	43.4	5 580	121.5	15 610	4.8	610	4.7	610	27.7	3 560
其中：沿岸	67.3	4 580	207.1	14 100	0.6	40	5.9	400	26.1	1 770
中南部	16.6	1 000	25.0	1 510	9.5	570	3.4	210	29.6	1 790

根据 1997—1999 年在南海北部海域的渔业资源声学调查，南海北部的二长棘鲷在一年四季中生物量密度最高，达 2 060 kg/ (n mile)^2，资源量 20.5 × 10^4 t，占总资源量的 8.9%。鱼群主要分布于北部湾，生物量密度高达 6 578 kg/ (n mile)^2，并于北部近岸海域形成密集区，而粤西、珠江口和粤东海区仅有零星分布，生物量密度很低。夏季，二长棘鲷群体分散，基本形成两部分，一部分是北部湾、海南岛周围海域，另一部分在粤西浅、近海海域，全区生物量密度 231 kg/ (n mile)^2，资源量 2.4 × 10^4 t，占总资源量的 1.1%。秋季，鱼群呈零星分布，以北部湾中部、北部及粤西海区较为普遍，全区生物量密度 148 kg/ (n mile)^2，资源量 1.4 × 10^4 t，占总资源量的 0.4%。冬季，二长棘鲷的分布仅见于北部湾，粤西、珠江口和粤东未见分布。北部湾的生物量密度为 1 453 kg/ (n mile)^2，资源量 4 × 10^4 t，占总资源量的 3.3%。

二长棘鲷属种群数量变动比较大的鱼类，常常引起资源密度和总渔获量的较大波动。根据广东省水产供销公司的统计，20 世纪 50 年代鲷鱼的最高收购量超过 5 000 t，60 年代为 7 500 t 余，70 年代为 18 300 t 余。这些收购量中以二长棘鲷为主，实际上二长棘鲷的年产量不止此数，因为二长棘鲷的渔获物中有很大一部分是小型幼鱼，这部分幼鱼在收购时被当做杂鱼来统计。1985 年南海区鲷鱼的产量为 17 983 t，随后产量下降。从历史资料分析，二长棘鲷占总产量比例的变动也十分明显，南海水产公司1961—1974年的底拖网捕捞，二长棘鲷占总渔获的比例最高年份达29.3%，最低年份仅0.3%。1984—1992年期间，北部湾二长棘鲷的数量呈明显下降趋势*。随着数量的下降，其分布格局也发生了显著的变化。1984年和1985年，二长棘鲷密集区广泛出现在北部湾东北部至中西部海域，1989年以后，在东北部产卵场附近已无明显的产卵鱼群集结，1992年二长棘鲷数量有所回升，但其密集区已转而出现在北部湾西部近岸至湾口一带。70年代以来，海南岛以东陆架区二长棘鲷产卵亲鱼的数量很少，未能形成渔汛。广西水产研究所曾经对北部湾47个年份二长棘鲷生产情况进行分析，发现该鱼种有显著的周期性波动（陈再超，1982）。在近半个世纪内有两个大的低产期，每隔10年内有2次小的低产期。二长棘鲷是一种生长快、性成熟早的鱼类，产卵群体以1龄鱼占优势，资源更生能力强，能忍受较大的捕捞强度，因此，当其资源受到破坏时，只要及时对幼鱼加以保护就能使资源迅速恢复。

21.3.2 金线鱼

根据1997—1999年在南海北部200 m以浅海域进行的底拖网渔业资源调查，采用扫海面积法估算南海北部金线鱼四个季节的平均资源密度为12.59 kg/km^2，四个季节的现存资源量约4 710 t，其中，大陆架海域约3 570 t，占整个南海北部金线鱼现存资源量的76.8%。大陆架海域中，资源主要分布于近海区，其现存资源量占大陆架海域的88.5%，约3 160 t；北部湾的现存资源量有1 140 t，资源的97.4%约1 110 t分布于中南部海区。表21.7为南海北部金线鱼资源生物量密度和现存资源量。

表21.7 南海北部金线鱼资源生物量密度和现存资源量（1997—1999年）

海域	海域面积/km^2	平均 密度/(kg·km^{-2})	资源量/t	春季 密度/(kg·km^{-2})	资源量/t	夏季 密度/(kg·km^{-2})	资源量/t	秋季 密度/(kg·km^{-2})	资源量/t	冬季 密度/(kg·km^{-2})	资源量/t
南海北部	374 032	12.59	4 710	9.34	3 490	17.23	6 450	11.91	4 460	11.80	4 420
大陆架海域	245 626	14.52	3 570	11.12	2 730	17.00	4 180	15.52	3 810	14.61	3 590
其中：浅海	64 842	0.55	40	0.57	40	0.67	40	0.33	20	0.79	50
近海	116 435	27.13	3 160	18.33	2 130	34.38	4 000	29.86	3 480	24.07	2 800
外海	64 349	5.76	370	8.70	560	2.00	130	4.88	310	11.43	740
北部湾	128 406	8.90	1 140	5.94	760	17.68	2 270	5.01	640	6.43	830
其中：沿岸	68 064	0.50	30	0.35	20	0.87	60	0.51	30	0.00	0
中南部	60 342	18.38	1 110	12.23	740	36.64	2 210	10.08	610	13.69	830

金线鱼资源量的季节变动非常明显。夏季南海北部金线鱼的资源量达到最高，平均密度为17.23 kg/km^2，现存资源量约6 450 t；而春季最低，平均密度仅为9.34 kg/km^2，现存资源量约3 490 t。北部大陆架和北部湾海域金线鱼的资源量也都是夏季达到最高，但最低季节不同，大陆架海区为春季，而北部湾则为秋季。据以往的调查（袁蔚文，1995），北部湾于1962年5月和9月两个月份金线鱼的平均资源密度为16.4 kg/km^2，而在1992年9月和1993

---

* 邱永松.1995.北部湾主要经济鱼类的分布.南海水产研究，11：1-9。

年5月的调查中两个月的平均资源密度为5.5 kg/km²。在1997—1999年在南海北部200 m以浅海域调查中，北部湾5月和9月（即春季和夏季）的平均资源密度为11.81 kg/km²，资源密度虽然比1992—1993年提高了1倍多，但是仅为1962年的72.0%。

21.3.3　深水金线鱼

根据1997—1999年在南海北部200 m以浅海域进行的底拖网渔业资源调查，采用扫海面积法估算南海北部深水金线鱼四个季节的平均资源密度为4.72 kg/km²，现存资源量为1 770 t，其中，大陆架海海域为1 670 t，占南海北部现存资源量的94.4%。大陆架海域中，资源主要分布于外海区，其现存资源量为1 170 t，占大陆架海域现存资源量的70.1%。北部湾深水金线鱼的资源量很少，只100 t，资源都分布于中南部海域。表21.8为南海北部深水金线鱼资源生物量密度和现存资源量。

表21.8　南海北部深水金线鱼资源生物量密度和现存资源量（1997—1999年）

海域	海域面积/km²	平均		春季		夏季		秋季		冬季	
		密度/(kg·km⁻²)	资源量/t	密度/(kg·km⁻²)	资源量/t	密度/(kg·km⁻²)	资源量/t	密度/(kg·km⁻²)	资源量/t	密度/(kg·km⁻²)	资源量/t
南海北部	374 032	4.72	1 770	7.16	2 680	3.24	1 210	4.23	1 580	4.60	1 720
大陆架海域	245 626	6.78	1 670	9.25	2 270	4.83	1 190	6.35	1 560	6.80	1 670
其中：浅海	64 842	0.08	10	0.27	20	0.00	0	0.00	0	0.00	0
近海	116 435	4.24	490	6.87	80	2.29	270	3.57	420	4.27	500
外海	64 349	18.12	1 170	22.62	1 460	14.30	920	17.78	1 140	18.24	1 170
北部湾	128 406	0.79	100	3.17	410	0.20	30	0.19	20	0.38	50
其中：沿岸	68 064	0.02	0	1.48	100	0.00	0	0.07	0	0.00	0
中南部	60 342	1.66	100	5.07	310	0.42	30	0.32	20	0.82	50

各个季节的资源量有所差别。整个调查海区在春季资源量达到最高，平均资源密度为7.16 kg/km²，现存资源量为2 680 t；而夏季最低，平均资源密度仅为3.24 kg/km²，现存资源量为1 210 t。北部大陆架各海域资源量的变动趋势基本一致，都是春季达到最高，夏季最低。

1992—1993年的北部湾底拖网调查中，深水金线鱼于1992年9月的资源密度为1.7 kg/km²，1993年5月的为9.9 kg/km²。根据本次调查，夏季北部湾深水金线鱼的资源密度为0.20 kg/km²，春季的资源密度为3.17 kg/km²，与1992—1993年相比，9月份和5月份北部湾深水金线鱼的资源密度分别下降了88.2%和68.0%，下降的幅度相当大。

21.3.4　短尾大眼鲷

根据1997—1999年在南海北部200 m以浅海域进行的底拖网渔业资源调查，采用扫海面积法估算南海北部短尾大眼鲷资源生物量密度和现存资源量南海北部海域的现存资源量见表21.9。大陆架浅海和北部湾沿岸的现存资源量仅为38.42 t和10.08 t，而大陆架外海海域和北部湾中南部海域的资源量较高，其分布与短尾大眼鲷生活习性相吻合。

表 21.9 南海北部短尾大眼鲷生物量密度和现存资源量（1997—1999 年）

海域	海域面积/km²	平均		春季		夏季		秋季		冬季	
		密度/(kg·km⁻²)	数量/t	密度/(kg·km⁻²)	数量/t	密度/(kg·km⁻²)	数量/t	密度/(kg·km⁻²)	数量/t	密度/(kg·km⁻²)	数量/t
南海北部	374 032	5.94	2 220	2.97	1 110	10.12	3 790	5.24	1 960	5.27	1 970
大陆架海域	245 626	5.99	1 470	3.65	900	9.08	2 230	5.30	1 300	5.78	1 420
其中：浅海	64 842	0.59	40	0.00	0.00	2.07	130	0.15	10	0.00	0.00
近海	116 435	5.19	600	2.22	260	8.59	1 000	4.30	500	6.37	740
外海	64 349	12.89	830	9.93	640	17.04	1 100	12.30	800	10.52	680
北部湾	128 406	5.86	750	1.67	210	12.11	1 560	5.12	660	4.32	550
其中：沿岸	68 064	0.15	10	0.00	0.00	0.00	0.00	0.59	40	0.00	0.00
中南部	60 342	12.30	740	3.56	210	25.78	1 560	10.22	620	9.19	550

21.3.5 长尾大眼鲷

根据 1997—1999 年在南海北部 200 m 以浅海域进行的底拖网渔业资源调查，采用扫海面积法估算南海北部长尾大眼鲷的年均资源量约 1 106.15 t，其中，北部湾约 726.39 t，主要集中在北部湾的中南部，大陆架海域分布较少，约 379.76 t，主要分布在近海和浅海，外海大约为 19.07 t。表 21.10 南海北部长尾大眼鲷生物量密度和现存资源量。

表 21.10 南海北部长尾大眼鲷生物量密度和现存资源量（1997—1999 年）

海域	平均		春季		夏季		秋季		冬季	
	密度/(kg·km⁻²)	数量/t	密度/(kg·km⁻²)	数量/t	密度/(kg·km⁻²)	数量/t	密度/(kg·km⁻²)	数量/t	密度/(kg·km⁻²)	数量/t
南海北部	2.96	1 110	2.24	840	4.41	1 650	3.21	1 200	2.25	840
大陆架海域	1.55	380	1.95	480	1.60	400	0.98	240	2.18	530
其中：浅海	2.37	150	2.67	170	7.74	310	0.89	60	0.00	0
近海	1.78	210	2.22	260	0.74	90	1.33	160	4.59	530
外海	0.30	10	0.74	50	0.00	0	0.44	30	0.00	0
北部湾	5.66	730	2.78	2 360	9.77	1 250	7.47	960	2.40	310
其中：沿岸	0.30	10	0.001	0	0.44	30	0.30	120	0.59	40
中南部	11.70	710	5.93	360	20.30	1 220	15.56	940	4.44	240

21.3.6 多齿蛇鲻

根据 1997—1999 年在南海北部 200 m 以浅海域进行的底拖网渔业资源调查，采用扫海面积法估算南海北部多齿蛇鲻生物量密度和资源量见表 21.11。多齿蛇鲻属底栖鱼类，洄游性不强，只作水深深浅的移动。调查全海区其渔获个体组成以幼鱼为主，不足一龄鱼比例较高。目前，南海北部和北部湾浅近海经济鱼类资源日益衰退，该鱼种种群越来越少，其渔获个体低龄化，这是由于捕捞强度不断增大的结果。多齿蛇鲻主要以鱼类、头足类为摄食对象，其中有的种群较有经济价值，因此，对其他经济鱼类的资源有一定影响，但多齿蛇鲻本身也具有相当高的经济价值，对其应采取适当的保护措施。

表 21.11　南海北部多齿蛇鲻生物量密度和资源量（1997—1999 年）

海　域	海域面积/km²	平　均		春　季		夏　季		秋　季		冬　季	
		密度/（kg·km⁻²）	数量/t	密度/（kg·km⁻²）	数量/t	密度/（kg·km⁻²）	数量/t	密度/（kg·km⁻²）	数量/t	密度/（kg·km⁻²）	数量/t
南海北部	374 032	17.7	6 630	16.1	6 040	13.4	5 020	19.0	7 120	32.1	11 990
大陆架海域	245 626	15.9	3 910	18.4	4 520	7.6	1 860	13.2	3 240	39.4	9 760
其中：浅海	64 842	11.7	760	12.2	790	9.1	590	15.2	990	7.8	510
近海	116 435	16.3	1 900	27.5	3 200	7.6	880	10.5	1 220	24.8	2 890
外海	64 349	19.4	1 250	8.3	530	6.1	390	16.0	1 030	97.5	6 270
北部湾	128 406	21.2	2 720	11.8	1 520	24.6	3 160	30.2	3 880	18.1	2 320
其中：沿岸	68 064	6.5	440	1.1	70	6.8	460	11.0	750	7.4	500
中南部	60 342	37.8	2 280	24.1	1 450	44.8	2 700	51.8	3 130	30.1	1 820

21.3.7　花斑蛇鲻

根据 1997—1999 年在南海北部 200 m 以浅海域进行的底拖网渔业资源调查，采用扫海面积法估算南海北部花斑蛇鲻生物量密度和资源量见表 21.12。全调查海区不同区域，其平均资源密度和资源量差别很明显，北部湾中南部和大陆架近海最高，最低为北部湾沿岸海域，以珠江口、粤西、北部湾中部为主要密集分布区。本次调查花斑蛇鲻占调查总产量 4.4%，居底层渔获经济鱼类第三位，而 1964 年 3 月至 1965 年 2 月南海北部底拖网鱼类资源调查结果显示花斑蛇鲻占总试捕渔获量的 1.3%，居底拖网渔获鱼类第 14 位。

表 21.12　南海北部花斑蛇鲻生物量密度和资源量（1997—1999 年）

海　域	海域面积/km²	平　均		春　季		夏　季		秋　季		冬　季	
		密度/（kg·km⁻²）	数量/t	密度/（kg·km⁻²）	数量/t	密度/（kg·km⁻²）	数量/t	密度/（kg·km⁻²）	数量/t	密度/（kg·km⁻²）	数量/t
南海北部	374 032	14.1	5 270	15.6	5 850	9.5	3 570	12.1	4 540	27.6	10 320
大陆架海域	245 626	14.7	3 610	17.7	4 350	9.2	2 270	9.2	2 260	36.2	8 890
其中：浅海	64 842	7.3	470	4.5	290	11.9	770	2.7	180	13.3	860
近海	116 435	20.9	2 430	32.0	3 730	12.6	1 470	10.3	1 200	40.7	4 740
外海	64 349	11.0	710	5.1	330	0.5	30	13.6	880	51.1	3 290
北部湾	128 406	12.9	1 660	11.7	1 500	10.1	1 300	17.8	2 280	11.1	1 430
其中：沿岸	68 064	6.1	420	0.7	50	2.3	160	16.5	1 120	3.3	220
中南部	60 342	20.6	1 240	24.0	1 450	18.9	1 140	19.2	1 160	20.0	1 210

21.3.8 白姑鱼

根据 1997—1999 年在南海北部 200 m 以浅海域进行的底拖网渔业资源调查，采用扫海面积法估算南海北部白姑鱼的生物量密度和现存资源量见表 21.13。南海北部白姑鱼的年均现存资源量仅约 392 t，其中，约 232 t 分布于海南岛以东陆架区，160 t 分布于北部湾。白姑鱼资源量的季节变化非常明显，春季补充群体出现之前资源量极低，夏季补充群体出现之后资源量明显增加，冬季数量最多时为 729 t。根据 2000—2002 年在南海北部海域进行的底拖网渔业资源调查资料，采用扫海面积法估算南海北部白姑鱼的年均现存资源量约 9 480 t，其中，约 440 t 分布于海南岛以东陆架区，9 040 t 分布于北部湾。由于两次调查评估的海域面积相差较大，其资源量相差明显，但其分布差异不明显。据广东省水产供销公司历年收购量统计 20 世纪 50 年代最高产年份的收购量约为 7 500 t，60 年代最高年收购量约为 6 800 t，70 年代最高年收购量约为 7 600 t。

表 21.13 南海北部白姑鱼生物量密度和现存资源量（1997—1999 年）

海域	平均		春季		夏季		秋季		冬季	
	密度/(kg·km^{-2})	数量/t	密度/(kg·km^{-2})	数量/t	密度/(kg·km^{-2})	数量/t	密度/(kg·km^{-2})	数量/t	密度/(kg·km^{-2})	数量/t
南海北部	1.0	392	0.1	27	1.4	522	1.3	503	1.9	729
大陆架海域	0.9	232	0.1	27	0.7	171	1.4	332	2.2	539
其中：浅海	2.4	154	0.1	10	1.0	67	4.6	298	4.7	307
近海	0.6	69	0.1	17	0.9	103	0.3	34	1.3	155
外海	0.1	10	0.0	0	0.0	0	0.0	0	1.2	76
北部湾	1.2	160	0.0	0	2.7	351	1.3	171	1.5	190
其中：沿岸	1.0	71	0.0	0	2.7	182	0.1	10	2.7	182
中南部	1.5	89	0.0	0	2.8	170	2.7	161	0.1	9

21.3.9 刺鲳

根据 1997—1999 年在南海北部 200 m 以浅海域进行的底拖网渔业资源调查，采用扫海面积法估算南海北部刺鲳的年均现存资源量约 340 t，其中，约 130 t 分布于北部湾，210 t 分布于南海北部陆架区。由于北部湾的面积远远小于南海北部陆架区的面积，可见北部湾的资源密度明显大于南海北部。北部湾的资源密度以湾口最高，南海北部陆架区资源密度则以近海最高，近海区的资源量为 120 t，占陆架区资源量的 50% 强。刺鲳现存资源量的季节变化不是很大，资源相对稳定，以夏季资源量最高，秋季最低，分别为 510 t 和 210 t，相差 1 倍多。季节变化比较明显的是大陆架浅海和北部湾沿岸，其资源量集中出现在春季，分别为 90 t 和 160 t，以幼鱼数量居多，其他季节资源量极少。大陆架近海和北部湾中南部海域则以夏季资源量最大，分布为 210 t 和 200 t，以成鱼数量为主。大陆架外海以冬季资源量最多，为 130 t，夏季最少，只有 30 t。表 21.14 为南海北部刺鲳生物量密度和现存资源量。

表 21.14　南海北部刺鲳生物量密度和现存资源量（1997—1999 年）

海域	海域面积/km²	平均		春季		夏季		秋季		冬季	
		密度/(kg·km⁻²)	数量/t	密度/(kg·km⁻²)	数量/t	密度/(kg·km⁻²)	数量/t	密度/(kg·km⁻²)	数量/t	密度/(kg·km⁻²)	数量/t
全调查海区	374 032	0.91	340	0.80	300	1.36	510	0.57	210	1.0	380
大陆架浅海	64 842	0.57	40	1.36	90	0.23	10	0.34	20	0.23	10
大陆架近海	116 435	1.02	120	0.91	110	1.82	210	0.45	50	0.80	90
大陆架外海	64 349	0.91	60	0.80	50	0.45	30	1.02	70	2.04	130
北部湾沿岸	68 064	0.80	50	2.39	160	0.00	0.00	0.00	0.00	1.02	70
北部湾中南部	60 342	1.48	90	0.23	10	3.41	200	1.02	60	1.14	70

　　根据 1978 年大陆架外海底拖网调查运用扫海面积法估算，其调查区面积为 75 156 km²，刺鲳的资源量为 858 t，而本调查与之相应的海区大陆架外海区的估算面积为 64 349 km²，资源量为 60 t，相比之下，资源量只有 1978 年的 1/12。由于刺鲳的密集分布区是在近海，此比较结果不能代表资源量的全貌，但是可以肯定该鱼种资源衰退已相当严重。

21.3.10　印度无齿鲳

　　根据 1997—1999 年在南海北部 200 m 以浅海域进行的底拖网渔业资源调查，采用扫海面积法估算南海北部印度无齿鲳的年均现存资源量约 510 t，其中，约 250 t 分布于大陆架外海海域，约占南海北部印度无齿鲳现存资源量的 50%，大陆架外海又以海南岛东部和南部海域的资源密度最高，台湾浅滩和北部湾沿岸则几乎不见印度无齿鲳分布，其现存资源量可以忽略不计。印度无齿鲳资源量的季节波动很小，资源比较稳定，秋季和冬季的资源量较高，分别为 680 t 和 550 t，绝大多数由成鱼组成，春季和夏季成鱼群体数量明显减少，但由于幼鱼群体的补充，资源量的减少并不显著，分别为 470 t 和 430 t。表 21.15 南海北部印度无齿鲳生物量密度和现存资源量。

表 21.15　南海北部印度无齿鲳生物量密度和现存资源量（1997—1999 年）

海域	海域面积/km²	平均		春季		夏季		秋季		冬季	
		密度/(kg·km⁻²)	数量/t	密度/(kg·km⁻²)	数量/t	密度/(kg·km⁻²)	数量/t	密度/(kg·km⁻²)	数量/t	密度/(kg·km⁻²)	数量/t
全调查海区	374 032	1.36	510	1.25	470	1.14	430	1.82	680	1.48	550
大陆架浅海	64 842	0.91	60	0.34	20	2.61	170	0.00	0.00	0.00	0.00
大陆架近海	116 435	1.14	130	0.91	110	0.09	10	1.82	210	0.45	50
大陆架外海	64 349	3.86	250	3.75	240	1.70	110	5.11	330	7.27	470
北部湾沿岸	68 064	0.00	0.00	0.00	0.00	0.00	0.00	0.00	0.00	0.00	0.00
北部湾中南部	60 342	0.57	30	0.45	30	1.14	70	0.57	30	3.41	20

　　根据 1978 年大陆架外海底拖网调查运用扫海面积法估算，其调查区面积为 75 156 km²，印度无齿鲳的资源量为 2 177 t，而本调查与之相当的海区大陆架外海区的估算面积为

64 349 km², 资源量为 250 t, 相比之下, 资源量大约只有 1978 年的 1/8, 由此可见该鱼种资源的衰退情况相当严重。由于该种资源的年际波动和季节变化均较小, 属于稳定型的鱼类资源, 因此一旦遭受人为破坏, 则较难恢复。

21.4 甲壳类与头足类

21.4.1 甲壳类

根据 1997—1999 年在南海北部 200 m 以浅海域进行的底拖网渔业资源调查, 南海北部的甲壳类的年均生物量密度为 0.02 t/km², 现存资源量 0.80×10⁴ t, 占各类群总现存量的 3.4%。在甲壳类中, 虾类的现存资源量为 0.60×10⁴ t, 占甲壳类的 74%, 蟹类和虾蛄类分别占 22% 和 4%, 但蟹类中绝大部分渔获物没有经济价值。甲壳类的资源密度北部湾略高于大陆架海域; 在大陆架海域和北部湾, 甲壳类的资源密度均有随水深而增加的趋势。甲壳类的现存资源量冬春季高于夏、秋季, 春季最高时达 1.0×10⁴ t。由于虾类的个体较小, 平均个体重量仅 2.2 g, 从网眼中逸出的比例应是各渔获类群中最高的, 上述估算极可能低估了虾类的资源密度和现存资源量。

虾类是南海北部甲壳类的优势类群, 也是甲壳类中最具经济价值的组成部分。南海北部的经济虾类主要分布在水深 40 m 以浅的沿岸、河口水域及水深 450~600 m 大陆斜坡海域 (深海虾类), 在水深 40~200 m 海域, 虾类的密度普遍较低、个体小, 经济价值一般低于沿岸、河口水域的经济虾类, 因此, 在该海域未能形成一定规模的捕虾业。在南海北部水深 40 m 以外海域, 如果有合适的渔具渔法, 虾类仍是有待于进一步开发利用的渔业资源。表 21.16 为南海北部各区域甲壳类生物量密度和现存资源量, 图 21.3 为南海北部底拖网虾类密度分布图, 图 21.4 为南海北部底拖网蟹类密度分布图。

表 21.16 南海北部各区域甲壳类生物量密度和现存资源量 (1997—1999 年)

海域	资源密度/ (t·km⁻²)					现存资源量/ (×10⁴ t)				
	年平均	春季	夏季	秋季	冬季	年平均	春季	夏季	秋季	冬季
南海北部	0.02	0.03	0.02	0.01	0.03	0.80	0.99	0.83	0.45	0.95
大陆架海域	0.02	0.03	0.02	0.01	0.03	0.48	0.64	0.39	0.24	0.65
其中: 浅海	0.01	0.01	0.01	0.00	0.01	0.04	0.03	0.05	0.03	0.04
近海	0.02	0.02	0.02	0.01	0.03	0.23	0.24	0.19	0.11	0.40
外海	0.03	0.06	0.02	0.02	0.04	0.21	0.37	0.15	0.10	0.22
北部湾	0.03	0.03	0.03	0.02	0.02	0.32	0.34	0.44	0.21	0.30
其中: 沿岸	0.02	0.01	0.04	0.00	0.01	0.11	0.06	0.26	0.03	0.09
中南部	0.04	0.05	0.03	0.03	0.04	0.22	0.28	0.18	0.19	0.21

21.4.2 头足类

根据 1997—1999 年在南海北部 200 m 以浅海域进行的底拖网渔业资源调查, 头足类以枪形目的种类占绝对优势, 枪形目的两个优势种——剑尖枪乌贼和中国枪乌贼游泳速度快、分布水层较高, 但有非常明显的昼夜垂直移动习性, 尽管对头足类的昼夜渔获率差异进行校正,

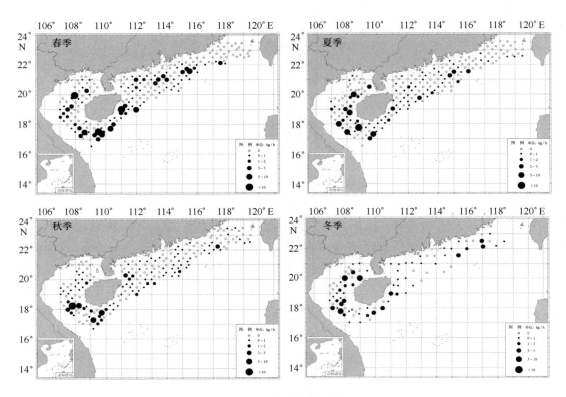

图 21.3　南海北部底拖网虾类密度分布

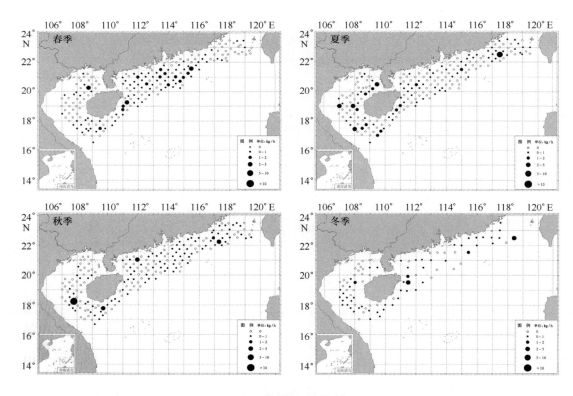

图 21.4　南海北部底拖网蟹类密度分布

但与中上层鱼类一样，用底拖网采样数据估计的资源密度和现存资源量，肯定也是偏低的。1997—1999 年在南海北部 200 m 以浅海域进行的底拖网渔业资源调查结果表明，南海北部头足类年均生物量密度和现存资源量分别为 0.05 t/km^2 和 1.93×10^4 t，约占南海北部现存资源量的 8.3%，其中，大陆架海域的资源密度高于北部湾。在大陆架海域，由于头足类的第一优势种剑尖枪乌贼主要分布在大陆架外海，该海域的资源密度明显高于南海北部其他区域，另一优势种中国枪乌贼广泛出现在水深 170 m 以浅海域；北部湾的头足类以中国枪乌贼为主，该种类广泛分布在北部湾的中部和南部。头足类资源量有很明显的季节变化，春、夏季的资源量高于秋、冬季，在夏季补充群体大量出现时资源量最大，为 3.1×10^4 t。表 21.17 为南海北部各区域头足类生物量密度和现存资源量，图 21.5 为南海北部底拖网头足类密度分布。

表 21.17 南海北部各区域头足类生物量密度和现存资源量（1997—1999 年）

海域	生物量密度/（t·km^{-2}）					现存资源量/×10^4 t				
	年平均	春季	夏季	秋季	冬季	年平均	春季	夏季	秋季	冬季
南海北部	0.05	0.06	0.08	0.03	0.04	1.93	2.30	3.06	0.94	1.42
大陆架海域	0.06	0.07	0.09	0.03	0.05	1.44	1.63	2.18	0.81	1.15
其中：浅海	0.04	0.03	0.07	0.03	0.03	0.26	0.20	0.44	0.20	0.21
近海	0.05	0.06	0.07	0.03	0.05	0.63	0.69	0.86	0.36	0.59
外海	0.09	0.12	0.14	0.04	0.05	0.55	0.75	0.87	0.25	0.35
北部湾	0.04	0.05	0.07	0.01	0.02	0.49	0.67	0.88	0.13	0.27
其中：沿岸	0.03	0.07	0.05	0.00	0.00	0.22	0.48	0.37	0.03	0.02
中南部	0.04	0.03	0.08	0.02	0.04	0.26	0.18	0.51	0.10	0.26

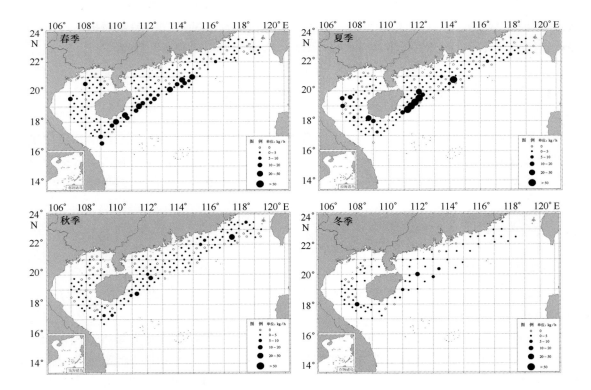

图 21.5 南海北部底拖网头足类密度分布

第22章 渔场形成条件与渔业预报

渔场是指鱼类或其他水生经济动物密集经过或聚集的具有捕捞价值的水域，是鱼类、虾蟹类及其他水生经济动物在不同的生长时期和生活阶段，随产卵繁殖、索饵育肥或越冬适温等对环境条件要求的变化，在一定季节聚集成群游经或滞留于一定水域范围而形成在渔业生产上具有捕捞价值的相对集中的场所。不同种类的捕捞对象因对环境条件的要求不同而形成不同的渔场，同一种类的捕捞对象在不同的生活阶段，也因其适应性不同而形成不同的渔场和渔期。在水深200 m以内的浅海水域，因沿岸河流及地表径流的陆源营养输入，使得该水域营养水平和基础生产力高，饵料生物丰富，因而，一般都能形成优良的渔场；在深海，有上升水流区域或对流旺盛的水域也可成为良好的渔场。因此，渔场的形成与水域环境、生物环境、底质环境以及海况密切相关。一般在水深200 m以内的浅海范围内，特别是大江大河的入海口大都可成为优良的索饵场；适宜的水温和盐度，有利于形成产卵场；外海高盐水与沿岸低盐水交汇处的混合海水区，及冷、暖流交汇的海域和深海中有自下而上的上升水流涌升海域等，均可形成良好的渔场。

渔业预报是对未来一定时期和一定水域范围内渔业资源状况的各要素，如渔期、渔场、渔群数量和质量，以及可能达到的渔获量所作出的预报，渔业预报一般分为鱼情预报和渔获量预报（邓景耀等，1991）。根据预报的时间尺度或空间尺度的不同，渔业预报不仅可以为渔业捕捞提供服务，而且可为渔业管理和科学研究发现提供重要的指导意义。

22.1 理化状况及其变化 *

理化环境是渔场形成的重要条件之一，必须要有适宜的水温、盐度和丰富的营养盐才有可能形成渔场，此外，复杂的水系和水团也是形成渔场的重要环境要素。我国南海由于南北纬度跨度大，气候覆盖温带、亚热带和热带，深水区域范围广，因此，物理化学环境变化较大。

22.1.1 水温与盐度

南海表层水温年分布范围16.81~35.18℃，平均26.55℃；底层水温分布范围13.35~35.46℃，平均21.65℃；表层盐度分布范围25.18~35.17，平均33.36；底层盐度分布范围30.52~35.46，平均33.98。

春季表层水温分布范围23.10~29.71℃，平均27.16℃；底层水温分布范围13.58~25.80℃，平均21.44℃；表层盐度分布范围25.18~34.37，平均33.09；底层盐度分布范围31.96~34.75，平均34.18。夏季表层水温分布范围24.33~31.93℃，平均29.85℃；底层水

* 执笔人：李纯厚，蔡文贵

温分布范围 14.39~30.02℃，平均 21.20℃；表层盐度分布范围 29.32~34.28，平均 34.10；底层盐度分布范围 30.52~35.31，平均 34.10。秋季表层水温分布范围 16.81~34.53℃，平均 25.61℃；底层水温分布范围 14.05~34.76℃，平均 22.42℃；表层盐度分布范围 30.67~34.53，平均 33.55；底层盐度分布范围 30.83~34.76，平均 33.78。冬季表层水温分布范围 17.70~35.18℃，平均 22.82℃；底层水温分布范围 16.10~35.46℃，平均 21.28℃。表层盐度分布范围 31.41~35.17，平均 33.95；底层盐度分布范围 31.83~35.45，平均 33.90。

22.1.2　海水水质

海水 pH 值的区域分布均匀，范围为 8.04~8.18，平均 8.09。海水溶解氧浓度范围为 4.880~6.03 mg/L，平均 5.27 mg/L，北部湾、粤东和台湾浅滩相对较高，南海中部和西南部较低。无机氮浓度范围为 3.04~5.19 $\mu mol/dm^3$，平均 4.08 $\mu mol/dm^3$；磷酸盐含量范围为 0.18~0.50 $\mu mol/dm^3$，平均 0.41 $\mu mol/dm^3$；硅酸盐浓度范围为 3.39~10.30 $\mu mol/dm^3$，平均 5.42 $\mu mol/dm^3$。南海中部和西南部的无机氮、磷酸盐和硅酸盐浓度最高，琼南、台湾浅滩和粤西海域次之，北部湾最低。近岸海域表层和中上层水体的营养盐浓度较外海高，外海下层或底层的营养盐浓度较近岸高。

历次调查溶解氧平均值的差异与调查海域的纬度高低、离岸远近和观测水层有关。pH 值的时间变化不大，海水酸碱度处于较稳定状态。

南海北部海南岛以东海域，无机氮浓度以 1989 年最高，1997 年次之，1998—1999 年最低。南海北部近海（30 m 以浅）海洋环境监测结果表明，1985 年以来，无机氮在南海近岸的污染趋势明显加重。1989 年南海近岸水体的平均浓度达到 21.4 $\mu mol/dm^3$，接近二类海水水质标准（21.4 $\mu mol/dm^3$），其后连续 9 年都在 15 $\mu mol/dm^3$ 以上。1997 年，广东近岸的平均浓度为 16.2 $\mu mol/dm^3$，其中，珠江口的平均浓度高达 41.7 $\mu mol/dm^3$，超过一类海水水质标准近 2 倍。南海西南部海水无机氮浓度 2000 年最高，1992 年最低，1990 年居中。2000 年与 80 年代前期相比，南海中部海水无机氮的变化不大。

1998—2000 年与 80 年代前期相比，南海中部海水磷酸盐浓度的变化不大。在南海北部水域，80 年代初、中期以前呈上升趋势，1980—1985 年达到最高值，此后呈下降趋势。近海海洋环境监测结果表明，南海北部近岸磷酸盐浓度在 1993 年达到 0.42 $\mu mol/dm^3$，比 1986 年增高近 1 倍。1997 年，珠江口的磷酸盐平均浓度高达 0.578 $\mu mol/dm^3$，比 1981 年以前有明显的增高。广东海岸带（1980—1985 年调查）和海岛周围海域（1989—1991 年调查）的磷酸盐浓度更高，平均浓度分别为 0.701 $\mu mol/dm^3$ 和 0.625 $\mu mol/dm^3$，明显超过一类海水水质标准（0.483 $\mu mol/dm^3$）。

2000 年与 80 年代前期相比，南海中部海水硅酸盐浓度的变化不大。南海北部海域，海水硅酸盐以 1980—1985 年最高，此后呈下降趋势，1998—1999 年最低。

22.1.3　水系与水团

贾晓平等（贾晓平等，2005）对南海的水系水团进行了系统研究，研究表明，南海北部海区在水平方向上，主要可分为南海北部沿岸水，南海陆架区外海水和南海南部表层水；各水系之间各指标平均值都有显著的差异，亦说明各区域的水文特征。在垂直方向上，外海水又可分为表层水、次表层水、中层水和深层水 4 个不同水团。分析认为南海北部沿岸水为 D 型水（沿岸水的核心值冬半年水温位 26.00℃，盐度为 33.40，夏半年水温为 31.00℃，盐度为 32.00），南海陆架区外海表层水为 B 型水（外海水表层水核心值水温为 28.00℃，盐度 34.20），南海南部表层水为 C 型水（南海南部表层水温为 30.20℃，盐度为 33.00），南海次表层水为 A 型（南海次表层水温为 13.00℃，盐度为 34.80）。

南海北部沿岸以及 80 m 以浅海域为沿岸水（D 型）的活动范围，南海北部表层水（B 型）则终年扩散至南海北部的上（表）层，其下界有可达到 120 m 水层处，南海上层水（B 型）通常活动在南海北部陆架外海的 75～300 m 的水层内，在个别海域（如冬季的珠江口外海、粤东沿岸及外海，夏季的海南岛东部沿岸及粤东汕头近海处可涌升至表层，南海中层水（A 型）一般盘踞于 300 m 水层以深处，个别月份由于水团达到上升运动，其上界也可以升至 250 m 水层处，南海南部表层水（C 型），春、夏、秋三季在季风吹送与海流可通行无阻地到达西沙永乐群岛西北部区域，其下界水通常达到 75 m 层。

22.2　渔场基础生产力与饵料生物[*]

海洋基础生产力是推动食物链运转的动力源，是研究全球海洋生物地球化学循环关键因子，海洋初级生产力在相当程度上控制着海—气界面二氧化碳的交换，是全球气候变化中的重要内容。饵料生物是包括海洋初级生产力的主要类群——浮游植物，以及海洋次级生产者浮游动物和底栖动等，饵料生物在海洋生态系统占据着重要的位置，是鱼类等高一级食物链营养层生物的主要饵料来源。研究海洋基础生产力和饵料生物，对于维持海洋生态食物网各营养的生产及依次评估水产资源的发展和对资源的合理开发利用具有极其重要的意义。

历史上对南海已有多次规模较大的调查活动，对大亚湾、北部湾及南海的一些海岛周围水域的叶绿素 a 曾多次见过报道（陈其焕等，1990；刘子琳等，1998；黄良民等，1997）。陈楚群等（陈楚群等，2001）也利用卫星遥感分析的方法对南海海域表层的叶绿素 a 的分布特征进行过描述，1997—2002 年首次比较广泛地、系统地对南海北部水域叶绿素 a 的数量及分布特征进行了较全面的调查与研究，本节主要以该次调查结果为主进行阐述。

22.2.1　叶绿素 a

1997—2000 年间的四季调查，南海北部水域叶绿素 a 含量变化范围为 0.16～0.38 mg/m^3，四季平均为 0.26 mg/m^3，约为黄海、东海的一半。其季节变化，以冬季最高，秋季次之，春季最低。区域分布，以北部湾和台湾浅滩含量最高，平均 0.37 mg/m^3；琼南水域含量最低，平均为 0.16 mg/m^3，其余水域的平均含量在 0.24～0.28 mg/m^3 范围变化。

2006—2007 年间的四季调查，南海表层叶绿素 a 含量四季平均为 1.61 mg/m^3。其季节变化，以夏季（2.55 mg/m^3）最高，秋季（1.60 mg/m^3）次之，然后是春季（1.16 mg/m^3），冬季（1.13 mg/m^3）最低。

历次调查结果表明[**]（广东省海岸带和海涂资源综合调查领导小组办公室，1987；中国科学院南海海洋研究所，1985），南海海域叶绿素 a 含量没有发生明显变化，台湾浅滩、粤东海域、珠江口水域叶绿素 a 含量与以往对南海东北部海域、闽南—台湾浅滩的调查结果基本相符。北部湾水域叶绿素 a 含量低于 1994 年的调查结果，主要原因是该次调查有更多的观测

　＊　执笔人：李纯厚，蔡文贵

　＊＊　中华人民共和国科学技术委员会海洋组海洋综合调查办公室编．全国海洋综合调查报告，第八册，中国近海浮游生物的研究．1964. 1 - 159。

站位于浅水区,其深水区叶绿素 a 含量 (0.32 mg/m³ ±0.17 mg/m³) 与本调查结果 (0.38 mg/m³) 接近。

22.2.2 初级生产力

1997—2000 年间的四季调查,南海北部初级生产力四季的水平平均值为 409.7 mg/ (m²·d) (以 C 计)。以夏季最高,冬季次之,春季最低。其空间变化趋势与叶绿素 a 基本一致,以台湾浅滩生产力水平最高,珠江口、琼南水域最低。

2006—2007 年间的四季调查,南海初级生产力,春季,平均为 37.75 mg/ (m²·h) (以碳计);夏季,平均为 102.35 mg/ (m²·h) (以碳计)。台湾海峡的初级生产力,秋季,平均为 41.52 mg/ (m²·h) (以碳计);冬季,平均为 68.09 mg/ (m²·h) (以碳计)。

春季南海北部大陆架海域初级生产力平均值为 274.0 mg/ (m²·d) (以碳计),分布以浅近海高,并向外海随水深递增而降低的分布趋势。夏季初级生产力平均值为 569.70 mg/ (m²·d) (以碳计)。浅、近海水域初级生产力较高,分布海域范围较小。秋季平均值为 368.20 mg/ (m²·d) (以碳计)。呈二种分布趋势,即珠江口以东浅近海和外海至台湾海峡的海域初级生产力呈数个不规则圆块状分布趋势;珠江口以西浅近海和外海至海南岛东南部以及西沙群岛以北的海域初级生产力呈不规则线状分布趋势。冬季初级生产力平均值为 426.90 mg/ (m²·d) (以碳计);粤西沿岸浅近海小范围海域的初级生产力较高,其他海域初级生产力较低,水平梯度大。北部湾海域的初级生产力平均值为 450.0 mg/ (m²·d) (以碳计)。南海中部、南海西南部、台湾浅滩初级生产力水平比以往调查的结果略低,粤东海域、珠江口水域生产力水平在以往历史调查的水平范围内,北部湾水域生产力水平比以往结果略高。但总体而言,本次调查各海域的初级生产力水平与以往调查结果没有明显的差别,处于同一水平上 (广东省海岸带和海涂资源综合调查领导小组办公室,1987;中国科学院南海海洋研究所,1985;沈寿彭等,1988)。

22.2.3 浮游植物

22.2.3.1 种类组成

1997—2000 年间的四季调查,南海北部海域的浮游植物,经鉴定有硅藻、甲藻、蓝藻、金藻、黄藻等 6 门 91 属 503 种、变种和变型。其中,硅藻种类最多,为 66 属 331 种,占 65.8%;其次是甲藻,为 19 属 154 种,占 30.6%;其他门类,为 6 属 18 种,占 3.6%。

2006—2007 年间的四季调查,从南海浮游植物样品中共鉴定出 9 门 159 属 842 种。

1997—2000 年,优势种的季节更替明显,春季主要优势种包括短角弯角藻 *Eucampia zoodiacus*、洛氏角毛藻 *Chaetoceros lorenzianus*、翼根管藻 *Rhizosolenia alata*、尖刺菱形藻 *Nitzschia pungens*、翼根管藻纤细变型;夏季为柔弱菱形藻 *Nitzschia delicatissima*、伏氏海毛藻 *Thalassiothrix frauenfeldii*、尖刺菱形藻 *Nitzschia pungens*、中肋骨条藻 *Skeletonema costatum*、扁面角毛藻 *Chaetoceros compressus*、成列菱形藻 *Nitzschia seriaata*;秋季为细弱海链藻 *Thalassiosira subtilis*、小舟形藻 *Navicula subminuscula*、伏氏海毛藻 *Thalassiothrix frauenfeldii* 和菱形海线藻 *Thalassionema nitzschioides*;冬季为细弱海链藻 *Thalassiosira subtilis*、小舟形藻 *Navicula subminuscula*、伏氏海毛藻 *Thalassiothrix frauenfeldii* 和菱形海线藻 *Thalassionema nitzschioides* 等。

387

22.2.3.2 数量变化

1997—2000 年间的四季调查，南海北部浮游植物数量变化范围为 $0.03 \times 10^4 \sim 4\ 179.4 \times 10^4$ 个/m³，平均 87.2×10^4 个/m³，栖息密度的组成以硅藻类占绝对优势，约占总密度的 95.5%；甲藻类居次，栖息密度占总量的 3.0%，其他藻类仅占 1.5%。平面分布趋势是近岸水域明显高于远岸，台湾浅滩和北部湾北部密集区相对明显，珠江口至粤西近海出现较高的密度密集区。大部分海域浮游植物栖息密度 $<10.0 \times 10^4$ 个/m³，约占调查测站的 59.6%，主要分布在水深 80 m 以深水域；$10 \times 10^4 \sim 100 \times 10^4$ 个/m³ 密度范围分布区主要在台湾浅滩和北部湾，其他海域仅零星分布；$100 \times 10^4 \sim 500 \times 10^4$ 个/m³ 较高密集区仅分布在粤东至粤西近海及北部湾北部；最高密度测站出现在夏季的台湾浅滩，密度达到 $4\ 179.4 \times 10^4$ 个/m³。

2006—2007 年间的四季调查，南海浮游植物的平均数量，在春季，为 247×10^4 个/m³；夏季，为 $1\ 340 \times 10^4$ 个/m³；秋季，为 238×10^4 个/m³；冬季，为 540×10^4 个/m³。在整体分布上，其呈现近岸水域高、外海低的分布特征。

22.2.3.3 基本特征与评价

与 1959—1960 年的全国海洋综合调查和 1979—1982 年对南海东北部海域调查（中国科学院南海海洋研究所，1985）结果比较，浮游植物出现种类数明显增多，但主要种类组成未出现大的变化。

20 世纪 60 年初调查显示，浮游植物平均数量为 100×10^4 个/m³，密集区主要分布于广东沿岸，粤西和粤东近岸为高度密集区，月平均数量为 190×10^4 个/m³，海南岛东部和南部平均数量较低，南海外海区的数量也较低，最低为 5×10^4 个/m³；季节变化上，呈现一年一峰一谷的单周期变化趋势，即夏季最高，冬季最低。1997—2000 年调查，平均为 85.40×10^4 个/m³，两次调查均属同一量级水平，在季节变化上，也是以夏季为最高，但 1998—2000 年，春季的栖息密度最低出现。

22.2.4 浮游动物

22.2.4.1 种类组成

南海地处热带及亚热带，地理纬度跨度大，因此，浮游动物种类繁多，组成复杂。

1997—2000 年间的四季调查，共采集浮游动物 709 种（不含浮游幼体），隶属于 8 门、20 大类群，其中，以甲壳动物占绝对优势，共 470 种，占总种数的 66.3%，甲壳动物中又以桡足类种类数最多，占总种数的 38.5%。原生动物门出现有 1 种；腔肠动物门 113 种，其中，钵水母 6 种、水螅水母 43 种、管水母 64 种；栉水母动物门 3 种；甲壳动物门中，枝角类 3 种，桡足类 273 种，磷虾类 34 种，介形类 59 种，端足类 62 种，十足类 11 种，涟虫类 2 种，等足类 2 种和糠虾类 24 种；软体动物门 54 种，其中，异足类 20 种、翼足类 34 种；环节动物门 14 种；毛颚动物门 27 种；尾索动物门 27 种，其中，有尾类 4 种、海樽类 23 种。此外鉴定出浮游幼体 34 种。

2006—2007 年间的四季调查，从南海浮游动物样品中共鉴定出 1 108 种（不含 68 类浮游幼体），隶属于 7 门 18 大类群。浮游动物以甲壳动物占绝对优势，为 634 种，占总种数的 57.2%，甲壳动物又以桡足类的种类数最多，为 309 种。腔肠动物居第二位，为 277 种，其中，水螅水母 200 种、管水母 68 种、钵水母 9 种。浮游动物中还有栉水母动物 9 种、软体动物 59 种、环节动物 36 种、毛颚动物 33 种、尾索动物 60 种。此外，还鉴定出浮游幼体 68 类。

22.2.4.2　总生物量

1997—2000 年，南海北部浮游动物总生物量四季均值范围为 2.69 ~ 137.80 mg/m³，平均（25.27 ± 22.65）mg/m³。大部分调查站位总生物量均值范围在 10.00 ~ 30.00 mg/m³，约占调查海域的 45.0%，广泛分布在近海 30 ~ 200 m 水深范围海域；其次是低于 10.00 mg/m³ 的站位，占调查总站位的 27.5%，主要分布在水深 200m 附近及以深海域；30.00 ~ 50.00 mg/m³ 数量分布范围约占调查海域的 16.0%，主要分布在台湾浅滩东北部、粤西近海水深 60 m 等深线附近、北部湾北部近海和琼南海域三亚外海、海南岛东部清澜港近海附近海域；50 ~ 100 mg/m³ 密集区主要分布在台湾浅滩、珠江口担杆列岛东部、上川岛外水深 40 m 等深线附近海域、粤西水东港外水深 20 ~ 30 m 海域和北部湾北部水深 60 m 等深线附近海域，密集区范围约占调查海域的 9.9%；大于 100 的高生物量区仅出现两个站，均出现在粤东近海，分别位于红海湾与碣石湾外 30 m 水深海域和广东惠来神泉外水深 40 m 海域，高密集区约占调查站位的 1.5%。

南海北部浮游动物总生物量四季均值的平面分布，总体呈现台湾浅滩密集程度高于其他海域，粤东高于粤西海域，近海高于外海海域，北部湾北部高于南部海域的趋势。

2006—2007 年，南海浮游动物总生物量四季平均值为 219 mg/m³。四季之中，以夏季最高（281 mg/m³），其次是春季（270 mg/m³），秋季（163 mg/m³）和冬季（160 mg/m³）相近。

22.2.4.3　总丰度

1997—2000 年，南海北部浮游动物总丰度范围为 0.24 ~ 621.1 个/m³，平均 27.52 ~ 46.31 个/m³。平面分布趋势与总生物量基本一致，大部分调查站位范围在 10 ~ 50 个/m³，约占调查海域的 50.0%，广泛分布在近海 40 ~ 80 m 水深等深线范围；低于 10 个/m³ 的站位，约占调查总站位的 23.4%，主要分布在水深 100 ~ 200 m 等深线范围；50 ~ 100 个/m³ 较高密集区分布站位约占调查测站的 16.0%，主要分布在台湾浅滩、粤东近海、粤西近海水深 60 m 等深线附近、北部湾北部近海和湾口西北部等海域；大于 100 的高生物量区分布范围极窄，仅出现在粤东至台湾浅滩一带，高密集区约占调查站位的 2.3%。

南海北部浮游动物总丰度年均值平面分布总体呈现台湾浅滩密集程度最高，其次是北部湾北部和粤西近海，最高密集区出现在粤东至台湾浅滩；近海总体高于外海海域，80 ~ 200 m 水深范围分布相对较为均匀。

2006—2007 年，南海浮游动物总丰度的四季平均值为 224 个/m³。浮游动物总丰度与总生物量的季节变动趋势一致，以夏季最高（318 个/m³），春季次之（315 个/m³），然后是秋季（137 个/m³），冬季最低（126 个/m³）。

22.2.4.4　比较分析

与历史资料比较（广东省海岸带和海涂资源综合调查大队，广东省海岸带和海涂资源综合调查领导小组办公室，1987；中国科学院南海海洋研究所，1985），南海浮游动物出现种数有明显增加趋势，种类组成结构基本保持稳定，主要优势种发生了一定变化。1959—1960年，南海浮游动物出现总数为 510 种，到 1978—1979 年调查时，维持这一水平，而到本次调查，种类总数明显增加，达到 709 种，显示浮游动物种类数量具有逐年递增趋势。

优势种组成总体变化不明显，但在不同调查年代、调查海域和调查季节显示一定差异。从 1959—1960 年调查到本次调查，一直保持优势地位的优势种有微刺哲水蚤、精致真刺水蚤、普通波水蚤、狭额次真水蚤、亚强真哲水蚤、中型莹虾和肥胖箭虫等；到 1978—1979 年调查时，达氏波水蚤、锥形宽水蚤跃居优势种行列；到本次调查，叉胸刺水蚤、异尾宽水蚤成为主要优势种之一。

与 1959—1961 年调查结果比较，本次调查浮游动物生物量显著降低，年均仅为 22.5 mg/m³，比 1959—1961 年约低 2.5 倍。季节均值变化趋势则基本一致，仍以冬季生物量最高，春、秋季次之，夏季最低。平面分布趋势也发生较大变化。冬季生物量均值为 27.7 mg/m³，较高数量区分布在湾中部和南部局部海域；春季均值为 22.6 mg/m³，以北部海域数量最高；夏季生物量降为全年最低，仅 16.9 mg/m³，整个海域生物量在 10~50 mg/m³ 范围内变化，无明显高值密集区；秋季，生物量回升，达到 22.2 mg/m³，北部海域出现大于 100 mg/m³ 的小范围密集区，19°30′N 以南海域数量极低，多低于 10 mg/m³。

22.2.5　底栖生物

22.2.5.1　种类组成

1997—2000 年间的四季调查，南海大型底栖动物样品已鉴定出 690 种，其中，多毛类为 238 种，软体动物为 217 种，甲壳动物为 138 种，棘皮动物为 48 种，其他动物为 49 种。多毛类、软体动物和甲壳动物占总种数的 89.4%，三者构成底栖动物的主要类群。大型底栖动物种类季节变化以春季（388 种）＞夏季（293 种）＞秋季（279 种）＞冬季（253 种）。

2006—2007 年间的四季调查，从南海大型底栖动物样品已鉴定出 1 830 种，其中，多毛类为 607 种，甲壳动物为 504 种，软体动物为 440 种，棘皮动物为 136 种，其他动物为 143 种。大型底栖动物种类的季节变化呈现出春季（1 005 种）＞夏季（983 种）＞冬季（882 种）＞秋季（823 种）。

22.2.5.2　总生物量

1997—2000 年，南海北部大型底栖生物总生物量四季平均为 10.83 g/m²，南海南部春季总生物量为 1.32 g/m²。

1997—2000 年，南海北部大型底栖生物的总生物量有明显的区域差异，依大小顺序为台湾浅滩（21.1 g/m²）、粤东海域（11.27 g/m²）、北部湾（10.52 g/m²）、粤西海域（7.86 g/m²）、琼海海域（7.33 g/m²）和珠江口（3.36 g/m²）。台湾浅滩（最高值区）的总生物量为珠江口（最低值区）的 6.3 倍。大型底栖生物总生物量的区域分布趋势与饵料浮游动物总生物量的区域分布趋势相似。季节变化较明显，依次为春季（13.26 g/m²）、夏季（12.44 g/m²）、秋季（9.37 g/m²）、冬季（7.88 g/m²）。

2006—2007 年，南海大型底栖生物总生物量四季平均为 20.06 g/m²。总生物量的季节变化不明显，春季（23.25 g/m²）＞冬季（22.69 g/m²）＞秋季（18.81 g/m²）＞夏季（16.29 g/m²）。

22.2.5.3　栖息密度

1997—2000 年，南海北部大型底栖生物栖息密度四季平均为 122 个/m²，以多毛类占第 1 位，甲壳动物占第 2 位，其他动物占第 3 位。各海区数量比较，以粤东海域（167 个/m²）＞台湾浅滩（114 个/m²）＞珠江口（109 个/m²）＞粤西海域（107 个/m²）＞北部湾（103 个/m²）。季节变化不明显，冬季最大（130 个/m²），其次是夏季（126 个/m²），然后是秋季（121 个/m²），春季最小（110 个/m²）。南海南部春季栖息密度为 55 个/m²。

2006—2007 年，南海大型底栖生物栖息密度四季平均为 198 个/m²。栖息密度的季节变化较为明显，夏季（258 个/m²）＞春季（242 个/m²）＞冬季（160 个/m²）＞秋季（133 个/m²）。

1979—1982 年，南海东北部大陆架海区大型底栖生物栖息密度，近岸或大陆架浅水区，多毛类占 17.6%，甲壳动物占 56.6%；大陆架深水区，多毛类占 37.5%，软体动物 18.7%，甲壳动物 27.50%；陆坡区，多毛类占 63.6%，软体动物 17.9%。与 1998—2000 年调查资料比较，1979—1982 年南海东北部大陆架水深小于 50 m 海区和广东沿岸大型底栖生物数量的分布以浅水区大于深水区，近岸水域大于远岸水域（沈寿彭等，1988；李荣冠等，2003）。

22.3　渔场形成条件[*]

海洋渔业与海况的关系反映在海洋鱼类对其生存环境的各类表现上，诸如：由环境引起的鱼类的分布、洄游、集聚、移动、逸散、繁殖等。此外，鱼类资源量的补充，自然死亡等都直接或间接与生存环境有关；恶劣的海洋环境条件，会引起鱼类的生理畸变、死亡等。因此，渔场的形成与海洋环境关系极为密切。

22.3.1　鱼类生理生态特征适应性

海洋环境与渔业的关系，实际上是生物海洋学或渔业海洋学的主要内容。如：海洋环境要素与鱼类的关系；海况、渔况分析；海况与渔法的关系；形成渔场的海洋环境以及中国海洋渔场的环境特征等。

22.3.1.1　鱼类区系与温度的关系

温度是直接或间接地影响鱼类的一个海洋环境要素。温度直接影响着鱼类的各个生活阶段，特别是影响鱼类的代谢作用和生殖周期的速度；另外一些环境要素海水密度、渗透压、海水中的溶解氧等是温度的函数，通过这些环境要素去影响鱼类。

鱼类区系的划分，温度是一项最重要的环境指标，可以区分冷温性鱼类、冷水性鱼类、暖水性鱼类、暖温性鱼类等鱼类区系特征。

22.3.1.2　鱼类生理调节与渗透压

鱼类维持体内的渗透压是其内部机能的最重要条件，一旦体液渗透压失去平衡，各部分体液细胞间就要有水分移动，细胞出现缺水或水分过多现象，生命会因此而趋于终结。鱼类

---

[*]　执笔人：李纯厚

与环境渗透压以及鱼体液渗透压与环境渗透压间的关系是十分密切的。

鱼类体液渗透压与环境渗透压之间有一定的联系，鱼类要维持二者的一个适宜的渗透压差去决定其行动。因此，提出鱼类可分为狭渗透压性和广渗透压性鱼类（以往划分狭温性和广温性鱼类；狭盐性和广盐性鱼类一样）两种类型。其中，狭渗透压性鱼类又分为洄游性小和洄游性广两种；广渗透压性鱼类则又分为定居性、洄游性和溯河性三种。

黄牙鲷等性喜高渗透压环境，分布在黑潮水系（高温、高盐、高渗透压）内；对狭渗透压性鱼类，可通过对环境渗透压的计算，预测鱼类的分布、洄游途径；大黄鱼喜低渗透压环境，分布于中国大陆沿岸水域（低盐、低渗透压）；由于这两个水系位置相对稳定，因此，这类鱼的洄游移动相对为小；其他狭渗透压性鱼类分布于混合水团内，由于水团性质变化大，所以鱼群的洄游、移动相对为大。

22.3.2 水文环境条件适应性

渔场——海洋生态中能量转移较大的场所，也是经济效益较高的海域。形成渔场的海洋学条件，基本上属于三种类型海域，即涌升域、涡动域和海洋锋。

从生产经验已获知：涌升流水域一般渔业生产性能比较好，可以形成渔场。有人作过统计（Ryther J. H, 1969）全世界外海水域面积约为 $326 \times 10^6 \ km^2$，沿岸水域面积约为 $36 \times 10^6 \ km^2$，而上升流域面积则只有 $3.6 \times 10^6 \ km^2$；年渔获量外海水域为 $1.6 \times 10^6 \ t$，沿岸水域为 $1.2 \times 10^8 \ t$，上升流水域为 $1.2 \times 10^8 \ t$。换言之，在上升流域这个只有世界海面千分之几的水域里，生产了近二分之一的渔获。

南海北部大陆架海域涌升域共有两处：一处在海南岛东部沿岸海域，另一处在粤东东端沿岸海域。两处都是季节性上升流，都是在西南季风盛行期出现。这两处上升流年年重现，位置少变，只是强度及持续时间逐年而异。由于下层涌升至表层的海水为低温、高盐性质的南海次表层变性水，上升至表层后，与原处表层的高温、较低盐度的南海南部表层水之间有显著的差异，出现了封闭状的表层低温、高盐区。由于上升流的存在，使该区域的营养盐较为丰富，成为高生物量水域，因此聚集了较多的鱼类等，形成了高产的渔场。粤东东部浅近海域，每年6—8月也有一个明显的表层低温、高盐区，但是这一个上升流域出现的时间及所处位置，正是粤东暑海渔汛所处位署，由于这一汛期以幼鱼为主，不宜作过度集中的捕捞。

海洋上层光合作用充分但营养盐类有限，海洋底层存在生物腐殖质，营养成分丰富，上升流将底层富于营养的海水带到表层，提高了水域的生产力，从而诱使摄食鱼群聚集，国内外海洋学者，均对上升流域以高度的重视。

涡动域也是垂直混合运动发达的类型，只是形成原因与表现形式与上升流域不同而已。涡动水域的形成主要不要风，而是海底底形，潮波运动和海流等原因造成，涡动域不一定出现在岸边，它可以在近海区，外海区及大洋上生成。

南海北部大陆架海域的涡动域亦有两处：一处位于珠江口近海区，另一处在粤东近海区。两处均在春、冬季出现，属季节性冷涡，是沿岸流与南海暖流异向所引起的。这两处涡动域不但具低温，而且盐度高，因而海水密度值高，冷涡可以表层出现高密中心予以标识。依多年历史资料记载表明，在相近的月份和相近位置上均出现这样的封闭高密度中心区，是为连年复现的涡动域。涡动域与涌升域一样也是营养盐丰富，属于高生物区域，引起鱼类的聚集。

珠江口近海区，每年12月至翌年的4月有这样高密中心区出现，其所处置正是广东省重要渔汛之一——珠江口灯围的传统作业渔场，其渔汛期也是每年12月至翌年4月，主要围捕蓝圆鲹、金色小沙丁鱼。

粤东近海区，每年12月至翌年4月亦有这样的季节性涡动域出现。其所处位置，正是粤东渔汛作业位置附近海域。由于正值冬季期间，粤东海域东北季风强，渔船出海作业稍晚，故粤东渔汛通常是3—5月，稍迟于冷涡出现时间。

到海洋锋内捕鱼已为渔民所熟知的一种增产措施。海洋峰俗称水隔、流界等，这种水域也是形成渔场的重要条件，海洋锋往往有局部的垂直混合的条件，由于不同水团界面处形成屏障，故又有生物集中，鱼类集聚的条件。

因此，无论从理论上或生产实践均足以阐明涌升域、涡动域和海洋锋为渔业上有重要意义的海域。

南海北部大陆架处于热带、亚热带海域，近岸海域是沿岸水系势力较强的海域，并有珠江冲淡水带来的大量有机质和营养盐，在40 m以浅的海域范围内为沿岸水活动范围和沿岸锋区位置所在，构成了饵料生物生长、繁殖的良好生境。南海沿岸水夏季势力强盛而冬季微弱。在夏季，由于沿岸水呈高温而漂浮于海域上（表）层，因而全年里沿岸水在底层的相对面积都很小，它与外海水在底层的相对面积之比为0.1∶8，几可略去不计。而在底层的海洋锋的势力则10倍于沿岸水，其全年相对面积平均为11.5%，全都集中分布于40 m以浅的海域。此外，冬末12月至翌年3月粤东至南澳岛一带以及夏季（5—8月）海南岛东南的浅海一带海域，由于上升流发达，往往形成饵料生物的高密区。从饵料生物的种类组成分析，多数类群均以适温适盐的范围较窄的沿岸种占优势，如中华哲水蚤、后圆真浮莹、中华假磷虾、肥伴箭虫等。优势种的季节更替也较为明显，为浅近海鱼类提供良好环境条件。

底层的主要外海水是南海次表层水及南海次表层变性水，二者合计的年平均相对面积为47.8%，这一堪称为渔业高效益海域的广泛存在，为南海北部陆架渔业提供了良好的自然条件，南海主要经济鱼类适宜在这种温、盐特性的水域中栖息。

22.3.3　水系及生物环境适应性

渔业生物环境包括浮游生物和底栖生物。浮游生物和底栖生物作为渔业生物及其天然的饵料而显示其重要性，饵料浮游生物受海流的搬运而集聚于潮境或水质肥沃的水域之中，形成了鱼类滞留、集群的良好环境条件，因此，其存在与否往往与渔场的形成和消失密切相关。不同饵料生物的分布往往具有指示不同渔场的作用，某种饵料生物的存在可作为判断某种鱼类的索饵洄游路径和繁殖、育肥的指标。浮游生物数量分布的趋势是近海高于外海，数量的密集区一般均形成于营养盐含量丰富的河口区、不同水系的交汇区和涌升流海域。由于浮游生物的分布与水文环境的季节变化关系较密切，因此不同季节，海区生物量的分布有较明显的差异。南海北部主要存在着广东沿岸水（珠江冲淡水、粤西沿岸水和粤东沿水，粤东沿岸水是最弱小的）、北部湾沿岸水、南海表层水和南海上层水，这4种水系的相互推移、交汇和混合作用，直接影响着饵料生物的分布。

冬季是海区饵料生物量普遍增高的季节。此时，粤东低温沿岸水由东向西南流去，同时，南海表层水却由西南向东北运行，所以从粤东至珠江口一带海域，由于这两支水的流动交汇，促成南海上层水由底层向上涌升，这些水域适宜于生物的生长和繁殖。因此，其位置所在处，浮游动物的生物量常达100 mg/m³以上，这些水域正是粤东和珠江口优良作业渔场。在粤东南澳岛南面及海门湾西南均出现250 mg/m³的高生物量区，雷州半岛东南面也出现小范围的高生物量区，粤西和珠江口外海海域在50 mg/m³以下。

春季正是转换的季节，由于表海表层水的势力加强，导致上层水的涌升势力明显减弱，并向粤东东南面水域退缩。与此相应，珠江口近岸海域的生物量开始下降，而粤东镇海湾一带水域生物量较高，南澳岛南面海域生物量最高；雷州半岛东南面海域的生物量虽有所下降，但仍达 100 mg/m³ 以上。该季节生物量的分布特点是，自粤东—珠江口东南外海，出现一片高生物区海域，5 月生物量下降，大于 100 mg/m³ 的高生物量区，海域范围缩小，而且比较分散。

夏季由于三种水系的势力同时加强，海区出现大片交汇区。7 月、8 月份总生物量普遍增高，粤东和珠江口海域几乎全是大于 100 mg/m³ 的高生物区；在 200 m 等深线边缘的海域生物量也达 100 mg/m³ 左右。粤西的西南面和广州湾一带海域也出现范围较大的高生物量区，海南岛东侧外七州岛、海门湾以南海域，由于出现上升流，生物量也比较高。夏季出现的高生物量区常延续到秋初。

秋季三种水系的势力开始不同程度的衰退，尤其是南海上层水明显向南退缩，因此交汇区也大大缩小，海区的生物量急剧下降。高生物区仅出现在粤西近海和珠江口外海的局部小范围的水域。其他大部分水域均降为 50 mg/m³ 左右。11 月粤西近海的高生物量区向外扩大，广州湾的生物量高达 500 mg/m³；珠江口外海的高生物量区移向西南面，而且也随之扩大。粤东西南面 200 m 等深线边缘的海域，生物量也达 100 mg/m³，其他水域生物量仍在 50 mg/m³ 左右。

22.3.4 重要渔场环境特征

22.3.4.1 台湾浅滩渔场

位于 22°00′~24°30′N、117°30′~121°30′E，面积约 8.3×10^4 km²。处于东海与南海水体交换通道，流速较急，水系分布受浙、闽沿岸水、黑潮支梢水和南海南部表层水消长变化支配，南部及周围海域存在较强上升流。

该渔场有丰富的头足类和中上层鱼类资源，主要渔场包括适用于围网和鱿钓及部分小型底拖网等作业。叶绿素 a 含量范围为 0.282~0.501 mg/m³，平均值 0.363 mg/m³；总体上高于南海北部的平均水平（0.26 mg/m³），与北部湾海域接近（0.378 mg/m³）。初级生产力为 358.3~626.2 mg/（m²·d）（以碳计），平均值为 485.0 mg/（m²·d）（以碳计），总体高于南海北部其他海区水平，属较高初级生产力海域。浮游植物生物量为 11.67×10^4~427.23×10^4 ind./m³，平均 130.27×10^4 ind./m³，属高生物量海域。浮游动物生物量范围为 16.33~65.96 mg/m³，平均值 34.18 mg/m³，属中等生物量海域。底栖生物生物量范围为 9.90~33.40 mg/m²，平均值为 18.50 mg/m²，属中等生物量海域。

台湾浅滩渔场水质符合渔业水质标准或一类海水水质标准，营养盐的比例呈现季节性不均衡，春、夏季 N 和 Si 可能成为浮游生物生长的限制因子，而秋、冬季 P 可能是限制因子；水体处于贫营养盐状态，未受到明显有机污染；初级生产力较高；饵料生物量总体属中上水平；渔业环境总体质量为优良水平。

22.3.4.2 珠江口渔场

位于 20°45′~23°15′N，112°00′~116°00′E 海域，面积约 72 490 km²。属热带，亚热带季风气候，年平均气温为 23.90~24.90℃，10 月到翌年 4 月盛行东北季风，6—8 月盛行南到西南风。为南海北部重要渔场。

叶绿素 a 含量范围为 0.127 ~ 0.340 mg/m³，平均值为 0.236 mg/m³，低于台湾浅滩和北部湾渔场，与粤东、粤西渔场相近。初级生产力水平为 241.50 ~ 529.0 mg/（m²·d）（以碳计），平均值为 361.80 mg/（m²·d）（以碳计），总体属较高初级生产力海域。浮游植物生物量为（1.61 ~ 204.35）× 10⁴ ind./m³，平均 81.02 × 10⁴ ind./m³，夏、冬季高，春、秋季较低。总体水平属于较高生物量海域。浮游动物生物量 12.76 ~ 42.25 mg/m³，平均 18.81 mg/m³，属中低生物量海域。底栖生物生物量为 3.90 ~ 9.90 mg/m²，平均值为 7.30 mg/m²，属中低生物量海域。

渔场水质符合渔业水质标准，营养盐结构不同程度失衡；其中，春、夏季的 N 和 Si 可能是浮游生物生长的限制因子，而冬季 P 可能是限制因子；水体处于贫营养盐状态，未受到明显有机污染；初级生产力较高；饵料生物量总体属中低水平；渔业环境总体质量较好。

22.3.4.3 北部湾渔场

渔场位于海南岛西侧莺歌嘴与越南昏果岛（莱角）之间连线以北水域，面积约 16 × 10⁴ km²。属热带季风气候，平均气温 25.00℃。10 月至翌年 4 月盛行北到东北风，6—8 月盛行南风和西南季风，5—9 月为热带气旋活动期，以 8—9 月为盛期。为南海重要渔场。

叶绿素 a 含量范围为 0.237 ~ 0.576 mg/m³，平均值 0.378 mg/m³，高于粤东渔场、珠江口渔场和粤西渔场，而与台湾浅滩渔场接近。初级生产力为 284.13 ~ 643.24 mg/（m²·d）（以碳计），平均值为 425.94 mg/（m²·d）（以碳计），高于珠江口渔场，低于台湾浅滩渔场，而与粤东渔场和粤西渔场水平相接近。属高初级生产力海域。浮游植物生物量范围为（44.2 ~ 229）× 10⁴ ind./m³，平均 132.3 × 10⁴ ind./m³，属高生物量海域。浮游动物生物量范围为 16.87 ~ 27.70 mg/m³，平均 22.46 mg/m³，属中低生物量海域。底栖生物生物量范围为 8.40 ~ 10.8 mg/m²，平均值为 9.40 mg/m²，属中低生物量海域。

渔场水质符合渔业水质标准；N/P 比率合理，Si/P 和 Si/N 比率偏低，SiO₃/Si 供应不足；水体处于贫营养盐状态，未受明显有机污染；初级生产力较高；饵料生物量总体属中等水平；渔场环境总体上为优良水平。

22.3.4.4 西沙、中沙群岛渔场

西沙、中沙群岛渔场位于 15°00′ ~ 18°00′N 海域，面积约 1 966.40 km²。其中，西沙群岛约为 1 836.40 km²，中沙群岛约为 130.0 km²；属热带季风气候，年平均气温 22.90℃，极端高温 34.90℃，极端最低温度为 15.30℃。年平均表层海水温度 26.80℃。年降雨量 1 505 mm，5—11 月为雨季。盛吹季风，时有台风。年平均风速 5.30 m/s。海流受季风制约，夏流向东北，冬流向西南，但东部有一股北风逆流。为南海金枪鱼等大洋性鱼类延绳钓和珊瑚礁盘延绳钓、手钓、刺网等作业的重要渔场。

叶绿素 a 含量范围为 0.04 ~ 0.10 mg/m³，平均值 0.063 mg/m³。初级生产力范围为 200 ~ 300 mg/（m²·d）（以碳计），平均值 250 mg/（m²·d）（以碳计），属低初级生产力海域。浮游植物生物量范围为（10 ~ 100）× 10⁴ ind./m³，平均值为 47 × 10⁴ ind./m³，属低生物量海域。浮游动物生物量范围为 10 ~ 200 mg/m³，平均值为 29.4 mg/m³，属低生物量海域。

西沙、中沙群岛海域是南海海盆的一小部分，相对开阔，主要受南海北部表层水和南海南部表层水（它在这里不是最优势水团）控制，渔场水质没有受有机污染。渔业水质标准：

N/P、Si/P、Si/N、SiO/Si 等要素供应不足，水体处于贫营养盐状态，初级生产力偏低，饵料生物量偏低，海域水质为优质水平。

22.3.4.5 南沙群岛渔场

南沙群岛渔场位于南海中部偏东南水域，南界在 4°00′~7°00′N，北界在 12°00′N 左右，面积约 2 906×10³ km²。属热带季风气候，年平均气温 25.70~28.90℃，比赤道热带略高。活动积温 9 800~10 300℃。年中一般有 2~9 个月的平均气温 28.00℃ 以上，最冷为 1 月，均温 24.30~27.00℃，最热在 4 月，比赤道热带早 1 个月，为 27.40~30.60℃ 也比赤道热带略高。温度年较差小，常年是夏季风活动。有热带气旋生成或路过，平均每年 2.65 个。是南海金枪鱼等大洋性延绳钓和珊瑚礁鱼类延绳钓、手钓、刺网等作业的重要渔场。

叶绿素 a 含量范围为 0.04~0.08 mg/m³，平均值 0.05 mg/m³，较南海北部的渔场低；初级生产力为 200~300 mg/（m²·d）（以碳计），平均值 217.10 mg/（m²·d）（以碳计），亦比南海北部海域的渔场低，属低初级生产力海域；浮游植物生物量范围为 （10~100）×10⁴ ind./m³，平均值为 60×10⁴ ind./m³；属低生物量海域。浮游动物生物量范围为 10~200 mg/m³，平均值为 105 mg/m³，属低生物量海域。

南沙群岛海域远离陆地，陆地迳流冲淡水影响不到南沙群岛水域，渔场水质没有受到有机污染，渔业水质标准：N/P、Si/P、Si/N、SiO/Si 供应不足，水体处于贫营养盐状态。初级生产力偏低，饵料生物量总体属中等偏低水平，渔场水质为优质水平。

22.3.4.6 南沙西南陆架区渔场

渔场位于南沙群岛的西南部陆架区海域，南界范围 3°50′~9°00′N、106°45′~111°00′E，水深 47~145 m，面积约 12.16×10⁴ km²。渔场地处低纬度，属热带季风气候和赤道气候；终年炎热，四季皆夏（气温参考加里曼丹岛北岸），年均气温古晋为 27.20℃。古晋气温年较差极微，为 0.50℃，极端高温 36.10℃，极端低温 17.80℃。活动积温为 9 700~10 000℃。终年多雷阵雨，平均雨量介于 3 573.33~3 799.60 mm，平均年雨日 253 d，干湿不分，盛吹西南季风和东北季风，但基本上无台风活动。表层海水水温高，年平均为 28.30℃，最冷月 26.90℃，最热月 29.30℃，终年暖热，是常夏之海。是南沙西南部陆架海域底拖网重要渔场。

叶绿素 a 含量范围 0.06~0.10 mg/m³，平均值 0.052 mg/m³。初级生力范围为 180~310 mg/（m²·d）（以碳计），平均值 204.10 mg/（m²·d）（以碳计）。浮游植物生物量范围为 1×10⁴~10×10⁴ ind./m³，平均值 5×10⁴ ind/m³。浮游植物生物量十分偏低。浮游动物生物量范围 10~200 mg/m³，平均值 61.2 mg/m³。

南沙西南部陆架渔场是世界著名的巽他大陆架一部分，为东南亚浅滩的外缘，扼泰国湾口和湄公河口，水体主要是南海赤道大陆架水团，其盐度的水平梯度和垂直梯度相对较大，以低盐高温为其主要特征。其次是本区西北部的南沙群岛西部低盐混合水团，这是湄公河冲淡水与南沙中央水团的混合物。渔业水质标堆：N/P、Si/P、Si/N、SiO/Si 供应不足，水体营养盐处于贫状态，初级生产力偏低，饵料生物量偏低，渔业水质为优良水平。

22.4　渔业预报 [*]

渔业预报的方法或技术手段具多样性，如卫星遥感技术、回声探测技术、生物学分析方法、物理海洋学中的尺度分析、海洋水团温、盐和深的分析方法等。由于海洋环境和渔场复杂多变，只有采用多种技术手段和分析方法，才能做出较为准确的渔情分析和预报。

22.4.1　渔情预报的基本原理

渔场渔情预报的基本原理是通过对海洋水体环境信息的观测和分析，结合不同鱼类的生活、聚集、洄游等规律，预测鱼群可能集中的时间、地点、范围等信息。鱼类生长与海洋环境息息相关，许多海洋因子都会对鱼类的行为产生影响，如海底地形、海水盐度、浮游生物数量、洋流方向等，但经过许多学者的研究发现，海水温度、叶绿素浓度和海洋动力系统与鱼类的分布关系最为密切，不同鱼类有不同的最适合温度、最适合叶绿素浓度，在洋流运动交汇的地方，往往形成大型的渔场。因此，正是这些海洋因子的存在，使鱼类的行为有规律可寻，人们获取海洋水体环境信息，研究它们与鱼类的密切关系，这就是渔场渔情预报的基础，也是渔场预报得以实现的基本原理。

22.4.2　渔情预报的种类

渔情预报按其性质和内容可分为现场预报、阶段预报、汛期预报、数量预报和资源展望等几种。

现场预报。预报鱼群动态、中心渔场位置、鱼群分布状态、24小时内所应控制的渔场等内容。供渔业指挥部门现场调度船只和海上作业渔船捕捞生产所参考。

阶段预报。预报渔汛期内某一发展阶段的鱼群集群位置、移动路线、分布状况、鱼群大小、持续时间等，供短期安排生产参考。

汛期预报。在渔汛开始以前，对整个渔汛的渔期早晚、渔场位置、资源状况、可捕数量、发展趋势等进行预报，供长期安排生产参考。

数量预报。预报某一海区某种资源来年或下一渔汛的可能变化趋势。主要内容有世代组成、强弱、补充和剩余群体数量以及可能渔获量等。供制定生产计划、组织生产参考。

资源展望。预报来年或下一个渔汛主要资源的演变趋势、好坏程度、渔期早晚、渔场情况等。供水产行政、生产管理部门制定计划、组织生产参考。

22.4.3　渔情预报的技术与方法

目前渔情预报技术中，有的采用简单统计方法对渔场进行定量预测，其预报方程比较单一，误差相对较大；还有的则是综合鱼种特征和大洋特点来定性地确定出渔场，但没有从定量的角度来确定出渔情。随着计算机技术的广泛应用，渔情预报技术进入了一个新的发展阶段。卫星遥感的信息获取、地理信息系统等的制图与数据的可视化分析、数据挖掘、空间模型与人工智能的预报方法等，都随着信息技术的进步及快速发展在渔场渔情分析预报领域中得到广泛的应用，且各种技术与方法的应用不是孤立的，而是多种技术手段与方法的集成应

---

[*]　执笔人：蔡文贵，孙典荣

用，如地理信息系统与空间分析模型的结合，数据挖掘与人工智能技术的结合，3S技术的集成应用等。事实上，海洋（渔业）现象的复杂性也决定了只有采用综合的或集成的研究手段才能更为详尽地揭示其内在的规律性。

此外，随着信息技术和现代系统科学的发展，其他诸如混沌与分形理论、蒙特卡洛及马尔科夫过程等新的学科理论与前述的各种方法，都将更进一步地渗透到渔业研究领域，有望在渔场渔情分析中得到深层次的应用及推广。

22.4.3.1 传统预报

包括猜报、惯性预报和频率预报等。在海上捕捞生产过程中，人类很早就通过肉眼直接观察渔场海况等信息，根据实际生产经验来判断和发现中心渔场，以提高渔获产量或渔获效率。生产中还有"抢风头、赶风尾"的经验总结。这些预报方法缺少明确的等级概念，内容不够充分且信息发布慢，目前已逐渐被现代的预报技术所取代。

22.4.3.2 统计分析预报

早期的或传统的渔场渔情分析预报受计算技术和渔场环境信息获取能力的限制，主要采用经典统计学为主的线性回归分析、相关分析、判别分析、聚类分析等模型方法（李雪渡，1982；刘树勋等，1988；刘树勋等，1984；韦晟等，1988；杨红等，2001；苗振清等，2003）。统计分析预报主要是用观测获取的诸如水温、盐度、气压、气温等海洋环境参数与捕捞产量数据，进行统计分析并计算各种渔业统计学参数，建立回归方程，分析相关性或进行归属划分等，对渔期出现的早晚或渔获量的丰歉预报取得了一定的成功（李雪渡，1982；刘树勋等，1988；刘树勋等，1984；韦晟等，1988）。但是，由于渔场是一个具有时间和空间概念的预报因子，且海洋（渔业）现象多具有动态性、不确定性、模糊性与随机性等特点，而经典的统计学方法对空间数据分析或非线性复杂问题的处理存在很大的局限性，因而20世纪90年代以来，许多学者开始采用空间信息分析与地理计算模型、数据挖掘及人工智能等新的模型与方法应用到渔场渔情分析预报的研究中。

22.4.3.3 空间统计分析及空间模型

空间信息分析是指分析、模拟、预测和调控空间过程的一系列理论和技术，包括有空间统计指标、空间关联表达、空间信息分析模型、空间动力学模型、空间复杂模型、空间动力统计模型等（王劲峰等，2000）。空间统计分析是经典统计学关于采样论在地学研究中的应用，其研究的核心内容是空间位置、空间相关、空间结构和空间过程，注重揭示研究对象在空间分布结构上的依赖性、复杂性、相关性和异质性，是"数据驱动"的分析方法。空间模型指依据各种空间信息建立的模型或具有空间分布意义的模型，包括有空间相互作用模型、时空自适应模型和空间过程机理模型等。渔业上常常采用渔场资源重心描述渔场空间位置的变动（宇田道隆，1963；苏奋振等，2001）。

海洋渔场渔情分析预报的数据时空分布及变化特征适合于各类空间分析模型的应用，但由于海洋及渔业捕捞的详细数据获取比较困难，目前仍处于初期应用发展阶段，主要应用包括：具有空间信息的人工神经网络模型、元胞自动机（cellular automata）模型等。

22.4.3.4 卫星遥感信息

遥感技术具有大面积观测和实时动态监测的优点，可以获取多种海洋环境要素信息，对预报渔场渔情信息是一种十分理想的手段。

1）可见光法遥感技术

利用可见光波段来遥测渔场的水色变化特征。可见光法遥感技术的主要理论依据是海洋中海水叶绿素 a 浓度指示了海水中浮游植物含量的多少，而浮游植物的丰富导致以其为食的浮游动物资源丰富，进而促使以浮游动物为饵料的海洋鱼类资源丰富。因此，叶绿素 a 浓度高的海域通常成为鱼类重要的索饵场，然而，并非叶绿素 a 浓度越高鱼群的聚集程度就越高，与鱼类的适温特性一样，各种鱼类也有其适色特性，表现在鱼类对叶绿素 a 浓度高低的选择性（CARR M E，2002；FOUGN IE B et al，2002）。

2）红外法遥感技术

红外法遥感技术是国外最早应用到渔业领域的渔业监测和渔情信息提取技术。该技术基于不同渔场具有不同的海面温度分布特征。由于各种鱼类在其生活的不同阶段均有其适温范围，常聚集在具有一定温度范围的海域。当水温变化时，鱼类开始向温度符合其适温范围的海域游动。因此，水温对鱼类的聚集和洄游起着重要的作用（LAURS RM，1971；STEVEN-SON W R et al，1971；SEKIM P et al，2002；SANTOSA M P et al，2006）。

3）微波法遥感技术

与可见光红外法遥感技术相比，微波法遥感技术具有更高的空间分辨率，而且不受云雾的干扰。国外已开发应用于渔场渔情分析的渔业微波遥感技术方法，主要有海面高度法遥感技术和合成孔径雷达法遥感技术。① 海面高度法遥感技术。它是利用卫星高度计资料遥测海面高度异常信息，进而分析渔场环境的微波遥感方法（D IGBY S et al，1999；POLOV INA J J et al，1999）。② 合成孔径雷达法遥感技术。它是指利用合成孔径雷达这一处于微波波段的传感器，根据微波和海面微尺度结构的相互作用来遥感海洋表面信息。根据海流、涡旋和海底地形等与渔业有关的海洋环境信息在雷达图像上具有不同图像特征，可以将其应用到渔业遥感中（LIU A K et al，1993）。

4）水温法遥感技术

水温法遥感技术是我国最早应用到渔业的海洋渔场信息提取技术（陈干城等，1988），该技术是利用海洋渔场的温度特征原理建立的。由于水温对鱼类的聚集和洄游具有重要作用，因此，水温成为渔业遥感中渔情分析预报最重要的海洋环境因子。基于机载红外测温仪和NOAA 卫星 AVHRR 资料的水温海洋渔场信息提取技术，已被用于我国黄海、东海和太平洋海域的渔场渔情预报中（杜碧兰等，1988；张建华等，1996；杨纪明等，1994；毛志华等，2003），其应用结果显示该技术对我国近海和大洋渔场的预报有效。

5）基于范例推理的遥感技术

基于范例推理（case2based reasoning，CBR）这种新型的人工智能推理技术正在被国内外学者应用于海洋渔场预报技术研究。基于范例推理的遥感技术是一种建立在海况和渔况范例库基础上的趋势预报方法（CORN ILLON P et al，1986）。

22.4.3.5　人工智能

人工智能是计算机科学、控制论、信息论、神经生理学、心理学、语言学和数学等多学科互相渗透而发展起来的一门综合性边缘学科，可用于问题求解、逻辑推理与定理证明、自然语言处理、智能信息检索技术以及专家系统等（史忠植，2002）。人工智能领域中的专家系统（expert system）技术早在 20 世纪 80 年代便应用到渔业资源评估的研究中（Ichiro A et al，1989），此后人工神经网络（ANN）、范例推理（CBR）等人工智能技术都在渔场分析和渔情预报中得到成功应用。

渔情专家系统就是把渔业专家丰富的经验知识或文献知识等各种信息形成知识库、规则库，按照一定的规则进行推理（推理机），最后给出渔场预报结果或渔业资源评估等渔情分析结果。如日本学者 Ichiro A 等应用包含有鱼卵丰度、幼鱼渔获量和黑潮暖流路径等 28 个变量和由该 28 个变量之间的关系构成 146 条规则的专家系统较早地用于鳀渔况的预报（Ichiro A et al，1989）。联合国粮农组织开发了一个包含环境因子的剩余产量模型的交互式实验软件（CLIMPROD）专家系统，分别建立了专家知识库和模型库，可用于进行渔业资源的评估和预测（Fréon P et al，1993）。

22.4.3.6　模糊性及不确定性分析

模糊性或不确定性是指客观世界或实体本身就具有的变异，表现为不精确性、随机性和模糊性。海洋（渔业）事件中存在着大量的诸如中心渔场、水团等比较模糊的概念，有很大的不确定性。模糊集（fuzzy set）、粗糙集（roughset）、概率论与贝叶斯（Bayes）统计理论等不确定性理论为解决这些模糊的海洋（渔业）事件提供了有效的方法（Chen D G et al，2000；Mackinson S，2001；茆诗松，1999）。

22.4.3.7　数值计算与模拟

海洋科学中的数值计算与模拟主要是指以流体力学、热力学及物理海洋学等为理论基础，以计算数学（差分、有限元、谱分析等）和高速计算机为实现方法与手段，在给定的初始条件和边界条件下，对一系列闭合方程组进行数值求解的过程。数值计算与模拟以往多用于潮流、风暴潮、波浪等的数值预报研究，近年来也被广泛应用到海洋生态系统动力学、海洋生物地球化学循环和渔场海洋学的研究领域（Lehodey P，1998；Sibert J R，1999；陈长胜，2003）。

22.4.4　南海渔情预报的实践

22.4.4.1　预报历史和预报内容

南海区的渔情预报最早开始于 1960 年，主要是参考北部湾海洋调查水文资料、广东省水产研究所（南海水产研究所前身）调查船的大面积调查资料、广州中心气象台的资料、南海水产公司的生产总结和统计资料、群众渔业调查资料等，对北部湾的主要渔场和 6 种主要经济鱼类的分布范围和密集区进行预报。1978 年以后，南海区的渔情预报扩大到整个南海北部海域，预报的内容包括总产量、各个渔场的产量和主要捕捞对象的产量，该项工作一直延续到 1994 年。

由于南海区渔情预报工作开始时间比较早，因此，其组织机构、技术力量、历史资料以及工作经验均较齐备。在南海区沿海建立了完善的测报网络，共设立了 22 个基层站，37 名专职的测报员，还有临时统计员 10 名，同时，在五大国营渔业公司设立 5 个测报组，并委托 10 个地级市水产研究所（水产局）进行测报工作。渔情预报的主要工作内容包括：①每年发布南海渔情展望，预报南海北部渔情状况，同时估算预报广东、广西和海南海洋捕捞年产量；预测万山春汛围网渔业生产状况；预测粤东春汛灯光围网渔业生产状况；预测昌化渔汛生产状况；预测清澜渔汛生产状况；预测北部湾春汛和秋汛生产状况；预测拖网渔业生产状况。②对预测结果与周年实际生产统计数据进行检验，并查找偏差的原因。③根据五大国营渔业公司和南海区群众渔业的各类渔轮、渔船所提供的实际生产资料，经过整理加工，分别编制国营和群众渔业当年的渔捞海图，发回到生产者手里，直接为渔业生产服务。④汇编三个省区沿海各市、县、区、乡当年渔业生产情况，定期召开渔情预报年度总结会议，以此交流渔情，促进渔业生产。

22.4.4.2　预报方法

南海区的渔业预报主要采用趋势预报和数量预报两种，前者是定性预报，通常是预测捕捞对象的年景状况，并比较预报年与往年的差异；后者是定量预报，通常是预测捕捞对象的可能渔获量。这两类预报除数量精度要求不同外，其预报原理、依据和方法基本一致。从南海区历年的渔获量预报情况来看，大致可归纳为下列几种。

1）直线回归分析法

此方法是南海区渔情预报常用的方法，也是在众多的预测方法中准确度最高的方法。直线回归分析法是利用国营渔轮生产的统计资料来求算历年渔获密度指数与翌年南海区海洋捕捞总产量对应值的相关关系，然后用计算机进行运算，得出回归方程。以 1987 年的预报为例，首先根据国营公司 1974—1986 年渔轮生产统计资料通过计算得出南海区 1987 年的海洋捕捞产量趋势为：$y = 1.848\,503\,05x + 52.282\,339\,3$，相关系数 $R = 0.652\,736\,156$，标准离差 $S = 9.434\,933\,83$，并采用经筛选的国营渔业公司 1986 年 9 月的渔获密度指数作为方程的 x 值，从而得出 1987 年南海区的海洋捕捞总产量应为 $82.5 \times 10^4 \sim 90 \times 10^4$ t。同时，此方法也应用南海区各大渔汛的渔情预报，同样取得了满意的效果。

2）点面缩影法

此方法主要应用于对产量的预报，公式为 $Y = F \cdot M/C$，其中，F 为年平均投网次数，M 为渔获指数，C 为比值。此方法是在以往常规生产的情况下作出的数量预报，并不考虑到生产力的变化和繁殖保护措施所带来的影响。1983 年根据此方法及使用各大国营渔业公司历年 9 月份的资源密度指数与历年广东、广西海捕产量的回归计算，得出 1984 年南海区的产量为 $62 \times 10^4 \sim 68.5 \times 10^4$ t，后经 1984 年的实际生产检验，预测的结果与生产基本相符。

3）平衡渔获量

对于多鱼种平衡渔获量的计算方法，要在假定总渔获量取决于总努力量条件下成立的 Schaefre 平衡渔获量模式，方程为：$Y_e = a(M - u)u$，式中 Y_e 为平衡渔获量（持续稳产量），u 代表一年间单位捕捞努力量渔获量的平均值，a 和 M 为常数。1983 年根据此公式对 1984 年的平衡渔获量的预测，后经实际生产的检验，准确率达到 93% 以上。

22.4.4.3 预报例证

以 1992 年南海区的渔情预报与结果检验为例，来阐述南海区渔情预测的内容和方法*。

1）1991 年对 1992 年渔情预测情况

（1）渔业资源总趋势

根据历年测报应用的 $Y = Ax + b$ 直线回归的方程，$y = 2.182\ 458\ 01x + 47.228\ 133$，相关系数 $R = 0.785\ 532\ 437$，标准离差 $s = 8.324\ 257\ 38$ 的计算结果获得南海北部水域（含北部湾）资源可比值。经过计算历年资源可比值为：1992 年为 55.412 350 单位、1991 年为 57.769 405 单位、1990 年为 58.467 791 单位、1989 年为 56.503 579 单位。根据此计算结果，1992 年资源可比值比 1991 年减少 4.08%，这是近三四年间增减比差最大的年份，接近 5%。

（2）单一品种鱼虾类资源状况的分析和预测

黄鳍马面鲀的历年资源变动已积累达 20 多年资料，其资源变动出现两大"规律"：根据 20 世纪 70 年代黄鳍马面鲀旺发势盛后，连续回落二三年降至最谷底时即回升；80 年代中后期旺发势头不及 70 年代，出现年丰年歉。例如已知 1985 年低，1986 年高，1987 年低，1988 年高，1989 年低，1990 年高，1991 年低。若按照此种轨迹运转，1992 年将是出现高资源量年份，但是分析情况将有所变化。从 1991 年该鱼种的数量看，尚属较充沛，而且渔期长，主汛期过后仍见渔产颇好，反映了 1991 年资源未降至谷底，因此，就会转变成 70 年代的轨迹运行。预计 1992 年的粤西黄鳍马面鲀将在 1991 年的基础上继续下降。

蓝圆鲹自 1977 年出现鼎盛期后至目前约 15 年间均未见再度出现鼎盛。历史资料证明，此鱼种丰年后紧接着连续三年下降，然后再回升的记录。1989 年出现丰年，1990 年下降，1991 年降至历史最低点。按历史轨迹，1992 年应属回升的年份。在分析 1991 年天气晴好，又逢百年一遇的干旱，外海水内迫是资源繁盛和群体汇集的最好条件。但是其资源密度和资源拥有量已达历史最差水平，粤东区偏好。"最好条件"和"最低水平"，反映了蓝圆鲹资源滑坡的严重性。因此，预计 1992 年资源有所转机，但受 1991 年转入 1992 年的剩余群体数量有限，将会制约全年资源拥有量。

鱿鱼资源。此品种系属干旱、高气温为条件，并导致水域高盐、高温的产物。1991 年下半年属资源特高的品种，此种状况不可能连年保持。随着 1991 年大数量捕捞后，预测转入 1992 年的资源数量日渐收缩，1992 年的资源状态将比 1991 年低缓。

二长棘鲷已连续多年渔情不好，1991 年的数量已降至历史最低点。预计 1992 年新苗数量将比 1991 年偏好。

1991 年外海性鱼类特多的品种如金枪鱼、眼镜鱼、竹荚鱼、海鳗、马鲛等将趋降。

蛇鲻、金线、鲱鲤、大眼鲷等保持稳定。白姑鱼类、带鱼资源偏降。虾类资源回升，尤其是北部湾。

（3）渔汛预测

据阳江市水产局有关部门预测，1992 年万山春汛围网渔业比 1991 年渔情偏差。汕头市水产局有关部门预测，粤东春汛灯光围网渔业 1992 年渔船保持 85~90 艘投产，1—5 月产量可达 $0.8 \times 10^4 \sim 1.0 \times 10^4$ t。海南省水产局有关部门预测，1992 年昌化渔汛稍有转机；清澜渔

* 陈再超，陈耀有，姚冠锐，陈正兴，张雪明，李辉权. 南海北部渔情展望，第 1–16 期，1978—1994。

汛保持 1991 年水平。北海市水产局有关部门预测，1992 年将是北部湾鱼类资源恢复时期，资源状况将渐趋好转，但仍处于较低水平上。

2）1992 年实际生产验证

经过 1992 年一年的实际生产，对预测结果的验证情况如下。

（1）渔业资源总趋势预测。1990 年渔业资源密度值 142.483 kg/h，1991 年 119.713 kg/h，1992 年 120.793 kg/h。预测准确。

（2）粤西黄鳍马面鲀。1990 年 26.3 kg/h，1991 年 19.83 kg/h，1992 年 6.883 kg/h。预测准确。

（3）蓝圆鲹。1991 年 8.033 kg/h，1992 年 19.103 kg/h。预测准确。

（4）鱿鱼资源。1991 年 11.453 kg/h，1992 年 7.063 kg/h。预测准确。

（5）二长棘鲷新苗数量。1991 年 0.203 kg/h，1992 年 2.473 kg/h。预测准确。

（6）金枪鱼、眼镜鱼、竹荚鱼、海鳗、马鲛等。根据各地市县汇报资料综合，前三种趋降，后两种下扬。预测准确度 3∶2。

（7）蛇鲻、金线鱼、大眼鲷、鲱鲤。根据各地市县汇报资料综合，反映了各地区有增有减，属略波动状。预测基本准确。

（8）白姑鱼类、带鱼资源。带鱼，1991 年 3.383 kg/h，1992 年 1.793 kg/h，预测准确；白姑鱼类 1991 年 11.193 kg/h，1992 年 11.763 kg/h，预测欠准。

（9）虾类资源。根据广西水产局统计，1992 年 1—11 月虾类产量 18 869 t，比 1991 年同期的 14 351 t，增长 31.5%，其中，虾业公司产量增长 2.2 倍。预测准确。

（10）各大渔汛。除万山春汛围网渔业预测有较大偏差外，其他渔汛均接近预测情况，尤其是北部湾渔汛预测准确。

第 23 章　主要渔业种类渔业生物学与种群数量变动[*]

23.1　中上层鱼类

23.1.1　蓝圆鲹

蓝圆鲹（*Decapterus maruadsi*）的分类地位、生态类型及其分布海域，在东海篇中的鲹类条目里已有表述，这里不再重复。在南海区，蓝圆鲹俗称：池鱼、棍子等。蓝圆鲹盛产在南海，东海次之。

23.1.1.1　洄游

蓝圆鲹为南海北部陆架区和北部湾多种作业的主要捕捞对象，全年均可捕到，有产卵、索饵集群昼夜垂直移动的习性，但不作长距离洄游（陈再超等，1982）。冬季，随着沿岸水系的消退和外海水伸向沿岸，鱼群逐渐由外海深水区游向近海浅水区集结，分别在珠江口外海水深 120～150 m、珠江口—万山岛水深 30～60 m、粤东甲子—台湾浅滩水深 30～80 m、北部湾东北水深 15～40 m 等区域形成鱼群的密集区。春末夏初，有另一股产卵亲鱼自外海向西偏北的方向洄游，在海南岛东南部海区清澜渔场集结。各处的产卵集群期一般为 2—3 月。夏季系西南季风盛行季节，蓝圆鲹仔稚鱼随着风海流漂游到沿岸浅海海湾，在南澳岛至台湾岛、大亚湾、大鹏湾、红海湾、海南岛东北的七洲岛一带及北部湾沿岸浅海海区，都有大量幼鱼索饵群的分布，通常与其他中、上层鱼类的幼鱼混栖，成为近海围网、定置网渔业的捕捞对象。

23.1.1.2　数量分布

蓝圆鲹资源的平均指数为 1.266 kg/h，资源指数变化为 0.027～79.223 kg/h（陈国宝，2004），资源的平均尾数指数为 36.9 尾/h，资源尾数指数变化为 0.7～3 247.5 尾/h；北部湾及海南岛南部近海蓝圆鲹资源的平均指数为 1.511 kg/h，平均尾数指数为 53.8 尾/h；海南岛以东近海蓝圆鲹资源的平均指数为 1.056 kg/h，平均尾数指数为 22.5 尾/h。北部湾及海南岛南部近海蓝圆鲹资源的平均指数和平均尾数指数均明显高于海南岛以东近海。

---

　　[*]　执笔人：陈丕茂、李建柱

23.1.1.3　渔业生物学

1）群体组成

南海北部蓝圆鲹叉长范围为 65~286 mm，平均叉长为 150.4 mm，优势叉长范围为 120~160 mm，占 50.4%（陈国宝，2004）。北部湾及海南岛南部近海蓝圆鲹叉长范围为 82~286 mm，平均叉长为 145.0 mm，优势叉长范围为 110~160 mm，占 65.6%。海南岛以东近海蓝圆鲹叉长范围为 65~252 mm，平均叉长为 158.7 mm，优势叉长范围为 130~220 mm，占 72.3%。

南海北部近海蓝圆鲹体重范围为 6~354 g，平均体重为 55.0 g，优势体重范围为 20~60 g，占 70.9%。北部湾及海南岛南部近海蓝圆鲹体重范围为 16~354 g，平均体重为 42.0 g，优势体重范围为 20~60 g，占 89.9%。海南岛以东近海蓝圆鲹体重范围为 6~250 g，平均体重为 102.5 g，优势体重范围为 70~140 g，占 66.9%。

2）叉长与体重关系

据陈国宝（2004）的研究，蓝圆鲹叉长与体重的关系：
南海北部近海：$W = 3.093 \times 10^{-5} L^{2.8327}$　（$R = 0.9016$，$N = 453$ 尾）；
北部湾及海南岛南部近海：$W = 1.5943 \times 10^{-3} L^{2.0334}$　（$R = 0.7433$，$N = 356$ 尾）；
海南岛以东近海：$W = 1.9572 \times 10^{-6} L^{3.3816}$　（$R = 0.9894$，$N = 97$ 尾）。

3）繁殖

蓝圆鲹为一次性排卵的鱼类，又具有分群产卵的特征。产卵期从冬季延续到翌年初秋，达 10 个月以上，以 2—4 月为产卵盛期。在不同海域产卵盛期有差别，北部湾为 1—3 月，珠江口为 2—4 月，粤东近海为 2—4 月，海南岛东南的清澜渔汛为 5—6 月等（陈再超等，1982；杨国峰等，1989）。初次性成熟年龄的最小年龄为 1 龄，叉长为 150~160 mm，怀卵量平均为 7 万粒左右，2~4 龄的怀卵量平均为 $8 \times 10^4 ~ 20 \times 10^4$ 粒，4 龄以上的个体生殖力衰退。

4）摄食

蓝圆鲹为广食性（杨国峰等，1989），以摄食浮游生物为主，兼吃小型游泳动物。主要饵料有长尾类的细螯虾、介型类、桡足类、头足类、磷虾和小鱼等，其次为甲壳类的幼体、有孔虫类、毛颚类和糠虾类等。在不同季节和不同海区中，蓝圆鲹所摄食的饵料生物类群基本相同，没有明显的规律性变化。摄食强度白天比晚上高，摄食强度变化不明显，一般秋季略高。

23.1.1.4　渔业现状和资源评价

捕捞蓝圆鲹的工具主要为围网和拖网，定置网、大拉网、刺网和钓具也能捕捞蓝圆鲹但产量不大（陈再超等，1982）。围网渔场主要分布于珠江口、粤东区；拖网渔场主要分布于北部湾、海南岛东北部近岸海区、海陵岛近岸海区、珠江口近海区和碣石湾近海区。由于资源衰退，以往产量很高的清澜、万山等南海北部蓝圆鲹渔场现在均形成不了蓝圆鲹渔汛。

北部湾及海南岛南部近海蓝圆鲹现存资源量为 2 072 t（陈国宝，2004）、现存资源尾数为

7 370 尾，海南岛以东近海蓝圆鲹现存资源量为 2 298 t、现存资源尾数为 4 710 尾，北部湾及海南岛南部蓝圆鲹现存资源量低于海南岛以东，而现存资源尾数高于海南岛以东。

23.1.2　竹䇲鱼

竹䇲鱼（*Trachurus japonicus*）隶属于鲈形目（Perciformes）、鲹科（Carangidae）、竹䇲鱼属（*Trachurus*）。在南海区，竹䇲鱼俗称：大眼池、阔目巴浪等。它为暖水性、中上层鱼类，广泛分布于南海（包括台湾西南外海区、南海北部陆架区和越南南部外海区）、东海及黄海（陈再超等，1982；杨国峰等，1989；赵传绌等，1990；郭金富等）。

23.1.2.1　洄游

竹䇲鱼在产卵期及幼鱼索饵时期，均具有集群洄游的习性。陈国宝（2004）的研究表明，南海北部全年均可捕到竹䇲鱼。

竹䇲鱼的索饵群体可以划分为：以当年幼鱼为主和以 1 龄鱼为主的两个不同群体（陈再超等，1982）。前者分布于南澎列岛西南至台湾岛一带，后者集结于东沙群岛西北水深 80 ~ 150 m 的中、深海区。索饵期为 3—9 月，早春，鱼群由西南的深水区游入粤东外海区，然后逐渐向外海扩散，根据调查结果，粤东外海竹䇲鱼索饵群体的洄游、分布与东沙群岛外海高盐水团的消长关系颇为密切。

23.1.2.2　数量分布

南海北部竹䇲鱼资源的平均指数为 8.758 kg/h，平均尾数指数为 312.0 尾/h（陈国宝，2004）；北部湾及海南岛南部近海竹䇲鱼资源的平均指数为 18.111 kg/h，平均尾数指数为 660.7 尾/h；海南岛以东近海竹䇲鱼资源的平均指数为 0.769 kg/h，平均尾数指数为 14.2 尾/h。北部湾及海南岛南部近海竹䇲鱼资源的平均指数和平均尾数指数均明显高于海南岛以东近海。

23.1.2.3　生物学特性

1）群体组成

南海北部近海竹䇲鱼叉长范围为 80 ~ 290 mm，平均叉长为 145.0 mm，优势叉长范围为 110 ~ 190 mm、占 91.3%（陈国宝，2004）。北部湾及海南岛南部近海竹䇲鱼叉长范围为 80 ~ 210 mm，平均叉长为 144.9 mm，优势叉长范围为 110 ~ 190 mm，占 92.6%。海南岛以东近海竹䇲鱼叉长范围为 85 ~ 290 mm，平均叉长为 145.1 mm，优势叉长范围为 100 ~ 190 mm、占 87.7%。竹䇲鱼平均叉长北部湾及海南岛近海与海南岛以东近海差别不大。南海北部近海竹䇲鱼体重范围为 7 ~ 350 g，平均体重为 49.1 g，优势体重范围为 10 ~ 80 g，占 83.4%。北部湾及海南岛南部近海竹䇲鱼体重范围为 7 ~ 102 g，平均体重为 41.8 g，优势体重范围为 10 ~ 80 g，占 93.3%。海南岛以东近海竹䇲鱼体重范围为 6 ~ 250 g，平均体重为 102.5 g，优势体重范围为 70 ~ 140 g，占 66.9%。竹䇲鱼平均体重是海南岛以东近海的比北部湾及海南岛近海的大。

2）叉长与体重关系

据陈国宝（2004）的研究，竹䇲鱼叉长与体重的关系：

南海北部近海：$W = 6.802\,0 \times 10^{-6} L^{3.132\,9}$ （$R = 0.851\,5$，$N = 580$ 尾）；

北部湾及海南岛南部近海：$W = 4.892\,9 \times 10^{-6} L^{3.197\,6}$ （$R = 0.760\,2$，$N = 470$ 尾）；

海南岛以东近海：$W = 2.109\,4 \times 10^{-5} L^{3.381\,6}$ （$R = 0.991\,9$，$N = 110$ 尾）。

3）繁殖

竹䇲鱼性成熟的最小年龄为1龄，推测南海北部陆架区竹䇲鱼的产卵期为10月至翌年4月份，产卵期间渔获物的年龄组成为：1龄鱼占产卵群体的39.9%，2龄鱼占55.8%，雌雄性比为1.38∶1。

4）摄食

竹䇲鱼是以摄食浮游生物为主、兼吃小型游泳动物和底栖生物的广食性鱼类（陈再超等，1982；杨国峰等，1989；赵传纲等，1990；郭金富等，1994）。主要摄食对象是桡足类、端足类、长尾类、介形类、磷虾、翼足类、甲壳类幼体、鱼类和头足类等。其次是摄食多毛类、有孔虫类、糠虾类、毛颚类和被囊类等。摄食强度以春、秋两季较高，夏季中等，冬季最低。在产卵盛期摄食强度普通较低，产卵前及产卵后摄食活动频繁、摄食强度提高。

23.1.2.4 渔业状况和资源评价

捕捞竹䇲鱼的工具主要为围网和拖网，定置网、大拉网、刺网和钓具也能捕捞竹䇲鱼，但产量不大。以往竹䇲鱼与蓝圆鲹等形成产量很高的清澜、万山、甲子、昌化等渔汛，由于资源衰退，现在均形成不了渔汛（陈再超等，1984）。

据陈国宝（2004）估算，北部湾及海南岛南部近海竹䇲鱼现存资源量为 2.48×10^4 t、现存资源尾数为 90 580 尾，海南岛以东近海竹䇲鱼现存资源量为 1 675 t、现存资源尾数为 3 090 尾，北部湾及海南岛南部近海竹䇲鱼现存资源量、现存资源尾数均明显高于海南岛以东近海。

23.2 底层鱼类

23.2.1 多齿蛇鲻

多齿蛇鲻（*Saurida tumbil*）隶属于灯笼鱼目（Myctophiformes）、狗母鱼科（Synodidae）、蛇鲻属（*Saurida*）。在南海区，多齿蛇鲻俗称：九棍、丁鱼、那哥、沙梭。它分布于印度洋非洲东岸，东至太平洋美洲西岸，南至澳大利亚，我国主要分布于南海、东海，系暖水性、底层鱼类，是南海北部陆架区及北部湾的主要经济鱼类之一，分布广，渔获量高（陈再超等，1982）。

23.2.1.1 洄游

多齿蛇鲻属底栖鱼类，洄游性不强，只作水深深浅的移动。黄梓荣等（黄梓荣等，2004）的研究表明，海南岛以东陆架海区，春季鱼群普遍有向西南移动的趋势，密集分布区从珠江口以南向粤西由东北向西南呈弯曲舌状延伸，珠江口以南栖息水深64 m，粤西鱼群出现几处密集分布区，栖息水深40～70 m深的海区，粤东海区鱼群较分散，无密度分布区；夏季鱼群集中于 40~65 m 深的海区，秋季密集分布区栖息水深 45~70 m，渔获率比较高的分布区在珠江口以南，粤东海区鱼群较分散，无密度分布区；冬季，珠江口以南鱼群有向西移动的趋势，栖息水深约 40 m，渔获率特别高，东海区和粤西海区鱼群较分散。

23.2.1.2 数量分布

南海多齿蛇鲻资源的平均指数为 2.38 kg/h（黄梓荣等，2004）。海南岛以东，一年四季资源的平均指数为 1.89 kg/h，夏季最高，达 2.51 kg/h，秋季、冬季次之，春季最低，仅 1.22 kg/h；北部湾一年四季多齿蛇鲻资源的平均指数为 2.95 kg/h，夏季最高，达 7.10 kg/h，秋季、冬季次之，春季最低，仅 1.17 kg/h。

23.2.1.3 渔业生物学

1）群体组成

海南岛以东多齿蛇鲻的渔获体长范围为 62~315 mm（黄梓荣等，2004）。北部湾多齿蛇鲻的渔获体长范围为 84~288 mm。全调查海区四季节多齿蛇鲻渔获个体体重范围为 12~370 g，平均体重 67.75 g。海南岛以东四季平均体重 53.85 g，其中，春季平均体重 44.85 g，夏季平均体重 56.86 g，秋季平均体重 52.14 g，冬季平均体重 56.36 g；北部湾四季平均体重 87.40 g，其中，春季平均体重 55.09 g，夏季平均体重 105.94 g，秋季平均体重 93.81 g，冬季平均体重 47.22 g。海南岛以东和北部湾平均体重都是夏季最重。

根据体长逆算多齿蛇鲻年龄，Ⅰ龄鱼体长为 166.4 mm，Ⅱ龄鱼体长为 218.2 mm，Ⅲ龄鱼体长为 288.1 mm，Ⅳ龄鱼体长为 346.1 mm。根据 2000—2002 年调查，全海区不足Ⅰ龄鱼（体长小于 166 mm）占 43.3%，Ⅰ~Ⅱ龄鱼（167~218 mm）占 40.2%，Ⅱ~Ⅲ龄鱼（219~288 mm）占 16.3%，Ⅲ~Ⅳ龄鱼（289~346 mm）占 0.1%。其中，海南岛以东不足Ⅰ龄鱼占 61.6%，Ⅰ~Ⅱ龄鱼占 29.3%，Ⅱ~Ⅲ龄鱼占 8.9%，Ⅲ~Ⅳ龄鱼占 0.2%。北部湾不足Ⅰ龄鱼占 26.9%，Ⅰ~Ⅱ龄鱼占 50.1%，Ⅱ~Ⅲ龄鱼占 23.0%。

2）体长与纯体重的关系

多齿蛇鲻体长对数和纯体重对数呈直线增长关系（黄梓荣等，2004），其关系式为：

$$W = 4\ 085 \times 10^{-9} \times L^{3.169}$$

式中：

W——为纯体重（g）；

L——为实测体长（mm）。

3）繁殖

根据南海底层拖网鱼类资源调查结果，多齿蛇鲻雌鱼多于雄鱼，雌雄比波动于（1.50~1.90）:1，产卵群体组成，雌性 120~520 mm，主要为 180~360 mm，雄性 120~420 mm，主要为 200~360 mm。据黄梓荣等（2004）的研究，雌雄比为 1.96:1，产卵群体组成，雌性 133~350 mm，雄性 100~350 mm，性成熟最小体长雌性 133 mm，雄性 100 mm。不同体长的个体产卵量在 $4.0 \times 10^4 ~ 47.8 \times 10^4$ 粒，平均 11.5×10^4 粒。四季皆有性成熟个体，但秋冬季很少，春夏季较多，可以认为多齿蛇鲻终年均可产卵，主要产卵期 3—8 月，也就是春夏季。

以性成熟度4、5期出现较密集的海区作为推定其产卵场依据，则多齿蛇鲻产卵场很广，不集中，主要分布于水深50～90 m的水域。

4）摄食

根据调查结果，鱼类在多齿蛇鲻食物组成中居于首位，出现率75.4%，个数百分比52.4%，已查明有30科。头足类食物组成中居于第二位，出现率11.5%，个数百分比10.0%，甲壳类食物组成中居于第三位，出现率7.5%，个数百分比36.0%。

23.2.1.4　渔业现状和资源评价

多齿蛇鲻属底栖鱼类，捕捞多齿蛇鲻的作业方式主要为底拖网，其次为延绳钓、手钓、流刺网。在北部大陆架和北部湾海区，普遍有鱼群分布，周年均可捕捞。

据黄梓荣等（2004）估算，南海北部海域多齿蛇鲻的现存资源密度见表23.1。

表23.1　南海北部多齿蛇鲻资源密度

海 域	四季节		春		夏		秋		冬	
	kg/km²	尾/km²	kg/km²	尾/km²	kg/km²	尾/km²	kg/km²	尾/km²	kg/km²	尾/km²
海南岛以东	24.39	459.10	15.74	350.71	32.39	577.03	24.90	473.16	24.77	442.45
北部湾	38.06	490.84	15.10	267.35	91.61	993.55	20.39	224.90	19.87	422.06

全海区多齿蛇鲻其渔获个体组成以幼鱼为主，不足一龄鱼比例较高。目前，南海北部和北部湾浅近海经济鱼类资源日益衰退，该鱼种种群越来越少，其渔获个体低龄化，个体平均体重偏低，这是由于捕捞强度不断增大的结果。必须采取一系列措施，保护渔业资源，以便使渔业可持续发展。

多齿蛇鲻年龄结构比较简单，资源较易受环境变化而发生波动。但其生长快，性成熟早，当年鱼就能产卵，群体补充迅速，种群耐受捕捞，只要不是长期的高强度捕捞，资源一般不易被破坏，一旦发生捕捞过度现象，如能及时采取适当措施，资源较易得到恢复。

多齿蛇鲻主要以鱼类、头足类为摄食对象，其中有的种群较有经济价值。因此，对其他经济鱼类的资源有一定影响，但多齿蛇鲻本身也具有一定的经济价值，对其应采取适当的保护措施。

23.2.2　花斑蛇鲻

花斑蛇鲻（*Saurida undosquamis*）隶属于灯笼鱼目（Myctophiformes）、狗母鱼科（Synodidae）、蛇鲻属（*Saurida*）。在南海，花斑蛇鲻俗称：九棍、丁鱼、那哥。它分布于印度洋非洲东岸，东至太平洋美洲西岸，南至澳大利亚，我国主要分布于南海、台湾海峡、东海，黄海分布较少，系暖水性底层鱼类，是南海北部及北部湾的主要经济鱼类之一，分布广，渔获量高（陈再超等，1982；杨国峰等，1989；赵传纲等，1990；郭金富等，1994）

23.2.2.1　洄游

花斑蛇鲻属底栖鱼类，洄游性不强，不作长距离洄游，只作深浅的移动（陈再超等，1982）。

据黄梓荣等（2004）的研究，花斑蛇鲻分布分别为在海南岛以东区域，春季，珠江口以南栖息水深为60~90 m。粤东鱼群分散，无明显集中分布区，粤西形成大范围的密集分布区，栖息水深为50~70 m。夏季，粤东出现一小范围的密集分布区，栖息水深为37 m，珠江口鱼群有一密集分布区，栖息水深为45 m。粤西鱼群有一密集分布区，栖息水深为52 m。秋季，有鱼群密集分布，分布区域呈东北西南走向，栖息水深为40~60 m。粤东粤西鱼群没有密集分布区。冬季，粤东有鱼群密集分布，分布区域呈东西走向，栖息水深为42 m、43 m，珠江口以南鱼群有一密集分布区，栖息水深为89 m，珠江口至上下川有鱼群密集分布，分布区域呈东西走向，栖息水深分别为30~50 m。

在北部湾区域，春季湾中北部鱼群形成一小范围的密集分布区，栖息水深46 m，湾中部和南部鱼群分散移动，没有密集分布区。夏季，湾东北部鱼群分散移动，没有密集分布区，湾中部鱼群有两个密集分布区，栖息水深51 m、62 m，这可能是鱼群在该季节产卵集群所致，湾南部有一密集分布区，栖息水深51 m。秋季湾东北部鱼群无密集分布区，湾南部鱼群，无密集分布区，在该季节由于产卵集群，从深水区向浅水区移动，湾中部鱼群进一步集结，形成范围广阔的密集分布区，栖息水深50~60 m。冬季，湾北部和中部鱼群向深水区分散移动，没有形成密集分布区，湾南部鱼群有集结迹象，但还没有形成范围广的密集分布区。只在海南岛南部海域有一小范围的密集分布区，栖息水深100 m。

23.2.2.2 数量分布

全海区一年四季花斑蛇鲻资源的平均指数为1.90 kg/h（黄梓荣等，2004），海南岛以东，一年四季花斑蛇鲻资源的平均指数为2.37 kg/h，冬季最高，达3.19 kg/h，春季、秋季次之，夏季最低，只有1.48 kg/h；北部湾一年四季花斑蛇鲻资源的平均指数为1.36 kg/h，秋季最高，达2.20 kg/h，冬季、夏季次之，春季最低，只有0.76 kg/h。

23.2.2.3 渔业生物学

1）群体组成

据黄梓荣等（2004）的研究，海南岛以东陆架区（海南岛以东近海）花斑蛇鲻体长范围为55~375 mm。优势体长范围因季节而呈现变化，春季优势体长范围为135~165 mm。夏季优势体长范围为75~100 mm、140~190 mm，秋季优势体长范围为100~160 mm，冬季优势体长范围为115~155 mm。

北部湾花斑蛇鲻体长范围为55~375 mm。春季优势体长范围为140~170 mm，夏季优势体长范围为175~235 mm，秋季优势体长范围为110~155mm、180~250 mm，冬季优势体长范围为135~190 mm。

全调查海区四季节花斑蛇鲻渔获个体体重范围为6~316 g，平均体重49.01 g。海南岛以东四季平均体重44.20 g，其中，春季平均体重44.22 g，夏季平均体重44.25 g，秋季平均体重37.01 g，冬季平均体重46.84 g；北部湾四季平均体重69.10 g，其中，春季平均体重43.25 g，夏季平均体重90.74 g，秋季平均体重88.82 g，冬季平均体重50.91 g。海南岛以东四季节平均体重相差不大，北部湾平均体重夏季最重。

2）体长与纯体重的关系

根据历史资料（杨国峰等，1989），花斑蛇鲻体长对数和纯体重对数呈直线增长关系，其关系式为：

$$W = 2\ 733 \times 10^{-8} \times L^{2.810\ 3}$$

式中：

W——为纯体重（g）；

L——为实测体长（mm）。

3）繁殖

据黄梓荣等（2004）的研究，花斑蛇鲻雌雄比为 1.94:1，产卵群体组成，雌性 130 ~ 326 mm，雄性 100 ~ 415 mm，性成熟最小体长雌性 130 mm，雄性 100 mm。不同体长的个体产卵量在 1.1×10^4 ~ 57.2×10^4 粒，平均 11.3×10^4 粒。1997—1999 年 4 个季度调查资料显示，四季皆有性成熟个体，但秋冬季很少，春夏季较多，可以认为花斑蛇鲻终年均可产卵，主要产卵期为春夏季。以性成熟度 4、5 期出现较密集的海区作为推定其产卵场依据，则花斑蛇鲻产卵场很广，不集中，主要分布于水深 40 ~ 90 m 的水域。

23.2.2.4　渔业状况和资源评价

花斑蛇鲻属底栖鱼类，其主要作业渔具为底拖网，其次为手钓、延绳钓及刺网（陈再超等，1982）。黄梓荣（黄梓荣等，2004）研究表明，全年以珠江口至粤东海区为主要渔获区，冬季鱼群较为密集。以珠江口、粤西、北部湾中部为主要密集分布区。该鱼种终年都可捕获，渔期较长。花斑蛇鲻栖息的底质一般以砂质海区最高，泥质海区最低。南海北部在处于不同性质水系交汇处，往往出现上升流，营养盐比较丰富，为饵料生物的生长和繁殖提供优良的环境因素，形成饵料生物的高密区，成为多种鱼类的索饵场，而花斑蛇鲻主要是肉食性，所从就成为花斑蛇鲻的索饵场。花斑蛇鲻成熟早，当年鱼就能大量成熟产卵，个体绝对生殖力大，当资源受到破坏时，具有较好迅速恢复能力。

据黄梓荣等（2004）估算，南海北部海域花斑蛇鲻资源密度见表 23.2。

表 23.2　南海北部花斑蛇鲻的资源密度

海域	4 季节		春		夏		秋		冬	
	kg/km²	尾/km²	kg/km²	尾/km²	kg/km²	尾/km²	kg/km²	尾/km²	kg/km²	尾/km²
海南岛以东	30.58	707.23	37.94	873.29	19.10	458.19	21.16	559.61	41.16	893.03
北部湾	17.55	286.71	7.74	216.26	13.81	163.48	28.39	323.48	18.32	448.26

23.2.3　长尾大眼鲷

长尾大眼鲷（*Priacanthus tayenus*）隶属于鲈形目（Perciformes）、大眼鲷科（Priacanthidae）、大眼鲷属（*Priacanthus*）。在广东，长尾大眼鲷俗称：大眼鸡、大目、目连、大眼圈等。它分布于印度洋、菲律宾、印度尼西亚、澳大利亚及中国的南海和东海。长尾大眼鲷属于暖水性近底层鱼类，在大眼鲷属中产量较大，是南海底拖网、流刺网主要捕捞对象之一（陈再超等，1982；杨国峰等，1989；赵传细等，1990；郭金富等，1994）。

23.2.3.1　洄游与数量分布

长尾大眼鲷分布范围较小，在南海北部大陆架海区主要以水深 40 ~ 90 m 水域的渔获率最高，北部湾海域主要分布于水深40～80 m的海区。南海北部大陆架海域和北部湾海域长尾大眼鲷的产卵期基本一致为每年4—7月，产卵盛期为5—7月。繁殖盛期群体主要聚集到水深26～67 m，底温平均为20.61～25.12℃，底盐为32.89～34.59的南海大陆架浅海及北部湾口产卵索饵（杨国峰等，1989），产卵场主要分布于珠江口的万山东南、粤西的海陵岛南面、北部湾口、夜莺岛和红弱岛等海区。

长尾大眼鲷没有明显的洄游路线，一般只作短距离的深浅移动。根据2000—2002年调查资料，南海北部大陆架海域春季鱼群逐渐向水深较浅的近海集结进行索饵产卵，密集区主要集中在大陆架浅海，以海南岛东部和珠江口东部鱼群的密集度较高，夏季随着幼鱼的逐渐发育鱼群逐渐分散，只有在汕头的近海形成一个较小的密集区，秋季当年生的幼鱼和成鱼逐渐分散到近海区进行索饵育肥，冬季以后长尾大眼鲷逐渐向近海移动，主要密集分布于珠江口近海和海南岛东面的近海区。

北部湾春末以后鱼群逐渐聚集于海南岛西侧和西北部进行索饵产卵，夏季随着幼鱼的逐渐发育鱼群呈分散状态，北部湾中部在海南岛西侧有一个高密集区，其位置比春季向北移动了60 n mile左右。秋季当年生的幼鱼和成鱼逐渐向较深水区移动，鱼群密集度加大。冬季鱼群分散，主要分布于北部湾南部三亚港西南面的近海区。

23.2.3.2　渔业生物学

据孙典荣（2004）的研究，长尾大眼鲷渔获的最高年龄为3龄，渔获年龄组成以0龄和1龄为主，其中0龄占48.6%，1龄占39.3%，2龄占10.8%，3龄所占的比例较小。依各龄鱼逆算体长拟合而成的生长方程为 $L = 274.9\left[1 - e^{-0.3136(t+1.8)}\right]$，体长 L（mm）与体重 W（g）的关系为 $W = 6\,790 \times 10^{-8} L^{2.7967}$。该鱼雌性最小性成熟为1龄，雌性最小性成熟体长为120～129 mm，体重为50～59 g；雄性最小性成熟体130～139 mm，体重为60～69 g。该鱼种卵子为分批成熟，属分批产卵类型，个体绝对生殖力为2.23万～12.65万粒，平均为6.31万粒。

南海北部大陆架长尾大眼鲷全年的体长范围为65～270 mm，优势体长组为101～120 mm，体重范围为9.0～525 g，优势体重组为31～70 g；北部湾海区全年的体长范围为116～270 mm，优势体长组为121～150 mm，体重范围为42～450 g。

23.2.3.3　渔业现状和资源状况

长尾大眼鲷属于底层经济鱼类，是南海北部底拖网的主要捕捞种类之一，产量较大，在广东沿海和北部湾底拖网和流刺网的主要捕捞对象，渔场范围广，底拖网全年均可捕获（陈再超等，1982）。

南海北部大陆架区长尾大眼鲷渔场大多分布在浅、近海水域，主要有珠江口东部浅、近海，渔汛期为5—7月，粤西东部浅、近海，渔汛期为3—6月，渔获以繁殖群体为主，此外每年的6—8月广东的南澳—海门、汕尾、横琴—上下川、海陵岛、雷州半岛东侧水深30 m以浅，也常常出现一些长尾大眼鲷幼鱼的密集区。

北部湾由于水深大多不超过100 m，生态条件较适合长尾大眼鲷的栖息和繁殖，大部分水域终年均可捕到不同体长的群体。幼鱼时期分布在越南、广西沿岸浅水区，成鱼多分布于水深40～80 m的湾中部、湾口水域。产卵场分散，几乎到处均可捕到产卵亲鱼。主要渔场分布于夜莺岛东南的浅近海区，渔汛期为10月翌年4月，主要捕捞成幼鱼群体，其次是湾口，汛期全年，以捕捞成鱼为主。

据孙典荣（2004）估算，南海北部长尾大眼鲷现存的资源量，估算结果见表23.3。

表23.3　南海北部长尾大眼鲷现存的生物量密度和资源量的估算

海域	面积 /km²	春季		夏季		秋季		冬季	
		密度 /（kg/km²）	数量 /t	密度 /（kg/km²）	数量 /t	密度 /（kg/km²）	数量 /t	密度 /（kg/km²）	数量 /t
全海区	374 032	9.61	3 590	12.71	4 750	12.82	4 800	14.02	5 240
大陆架	210 032	9.86	2 070	7.57	1 590	5.43	1 140	17.71	3 720
北部湾	164 000	9.29	1 520	19.29	3 160	22.29	3 660	9.29	1 520

长尾大眼鲷的寿命短成熟早，个体绝对繁殖力大，种群的更新作用快，最高年龄为Ⅲ龄，Ⅰ龄以后死亡率大，补充群体大于剩余群体，捕捞群体主要由一二个年龄组组成，因此一两个世代的丰歉就能显著影响渔获的增减。

23.2.4　短尾大眼鲷

短尾大眼鲷（*Priacanthus macracanthus*）隶属于鲈形目（Perciformes）、大眼鲷科（Priacanthidae）、大眼鲷属（*Priacanthus*）。在广东，短尾大眼鲷俗称：大眼鸡、大目、目连、大眼圈等。它分布于印度洋、菲律宾、印度尼西亚、澳大利亚及中国的南海和东海，向北可延至日本、朝鲜，属于暖水性近底层鱼类，在大眼鲷属中产量较大，在南海主要是底拖网、流刺网等的主要捕捞对象之一（陈再超等，1982）。

23.2.4.1　洄游与数量分布

短尾大眼鲷分布范围较广，从水深17 m的浅海到水深440 m的大陆斜坡上缘，都可捕捞到它的零星群体，30 m以内甚少，主要分布在水深200 m以内的大陆架海区，南海北部大陆架主要分布在90～190 m水深处，产卵群体主要分布于在71～107 m等深线内，由海南岛东部向东北延伸到台湾浅滩海区（陈再超等，1982；曾炳光等，1990；郭金富等，1994）。短尾大眼鲷没有明显的洄游路线，但密集区随季节的变化是比较明显的。冬末以后随着水温的逐渐升高，部分鱼群逐渐游到较浅水域，直到春末时期。春末夏初群体主要分布于南海北部大陆架水深70～100 m的近海和北部湾口水深50～70 m的海区，到了秋季以后部分鱼群逐渐汇集到大陆架外海和北部湾外深水区，形成一些新的密集区。

23.2.4.2　渔业生物学

据孙典荣（2004）的研究，短尾大眼鲷的渔获年龄组为0～3龄，但以不足1龄的当年生的幼鱼占绝对优势。依各龄鱼逆算体长拟合而成的生长方程为 $L = 284.9\left[1 - e^{-0.314(t+1.925)}\right]$，体长与体重的关系为 $W = 5.034 \times 10^{-5} L^{2.85}$。该鱼种的性成熟早，最小性成熟的年龄为1龄，雌性的最小性成熟体长为140～149 mm，体重为70～79 g，雄性体长为150～159 mm，体重为80～89 g，开始大量成熟及产卵的体长，雌、雄性均在170 mm以上，主要的产卵群体以170～240 mm为主；该鱼种卵子为分批成熟，属分批产卵类型，个体绝对生殖力为 4.96×10^{4} ～ 37.40×10^{4} 粒；短尾大眼鲷是广食性鱼类以摄食浮游生物为主、兼食底栖生物和游泳动物，食物类群复杂，幼鱼和成鱼的食性相似，无明显的食性转换现象。

413

23.2.4.3 渔业现状和资源状况

短尾大眼鲷在广东沿海和北部湾底拖网和流刺网的主要捕捞对象，渔场范围广，底拖网全年均可捕获（陈再超等，1982；杨国峰等，1989）。

南海北部大陆区的渔场和渔期主要有粤东近海、外海，渔汛期为6—8月，珠江口东部近海，汛期为3—7月，渔获物以繁殖群体为主，并混有一些体长为20~60 mm的幼鱼。在繁殖季节结束后，鱼群比较分散，逐渐向较深水域移动，渔场大多分布在近海、外海深水区，渔场主要分布在粤东东部及西部外海、珠江口外海和粤西外海，渔汛期为11月至翌年1月。

北部湾海区，短尾大眼鲷幼鱼发育早期多分布在越南近岸较浅水域，成鱼多分布在较深的湾口、湾外海区。渔场主要位于湾口和湾外东部水域，终年都有鱼群聚集，为短尾大眼鲷的良好渔场。在湾口，渔汛期为1—4月，在湾外，旺汛期出现在11—12月。

据孙典荣（2004）估算，短尾大眼鲷现存的资源量结果如表23.4。

表23.4　南海北部短尾大眼鲷现存的生物量密度和资源量的估算

海域	面积/km²	春季		夏季		秋季		冬季	
		密度/(kg/km²)	数量/t	密度/(kg/km²)	数量/t	密度/(kg/km²)	数量/t	密度/(kg/km²)	数量/t
374 032	10.37		3 880	15.61	5 840	58.02	21 700	26.63	9 960
210 032	8.90		1 870	6.84	1 440	4.90	1 030	16.00	3 360
164 000	12.26		2 010	26.84	4 400	126.06	20 670	40.26	6 600

23.2.5　白姑鱼

白姑鱼（*Argyrosomus argentatus*）隶属于鲈形目（Perciformes）、石首鱼科（Sciaenidae）、白姑鱼属（*Argyrosomus*）。曾用中文名：印度白姑鱼。在广东，白姑鱼俗称：鲩鱼、白鲩（陈再超等，1982）。它为暖温性、近底层鱼类（赵传细等，1990），分布于印度洋和太平洋西部海域，我国沿海均有分布。白姑鱼是产量较高的食用经济鱼类，其数量以东海较多，南海北部次之，在黄海、渤海，白姑鱼属次要经济鱼种。

23.2.5.1　洄游

南海北部白姑鱼的分布特点与东中国海种群有明显的差别，主要分布在近岸水域，没有明显的长距离洄游。在南海北部，白姑鱼分布范围较广（陈再超等，1982），从河口、海湾和沿岸浅海至水深110 m陆架海域均有出现，但主要分布在水深60 m以浅水域，60 m以深海域数量明显较少。南海北部白姑鱼在产卵时期集结成较大的群体，并向沿海浅水区域移动，产卵场比较分散，大多在30 m以内的浅海，在非产卵时期鱼群一般分散栖息于较深海域（陈再超等，1982）。从2000—2002年调查结果也可看出，白姑鱼幼鱼阶段主要分布于近岸水域，随着个体的生长向较深海域移动。

北部湾白姑鱼群体每年有两个产卵期，分别为春季的3—4月和秋季的10—11月，春季为主要产卵期，已知的主要产卵场在海南岛西岸及雷州半岛西岸。另外，越南湄岛附近海域也是一处产卵场。春季产卵期，栖息于北部湾口、个体较大的亲鱼首先集群洄游至海南岛西岸莺歌海至感恩一带渔场产卵，产卵结束后南移且分散；秋季产卵鱼群洄游集结于越南虎岛附近海域；在雷州半岛以西的涠洲岛附近海域，春秋两季均有亲鱼产卵。在海南岛西部海域产卵的鱼群，个体多数较大；在北部湾北部和西部海域产卵的鱼群，个体多数较小。广东近海白姑鱼群体的主要产卵期为5—8月，其中，6月为产卵盛期，但从幼鱼的出现情况推测，秋季仍有鱼群产卵，产卵场主要在珠江口和汕尾近海，另外，雷州半岛东部近海也是一处产卵场。

23.2.5.2　数量分布

据邱永松等（2004）的研究，海南岛以东海域白姑鱼分布的水深范围较广，但主要分布在40 m以浅海域。水深40 m以浅的沿岸海域四季白姑鱼资源的平均指数为0.81 kg/h，40 m以深的近海虽有鱼群分布，但资源指数明显较低。由此可以看出，其指数随水深的增加而下降，在沿岸未作调查的浅海区应有更高的资源密度。白姑鱼资源的平均指数的季节变化也相当明显，从春季至秋季，其指数呈上升趋势，春季补充群体出现之前指数最低；夏季之后，随着补充群体的加入，资源指数明显上升；至秋季，达全年最高。

23.2.5.3　渔业现状和资源评价

南海北部的白姑鱼为重要食用鱼类（陈再超等，1982），产量尚多；捕捞方法以底拖网为主，其他渔具包括围网、刺网、定置网和钓具等；在群体集结的生殖期间，可用围网和刺网捕捞，在鱼群分散的非生殖季节，可用延绳钓和手钓捕捞；白姑鱼特别是其幼鱼出现于沿岸及河口水域，为沿岸虾拖网所兼捕。该种类的渔场广泛分布在南海北部40 m以浅水域，全年皆可作业，以2—5月和8—12月为捕捞盛期，在底质为泥和泥砂质的海域渔获明显较多，高资源密度出现的底层温度范围在20.2～26.5℃。

据邱永松等（2004）的研究，估算南海北部白姑鱼的现存资源量，南海北部白姑鱼的年均现存资源量约9 480 t，其中，约440 t分布于海南岛以东陆架区，9 040 t分布于北部湾。白姑鱼资源量的季节变化非常明显，春季补充群体出现之前资源量极低，夏季补充群体出现之后资源量达到最高为13 840 t。

23.2.6　红鳍笛鲷

红鳍笛鲷（*Lutjanus erythopterus*）隶属于鲈形目（Perciformes）、笛鲷科（Lutianidae）、笛鲷属（*Lutianus*）。中文名还有：红笛鲷。俗称：红鱼、红曹、红鸡、横笛鲷。它为暖水性、近底层鱼类，分布于非洲东岸、印度、中国、澳大利亚、菲律宾、日本等地的近海。在我国，红鳍笛鲷产于南海、东海，其中以南海北部数量较多，为南海重要经济鱼类，是底拖网和延绳钓渔业的捕捞对象之一，渔获量虽然不高，但经济价值极大（陈再超等，1982；曾炳光等，1989；赵传细等，1990）。

23.2.6.1　洄游

红鳍笛鲷在南海北部以及西沙、南沙群岛海区为常栖性鱼种，属定居性种类，没有明显的洄游，只是随季节的变动和水文条件的变化而稍作移动。它在水深17～124 m的海域均有分布，其中以水深60～90 m海域数量最多（陈再超等，1982）。幼鱼多数分布在40 m以内浅水区，随着鱼体长大，逐渐游向深水，成鱼一般多分布在40 m以上的深水区，大型个体分布于90 m以上的海域，但数量不多。20世纪60年代，红鳍笛鲷主要分布在珠江口南部至海南岛东部，水深 60 ~ 90 m 一带，尤其在 20°00′ ~ 22°50′N、111°40′ ~ 112°50′E 一带，鱼群更为密集。自 70 年代以来，上述海域鱼群的主要密集区已渐趋消失，80 年代初，密集区已大为缩小，并转移到海南岛东部 18°30′ ~ 19°00′N、110°30′ ~ 110°00′E，水深 100 m 附近的小范围内，其他海域的分布密度不大（赵传绌等，1990）。

23.2.6.2　数量分布

根据 1982 年的调查，海南岛东南部水深 100 m 附近的资源指数相对较高，为 4.07 kg/h，其余海域的指数均很低，一般年平均值不超过 1.5 kg/h（曾炳光等，1989）。1997—1999 年南海北部底拖网调查，红鳍笛鲷资源的平均指数为 0.027 kg/h，指数变化为 0.000 ~ 0.121 ~ 35.095 kg/h，资源的平均尾数指数为 0.015 尾/h；北部湾及海南岛南部近海红鳍笛鲷资源的平均指数为 0.030 kg/h，平均尾数指数为 0.042 尾/h；海南岛以东近海红鳍笛鲷资源的平均指数为 0.012 kg/h，平均尾数指数为 0.001 尾/h。北部湾及海南岛南部近海红鳍笛鲷资源的平均指数和平均尾数指数均明显高于海南岛以东近海。

23.2.6.3　渔业生物学

1）群体组成

红鳍笛鲷属于大型经济鱼类，1 龄鱼的体长可达 200 ~ 260 mm，生命周期较长，最大年龄可达 6 龄，最大体长为 660 mm 左右。据 20 世纪 60 年代中期的调查资料，渔获群体的年龄由 0 ~ 6 龄组成，以 0 龄、1 龄、2 龄、5 龄为主，各龄体长的分布范围为：0 龄为 150 ~ 200 mm，1 龄为 200 ~ 260 mm，2 龄为 270 ~ 320 mm，3 龄为 340 ~ 430 mm，4 龄为 410 ~ 490 mm，5 龄为 470 ~ 550 mm，6 龄主要众数在 560 mm 左右（赵传绌等，1990）。

据 1997—1999 南海北部底拖网调查资料，红鳍笛鲷群体的体长范围为 160 ~ 780 mm，其中，北部湾及海南岛南部近海红鳍笛鲷体长范围为 160 ~ 390 mm，海南岛以东近海仅捕获红鳍笛鲷 1 尾，体长为 780 ~ 780 mm；南海北部近海红鳍笛鲷群体的体重范围为 121 ~ 10 000 g，其中，北部湾及海南岛南部近海红鳍笛鲷体重范围为 121 ~ 1 750 g，海南岛以东近海捕获 1 尾红鳍笛鲷体重为 10 000 g。

2）体长与体重关系

红鳍笛鲷体长（L）与体重（W）的关系式为：

$$W = 6.057 \times 10^{-5} L^{2.85}$$

体长生长方程为：

$$L_t = 8.276 \left[1 - e^{-0.17(t + 0.62)} \right]$$

一般来说，红鳍笛鲷的体长、体重：体长为 470 mm 时，体重为 3 000 g；体长为 400 mm 时，体重为 2 000 g；体长为 330 mm 时，体重为 1 500 g（陈再超等，1982）。

3）繁殖

红鳍笛鲷的发育很快，体长约 150 mm 即可区分雌、雄，体长达 260 mm 时开始第一次产卵，因此，红笛鲷的生物学最小型为 260 mm。该鱼的产卵期较长，由 3 月份开始，延续到 7 月，甚至在 2 月、8 月、9 月、11 月都曾发现性成熟的个体。11—12 月份亲鱼性腺开始发育，

1—2月份性腺指数迅速上升，3月份大部分接近成熟，4月份大量产卵，6月份达到产卵高峰，7月份虽有部分亲鱼继续产卵，但性腺指数（GSI）已开始下降。

红鳍笛鲷性成熟的最小年龄为2龄，产卵群体主要由3～5龄的鱼组成。个体的绝对生殖能力相当高，根据抽样测定，个体的平均怀卵量为166万粒。产卵期为4—7月，以4—5月为盛期（曾炳光等，1989）。广东海区的产卵场位于海南岛以东，水深100 m左右的海区，底质为沙泥，底层水温为18.9～20.0℃，盐度为34.51～34.56；北部湾的产卵场位于水深40 m附近海区，以昌化江口外为主（赵传纲等，1990）。

4）摄食

红鳍笛鲷为广食性鱼类，以捕食鱼类为主，兼食底栖生物；也摄食浮游生物，但数量极少，属于偶食性饵料。而其幼鱼的食物组成中则以短尾类等底栖生物所占的比例稍大些（曾炳光等，1989）。红鳍笛鲷终年都摄食，生殖期间亦不间断，强度以夏季最高，冬季最低。其所摄食的饵料种类很多，常见的有：鱼类、长尾类、短尾类、等口类、海参类、头足类；偶见的有：多毛类、腹足类、斧足类、异尾类、介形类、端足类、蛇足类等。其中，鱼类占27%，长尾类和短尾类各占25%左右。体长150 mm以下的幼鱼较少以鱼类为饵料，可能是鱼类行动较快，不易捕获。根据摄食量分析结果，日间的空胃率为16.7%，夜间空胃率占25.2%。产卵期间仍然摄食，但摄食强度下降，多嗜食新鲜鱿鱼。

23.2.6.4 渔业现状和资源评价

广东省的红鳍笛鲷年收购量在20世纪50年代中、后期为$3 \times 10^4 \sim 4 \times 10^4$ t，60年代初期，逾4×10^4 t。自此以后，处于波动性下降，至1968年，不满300 t，以后又趋上升，至1975年恢复到逾1.6×10^4。海南岛历史上最高年收购量为2.4×10^4 t，其中，昌化渔汛最高收购量为1.7×10^4 t。近年，资源衰退严重，南海北部拖网偶有渔获（陈再超等，1982）。

捕捞红鳍笛鲷的工具有多种，其中以底拖网为主。采用风帆船底拖网和机轮底拖网作业都有一定的效果。但前者由于受自然条件和托速的限制，往往选择不到最优良的渔场；后者由于拖速快，扫海面积大，其效果较佳。据有关历史资料记载，北部湾机轮拖网红鳍笛鲷渔获量占总渔获量的14%左右。除了底拖网外，还可采用延绳钓生产。另外，使用底层流刺网也能捕捞红鳍笛鲷，海南岛海口市渔民使用这种渔具进行生产，曾获得较好的效果（陈再超等，1982）。

据1997—1999年的南海北部底拖网调查，北部湾及海南岛南部近海红鳍笛鲷现存资源量为174 t、现存资源尾数为29×10^4尾，海南岛以东近海红鳍笛鲷现存资源量为70 t、现存资源尾数为69×10^4尾，北部湾及海南岛南部红鳍笛鲷现存资源量和现存资源尾数均高于海南岛以东。

23.2.7 二长棘鲷

二长棘鲷（*Parargyops edita*）隶属于鲈形目（Perciformes）、鲷科（Sparidae）、二长棘鲷属（*Parargyops*）。在南海区，二长棘鲷俗称：立鱼、红立鱼、立花、赤鯮、血鲷、圆头立等。它为暖温性、近底层鱼类，分布于太平洋西部的中国、朝鲜、日本、越南和印度尼西亚等海域。在我国，二长棘鲷产于南海和东海，其中，在南海北部和东海南部数量较多，是底拖网渔业的捕捞对象之一，经济价值较高。在南海北部，特别是北部湾海域，二长棘鲷是底拖网的主要捕捞对象（陈再超等，1982；杨国峰等，1989；赵传细等，1990；郭金富等，1994）。

23.2.7.1 洄游

二长棘鲷广泛分布于北部湾及湾口海域，从水深3～4 m的浅海至湾口水深100 m的水域都有出现（陈再超等，1982；杨国峰等，1989；郭金富等，1994），但分布水深一般不超过120 m，成鱼较多地分布在水深60～90 m的近海区，幼鱼多出现在近岸浅水区。该鱼种在产卵前有作生殖洄游的习性，产卵场大多分布在水深50 m以浅的沿岸浅海区，生殖季节时大量集群游向近岸浅水区产卵。二长棘鲷的繁殖期主要出现在水温较低的12月至翌年3月，不同海区产卵期略有差异，北部湾的主要产卵期为12月至翌年1月。二长棘鲷幼鱼出生后浅水区域育肥成长，随着个体的成长向深水区域移动。

23.2.7.2 数量分布

据邱永松等（2004）的研究，北部湾二长棘鲷分布于17～105 m水深的海域。高渔获率主要分布于40～60 m、70～80 m水深组的海域，资源的平均指数变化范围在36.74～54.52 kg/h，尤以70～80 m水深海域最高，其次是60～70 m、80～90 m水深的海域，指数分别为15.46 kg/h和17.06 kg/h；100～105 m水深的海域的资源指数最低为0.52 kg/h，其余水深组海域渔获率范围在3.07～8.10 kg/h。

二长棘鲷的生命周期短，其渔获率的季节变化较好反映了生长、补充和捕捞死亡状况。春季，除东北部浅海的鱼群集结外，湾内渔获率普遍较低；夏季至秋季，随着幼鱼群体的迅速生长和补充，湾内的渔获率明显上升，秋末至冬季，鱼群主要集结在北部湾东北部的浅海区，在北部湾南部海域渔获率则明显下降，由于二长棘鲷在东北部浅海季节而形成捕捞产卵群体的渔汛，鱼群被大量捕捞而使渔获率明显下降，至春季由于补充前渔获率最低。

23.2.7.3 渔业生物学

1）群体组成与生长

据邱永松等（2004）的研究，渔获体长范围为32～204 mm，优势体长组为70～99 mm占51.8%。二长棘鲷幼鱼生长快，年初出生的幼鱼5月份可以长至体长60～80 mm、体重10～20 g；满1周年幼鱼体长可达100～120 mm，对应体重为40～70 g。根据以往对二长棘鲷生长的研究，从1龄鱼到2龄鱼时，其体长的增长为30 mm，往后体长增长速度略有下降，依各龄鱼逆算体长拟合而成的生长方程为$L = 351.7 \left[1 - e^{-0.532(t+1.8)} \right]$。二长棘鲷性成熟早，最小性成熟为1龄，雌性性成熟的最小体长为112 mm，体重为63 g，产卵群体的体长范围为100～229 mm，以110～140 mm的1龄鱼占绝对优势。

渔获二长棘鲷体重范围在7～175 g（邱永松等，2004），平均体重为44.58 g，二长棘鲷体重组成有明显的季节差异；春季，渔获二长棘鲷体重组成范围在27～121 g，平均体重为26.12 g，是四个季度最低；夏季，渔获二长棘鲷体重范围在7～175 g，体重平均为37.3 g，居第三位；秋季，渔获二长棘鲷体重范围在12～150 g，平均体重居首位，为63.72 g；冬季，二长棘鲷体重范围在41～156 g，平均体重为51.17 g，居第2位。

2）体长与体重的关系

据邱永松等（2004）的研究，北部湾二长棘鲷体长和体重相关方程式为：$W =$

$0.001\,6L^{2.154\,4}$。

春季渔获二长棘鲷体长范围在 32～133 mm，优势体长范围在 63～104 mm，这些幼鱼密集地分布在湾的北部海域，是 12 月至翌年 2 月冬季产卵繁殖并停留在附近海域索饵的幼鱼群体，其余大于 1 龄的群体分散于湾内各海域。夏、秋季二长棘鲷分散于湾的各渔区，鱼群分散而群体组成比较复杂，既有当年生长的幼鱼，也有相当比例的大于 1 龄鱼的个体，体长范围在 32～184 mm。冬季，二长棘鲷体长范围在 83～204 mm，优势体长为 89～116 mm，该群体密集地分布在湾的北部和海南岛西沿岸海域。

23.2.7.4 渔业现状和资源评价

二长棘鲷是北部湾海域主要经济鱼类之一，个体重量在 150 g 以上属优质鱼类，该鱼在北部湾海域的产量最大，是北部湾底拖网渔业的主要捕捞对象之一，底拖网全年都捕捞（陈再超等，1982；杨国峰等，1989）；此外凡可为钓具、刺网所捕获，在沿岸浅水区敷设的鱼箔以及手拉网等可捕获其幼鱼。二长棘鲷渔场范围广，全年可捕捞。该鱼种喜结群生活，产卵鱼群和幼鱼时期群体尤为密集。北部湾海域二长棘鲷的主要渔场有三处，分别位于北部湾浅海渔场、北部湾西部浅渔场和中南部渔场，北部浅海渔场的渔汛期分别为 11 月至翌年 2 月和 6—8 月，11 月至翌年 2 月的冬季渔汛以捕捞产卵群体为主，中心渔场位于 388、389、390 等渔区；6—8 月的夏季以捕捞当年出生的幼鱼群体为主；北部湾西部浅海渔场位于越南沿岸海域，渔汛期为 8—10 月，以捕捞低龄鱼为主；中南部渔场渔获物以高龄鱼占优势，渔汛期为 8—12 月，其中，湾口外侧东部渔场的渔汛期为 10—12 月。

据邱永松等（2004）估算，北部湾海域二长棘鲷资源平均密度为 302.3 kg/km²，现存资源量为 38 817 t。

23.2.8 条尾绯鲤

条尾绯鲤（*Upeneus bensasi*）隶属于鲈形目（Perciformes）、羊鱼科（Mullidae）、绯鲤属（*Upeneus*）。在南海区，条尾绯鲤俗称：红线、金线鲤等。它为暖水性、底层鱼类（陈再超等，1982），分布于非洲东岸、印度、马来半岛、太平洋西岸中国、菲律宾、印度尼西亚、澳洲等海域。我国产于南海，其中以北部湾海域为主产水域，条尾绯鲤是底拖网的主要捕捞对象之一（陈再超等，1982；杨国峰等，1989；赵传纲等，1990；郭金富等，1994）。

23.2.8.1 洄游

条尾绯鲤广泛分布于北部湾和湾口以及南海北部大陆架浅、近海域，从水深 16～110 m 范围水域都有该鱼出现，其中，水深 30～70 m，群体分布最密集，栖息底质以泥质最佳，泥砂质又次之，沙质最差，北部湾海域条尾绯鲤产卵场分布较广，凡水深在 40 m 以浅的水域均有产卵鱼群，湾东海域一般产卵个体较大，在湾西岸海域产卵较小（陈再超等，1982；杨国峰等，1989）。春初，分布湾口附近各处鱼群开始向湾顶东北部作生殖洄游；春末至夏初，条尾绯鲤的产卵群在北部湾北部集结形成鱼群密集区并开始产卵；秋季，产卵后的鱼群与幼鱼均继续在产卵场水域索饵成长；入冬以后，冷空气入侵北部湾水域，水温下降，此时，鱼群开始向湾口海域洄游移动。

海南岛以东大陆架区水域的条尾绯鲤一般只作不同程度的深浅移动，该群体的产卵期为 5—8 月，但产卵场均不明显，在产卵季节，鱼群多集结于珠江以西水域内 399、398 以及珠江以东的 327、328 等渔区。

23.2.8.2　数量分布

据陈丕茂等（2005）的研究，南海北部大陆架，浅海、近海以及北部湾水域的条尾鲱鲤分布于 40～120 m 水深的海域，以 90～105 m 水深的海域的资源指数最高，为 54.87 kg/h，其次是 60～80 m 水深的海域，资源指数范围在 21.35～37.23 kg/h，40～50 m 水深的海域指数为 11.61 kg/h，100 m 以深的海域的指数为 2.36 kg/h，30～40 m、50～60 m 水深的海域指数最低，分别为 0.21 kg/h、0.69 kg/h，30 m 以浅的海域没有渔获。

23.2.8.3　群体组成

北部湾水域渔获的条尾鲱鲤体长范围为 68～173 mm（陈丕茂等，2005），平均体长为 110.4 mm，优势组为 101～120 mm，占 35.8%。春季，北部湾水域渔获条尾鲱鲤体长范围为 76～142 mm，平均体长为 101 mm，优势范围为 101～120 mm，占 41.3%，81～100 mm 占 40.0%。夏季，条尾鲱鲤体长范围为 68～173 mm，平均体长为 111 mm，优势组为 81～100 mm，占 27.8%；101～120 mm，占 24.0%。秋季，条尾鲱鲤体长范围为 76～154 mm，平均体长为 107.7 mm，优势体长为 101～120 mm，占 46.7%；81～100 mm，占 32.1%。冬季，渔获条尾鲱鲤体长范围为 92～172 mm，平均体长为 124.5 mm，优势体长为 121～140 mm，占 38.1%；101～120 mm，占 36.5%。

南海北部浅、近海水域渔获条尾鲱鲤体长范围为 69～158 mm，平均体长为 102.2 mm，优势体长为 100～120 mm，占 43.0%。春季，渔获条尾鲱鲤体长范围为 69～146 mmm，平均体长为 105 mm，居四季首位，优势体长为 100～120 mm，占 46.4%，87～100 mm，占 38.8%。夏季，渔获条尾鲱鲤体长范围为 51～164 mm，平均体长为 91 mm，优势体长为 81～100 mm，占 31.4%，101～120 mm，占 24.5%。秋季，渔获条尾鲱鲤体长范围为 71～132 mm，平均体长为 99.4 mm，优势体长组为 81～100 mm，占 53.2%。冬季，渔获条尾鲱鲤体长范围为 74～158 mm，平均体长为 102.3 mm，优势体长组为 100～120 mm，占 39.0%。

23.2.8.4　渔业状况和资源评价

条尾鲱鲤是底拖网经济鱼类之一，属优质鱼类，只因是个体较小，底拖网生产春、夏季产量高，秋、冬季渔获率低（陈丕茂等，2005）。

北部湾海域条尾鲱鲤周年渔获率主要分布于湾中部偏东至湾口海域，大陆架浅、近海水域该鱼主要分布于珠江 50～90 m 水深以东水域。

估算南海北部大陆架浅、近海和北部湾的条尾鲱鲤资源密度现存量，年平均密度为 181.27 kg/km；南海北部浅、近海条尾鲱鲤资源量约为 266.48 t。北部湾及湾口海域条尾鲱鲤年平均密度为 128.4 kg/km，年资源量为 109.15 t。

23.2.9　金线鱼

金线鱼（*Nemipterus virgatus*）隶属于鲈形目（Perciformes）、金线鱼科（Nemipteridae）、金线鱼属（*Nemipterus*）。在南海区，金线鱼俗称：金鼓、红三、吊三、拖三、长尾三、金线鲤等。它为暖水性、近底层鱼类，主要分布于菲律宾、中国和日本南部沿海，是南海北部底拖网渔业、刺网和钓渔业的主要捕捞对象之一（陈再超等，1982；杨国峰等，1989；赵传絪等，1990；郭金富等，1994）。

23.2.9.1 洄游

金线鱼广泛分布于南海北部海域116°30′E以西（包括北部湾）、水深180 m以浅海域（陈再超等，1982；杨国峰等，1989），一般认为分布于南海的金线鱼不作季节性远距离的洄游，仅随季节变化在深水区与浅水区之间移动。每年2月中旬金线鱼从汕头西南外海区向近海一带作产卵洄游，在4月下旬至5月上旬水温升高时产卵，5月产卵后分散向西南方向游向外海；幼鱼逐渐长大，也向深水海域移动。

23.2.9.2 数量分布

据陈涛等（2004）的研究，南海北部金线鱼资源的平均指数为0.695 kg/h；北部湾及海南岛南部近海金线鱼的平均指数为0.509 kg/h；海南岛以东近海金线鱼的平均指数为0.854 kg/h。海南岛以东近海金线鱼资源的平均指数和平均尾数指数均高于北部湾及海南岛南部近海。

23.2.9.3 渔业生物学

1）群体组成

南海北部近海金线鱼体长范围为70~286 mm，平均体长为148.7 mm，优势体长范围为90~170 mm、占73.5%（陈 涛等，2004）。北部湾及海南岛南部近海金线鱼体长体长范围为86~286 mm，平均体长为158.5 mm，优势体长范围为120~200 mm，占78.7%。海南岛以东近海金线鱼体长范围为70~276 mm，平均体长为141.3 mm，优势体长范围为90~150 mm，占64.0%。

据陈涛等（2004）的研究，南海北部近海金线鱼体重范围为15~490 g，平均体重为98.9 g，优势体重范围为20~80 g，占59.4%。

北部湾及海南岛南部近海金线鱼体重范围为15~470 g，平均体重为100.1 g，优势体重范围为30~90 g，占52.3%。

海南岛以东近海金线鱼体重范围为23~490 g，平均体重为97.7 g，优势体重范围为20~80 g，占69.1%。

2）体长与体重关系

金线鱼体长体重关系为（陈 涛等，2004）：
南海北部近海：$W = 1.229\ 2 \times 10^{-4} L^{2.666\ 5}$，$R = 0.948\ 7$，$N = 438$尾；
北部湾及海南岛南部近海：$W = 6.203\ 8 \times 10^{-5} L^{2.781\ 7}$，$R = 0.954\ 8$，$N = 228$尾；
海南岛以东近海：$W = 8.701\ 9 \times 10^{-6} L^{2.758\ 3}$，$R = 0.972\ 1$，$N = 210$尾。

3）繁殖

金线鱼性成熟的最小年龄为1龄。个体的绝对生殖力变化在$1.6 \times 10^{4} \sim 40.4 \times 10^{4}$粒，以体长170~210 mm范围内的个体生殖力较强（陈再超等，1982；杨国峰等，1989）。产卵期为3—8月，以3—5月为产卵盛期。其产卵场比较分散，凡是有金线鱼分布的海域均可以发现其性成熟度Ⅳ期以上的个体，鱼卵的分布范围也相当广，但密度甚低，以水深40～80 m范围内的相对密度稍微高些。产卵场的底质为砂泥和砂沙，底层温度为18.8～26.0℃，底层盐度为33.9～34.9。

4）摄食

金线鱼摄食的种类包括短尾类、长尾类、鱼类和口足类等19个类群（陈再超等，1982；杨国峰等，1989）。从其生态类型看，金线鱼系以摄食底栖生物为主、兼吃浮游生物和自泳生物的广食性鱼类。摄食强度以产卵前后的1—3月及7月相对较高。

23.2.9.4 渔业现状和资源评价

金线鱼是南海重要的经济种类之一，渔具主要为底拖网，其次为刺网、延绳钓和手钓等。金线鱼一年四季均可捕捞，重要渔场有北部湾的夜莺岛、西口、青蓝山、涠洲、上外海和下外海等渔场，海南岛以东大陆架的七洲洋、万山群岛和汕尾外海等渔场（陈再超等，1982；杨国峰等，1989）。

据陈涛等（2004）估算，金线鱼的现存资源量，北部湾及海南岛南部近海金线鱼现存资源量为698 t，海南岛以东近海金线鱼现存资源量为1 858 t，海南岛以东近海金线鱼现存资源量高于北部湾及海南岛南部近海。

23.2.10 带鱼

带鱼（*Trichiurus japonicus*）的分类地位、生态类型、分布海域及其种群划分，在黄海篇中的该条目里已有表述，这里不再重复。在南海区，带鱼俗称：牙带、白带和裙带鱼（海南）。它在南海的北部大陆架浅海和近海分布亦很广，资源比较丰富，且产量高，在南海北部海区，渔业生产渔获率比重较大，为海洋捕捞的重要经济鱼类之一（陈再超等，1982；杨国峰等，1989；赵传纲等，1990；郭金富等，1994）。

带鱼在南海北部资源比较丰富，最高年产量逾13 000 t，仅南海北部海区的带鱼种类有6种。其中，以带鱼数量占优势居首位，其他依次是短带鱼（*Trichiurus brevis*），沙带鱼（*Lepturacamthus fowler*），小带鱼（*Eupleurogrmmus maticus*），南海带鱼（*Trichiarus manhaiensis*），窄颅带鱼（*Tentoriceps eristatus*）。

23.2.10.1 数量分布

据钟智辉（2004）的研究，南海北部大陆架浅、近海域，北部湾沿岸和湾口中南部海域带鱼的渔获率密度分布有明显区域差异和季节变化（见表23.5）。

北部湾和湾口海域带鱼渔获密度，主要密集于湾中部和湾口。

表 23.5 南海北部带鱼资源指数的区域和季节变化

海域	全年		春季		夏季		秋季		冬季	
	kg/h	尾/h	kg/h	尾/h	kg/h	尾/h	kg/h	尾/h	kg/h	尾/h
全调查海域	2.46	27.49	4.37	76.58	1.51	10.01	2.66	9.08	1.07	14.28
大陆架浅、近海	2.30	18.15	3.64	53.48	1.71	12.23	3.05	2.15	0.84	4.72
北部湾海域	2.62	36.84	5.11	99.69	1.30	7.28	2.79	116.01	1.29	23.84

从表 23.6 可以看出，南海北部浅、近海域 4 次年际底拖网鱼类资源调查结果：带鱼是南海北部海域底拖网主要渔获经济鱼类之一。

表 23.6　南海北部海域带鱼资源指数的年际变化

调查时间	资源指数 / (kg·h⁻¹)	占总资源/%	百分组成排位	出现率/%	出现站次
1964—1965	913.69	1.40	12	52.40	265
1978	994.95	0.17	26	11.74	105
1997—1999	776.07	1.29	5	47.56	323
2001—2002	587.90	2.86	6	52.68	147

23.2.10.2　渔业状况

带鱼主要捕捞网具就是以底拖网为主，其次是手钓、延绳钓、刺网等作业产量不高（陈再超等，1982；杨国峰等，1989）。

带鱼在南海北部大陆架浅海和近海区分布最为广泛，从北部湾到台湾浅滩都有分布，终年均可捕获。历史资料和本次调查结果，在南海北部大陆架浅海和近海区可分为珠江近海、粤西近海和海南岛东南部近海三个带鱼渔场。

南海北部三个带鱼渔场，分处不同性质的水系交汇区（海洋峰），上升流和涡动域等特殊水文条件的水域，往往为饵料生物的生长和繁殖提供了优良的环境条件，从而出现饵料生物高密区，三个带鱼渔场浮游动物的年平均总生物量分别为 104 mg/m、98 mg/m 和 69 mg/m。由于生物量比较丰富，成为多种鱼类的索饵场，而带鱼又是肉食性的鱼类，从而形成带鱼的索饵场。

23.2.11　刺鲳

刺鲳（*Psenopsis anomala*）隶属于鲈形目（Perciformes）、长鲳科（Centrolophidae）、刺鲳属（*Psenopsis*）。在广东，刺鲳俗称：南鲳、瓜核、玉鲳、海仓等。它分布于中国和日本，在我国产于南海、东海和黄海南部，属于暖温性、近底层鱼类，为南海底拖网的主要捕捞对象之一（陈再超等，1982；杨国峰等，1989；赵传绁等，1990；郭金富等，1994）。

23.2.11.1　洄游

刺鲳广泛分布于南海北部海区，鱼群栖息的底层水温为 16.1～27.6℃，适宜水温为 19～22.9℃，底盐为 31.03～34.69，适宜盐度为 33.60～34.55，鱼群多密集于水深 40～120 m 的浅、近海区，幼鱼则主要分布于 40 m 以浅的沿岸、浅海区（陈再超等，1982；杨国峰等，1989）。刺鲳没有明显的洄游路线，但密集区随季节的变化是比较明显的。

据林昭进（2004）的研究，南海北部大陆架冬季产卵群体主要分布于海南清澜渔场的浅、近海区，海南岛万宁至陵水一带和珠江口以东的浅、近海区的群体相对较小，其他海区只有零星的小群体分布；春季的幼鱼群体主要分布于珠江口以东的浅海区，粤西和海南岛东南面浅海区的群体则相对较小；夏季随着幼鱼的发育，鱼体逐渐向西南面和东北面移动，主要群体分布于七洲列岛西北面的近海区，珠江口和汕头的浅、近海区的群体相对较小；秋季鱼群逐渐向深水区移动，主要密集区出现于七洲列岛东北面和珠江口以东的近海区，其他调查海区的渔获率均较低。

北部湾海区冬季的产卵群体主要分布于白马井渔场的浅、近海区，莺歌海至三亚港的浅近海区也有零星的产卵群体分布，其他海区的渔获率均较低；春季当年生的幼鱼主要密集于高岛列岛周围的浅海区，其次在莺歌海至三亚港一带的浅海区也有小股幼鱼群体的分布，其他调查海区均没有捕获；夏季鱼群逐渐向湾的东南部移动，主要密集区出现于莺歌海附近的近海区，三亚港西南面也有零星的群体分布，北部湾的沿岸、浅海区没发现有刺鲳群体的出现；秋季鱼群向深水区移动，主要密集于莺歌海渔场的近海区，白马井渔场和夜莺岛渔场的渔获率也相对较高。

23.2.11.2 数量分布

据林昭进（2004）的研究，刺鲳的出现率为 52.8%，其资源的四季平均指数和尾数指数分别为 1.52 kg/h 和 16.4 尾/h，最高站次的资源指数为 36.75 kg/h 和 475 尾/h，出现在北部湾秋季。

23.2.11.3 群体组成

根据以往的推算（陈再超等，1982），刺鲳满 1 龄后即可达到性成熟并加入到产卵群体中去，产卵亲鱼每年 10 月性腺开始发育，到翌年 1 月间性腺成熟游离而成颗粒状，并陆续进行产卵，2 月前后为产卵盛期，延续至 8 月均见有产卵亲鱼，产卵期长。较大个体的刺鲳雌性亲鱼怀卵量可达 15.4 万粒。

南海北部大陆架海域刺鲳全年的体长范围为 100～205 mm，优势体长组为 121～145 mm，占 62.7%（林昭进，2004）；北部湾海域全年的体长范围为 40～243 mm，优势体长组为 131～170 mm，占 62.0%，可见北部湾底拖网刺鲳的主要捕捞群体的个体比南海北部大陆架海域的大。

23.2.11.4 渔业现状和资源评价

刺鲳为优质海产经济鱼类。在广东沿海和北部湾为底拖网的重要捕捞对象，广东沿海渔场分布较广，底拖网终年均可捕获（陈再超等，1982）。

广东沿海传统捕捞刺鲳的渔场有泥口侧渔场、垠口底渔场和泥口砂底渔场，渔汛期为 9—11 月；后门闸底渔场，渔汛期为 10—12 月和 2—4 月；杀人地渔场，渔汛期 10 月至翌年 3 月；二门泥垅渔场，渔汛期为 10—12 月；大星针至担杆岛渔场，渔汛期为 1—2 月；沙面中海渔场，渔汛期为 11 月至翌年 4 月；泥尾底渔场，渔汛期为 10 月至翌年 4 月。北部湾海区，刺鲳幼鱼发育早期多分布在越南近岸较浅水域，成鱼多分布在较深的湾口、湾外海区。渔场主要位于湾口和湾外东部水域，终年都有鱼群聚集，为刺鲳的良好渔场。春季渔场主要分布越南沿岸海域，以捕捞幼鱼为主，夏、秋季渔场主要分布于莺歌海近海区，以捕捞成鱼为主，冬季渔场主要分布于白马井渔场，以捕捞产卵亲鱼为主。

据林昭进（2004）估算，南海北部刺鲳现存资源量，全海区的资源量以夏季的最高，为 7.71×10⁴ t，冬季的资源量最低，为 0.62×10⁴ t；南海北部大陆架海域以夏季的资源量最高，为 7.32×10⁴ t，冬季的资源量最低，为 0.36×10⁴ t；北部湾海域以秋季的资源量最高，为 1.15×10⁴ t，春季的资源量最低，为 0.09×10⁴ t。北部湾海域春、夏两季的资源密度均比南海北部大陆架海域低，而秋、冬两季的资源密度均比大陆架高。

23.3 头足类

23.3.1 中国枪乌贼

中国枪乌贼（*Loligo chinensis*）隶属于枪形目（Teuthoidae）、枪乌贼科（Loliginidae）、枪乌贼属（*Loligo*）。曾用中文名：台湾枪乌贼。在南海区，中国枪乌贼俗称：本港鱿鱼、中国鱿鱼、台湾锁管、拖鱿鱼、长筒鱿。英文名：Common Chinesesquid。它分布于东海、南海以及暹罗湾、菲律宾群岛、马来西亚诸海域和澳大利亚昆士兰海域。在南海，它主要分布在台湾浅滩、珠江口外海和海南岛周围海域（董正之，1991），为暖水性、大陆架海域种类。往年，中国枪乌贼是中国沿海种群最密、产量较大的一种枪乌贼，其产量约占枪乌贼科总产量的90%，也是南海北部头足类中产量最大的种类，占头足类总产量的2/3以上（陈丕茂，2004）。

23.3.1.1 洄游

中国枪乌贼的洄游主要是局部性，地区性的，洄游时大体呈辐射式散布，形成若干地方种群（董正之，1991）。南海北部中国枪乌贼的洄游趋势是作深浅定向移动或兼作南北洄游。每年4月份以后，栖息于外海的中国枪乌贼逐渐向近岸浅海作索饵产卵洄游；至7—9月，在南海北部形成产卵的旺季；10月份以后，中国枪乌贼产卵结束，未产卵个体和许多小幼体开始游向外海、深海。

台湾海峡的中国枪乌贼有明显的春、秋两个生殖群体。春生群洄游路线大致为：每年3—4月，从东沙群岛附近海域向闽南—台湾浅滩渔场移动；4月下旬在台湾浅滩渔场及南澎列岛附近产卵，开始形成春汛生产，立夏前后为旺汛；6月上中旬产卵完毕，渔汛结束（董正之，1991）。另外，5月下旬，随着水温不断上升，秋生群由深海向浅海、从南向北进行索饵洄游，到7—8月间，已广泛分布在台湾海峡南部及中部水域，8月份，秋生群集群产卵，形成旺汛期，也是一年中鱿鱼生产量最高的月份。9月之后，因北方冷空气开始南袭，东北风逐渐频繁，低温、低盐的沿岸水逐渐增强，水温开始下降，台湾海峡的中国枪乌贼开始返回南部海域，进行适温、索饵洄游。这时，一部分洄游群体停留在东沙群岛附近海域，南海北部的深水区；另一部分则继续向南移动，形成海南岛近海和北部湾的冬季旺汛。此外，在台湾海峡的较深水域，也有少数中国枪乌贼群体就地进行索饵越冬活动，因而在秋冬汛的拖网作业中，也有少量渔获。

23.3.1.2 数量分布

据陈丕茂（2004）的研究，南海北部中国枪乌贼资源的平均指数为3.530 kg/h，平均尾数指数为98.5尾/h；北部湾及海南岛南部近海中国枪乌贼的平均指数为3.435 kg/h，平均尾数指数为90.1尾/h；海南岛以东近海中国枪乌贼的平均指数为3.612 kg/h，平均尾数指数为105.6尾/h。海南岛以东近海中国枪乌贼的平均指数和平均尾数指数均稍高于北部湾及海南岛南部近海。

南海北部中国枪乌贼资源的平均指数为3.530 kg/h，北部湾及海南岛南部近海中国枪乌贼平均指数为3.435 kg/h，海南岛以东近海中国枪乌贼平均指数为3.612 kg/h。

23.3.1.3　渔业生物学

1）群体组成

南海北部近海中国枪乌贼胴长范围为 34～550 mm，平均胴长为 120.9 mm，优势胴长范围为 50～130 mm，占 63.6%（陈丕茂，2004）。北部湾及海南岛南部近海，中国枪乌贼胴长范围为 48～550 mm，平均胴长为 121.7 mm，优势胴长范围为 50～120 mm，占 58.8%。海南岛以东近海，中国枪乌贼胴长范围为 34～415 mm，平均胴长为 120.2 mm，优势胴长范围为 50～130 mm，占 64.2%。中国枪乌贼平均胴长海南岛以东近海的与北部湾及海南岛近海的相差不大。

南海北部近海中国枪乌贼体重范围为 4～750 g，平均体重为 92.9 g，优势体重范围为 4～60 g，占 56.1%（陈丕茂，2004）。北部湾及海南岛南部近海，中国枪乌贼体重范围为 7～750 g，平均体重为 97.0 g，优势体重范围为 10～60 g，占 52.4%。海南岛以东近海，中国枪乌贼体重范围为 4～720 g，平均体重为 88.2 g，优势体重范围为 4～30 g，占 45.1%。中国枪乌贼平均体重是北部湾及海南岛近海的比海南岛以东近海的大。

2）胴长与体重关系

中国枪乌贼胴长与体重关系为（陈丕茂，2004）：
南海北部近海：$W = 3.032 \times 10^{-3} L^{2.0644}$，$R = 0.9435$，$N = 439$ 尾；
北部湾及海南岛南部近海：$W = 4.9584 \times 10^{-3} L^{1.9815}$，$R = 0.9009$，$N = 233$ 尾；
海南岛以东近海：$W = 2.4235 \times 10^{-3} L^{2.1201}$，$R = 0.9781$，$N = 206$ 尾。

3）繁殖

中国枪乌贼在自然海区终年都有繁殖群体，种内一般分为春生群、夏生群和秋生群，一年内性成熟（董正之，1991）。产卵大都在交配后一个月左右开始，产卵期延续较长，通常有两个产卵高峰，产卵期中仍有交配行为；卵子分批成熟，分批产出，卵子包在棒状的胶质卵鞘中，卵鞘长 200～250 mm，产出的卵鞘一般 20 多束附在一起，每一卵鞘包卵 160～200 个。个体的怀卵量可达（1～2）万粒，繁殖后不久，亲体即相继死亡。

卵子在卵鞘中孵化近似球形，卵径约为 1×1.2 mm，水温在 23.4～26.7℃时，孵化期为 9～16 天，水温在 24.6～28.6℃时，孵化期为 8～14 天。刚孵出的稚仔胴长约 3 mm，半年后胴长可达 300 mm 左右。

4）摄食

中国枪乌贼以交配前期食欲最为旺盛。一般生殖群体不甚摄食，而索饵群体的摄食强度则以 2～3 级为主（董正之，1991）。对摄食对象无太大的选择性，稚仔和幼年期阶段捕食端足类、糠虾类等小型甲壳类。成体主要捕食中国枪乌贼、沙丁鱼、磷虾、鹰爪虾和毛虾等，也兼捕海鳗、狗母鱼、虾蛄、梭子蟹等。生长阶段，摄食强度高，胃含物丰富；在生殖阶段中，摄食强度低，特别是繁殖盛期中的空胃率颇高。同类相残的习性明显，在胃含物中常发现同种的断腕和残体。

23.3.1.4　渔业现状和资源评价

北部湾北部渔场，主要在春、秋季捕捞；海南岛周围渔场，主要在夏、秋季捕捞；南澎岛渔场，主要在夏、秋季捕捞；澎湖岛渔场，主要在夏、秋季捕捞；闽南渔场，主要在夏、秋季捕捞（董正之，1991）。

在南海北部中国枪乌贼的3个主要渔场中，台湾浅滩渔场（南澎列岛附近海域）的渔汛期为4—9月；北部湾鱿鱼渔场的渔汛期为4月至翌年1月；海南岛东南部鱿鱼渔场的渔期为4—9月。上述3个渔场均属产卵场，旺汛期均为7—9月。据历史生产资料估算，光是台湾浅滩附近海域和北部湾海域2个鱿鱼渔场的最高产量就分别逾5 000 t。因此上述2个渔场渔汛的好坏，直接影响南海北部鱿鱼产量的丰歉。

台湾海峡中国枪乌贼的渔汛期为5—10月，以8—9月为旺汛。闽南—台湾浅滩渔场中国枪乌贼的盛渔期，正是本渔场南海水势力强盛的夏季。而渔汛末期，又是南海水势力减弱、黑潮支梢逐渐强盛的冬季，此时，中国枪乌贼已大部分离开台湾海峡。

据（陈丕茂，2004）的研究，估算中国枪乌贼的现存资源量，北部湾及海南岛南部近海现存资源量为4 709 t，海南岛以东近海中国枪乌贼现存资源量为7 862 t，海南岛以东近海中国枪乌贼现存资源量、现存资源尾数均高于北部湾及海南岛南部近海。

23.3.2　剑尖枪乌贼

剑尖枪乌贼（*Loligo edulis*）的分类地位、生态类型及其分布海域，在东海篇中的该条目里已有表述，这里不再重复。在南海区，剑尖枪乌贼俗称：剑端锁管、透抽（台湾名）、拖鱿鱼（广东名）、红鱿鱼（浙江名）。它是枪乌贼科中体形较大、近年开发利用的、价值较高的头足类。在南海，剑尖枪乌贼主要分布在海南岛南部向东北至珠江口外海水深100～200 m的海域，其次分布在北部湾的中部和南部。

23.3.2.1　洄游

南海剑尖枪乌贼因没有明显的越冬场，只作深水—浅水之间移动，因此，各种洄游不明显，均在200 m以内的南海北部（包括北部湾）海域栖息繁殖生活（董正之，1991）。春、夏季主要分布在海南岛南部向东北至珠江外海100～200 m水深的海域，秋季在这一海域数量明显减少，冬季可能在深水处，所以，数量更少。

据陈丕茂（陈丕茂，2004）的研究，南海北部全年均可捕到剑尖枪乌贼。春季，南海北部剑尖枪乌贼没有形成明显的密集区；夏季，较明显的密集区位于珠江口外海、海南岛东北部近海，北部湾没有出现明显的密集区，海南岛东南部出现1个资源大于60 kg/h的高指数站位；秋季，海南岛以东近海资源指数均小于10 kg/h且没有出现明显的密集区，北部湾中部出现5站大于10 kg/h的指数，在该海域形成较明显的密集区；冬季，南海北部没有大于10 kg/h的指数，剑尖枪乌贼分布较均匀，没有形成明显的密集区。

23.3.2.2　数量分布

南海北部剑尖枪乌贼资源的平均指数为4.424 kg/h（陈丕茂，2004）；北部湾及海南岛南部近海剑尖枪乌贼的平均指数为3.547 kg/h；海南岛以东近海剑尖枪乌贼的平均指数为5.174 kg/h。海南岛以东近海剑尖枪乌贼的平均指数明显高于北部湾及海南岛南部近海。

23.3.2.3 渔业生物学

1）群体组成

南海北部近海剑尖枪乌贼的胴长范围为 30~380 mm，平均胴长为 96.7 mm，优势胴长范围为 40~130 mm，占 78.3%（陈丕茂，2004）。北部湾及海南岛南部近海，剑尖枪乌贼的胴长范围为 30~253 mm，平均胴长为 105.8 mm，优势胴长范围为 50~130 mm，占 75.7%。海南岛以东近海，剑尖枪乌贼胴长范围为 30~380 mm，平均胴长为 90.3 mm，优势胴长范围为 40~110 mm，占 70.9%。剑尖枪乌贼平均胴长是北部湾及海南岛近海的比海南岛以东近海的大。

南海北部近海剑尖枪乌贼体重范围为 4~300 g，平均体重为 53.4 g，优势体重范围为 4~60 g，占 69.0%（陈丕茂，2004）。北部湾及海南岛南部近海，剑尖枪乌贼体重范围为 6~300 g，平均体重为 63.9 g，优势体重范围为 10~80 g，占 72.1%。海南岛以东近海，剑尖枪乌贼体重范围为 4~191 g，平均体重为 41.6 g，优势体重范围为 4~30 g，占 60.3%。剑尖枪乌贼平均体重是北部湾及海南岛近海的比海南岛以东近海的大。

2）胴长与体重关系

剑尖枪乌贼胴长与体重关系为（陈丕茂，2004）：
南海北部近海：$W = 4.973\ 2 \times 10^{-3} L^{1.957\ 0}$，$R = 0.945\ 2$，$N = 452$ 尾；
北部湾及海南岛南部近海：$W = 6.590\ 9 \times 10^{-3} L^{1.894\ 5}$，$R = 0.878\ 8$，$N = 238$ 尾；
海南岛以东近海：$W = 3.866\ 9 \times 10^{-3} L^{2.017\ 4}$，$R = 0.980\ 1$，$N = 214$ 尾。

3）摄食

剑尖枪乌贼摄食强度随繁殖活动进入高峰而减低，雌性个体在产卵前数日，摄食活动基本停止。通常，夜间的摄食强度超过白天，尤以深夜和黎明前的摄食强度最大（董正之，1991）。剑尖枪乌贼属凶猛肉食性，因个体大小不同食性组成也不同，胴长 80 mm 以上的个体以捕食鳀、鲐、沙丁鱼、鲱等的稚、幼鱼为主，出现频率达 70%~80%；胴长 50~70 mm 的个体以捕食甲壳类为主，出现频率达 80%~90%。另外，剑尖枪乌贼还食包括本种在内的头足类幼体。

4）繁殖

剑尖枪乌贼有春生群、夏生群和秋生群之分，周年均有繁殖活动，交配后不久产卵，卵包于棒状的胶质卵鞘中，卵鞘长 100~200 mm，每个卵鞘中包卵 200~400 个，一尾成熟的雌体约产卵鞘 50 个（董正之，1991）。产卵量依其个体大小而不一，产卵量为（1~2）×10⁴ 个，一年性成熟，产卵后亲体相继死亡。

卵直径 2 mm，椭圆形，在 15~20℃ 情况下，20~30 天孵化，刚孵出的稚仔胴长约 4 mm。半年后胴长即与成体相近，但几个繁殖群的生长速度略有差异，春生群每月平均生长约 18~20 mm，夏生群和秋生群每月平均生长约 18 mm。

23.3.2.4 渔业现状和资源评价

南海的剑尖枪乌贼主要是作为单拖、双拖、灯光围网和流刺网捕捞其他渔业品种的兼捕对象。另外，灯光诱钓也是捕捞剑尖枪乌贼的主要作业方式（董正之，1991）。

从历次调查看，南海剑尖枪乌贼的主要渔场有：

北部湾中部渔场：全年均可捕到剑尖枪乌贼，主要渔汛期在春季和夏季。

海南岛南部海域至珠江口外 60～200 m 水深的带状海域：全年均可捕到剑尖枪乌贼，主要渔汛期在春季、夏季和秋季。

台湾浅滩：主要汛期在春季和夏季。由于底质复杂，适于发展诱钓作业方式。

据陈丕茂（2004）估算，剑尖枪乌贼的现存资源量，北部湾及海南岛南部近海剑尖枪乌贼现存资源量为 4 862 t，海南岛以东近海剑尖枪乌贼现存资源量为 11 262 t，海南岛以东近海剑尖枪乌贼现存资源量均高于北部湾及海南岛南部近海。

第 24 章 渔业资源管理与增殖

24.1 渔业资源管理 *

24.1.1 建立渔业法规体系

南海区三省（区），在规范渔业管理方面出台了相应的法规。以广东省为例，1990 年 4 月，广东省颁布实施《广东省渔业管理实施办法》，1993 年 7 月《广东省野生动物保护管理规定》开始实施。2001 年 2 月，在广东省人大九届四次会议上，审议通过了《关于建设人工鱼礁保护海洋资源环境》重大议案。这些地方法规的颁布实施对规范渔业、保护海洋环境和资源发挥了有力作用。

以 1974 年南海区渔业指挥部成立为标志，南海渔业管理进入了以海区为单元的管理模式。1979 年 7 月，随着中国渔政 31 船至中国渔政 34 船的正式交付使用，揭开了南海渔业海上执法管理的新篇章。1984 年农牧渔业部决定将南海区渔业指挥部改名为"农牧渔业部南海区渔业指挥部"，并加挂"农牧渔业部南海区渔政分局"。2000 年"中国渔政南海总队"正式挂牌。在此期间，广东、广西、海南省（区）也逐步建立了包括渔船检验、渔港监督、渔政管理等渔业执法队伍，从而形成了一个从国家到地方的渔业管理监督执法体系。

24.1.2 实行捕捞许可制度

1980 年，中国正式建立渔业许可制度，规定凡从事渔业生产的，必须向渔政管理部门申请渔业许可证。1987 年，国家对近海捕捞渔船实行指标控制，"八五"以后，经国务院同意，国家开始对海洋捕捞渔船实行捕捞渔船船数和功率双控制。2003 年，农业部下达了《关于海洋捕捞船网工具控制指标（2003—2010 年）的实施意见》，确定了"十一五"末南海区海洋捕捞渔船的规模。

捕捞许可证制度的实施，使海洋捕捞渔船发展受到一定控制，渔船制造从无序逐步走向有序。但许可证的发放基本是按已有的渔船数量进行，还不能顾及当前的渔业资源状况。渔业管理部门虽然每年都限制发证的数量，但渔船的数量仍持续增加，同时由于管理措施跟不上，无证造船、无证捕捞的现象仍未得到遏制。因此，应在严格执行捕捞许可证制度的基础上，逐步减少现有渔船的数量，引导渔民向非捕捞业转移。

24.1.3 设立禁渔区和禁渔期

禁渔区、禁渔期的实施对保护幼鱼、产卵亲鱼和缓解沿岸小型渔业和底拖网渔业的冲突，

---

* 执笔人：李建柱，邱永松

对保护鱼类产卵场、幼鱼育肥场和鱼类洄游通道等具有重要的意义，起到明显作用。

24.1.4 实行伏季休渔制度

1999 年开始，南海区实施伏季休渔制度，规定在每年的 6—7 月，实行两个月的休渔。休渔期间，除刺钓、笼捕以外的所有捕捞作业禁止在 12°N 以北的南海海域（含北部湾中方一侧海域）生产作业。从实施情况来看，休渔期间，南海约有 2 万多艘渔船停港休渔，约占南海总渔船数的 1/4 强，但由于拖网实行休渔，实际休渔渔船的功率数则超过南海渔船总功率数的一半以上。休渔制度的实施可以达到以下目的：通过某一段时间的禁渔，减小过大的捕捞压力；禁渔过后渔业资源会有所增加，可以提高单位捕捞力量的捕捞效率；保护产卵亲鱼，促进鱼类资源的恢复；提高鱼卵、仔鱼、稚鱼的存活率。

调查表明，伏季休渔制度已使南海北部严重衰退的渔业资源得到一定程度的恢复，如广东和广西两省（区）休渔后的 8 月、9 月份，各种作业的单产和总产比没有休渔的 1998 年同期均有明显的增长；渔汛持续时间也有所延长，捕捞业经济效益也有显著的提高。但由于现行的伏季休渔制度是基于我国国情和当前渔业管理的现状而设定的，因而不论是休渔制度本身，还是休渔的管理，都存在一些问题。如休渔的成果难以巩固，休渔结束时万船齐发的壮观景象使刚刚得到恢复的资源很快便在开捕后的几个月内就消失殆尽；非休渔船利用海上作业渔船大量减少的时机，扩大网具数量和长度，使非休作业渔船的捕捞强度成倍扩大等。这些都有待于今后进一步加以改进和完善。

24.1.5 严格控制渔船数量

从 20 世纪 90 年代以来，南海作业渔船数量得到了有效控制。据《农业部关于海洋捕捞船网工具控制指标（2000—2010 年）的实施意见》，广东省的指标为到 2010 年捕捞力量控制在 1 987 056 kW。即从 2003 年起至 2010 年止这 8 年中，广东省海洋捕捞渔业要减少渔船 6 694 艘，要减少捕捞力量约 23.2×10^4 kW，平均每年要削减捕捞渔船约 837 艘，削减捕捞力量 2.9×10^4 kW。到目前为止，这项工作取得了明显实效。

渔船和作业类型主要调整方向为：①以削减浅海小型作业渔船数量为重点调整方向；②总量调整中以削减渔船数量为主，降低渔船功率总量为辅，渔船数量削减比例应远大于总功率下降比例；③底拖网捕捞方式，目前无论在国际、国内的海洋捕捞渔业中仍然是最主要的捕捞方式之一，底拖网作业主要应限制在浅海作业，广东省拖网产量与非拖网产量应大约保持各占 50% 的格局；④重点发展外海延绳钓作业；⑤建议将"机动渔船底拖网禁渔区线"外移至 60 m 水深附近；⑥调整网具是减轻捕捞强度的重要途径，削减渔船数量应与网具调整相结合。

24.1.6 加强水生生物资源养护

自 1979 年实行《水产资源繁殖保护条例》以来，南海区除设立禁渔区和禁渔期，还设立了不少水产资源自然保护区，其中，主要分为南海中上层鱼类产卵场保护区，南海底层、近底层鱼类产卵场保护区及各级水产资源（海洋）自然保护区等。

24.1.6.1 南海中上层鱼类产卵场保护区

主要保护对象为蓝圆鲹、日本鲭、竹荚鱼等，保护区主要包括粤东、粤西外海区，北部湾东北部海区，珠江口和台湾浅滩等海区，保护期从每年的 12 月至翌年 7 月之间。

24.1.6.2　南海底层、近底层鱼类产卵场保护区

主要保护对象为金线鱼、二长棘犁齿鲷、红鳍笛鲷、鲱鲤类、大眼鲷、脂眼鲱等，保护区主要由海南岛东岸一直延伸到汕尾附近的南海北部海区、北部湾海区和海南岛南部海区，保护期根据保护品种的不同而有所不同。

24.1.6.3　各级水产资源（海洋）自然保护区

目前，南海区已建立起从省、市、县到国家级的水产资源（海洋）自然保护区数十个。其中，国家级的包括惠东港口海龟自然保护区、珠江口中华白海豚自然保护区和北部湾儒艮自然保护区，省级自然保护区包括大亚湾、西沙群岛、中沙群岛水产资源保护区以及白蝶贝、黄花鱼、麒麟菜等重要经济品种保护区。

24.1.7　进行人工鱼礁建设和增殖放流

早在 20 世纪 50 年代，日本便开始有计划地在近海建造人工鱼礁，并收到良好的效果。其后，美国、英国、德国、意大利、韩国、菲律宾、澳大利亚等许多国家都在六七十年代以后陆续建造人工鱼礁。南海北部近海由于长期进行底拖网作业，使鱼类的生境受到严重的破坏。为改善鱼类的栖息环境，从 1979 年开始，在南海北部沿海进行了人工鱼礁试验，1979—1984 年期间共投放鱼礁单体 6 171 个及一些废弃船只，总体积 4 289 m^3，分布在 30×10^4 m^2 海域。试验结果表明，人工鱼礁能有效改善生境、恢复礁区优质鱼类资源。2001 年 2 月广东省人大通过了关于建设人工鱼礁的议案，从而拉开了广东大规模人工鱼礁建设的序幕。根据人工鱼礁建设总体规划，将用 10 年的时间，在广东沿岸建设 12 个人工鱼礁区，礁区建设面积 24×10^4 km^2。人工鱼礁的建设还可以同发展游钓业、海上生态旅游相结合，这不仅能增加渔业的效益，同时也可使部分渔船和劳动力从海洋捕捞业转移。

在沿岸、海湾、河口等进行放流增殖和海洋农牧化也是提高渔业效益、转移渔业劳动力的重要途径。南海北部沿岸水域对虾放流增殖试验始于 1984 年并已证明是有效的。放流增殖的效果较好，对虾类的总产和单产均有所增加，且放流的虾类有的已形成种群。1993 年起在大亚湾也开展了鲷科鱼类的放流增殖试验，也取得了一定的效果。但总的来说，南海区的放流增殖的规模仍是较小，今后有待于加强。

24.1.8　实施捕捞渔民转产转业

实行沿海渔民转产转业是南海渔业结构调整和可持续发展的重大战略举措，是一项涉及面广、政策性强的复杂的社会系统工程。党中央、国务院高度重视这一问题，广东、海南和广西省政府和有关主管部门认真落实中央精神，做了周密的部署和按排。各省针对各自的特点，根据各区域渔业产业结构现状与发展趋势，选择各区域转产转业的主要方向和重点领域。同时，进一步发展水产养殖业和水产品流通加工业，发展远洋渔业、休闲渔业和生态渔业，进一步发展渔需后勤服务业。国家和地方政府也相继出台了相关优惠政策予以扶持，促进了渔民转产专业工程的顺利开展。对转产转业从事水产养殖业的渔民，各级政府增加资金投入，加大扶持力度，优先吸纳转产转业渔民就业，优先提供生产资料和减免税费、租赁费、管理费等优惠政策。

24.2 渔业资源增殖[*]

24.2.1 南海区渔业资源增殖的种类和规模

南海增殖放流工作始于 1985 年，放流主要品种有：中国对虾、长毛对虾、墨吉对虾、鲍鱼、西施舌、波纹巴非蛤、紫海胆、石斑鱼、真鲷、黑鲷、红笛鲷等。近年来，南海三省（区）在不同程度上加大了渔业资源人工增殖放流的研究和实施力度，取得了良好的经济效益、社会效益和生态效益。2001 年以来，广东、广西、海南分别在各自管辖的海域开展了大规模的人工增殖放流活动，据不完全统计，三省（区）5 年来共向南海投放各类大规格优质海水鱼苗 3 630 万尾、虾苗 7.44 亿尾、贝苗 1 279 t，其中，广东 5 年来共向南海投放各种鱼苗 3 442 万尾，虾苗 5.44 亿尾、贝苗 1 279 t（见表 24.1），还投放了海胆 115 万粒、西施舌 125 万粒、东风螺 8 万粒、杂色鲍 10 万粒、扇贝 1 000 万粒；广西 5 年来共投放虾苗 1.88 亿尾、马氏珠母贝苗 600 万粒（见表 24.2）；海南 5 年来共投放海水鱼苗 188 万尾、斑节对虾苗 1 200 万尾（见表 24.3）。

表 24.1 2000—2005 年广东省海洋渔业资源增殖放流情况

种类	2001 年	2002 年	2003 年	2004 年	2005 年	合计
虾苗（亿尾）	1.22	1.54	1.10	1.11	0.47	5.44
鱼苗（万尾）	424	635	655	869.4	858.5	3 441.9
贝类（吨）	543.5	443	152	140	—	1 278.5

表 24.2 2001—2005 年广西海洋渔业资源增殖放流情况

年份	品种	投入资金/万元	地点	数量/万尾、万粒
2001	对虾苗	70	沿海	240
2002	对虾苗	60	沿海	3 721
2004	对虾苗	20	三娘湾	1 285
	马氏珠母贝苗	20	党江	100
2005	日本对虾苗 马氏珠母贝苗	228	沙田、宫盘、 冠头岭、三娘湾	13 500 500
合计		398	–	19 346

24.2.2 南海区渔业资源增殖的特点与效果

近年来，由于过度捕捞和环境污染，南海近海生态环境受到严重破坏，渔业资源日渐枯竭，资源结构极不合理。为修复被破坏的海洋生态环境和恢复渔业资源，广东省于 2001 年实施大规模人工鱼礁建设，对于拯救陷于衰退的海洋渔业资源、限制底拖网作业和降低近海捕捞强度等无疑会起到重大作用，但要从根本上恢复渔业资源，改良资源结构，就必须与渔业资源的增殖放流相结合。因此，南海区三省（区）开展增殖放流，主要包括两个层面：一是

[*] 执笔人：陈作志

建设人工鱼礁，改善渔业水域环境，为渔业资源提供繁殖、生长和栖息场所；二是有计划地开展渔业资源种类的增殖放流，使资源品种结构趋于合理，使资源数量恢复。

表 24.3　2001—2005 年海南省海洋渔业资源增殖放流情况

年份	品种	投入资金/万元	地点	数量/万尾、万粒
2001	杂色鲍苗	15	三亚南山鲍鱼保护区	5
2002	黑鲷苗	35	三亚市西岛附近海域	15
2003	红鳍笛鲷苗	25	三亚市双扉石海域	2
2004	红鳍笛鲷苗	35	三亚海区	20
2005	斑节对虾苗	200	文昌沿岸水域	1 200
	石斑鱼苗		陵水沿岸水域	8
	红鳍笛鲷苗		临高沿岸水域	73
	紫鳍笛鲷苗		三亚沿岸水域	70
合计		310	–	1 393

24.2.2.1　开展渔业资源增殖放流的理论研究

依据渔业资源评估原理，陈丕茂（2006）结合渔业资源增殖放流的特点，在南海首先提出一套计算群体生物统计量进而评估渔业资源增殖放流效果的方法——"放流效果统计量评估法"，即以已有或估算的放流种类的生物学等数据为输入参数来估算海区的最适增殖放流数量；利用提出的方法从渔获物中确认放流种苗的回捕数量后，使用推导公式估算标志放流回捕资料、放流前本底调查和放流后跟踪调查资料（市场调查及渔民座谈、渔业资源调查）、渔捞日志登记及渔业生产统计资料等各种调查资料对应的捕捞死亡系数，定量估算出时间序列的放流群体的残存量、回捕量、回捕率和回捕效益等，从而评估生产性或研究性放流后不同时期的增殖放流效果。该方法已应用于 2005 年广东省渔业资源增殖放流效果跟踪监测评估和标志放流研究，取得了很好的效果，为今后南海渔业资源增殖放流的效果评价奠定了基础。

24.2.2.2　与人工鱼礁结合的渔业资源增殖

2002 年，广东省第九届人民代表大会第四次会议在 2001 年 2 月通过了"关于建设人工鱼礁保护海洋资源环境"的议案，决定未来 10 年投资 8 亿元在 12 个沿海市建设 100 座人工鱼礁礁区。目前全省已开展大规模的人工鱼礁建设，为渔业资源增殖放流取得良好效果创造了非常有利的条件。人工鱼礁区一般位于沿海水深 8 ~ 30 m 的带状海域，地处热带、亚热带，渔业资源种类繁多，种间关系复杂，在目前有限的经费情况下合理选择增殖放流种类十分重要。以广东省为例，2002—2004 年，中国水产科学研究院南海水产研究所和广东海洋与渔业环境监测中心使用拖网和刺网对分散于广东沿海的 16 个人工鱼礁区进行了建礁前的渔业资源本底调查，拖网调查 30 网，刺网调查 31 次。1964—1965 年南海水产研究所使用拖网对广东沿海进行了渔业资源调查。2 次拖网调查按 Shindo（1973）的面积法估算了资源密度，刺网的渔获率按每公顷（hm²）刺网面积每小时的渔获量计算。根据 2 次调查结果结合有关资料（曾炳光等，1989；赵传细等，1990；余勉余等，1990；张本，1999；陈丕茂等，1999；喻达辉等，2002），对广东沿海人工鱼礁区的渔业资源增殖放流种类提出初步意见：目前适宜在广东省人工鱼礁区增殖放流的备选目标种类有：鱼 39 种、虾 13 种、龙虾 4 种、蟹 5 种、贝 18

种、海参 8 种和海藻 27 种，这些种类均为广东沿海历史上的主要种类。而虾蛄类、头足类和海胆类目前不宜在广东人工鱼礁区增殖放流（陈丕茂，2005）。

2005 年，广东省选择根据增殖放流的选址原则，确立了在全省沿海设置湛江市乌石点、阳江市闸坡点、汕尾市遮浪点、汕头市潮阳点、汕头市南澳点、广州市番禺点和江门市广海点共 7 个放流投放点，进行增殖放流。以阳江闸坡点为例，根据中国水产科学研究院南海水产研究所对阳江闸坡渔捞日志登记资料估算的结果表明，所有增殖放流种类均能创造巨大的经济效益和生态效益。放流种苗生长到性成熟时，估算 5 个放流种类的回捕效益均超过相应的放流苗款，总回捕尾数为 421 220 尾，总回捕量为 214.607 t，总回捕效益 660.49 万元是总投入苗款的 12.25 倍，此时海区中剩余 77 528 尾个体大的成熟鱼虾形成产卵群体，产生良性循环的生态效益将是巨大的。2007 年，对汕头市、揭阳市、汕尾市、惠州市、东莞市、阳江市和湛江市 7 个放流增殖海水鱼苗的效果监测评估结果表明，总回捕率达 33.6% ~ 55.0%，投入产出比高达 1∶2.84 ~ 14.33。可见，人工增殖放流与人工鱼礁建设相结合，放流的种类的针对性更强，放流增殖效果明显。

24.2.2.3　部分增殖放流种类的效果

1）黑鲷、真鲷

1997 年，广东省在大亚湾海域标志放流体长为 57 ~ 71 mm 真鲷苗 2 000 尾，回捕 324 尾，回捕率达 16.2%（林金錝，2001）；标志放流体长为 51 ~ 85 mm 的黑鲷苗 11 986 尾，共回捕 955 尾，回捕率达 8.0%。标志放流的回捕率高于国内的其他同类研究，国内其他同类放流的回捕率在 0.11% ~ 6.5%。与日本同类研究比较，同类放流的回捕率为 2.6% ~ 8.2%，采用条件反射驯诱放流的回捕率稍高，为 10.3% ~ 18.5%，回捕的效果较好。

2006 年 6 月，广东省在大亚湾海域增殖放流平均全长为 3.5 cm 的真鲷 20 万尾，价值 10 万元。根据跟踪调查资料（刺网渔船渔捞日志登记、市场跟踪调查及渔民座谈等），结合真鲷的生物学研究资料，应用"放流效果统计量评估法"（陈丕茂，2006）对真鲷的增殖放流效果进行了定量评估。根据估算，大亚湾海域真鲷的最适增殖放流数量为 62.2 万尾，实际放流数量远未达到最适放流数量放流。放流后到 2007 年 5 月，不到 1 年的时间，真鲷的回捕效益已超过放流苗款，此时总回捕尾数为 76 251 ~ 81 965 尾，总回捕率为 38.1% ~ 41.0%，总回捕量为 3 579 ~ 3 580 kg；放流的真鲷到 3 龄性成熟时，总回捕尾数为 103 857 ~ 112 175 尾，总回捕率为 56.1% ~ 51.9%，总回捕量为 8 620 ~ 8 679 kg，总回捕效益为 24.14 万 ~ 24.30 万元，产出是投入的 2.41 ~ 2.43 倍，此时海域中存活 1 395 ~ 2 283 尾平均体重约为 445.9 g 的性成熟鱼形成产卵群体，产生良性循环的生态效益将是巨大的，说明真鲷的增殖放流已取得了良好效果。

2）对虾

1992—1994 年，广东省在大亚湾海域直接放流了体长为 20 ~ 41 mm 的日本对虾 640 万尾，体长为 10 ~ 57 mm 的长毛对虾和墨吉对虾 2 307 万尾；标志放流了体长 59 ~ 109 mm 的日本对虾 11 188 尾，体长为 51 ~ 80 mm 的长毛对虾和墨吉对虾 3 500 尾。

1992—1993 年，共放流日本对虾 640 万尾，1992—1994 年，大亚湾内日本对虾的年平均产量为 5.02 t，为放流前五年平均年产量 1.02 t 的 4.9 倍。3 年共回捕日本对虾 59.49 万尾，回捕率为 9.3%。1994 年，标志放流日本对虾 8 127 尾，回捕了 236 尾，回捕率为 3.0%（据实地调查，此值远低于实际回捕率）。不同的标志放流海区，回捕率的差异很大，其中，以在淡澳河口放流的回捕率最高，达 18.1%，在虎头门放流的回捕率最低，只有 0.2%。

1992—1994 年，在大亚湾海域放流长毛对虾和墨吉对虾 2 307 万尾，放流后平均年产量为 23.55 t，为放流前五年平均年产量的 1.8 倍，3 年回捕了 115.7 万尾，回捕率为 5.0%。放流虾苗的规格不同，其回捕率的差异很大，1992 年全部放流经中间培育的虾苗，回捕率为 7.9%，而 1994 年多数放流未经中间培育的虾苗，回捕率仅为 3.0%。由此可见，大亚湾 3 种对虾的放流增殖效果较明显（林金镁，1997）。

长期渔业资源增殖放流的实践已充分证明，渔业资源人工增殖放流是恢复和改善渔业生态环境的有效举措，越来越得到各级党委和政府的重视，得到广大渔民的拥护和社会各界的广泛支持，对渔业产业的持续健康发展具有重大的现实意义。

24.3　渔业资源可持续利用对策[∗]

南海渔业历史悠久。据史料记载，唐宋就有渔民远去西、南沙海域，明代远海生产尤为盛行。但南海渔业真正得到快速发展是在 1949 年中华人民共和国成立以后，捕捞渔船数量及其功率和渔获量逐年增加（曾炳光等，1989）。改革开放以后，特别是渔业体制改革以来，南海渔业更是得到迅速发展。由于渔业资源的承载力是有限的，经过 60 年的发展，南海渔业存在的问题也十分突出，迫切需要采取措施，使渔业资源得到恢复和合理利用。

24.3.1　渔业发展中存在的主要问题

南海海洋渔业存在的问题主要表现为捕捞能力过剩、渔业资源严重衰退、渔船单位产量下滑（卢伟华等，2001）、低值鱼和幼鱼的渔获比例不断增加，而优质鱼类的比例则在减少，渔获质量下降，渔业生产的亏损面不断扩大等方面。目前海洋捕捞渔业面临十分严峻的局面。

24.3.1.1　过度捕捞

捕捞强度通常体现在捕捞渔船（尤其是机动渔船）、渔具和劳动力三个方面。目前南海区捕捞强度过大主要表现在捕捞渔船数量、吨位和功率上。根据 2006 年的渔业统计资料，南海区（包括广东、广西和海南三省区）海洋渔业捕捞机动渔船的数量为 75 289 艘，总吨位为 120×10^4 t，总功率为 391.9×10^4 kW。同时，港澳特别行政区拥有机动渔船 3 100 多艘，逾 120×10^4 kW，其中，捕捞渔船近 3 000 艘，逾 110×10^4 kW。据估计（袁蔚文，1995；袁蔚文，1999），南海北部陆架区和北部湾的最适捕捞作业量合计约 210×10^4 kW，但仅广东、海南、广西三省区和港澳地区流动渔船的捕捞能力就达南海北部最适捕捞作业量的 2 倍以上，再加上福建省和越南北方在该海区的捕捞作业，因此，目前南海北部沿海地区的海洋捕捞能力以大大超过最适捕捞作业量。在南海区的捕捞渔船中，绝大多数为小功率的渔船。以广东省 2000 年渔船普查结果为例，海洋捕捞渔船功率小于 44.37 kW 的船数比例高达 78.0%，而功率超过 441 kW 的渔船仅占 0.7%（见表 24.4），这些渔船中，在沿岸作业的比例高达 83.2%，而在外海和远洋作业的渔船不到 3%（见表 24.5）。因此，渔船数量过多，而且又集

∗　执笔人：李建柱，邱永松

中在沿岸和近海作业导致了南海北部沿岸和近海渔业资源的过度开发。

表 24.4　2000 年广东省海洋捕捞渔船按功率分级统计

渔船功率级别/kW	渔船数量/艘	船数比例/%	功率/kW	功率比例/%	平均功率/（kW/艘）
> 441	273	0.71	211 791.33	9.59	567.81
183.75～440.27	2 372	4.50	666 688.97	30.21	281.07
88.94～183.02	5 011	9.51	63 4761.4	28.77	126.67
44.1～88.2	3 853	7.32	267 845.21	12.14	69.52
< 43.37	41 062	77.96	425 578.29	19.29	10.36
合　计	52 671	100	2 206 665.2	100	41.90

表 24.5　广东省海洋捕捞渔船按作业区域统计

作业区域	渔船数量/艘	船数比例/%	功率/kW	功率比例/%	平均功率/（kW/艘）
沿　岸	43 826	83.21	749 115.91	33.95	17.09
近　海	7 703	14.62	1 133 099.79	51.35	147.10
外　海	1 070	2.03	302 826.73	13.72	283.02
远　洋	54	0.10	25 024.55	1.13	463.42

24.3.1.2　渔具渔法不规范

伴随着海洋渔业的迅速发展，南海区的渔具渔法不断更新改造，渔具种类多种多样。由于资源衰退导致单船产量和经济效益下降，渔民为了维持生计不得不采用更小的网目来捕捞个体较小的鱼类，造成了恶性循环。根据对广东沿海 10 个重点渔港的拖网网囊调查（杨齐，1999），广东省现用的拖网网囊网目尺寸大小为 16.7～35.2 mm，平均 27 mm，均未达到 1989年国家颁布的拖网网囊技术标准（南海区拖网网囊最小尺寸为 39 mm）。另外，大多数网囊网线较粗，有的使用双线编织，有的则是双层网衣，致使这些网囊在拖曳张力作用下网目张开减小，随着拖速增大，网目趋于合拢，幼鱼难以逃逸。有的小拖网网目仅 15 mm，不但捕获了大量的幼鱼，还兼捕了不少底栖生物，对渔业资源的破坏性更大。

近年发展起来的大目拖网前部网衣的网目虽然增大了，但网身后部和网囊的网目却没有增大，有的甚至还缩小了。如广东南澳 6～8 m 大网目拖网的网囊网目才 18 mm，广东台山12 m 大网目拖网的网囊网目只不过 33 mm，远未达到国家规定的标准。

灯光围网取鱼部的网目大小在 30 mm 以下，最小才 10 mm；小型灯光围网的网目大小范围为 6.5～15 mm；张网网囊网目尺寸为 10～20 mm，多数为 15 mm，最小的只有 8 mm；还有一些小型渔具，包括地拉网、敷网、陷阱、掩罩等。以上网具都是以捕捞小鳀幼鱼为主，对渔业资源的破坏性极大。随着水产养殖业的迅猛发展，小、幼鱼等下杂鱼作为饵料的需求大增，为以捕捞小鱼、幼鱼等为主的捕捞作业提供了市场基础，其发展前景令人担忧。

南海刺网以作业方式分，有定置刺网、漂流刺网、包围刺网和拖曳刺网；按作业水层分，有表层刺网、中层刺网和底层刺网。目前，刺网在南海的分布和使用十分普遍。随着作业范围和船舶功率的不断加大，刺网的作业网长也在增大，有些刺网放网长度长达数十千米，刺网网目尺寸也越来越小。同时，多重刺网的使用，大大提高了捕捞能力，对渔业资源构成强大压力。

底拖网往往装配较重的沉纲，使其沉下海底甚至插入泥中，以捕获底层鱼类或其他底栖生物等。尤其是虾拖网，除了使用较小的网目和沉重的沉纲外，网口还装配有铁链（惊虾链），在拖虾过程中横扫海底，把粗糙不平的海底夷为平地。有的渔民为了捕捞礁区的优质鱼类，把底拖网的底纲装配上橡胶轮大纲，在崎岖不平的礁区拖曳。这样高密度、长期性的扫荡式拖曳可以把渔场的海底践踏得面目全非，这不仅破坏了底层鱼类的生存和繁殖条件，而且严重破坏了海底生境和生态平衡。例如台湾浅滩的礁盘多，为多种经济鱼类提供了优良的庇护、繁殖和索饵场所，近年来由于在该渔场捕捞作业的装配有大型沉纲的底拖网数量增加，已有不少岩礁被拖平，使礁盘区的钓业渔场逐渐消失。

24.3.1.3 违捕现象依然存在

沿海水域饵料生物丰富，多数经济鱼类幼鱼阶段主要分布在该海域，即使一些主要分布在外海的经济鱼类，其幼鱼阶段也出现在沿海。为保护经济鱼类幼鱼，渔业管理部门在沿岸设立了许多禁渔区，并大致沿 40 m 等深线划定了沿海机轮底拖网禁渔区线，从 1999 年起还对南海北部除刺、钓外的其他作业类型实行伏季休渔。禁渔措施对保护渔业资源起到明显作用，但由于执法力量薄弱，沿海地区的渔民在禁渔区、禁渔期内进行违规捕捞的情况屡禁不止，在每年休渔期结束后，有大量的底拖网渔船集中在机轮底拖网禁渔区线内违规捕捞，渔获物以幼鱼为主，在很大程度上破坏了休渔所取得的成果。近年来使用电、毒、炸等破坏性方法进行捕捞的现象仍然严重。

24.3.1.4 海洋环境受到污染

20 世纪 90 年代以来，随着社会经济的快速发展，南海海洋环境发生了很大变化。大量的陆源污染物排放入海，海洋工程鳞次栉比，沿岸生境不断受到蚕食，渔业生态遭受很大的破坏。据统计，广东、广西、海南三省（区）2005 年废水排放总量为 94.4×10^8 t，其中，工业废水 38.5×10^8 t，生活污水 56×10^8 t；废水 COD 总量为 222.3×10^4 t。这些废水中的有害物质，绝大多数都被江河携流入海。作为南海最大的入海河流，珠江每年都有数百万吨的污染物排放入海。2005 年珠江排入南海的污染物总量为 201.3×10^4 t，其中，油类 4.2×10^4 t，COD 总量 18.3×10^4 t，氨氮 10.8×10^4 t，重金属 0.7×10^4 t。大量污染物的排放入海，造成沿海海水水质不断下降。根据 2005 年海洋环境质量公报，南海未达到清洁海域水质标准的面积约 1.1×10^4 km²，其中，严重污染、中度污染、轻度污染和较清洁海域面积分别为 0.1×10^4 km²、0.05×10^4 km²、0.3×10^4 km² 和 0.6×10^4 km²。主要污染物是无机氮、活性磷酸盐和石油类。严重污染海域主要集中在珠江口、汕头近岸和湛江港水域。2005 年结果监测显示，广东、广西陆源入海排污口超标排污分别占监测排污口的 85% 和 97% 以上。排污口污染物的超标排放已经对海南东海岸、粤西海域、广西北海和北仑河口的珊瑚礁、海草床及红树林生态系统构成了严重威胁。由于工业废水、生活污水等陆源污染物质大量向海排放，造成海水富营养化，使一些沿岸海域成为赤潮高发区，2004—2005 年，南海共发生赤潮 27 次，赤潮面积逾 2 110 km²。赤潮已经成为南海沿海地区主要海洋生态灾害之一，其造成的经济损失达数亿元。

红树林在南海沿岸广为分布。南海三省（区）的红树林面积占全国的 94.1%，其主要集中在海南岛东海岸、雷州半岛和广西沿海。根据 20 世纪 80 年代海岸带调查，南海沿岸分布有红树林约 2.1×10^4 hm²，经过多年的围垦和砍伐，目前已有 3/4 的红树林面积消失。在现存的红树林中，多数的外貌和结构已简单化，仅为残留次生林和灌木丛林，一些珍贵树种已消失。例如在海南岛陵水县新村港，20多年前红树林曾是树高林茂，林冠可高达20 m，林中候鸟成群，林地鱼、虾、蟹、贝众多。但目前，不仅面积减少了约50%，而且不少为灌丛残林，局部地区已沦为光滩，候鸟绝迹，鱼、虾、蟹、贝贫乏。由于红树林的破坏，防潮防浪、固岸护岸功能亦大为降低。

南海为我国珊瑚礁的主要分布区，其中，尤以南海诸岛最多，除个别火山岛外，南海诸岛多数是由珊瑚礁构成的岛屿或礁滩。海南岛1/4的岸段有珊瑚岸礁。随着旅游业的兴起，珊瑚作为一种观赏品被大量采捞加工。另外，历史上沿海地区有炸礁捞取珊瑚礁烧制石灰的传统，长期以来，海南岛80%的岸礁因此遭到不同程度的破坏，有些地区的珊瑚礁资源已濒临绝迹。

由于海洋生境的退化和消失，海洋生物种群遭到不同程度的损害，有些发生性状变化，有些种群结构发生改变，有些则消失不见了，如大黄鱼、带鱼、鳓、马鲛鱼、黄姑鱼以及其他经济鱼类资源出现全面衰退，因此导致海洋经济鱼类物种遗传多样性的下降。

由于滩涂海水养殖业的迅猛发展，养殖海域的生态环境发生显著改变；养殖废水造成海水有机物污染和富营养化；大量采捕饵料生物，使部分滩涂贝类明显减少，破坏了正常的食物链关系；捕捞亲虾而兼捕大量幼鱼，破坏了鱼类资源；大面积的海水养殖明显改变了海区的生物群落结构，生物种类趋于单一，降低了海区的生物多样性。

同时，由于大量海洋开发工程存在无度、无序、无偿的"三无"状况，沿岸滩涂被大量非法占用，防风林、红树林遭受大规模开挖毁坏，破坏了渔业资源的产卵繁殖场所，进一步加剧了海洋生态环境的恶化，一些沿海城市潮间滩地几乎消失殆尽。

24.3.2　南海渔业可持续发展对策

24.3.2.1　加强渔业立法和执法

各种形式的破坏渔业正常生产秩序和海洋生态环境的事件时有发生，有关地方性法律法规必须不断加以建立和完善。同时加强渔政队伍建设，加大海上执法力度，打击违法行为。目前南海区已拥有上百艘渔政执法船，执法人员超过千人，但大多数渔政船只的巡航能力较差，执法人员素质不高。因此，随着新《渔业法》的出台，需要加强渔政队伍的建设，改善执法手段，提高执法人员的法律素质，树立"依法治渔"的良好形象。

24.3.2.2　降低捕捞强度

虽然捕捞许可制度已实行多年，但许可证的发放基本上仍按现有渔船进行，还不能顾及资源状况；同时由于管理措施跟不上，无证造船、无证捕捞的现象仍未得到遏制，据最近的渔船普查，沿海地区无证和证件不齐的渔船达3.1万艘。因此，政府应在严格执行捕捞许可制度的基础上，制定相关措施减少捕捞渔船数量，引导渔民向非捕捞业转移。伏季休渔是近年来在南海区采取的重大渔业管理措施，休渔对减轻捕捞强度、保护幼鱼资源和提高捕捞业效益有明显作用。伏季休渔虽然取得很大成效，但休渔成果在开捕后的几个月内就被巨大的捕捞强度所吞噬，因此，休渔措施还不能从根本上解决捕捞能力过剩所带来的问题，只是使这些问题暂时有所缓解，根本措施还是要大量减少渔船数量，通过各种方法降低捕捞强度。

任何一种鱼类都有一最适开捕规格，从最适开捕规格开始进行捕捞，可以在获得最大产量的同时减少对渔业资源的不良影响。南海北部经济种类幼鱼分布范围广、出现季节长，仅有禁渔区和禁渔期措施还不足以使经济鱼类达到最适开捕规格，因此必须辅以网目尺寸和可捕规格的限制。网目尺寸和可捕规格的限定也是降低捕捞强度的一种措施。最小网目尺寸和可捕规格以渔港码头检查渔具、流通渠道检查渔获为主的方式进行，这与禁渔区的海上执法相比成本更低、更易实行，在管理力量不足的情况下应作为主要的执法手段。渔业管理部门应尽快重新修订南海北部主要经济种类的最小可捕规格和底拖网网囊最小网目标准，并付诸实施；就围网取鱼部网目尺寸、刺网网目较小等问题进一步开展调查研究，并据此立法管理；同时积极组织渔具选择性试验，探索改进渔具选择性的有效途径。

24.3.2.3 实施渔业资源增殖和生态修复

1989年资源增殖在广东沿海推广。2006年国务院印发了《中国水生生物资源养护行动纲要》，把开展水生生物资源增殖放流列为资源养护的一项重要措施。在各级行政主管部门的推动以及广大群众的参与下，增殖放流规模逐年扩大，成效日益明显。但总体上看，目前增殖放流的规模还不够大，投入不足，与水生生物资源养护和水域生态环境修复的要求相比还有很大差距。因此，要进一步加大增殖放流的投入和工作力度，组织开展形式多样的增殖放流活动，并加强管理，力争增殖放流事业取得更大更好的效果。与此同时，应修复水域生态环境，大力开展以增殖生物资源、改善和修复水域生态环境为目的的养护行动，通过建设海洋牧场、投放人工鱼礁、底播增殖贝类和海藻种植等方式，推进水生生物资源养护工作。

24.3.2.4 转变渔业经济增长方式

在渔业资源严重衰退、作业渔场缩小和渔业劳动力过剩的情况下，应通过水产业内部的产业结构调整，改变以捕捞业为主的传统海洋水产业结构。积极进行人工鱼礁建设，同时还可与发展游钓渔业、海上生态旅游相结合，这不仅能增加渔业的经济效益，开拓渔业的社会服务功能，同时也可使部分渔船和劳动力从捕捞业转移，实现渔业的良性循环。沿海水产养殖、放流增殖和海洋牧场化等也是提高渔业效益、转移渔业劳动力的重要途径。沿海地区经济的快速发展和渔民文化素质的提高也为渔业劳动力的跨行业转移提供机会。在20世纪80年代末珠江三角洲经济发达地区就有大量渔民主动放弃捕捞业而从事其他产业，捕捞渔船数量呈下降的趋势，这种情况在沿海地区将会相继出现。虽然目前海洋渔业面临种种问题，但通过积极采取各种措施，海洋渔业将会逐步走向可持续发展的道路。

24.3.2.5 加强精神文明建设

在渔区构建和谐社会，既是构建社会主义和谐社会的重要组成部分，也是坚持"以人为本"的科学发展观的一项重要要求。

构建渔区和谐社会，同建设渔区的物质文明、精神文明和政治文明是有机统一的。在加快渔业经济发展建设渔区物质文明的同时，更要加强渔区的精神文明和民主政治建设，积极推进"三个文明"协调发展，不断巩固渔区和谐社会建设的精神动力和智力支持，不断加强渔区和谐社会建设的政治保障和社会保障制度。

法制建设是构建渔区和谐社会的基本要求，应在广大渔民中深入实施普法教育，增强渔民的法制观念和法律意识。

构建和谐渔区文化，需要大力弘扬渔民的创业典型和海洋文化，加强渔民的思想道德建设，不断提高渔区的精神文明水平。营造新风尚，加快经济结构调整，促进社会主义新渔区经济、社会环境协调、科学发展。

参 考 文 献

白雪娥，庄志猛.1991.渤海浮游动物生物量及其主要种类数量变动的研究［J］.海洋水产研究，（12）：71-92.

蔡德陵，李红燕，唐启升，等.2005.黄东海生态系统食物网连续营养谱的建立：来自碳氮稳定同位素方法的结果［J］.中国科学：C辑，35（2）：123-130.

陈长胜.2003.海洋生态系统动力学与模型［M］.北京：高等教育出版社.

陈楚群，施平，毛庆文.2001.南海海域叶绿素浓度分布特征的卫星遥感分析［J］.热带海洋，20（4）：66-70.

陈大刚.1991.黄渤海渔业生态学［M］.北京：海洋出版社.

陈干城.1988.应用NOAA卫星资料速报渔海况［J］.遥感信息，5：5-8.

陈国宝，李永振，赵宪勇，等.2006.南海5类重要经济鱼类资源声学评估［J］.海洋学报，28（2）.

陈丕茂.2005.广东人工鱼礁区增殖放流种类初探［J］.南方水产，1（1）：11-20.

陈丕茂.2006.渔业资源增殖放流效果评估方法的研究［J］.南方水产，2（1）：1-4.

陈丕茂，郭金富.1999.南海的头足类资源研究［C］//贾晓平主编.海洋水产科学研究文集.广州：广东科技出版社.

陈其焕，等.1990.大亚湾叶绿素a与初级生产力［C］//大亚湾海洋生态文集（Ⅱ）.北京：海洋出版社，198-209.

陈卫忠，李长松，俞连福.1997.用剩余产量模型专家系统（CLIMPROD）评估东海鲐鲹鱼类最大持续产量［J］.水产学报，21（4）：404-408.

陈卫忠，胡芬，严利平.1998.用实际种群分析法评估东海鲐现存资源量［J］.水产学报，22（40）：334-339.

陈卫忠，李长松，胡芬.2000.实际种群分析法在绿鳍马面鲀资源评估中的应用和改进［J］.水产学报，24（6）：522-526.

陈新军.2004.渔业资源可持续利用评价理论和方法［M］.北京：农业出版社.

陈再超，刘继兴.1982.南海经济鱼类［M］.广州：广东科技出版社.

程济生.1984.三疣梭子蟹的幼体发育［J］.海洋水产研究，6：49-58.

程济生.2004.黄渤海近岸水域生态环境与生物群落［M］.青岛：中国海洋大学出版社.

程济生，朱金声.1997.黄海主要经济无脊椎动物摄食特征及其营养层次的研究［J］.海洋学报，19（6）：102-108.

程家骅，张秋华，李圣法，等.2005.东黄海渔业资源利用［M］.上海：上海科学技术出版社.

程炎宏，姚文祖，沈金鳌.1997.东海长颌水珍鱼（Glossanodon hemifasciata）资源开发利用的研究［J］.上海水产大学学报，6（4）：251-257.

戴爱云，杨思琼，宋玉枝，等.1986.中国海洋蟹类［M］.北京：海洋出版社.

戴桂林，步娜.2006.循环经济运行模式——海洋渔业可持续发展战略推进的必由之路径［J］.中国海洋大学学报：社会科学版.

戴萍.1989.台湾海峡鲐食性的初步研究［J］.海洋湖沼通报，（2）：50-55.

邓景耀.1994.渔业资源增殖［M］//中国农业百科全书·水产卷.北京：农业出版社.

邓景耀，赵传绲，等.1991.海洋渔业生物学［M］.北京：农业出版社.

邓景耀，程济生.1992.渤海口虾蛄 Oratosquilla oratoria（De Haan）渔业生物学研究［C］//中国甲壳动物学会编辑：甲壳动物学论文集第三辑.青岛：中国海洋大学出版社.

邓景耀，孟田湘，任胜民，等.1988.渤海鱼类种类组成及数量分布［J］.海洋水产研究，9：23-24.

邓景耀，孟田湘，任胜民.1988.渤海鱼类的食物关系［J］.海洋水产研究，9：151－171.

邓景耀，叶昌臣，刘永昌.1990.渤黄海的对虾及其资源管理［M］.北京：海洋出版社.

邓景耀，康元德，朱金声，等.1986.渤海三疣梭子蟹的生物学［C］//《甲壳动物学论文集》编辑委员会编辑：甲壳动物学论文集.北京：科学出版社.

邓景耀，朱金声，程济生，等.1988.渤海主要无脊椎动物及其渔业生物学［J］.海洋水产研究，（9）：91－120.

丁天明，宋海棠.2000.东海剑尖枪乌贼生物学特征［J］.浙江海洋学院学报：自然科学版，19（4）：371－374.

丁天明，宋海棠.2002.东海葛氏长臂虾 Palaemon gravieri 生物学特征研究［J］.浙江海洋学院学报（自然科学版），21（1）：1－5.

董聿茂.1988.东海深海甲壳动物［M］.杭州：浙江科学技术出版社.

董正之.1978.中国近海头足类的地理分布［J］.海洋与湖沼，9（1）：108－115.

董正之.1988.中国动物志 软体动物门 头足纲［M］.北京：科学出版社.

董正之.1991.世界大洋经济头足类生物学［M］.济南：山东科学技术出版社.

杜碧兰，宋学家，张健华，等.1988.东海近海渔场航空测温［J］.海洋预报，5（3）：51－60.

窦硕增，杨纪明.1992 a.黄河口黄盖鲽的食性及摄食的季节性变化［J］.海洋学报，14（6）：103－112.

窦硕增，杨纪明.1992 b.渤海南部半滑舌鳎的食性及摄食的季节性变化［J］.生态学报，12（4）：368－376.

窦硕增，杨纪明.1993.渤海南部牙鲆的食性及摄食的季节性变化［J］.应用生态学报，4（1）：74－77.

费鸿年，张诗全.1990.水产资源学［M］.北京：中国科技出版社.

费尊乐，毛兴华，朱明远，等.1988.渤海生产力研究 II.初级生产力及潜在渔获量的估算［J］.海洋学报，10（4）：481－489.

费尊乐，毛兴华，朱明远，等.1991.渤海生产力研究——叶绿素a、初级生产力与渔业资源开发潜力［J］.海洋水产研究，12：55－69.

方国洪，王凯，郭丰义，等.2002.近30年来渤海水文和气象状况的长期变化及其相互关系［J］.海洋与湖沼，33（5）：515－525.

方瑞生，郑元甲.1986.从涡旋预测马面鲀渔获量［J］.海洋渔业，（6）：246－249.

方瑞生，郑元甲.1986.钓鱼岛近海的涡旋及其与马面鲀渔场的关系［J］.水产学报，（2）：161－176.

凡守军，周令华，于奎杰，等.1999.鹰爪虾人工繁殖技术研究［J］.海洋科学，3：1－3.

广东省海岸带和海涂资源综合调查大队.广东省海岸带和海涂资源综合调查领导小组办公室.1987.广东省海岸带和海涂资源综合调查报告［R］.北京：海洋出版社.

郭金富，李茂照，余勉余.1994.广东海岛海域海洋生物和渔业资源［M］.广州：广东科技出版社.

郭振华.2000.高强度捕捞对渔业资源的影响——以东海渔业资源为研究对象［D］.上海水产大学，硕士学位论文，1－50.

国家海洋局.2001、2006－2008.中国海洋灾害公报（2000，2005－2007）.

韩士鑫，刘树勋.1993.海渔况速报图的应用［J］.海洋渔业，（2）：78－80.

贺先钦，薛真福，王有君，等.1997.虾夷扇贝地播增殖的试验［J］.水产科学，16（2）：7－10.

贺舟挺，周永东，徐开达，等.2007.海鳗个体繁殖力与生物学指标的关系分析［J］.海洋渔业，29（2）：134－139.

胡杰.1995.渔场学［M］.北京：农业出版社.

黄硕琳.1998.国际渔业管理制度的最新发展及我国渔业所面临的挑战［J］.上海水产大学学报，7（3）：223－230.

黄良民.1992.南海不同海区叶绿素a和海水荧光值的垂向变化［J］.热带海洋，11（4）：89－95.

江苏省地方志编委会.2001.江苏省志·水产志［M］.南京：江苏古籍出版社.

贾晓平，李纯厚，邱永松，等.2004. 广东海洋渔业资源调查评估与可持续利用对策［M］. 北京：海洋出版社.

贾晓平，李纯厚，李永振，等.2004. 南海渔业生态环境与渔业资源［M］. 北京：科学出版社.

贾晓平，李永振，李纯厚，等.2004. 南海专属经济区和大陆架渔业生态环境与渔业资源［M］. 北京：科学出版社.

贾晓平，李纯厚，邱永松，等.2005. 广东海洋渔业资源调查评估与可持续利用对策［M］. 北京：海洋出版社.

蒋玫，沈新强，王云龙，等.2006. 长江口及其邻近水域鱼卵、仔鱼的种项组成与分布特征［J］. 海洋学报，28（2）：171-174.

金显仕.2001. 渤海主要渔业生物资源变动的研究［J］. 中国水产科学，7（4）：22-26.

金显仕，赵宪勇，孟田湘，等.2005. 黄、渤海生物资源与栖息环境［M］. 北京：科学出版社.

金显仕，程济生，邱盛尧，等.2006. 黄渤海渔业资源综合研究与评价［M］. 北京：海洋出版社.

姜言伟，万瑞景，陈瑞盛.1988. 渤海硬骨鱼类鱼卵、仔稚鱼调查研究［J］. 海洋水产研究，9：121-149.

康元德.1986. 黄海浮游植物的生态特点及其与渔业的关系［J］. 海洋水产研究，7：103-107.

康元德.1991. 渤海浮游植物的数量分布和季节变化［J］. 海洋水产研究，12：31-53.

林金錶，陈涛，陈琳，等.1997. 大亚湾多种对虾放流技术和增殖效果的研究［J］. 水产学报，21（增刊）：24-30.

林金錶，陈琳，郭金富，等.2001. 大亚湾真鲷标志放流技术的研究［J］. 热带海洋学报，20（2）：75-79.

林龙山.2004. 东海区小黄鱼现存资源量分析［J］. 海洋渔业，26（1）：10-15.

林龙山.2007. 长江口近海小黄鱼食性及营养级分析［J］. 海洋渔业，29（1）：44-48.

林龙山，程家骅，李惠玉.2008. 东海区带鱼和小黄鱼渔业生物学动态的研究［J］. 海洋渔业，30（2）：126-134.

林龙山，程家骅，凌建忠，等.2004. 东海区小黄鱼种群生物学特性的分析研究［J］. 中国水产科学，11（4）：333-338.

林龙山，严利平，凌建忠，等.2005. 东海带鱼摄食习性的研究［J］. 海洋渔业，27（3）：187-192.

林龙山，郑元甲，程家骅，等.2006. 东海区底拖网渔业主要经济鱼类渔业生物学的初步研究［J］. 海洋科学，（2）：21-25.

林龙山，程家骅，凌建忠，等.2006. 东海区主要经济鱼类开捕规格的初步研究［J］. 中国水产科学.13（2）：250-256.

林龙山，程家骅，凌建忠，等.2007. 东海区底拖网渔业资源变动分析［J］. 海洋渔业.29（4）：371-374.

林龙山，程家骅，姜亚洲，等.2008. 黄海南部和东海小黄鱼产卵场分布及其环境特征［J］. 生态学报，28（8）：3 485-3 494.

林龙山，程家骅，姜亚洲，等.2008. 黄海南部和东海小黄鱼（*Larimichthys polyactis*）产卵场分布及其环境特征［J］. 生态学报，28（8）：3 485-3 494.

林景祺.1965. 渤、黄海十种鲆鲽类分布洄游的初步研究［J］. 海洋水产研究丛刊，19：48-49.

凌建忠，严利平，林龙山，等.2005. 东海带鱼繁殖力及其资源的合理利用［J］. 中国水产科学，12（6）：726-730.

刘瑞玉.1959. 黄海及东海经济虾类区系特点［J］. 海洋与湖沼，2（1）：35-42.

刘瑞玉.1963. 黄海和东海虾类动物地理学研究［J］. 海洋与湖沼，5（3）：230-244.

刘瑞玉，钟振如.1989. 南海对虾类［M］. 北京：农业出版社.

刘瑞玉，钟振如，等.1988. 南海对虾类［M］. 北京：农业出版社.

刘世英.1994. 放射性污染［M］//中国农业百科全书. 水产卷. 北京：农业出版社.

刘松，顾晨曦，严正．1988．鲐个体生殖力的研究 [J]．海洋科学，(5)：43－47．

刘树勋，韩士鑫，魏永康．1984．东海西北部水团分析及与渔场的关系 [J]．水产学报，8 (2)：125－133．

刘树勋，韩士鑫，魏永康．1988．判别分析在渔情预报中应用的研究 [J]．海洋通报，7 (1)：63－70．

刘子琳，宁修仁，蔡昱明．1998．北部湾浮游植物粒径分级叶绿素 a 和初级生产力的分布特征 [J]．海洋学报，50－57．

刘永峰，刘永襄，刘仁德，等．1994．皱纹盘鲍的底播增殖试验 [J]．海洋水产研究，15：125－129．

刘永昌．1986．渤海对虾洄游和分布的研究 [J]．水产学报，10 (2)：125－136．

刘庆营．2008．皱纹盘鲍浅海底播增养殖技术 [J]．海洋与渔业，6：43．

刘传桢，严隽箕，崔维喜．1981．渤海秋汛对虾数量预报方法的研究 [J]．水产学报，5 (1)：65－74．

刘海映，徐海龙，林月娇．2006．盐度对口虾蛄存活和生长的影响 [J]．大连水产学院学报，21 (2)：180－183．

李永民，王向阳，刘义海．2000．虾夷扇贝底播增殖技术 [J]．水产科学，19 (2)：35．

李显森，赵宪勇，李凡，等．2006．山东半岛南部产卵场鳀生殖群体结构及其变化 [J]．海洋水产研究，27 (1)：46－53．

李富国．1987．黄海中南部鳀生殖习性的研究 [J]．海洋水产研究，8：41－50．

李建生，严利平，李惠玉，等．2007．黄海南部、东海北部夏秋季小黄鱼数量分布及与浮游动物的关系 [J]．海洋渔业，29 (1)：31－37．

李荣冠．2003．中国海陆架及邻近海域大型底栖生物 [M]．北京：海洋出版社．

李雪渡．1982．海水温度与渔场之间的关系 [J]．海洋学报，4 (1)：103－112．

李永振，陈国宝，赵宪勇，等．2002．南海区多鱼种渔业资源声学评估 [C]//我国专属经济区和大陆架勘测研究论文集．北京：海洋出版社．

李永振，陈国宝，赵宪勇，等．2005．南海北部海域小型非经济鱼类资源声学评估 [J]．中国海洋大学学报：自然科学版，35 (2)：206－212．

李培军，刘海映，王文波．1989．辽东湾海蜇渔获量预报和提前预报的研究 [J]．水产科学 (1)：1－4．

李平，苗振清，水柏年．1995．夏秋汛浙江渔场浮游动物的种类组成及数量分布 [J]．浙江水产学院学报．14 (1)：20－27．

李圣法，程家骅，严利平．2007．东海大陆架鱼类群落空间结构的特征 [J]．生态学报，27 (12)：4 377－4 386．

李圣法，严利平，李长松，等．2004．东海北部鱼类组成特征分析 [J]．水产学报，28 (4)：384－392．

卢伟华，叶普仁．2001．广东底拖网渔获资源状况 [J]．中国水产，1：64－66．

罗秉征等．1993．中国近海主要鱼类种群变动与生活史型的演变 [J]．海洋科学集刊，(34)：133－134．

柳忠传．1996．皱纹盘鲍底播放流增殖技术 [J]．海洋信息，3：5－6．

茆诗松．1999．贝叶斯统计 [M]．北京：中国统计出版社．

毛志华，朱乾坤，潘德炉，等．2003．卫星遥感速报北太平洋渔场海温方法研究 [J]．中国水产科学，10 (6)：502－506．

苗振清．2003．东海北部鲐中心渔场形成机制的统计学 [J]．水产学报，27 (2)：143－150．

宓崇道．1997．东海带鱼资源状况、群体结构及繁殖特性变化的研究 [J]．中国水产科学，4 (1)：7－14．

宓崇道，钱世勤，秦忆芹．1980．东海绿鳍马面鲀繁殖习性的初步研究 [J]．水产科技情报，(3)：1－3．

马健，赵宪勇，朱建成，等．黄海鳀（Engraulis japonicus）的卵巢发育．渔业科学进展（待发表）．

马绍赛．1989．黄、东海越冬鳀的分布与水文条件的关系 [J]．水产学报，13 (3)：201－206．

孟田湘．2001．山东半岛南部鳀产卵场鳀仔、稚鱼摄食的研究 [J]．海洋水产研究，22 (2)：21－25．

孟田湘．2003．黄海中南部鳀（Engraulis japonicus）各发育阶段对浮游动物的摄食 [J]．海洋水产研究，24 (3)：1－9．

孟田湘．2004．山东半岛南部产卵场鳀幼体日龄组成与生长 [J]．海洋水产研究，25 (2)：1－5．

宁修仁，等 . 1995. 渤、黄、东海初级生产力和潜在渔业生产量的评估［J］. 海洋学报，17（3）：72 - 83.

农牧渔业部水产局，农牧渔业部东海渔区渔业指挥部编 . 1987. 东海区渔业资源调查和区划［M］. 上海：华东师范大学出版社 .

农牧渔业部水产局，农牧渔业部南海区渔业指挥部编 . 1989. 南海区渔业资源调查和区划［M］，广州：广东科技出版社 .

农业部水产局，农业部黄海区渔业指挥部编 . 1990. 黄渤海区渔业资源调查与区划［M］. 北京：海洋出版社 .

农业部南海区渔政局 . 1994. 南海渔场作业图集［M］. 广州：广东省地图出版社 .

欧瑞木 . 1990. 鱿鱼［M］. 北京：海洋出版社 .

潘玉萍，沙文钰 . 2004. 冬季闽浙沿岸上升流的数值研究［J］. 海洋与湖沼，35（3）：193 - 201.

朴英爱 . 2001. 韩国渔业管理的现状与总允许渔获量制度的引进［J］. 中国渔业经济，2：42 - 43.

齐钟彦，马锈同，王祯瑞，等 . 1989. 黄渤海的软体动物［M］. 北京：农业出版社 .

钱世勤，胡雅竹 . 1987. 绿鳍马面鲀年龄和生长的初步研究［C］//中国水产科学研究院东海水产研究所编 . 东海绿鳍马面鲀论文集 . 上海：学林出版社 .

钱世勤 . 1998. 东海黄鳍马面鲀生物学特性和资源利用状况［J］. 中国水产科学，5（3）：25 - 29.

秦忆芹 . 1987. 东海外海绿鳍马面鲀摄食习性的研究//中国水产科学研究院东海水产研究所编 . 东海绿鳍马面鲀论文集［C］. 上海：学林出版社 .

邱望春，蒋定和 . 1965. 黄海南部、东海小黄鱼繁殖习性的初步研究［C］//1962 年海洋渔业资源学术会议论文编审委员会编 . 海洋渔业资源论文选集 . 北京：农业出版社 .

邱永松 . 1988. 南海北部大陆架鱼类群落的区域性变化［J］. 水产学报，12（4）：303 - 313.

邱永松 . 2008. 南海渔业资源与渔业管理［M］. 北京：海洋出版社 .

邱盛尧，叶懋中 . 1993. 黄渤海蓝点马鲛当年幼鱼的生长特性［J］. 水产学报，17（1）：14 - 23.

邱盛尧 . 2003. 中上层鱼类生物学［C］//韩书文，唐叔锌 主编 . 山东水产 . 济南：山东科学出版社 .

邱显寅 . 1982. 海州湾日本枪乌贼的怀卵量及生殖力［J］. 海洋水产研究丛刊，28：41 - 45.

邱显寅 . 1986. 黄海日本枪乌贼的生物学特性和资源状况的初步研究［J］. 海洋水产研究，7：109 - 120.

千国史郎 . 1985. 西北太平洋鱼类资源［M］. 罗马：联合国粮食及农业组织 .

全国海岸带环境质量编写组 . 1989. 环境质量调查报告：中国海岸带和海涂资源调查专业报告集［M］. 北京：科学出版社 .

孙丕喜，张锡烈 . 2000. 口虾蛄（Oratosquilla oratoria）人工育苗技术研究［J］. 黄渤海海洋，18（2）：41 - 46.

孙吉亭 . 2003. 中国海洋渔业可持续发展研究［D］. 中国海洋大学，博士论文，1 - 158.

孙湘平 . 1985. 我国的海洋［M］. 北京：商务印书馆 .

苏奋振 . 2001. 海洋渔业资源时空动态研究［D］. 中科院地理所博士论文 .

苏纪兰 . 2005. 中国近海水文［M］. 北京：海洋出版社 .

苏育嵩 . 1986. 黄东海地理环境概况、环流系统与中心渔场［J］. 山东海洋学院学报，16（1）：12 - 27.

沈国英，施并章 . 2002. 海洋生态学 .［M］. 北京：科学出版社 .

沈金鳌 . 1992. 东海黄鳍马面鲀（Thammaconus hypargyres）的开发利用与资源评估［J］. 海洋渔业，14（6）：257 - 261.

沈金鳌 . 2000. 防治能量污染保护海洋生态［J］. 海洋开发与管理，17（3）：50 - 53.

沈金鳌，程炎宏 . 1987. 东海深海底层鱼类群落及其结构的研究［J］. 水产学报，11（4）：293 - 306.

沈金鳌，方瑞生 . 1988. 浙江近海冬汛带鱼渔获量预报方法的探讨［C］//东海区带鱼资源调查、渔情预报和渔业管理论文集 . 77 - 84.

沈金鳌，黄宗强 . 1994. 渔获量预报［M］//中国农业百科全书 . 水产卷 . 北京：农业出版社 .

沈金鳌，戴小杰 . 2002. 东海深海渔业资源及其开发利用［J］. 海洋开发与管理，19（5）：26 - 30.

沈金鳌，王贤德，华家栋.1987.温台渔场马面鲀首次现场预报的解析［C］//中国水产科学研究院东海水产研究所编.东海绿鳍马面鲀论文集.上海：学林出版社.

沈寿彭，等.1988.广东海岸带和海涂资源综合调查报告［M］.北京：海洋出版社.

史忠植.2002.知识发现［M］.北京：清华大学出版社.

宋海棠，丁天明.1993.东海北部主要经济虾类渔业生物学的比较研究［J］.浙江水产学院学报，12（4）：240－248.

宋海棠，丁天明.1995.东海北部海域虾类不同生态类群分布及渔业［J］.台湾海峡，14（1）：67－72.

宋海棠，丁天明.1997.东海北部拖虾渔业的现状与设立拖虾休渔期的建议［J］.浙江水产学院学报，16（4）：256－267.

宋海棠，俞存根，等.1992.浙江中南部外侧海区的虾类资源［J］.东海海洋，10（3）：53－60.

宋海棠，丁耀平，许源剑.1989.浙江近海三疣梭子蟹洄游分布和群体组成特征［J］.海洋通报，8（1）：66－74.

宋海棠，丁天明，余匡军，等.1999.东海北部头足类的种类组成和数量分布［J］.浙江海洋学院学报：自然科学版，18（2）：99－105.

宋海棠，俞存根，薛利建，等.2006.东海经济虾蟹类［M］.北京：海洋出版社.

宋宗贤，冯月群.1993.皱纹盘鲍底播放流实验［J］.海洋科学，5：12－14.

孙儒泳.1992.动物生态学原理［M］.北京：北京师范大学出版社.

唐启升.1991.渔业生物学研究方法概述［M］//邓景耀，赵传绸，等.海洋渔业生物学.北京：农业出版社.33－110.

唐启升.1994.有效种群分析［M］//中国农业百科全书.水产卷.北京：农业出版社.

唐启升.2006.中国专属经济区海洋生物资源与栖息环境［M］.北京：科学出版社.

唐启升，叶懋忠，等.1990.山东近海渔业资源开发与保护［M］.北京：农业出版社.

唐启升，苏纪兰，等.2000.中国海洋生态系统动力学研究：I关键科学问题与研究发展战略［M］.北京：科学出版社.

唐启升，王俊，邱显寅，等.1994.魁蚶底播增殖的试验研究［J］.海洋水产研究，15：79－85.

汪伟洋，卢振彬，管锡弟，等.1987.蓝圆鲹［M］//农牧渔业部水产局，农牧渔业部东海区渔业指挥部编.东海区渔业资源调查和区划.上海：华东师范大学出版社.

王劲峰，李连发，葛咏，等.2000.地理信息空间分析的理论体系探讨［J］.地理学报，55（1）：92－103.

王颖主编.1986.中国海洋地理［M］.北京：科学出版社.

王友喜.2002.东海南部剑尖枪乌贼渔业生物学特征［J］.海洋渔业，24（4）：169－172.

王俊.1998.渤海浮游植物种群动态的研究［J］.海洋水产研究，19（1）：43－52.

王俊.2001.黄海春季浮游植物的调查研究［J］.海洋水产研究，22（1）：56－61.

王俊.2003.黄海秋冬季浮游植物的调查研究［J］.海洋水产研究，24（1）：15－23.

王波，张锡烈，孙丕喜.1998.口虾蛄的生物学特征及其人工苗种生产技术［J］.黄渤海海洋，16（2）：64－73.

韦晟.1992.黄海鱼类食物网的研究［J］.海洋与湖沼，23（2）：182－192.

韦晟，周彬彬.1988a.渤、黄海蓝点马鲛种群鉴别的研究［J］.动物学报，34（1）：71.

韦晟，周彬彬.1988b.黄渤海蓝点马鲛短期渔情预报的研究［J］.海洋学报，10（2）：216－221.

韦晟，姜卫民.1992.黄海鱼类食物网的研究［J］.海洋与湖沼，23（2）：182－192.

万瑞景，姜言伟.1998.渤海硬骨鱼类鱼卵和仔稚鱼分布及其动态变化［J］.中国水产科学，5（1）：43－50.

万瑞景，姜言伟.2000.渤、黄海硬骨鱼类鱼卵与仔稚鱼种类组成及其生物学特征［J］.上海水产大学学报，9（4）：290－297.

万瑞景，赵宪勇，魏皓.2008.山东半岛南部产卵场鳀的产卵生态 II.鳀的产卵习性和胚胎发育特征［J］.

动物学报，54（6）：988 – 997.

伍汉霖 . 1994. 鳗类 [M] //中国农业百科全书 . 北京：农业出版社 .

吴家骅，刘子藩 . 1985. 浙江渔场冬汛带鱼渔获量预报方法 [C] //东海区带鱼资源调查、渔情预报和渔业管理论文集 . 101 – 112.

夏世福，于维洋 . 1965. 黄海渔业生产地域类型和渔业合理布局的初步探讨 [J]. 海洋水产研究丛刊，21：84 – 146.

信敬福，王四杰，王云中，等 . 2000. 乳山湾、塔山湾增殖中国对虾适宜放流量的研究 [J]. 中国水产科学，7（3）：58 – 60.

徐宾铎，金显仕，梁振林 . 2005. 对黄渤海鱼类等级多样性的推算 [J]. 中国海洋大学学报，35（1）：025 – 028.

徐汉祥，刘子藩，周永东 . 2003. 东海带鱼生殖和补充特征的变动 [J]. 水产学报，27（4）：322 – 327.

严利平 . 1990. 1990 年冬汛围网鲐生产预测 [J]. 现代渔业信息，5（12）：16 – 18.

严利平 . 1999. 东海区头足类资源动态分析和前景 [J]. 海洋渔业，21（1）：23 – 24.

严利平，李圣法，凌建忠，等 . 2007. 东海区经济乌贼类资源结构和空间分布的分析 [J]. 海洋科学，31（4）：27 – 31.

杨红，章守宇，戴小杰，等 . 2001. 夏季东海水团变动特征及对鲐渔场的影响 [J]. 水产学报，25（3）：209 – 214.

杨纪明 . 1985. 海洋渔业资源开发潜力估计 [J]. 海洋开发，4：40 – 46.

杨纪明 . 2001. 渤海无脊椎动物的食性和营养级研究 [J]. 现代渔业信息，16（9）：8 – 16.

杨纪明，顾传宬，李丽云，等 . 1994. 黄东海远东沙瑙鱼渔场卫星遥感测报研究 [J]. 中国科学，24（8）：845 – 851.

杨吝 . 1999. 南海区海洋渔业状况和管理建议//贾晓平主编 . 海洋水产科学研究文集 [C]，广州：广东科技出版社 .

叶昌臣 . 1995. 渔业资源增殖理论方法评估管理 [M]. 台北：台湾水产出版社 .

叶昌臣，邓景耀，等 . 1995. 渔业资源增殖——理论、方法、评估、管理 [M]. 基隆：水产出版社 .

俞存根，宋海棠，丁跃平 . 1994. 浙江近海虾类资源量的初步评估 [J]. 浙江水产学院院报，13（3）：149 – 155.

喻达辉，吴进锋，张汉华，等 . 2002. 南方海水养殖实用技术 [N]. 广州：南方日报出版社 .

余勉余，梁超愉，李茂照，等 . 1990. 广东省浅海滩涂增养殖渔业环境及资源 [M]. 北京：科技出版社 .

于志刚，米铁柱，谢宝东，等 . 2000. 二十年来渤海生态环境参数的演化和相互关系 [J]. 海洋环境科学，19（1）：15 – 20.

袁蔚文 . 1995. 北部湾底层渔业资源的数量变动和种类更替 [J]. 中国水产科学，2（2）：57 – 65.

袁蔚文 . 1999. 南海渔业资源评估//贾晓平主编 . 海洋水产科学研究文集 [C]，广州：广东科技出版社 .

袁耀初，管秉贤 . 2007. 中国近海及其附近海域若干涡旋研究综述Ⅱ. 东海和琉球群岛以东海域 [J]. 海洋学报，29（2）：1 – 17.

詹秉义，楼冬春，钟俊生 . 1986. 绿鳍马面鲀资源评析与合理利用 [J]. 水产学报，10（4）：409 – 418.

曾炳光，张进上，陈冠贤，等 . 1989. 南海区渔业资源调查和区划 [M]. 广州：广东科技出版社 .

曾玲，金显仕，李富国 . 2005. 黄海南部银鲳的生殖力及其变化 [J]. 海洋水产研究，26（6）：1 – 5.

曾玲，李显森，赵宪勇，等 . 2005. 黄海鳀（Engraulis japonicus）生殖力及其年际变化 [J]. 中国水产科学，12（5）：569 – 574.

张波，唐启升 . 2003. 东、黄海六种鳗的食性 [J]. 水产学报，27（4）：307 – 314.

张波，唐启升 . 2004. 渤、黄、东海高营养层次重要生物资源种类的营养级研究 [J]. 海洋科学进展，22（4）：393 – 404.

张波，唐启升，金显仕 . 2009. 黄海生态系高营养层次生物群落功能群及其主要种类 [J]. 生态学报，29

447

（3）：1 099 - 1 111.

张本 . 1999. 海水增养殖技术 ［M］. 北京：中国盲文出版社 .

张建华，王志珍，彭永红 . 1996. 南海近海渔场航空测温 ［J］. 海洋预报，13（4）：65 - 70.

张月平 . 2005. 南海北部湾主要鱼类食物网 ［J］. 中国水产科学，12（5）：621 - 631.

张秋华，程家骅，徐汉祥，等 . 2007. 东海区渔业资源及其可持续利用 ［M］. 上海：复旦大学出版社 .

张树德，宋爱勤 . 1992. 鹰爪虾及其渔业 ［J］. 生物学通报，（11）：12 - 14.

张玺，齐钟彦，董正之，等 . 1960. 中国沿岸的十腕目（头足纲）［J］. 海洋与湖沼，3（3）：188 - 204.

赵传绁 . 1965. 渤海小黄鱼鱼卵、幼鱼生态学几个问题的初步研究 ［C］//1965 年海洋渔业资源学术会议论文编审委员会编 . 海洋渔业资源论文选集 . 北京：农业出版社 .

赵传绁主编 . 1990. 中国海洋渔业资源：中国渔业资源调查和区划之六 ［M］. 杭州：浙江科学技术出版社 .

赵传绁，张仁斋，姜言伟，等 . 1985. 中国近海鱼卵与仔鱼 ［M］. 上海：上海科学技术出版社，1 - 26.

赵传绁，刘效舜，曾炳光，等 . 1990. 中国海洋渔业资源 ［M］. 杭州：浙江科学技术出版社 .

赵宪勇，金显仕，唐启升 . 2000. 渔业声学及其相关技术的应用现状和发展前景 ［C］//1999 海洋高新技术发展研讨会论文集 . 北京：海洋出版社 .

赵宪勇，陈毓桢，李显森，等 . 2002. 多种类海洋渔业资源声学评估技术与方法 ［C］//我国专属经济区和大陆架勘测研究论文集 . 北京：海洋出版社 .

赵宪勇，陈毓桢，李显森，等 . 2003. 多种类海洋渔业资源声学评估技术与方法探讨 ［J］. 海洋学报，25（增刊 1）：192 - 202.

赵法箴 . 1965. 对虾（*Penaeus orientalis* Kishinouye）幼体发育形态 ［C］//水产部海洋水产研究所 . 海洋水产研究资料 . 北京：农业出版社 .

郑元甲，甘金宝，朱善央 . 1987. 东海绿鳍马面鲀产卵场调查和产卵习性的研究 ［J］. 水产学报，11（2）：121 - 134.

郑元甲，方瑞生，姚文祖，等 . 1990. 东黄海及日本海西南部绿鳍马面鲀种群的研究 ［J］. 海洋渔业，12（5）：202 - 208.

郑元甲，陈卫忠，刘松，等 . 1993. 1992 年绿鳍马面鲀渔情概况及渔获量波动原因探讨 ［J］. 现代渔业信息，8（1）：10 - 12.

郑元甲，周金官，凌建忠，等 . 1999. 东海区头足类资源现状和合理利用的探讨 ［J］. 中国水产科学，6（2）：52 - 53.

郑元甲，陈雪忠，程家骅，等 . 2003. 东海大陆架生物资源与环境 ［M］. 上海：上海科学技术出版社 .

中国科学院《中国自然地理》编辑委员会 . 1979. 中国自然地理 . 海洋地理 ［M］. 北京：科学出版社 .

中国水产科学研究院黄海水产研究所，挪威海洋研究所 . 1990. 黄、东海鳀及其他经济鱼类资源声学评估的调查研究 ［J］. 海洋水产研究，11：1 - 141.

《中国海洋渔业资源》编写组 . 1990. 中国海洋渔业资源 ［M］. 杭州：浙江科学技术出版社 .

《中国海岸带生物》编写组 . 1996. 中国海岸带生物 ［M］. 北京：海洋出版社 .

中华人民共和国农业部 . 2002. 中国海洋渔业水域图（第一批）［M］. 26 - 39.

中国科学院南海海洋研究所 . 1985. 南海海区综合调查研究报告（二）［R］. 北京：科学出版社 .

中国科学院海洋研究所浮游生物组 . 1977. 中国近海浮游生物的研究 ［R］//全国海洋综合调查报告，第 8 册 . 中华人民共和国科学技术委员会海洋组海洋综合调查办公室编辑出版 . 1 - 159.

中华人民共和国农业部渔业局 . 全国渔业统计年鉴 . 1951—2009.

周彬彬 . 1987. 应用自由度复相关系数进行渔情预报的研究 ［J］. 海洋学报，9（6）：774 - 779.

周永东，徐仅祥，等 . 2002. 东海带鱼群体结构变动的研究 ［J］. 浙江海洋学院学报：自然科学版，21（4）：314 - 320.

朱德林，黄传平 . 1993. 东海北部秋汛灯围渔情预报的研究 ［J］. 海洋渔业，（3）：105 - 108.

朱德林，商金发，黄传平 . 1993. 东海北部秋汛灯围渔情预报的研究 ［J］. 海洋渔业，16（2）：78 - 80.

朱树屏.1957. 烟威渔场鲐渔场调查报告［C］//太平洋西部渔业研究委员会第二次会议论文集.

朱鑫华，杨纪明，唐启升.1996. 渤海鱼类群落结构特征的研究［J］. 海洋与湖沼，27（1）：6-13.

朱鑫华，吴鹤洲，徐凤山，等.1994. 黄、渤海沿岸水域游泳动物群落结构时空格局异质性研究［J］. 动物学报，40（3）：241-252.

朱明远，毛兴华，吕瑞华，等.1993. 黄海海区的叶绿素 a 和初级生产力［J］. 黄渤海海洋，11（3）：38-51.

朱德山.1982. 海州湾带鱼生殖习性的研究［J］. 海洋水产研究丛刊，28：27-38.

朱建荣，戚定满，吴辉.2004. 吕泗上升流观测和动力机制模拟分析［J］. 华东师范大学学报：自然科学版，2：87-103.

庄平，等.2006. 长江口鱼类［M］. 上海：上海科学技术出版社，256-385.

曾呈奎，徐鸿儒，王春林.2003. 中国海洋志［M］. 郑州：大象出版社.

落合明，田中克.1986. 鱼类学（下）［M］. 东京：恒星社厚生阁.

青山恒雄.1980. 底鱼资源［M］. 张如玉，李大成译. 东京：恒星社厚生阁.

山田梅芳，田川勝，岸田周三，等.1986. 东シナ海. 黄海のさかな［M］. 长崎：日本纸工印刷，172-173，460-461.

宇田道隆.1960. 海洋渔场学［M］. 东京：恒星社厚生阁.

宇田道隆.1963. 海洋渔场学［M］. 东京：恒星社厚生阁.

宇佐美修造.1968. サバの生態と資源［M］. 水産研究叢書（日本水産資源保護協会）. （18），116pp.

朴炳夏.1985. 南朝鲜近海绿鳍马面鲀资源生物学的研究［R］. 水产振兴研究报告 34 号，1-64.

Sverdrop HU，et al. 1958. 海洋［M］. 毛汉礼译. 北京：科学出版社.

Johannessen A.，Iversen S A.，Jin X.，Li F. 2001. Biological investigations of anchovy and some selected fish species caught during the R/V "Bei Dou" surveys 1984-1999. 海洋水产研究，22（4）：45-56.

Riley J P.，Skirrow G. 1982. 化学海洋学：第二卷［M］. 崔清晨等译. 北京：海洋出版社，268-300.

Araki A，Hayashi K I. 2002. Population ecology of *Palaemon gravieri*（Yu，1930）（Decapod，Caridea，Palaemonidae）in Osaka Bay，Japan［J］. Journal of National Fisheries University，50（2）：75-81.

Aoyama T. 1973. The South China Sea Fisheries（demersal resources）［M］. Rome：UNDP and FAO，SCS/DEV/73/3，FAO，59-67.

CARR M E. 2002. Estimation of potential productivity in Eastern Boundary Currents using remote sensing［J］. Deep Sea Res II，49：59-80.

Chen D G，Hargreaves N B，Ware D M. 2000. A fuzzy logic model with genetic algorithm for analyzing fish stock2recruitment relationships［J］. Can J Fish Aquat Sci，57：1878-1887.

Cornillon P，Hickckox，Turton H. 1986. Sea surface temperature charts for the southern New England fishing community［J］. Mar Technol Soc J，20（2）：57-65.

Digby S，Antczak T，Leben R，et al. 1999. Altimeter data for operational use in the marine environment［C］//Oceans'99 MTS/TEEE. Riding the Crest into the 21st Century，Seattle，WA，2：605-613.

Deng J，Ye C. 1986. The prediction of Penaeid shrimp yield in the Bohai Sea in autumn［J］. Chin. J. Oceanal. Limnol，4（4）：343-352.

Dou S Z. 1995. Life history cycles of flatfish species in the Bohai Sea，China［J］. Netherlands Journal for Sea Research，34（1/3）：195-210.

Fougnie B，Heenry P，Gaspar P. 2002. An operational ocean color approach with Végétation/SPOT24［C］//Remote Sensing of the Ocean and Sea Ice 2001. Proceedings of SPIE，Toulouse，France，4544：83-92.

Fr on P，Mullon C，Pichon G. 1993. Experimental interactive software for choosing and fitting surplus production models including environmental variables［M］. Rome：FAO computerized information series fisheries，5：76.

Ichiro A，Tadashi I，Isamu M，et al. 1989. A prototype expert system for predicting fishing condition of anchovy（Engraulidae) off the coast of Kanagawa Prefeture [J]. Nippon Suisan Gakkaishi, 55 (10): 1 777 – 1 783.

Jin Xianshi. 1996. Biology and population dynamics of small yellow croaker (*Pseudosciaena polyactis*) in the Yellow Sea [J]. J. O. Yellow Sea, 2 (1): 1 – 14.

Kim S H, Hong S Y. 2004. Reproductive biology of *Palaemon gravieri* (Decapoda: Caridea: Palaemonidae) [J]. Journal of Curstacean Biology, 24 (1): 121 – 130.

Laurs R M. 1971. Fishery advisory information available to tropical Pacific tuna fleet via radio facsimile broadcast [J]. Mar Fish Rev, 33 (4): 40 – 42.

Lehodey P, Andre J M, Bertignac M, et al. 1998. Predicting skipjack tuna forage distributions in the equatorial Pacific using a coupled dynamical biogeochemical model [J]. Fish, Oceanogr, 7 : 3/4, 317 – 325.

Liu J X., Gao T X., Zhuang Z M., et al. 2006. Pleistocene divergence and subsequent population expansion of two closely related fish species, Japanese anchovy (*Engraulis japonicus*) and Australian anchovy (*Engraulis australis*). Molecular Phylogenetics and Evolution, 40: 712 – 723.

LIU A K, PENG C Y. 1993. Sar application for ocean eddy monitoring [C] // Geoscience and Remote Sensing Symposium, IGARSS '93 Proceedings, IEEE, 1993, International, Tokyo, 2: 547 – 549.

Mackinson S. 2001. Integrating local and scientific knowledge: an example in fisheries science [J]. Environmental Management, 27 (4): 533 – 545.

Norman J. 1934. A systematic Monograph of flatfish (Heterosomata) [J]. British Museum of Natural History: 459.

Odum, E. P. 1983. Basic Ecology [J]. Philadelphia: Saunders College Publishing.

Polovina J J, Kleiber P, Kobayashi D R. 1999. Application of TOPEXPOSEIDON satellite altimetry to simulate transport dynamics of larvae of spiny lobster, Panulirusm arginatus, in the Northwestern Hawaiian Islands, 1993 – 1996 [J]. Fish Bull, 97 (1): 132 – 143.

Slotte A. 1999. Differential utilization of energy during wintering and spawning migration in Norwegian spring – spawning herring [J]. Journal of Fish Biology, 54: 338 – 355.

Santosa M P, Fibza A F G, Laurs R M. 2006. Influence of SST on catches of swordfish and tuna in the Portuguese domestic longline fishery [J]. Int J Remote Sensing, 27 (15) : 3 131 – 3 152.

Sekim P, Rick L, Pierre F. 2002. Hawaii cyclonic eddies and blue marlin catches: The case study of the 1995 Hawaiian international billfish tournament [J]. J Oceanography, 58 (5): 739 – 745.

Shindo S. 1973. General review of the trawl fishery and the demersal fish stock of the South China Sea [J]. FAO Fish. Tech. Pap. (120): 49.

Sibert J R , Hampton J , Fournier D A, et al. 1999. An advection diffusion reaction model for the estimation of fish movement parameters from tagging data, with application to skipjack tuna (*Katsuwonus pelamis*) [J]. Can J Fish Aquat Sci, 56: 925 – 938.

Stevenson W R, Pastula E J. 1971. Observations on remote sensing in fisheries [J]. Mar Fish Rev, 33 (9): 9 – 21.

Shen Jin'áo. 1994. Relationship between deep-sea fish distributions of oceanic condition of the East China Sea [J]. Acta Oceanologica Sinica. 13 (4): 535 – 550.

Xu Zhaoli, Cao Min, Chen Yaqu. 2004. Distribution of zooplankton biomass in the East China Sea [J]. Acta Oceanologica Sinica, 23 (2): 93 – 101.